2016 第壹拾叁辑

中国建筑史论汇刊

王贵祥 主编
贺从容 李菁 副主编
清华大学建筑学院主办

中国建筑工业出版社

内容简介

《中国建筑史论汇刊》由清华大学建筑学院主办,以荟萃发表国内外中国建筑史研究论文为主旨。本辑为第壹拾叁辑,收录论文14篇,分为古代建筑制度研究、佛教建筑研究、建筑文化研究、古代城市与园林研究四个栏目。其中《中国古代建筑设计的典型个案——清代定陵设计解析(中篇)》与《〈营造法式〉与晚唐官式栱长制度比较》是上一辑古代建筑制度研究的延续,《观察与量取:佛光寺东大殿三维激光扫描信息的两点反思》与《再论唐代建筑特征——对佛光寺大殿的几点新见》是对佛光寺大殿建筑制度的再研究,古代建筑制度研究还有《明嘉靖重修紫禁城与刘伯跃〈总督采办疏草〉研究》;佛教建筑研究的新成果主要为《关于卵塔、无缝塔及普同塔》、《见于史料记载的几座宋代木构楼阁建筑复原》、《见于史料记载的几座宋代木构佛塔建筑复原》和《山西高平西李门二仙庙的历史沿革与建筑遗存》;建筑文化研究的论文有《汉代建筑中的罘罳》、《唐代懿德太子墓〈阙楼图〉——画格与斜线在中国古代建筑壁画中的使用》及《闽南传统民居的埸寿装饰研究与象征意义》;古代城市研究有《明清郧阳城复原研究》;古代园林研究有《圆明园之别有洞天与保定莲花池》。此外还有《山西西李门二仙庙测绘图》一份。上述论文中有多篇是诸位作者在国家自然科学基金支持下的研究成果。

书中所选论文,均系各位作者悉心研究之新作,各为一家独到之言,虽或亦有与编者拙见未尽契合之处,但却均为诸位作者积年心血所成,各有独到创新之见,足以引起建筑史学同道探究学术之雅趣。本刊力图以学术水准为尺牍,凡赐稿本刊且具水平者,必将公正以待,以求学术有百家之争鸣、观点有独立之主张为宗旨。

Issue Abstract

The Journal of Chinese Architecture History (JCAH) is a scientific journal from the School of Architecture, Tsinghua University, that has been committed to publishing current thought and pioneering new ideas by Chinese and foreign authors on the history of Chinese architecture. This issue contains 14 articles that can be divided into four main research areas: the traditional architectural system, Buddhist architecture, architectural culture, and traditional cities and gardens.

The first two papers, "A Paradigm for Chinese Traditional Architectural Design: The Dingling Mausoleum of the Qing Dynasty (Part 2)" and "Regulations on Bracket Length in the *Yingzao Fashi* and Late – Tang Official Style", are a continuation of studies published in previous issues. "Observation and Measurement: Two Retrospections into the 3D Laser Scanning Information of the East Hall of Foguang Temple" and "Elements of Tang Architecture——Observation and Interpretation" present research on the East Hall of Foguang Temple from a new perspective. "The Rebuilding of the Forbidden City in the Ming Jiajing Period and the *Zongdu Caiban Shucao* by Liu Boyue" is the last paper in this section that discusses the traditional architectural system. Next are four papers that present the results of the latest research in Buddhist architecture: "Egg – shaped Pagoda (Luanta), Seamless Pagoda (Wufengta), and Common Pagoda (Putongta)", "Recovery Research of Multi – storied Buddhist Pavilions found in Song Literature", "Recovery Research of Wood – Framed Pagodas Found in Song Literature", and "The History and Architectural Remains of Xilimen Erxianmiao in Gaoping, Shanxi". Architectural culture is discussed in three papers, "*Fusi* in Buildings of the Han Dynasty", "*Queloutu*: The Use of the Grid System and Diagonal Lines in the Architectural Mural Painting in the Tomb of Tang Prince Yide", and "Decoration and Symbolic Meaning of *Aoshou* in Southern Fujian Traditional Architecture". "A Restoration Study of Ming and Qing Yunyang City" widens our understanding of historical city planning, and "Yuanmingyuan's Bieyou Dongtian and the Lotus Pond Garden in Baoding" contributes to extending our knowledge of traditional gardens. Additionally, there is one field report. This issue contains several studies supported by the National Natural Science Foundation of China (NSFC).

The papers collected in the journal sum up the latest findings of the studies conducted by the authors, who voice their insightful personal ideas. Though they may not tally completely with the editors' opinion, they have invariably been conceived by the authors over years of hard work. With their respective original ideas, they will naturally kindle the interest of other researchers on architectural history.

谨向对中国古代建筑研究与普及给予热心相助的华润雪花啤酒（中国）有限公司致以诚挚的谢意！

目　　录

Table of Contents

古代建筑制度研究

中国古建筑设计的典型个案
——清代定陵设计解析
(中篇)[1]

王其亨　王方捷
(天津大学建筑学院)

摘要： 长期以来，依据信而有征的原始文献尤其是设计图纸或模型，揭橥中国古代建筑设计的奥秘，夙为中国建筑史学研究的显著缺环，相关设计方法和理念也终难洞悉；和西方建筑史学比较，实际造成了中国古代建筑设计的“失语症”。本文基于世界文化遗产清代皇家陵寝的大规模调查测绘，相关档案文献的深入发掘，系统梳理世界记忆遗产样式雷建筑图档，选取包含上千件图档的定陵工程作为个案，通过综合研究，从所涉相关选址勘测直至施工等全过程，勉力还原其设计运作的全貌，以期弥补中国古代建筑设计“话语”的缺失。

关键词： 中国古代建筑设计，样式雷，清代皇家陵寝，定陵

Abstract: For a long time, it was a dilemma in the study of Chinese architectural history to reveal the design process based on historical documents especially design drawings and models, and to discern any design strategy or theory. This has resulted in an “aphasia” (speechlessness) on Chinese traditional architectural theory. Based on the survey of the Qing imperial tombs inscribed on the World Heritage List and the study of relevant documents including the Yangshi Lei Archives inscribed onto the Memory of the World Register, this paper explores the Dingling Tomb (documented by over 1, 000 pieces of drawings and documents) with the aim of tracing the building and planning process from site selection to construction. It is hoped that this comprehensive research will resolve the problem of “aphasia” regarding the design of Chinese traditional architecture.

Keywords: Design of traditional Chinese architecture, Yangshi Lei, imperial tombs of the Qing dynasty, Dingling Tomb

四、测绘：定陵设计的基础

皇家陵寝作为高度程式化的礼制建筑群，上至总体规划，下至装修陈设，在设计施工时都必须参照前朝陵寝谨慎决定。对设计师而言，查阅前朝陵寝工程档案是最快捷的办法，但定陵设计时可调阅的图文档案却不多：只有慕陵档案相对完整，宝华峪工程因由雷家玺领衔设计而有部分做法册等工程档案抄本收藏家中，除此以外，道光朝以前的帝陵设计资料，已

[1] 本文属国家自然科学基金重点资助项目（编号：50738003）及国家社会科学基金重大资助项目（编号：14ZDB025）。

时隔五十年以上，更可能由于道光帝寄望子孙的陵寝“有减无增，永守淳朴家风”的动机而未刻意保存，相当稀缺。所以雷思起等设计师只能依靠实地调查及测量，来了解前朝陵寝的宏观规制和细部做法。在平安峪工程之前，雷氏已经积累了一些陵寝测绘成果（图1），但它们过于零散，远不能满足平安峪设计之需。为此，与平安峪工程并行，雷思起等人组织了清代规模最大、最系统的一次皇家陵寝调查测绘，并由此衍出了样式雷图档中数量最多、体系最完备的测绘图文记录。

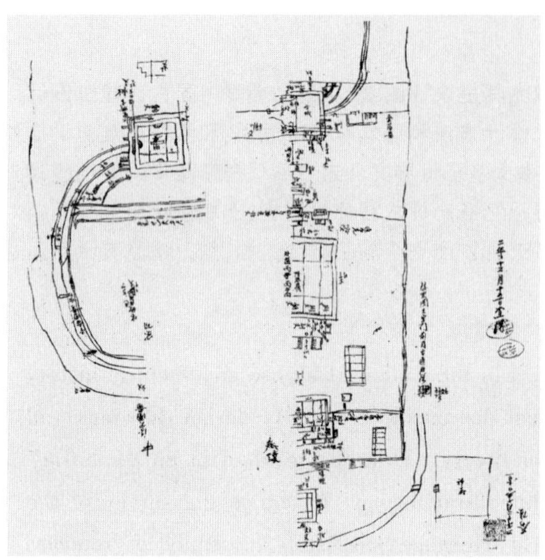

(a) 嘉庆二年(1797年)十二月雷家玺绘《泰陵地盘糙底》(195-6)[1]，昌陵工程期间测绘泰陵作为设计参考

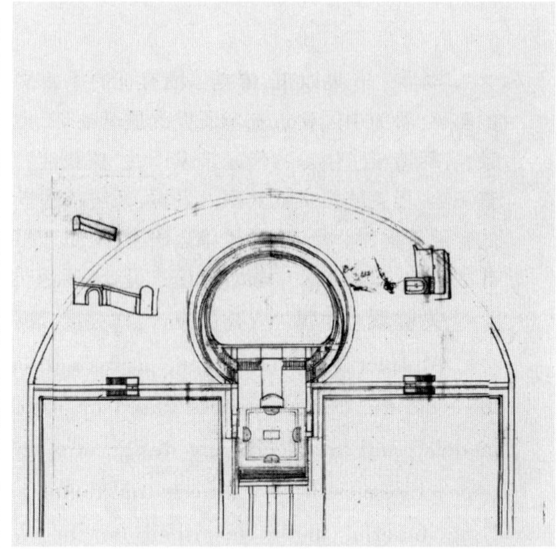

(b) 道光三十年(1850年)雷景修绘《泰东陵宝城、方城地盘画样》(265-29)，拟为慕陵添建方城明楼时，测绘泰东陵作为参考

图1 咸丰朝之前的陵寝测绘图

测绘工作针对工程各阶段对参考信息的不同需求而展开，不同时期的测绘成果忠实反映了雷思起等设计人员关注重点的变化过程，有力地佐证了他们在面临困扰时，如何坚持从测绘这一基础工作入手，寻找突破口，谨慎周密地逐步完成总体布局、单体做法、装修陈设等各个层面的设计。

第一，工程初期的陵寝总体布局和建筑规制测绘。

定陵工程甫一开始便遭际“从父”或“遵祖”的规制难题，因此，雷思起等人于咸丰八年（1858年）八月中旬来到平安峪后，没有贸然着手设计，而是一边组织勘察地形，一边辗转调查陵区内已有的历代陵寝[2]，重点考察陵寝组群布局和重要单体建筑形制，在大约半个月内即完成了对昭西陵、孝陵、孝东陵、景陵、裕陵共五座主要陵寝的测绘，形成了丰富而实用的图纸和文书[3]，作为平安峪总体规划和建筑形式、尺度选择的依据。正是以这样的祖陵测绘成果为依托，雷思起及其伙伴才能够以惊人的效率拟出多种规制迥异的方案，并迅速筛选、深化，到十月

[1]括号中图号为中国国家图书馆藏品编号

[2]“八年八月十七，查各陵规制，并平安峪地势，画样。”参见：雷思起，等. 咸丰八年拾壹月初一日吉立万年吉地旨意档(366-212-1)。

[3]“八年八月廿至廿五，详勘昭西陵、孝陵、孝东陵、景陵、裕陵规模尺丈，覆勘平安峪，绘图，缮具各陵及平安峪面宽进深尺寸清单，九月初二呈览留中。”参见：平安峪工程备要. 卷一. 派员覆勘吉地绘具图说呈进. 中科院国家科学图书馆藏。

中旬向朝廷提交设计草案并获得通过，总共耗时仅两个月。

为了使测绘工作更早、更有效地为设计提供支持，雷思起对测绘进行了精心的统筹。

首先，选择孝陵作为测绘的切入点和重点。孝陵作为清代关内第一座帝陵，同时也是清东陵的主陵，不仅年代最早，体制也最完备，无疑是“祖制”的权威代表。但孝陵也是东陵内组群规模和测绘难度最大的一座陵。雷思起等人从工程实际需求出发，考虑到平安峪地宫规制和中后段组群布局设计最为吃紧，为节省时间，仅简单测绘了孝陵中后段，即神道碑亭至宝城区域。在此期间完成的糙底、细底、正式图等一系列不同深度和精细程度的图纸，证明当时的测绘流程与今日并无二致（图 2）。尽管此次测绘粗略且不完整，但在平安峪最初参照孝陵进行组群布局的设计阶段，以及稍后对宝城形状的推敲过程中，该测绘成果的影响至关重要。此后虽经多次更改，平安峪方案在地宫、宝城形式和尺度，乃至马槽沟的走向上，均留下了孝陵的烙印。

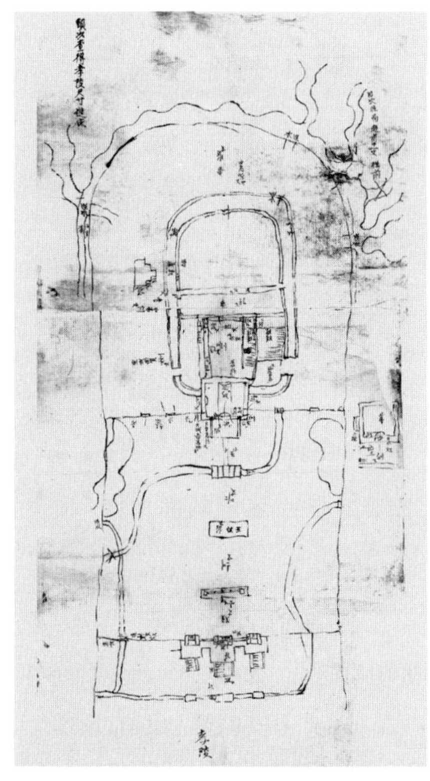

(a) 《头次查得孝陵尺寸糙底》（205-41），仅包含琉璃花门以北部分

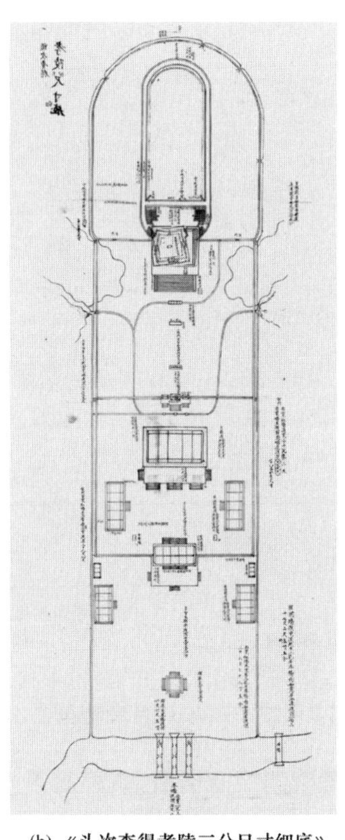

(b) 《头次查得孝陵三分尺寸细底》（205-43）

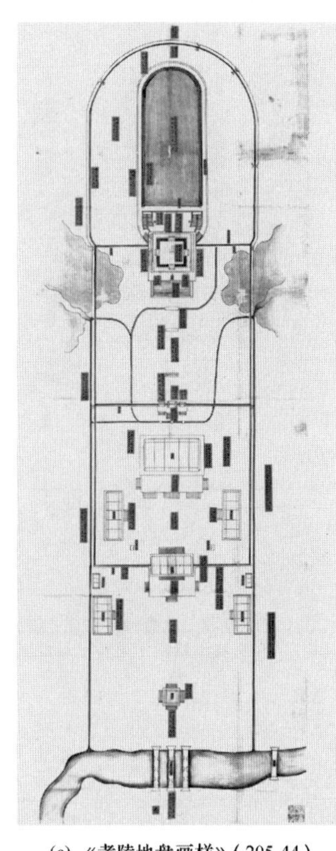

(c) 《孝陵地盘画样》（205-44），彩绘贴签的正式图

图 2　咸丰八年（1858 年）八月孝陵第一次测绘的成果

在平安峪地宫及中后段组群设计取得一定进展后，出于对孝陵的重视和严谨的职业态度，雷思起重新组织人力，第二次测绘孝陵（图3）。此次测绘更加精细，发现并订正了前一次测绘中的错漏，新取得的数据也立即被用于深化地宫方案。同时，测绘范围由神道碑亭延伸至神功圣德碑亭。对孝陵前段的测绘，在平安峪摈弃慕陵制度、按祖制将前段建筑序列配置完整的决策过程中，无疑发挥了决定性的作用。从中也可以明显看出，测绘的实施与设计进程同步，目的性极强。

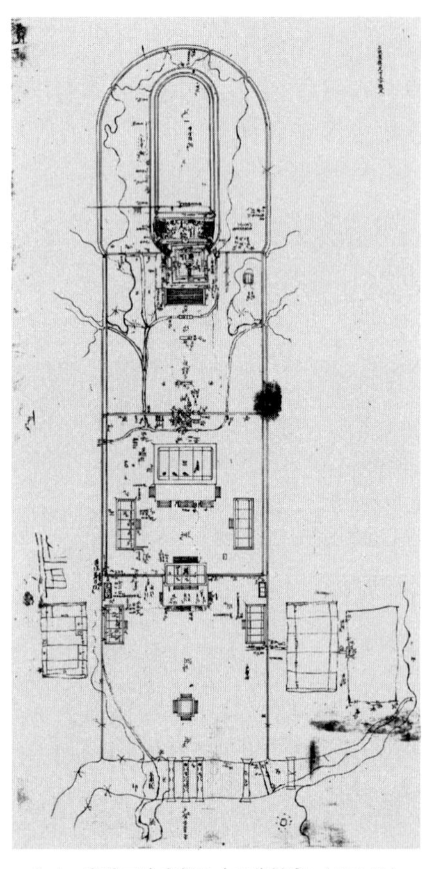

（a）《孝陵二次查得尺寸三分糙底》（205-42），在头次测绘图上重新记录数据并添改图样

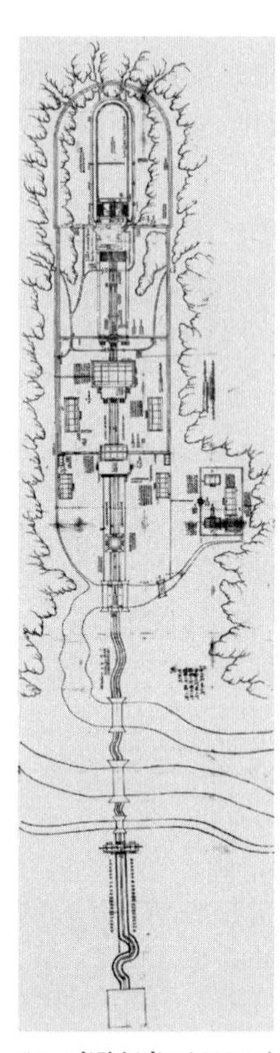

（b）《孝陵细底》（205-46），范围扩大至神功圣德碑亭

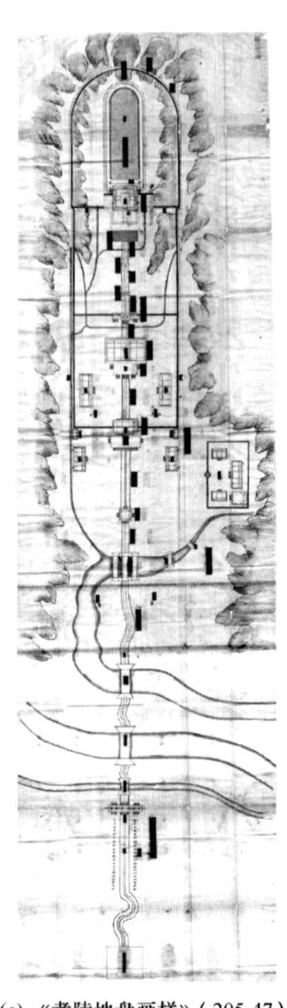

（c）《孝陵地盘画样》（205-47），正式图

图3　咸丰八年八月孝陵第二次测绘的成果

在孝陵测绘完毕后，雷思起等人还分别测绘了孝东陵、景陵和裕陵。由于各陵布局大同小异，在测绘这些陵寝时，省去了起稿步骤，直接将复制的孝陵图纸用作测稿，记录测量数据，仅在必要时予以补绘和改绘（图4～图6），不单节省了时间，还有助于发现各陵寝的细微差异。

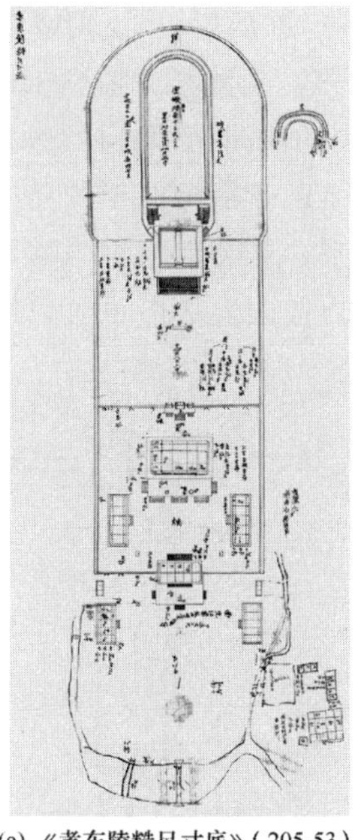
(a)《孝东陵糙尺寸底》(205-53)，以复制的孝陵图纸作为底稿，抹去了碑亭并添补神厨库及河道

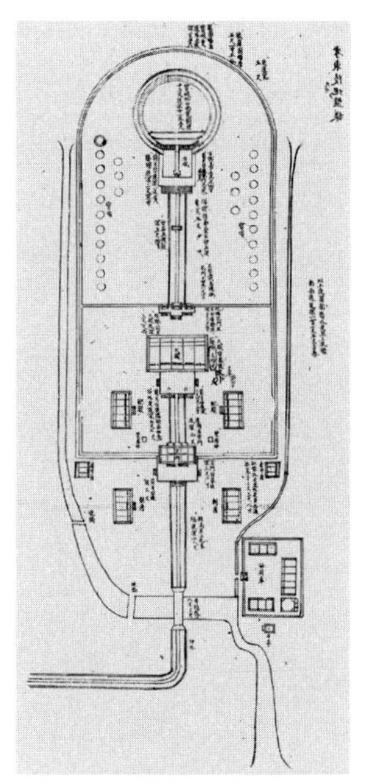
(b)《孝东陵尺寸地盘样》(205-30)，仪器草图

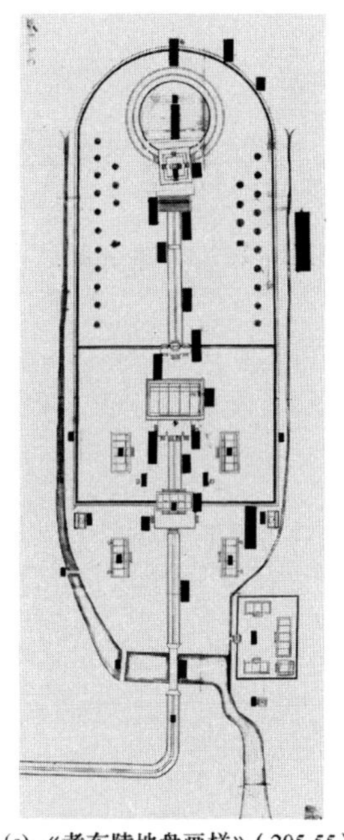
(c)《孝东陵地盘画样》(205-55)，正式图

图4　咸丰八年八月孝东陵测绘图系列

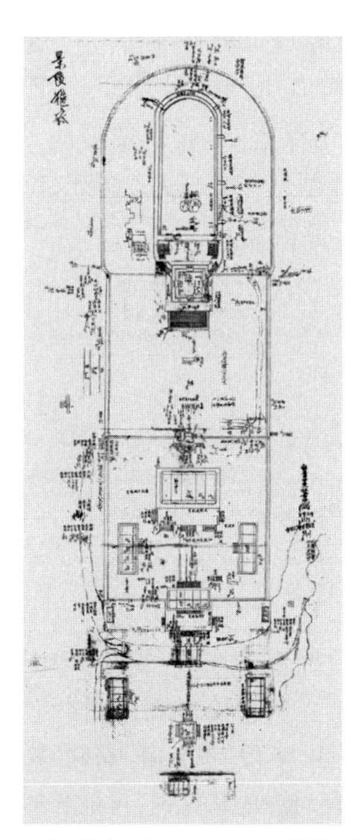
(a)《景陵糙底》(178-2)，以复制的孝陵图纸作为底稿，文字记录甚详

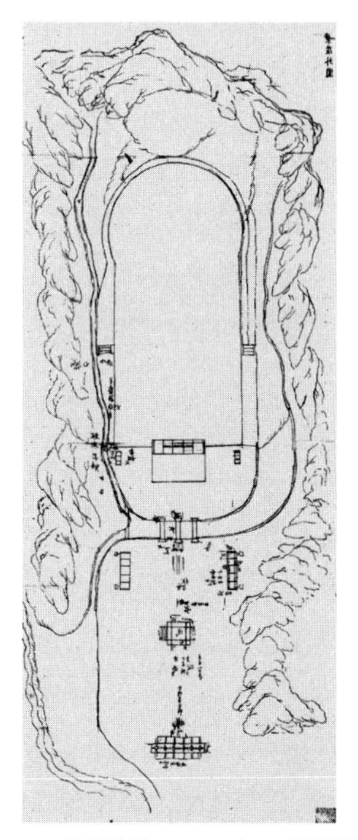
(b)《景陵外围》(178-3)，已测范围留白，补充前部及周边部分

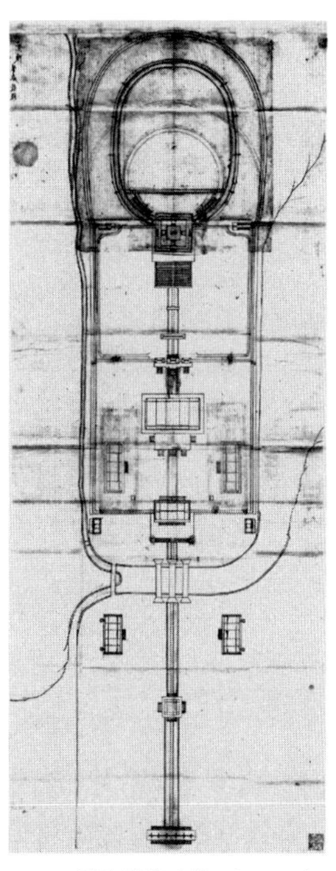
(c)《景陵草底后段》(178-6)，仪器草图

图5　咸丰八年八月景陵测绘图系列

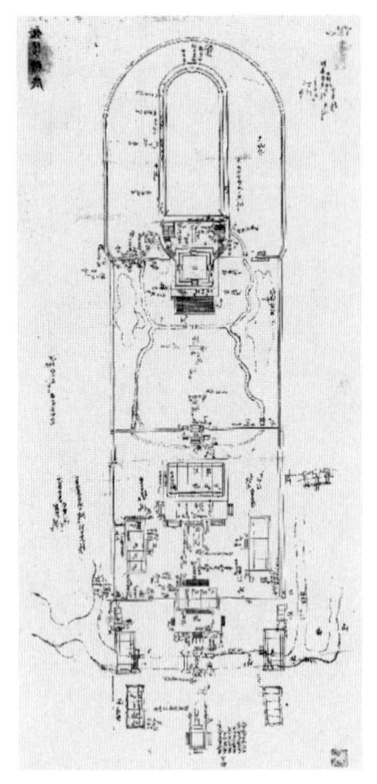

(a)《裕陵糙底》(219-2),以复制的孝陵图纸作为底稿,补绘各处沟渠

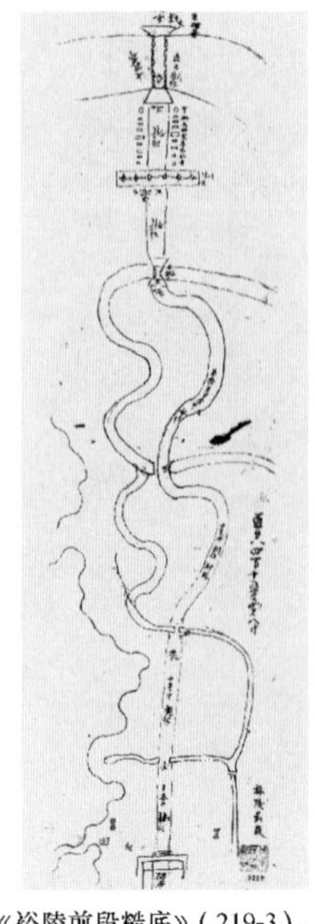

(b)《裕陵前段糙底》(219-3),补充七孔券桥至神道碑亭部分

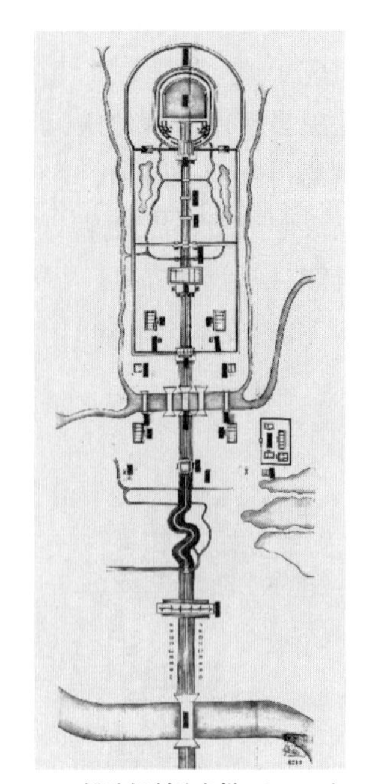

(c)《裕陵规制地盘样》(219-1),正式图

图6 咸丰八年八月裕陵测绘图系列

测绘成果除图纸外,还有文档。通过将测得的各陵重要尺寸汇总,开列清单,便于比较历代陵寝规制异同,更可灵活运用于设计中。如前文提到,平安峪宝城和花门院面宽受地宫规制和地形影响,曾反复修改,但几乎每次拟定的面宽都有前朝某座陵寝的成例可循。在这背后,雷思起等人整合测绘和文献调查结果,预先制作了《各陵宝城红墙尺寸单》(图7)[1],推敲方案时尽可能地从中选取前朝陵寝用过的尺寸,使设计过程中的每一个方案都能兼顾传统规制和实际地形。

[1] 八年八月二十至廿五日,详勘昭西陵、孝陵、孝东陵、景陵、裕陵规模尺丈,绘图,缮具各陵及平安峪面宽、进深尺寸清单。九月初二呈览留中。参见:平安峪工程备要.卷一.奏章.派员覆勘吉地绘具图说呈进.中科院国家科学图书馆藏。

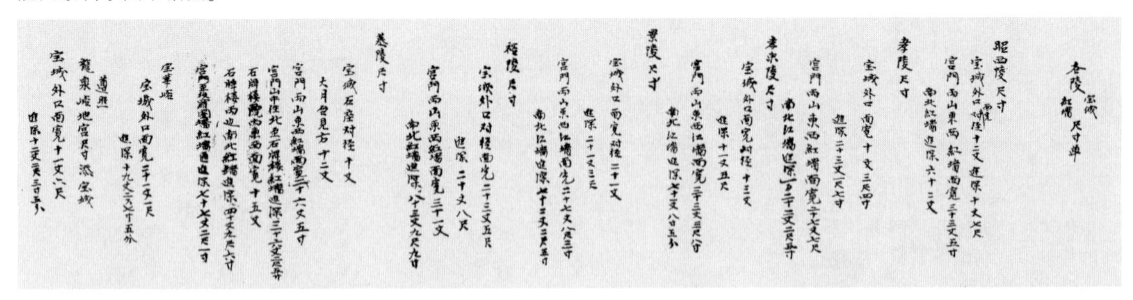

各陵宝城红墙尺寸单
昭西陵尺寸
宝城外口面宽对径十二丈 进深十丈七尺
宫门两山东西红墙面宽三十三丈五寸
南北红墙进深六十二丈
孝陵尺寸
宝城外口面宽十丈三尺四寸
进深二十三丈一尺七寸
宫门两山东西红墙面宽二十七丈七尺
南北红墙进深一百二十二丈二尺五寸
孝东陵尺寸
宝城外口面宽对径十三丈
进深十一丈五尺
宫门两山东西红墙面宽二十三丈三尺三分
南北红墙进深七十丈八尺五分
景陵尺寸
宝城外口面宽对径二十一丈
进深二十一丈三尺
宫门两山东西红墙面宽二十七丈八尺三寸
南北红墙进深七十三丈三尺五寸
裕陵尺寸
宝城外口对径面宽二十三丈五尺
进深二十丈八尺
宫门两山东西红墙面宽三十一丈
南北红墙进深八十三丈九尺九寸
慕陵尺寸
宝城石座对径十丈
大月台见方十二丈
宫门两山东西红墙面宽二十六丈五寸
宫门山中往北至石栏杆红墙进深三十六丈六尺五寸
石栏杆楼两东西面宽十五丈
石牌楼两边南北红墙进深四十丈九尺六寸
宫门至石牌楼红墙进深七十七丈二尺一寸
宝华峪
宝城外口面宽二十一丈一尺
进深十九丈三尺七寸五分
道光龙泉峪地宫尺寸添宝城
宝城外口面宽十一丈六尺
进深十丈二尺三寸五分

图7 咸丰八年八月《各陵宝城、红墙尺寸单》(216-8),罗列昭西陵、孝陵、孝东陵、景陵、裕陵、慕陵测绘所得宝城及花门院面宽、进深尺寸。其中昭西陵未发现对应的测绘图,可能当时只进行了简单的测量而没有绘图,平安峪设计也未曾借鉴昭西陵。此外还列有摘录档案所得的宝华峪及慕陵拟添建宝城方案相关尺寸

在测绘过程中,雷思起等人的确发现了各陵在细节上的不同之处并产生了一些困扰。例如前段建筑配置,孝陵设龙凤门,景陵、裕陵设牌楼门,而地处西陵的慕陵采用龙凤门,似无规律可循。平安峪应当使用何种建筑,承修官员拿捏不定,于是对孝陵龙凤门和景陵、裕陵牌楼门分别进行了详细测绘(图8~图11),并拟定了两种方案(图12,图13)❶,与测绘图一并呈送朝廷。随后还根据测绘结果制成烫样❷,更直观地向皇帝阐明该问题。咸丰皇帝很快作出决策,选用牌楼门❸,以示延续景陵、裕陵在东陵区内形成的特有传统,逊避孝陵,并与宝华峪的设置相同,有助于利用宝华峪旧料,节省成本(图14)。

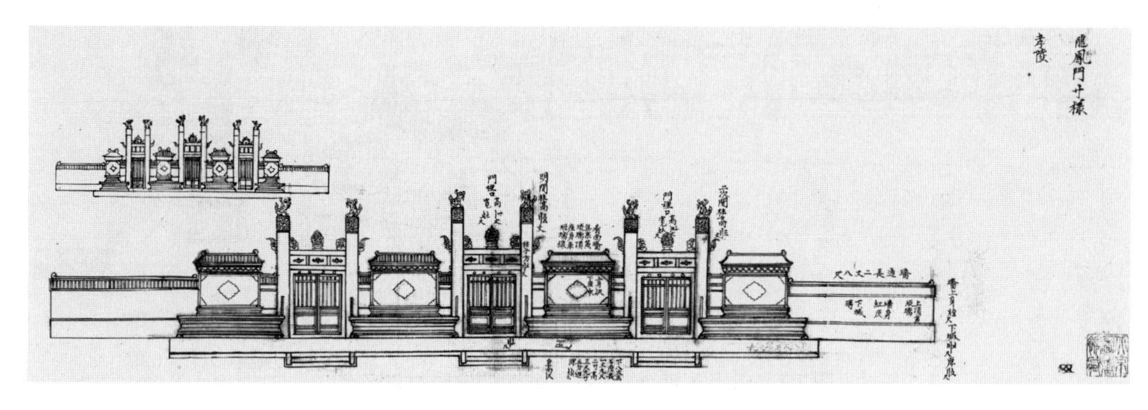

图8　咸丰八年十月《孝陵龙凤门寸样》(205-6)

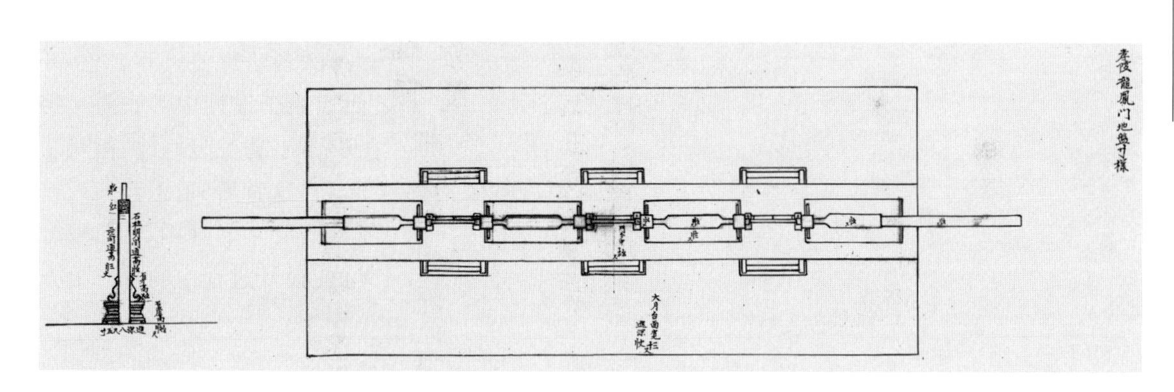

图9　咸丰八年十月《孝陵龙凤门地盘寸样》(205-5)

❶八年十月十九:详较各陵制度,谨拟规模尺寸,绘具图说,具奏呈览留中。参见:平安峪工程备要.卷一.奏章.遵查吉地形势酌拟规制绘图呈览.中科院国家科学图书馆藏。

❷八年十一月初三:恭查,孝陵规制系用龙凤门,景陵、裕陵系用牌楼门,制度各有不同。谨将龙凤门、牌楼门均烫样呈览,恭候钦定遵办。参见:平安峪工程备要.卷六.做法.中科院国家科学图书馆藏。

❸八年十一月初四:奉硃批,二层泊岸下用牌楼门。参见:雷思起,等.咸丰八年拾壹月初一日吉立万年吉地旨意档(366-212)。

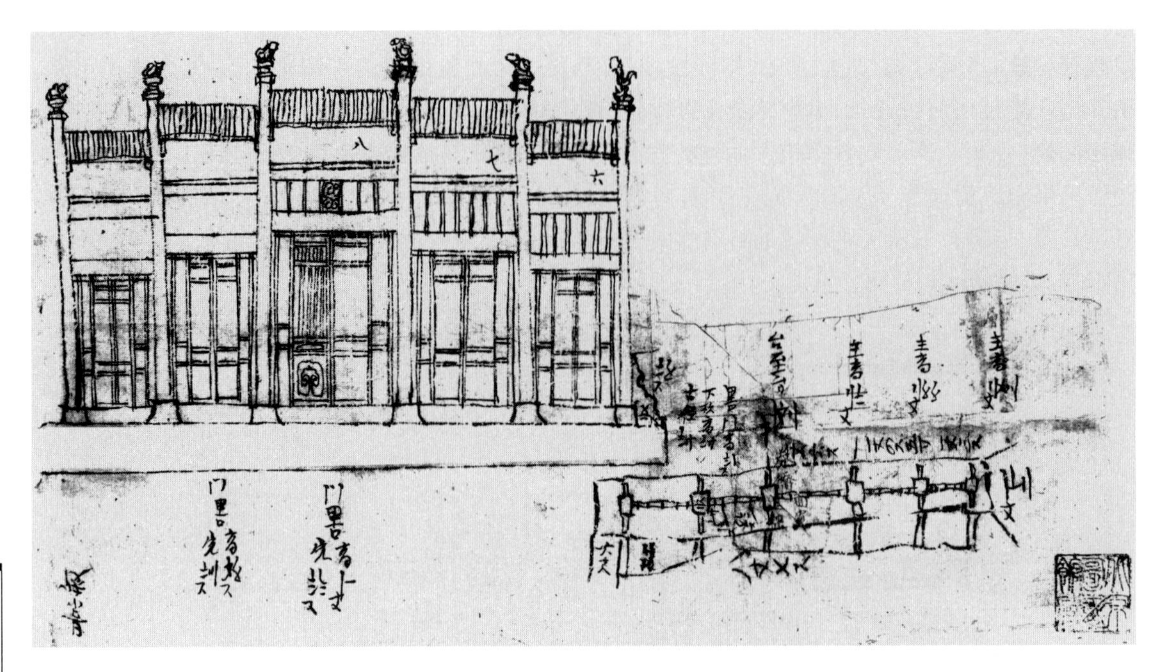

图10　咸丰八年十月《景陵牌楼门糙底》(247-9)

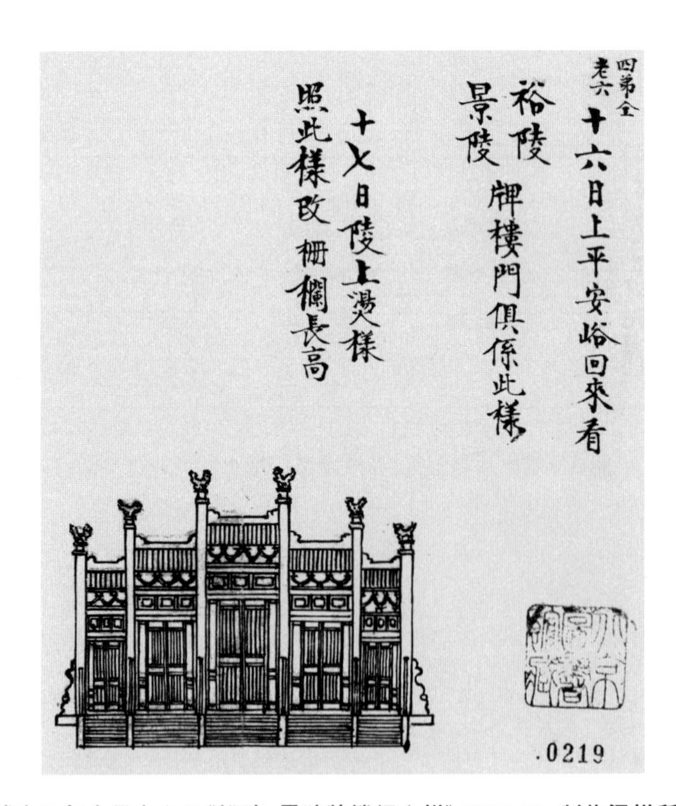

图11　咸丰八年十月十六日《裕陵、景陵牌楼门立样》(219-4)，制作烫样所用参考图

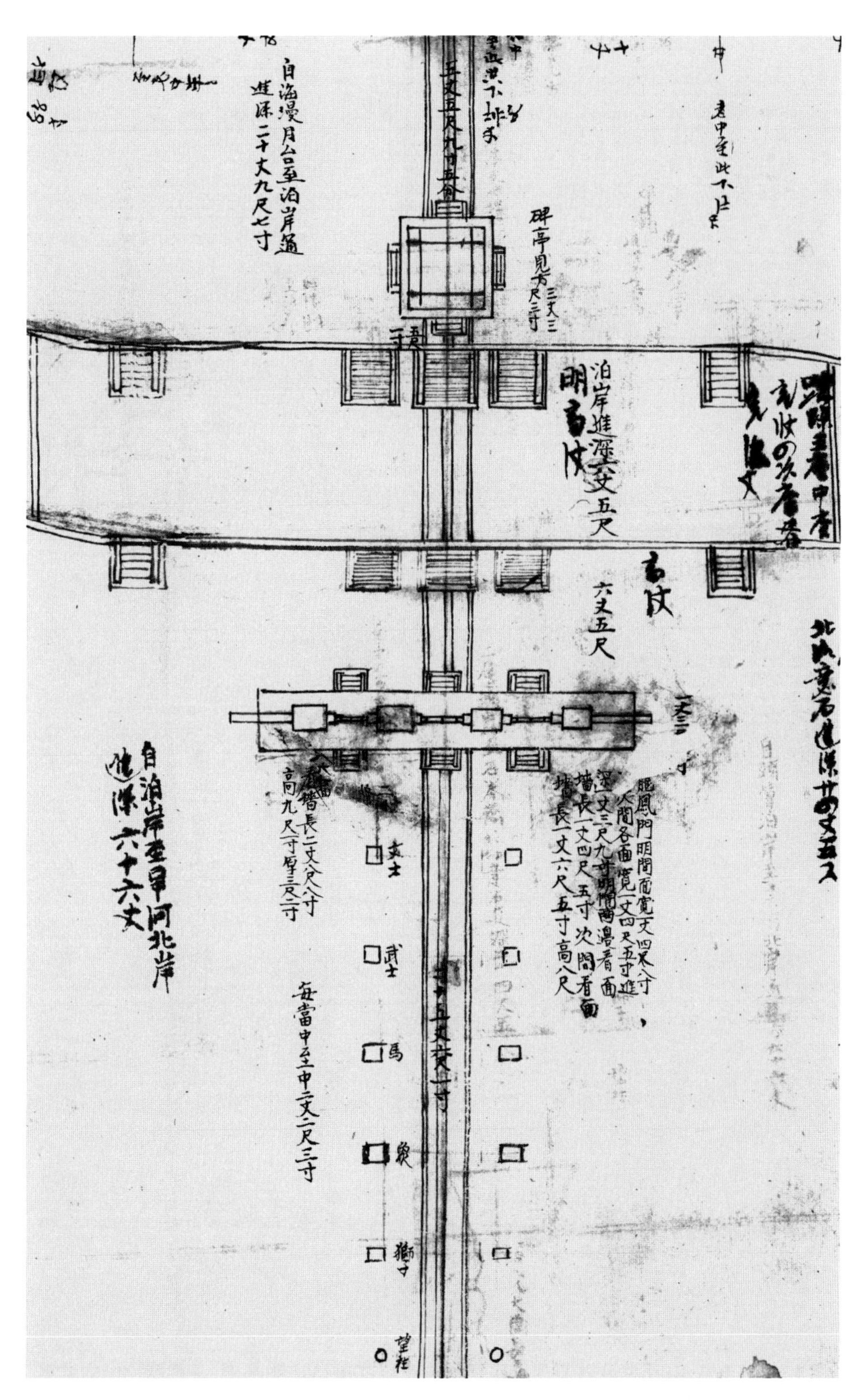

图 12　咸丰八年《十月十八日呈览眼照准样底》(209-1) 贴页局部，采用龙凤门的方案

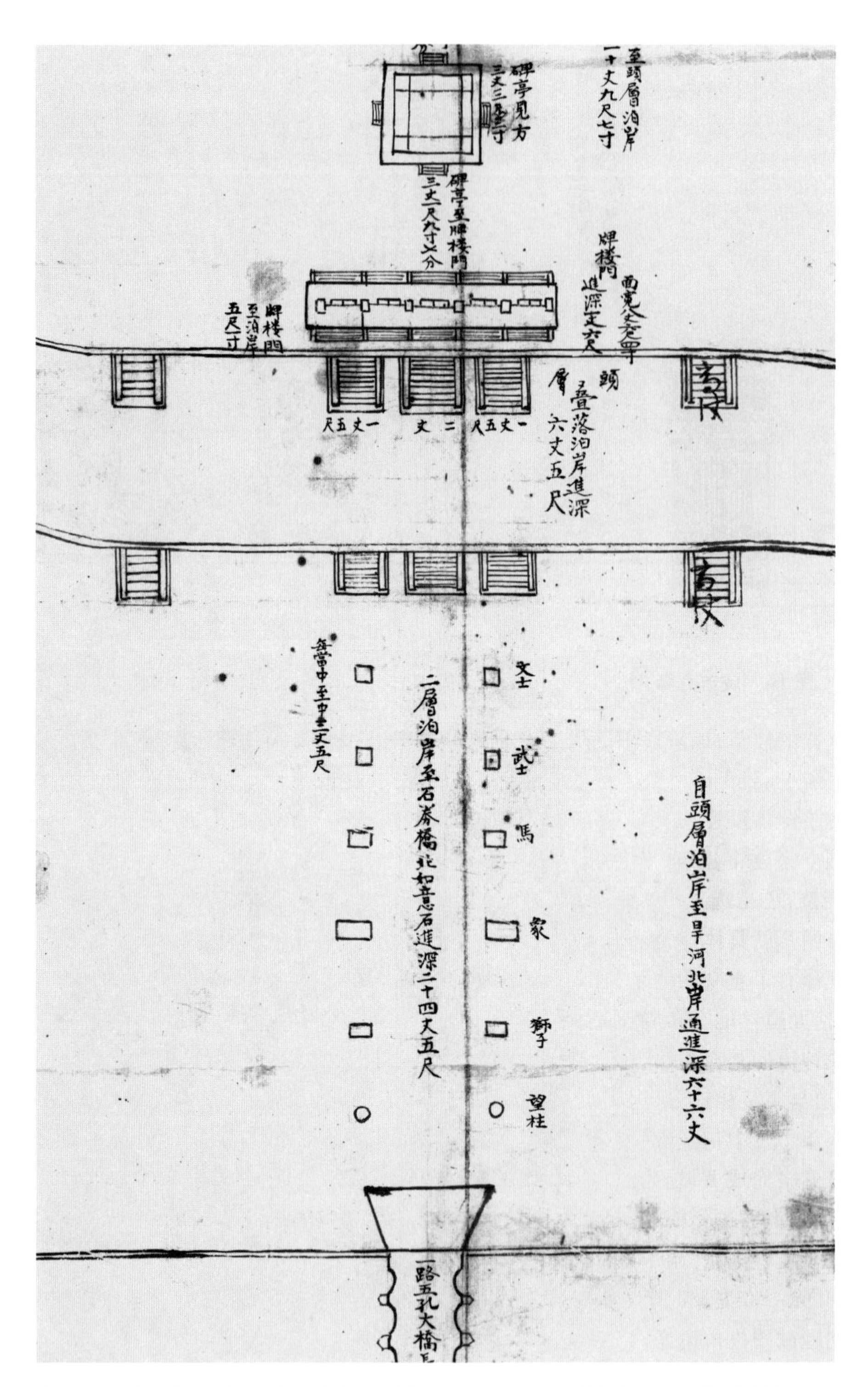

图13　咸丰八年《十月十八日呈览眼照准样底》(209-1)底图局部，采用牌楼门的方案

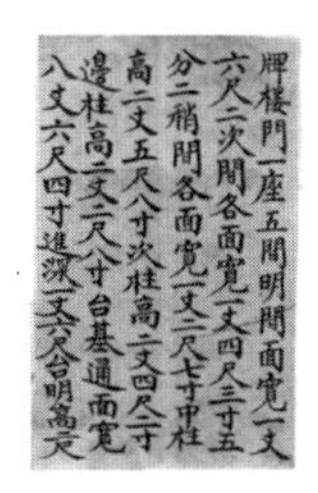

图 14　咸丰九年（1859 年）至咸丰十年（1860 年）《平安峪牌楼门立样》（247-6）

除去这样的枝节，该阶段调查测绘最深远的影响在于，其为平安峪设计“复归祖制”提供了最有力的支持。测绘将东陵区内历代陵寝的整体特征清楚地展现给全体设计人员和管理官员，并随着图纸的呈进而传达给皇帝，使其领会到皇家陵寝建筑“成宪”之森严，平安峪是选择遵从祖制、保持东陵体制的严整，还是选择步慕陵后尘、成为东陵第一座特立独行的陵寝，答案已不言自明。就具体建筑而言，随着测绘的进行，相关工程人员对帝陵建筑的尺度规律有了直观的体认，从而迅速放弃了尺度过小的地宫及方城明楼方案，重拾九道券地宫布局，并使方城明楼体量与之匹配。而通过对各陵外围及前段神道的补充测绘，也必然会注意到东陵已有帝陵均配置望柱和石象生，神道与主陵相连，这也决定了平安峪前段设计的演进方向。

咸丰八年十月中旬至十一月初，采用九道券地宫、添设望柱和石象生的平安峪初步方案完成并陆续呈送朝廷。在先行送达的祖陵测绘成果铺垫下，方案很快获准通过，复归祖制的抉择正式获得了咸丰皇帝和朝廷上下的认可。但对于陵寝规制，咸丰皇帝毕竟有许多难言之隐，因此在其生前的宫廷档案中，并无一言提及此事。直到咸丰宾天之后不久，当有人再度抛出平安峪规制问题试图投机邀宠时，朝廷立即予以了驳斥，并借机首次解释了必须复归祖制的原因：“惟陵寝规模，本系遵照成宪；而宣宗制作之精心，有超越于寻常成例之外者。……今工程大局已定，若另行办理，势必弃渐就之规模，为从新之创造。”[1]委婉地点出道光皇帝的慕陵标新立异，扰乱了皇家陵寝的规制传统，并不值得模仿。

[1] 清实录[M]. 第 45 册. 穆宗实录. 卷 15. 北京：中华书局，1987.

第二,工程中期的建筑单体测绘。

平安峪总体布局确定后,样式房遂于咸丰九年(1859 年)开始逐一设计组群内各单体建筑。与设计工作配合,雷思起等人又实施了多次测绘,将焦点转至单体建筑结构与做法。如明楼、隆恩殿、神道碑亭、神厨库等建筑,均有测绘图作为设计参考(图 15 ~ 图 23)。

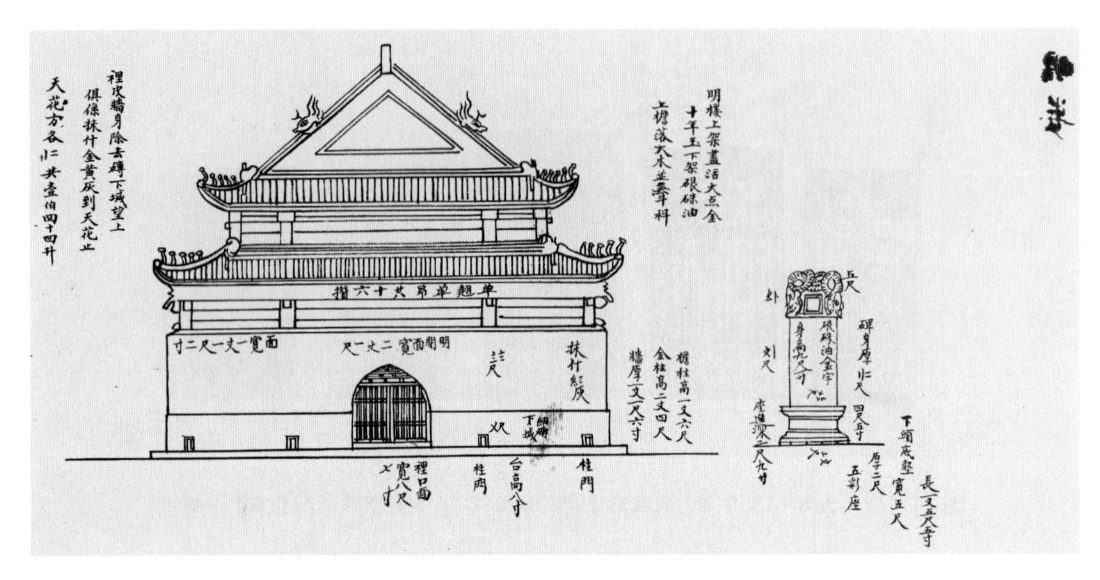

图 15　咸丰九年《孝陵明楼立样细底》(151-12)

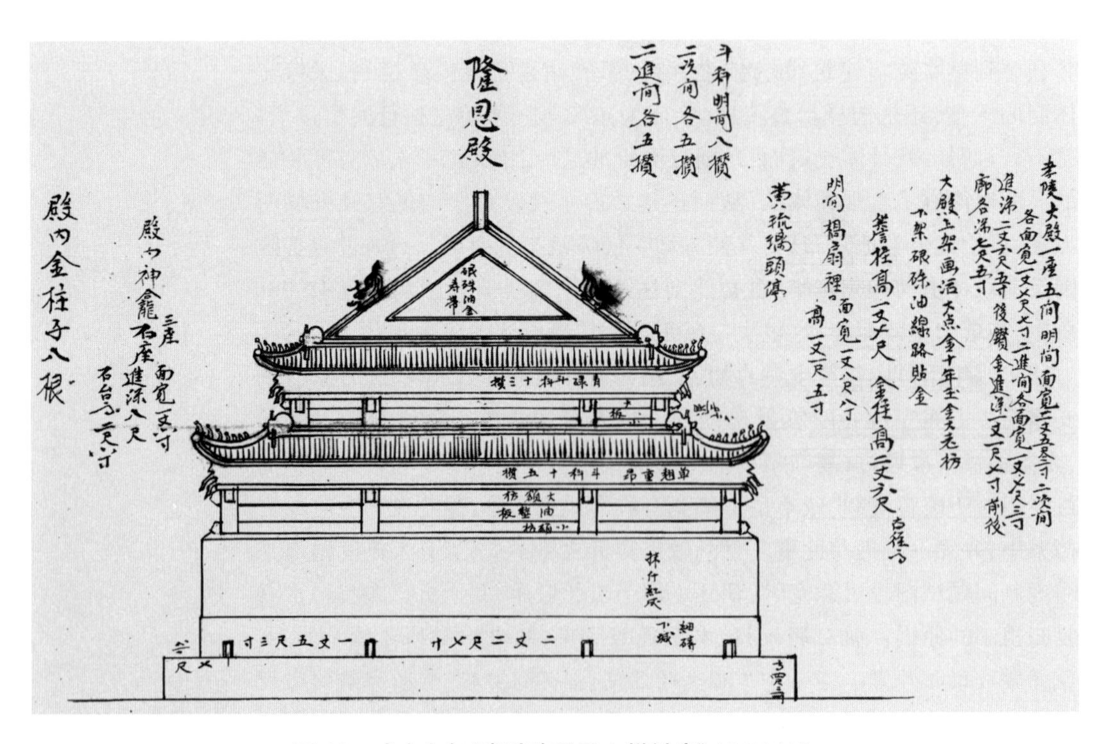

图 16　咸丰九年《孝陵隆恩殿立样糙底》(217-11)

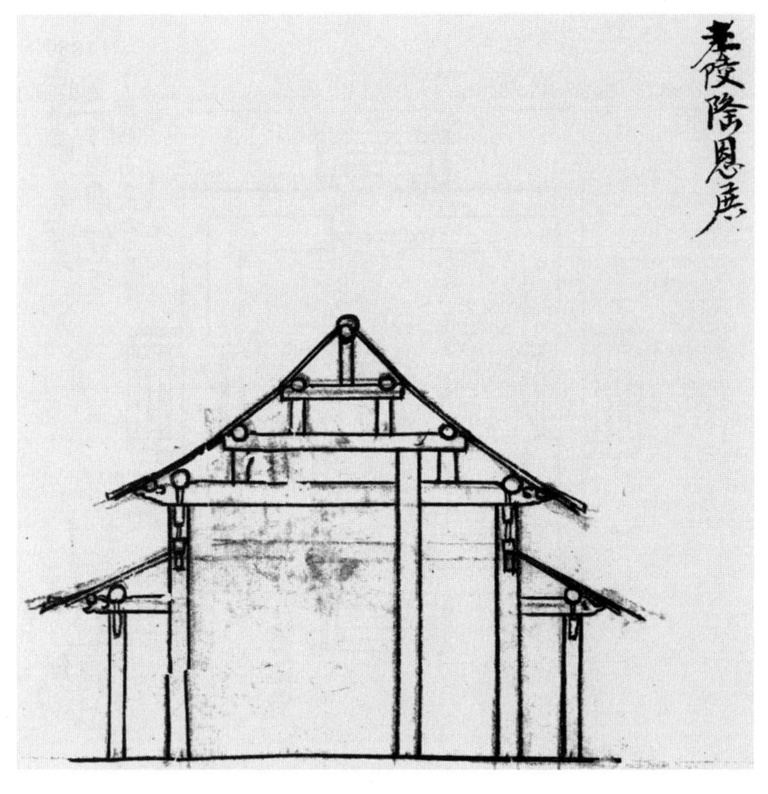

图 17　咸丰九年《孝陵隆恩殿大木立样糙底》(205-17)

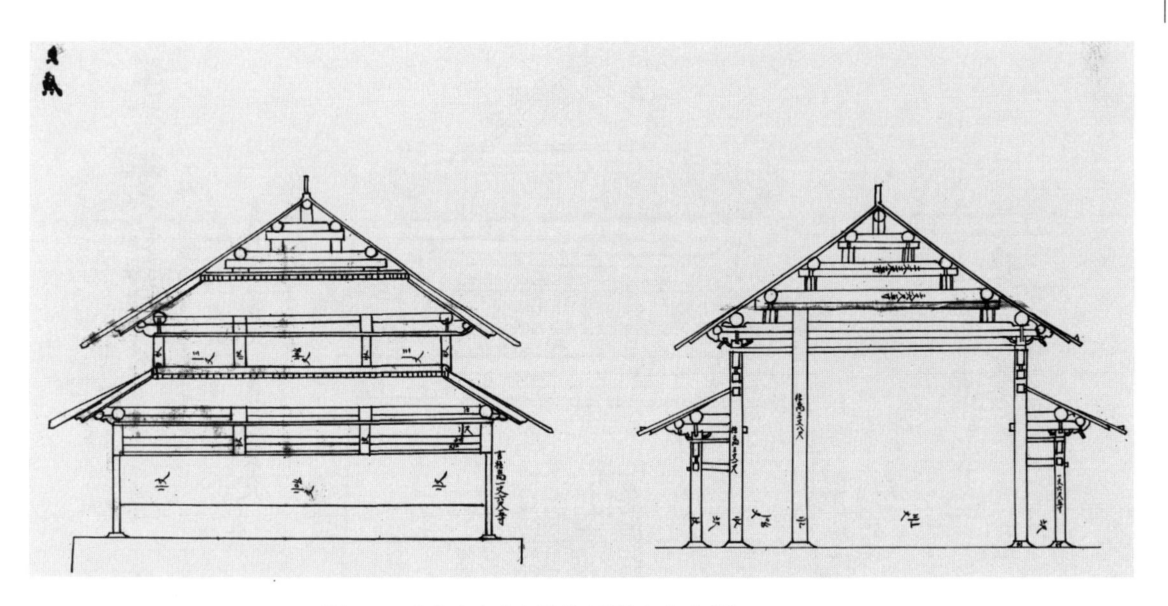

图 18　咸丰九年《定陵隆恩殿大木立样》(247-14)

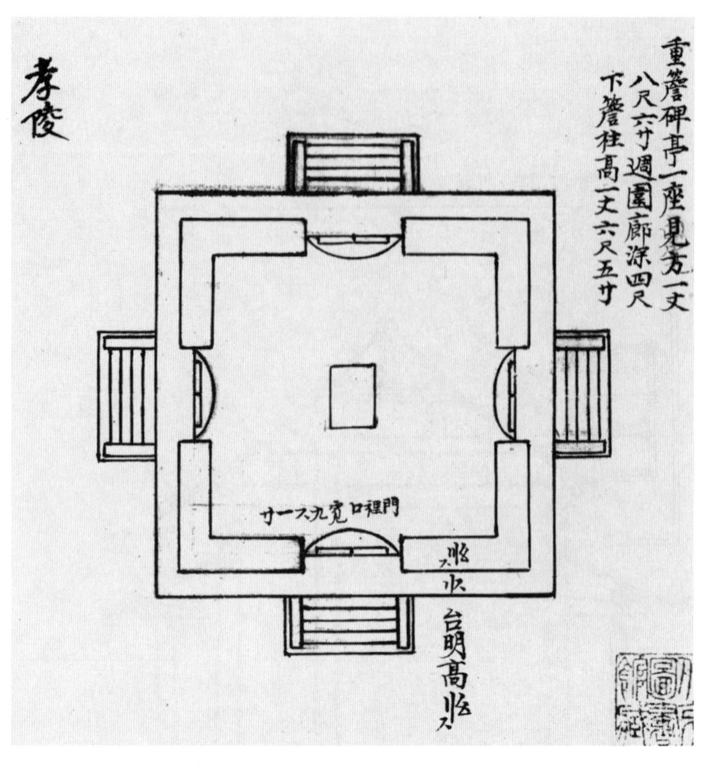

图 19　咸丰九年《孝陵神道碑亭地盘样》(205-14)

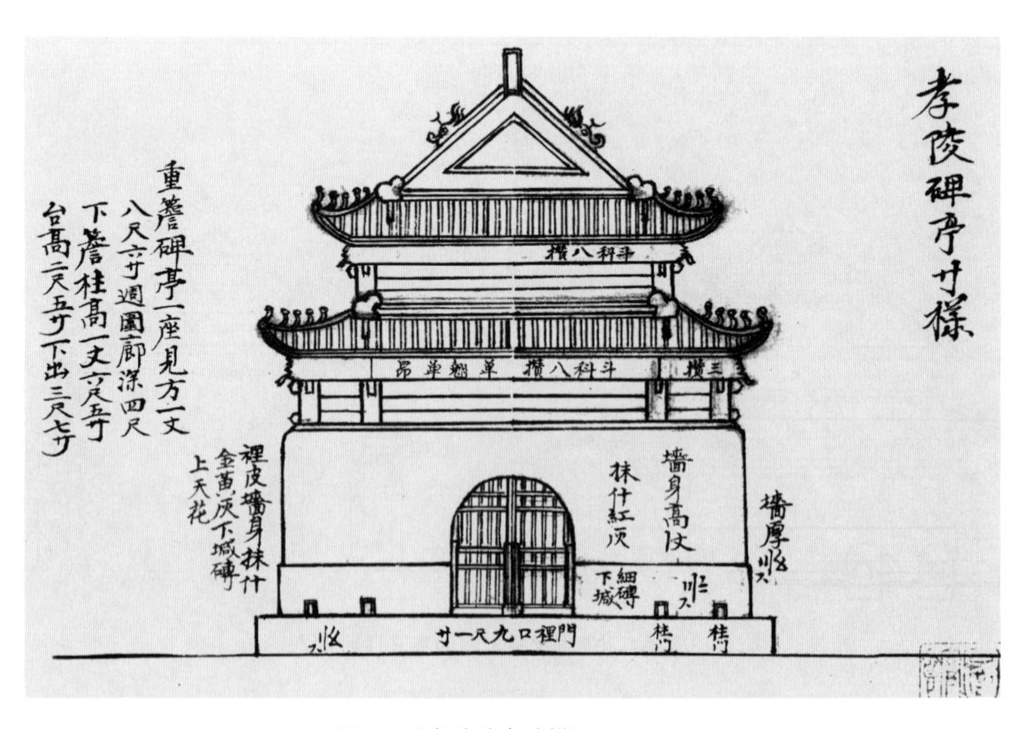

图 20　《孝陵碑亭寸样》(205-15)

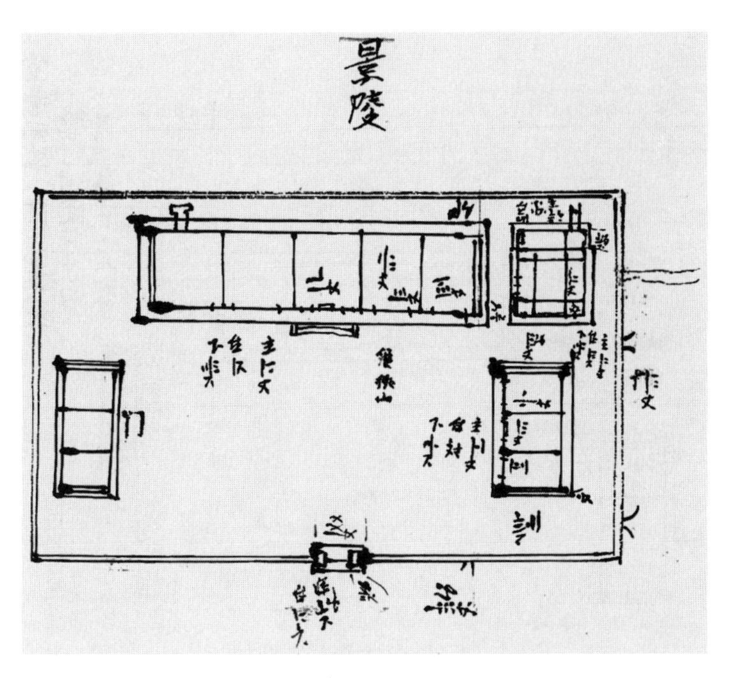

图 21　咸丰九年《景陵神厨库地盘糙底》(178-20)

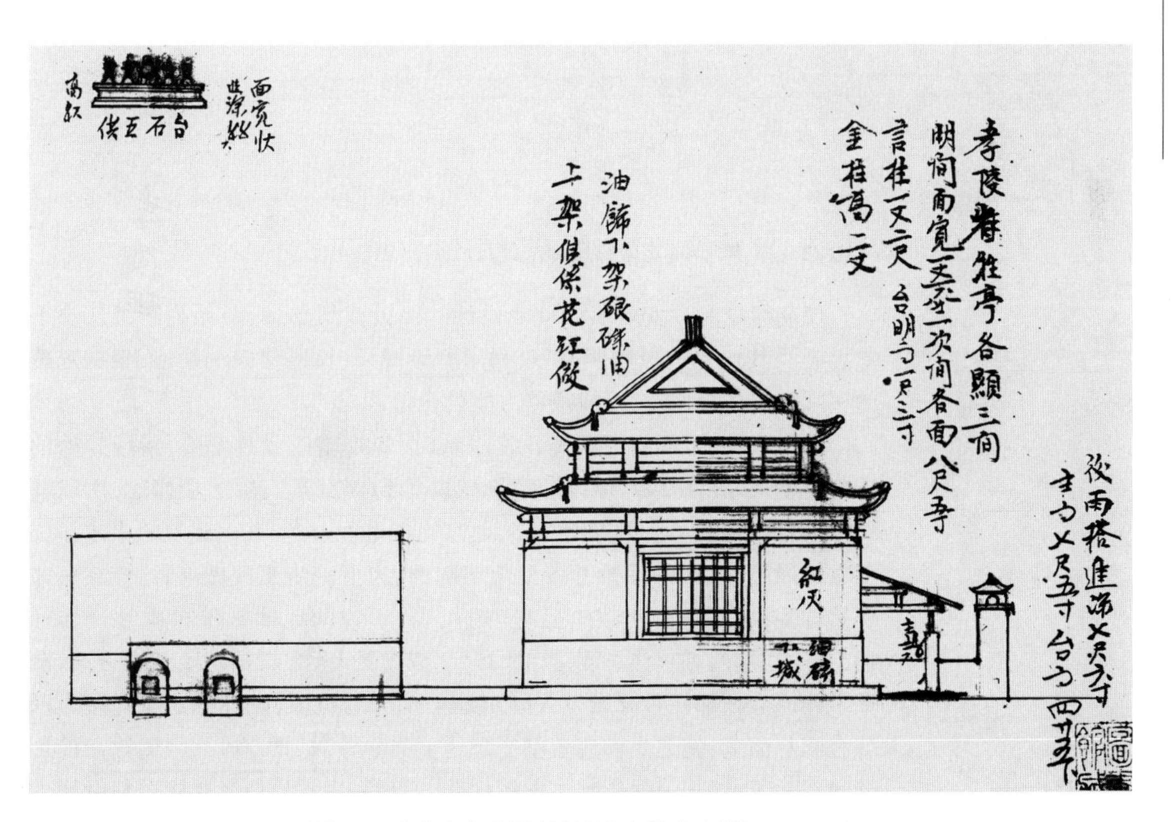

图 22　咸丰九年《孝陵神厨库省牲亭立样》(205-10)

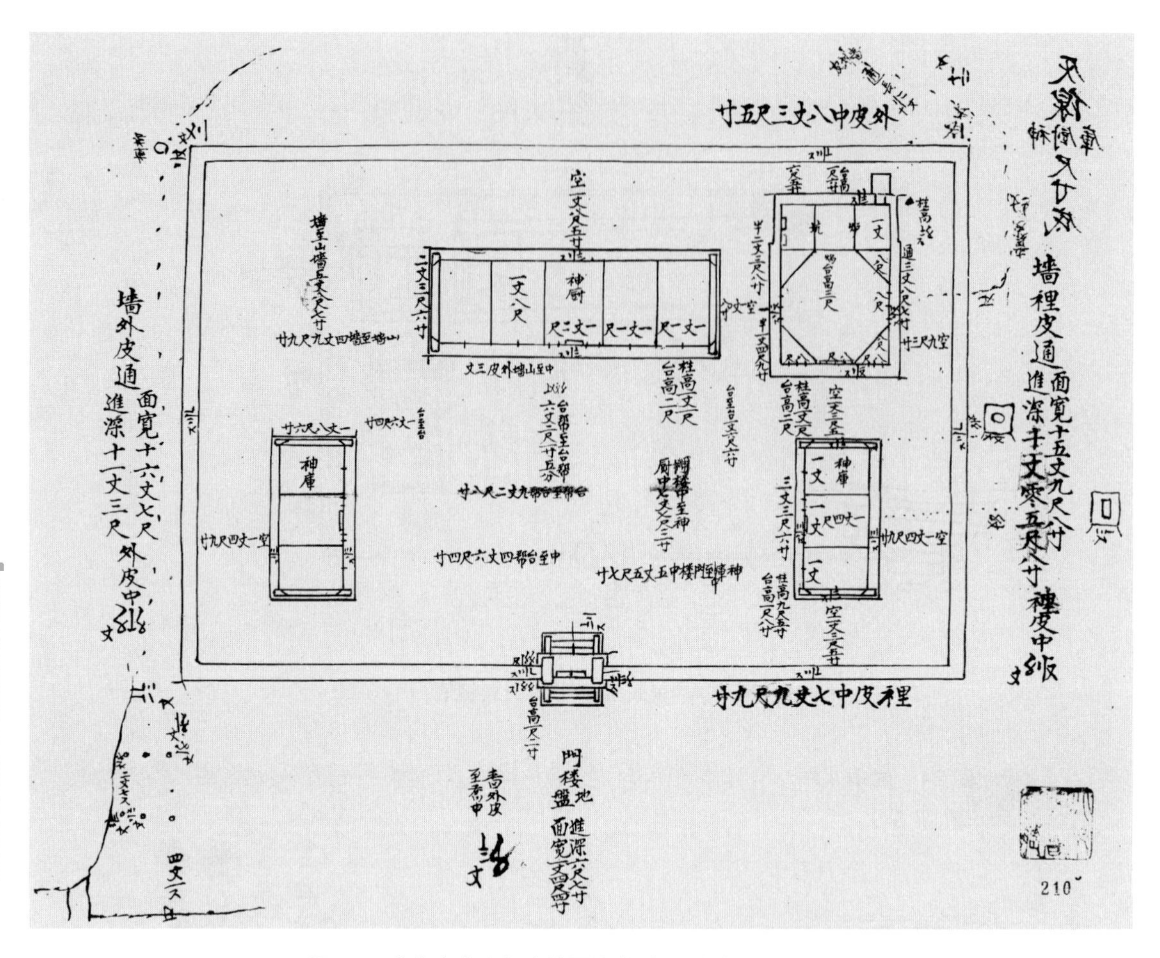

图 23 咸丰九年《定陵神厨库灰线尺寸底》(210-40)

琉璃影壁是平安峪后段最晚设计的一处建筑单体,一系列图纸反映了雷思起及其伙伴选择参照原型、利用测绘成果、按照建筑的功能、根据定陵的实际情况加以修改、形成最终方案的全过程。

咸丰八年,工程初期调查各陵规制时,曾粗略测量过孝陵、景陵等处的琉璃影壁尺寸(图 24),但因琉璃影壁要等到梓宫奉安后才会修建,所以其设计被暂时搁置。直到同治二年,地宫施工进程过半,其他建筑的大木作施工也进展迅速,需考虑置办各型琉璃构件,为下一步工序做准备,样式房才开始着手设计影壁。作为"祖制"的代表,孝陵的琉璃影壁再次被选作样板,并于当年四月被详细测绘(图 25)。以此为基础,根据定陵地宫方案,测算了隧道券顶部在月牙城位置露出地平部分的宽度,据此确定了定陵影壁应有的总面宽,使之足够遮盖整个隧道券顶(图 26,图 27)。因测算出的影壁面宽大于孝陵,为保持整体比例均衡,通高和进深均较孝陵影壁略微增大(高度增加 1 尺,进深增加 1 寸),处于正中的重要构件海棠心也被扩大,其他琉璃构件则基本沿用了孝陵规格(图 28)。

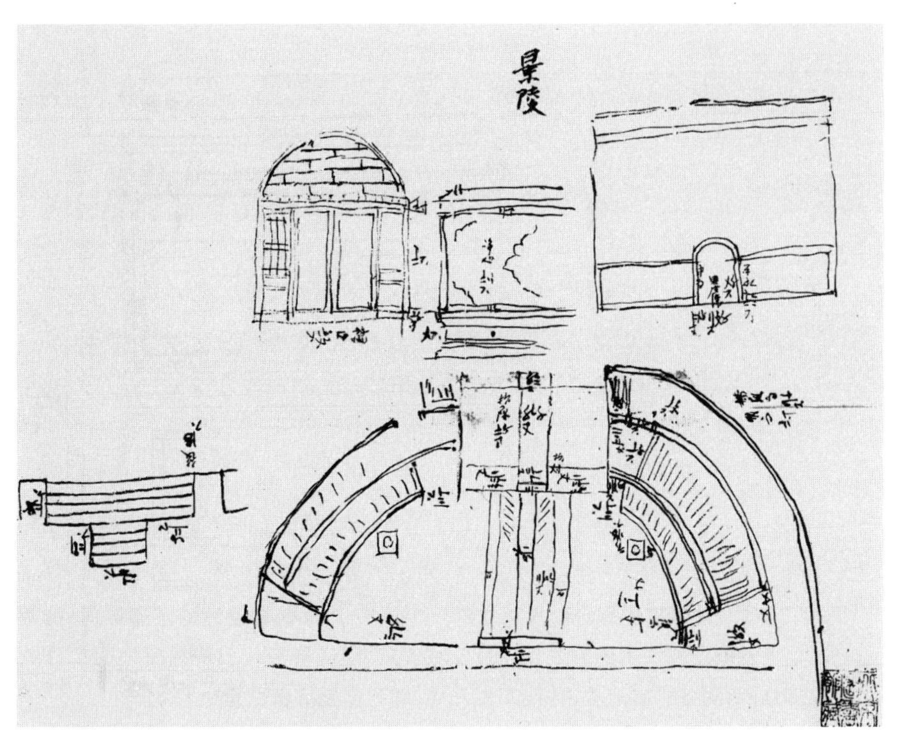

图 24　咸丰八年八月《景陵糙底》(178-9)，方城、哑巴院、琉璃影壁局部测稿

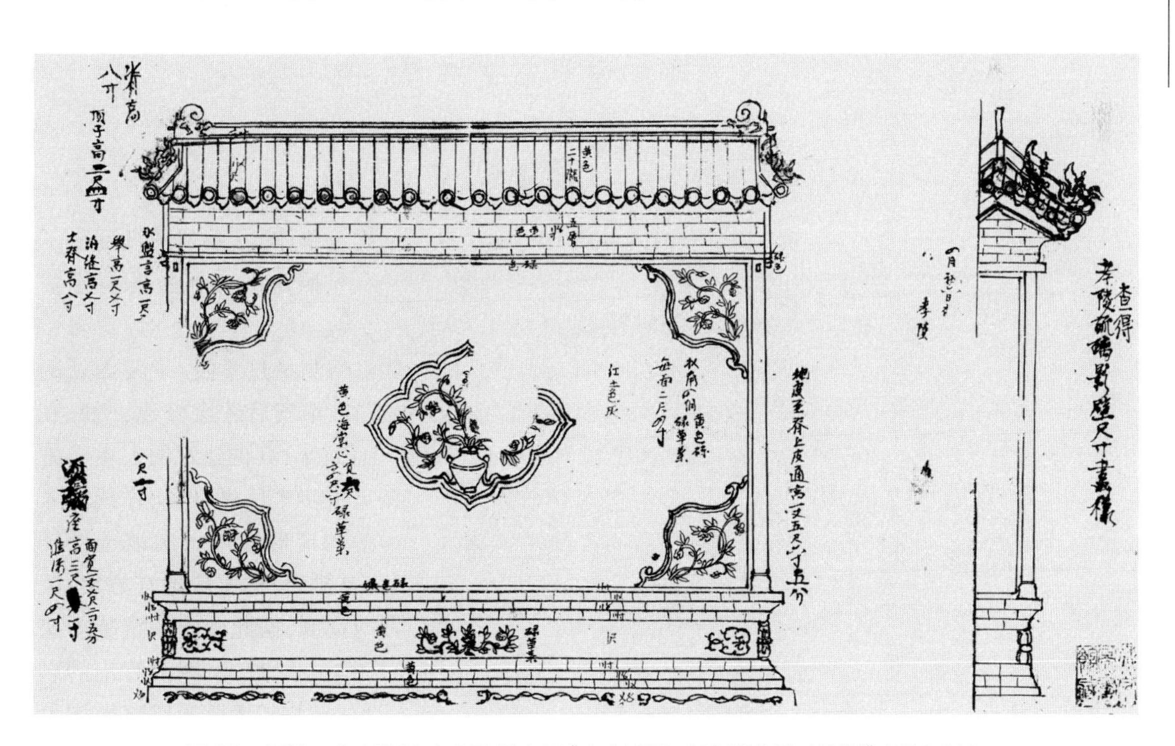

图 25　同治二年(1863 年)四月六日《查得孝陵琉璃影壁尺寸画样》(205-11)，
面宽 1.725 丈，通高 1.565 丈

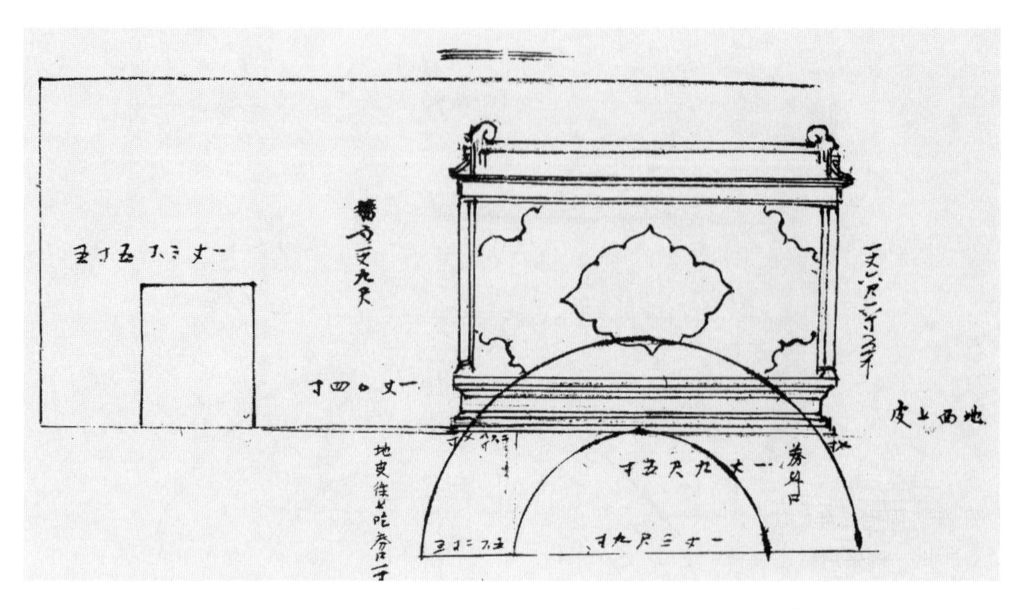

图 26　同治二年《定陵琉璃影壁分位尺寸立样》(243-37),反映影壁遮盖隧道券顶,掩蔽地宫入口的基本功能及确定其面宽的方法。在月牙城位置,隧道券五伏五券露出地面部分的宽度为一丈九尺五寸,两侧各扩出七寸,共计二丈九寸,即为影壁底部面宽

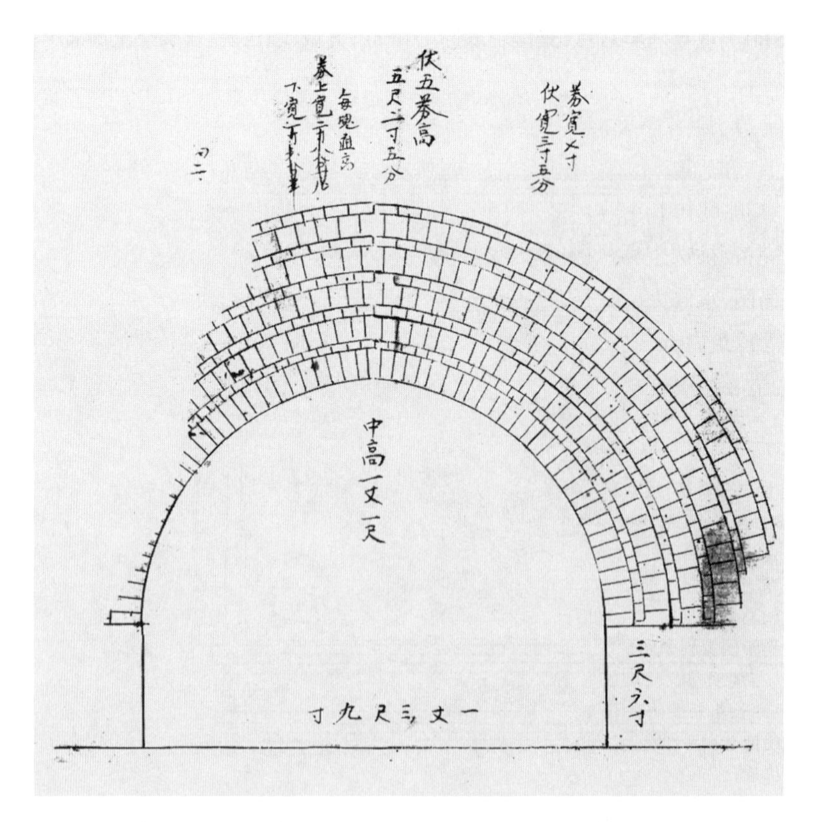

图 27　隧道券断面构造参见:咸丰九年《平安峪地宫隧道券立样》(239-31)

图 28 同治二年《拟添修定陵琉璃影壁尺寸画样》(186-6 底图),面宽 2.09 丈,通高 1.665 丈。此方案采用歇山顶,但同治四年实际建成的影壁改为了与孝陵一致的硬山顶

第三,工程后期的装修陈设测绘。

同治二年以后,随着各建筑渐次完工,定陵工程处开始筹备奉安和日常祭祀所需的各种陈设,以及刻碑、悬匾事宜。

陵寝陈设与建筑类似,由于数十年没有大规模陵寝工程,内务府和工部已缺乏制作经验。另外,咸丰十年(1860 年)夏,英法联军攻陷北京,宫中档案罹劫,存放于圆明园样式房的皇家工程图档也未能幸免,虽经雷景修等人抢救,仍损失惨重。在档案缺失的情况下,只能通过实地调查测绘前朝陵寝,依样制造,最为稳妥。

同治二年三月,雷思起与定陵工程处相关人员前往孝陵、景陵、裕陵,初步查看并对比了三者隆恩殿外陈设及殿内神龛、帐幔等物(图 29)。其中,乾隆皇帝的裕陵是东陵区内与定陵年代间隔最短的帝陵,细节最为精美且完备,被选定为陈设的模本,而帐幔则综合参考各陵样式织造。[1]同年夏,工程处预先知照东陵承办事务衙门,承修大臣和样式房匠人在守陵官员的带领下再次进入裕陵、孝陵及景陵三陵的隆恩殿、配殿、宫门等建筑内部,逐一调查五供、几案、金灯、龙缎围幄、衾帐、桌套等各种装修及陈设器物的数量、规格、样式,精心绘图(图 30 ~ 图 41),呈送朝廷审查批准后,交由各部门仿制。[2]

---

❶同治二年五月廿二日具奏:现在定陵工程各座地基均已筑成,隆恩殿将次起建,除殿内所需陈设等件应由臣等行知内务府届期派员前往踏看办理外,至殿内应需龙缎、围幄、衾枕、供桌上黄套等件应由内务府派员前往逐件丈量尺寸发交织造制办。……其五供、几案及金灯座等件,应由工部制办。参见:平安峪工程备要. 卷一. 奏章. 中科院国家科学图书馆藏。

❷隆恩殿、配殿、宫门等处内外一切装修,均系仿照裕陵办理,今本工定于本月十三日派员恭诣裕陵踏看隆恩殿、配殿、宫门等处内外一切装修,相应知照贵衙门(按:东陵承办事务衙门)查照,是日派员带领踏看。参见:平安峪工程备要. 卷五. 片文. 踏看装修仿照办理. 中科院国家科学图书馆藏;二年六月初六日,同常四老爷、少三老爷画来,六月十二日交。少三老爷代[带]进京,御背[预备]呈览:裕陵明间黄段织金龙幔帐样一张;裕陵神龛内三面壁衣并顶子前幔帐花样同黄刻丝地织金龙画样一张;裕陵镀金珐蓝五彩福寿长春五供并金漆香几画样一张;裕陵妃园寝享殿明间黄缎织金翔凤刻丝五色云江洋海水幔帐画样一张;裕陵妃园寝享殿明间黄铜五供并香几画样一张。参见:雷思起,等. 样式房咸丰十一年十一、二月、同治元年正月吉立 呈览、呈堂监督商人递样底(374-393-8);二年七月初一日,同魁(龄)大人画来,御背[预备]呈览:孝、景陵明间黄缎织金龙幔帐样一张;次间黄缎织金翔凤刻丝五色云江洋海水幔帐画样一张;裕陵次间黄缎织金龙幔帐样一张;景陵贵妃园寝明、次间黄云缎幔帐画样一张。此样算房梁大爷代[带]京进。参见:雷思起,等. 样式房咸丰十一年十一、二月、同治元年正月吉立 呈览、呈堂监督商人递样底(374-393-8)。

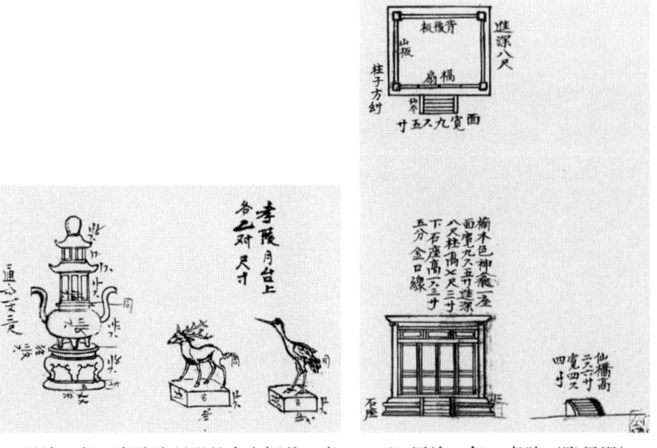

(a) 同治二年《孝陵隆恩殿月台上铜鼎、鹿、鹤各二对尺寸》(205-18)

(b) 同治二年《孝陵（隆恩殿）神龛寸样》(205-19)

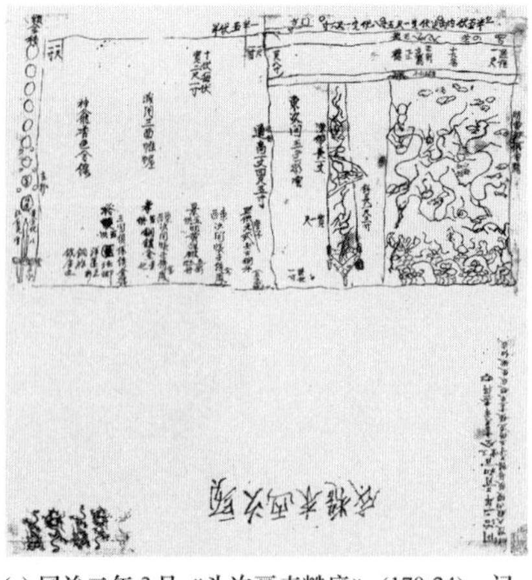

(c) 同治二年3月《头次画来糙底》(178-24)，记：同治二年三月初一日三堂仝老爷查得景、孝、裕陵大殿内幔帐每幅尺寸五供花样画来糙底朱做细底

图29 同治二年春，初次查看孝、景、裕陵装修陈设图

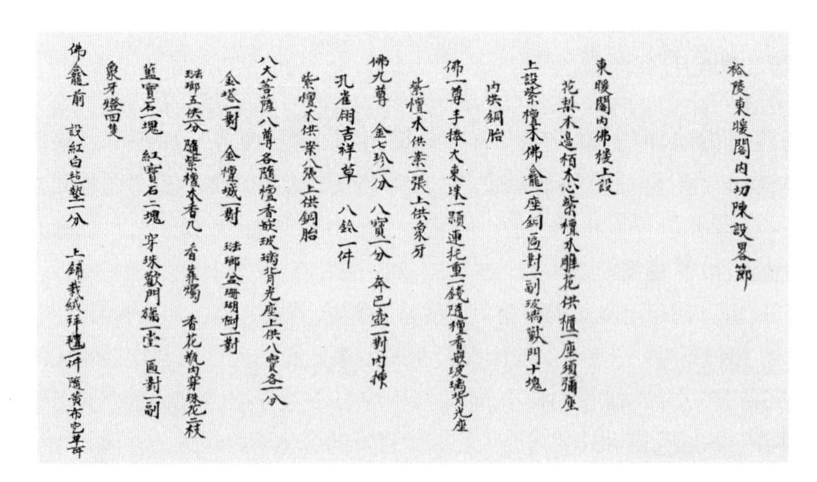

裕陵東暖閣內一切陳設畧節

東暖閣內佛樓上設

花梨木邊楠木心紫檀木雕花供櫃一座須彌座

上設紫檀木佛龕一座銅匾對一副玻璃歡門十塊

內供銅胎

佛一尊手捧大東珠一顆連托重一錢隨檀香嵌玻璃背光座

紫檀木供桌一張上供象牙

佛九尊 金七珍一分 八寶一分 奔巴壺一對內插

孔雀翎吉祥草 八鈴一件

紫檀木供桌八張上供銅胎

八大菩薩八尊各隨檀香嵌玻璃背光座上供八寶各一分

金塔一對 金檀城一對 琺瑯金瓔珊瑚樹一對

琺瑯五供一分 隨紫檀木香几 香蕃燭 香花瓶內穿珠花二枝

藍寶石一塊 紅寶石二塊 穿珠歡門繡一堂 匾對一副

象牙燈四隻

佛龕前 設紅白氈墊一分 上鋪栽絨拜毯一件 隨黃布包單

图30 同治二年六月《裕陵（隆恩殿）东暖阁内一切陈设略节》(219-15)，调查裕陵隆恩殿陈设后开列的清单

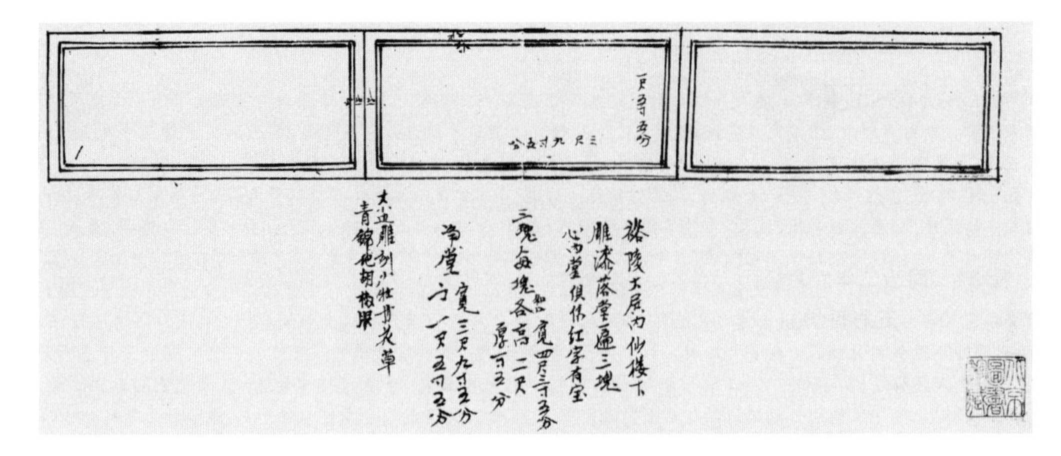

图31 同治二年六月《裕陵大殿内仙楼下雕漆落堂匾三块》(264-10)

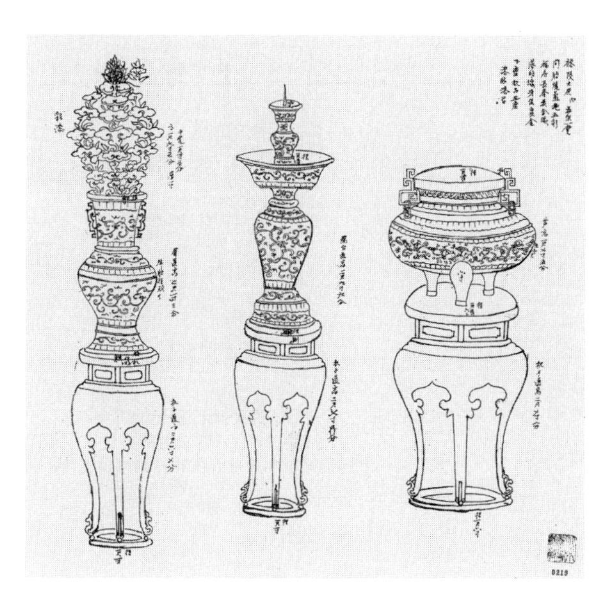

图 32　同治二年六月《裕陵大殿内五供一堂》(219-27)

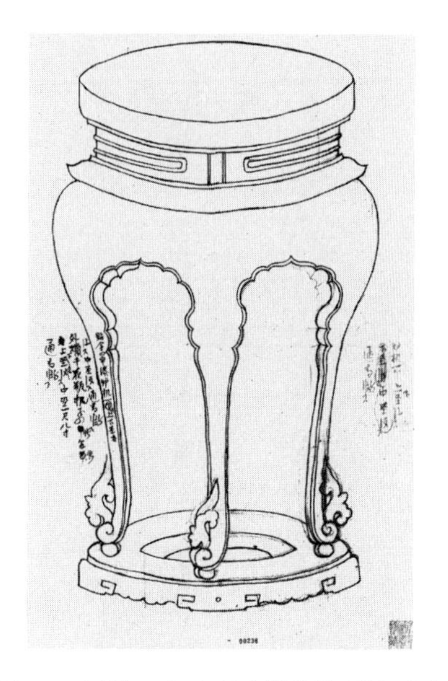

图 33　同治二年六月《裕陵隆恩殿贴金罩漆几子立样》(236-8)

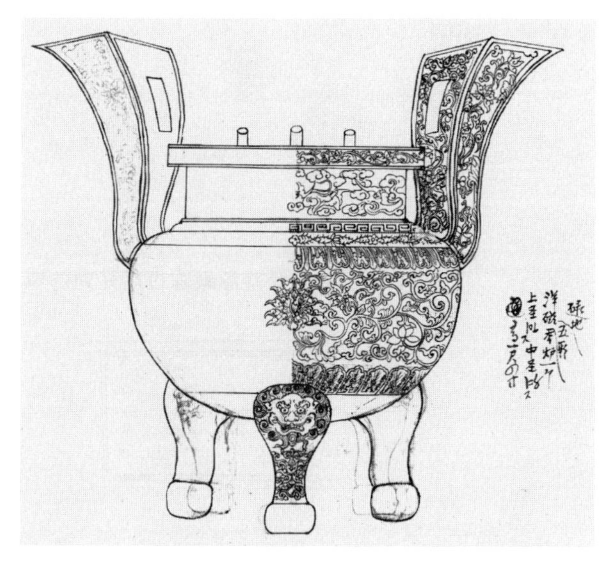

图 34　同治二年六月裕陵隆恩殿《碌地洋磁五彩香炉》(214-1-19)

图 35　同治二年六月裕陵隆恩殿《洋磁壶瓶》(236-7)

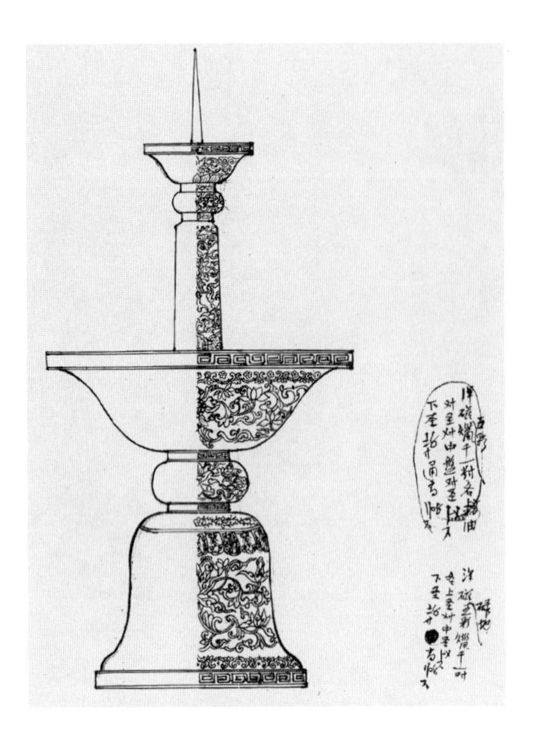

图 36　同治二年六月裕陵隆恩殿《洋磁五彩蜡干（扦）》（214-2-15）

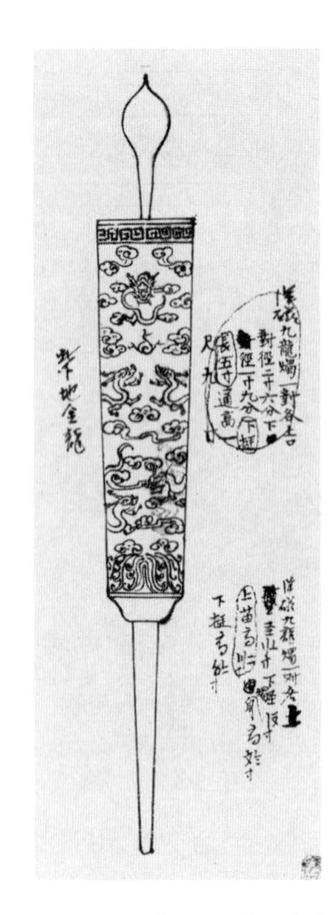

图 37　同治二年六月裕陵隆恩殿《碌地洋磁五彩蜡头》（214-1-20）

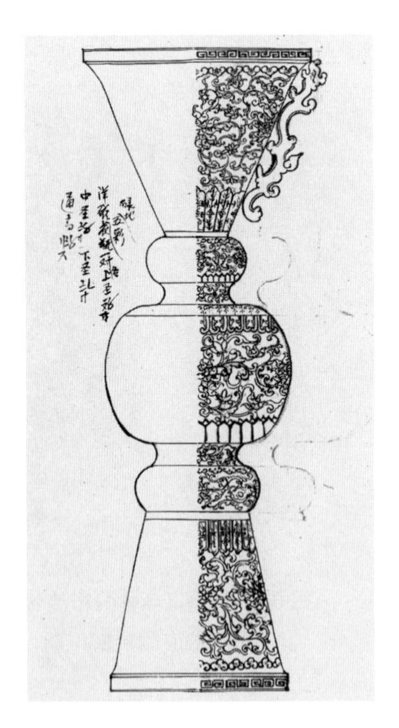

图 38　同治二年六月裕陵隆恩殿《洋磁碌地五彩花瓶》（214-2-16）

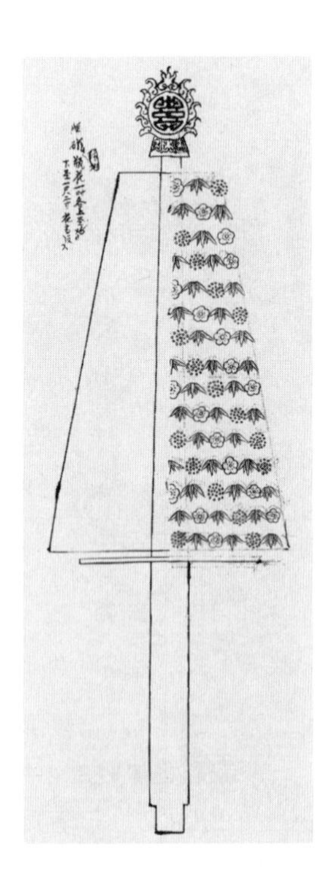

图 39　同治二年六月裕陵隆恩殿《洋磁瓶花》（214-2-18）

图 40　同治二年六月《孝陵、景陵、裕陵隆恩殿幔帐尺寸画样》(212-18)

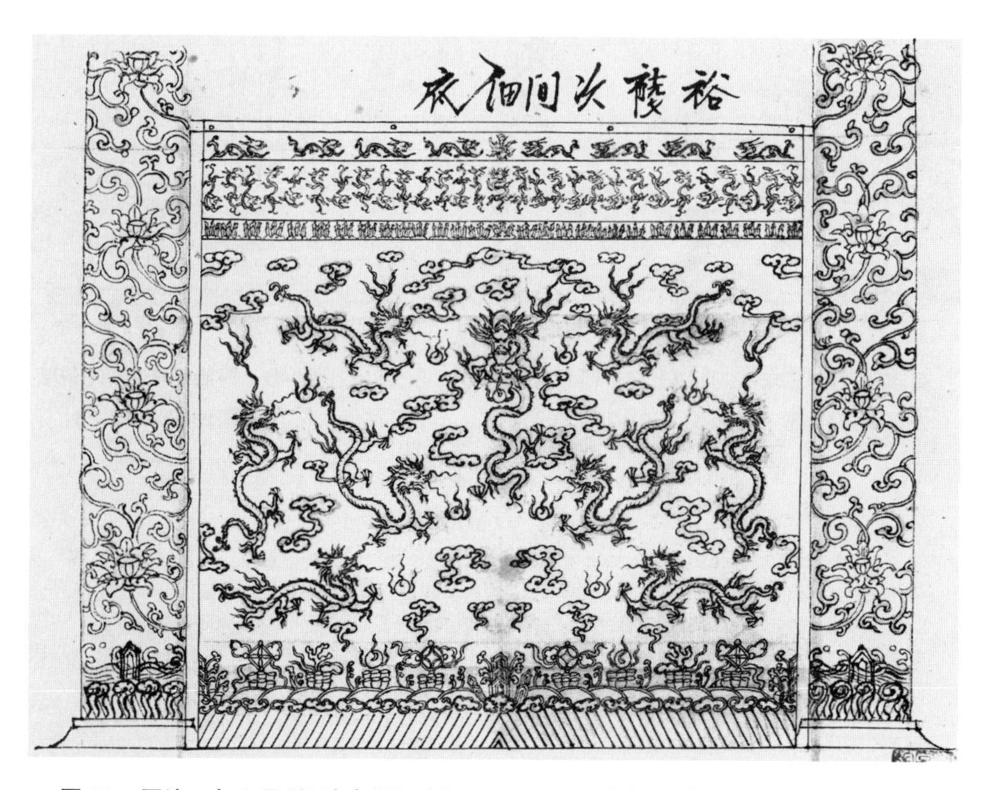

图 41　同治二年六月《裕陵次间细底》(219-34)，裕陵隆恩殿幔帐及金柱纹样测绘图

碑刻和牌匾制作始于同治三年。陵寝各处碑匾的尺寸、纹样、款识，均需依照成规拟定方案。当年三月初，雷思起组织测绘了孝陵、景陵、裕陵内的下马牌、神道碑和明楼碑（图 42～图 46），除测量尺寸外，还对碑额和宝文进行了拓样（图 47）。因大型石碑制作费时费力，为合理利用时间，对设计和制作工序进行了统筹：测绘前一日即草拟出碑身的控制性尺寸，并告知石作工头[1]（图 48）；在工匠对石料进行粗加工的同时，雷思起基于测绘成果（图 49～图 53）继续深入细部设计，其中，明楼碑座增加了三角形的袱子[2]（图 54～图 56）。三月底，设计完成，遂交由工匠依样雕凿。

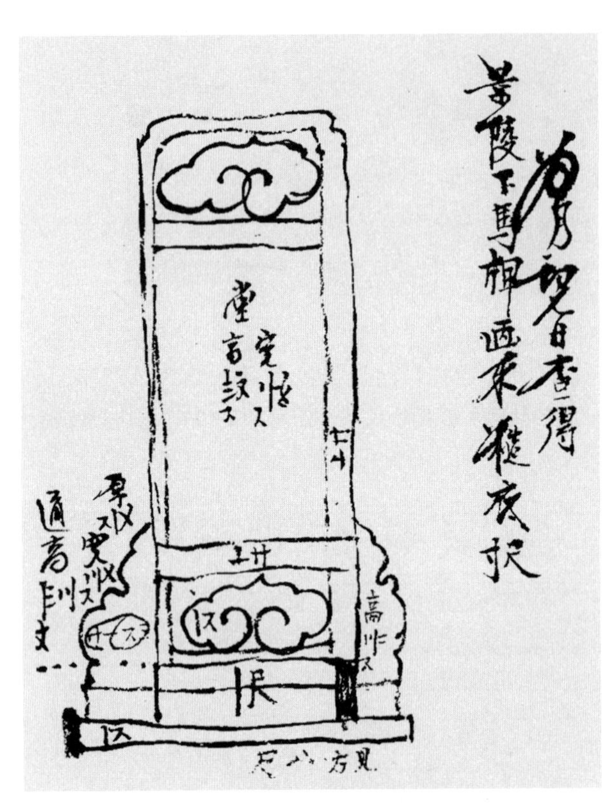

图 42　同治三年《三月初七日查得景陵下马牌画来糙底》（178-12）

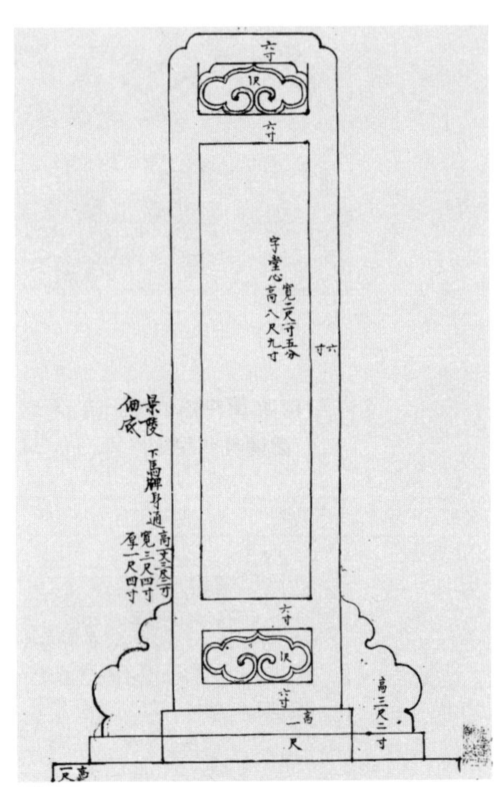

图 43　同治三年三月《景陵下马牌细底》（178-13）

---

❶同治三年三月，同庆二、嵩大、常四老爷初六日查孝陵，初七日查景陵，初八日查裕陵。参见：雷思起，等．同治三年二月十八日开工日记随工活计（368-237-13）；初五，往前段，石作陈头目要碑身尺寸单。并量来下马牌尺寸糙样一张。往后段，石作张头目要碑身尺寸样。参见：雷思起，等．同治三年二月十八日开工日记随工活计（368-237-15）。

❷同治三年三月廿四日，续老爷找要各碑匾样子，要去添搭石样子。参见：雷思起，等．同治三年二月十八日开工日记随工活计（368-237-26）。

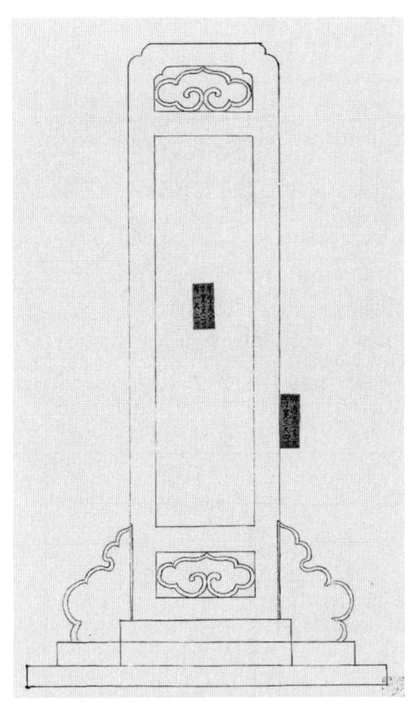

图 44　同治三年《定陵下马牌丈尺立样》(187-2-30)，设计图。
因碑身利用宝华峪旧料制作，尺寸与孝陵、景陵略有差异(详见第五节)

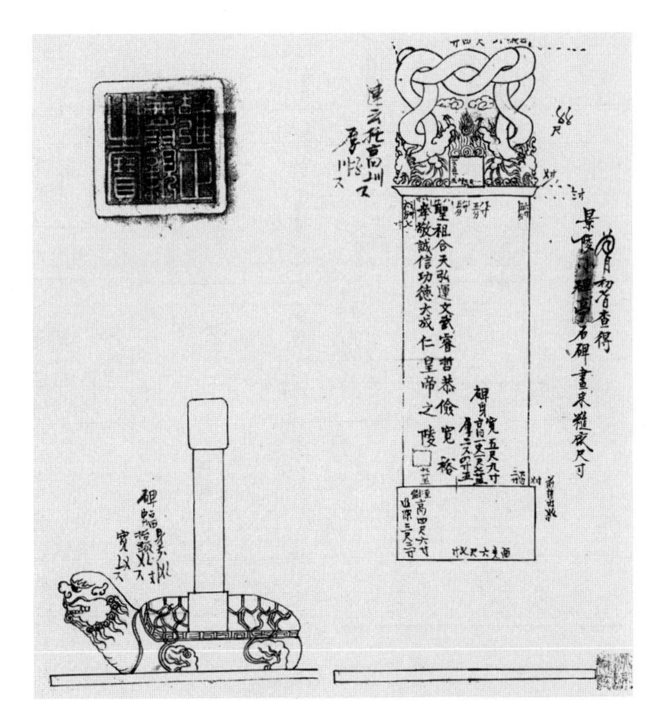

图 45　同治三年《三月初七日查得景陵小碑亭
石碑画来糙底尺寸》(178-14)

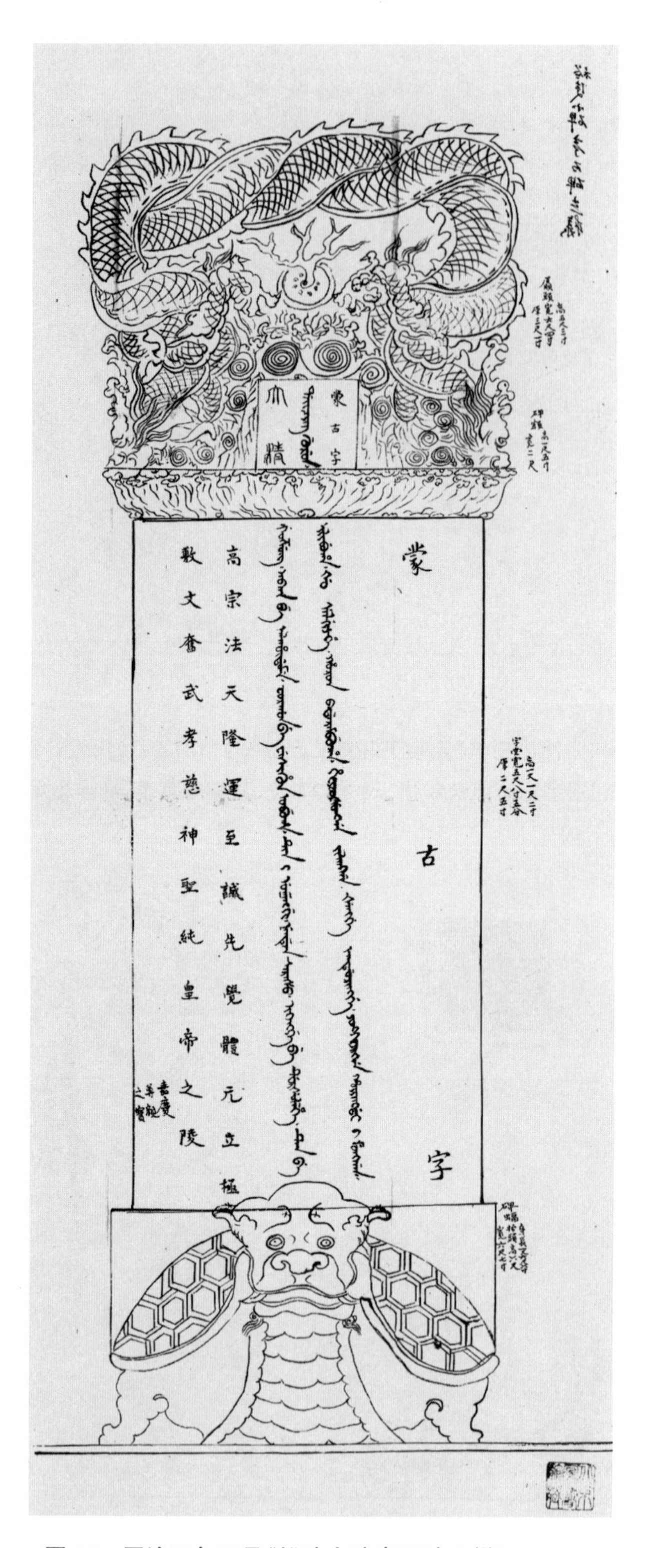

图 46　同治三年三月《裕陵小碑亭石碑立样》(219-9)

(a) 图45局部：景陵神道碑碑身“雍正尊亲之宝”拓样（178-14）

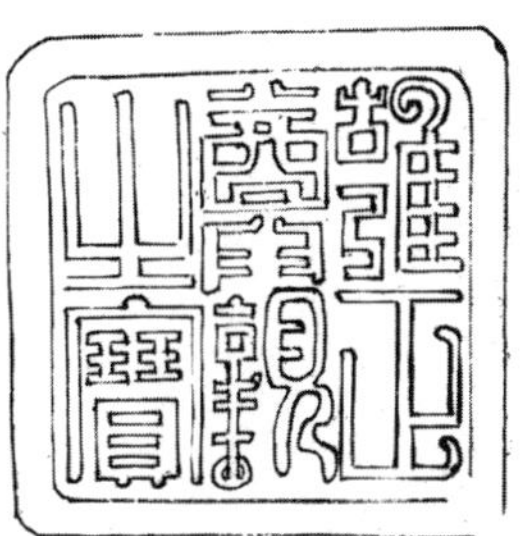

(b) 同治三年三月景陵神道碑碑身“雍正尊亲之宝”拓样描摹图（247-11）

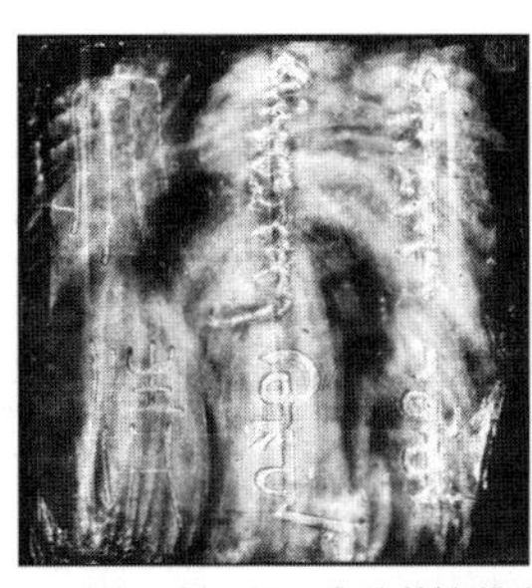

(c) 同治三年三月，东陵某神道碑碑额满、蒙、汉文“大清”拓样（247-18）

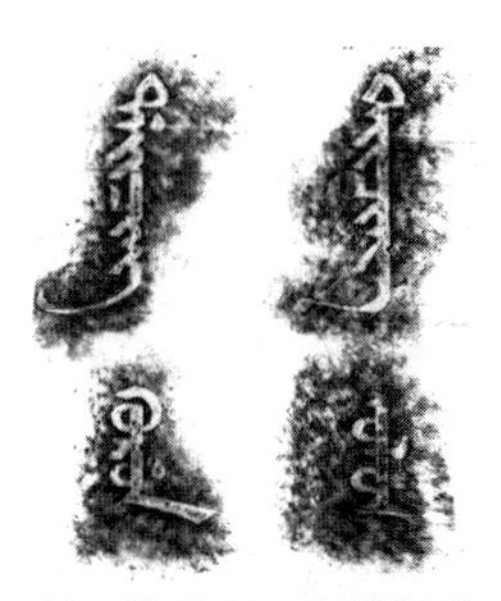

(d) 图(c)附页，另一处碑额上的满、蒙文拓样（247-18）

图47　碑刻文字拓样

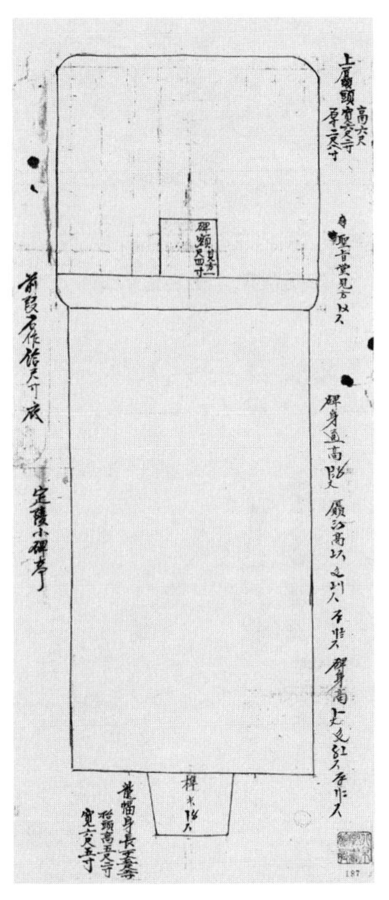

(a) 同治三年三月《定陵小碑亭龙蝠碑立样尺寸细底》(187-2-26)，记：前段石作给尺寸底

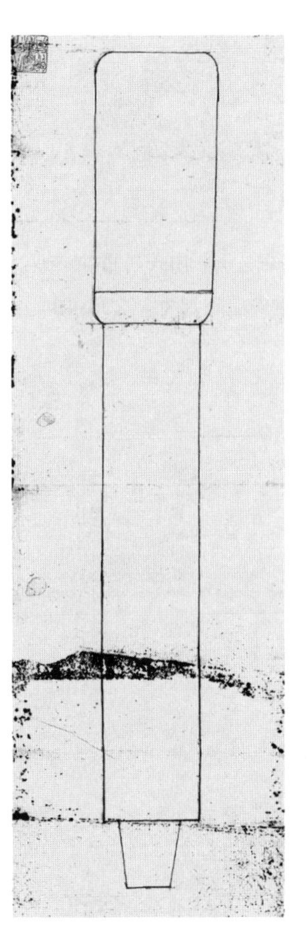

(b) 同治三年三月《定陵神道碑碑身旁样细底》(280-50)

图48　测绘当日拟定的定陵神道碑碑身控制性尺寸图纸。另外，该碑身系用宝华峪旧料制成，参见第五节

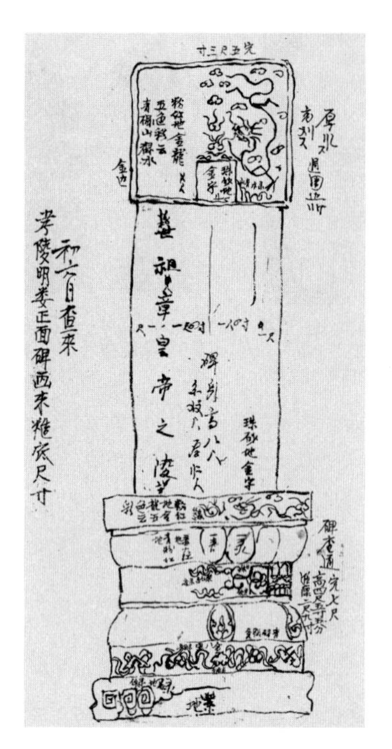

图 49　同治三年三月《初六日查来孝陵明楼正面碑画来糙底尺寸》(205-49)

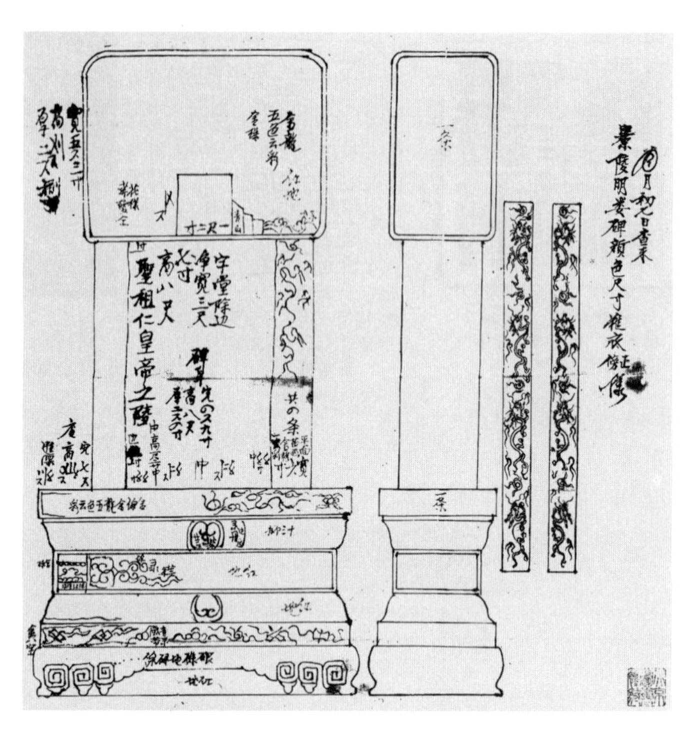

图 50　同治三年《三月初七日查得景陵明楼碑颜色尺寸糙底正旁样》(178-15)

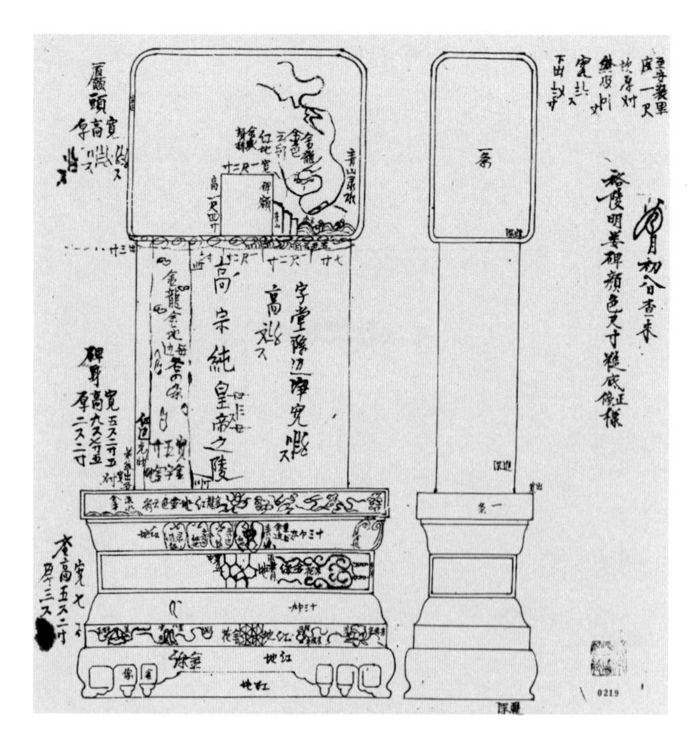

图 51　同治三年《三月初八日查来裕陵明楼碑颜色尺寸糙底正旁样》(219-16)

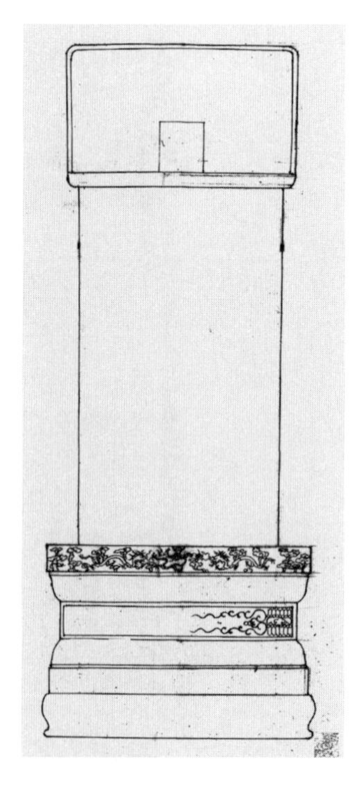

图 52　同治三年三月《裕陵明楼碑立样》(247-13)

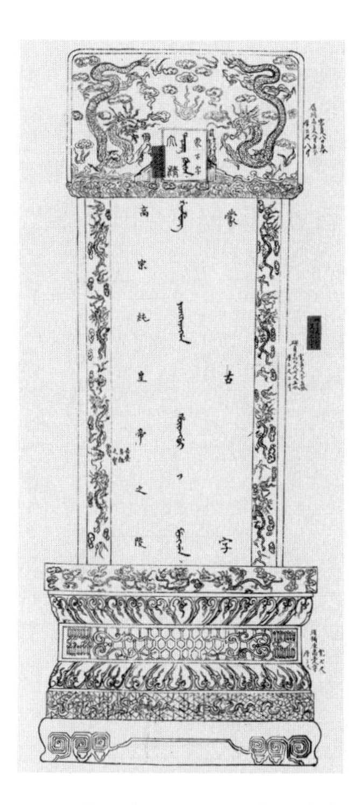

图 53　同治三年三月《裕陵明楼朱砂碑立样》(219-17)

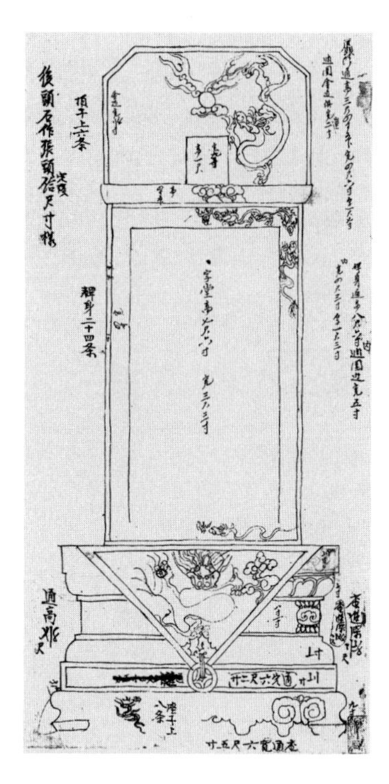

图 54　同治三年三月《定陵明楼碑立样糙底》(259-10)，记“后头石作张头给定陵尺寸样”。碑座已增添袱子

图 55　同治三年三月《定陵明楼(碑)细样底》(187-2-27)

图 56　同治三年三月《明楼内石碑一统》(214-1-8)，正式方案

在测绘石碑的同时，雷思起还陪同缮写款识的内阁官员，逐一查看了孝陵、景陵、裕陵宫门、隆恩殿和明楼悬挂的牌匾，并发现了规制上的一个细微差别：景陵、裕陵牌匾上钤有嗣皇帝的“尊亲之宝”印，而孝陵牌匾无宝文（图57，图58）。这一问题被上报至朝廷[1]，最终决定“照式钤用宝文”[2]。同治四年三月十九日，各碑、匾开工镌刻，雷思起又提前会同承修官员，再次核查了景陵、裕陵碑文样式[3]，以确保万无一失。

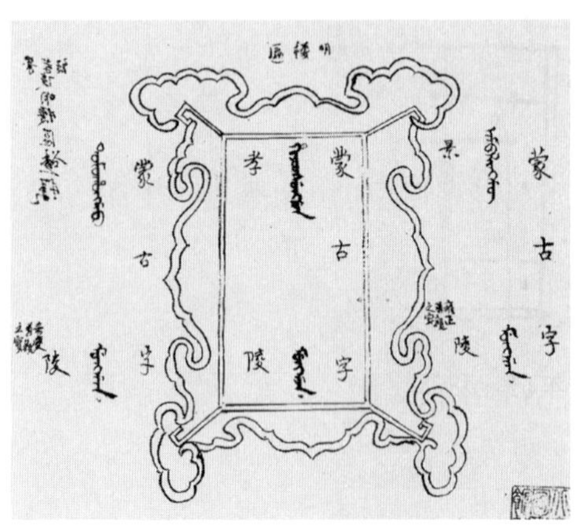

图57　同治三年三月《孝、景、裕陵明楼匾立样》（178-17），中间为孝陵所用文字，左右两侧分别为裕陵、景陵所用文字。景陵、裕陵汉字旁有“尊亲之宝”印，孝陵无

图58　同治三年三月《孝、景、裕陵隆恩殿殿匾立样》（178-18）景陵、裕陵满文旁有“尊亲之宝”印，孝陵无

在定陵碑匾设计完成并开工的同时，东西朝房开始安装烹制祭品所用的炉炕，为日益临近的奉安典礼做最后的准备[4]。而炉炕的布置同样是基于测绘，仿照景陵的样式，略加修改而成（图59，图60）。

[1]同治三年三月初九日至十三日，家内办孝、景、裕明楼碑，小碑亭碑，下马牌，并宫门、大殿、明楼斗字匾三块。走禀信进京。参见：雷思起，等．同治三年二月十八日开工日记随工活计（368-237-16）。

[2]恭查孝陵明楼、小碑亭碑文以及隆恩殿、隆恩门、明楼匾额，并未敬钤宝文，惟景陵、裕陵明楼、小碑亭碑文以及隆恩殿、隆恩门、明楼匾额均钤用尊亲之宝。今定陵明楼、小碑亭碑文及隆恩殿、宫门、明楼匾额应否照式钤用宝文之处，臣等未敢擅拟，俟命下之日即行文内阁等衙门敬谨遵办。……着照式钤用宝文，钦此。参见：平安峪工程备要．卷二．奏章．匾额碑文援照成式以满洲蒙古汉字三项合璧书写．中科院国家科学图书馆藏。

[3]同治四年三月十七日……恒五老爷要裕陵碑、定陵碑宝。十八日，恒、丁、贵查景陵碑宝分位。丁、英、庆、贵、恒上工看蒙、满、汉原文字。十九日，辰刻，碑字开工。参见：雷思起，等．样式房同治四年三月初九日开工日记随工事（367-232-4～5）。

[4]同治四年三月十五日，贵老爷着对东西朝房炉炕。……十六日，交贵老爷东、西朝房样二份。参见：雷思起，等．样式房同治四年三月初九日开工日记随工事（367-232-3）。

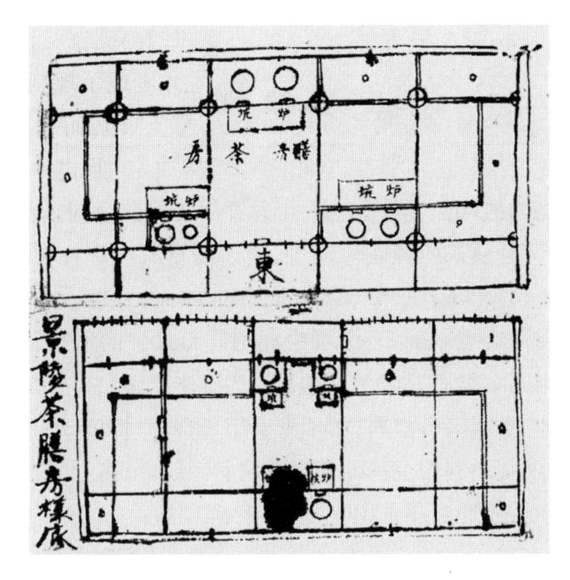

图 59　同治四年《景陵茶膳房样底》(178-21)，景陵朝房炉炕布置测绘图

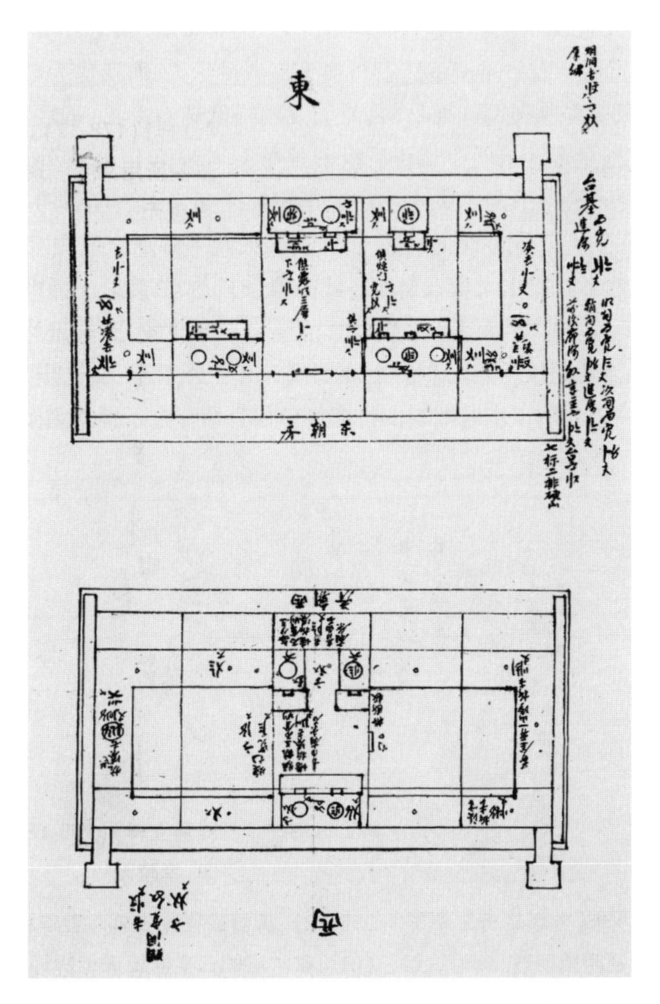

图 60　同治四年三月《定陵东西朝房地盘样》(212-21)，定陵朝房内炉炕布局方案

五、拆旧利用

咸丰朝外侮内战频仍，国库空虚，工程经费匮乏，定陵选址于东陵，建筑形式复归祖制，除可补救东西陵昭穆制度，藉以恢复清代帝陵规制传统之外，咸丰皇帝作此选择，必然还有一个现实而无奈的原因。定陵设计经过反复修改，最终基本参照宝华峪规制确定；组群中耗用砖石最多的地宫、方城部分，更是严格遵照宝华峪档案复原并简化。这是因为咸丰皇帝决定开挖其父亲留下的宝华峪废陵遗址，发掘砖石材料，用于平安峪工程。只有采用与宝华峪近似的设计，才能最大限度地利用宝华峪遗弃的材料，从而节省开支、缩短工期，也可进一步掩盖宝华峪遗址以顾全道光皇帝“节俭”之名。

道光八年（1828年）宝华峪吉地浸水废弃后，建筑被陆续拆卸，所获木料和大部分铜器被运往西陵用以修建慕陵，而砖石沉重难以运输，故“大件石料于查验后用土掩埋”[1]，营房等附属建筑“拆下砖瓦石料，俱着交石门工部一并存贮备用”。[2]可见宝华峪遗留砖石材料不仅数量惊人，而且均为成品，保存状况也颇佳，只要妥善利用这批材料，就能大幅降低砖石采买、运输和加工的费用。加之道光皇帝并未明令禁止后世子孙对宝华峪动土，在内外交困的现实面前，咸丰皇帝最终下定了决心。在宝华峪被废弃二十余年后的咸丰九年四月十三日，平安峪万年吉地正式破土动工，转天就兴师动众发掘宝华峪遗址[3]（图61），果然不断挖出大量石作及各式砖料。只是，慕陵的一拆两建，本已令皇室尴尬，而咸丰皇帝拆刨皇考废弃的陵址为自己建陵，更非光彩之事，所以宫廷档案往往对此颇为隐晦。但在规划设计和工程管理上，这毕竟是无法回避的，因而关于利用宝华峪旧料的许多细节信息留存在了样式雷图档中。

[1] [清]内务府来文. 北京：中国第一历史档案馆. 2948包.

[2] 清实录[M]. 第36册. 宣宗实录. 卷247. 北京：中华书局，1986.

[3] 咸丰九年四月十四日，宝华峪三段拆工。参见：雷思起，等. 咸丰八年拾壹月初一日吉立万年吉地旨意档(366-212-4).

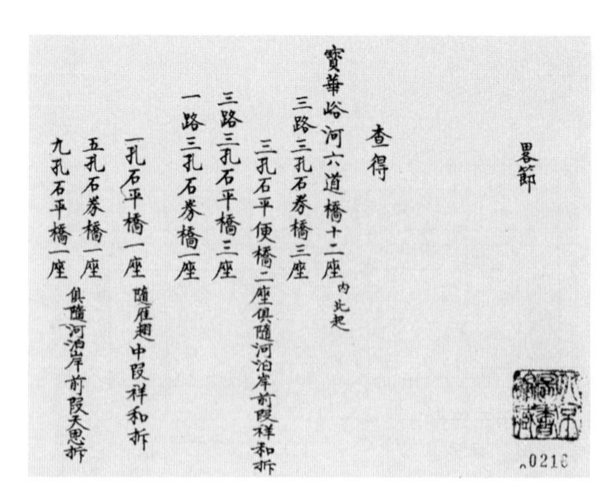

畧節

查得

寶華峪河六道橋十二座 内北起

三路三孔石券橋三座

三孔石平便橋二座俱隨河泊岸前段祥和拆

三路三孔石平橋三座

一路三孔石券橋一座

一孔石平橋一座 隨雁翅中段祥和拆

五孔石券橋一座

九孔石平橋一座 俱隨河泊岸前段天恩拆

0216

图61　咸丰九年《宝华峪拆工略节》(216-12)，拆刨工程分派单。宝华峪十二座石桥及附属河道，分为三组，交由两家木厂的三支队伍进行拆卸

对于承修王大臣和雷思起等建筑师而言，宝华峪的加入，使本已千头万绪的陵寝工程更生枝节。宝华峪拆工与平安峪施工同时进行，而从宝华峪获得的旧料种类、数量、质量均难以准确预计，管理者和建筑师只能在施工过程中灵活应变，使设计方案与旧料相互协调，将旧料“物尽其用”，不露痕迹地安置到定陵建筑中，这是大家从未面临过的一道难题。对此，以雷思起为首的设计师作出了多方面的努力。

首先，清理、辨识挖掘出的石材。对重要构件如地宫石门、宝床、望柱、石象生、石碑等，全部进行测绘；与承包厂商及工匠共同评估石材保存状况，判明其原有功能和所处位置，尽量“抵用”，即不对石材进行二次加工，直接安放至定陵的对应部位；少数无法“抵用”的，才会退而求其次“改做”为其他构件[1]，从而尽量减少损耗。为此在必要时对设计方案加以深化和调整。例如，咸丰九年“七月初八日宝华峪清刨出宝床”[2]，保存完好，可直接使用，遂对宝床石材规格和纹路作了详细测绘。咸丰八年雷思起等人复原宝华峪地宫方案时，因参考的文字档案可能存在含混之处，一时难以断定宝床石料的拼合方式，因而存在两种构想（图62）。宝华峪宝床实物出土并被清理、测量后，该问题自然迎刃而解（图63，图64）。雷思起当天便依据测绘结果确定了宝床设计，并向承修王汇报。[3]

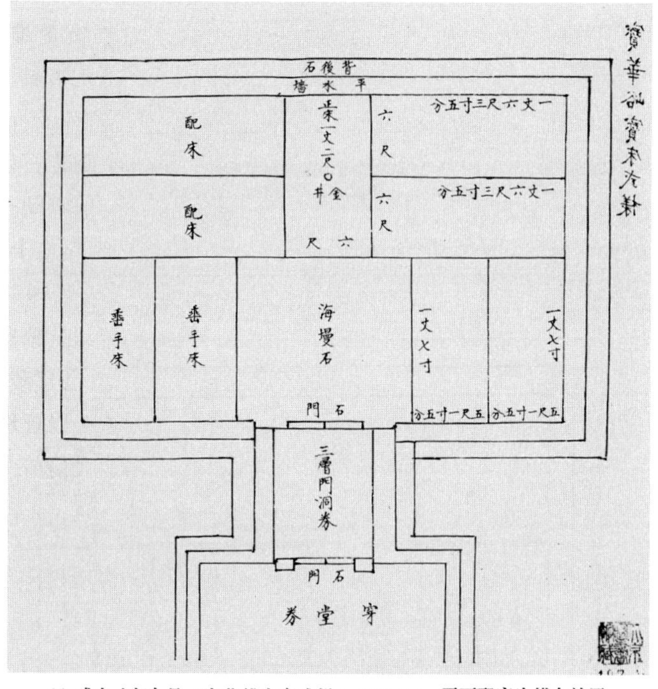

(a) 咸丰八年九月《宝华峪宝床式样》(197-15)，正面配床为横向放置

图62　宝床石材的两种组合方案

---

[1]咸丰十年闰三月二十三日奏报：“现由宝华峪拆出各座旧石料，臣等当饬石作匠役会同各商人逐件详细查看，择其完整堪用者，分别抵用、改做。嗣据该商人等覆称，查得堪以抵用大件石料三十四件、改做大件石料十一件，臣等覆查无异，谨缮清单，恭呈御览。除伤损过多，碍难改做抵用不计外，其余残缺情形较轻及小件青白石料并豆渣石、砖块等件，酌量改做抵用。”参见：平安峪工程备要. 卷七. 做法. 中科院国家科学图书馆藏。

[2]雷思起，等. 咸丰八年拾壹月初一日吉立万年吉地旨意档（366-212-4，366-212-5）.

[3]咸丰九年七月初八，呈怡王爷（载垣）、郑王爷（端华）平安峪、宝华峪宝床样式。参见：雷思起，等. 咸丰八年拾壹月初一日吉立万年吉地旨意档（366-212-4，366-212-5）.

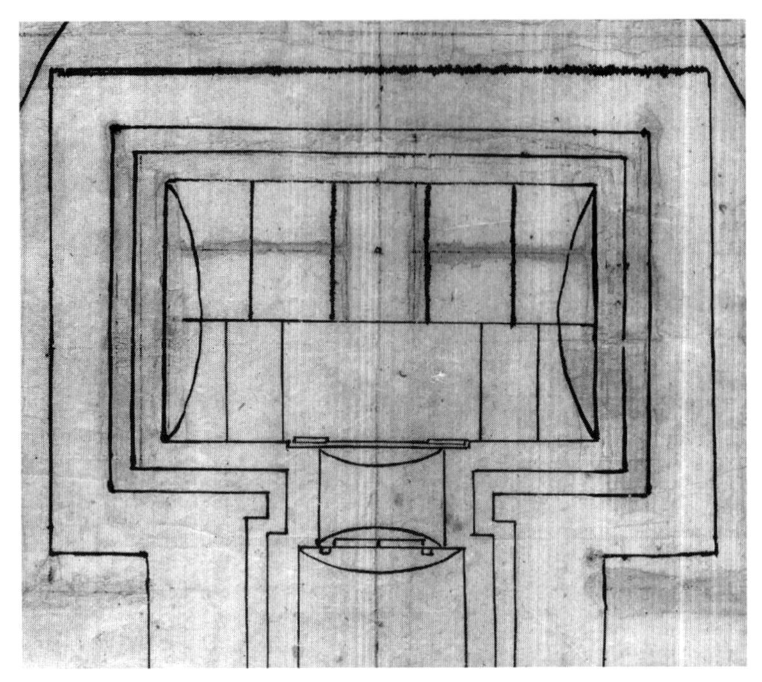

(b) 咸丰八年九月《平安峪吉地宝城地宫地盘糙底》(230-29) 局部，有修改痕迹，将配床石材由横向改为纵向

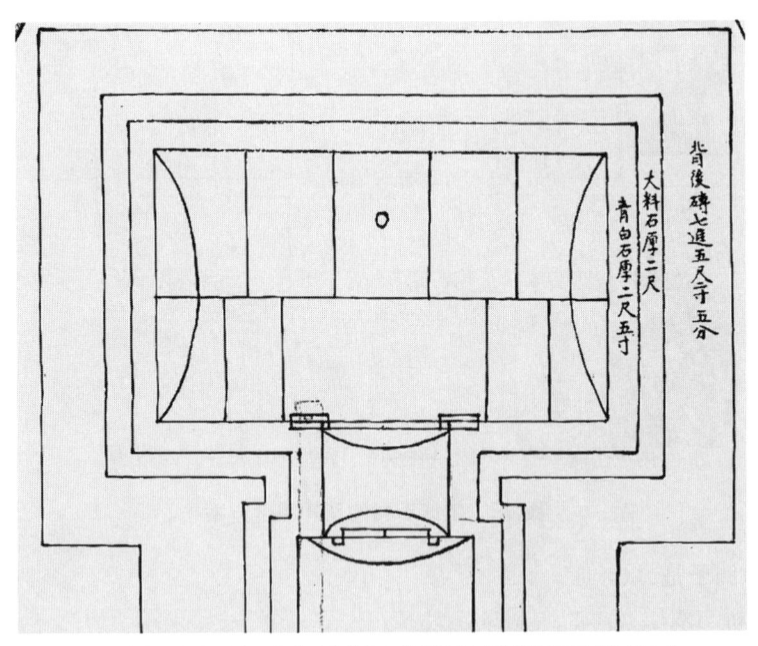

(c) 咸丰八年十二月《办准平安峪地宫券座并方城穿堂板房宝城地盘尺寸》(230-29) 局部，配床为纵向并列

图 62　宝床石材的两种组合方案(续图)

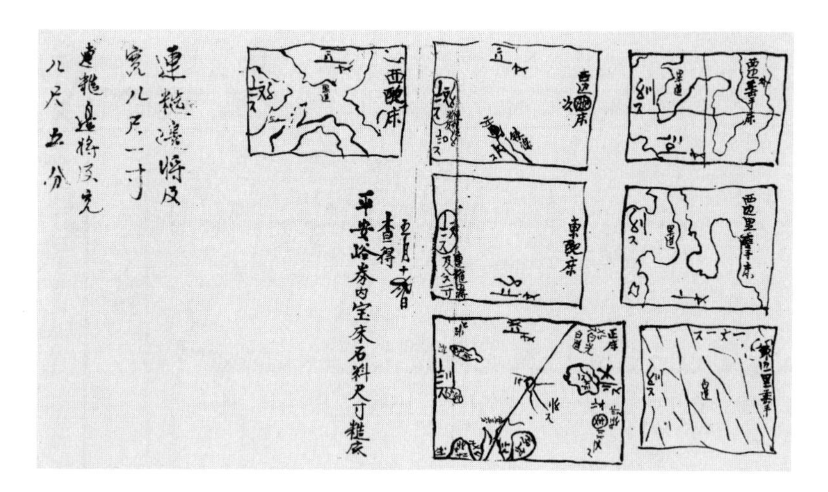

图 63　咸丰十年《五月十二日查得平安峪券内宝床石料尺寸糙底》(182-62)，左边四块分别为正床、东配床、西边次床、西配床，长度均为 1 丈 2 尺 4 寸左右，根据名称和尺寸可断定正面宝床应为五块石材纵向并置，即上图后一种排列方式

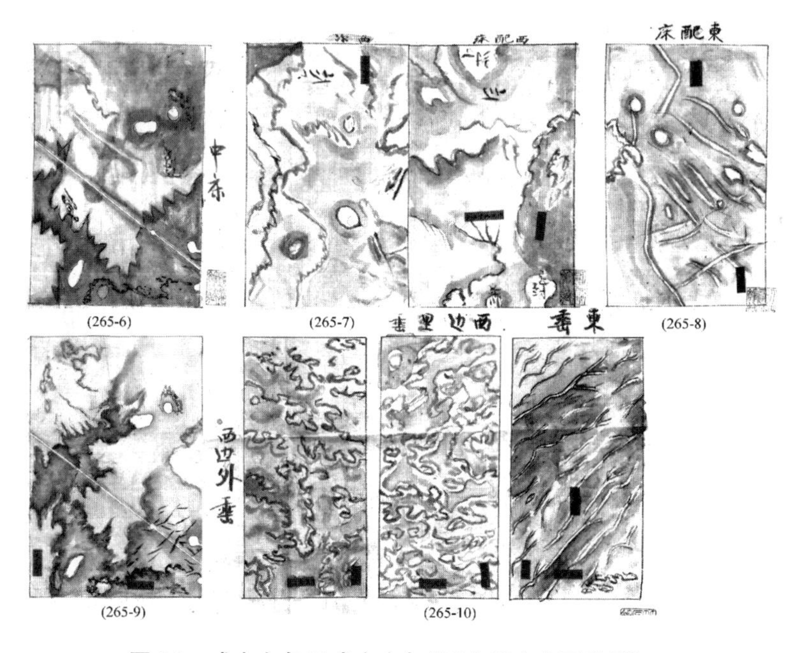

图 64　咸丰九年至咸丰十年《平安峪宝床石纹样》

与此相反的例子是，咸丰十年三月在拟定前段最终方案时，雷思起原本打算在五孔券桥与双层大月台之间，用宝华峪出土的碎砖和大料石铺筑一条长达六十余丈、最厚处超过一丈五尺的"丹陛"，但统筹预算和物料的算房随即指出宝华峪旧料数量和质量均达不到要求。雷思起只能放弃这一想法，将做法改为填土(图 65)。[1]

第二，预估宝华峪埋藏石料，对设计、备料和施工程序进行调整和简化。

[1] 咸丰十年三月二十四日：泊岸下余一丈五尺六寸，往南用碎砖砌丹陛，大料石台帮，往南合溜，画立样看。梁算房回话：宝华峪碎砖不符用，亦无余大料石。又改填垫土，并撤去灰土海墁。参见：雷思起，等. 平安峪郑王查工册(375-422-1).

尽管拆刨宝华峪遗址如同挖宝，但雷思起在其样式房伙伴及大批专业工匠的配合下，还是能够凭借经验，对重点部位主要构件的埋藏情况作出一定的预判，由此避免了许多重复劳动，有效地节省了时间和经费。

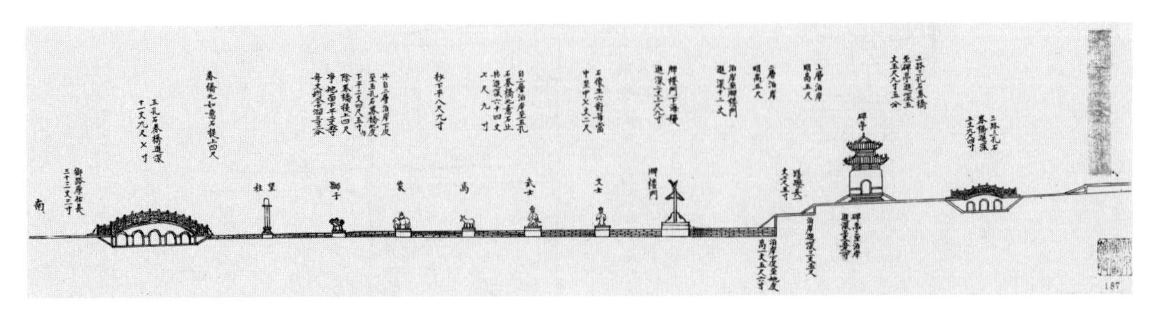

图65　咸丰十年3月《定陵前段二层泊岸至五孔券桥立样》(187-2-7)，五孔券桥至大月台之间，地面上的砖状图式即为利用宝华峪旧砖石的"丹陛"构想，后被放弃

例如，尽管地宫是设计施工的重点，但直到开工，雷思起等并未对地宫内极为重要且细节繁杂的石门进行细部设计，也没有安排备料(图66)。这很可能是因为他预见到宝华峪地宫石门保存状况良好。宝华峪宝城虽经拆除，但石门深处地下，周围仍有大量残存砖石和夯土保护，不易损坏。开工不久，宝华峪地宫三组石雕门楣、门簪、瓦片(即屋顶)、马蹄柱子等石门构件果然被完整地发掘出来。经测绘，总尺寸与平安峪方案吻合，稍事修补后即直接用于施工(图67，图68)。惟门扇缺失较多，于是依照尚存的门扇规格，用出土的其他大件石料改做，并补刻菩萨像❶(图69)，定陵地宫四道石门(其中金券石门只有门扇而无其他装饰构件)即告齐备。由此，地宫石门细部设计和制作几乎全部被省略，大大降低了地宫设计施工的难度和开销。

❶平安峪地宫头、二、三层门洞券石门六扇、金券石门二扇，业经成做完竣，惟正面应行雕凿八大菩萨，查菩萨像俱有定式，本工未便擅拟，相应片行内务府转饬承办喇嘛，星即按照单开石门尺寸式样，敬谨绘画菩萨像八尊，于画齐后迅即咨送本工，以凭照式雕凿。参见：平安峪工程备要.卷五.绘送图像以凭雕凿.中科院国家科学图书馆藏.

(a) 咸丰八年至咸丰九年《平安峪地宫石门立样糙底》(249-22)

(b) 咸丰八年至咸丰九年《平安峪地宫石门立样糙底》(60-26)

图66　平安峪地宫石门的设计图数量很少，且相当粗略，没有推敲方案的痕迹

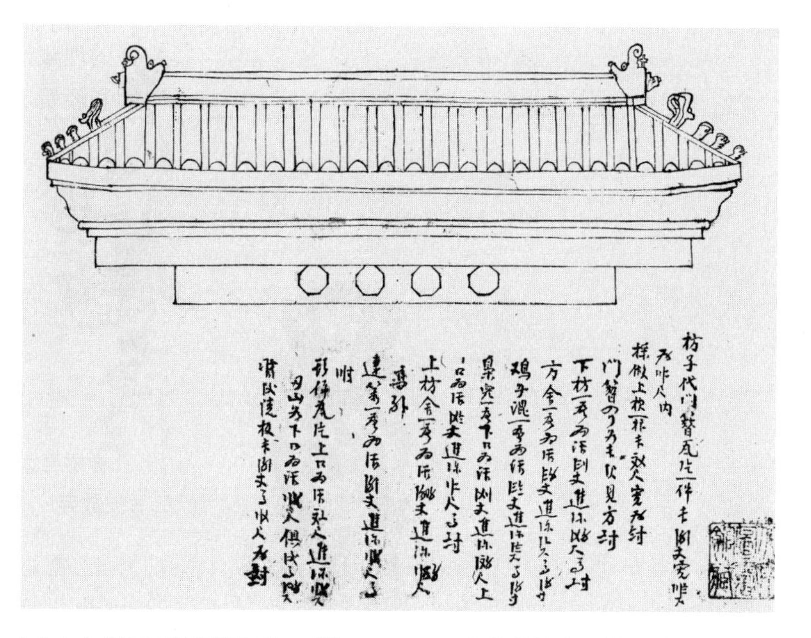

图 67　咸丰九年《枋子带门簪瓦片一件》(228-26)，宝华峪挖出门簪瓦片测绘图及尺寸记录

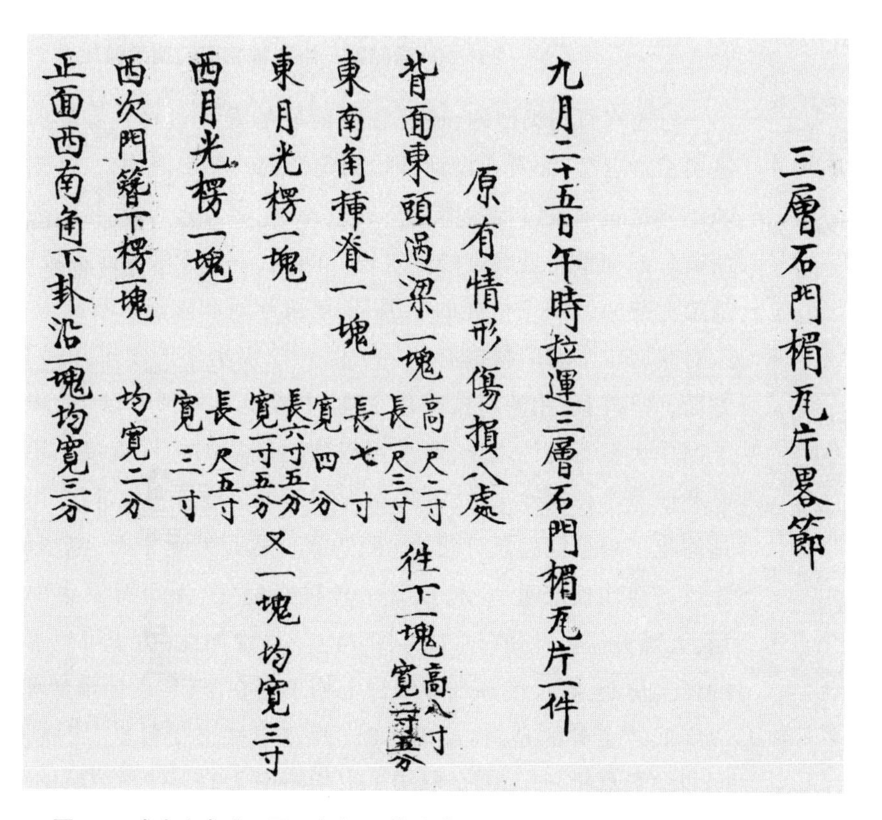

三層石門楣瓦片畧節

九月二十五日午時拉運三層石門楣瓦片一件

原有情形傷損八處

背面東頭過梁一塊 高一尺二寸 長一尺三寸 往下一塊高八寸 寬二寸五分

東南角揷脊一塊 寬四分 長七寸

東月光楞一塊 長六寸五分 寬一寸五分 又一塊 均寬三寸

西月光楞一塊 長一尺五寸 寬三寸

西次門簷下楞一塊 均寬二分

正面西南角下卦沿一塊均寬三分

图 68　咸丰九年《三层石门楣瓦片略节》(216-26)，记“九月二十五日午时拉运三层石门楣瓦片一件”，分件尺寸及伤损情况记录

图69　咸丰九年至咸丰十年《定陵石象生六对立样》(251-19)局部贴一小张地宫石门菩萨像

与地宫石门类似的,还有陵寝前段的设计过程。定陵前段建筑设计进展相对迟缓,而且在设计开始到定案的一年半时间内,并未留下多少反映单体建筑推敲过程的图纸。究其原因,首先是雷思起必须优先解决中后段一系列重要且疑难的建筑设计问题,一度无暇兼顾前段建筑(参见下篇第七节);另一个可能的原因是,前段建筑和陈设以石构为主,雷思起等人对获取宝华峪旧料抱有期待。但开挖宝华峪的结果却是喜忧参半:一方面,牌楼门所用的石柱保存完整,中槛也有一件可以"抵用",不仅免去了制作大型石构件之苦,而且可以通过现成的构件直接确定牌楼门的总高和面宽等控制性尺寸,并根据榫卯等细节推算出细部尺寸和做法,极大地简化了牌楼门的设计过程(图70)。然而另一方面,宝华峪望柱、石象生等石雕伤损严重,望柱仅有一件柱身完好,十个石象生中只有三个可用,大部分需要补做(图71~图74)。尽管如此,由于可以参照残损构件的样式仿制,在尺度和细部纹饰上均不存在争议,设计难度和工作量也得以降低。[1]意外的是,临近竣工时,西侧望柱遭受雷击,底座损坏,没有时间和经费重新制作,无奈取用了宝华峪出土的一件有瑕疵的望柱底座,略加整饬后将其替换。[2]

[1]同治二年,瑞中堂五月初十日到工。(呈递)文士、马、象、牌楼门、神路。参见:雷思起,等.样式房咸丰十一年十一、二月、同治元年正月吉立 呈览、呈堂监督商人递样底(374-393-22)。根据这条记录可以认为,石象生中,只有旧料无法抵用的文士、马、象有简单的设计过程。

[2]同治三年七月奏:"初八日寅刻忽有雷火自空而下,将西边望柱护棚焚毁……望柱东北面角楞震落一块,北面底座边楞震落一块……敬查此项望柱大端均属完整,不过微有小疵,若另行更换,不惟钱粮较钜,且亦赶办不及,酌拟将柱身东北面角楞落深一二寸,再令通长凿细出楞。至望柱底座震落一块尺寸较大,据该段监督付称,查宝华峪原存旧料望柱底座一件堪以抵,用其小有擦伤之处,饬令扁光,与新料无异。"参见:平安峪工程备要.卷二.奏章.中科院国家科学图书馆藏。

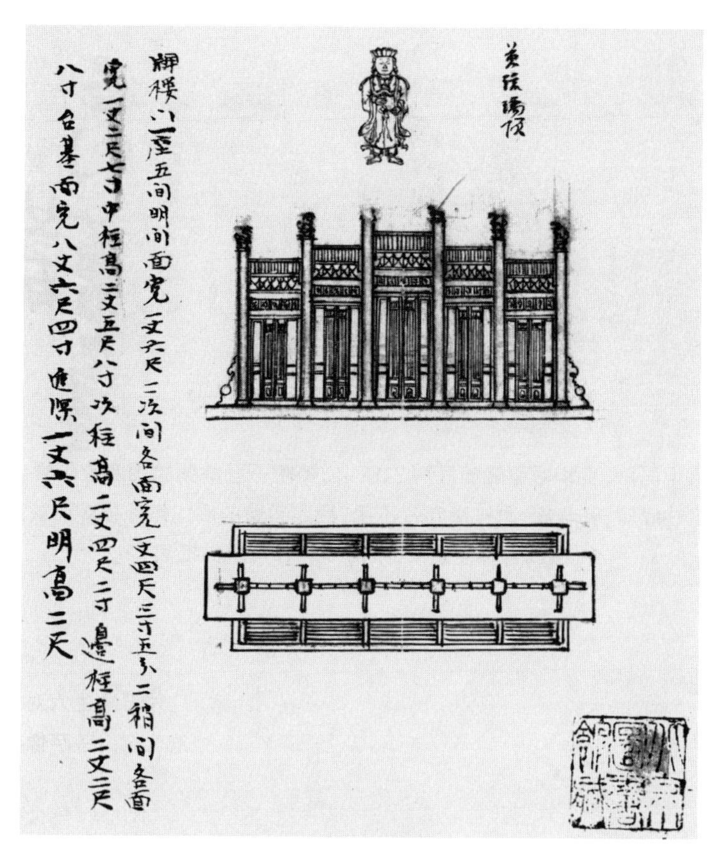

图 70　咸丰九年至咸丰十年《牌楼门立样地盘样》(247-8)，定陵牌楼门设计图，旁注尺寸。图上也贴有一小张地宫石门菩萨像

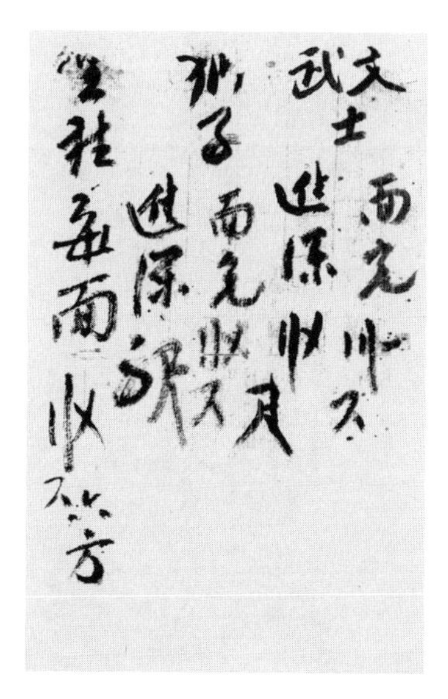

图 71　同治二年至同治三年《石象生、望柱尺寸单》(60-12)，据档案，宝华峪出土的前段石雕中，完好可用的只有武士 2 件、狮子 1 件、望柱柱身 1 件。该小纸片记录了它们的总尺寸

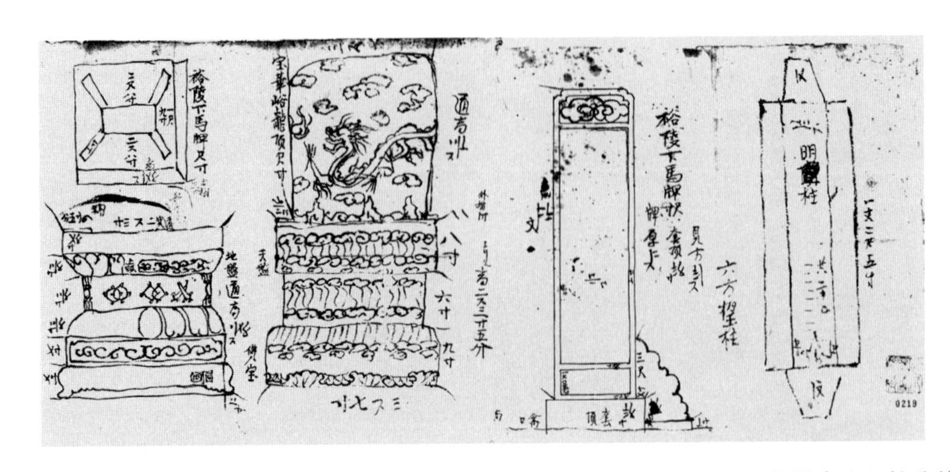

图72 同治三年《裕陵下马牌、宝华峪望柱糙底》(219-7),裕陵下马牌测绘图及宝华峪出土望柱分件测绘图。
左下为望柱底座,有瑕疵,原打算弃置不用,后因新做的底座意外损坏而被迫抵用;
左二为望柱龙顶,未用;左四为柱身,抵用

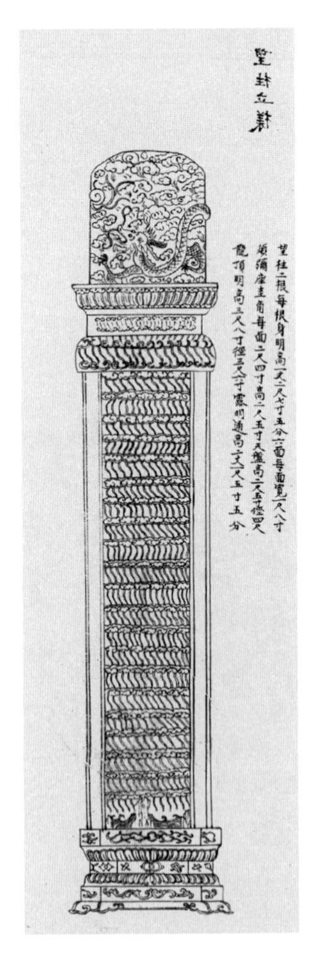

图73 同治三年《望柱立样》(223-16),底座、柱身尺寸与上图宝华峪
构件测绘结果相同,新做的龙顶比宝华峪出土龙顶稍高

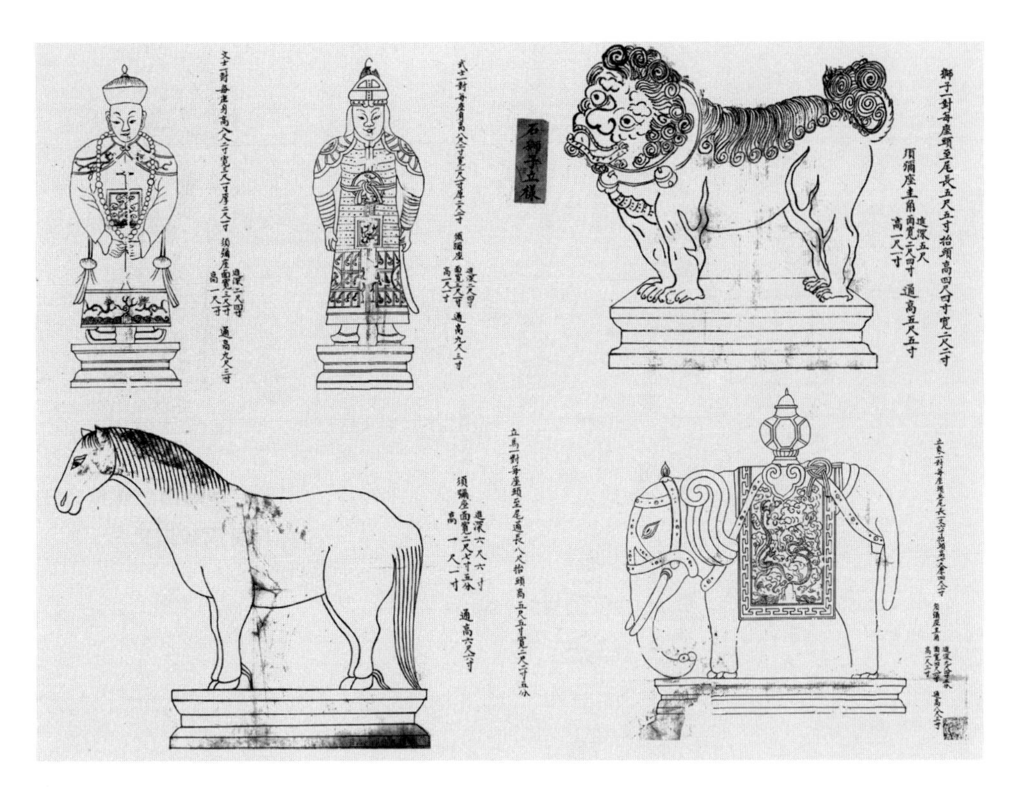

图 74　同治三年《石象生立样》(344-796,345-805,345-804,207-27),依次为文士、武士(2 件用宝华峪旧料)、狮(1 件用宝华峪旧料)、马、象

第三,宝华峪拆刨工程管理。

定陵工程的施工地点除平安峪外,还包括妃园寝所在的顺水峪,以及外围的三处营房,本已千头万绪,而宝华峪拆刨工作的加入,进一步增大了现场管理的难度。既要尽可能多地获取旧料,又不能过度破坏宝华峪及周边环境,更不允许扰动陵区内的其他陵寝,为此,雷思起亦会同监修官员作了周密部署。在工序和时间安排上,宝华峪拆刨与平安峪施工进程配合:咸丰九年,平安峪主要开展基槽开挖工作,砖石需求量不大,因此宝华峪只进行发掘,但未将旧料大量运往平安峪;第二年,平安峪地宫等处石作施工次第开始,宝华峪出土砖石的清理、辨识和运输也随之大规模展开。在运输路线设计上,考虑到拉运砖石需动用大量劳力和大型练车,因此路线尽量远离已建成的陵寝,并兼顾陵区内地形和道路状况,从宝华峪出发后向南绕行至风水墙外,在昭西陵前迂回向西,再经大红门西侧的新开口子门转往平安峪,全程长达四十里。为便于练车通行,不仅拓宽了风水墙上的两处口子门,还砍伐了沿途树木若干(图 75,图 76)。[1]

---

[1] 咸丰九年五月二十四日,查由宝华峪至平安峪运走旧石料道路画样(四十里)。参见:雷思起,等.咸丰八年拾壹月初一日吉立万年吉地旨意档(366-212-5)。另,咸丰十年二月十二日奏:"宝华峪旧存石料,拟择其堪用之件,一并运赴平安峪工次,敬谨磨锡,咸使新齐。至拉运旧存堪用石料道路,派令监督等亲往踏看,应由宝华峪出东便门,自昭西陵南绕抵平安峪工次,计程四十里。沿途树株择其有碍练车行走,应行砍伐者,共大小一百余颗,与风水均无关碍,惟旧存石料须由东便门绕至新开口门挽运到工,而新采石料亦须由新开口门经过。现据工头等禀称,此两处口门窄狭,应将墙垣拆卸展宽,方能行走练车。"参见:平安峪工程备要.卷一.奏章.拟请酌去有碍工作树株.中科院国家科学图书馆藏。

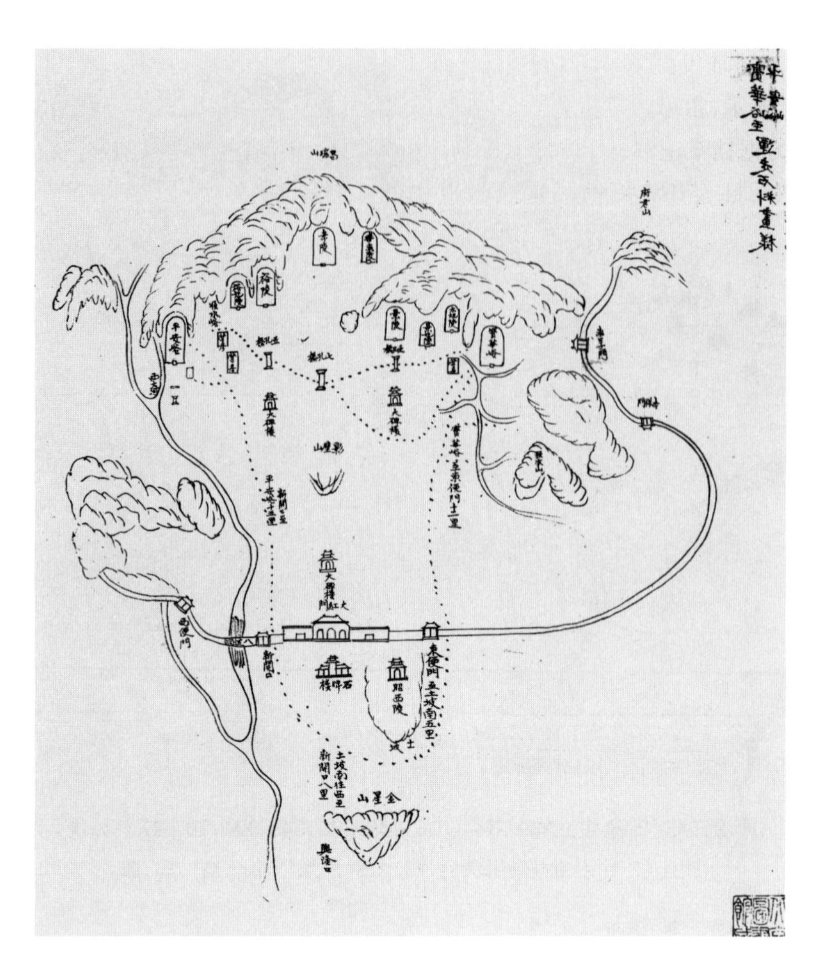

图 75　咸丰九年《宝华峪至平安峪运走石料画样》(197-30)，路线旁记："宝华峪至东便门十二里；东便门至土坡南五里；土坡南往西至新开口八里；新开口至平安峪十五里。"

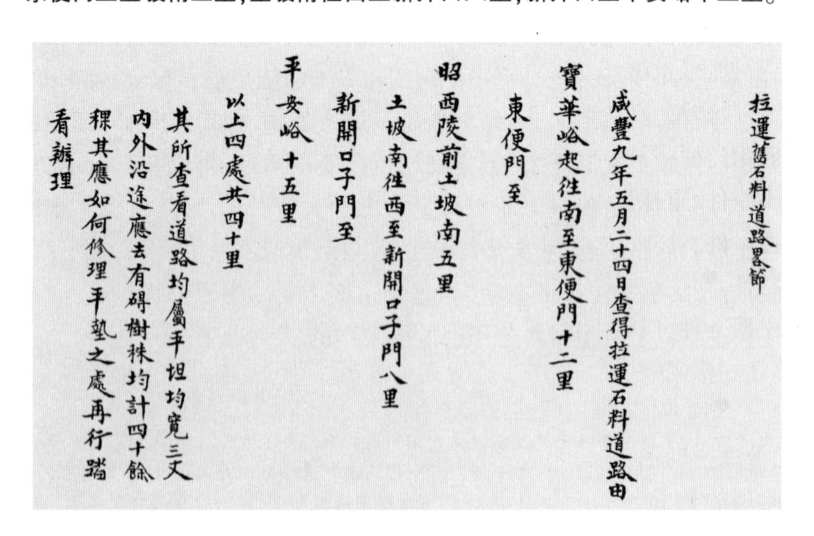

拉運舊石料道路畧節

咸豐九年五月二十四日查得拉運石料道路由
寶華峪起往南至東便門十二里
東便門至
昭西陵前土坡南五里
土坡南往西至新開口子門八里
新開口子門至
平安峪十五里
以上四處共四十里
其所查看道路均屬平坦均寬三丈
內外沿途應去有碍樹株均計四十餘
棵其應如何修理平墊之處再行踏
看辦理

图 76　咸丰九年五月二十四日《拉运旧石料道路略节》(216-41)，路线全长四十里，考虑沿途砍伐树木并平整地面

此外，宝华峪遗址发掘完毕后的现场清理、环境恢复，也是需要预先筹划的工作。图纸显示，雷思起等人拟定了场地回填、清挖河道方案，以掩盖遗址（图77）。另据档案记载，同治四年八月定陵竣工后，曾将宝华峪挖出而未使用的残损石料运出风水墙，妥善掩埋。[1]

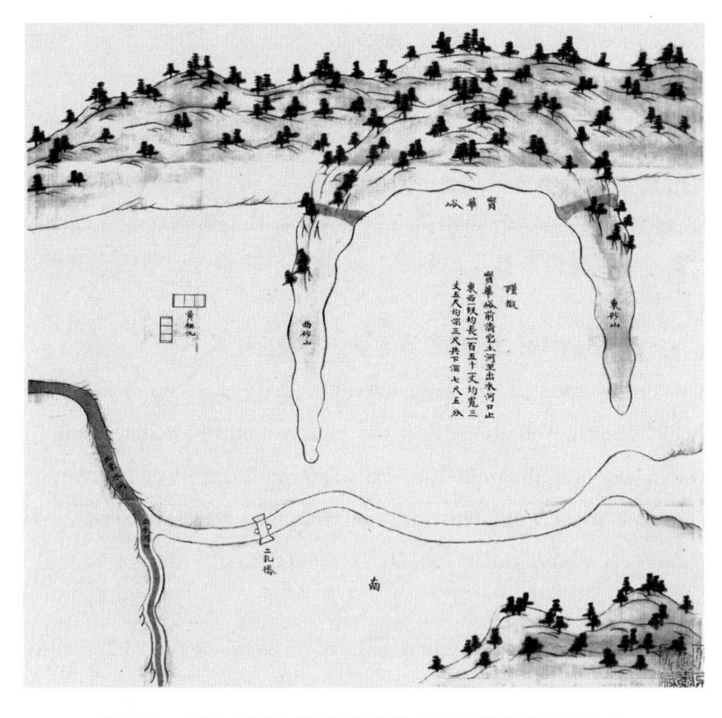

图77　同治朝《宝华峪前清挖土河画样》(197-29)

最终，在定陵的大件石作中，约有四分之一由宝华峪旧料抵用或改做而成，主要包括：枋子带门簪瓦片三件、石门二件、大件石料改做石门六件、马蹄柱子带须弥座六件、平水带月光石一件、中槛一件、明楼底垫一件、香炉一件，大殿御路石一件、碑亭龙幅一件、碑身一件、石象生武士两件、下马牌身两件、省牲亭池底用门框一件，宝城挑头沟嘴四件、方城角柱二件、花门面枋好头四件、苍龙头一件、金柱顶钻金柱顶四件、檐柱顶十二件、牌楼门柱子十二件、牌楼门中槛一件、管脚顶一件、碑亭水盘一件、立狮一件、望柱柱身一件、下马牌土衬二件。[2]用于定陵妃园寝的有：石床五件、石门八件、枋子带门簪瓦片四件、中槛五件、门框十件、马蹄柱子十件。[3]各处隐蔽工程使用的低档石料更有多达一半来自宝华峪。定陵所用各式城砖中，宝华峪旧砖占比也接近四分之一。[4]这些旧料总计折银五十八万四千七百余两[5]，为整个工程节省了约七分之一的造价。

此外，定陵附属的礼工部八旗营房系直接在宝华峪礼工部八旗营房原址重建、扩建而成[6]，像这样间接节省的费用更是无法估量。竣工决算显示，定陵工程总耗资为三百八十七万八千九百余两，比预算少花费六十六万余两。[7]

❶同治四年八月十七日奏："从前宝华峪因工程迁挪，曾将支体不全之废石象生等均就该处坎地掩盖，兹据形家者云地在口门以内，究与风水不甚相宜，臣等公同商酌拟请饬下马兰镇总兵将前项石件择其应行避除者，设法运出口门风水地外，择于僻静处所妥为掩埋，用昭敬慎理合。"参见：平安峪工程备要．卷二．奏章．由该管大臣照料已修要工以期经久．中科院国家科学图书馆藏。

❷《定陵奏销黄册》簿001·平安峪·壹号《定陵修建等工销算银两通总》．清光绪内务府抄本，第一历史档案馆藏。

❸《顺水峪定妃园寝销算黄册》439 5-48 055 第2号《顺水峪妃园寝修建等工销算银两通总》。

❹《定陵奏销黄册》簿001·平安峪·壹号《定陵修建等工销算银两通总》．清光绪内务府抄本，第一历史档案馆藏。

❺《定陵奏销黄册》簿001·平安峪·壹号《定陵修建等工销算银两通总》．清光绪内务府抄本，第一历史档案馆藏。

❻咸丰十年闰三月二十三日奏报："其应建礼部及八旗营房地势，拟仍在宝华峪礼部营房旧基地方修盖。"参见：平安峪工程备要．卷七．做法．中科院国家科学图书馆藏。

❼平安峪工程备要．卷二．奏章．黄册奏销修工银两．中科院国家科学图书馆藏。

观察与量取
——对佛光寺东大殿三维激光扫描信息的两点反思

刘 畅 徐 扬

(清华大学建筑学院)

摘要: 本文通过近期对山西省五台山佛光寺东大殿前檐斗栱三维激光扫描测量所得数据进行深入分析,并借鉴前人研究成果,结合近期相关案例研究,对其下层昂底与二跳华栱交互斗的交接关系以及构件形变对于数据量取和下昂斜度计算的影响等构造细节问题进行分析和讨论。

关键词: 佛光寺东大殿,构件交接,木构件形变,三维激光扫描数据量取

Abstract: Based on the recently repeated 3D laser survey and previous observations, this paper discusses the east hall of Foguang Temple against the background of similar examples to clarify in detail the joint between *ang* and *jiaohudou*, a small bearing block placed on top of the *ang* to support a second bracket in a *dougong*. It analyzes the deformation of wooden components and the step-distance between them, which is crucial to the design of the *ang* pitch.

Keywords: East hall of Foguang Temple, structural joinery of components, deformation of wooden members, acquisition of 3D laser scanning data

建于唐大中十一年(857年)的山西五台佛光寺东大殿在中国古代建筑史上的地位已不需赘述。自梁思成先生1937年现场踏勘并其后撰写《记五台山佛光寺的建筑》❶一文以来,针对东大殿的测绘图至今已公布或部分公布三套——1937年营造学社测绘、2004年山西省古建筑保护研究所的全面的测绘勘察❷,2005至2006年清华大学与山西省古建筑保护研究所合作进行的三维激光扫描并建立的"佛光寺详勘数据库"。2006年的勘测还产生了佛光寺东大殿"营造尺298毫米"、"昂制平出47分°抬高21分°"、"屋架勾股弦为昂制勾股弦的11倍"等一系列假说❸。更重要的是,2006年实测数据陆续得到最为详尽的公布,复核验证测量数据也因此成为可能。基于历次数据整理工作和图纸校核工作,笔者初步形成一些针对性疑问,并在疑问引导之下,2013年清华大学建筑学院于大殿西立面采样式地补充了三维激光扫描,取得数据6站。尽管限于文物管理、保护工作现场安排等原因,2013年的测量条件受到了很大限制,但是仍然可以借助既有数据和2013年补测数据,讨论如何判断构件交接关系、测量和分析变形显著的斗栱出跳值等问题。希望能够引起此类细节问题的讨论,提高测绘工作的准确性和有效性。

---

❶文献[1].

❷山西古建筑保护研究所.佛光寺东大殿测绘勘察报告,2004(内部资料).

❸文献[2].

一、两 个 疑 问

1. 下昂与交互斗交接关系

对比迄今公布的1937年营造学社测绘图、2004年山西省古建筑保护研究所测绘勘察、2006年清华大学测绘图，针对东大殿柱头铺作头昂底与二跳华栱上交互斗的交接关系的描绘并不统一（图1）。梁思成先生的图面解

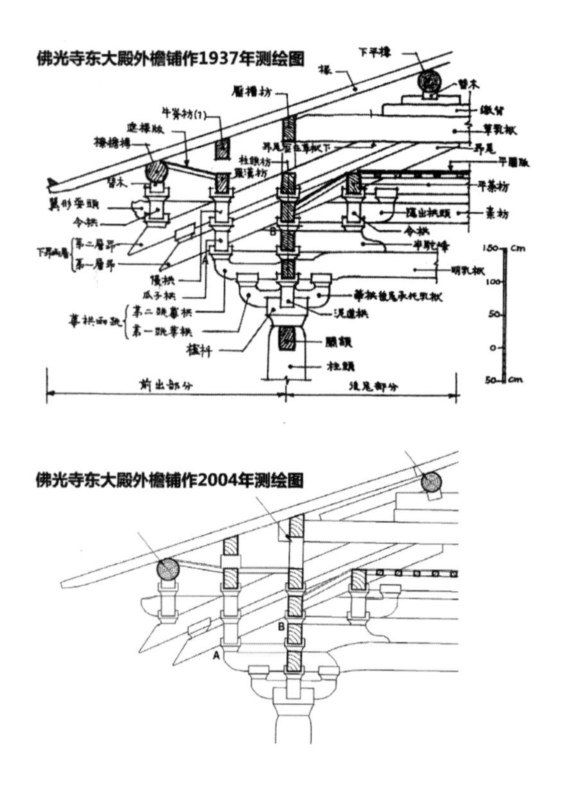

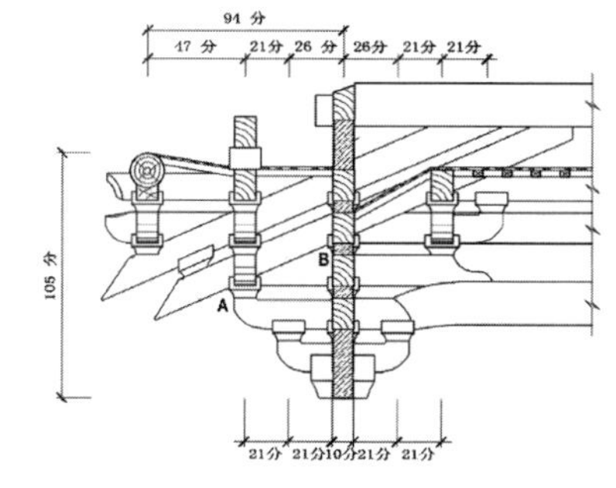

图1　历次测绘东大殿柱头铺作下昂底与交互斗交接关系对比图[❶]

❶文中未标注来源的图片均由作者提供。

读为A处交互斗斗平外口上皮承托下昂，B处下昂底过泥道上栱只外下楞[1]；另两次测绘关于B处解读相同，但于A处，昂底入交互斗斗平之下。两种解读的结果会导致下昂斜度计算中几何关系解释方法的差异，因而可能直接动摇现有的昂制假说。

[1]文献[1].

2006年东大殿测绘分析工作之后，本研究团队相继展开了针对与东大殿相类做法的双杪双下昂七铺作的调研。尤其是在山西平遥镇国寺万佛殿、辽宁义县奉国寺大雄殿为代表的实例中，反映出一些独特的构件交接细节，足资反思对东大殿斗栱设计的理解。

首先是始建于北汉天会七年(963年)的镇国寺万佛殿——与之相同的还有建于宋开宝早年间(968年—971年)的高平崇明寺中佛殿。万佛殿柱头铺作"昂下皮与交互斗口的交接处不用华头子，头下昂自承跳斗口外楞出；上层下昂上皮恰过二跳外皮与耍头下皮的交会处"(图2)[2]；中佛殿"头昂下皮与交互斗口的交接处不用华头子，交界点A位于承跳交互斗斗平上皮开口外楞"(图3)[3]。

[2]文献[3].

[3]文献[4].

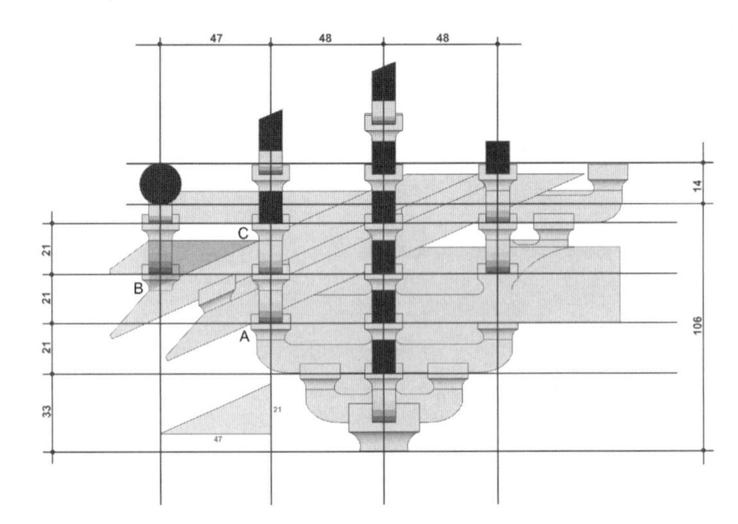

图2 平遥镇国寺万佛殿斗栱详图

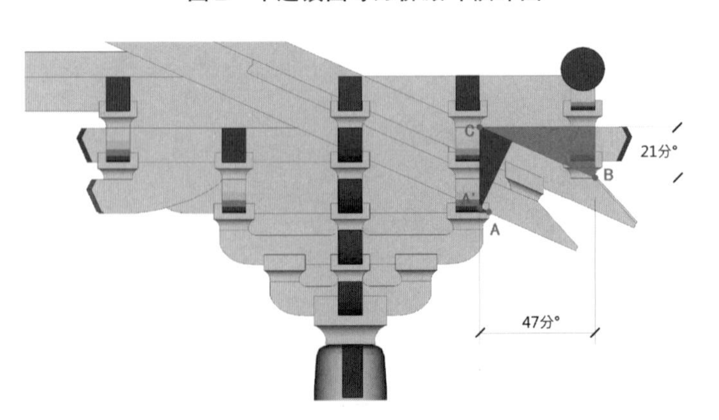

图3 高平崇明寺中佛殿斗栱详图

其次是辽开泰九年(1020 年)奉国寺大雄殿,同样的位置,研究认为前期测绘图所示“下昂深卧入交互斗,直至斗平和斗欹的交接线,不露斗平”的描绘不确,同时现状特点则是下昂确实卧入交互斗,且“皆显著露出部分斗平”❶(图4)。

❶刘畅,孙闯.也谈义县奉国寺大雄殿大木尺度设计方法[J].故宫博物院院刊,2009(4):33-49;文献[5].

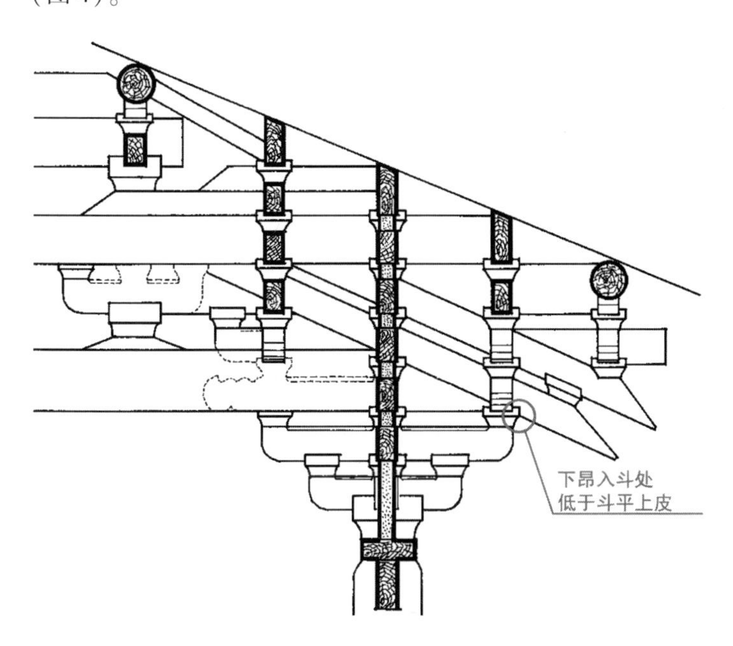

图4　义县奉国寺大雄殿斗栱详图

以上两种交接关系深刻地影响着计算下昂做法时的一切榫卯设计,因此有绝对的必要进一步考察两处内部构造的异同,只是今天还缺乏适当拆解揭露、全面统计分析的机会。在现有研究中,相对完整地利用分件图的形式记录了七铺作打开之后此处交接关系的案例仅有两个——河北蓟县的辽代统和二年(984 年)的独乐寺观音阁和辽宁义县奉国寺大雄殿。从外观来看,前者接近万佛殿做法。

先说独乐寺观音阁。20 世纪 90 年代修缮工程记录及勘察设计图纸公布在《蓟县独乐寺》一书中❷,是迄今为止最全面深入的基础研究。在未来全面的三维激光扫描补充测绘之前,此书堪称研究者最可信赖的数据资源,尤其可以通过书中斗栱分件尺寸表和分件图整理得出很多极具价值的线索。提取原图相关信息得到能够反映内部构造的分件图组(图5)。

❷文献[6].

再谈奉国寺大雄殿。大殿在 20 世纪 80 年代经历了近代以来最大规模的维修,由中国文物研究所(今中国文化遗产研究院)杨烈先生主持,并最终汇集编纂了《义县奉国寺》一书,成果中继承了长期以来我国木构修缮过程中随工记录成图的优良传统,公布了大量斗栱分件图,虽未展开释读研究,但足为本文的讨论提供证据。❸提取原图相关信息得到能够反映内部构造的分件图组(图6)。

❸杨烈.义县奉国寺[M].北京:文物出版社,2011.

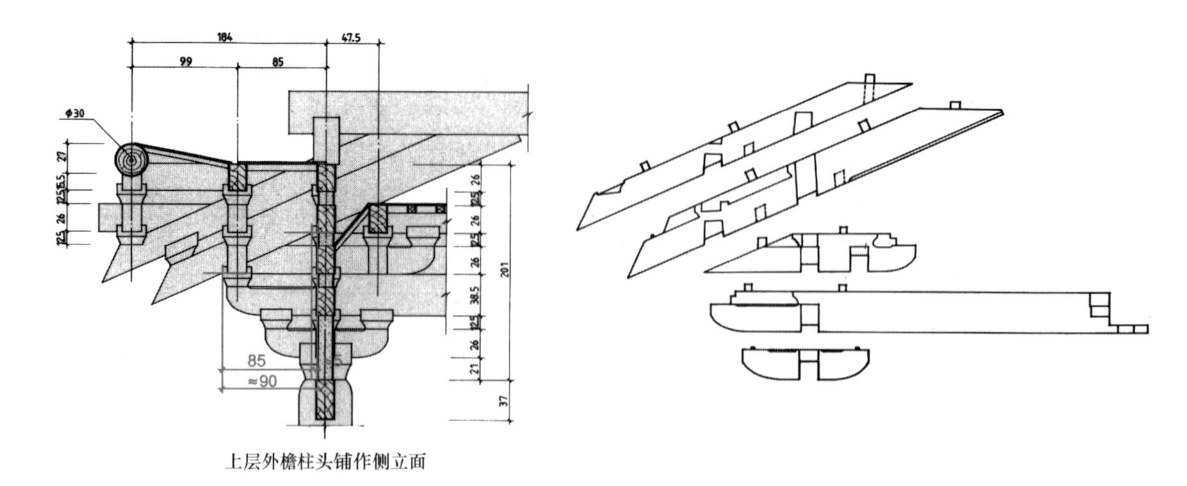

图5　蓟县独乐寺上层柱头铺作分件图信息汇总

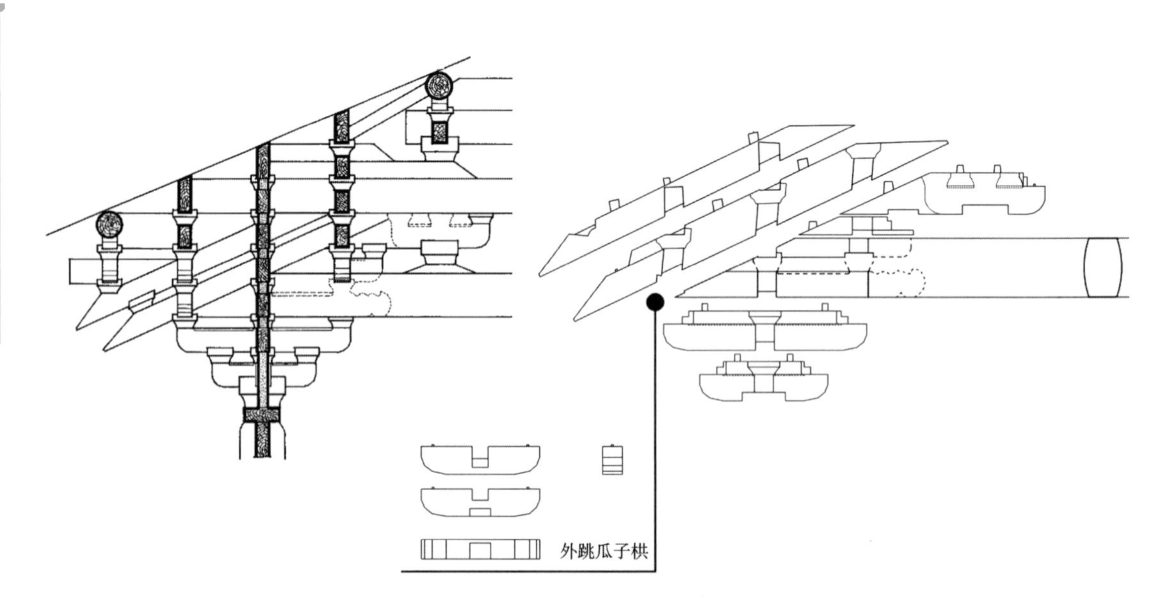

图6　义县奉国寺大雄殿柱头铺作分件图信息汇总

深入观察其细部构造，大致能够形成这样的对应：

(1) 义县奉国寺大雄殿案例——下昂卧入交互斗斗平，对应交互斗留面阔方向隔口包耳，同时，下昂底相应位置开槽以容纳隔口包耳；

(2) 蓟县独乐寺观音阁反映情况与平遥镇国寺万佛殿、高平崇明寺中佛殿等案例有所不同——下昂底出于交互斗斗口，对应交互斗内暗藏华头子与之相承，同时，下昂底相应位置仅留瓜子栱开口，不必再开槽容纳隔口包耳。

梁先生的图示和2004年以来的图示究竟哪一个更接近真实情况呢？佛光寺东大殿究竟属于哪一种做法呢？

2. 斗栱出跳值

斗栱出跳值是本文关注的重点之一。这个斗栱结构尺度的基本数据是《佛光寺东大殿实测数据解读》[1]一文中对于"昂制"的判断的根基所在，更是屋架设计依昂制定总举高、定进深开间的根基所在。

[1]文献[2].

1937年的测绘并未给出详细的出跳数据。有限取样的测量方法在此遇到了具体的困难——现实数据无法直接证明几何设计。因此必须用一个数据区间取代单一的测量值。

2006年完成的测绘工作针对柱头、转角铺作给出了完整的数据表。简单进一步汇总第一、二跳之和，得到表1。

表1　2006年测绘柱头、转角铺作出跳值汇总表　　（单位：毫米）

斗栱编号/位置	第一二跳	第三四跳	斗栱编号/位置	第一二跳	第三四跳
2-B，西北转角	989	980.1	9-F，东南转角	1013.7	1013.6
3-B，西面二次间北柱头	989.2	968.4	8-F，东面二次间南柱头	1015.5	994.3
4-B，西面次间北柱头	971	1014.2	7-F，东面次间南柱头	978.7	957.4
5-B，西面明间北柱头	974	979.6	6-F，东面明间南柱头	987.8	987.6
6-B，西面明间南柱头	983.3	968.5	5-F，东面明间北柱头	1014.6	985
7-B，西面次间南柱头	994.6	960.5	4-F，东面次间北柱头	967.1	964.7
8-B，西面二次间南柱头	978.1	978.8	3-F，东面二次间北柱头	1004.7	1011.7
9-B，西南转角	999.7	969.5	2-F，东南转角	1025.4	965.1
9-C，南面前进柱头	993.1	987	2-E，北面后进柱头	987.5	961.8
9-D，南面中柱柱头	985.9	963.3	2-D，北面中柱柱头	952.1	991.7
9-E，南面后进柱头	977.9	999.5	2-C，北面前进柱头	992.2	959.4

整理表 1 中 22 组数据,则有:

(1) 第一二跳出跳总值 ∈ (952.1, 1025.4),均值 989.8 毫米;

(2) 第三四跳出跳总值 ∈ (957.4, 1014.2),均值 980.1 毫米;

(3) 22 组数据中有 16 组数据第一二跳 > 第三四跳;

(4) 22 组数据中有 6 组数据第一二跳 < 第三四跳。

再进一步的讨论需要追根溯源到 2006 年数据的量取方式。用今天的眼光来看,当时在点云文件中提取数据的方式是值得商榷的。当年的内业工作流程基本可以描述为以下几个步骤:

(1) 选择相关扫描站点,拼合点云;

(2) 制作点云切片,形成描述性图像;

(3) 按照测量控制,调整归正点云影像;

(4) 按照正交方式量取相关数据(图 7)。

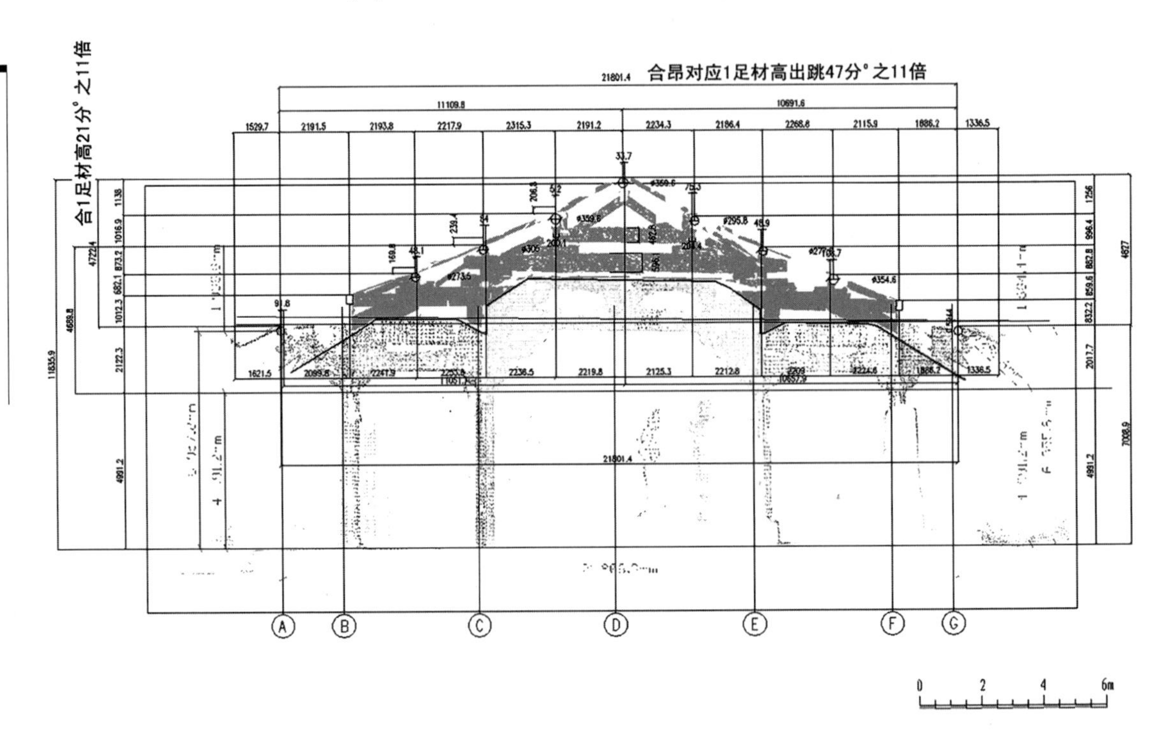

图 7　2006 年佛光寺东大殿测量数据提取方法示意图

这样的方法对于粗略估算结构尺度固然较为高效,但是对于量取、统计、分析诸如出跳值一类的细节尺度则显然过于粗放。因此有十足的必要重新测量、量取、审视佛光寺东大殿斗栱出跳值。

二、六站补测

正是怀揣着上述疑问，清华大学建筑学院师生一行于2013年9月，在测量条件、现场工作进度配合均未形成完好协调的情况下，急切地开展了针对大殿前檐斗栱的补充测量。

对于管理部门来说，研究已经覆盖了大木结构部分，应当逐步拓展到油饰、彩画、壁画、彩塑等方面的研究，并着手准备实施保护，因此再次为反复测绘组织脚手架、安排配合人员已经不甚现实。同时由于不同工作组人员进场、保证大殿正常开放等需求，当时的工作时间也受到了限制，仅布置了6个扫描站点。扫描站点定位则最终确定在前檐北转角、北次间北柱缝、明间北柱缝、明间南柱缝、南次间南柱缝、前檐南转角。然而，随后的点云提取和分析工作足以证明上述布站并不理想，至少应当在北二次间北柱缝、南二次间南柱缝补充2个测站，同时存在全面重复测绘的必要性。

仅有的6站扫描对象是东大殿西立面檐下斗栱，希望从人的视点扫描取得前檐以及南北山面局部之各朵转角、柱头、补间铺作共计18组——其中当心间补间铺作被匾额遮挡，同时尽可能提取斗栱左右两侧的数据，抵消栱只扭转误差。实际操作结果发现匾额遮挡影响大于预期，而转角和两山站点数据结果则不甚理想，造成数据统计中一些"未及"之处。

现将各个扫描站点影像、各站中提取斗栱信息统计如表2。

表2　2013年补测扫描站点基础信息表[1]

站点标号	斗栱编号/位置	方向描述	提取文件命名
Scan001	2-B，西北转角	西向右侧 北向左侧	西北角-西-R 西北角-北-L
	2-B2，北面前进补间	北向左侧	北前一补间-L
	2-C，北面前柱头	北向左侧	北C头-L
	2b-B，西面北尽间补间	西面右侧	西北尽补间-R
	3-B，西面北二次间北柱头	西面右侧	西3头-R
	3c-B，西面北二次间补间	西向右侧	西北二次补间-R

[1] 斗栱编号延续2006年测绘编号体系。

续表

站点标号	斗栱编号/位置	方向描述	提取文件命名
Scan002	2-B,西北转角	西向左侧	西北角-西-L
	2b-B,西面北尽间补间	西向左侧	西北尽补间-L
	3-B,西面北二次间北柱头	西向左侧	西3头-L
	3c-B,西面北二次间补间	西向左侧	西北二次补间-L
	4-B,西面北二次间北柱头	西向右侧	西4头-R
	4a-B,西面北次间补间	西向右侧	西北次补间-R
	5-B,西面北次间北柱头	西向右侧	西5头-R
Scan003	4-B,西面北次间北柱头	西向左侧	西4头-L
	4a-B,西面北次间补间	西向左侧	西北次补间-L
	6-B,西面明间南柱头	西向右侧	西6头-R
Scan004	5-B,西面明间北柱头	西向左侧	西5头-L
	6a-B,西面南次间补间	西向右侧	西南次补间-R
	7-B,西面南次间南柱头	西向右侧	西7头-R
Scan005	6-B,西面明间南柱头	西向左侧	西6头-L
	6a-B,西面南次间补间	西向左侧	西南次补间-L
	7-B,西面南二次间北柱头	西向左侧	西7头-L
	7c-B,西面南二次间补间	西向右侧	西南二次补间-R
	8-B,西面南二次间南柱头	西向右侧	西8头-R
	8b-B,西面南尽间补间	西向右侧	西南尽补间-R
	9-B,西南转角	西向右侧	西南角-西-R
Scan006	9-B,西南转角	西向左侧 南向右侧	西南角-西-L 西南角-南-R
	8b-B,西面南尽间补间	西向左侧	西南尽补间-L
	8-B,西面南二次间南柱头	西向左侧	西8头-L
	9-B2,南面前进补间	北向右侧	南前一补间-R
	9-C,南面前柱头	北向右侧	南C头-R

同理,还可以建立各朵斗栱点云数据与扫描站点之间的对应关系,不赘。整理影像索引如图8所示。

图 8　2013 年佛光寺东大殿补充扫描基础影像信息索引图

三、昂斗交接处点云影像之观察

1. 内部构造信息

统计观察结果之前,首先可以确定的是东大殿斗栱下昂与交互斗内部交接做法与奉国寺大雄殿外檐铺作如出一辙,而交互斗内侧似无暗华头子衬于昂下,而仅与交互斗阶梯状咬合。利用现有脚手架,在大殿后檐北二次间南北柱缝处,均明显可见下昂与交互斗之间结合松散,暴露内部构造关系(图9)。

图9 佛光寺东大殿柱头铺作二跳上之昂斗内部交接关系

其做法要点在于:

(1) 交互斗至少前部留隔口包耳,沿面阔方向设置,与斗耳同高,因此形成类似横置单向开槽并于一侧单挖浅槽容纳下昂的形式;

(2) 头层下昂身上除开口以容瓜子栱外,之前更开槽与隔口包耳相交会,昂身槽口与奉国寺外檐铺作头昂做法极其相似,唯独交接隔口包耳之上部并不刻意加工成水平形状,而是随昂身斜开;考虑到大殿原始彩画基地在此处有灰泥堆砌,此处做法并无暴露交接缝隙之虞。

这样的现象同时对昂、斗关系这一表面观察带来了影响——昂身在隔口包耳之外可能受到制约,在隔口包耳深度未降至斗平之下的情况下,可以略为处理昂下皮。如果真的这样处理,那么即使观察到下昂底从斗口出,也可能存在下昂底原始设计面与二跳上瓜子栱外下楞相合的几何设计。

2. 观察与统计

为了避免臆断、误判,观察需要拿出证据。这一点恰是三维激光扫描测量的优势所在。2013 年扫描工作虽然覆盖面不完整,但是毕竟获取了整座建筑18朵柱头铺作中的8朵及4朵转角铺作中的2朵数据,且左右两侧互相印证抵消构造变形影响,应当能够反映一般规律(表3)。

表3　2013年扫描点云影像所反映之交接关系归纳

斗栱/文件名	头昂下皮与交互斗斗口关系	头昂下皮与泥道处栱只外下楞关系
北C头-R	未及	未及
北C头-L	昂底低于斗口	基本吻合
西北角-西-R	未及	未及
西北角-西-L	昂底低于斗口	基本吻合
西3头-R	昂底与斗口约略相平	基本吻合
西3头-L	昂底低于斗口	基本吻合
西4头-R	未及	未及
西4头-L	昂底低于斗口	昂底略高于泥道处栱只外下楞
西5头-R	昂底与斗口约略相平	基本吻合
西5头-L	昂底低于斗口	基本吻合
西6头-R	昂底与斗口约略相平	昂底略高于泥道处栱只外下楞
西6头-L	昂底与斗口约略相平	昂底略高于泥道处栱只外下楞
西7头-R	昂底与斗口约略相平	基本吻合
西7头-L	未及	未及
西8头-R	昂底与斗口约略相平	基本吻合
西8头-L	昂底低于斗口	基本吻合
西南角-西-R	昂底与斗口约略相平	基本吻合
西南角-西-L	未及	未及
南C头-R	昂底低于斗口	基本吻合
南C头-L	未及	未及

上述统计均源于影像文件的采集和整理,一并附上以为证,其中构造交点与辅助线差距在5毫米以下者判定为基本吻合(图10)。

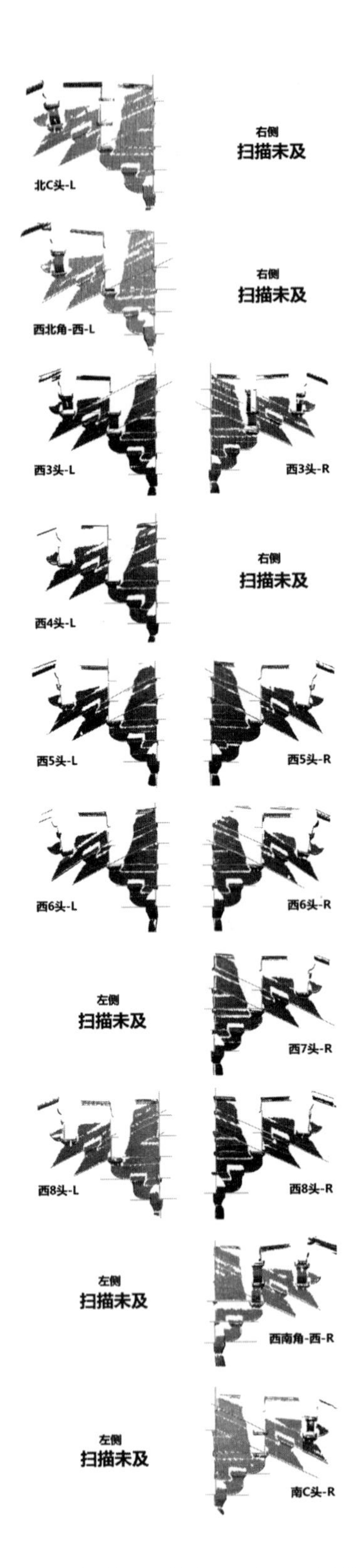

图10 2013年扫描点云影像所反映之昂斗交接关系

单以数量计,现象要点如下:

(1) 头昂下皮低于交互斗斗口者——即昂底过二跳上瓜子栱外下楞者占观察对象总数之半;头昂下皮与交互斗斗口约略相平者也有一半;

(2) 在泥道处,头昂下皮与相应栱只外下楞相合者达到 15 处,昂底略高于外下楞者仅 3 处,前者可视为一般规律。

再将上文言及之内部构造信息一并考虑,则可基本认定:头昂下皮与瓜子栱外皮下缘相交于一点,而从交互斗口外皮下方伸出;头昂下皮在泥道处则与上一层泥道栱外皮下缘处交会。

四、出跳值之校验与量取

1. 数据再提取

三维激光扫描点云的测量方法从客观上可以扩大样本量,但是粗率的数据量取或读取可能带来系统误差,影响分析结果。为了回应本文之初列举的第二个疑问——两个大跳出跳不匀的数据现象,为了回应2006 年测绘有所欠缺的数据提取方式,笔者在推敲点云影像、斟酌测量位置的基础上重复提取了南北山前进柱头铺作、西南和东南转角铺作、西立面柱头铺作的可及的出跳数据。

经过斟酌研究,量取位置选定方法如下:

(1) 第一二大跳总出,采用垂线模式,起点为二跳瓜子栱外下楞在点云影像中的投影,目标为此点至泥道外皮一线的垂足;

(2) 第三四大跳总出,也采用垂线模式,起点为第四跳上令栱外下楞在点云影像中的投影,目标为此点至二跳上重栱外皮一线的垂足。

整理测量结果,并对照 2006 年测绘数据如表 4。

表 4 2013 年补测出跳数据汇总表 (单位:毫米)

测量位置	头二跳出		三四跳出	
	2013 测	2006 测	2013 测	2006 测
北 C 头-L	982.1	992.2	942.7	959.4
西北角-西-L	983.8	989	970	980.1
西 2 头-R	978.2	989.2	967.7	968.4
西 2 头-L	977.3		972.7	
西 3 头-L	986	971	986.2	1014.2
西 4 头-R	973.8	974	954	979.6
西 4 头-L	987	—	972.2	—
西 5 头-R	974.1	983.3	943.7	968.5
西 5 头-L	967.6		948.6	

续表

测量位置	头二跳出		三四跳出	
	2013 测	2006 测	2013 测	2006 测
西 6 头-R	998.7	994.6	941.5	960.5
西 7 头-R	982.6	978.1	972	978.8
西 7 头-L	984.8		952.6	
西南角-西-R	960.7	999.7	963.9	969.5
南 C 头-R	997.7	993.1	934.6	987
均值	981	—	958.7	—
最大值	998.7	—	986.2	—
最小值	960.7	—	934.6	—

表中数据惊人地拉开了头二跳出和三四跳出之间的数据差。与《佛光寺东大殿实测数据解读》一文的结果相比，出入相当显著。具体而言，仅存二处三四跳大于一二跳，其余测值均为三四跳出跳均值小于头二跳，总均值相差 22.3 毫米。这近乎一分°的差异要大大高于 2006 年测绘中的 9.8 毫米。

如何解释这个现象呢？

最新的数据具有更好的可靠性和可验证性。2006 年扫描点云的构造描述能力、数据提取细节难以重复。相比之下，2013 年补测针对这个缺憾进行布站设计，力求每一站最大可能地覆盖斗栱特征区域；点云提取方案设计也以提高测量精度为目标，不作拼接处理；测量方案设计尽力考察构件姿态影响，不做简化正交标注。因此，2013 年的成果形成了可以验证细微特征的可靠素材。也正是出于这个原因，此处出现的显著差值更需要谨慎对待。

2. 变形纠正

不应急于立即展开猜想几何设计的翅膀。或许应当考察测量值是否能够准确地反映原始设计值，抑或其间还有什么其他干扰因素。

木结构形变便是一个不容忽视的干扰因素。

东大殿斗栱硕大出跳深远，形变因素更需考察。细研之，对于柱头铺作而言，柱心处得到支撑，而橑风槫处集中承受屋檐荷载、屋内部分承受屋架荷载，将使得出挑构件存在向下、向前的折弯和向下的挤压。这个现象清晰地反映在点云文件中（图 11）。西立面明间南柱头之一二跳出跳与三四跳出跳值相差较大，其头层昂在第二跳的位置附近发生了较明显的弯折，二层昂弯折则愈加明显，组合起来不但造成了二昂上令栱下沉、外翻，而且下沉、外翻更早已集中出现在二跳华栱之上的瓜子栱和慢栱的组合处。类似的栱只、替木歪闪外翻，下楞内移的现象早在 20 世纪 90 年代修缮太原晋祠圣母殿的工程中便得到了特别的关注（图 12）[1]。

[1] 柴泽俊，等. 太原晋祠圣母殿修缮工程报告[M]. 北京：文物出版社，2000.

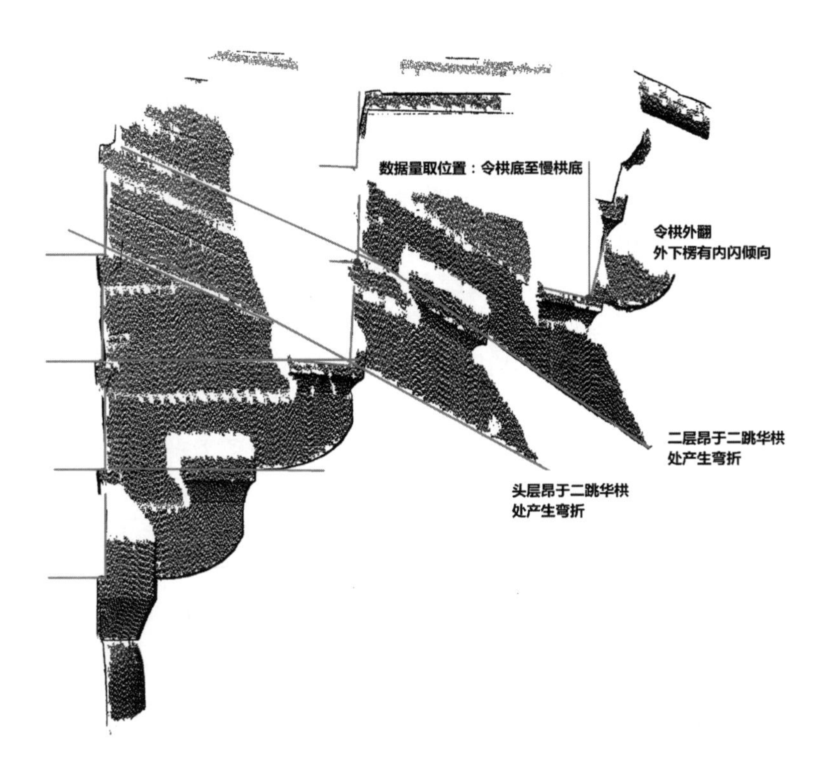

图 11　2013 年扫描点云之西面明间柱头铺作右侧影像图

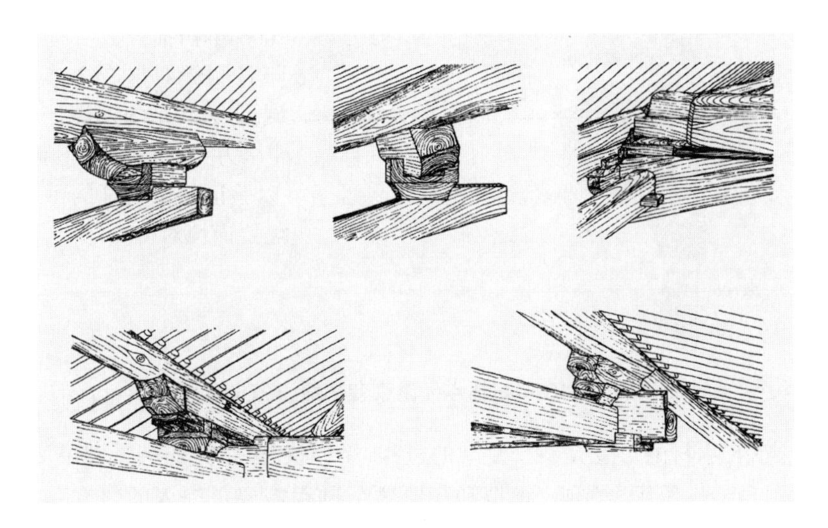

图 12　晋祠圣母殿修缮工程中记录的替木歪闪情况图

需要特别重复说明的是表 4 中的两大跳数据分别量取采自二跳瓜子栱外下楞回量至泥道外皮一线的垂足距离、令栱外下楞回量至二跳上重栱外皮一线的垂足距离，其中各栱只厚度相同。

综合对照下昂弯折变形和上述量取方式，可能由于以下情况采集数据而偏离原始设计尺寸：

（1）二跳华栱位置，弯折不显著，其上重栱外翻不显著，但上缘受拉，存在伸长趋势，因此“一二跳出跳实测值≥设计值”；

(2) 令栱外翻严重，下椤内移，可能造成“三四跳出跳实测值≤设计值”；

(3) 三四跳斗栱构件左右歪闪幅度≥一二跳，在投影影像中测量，同样可能造成“三四跳出跳实测值≤设计值”；

(4) 更加重要的是，下昂弯折，上缘存在伸长趋势，测量值貌似大于设计值，但是对比外椤至垂足的量取方式，排除顺木纹微小的伸长值，二跳之外的进一步弯折现象反而会造成“三四跳出跳实测值≤设计值”(图13)。

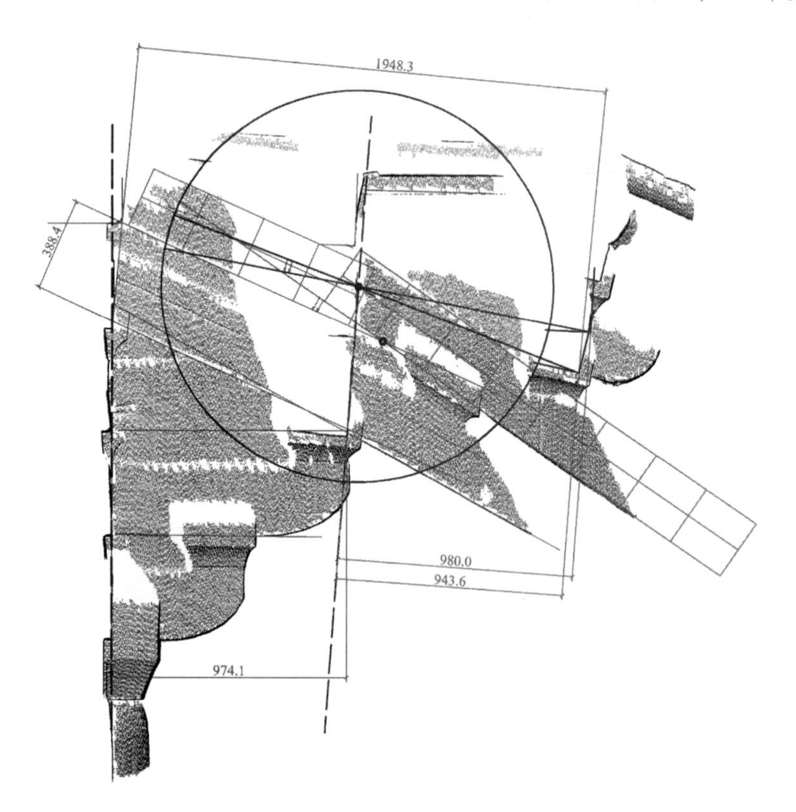

图13　2013年扫描点云量读变形纠正方法示意图

当然，木材的形变是一个复杂的过程，受力状况之外，还会受到温湿度、木材本身特性等因素影响，模拟和还原这个过程需要更深入的研究和分析方法以及实验过程，才能达到定量的水平。限于目前的研究条件，还难以做到真正了解木结构原始的面貌。然而，倘若能将定性的分析合理地向前推进一步，也能将对木结构的理解深入一小步，或者，可以大致探讨弯折对于原定数据提取方法造成影响的幅度。

仅针对上述第(4)条，对于弯折影响测量值的问题，笔者试图用几何的方法对二昂的弯折进行初步的校正，具体方法如下：

(1) 二昂身上缘受拉下缘受压，二者之间上层昂弯折造成四跳上之令栱在二跳上重栱歪闪基础上进一步剧烈歪闪；因此取上层昂身中线与重栱外皮交点 O 为逆推参照点；

(2) 以 O 点为圆心，旋转上层昂及两昂组合之上令栱，将其复位至昂身出挑之内的斜度位置；

(3) 重新量取令栱外下楞回量至二跳上重栱外皮一线的垂足距离，以此衡量三四跳出跳距离。

3. 数据调整

按照上文逆推方法进行几何制图，分别量取各朵斗栱，归纳如表 5。

表 5　2013 补测出跳数据汇总表　　（单位：毫米）

测量位置	出跳	
	三四跳出跳（调整前）	三四跳出跳（调整后）
北 C 头-L	942.7	950.7
西北角-西-L	970	979.6
西 3 头-R	967.7	970.3
西 3 头-L	972.7	972.7
西 4 头-L	986.2	991.4
西 5 头-R	943.7	980
西 5 头-L	972.2	974.7
西 6 头-R	954.2	971.9
西 6 头-L	948.6	987.5
西 7 头-R	941.5	948.9
西 8 头-R	972	977.9
西 8 头-L	952.6	958.7
西南角-西-R	963.9	963.9
南 C 头-R	934.6	941.8
均值	958.7	969.3
最大值	986.2	991.4
最小值	934.6	941.8

采用几何手段调整量取方法之后，所有三四跳出跳取值都有所增大，均值则增大 10.6 毫米。与一二跳出跳值相比较，这个数值仍偏小 10 毫米左右。

考虑到尚存在其他导致三四跳测量值偏小的原因，两大跳之间的差距可能会进一步缩小。相比于一米左右的出跳值而言，10 毫米的差距似可归因于误差，无法清晰指向几何设计问题。

五、阶段性结论

至此,围绕观察交接关系和量取出跳值这两个问题转了一个大圈子,本文的阶段性结论并非推翻了现有的研究,反而从另一个角度辅助验证了既有假说——1)东大殿外檐铺作昂制平出一大跳,抬高一足材;2)第一二跳出跳=第三四跳出跳=总出跳/2。[1]

如何充分利用三维激光扫描数据是当前古建筑测绘和研究的重要话题。推翻前人研究结论固然能够大力推进科研发展,提高精度、明确思路的设问、校核、释疑同样是学术进步的基石。必须强调的是,本文的讨论绝对不是确定的结论,本文采用的局部补充测绘以及对于数据现象的解释都存在很大的提高空间。这里需要研究工作不仅在过去的测绘方法上有所发展,"变'数据抽样'为'数据群采集统计'"[2],还需要拿出合理的构造观察证据和数据量取方法,有必要的情况下进一步对证据和方法进行反复琢磨。本文只是这个意义上的初步探索。

期待尽早开展佛光寺东大殿重复测绘工作。

❶文献[2].

❷文献[2].

参考文献

[1] 梁思成.记五台山佛光寺建筑[J].中国营造学社汇刊,1944,7(1):13-44;中国营造学社汇刊,1945,7(2):附图45~61.

[2] 张荣,刘畅,臧春雨.佛光寺东大殿实测数据解读[J].故宫博物院院刊,2007(2):28-51.

[3] 刘畅,刘梦雨,王雪莹.平遥镇国寺万佛殿大木结构测量数据解读[M]//王贵祥,贺从容.中国建筑史论汇刊.第伍辑.北京:中国建筑工业出版社,2012:101-148.

[4] 徐扬,刘畅.高平崇明寺中佛殿大木尺度设计初探[M]//王贵祥,贺从容.中国建筑史论汇刊.第捌辑.北京:中国建筑工业出版社,2013:257-289.

[5]刘畅,刘梦雨,张淑琴.再谈义县奉国寺大雄殿大木尺度设计方法[J].故宫博物院院刊,2012(2):72-88.

[6] 杨新.蓟县独乐寺 [M].北京:文物出版社,2007.

再论唐代建筑特征——对佛光寺大殿的几点新见[1]

国庆华

（澳大利亚墨尔本大学）

摘要：本文以佛光寺为关注点，从建筑构件入手讨论唐代建筑的特征，主要目的在于考察建筑的演变。

关键词：佛光寺大殿，特点，演变，唐代

Abstract: This paper presents some initial interpretations around the east hall of Foguang Temple based on a study of several elements. The goal is to understand the architectural characteristics of the Tang dynasty and the course of the structural changes.

Keywords: Foguang temple, characteristics, change over time, Tang architecture

佛光寺始建于唐大中年间（847—859年），是存世不多保持原貌的佛教寺院之一。佛光寺东大殿被认为是中国现存最古老的木构建筑之一，为此，它是首屈一指的唐代建筑例证。正如梁思成所说，它是“研究中国建筑中极可贵的遗物”。1937年梁思成等发现了这座寺院。在发表于七年后（1944年）的调研成果中，梁思成首次从建筑上分析了大殿，并指出其在建筑史上的重要之处。从那时起，该文即成为研究佛光寺的首要资料。[2]梁思成对中国建筑的基础知识的贡献高度影响着中国建筑史的研究。

在梁思成的开创性工作之后，对佛光寺既没有开展广泛的调查，也没有进行细致的研究。在一个很长的时期内建筑史研究陷于停滞，其主要原因是战争和政治运动，尤其是20世纪60年代至70年代后期的“文化大革命”运动。相关学术文献的出版自20世纪80年代恢复，其可分为两类：第一类是漫谈佛光寺建筑，大体上重新记录与增广了这个领域的已知情况；[3]第二类是详察建筑现象，并参比历史文献解读，例如参比《营造法式》（1103年）——它记录了北宋时期官式建筑的结构型式、工程做法、装饰式样和工料估算，等等。第二类尤以陈明达的研究成果为代表。陈明达是梁思成的学生与早期工作的助手。他对中国古代木构建筑的研究——殿堂、厅堂结构型式及材、份的分析具有创新性的贡献。[4]此后，很快就出现了沿袭陈明达方式所做的新的学术研究。[5]

---

[1]本文的英文稿发表于 Vimalin Rujivacharakul and Luo Deyin. *Liang Sicheng and the Temple of Buddha's Light*, 2015.

[2]梁思成. 记五台山佛光寺的建筑[J]. 中国营造学社汇刊，1944，7(1)：13-44.

[3]柴泽俊. 五台佛光寺[J]. 山西文物，1982(3)；柴泽俊. 唐建佛光寺东大殿建筑形制初析[J]. 五台山研究，1986(1)：17-20；傅熹年. 五台佛光寺建筑[M]//傅熹年建筑史论文集. 北京：文物出版社，1998；清华大学. 佛光寺东大殿建筑勘察研究报告[R]. 北京：文物出版社，2011.

[4]陈明达. 营造法式大木作研究[M]. 2卷. 北京：文物出版社，1981.

[5]下面列出的出版物并非全部而是有选择性的：王贵祥. 唐宋单檐木构建筑平面与立面比例规律的探讨[J]. 北京建筑工程学院学报，1989(2)：49-70；张十庆. 古代建筑的尺度构成探析——唐代建筑的尺度构成及其比较[J]. 古建园林技术，1991(2)：30-33，1991(3)：42-45. 钟晓青. 斗栱、铺作与铺作层[M]//王贵祥，贺从容. 中国建筑史论汇刊. 第壹辑. 北京：清华大学出版社，2009：26.

本文以佛光寺为关注点,从建筑结构(architectonics)的角度来理解唐代建筑的特征,主要目的在于以佛光寺大殿为主要依据考察中国木建筑结构的演变。为尽量从佛光寺大殿提取建筑设计信息,本文通过以下三个方法进行研究:

(1)深入分析建筑细节。着眼点放在典型构件上,如素枋、叉手、托脚、平闇、鸱吻和蹲兽,其共同点在于具有结构与非结构双重功能。[1]这个方法的紧要之处在于考察建筑物细节的功能。在明了建筑的各个部分之后才能透彻理解整个建筑。

[1]本文中所用术语均借用宋《营造法式》术语。

(2)制作建筑模型。笔者与学生们做了四个不同比例的佛光寺大殿木模型(图1),建筑模型的制作协助笔者取得关于大殿是如何建成的第一手资料。

(a) 当心间(比例 1:10),制作于 1987年

(b) 铺作局部(1:5),制作于 1998年

(c) 内槽和外槽(1:5),制作于 2005年

(d) 四分之一制作(1:5),制作于 2009年

图1 佛光寺大殿模型

(作者自摄)

(3)建立佛光寺的脉络(context)。建立佛光寺与同时期或相近时期建造并且仍保存完好的建筑物的关联。这些建筑包括日本的一些寺院,它们表现了唐代建筑在东亚的影响。这一跨地区比较反过来也将有助于更好地了解唐代建筑特点的总体演变,并对这个题目在大视野中给予新的诠释。

一、建筑与结构

佛光寺东大殿由三个结构层组成,从下到上的次序为柱网、铺作层和屋架。这种组合的结构在宋代称作“殿堂”。铺作层是中间结构层,它的功能是支撑其上的屋架,并同时加强其下的柱网。可以说,柱网和屋架两个结构层通过铺作层结合成一体。

从建筑设计上讲,铺作展示了东亚建筑独树一帜的特色。初看起来,它的特点是枓和栱的组合体,坐落在柱头上。枓和栱的组合变化很多,并存在不同地区与不同时期的变化。无怪乎学者们将相当大的注意力放在去考察铺作的类型和多种多样的枓与栱的组合,并试图从中找出中国及其附近地区建筑发展的过程。但是,枓、栱和铺作不是本文的着眼点。如前所述,本文把着眼点放在典型结构构件上,分述如下:

1. 素枋

素枋是表面不做加工、无装饰的长木,是铺作最核心的构件。事实上,铺作由素枋组成,即一组按规格制成的木枋重叠成层。纵横素枋正交之处以柱支撑。实际上,枓栱是素枋在柱头上相交而形成,《营造法式》称其单位为朵。重叠成层的木枋按其使用部位又有专名。例如,在铺作上方从柱头向檐口方向依次称为柱头枋、罗汉枋、承椽枋,等等。因而,素枋是几种构件的综合名称。

佛光寺大殿的铺作是由两个同心框圈组成:即四层素枋的内槽和五层素枋的外槽。素枋上下层之间在一定位置使用小枓承接,这些小枓构成的图案给予大殿铺作一种韵律。整个铺作构架在柱头处使用了七种不同的枓栱组合法,每朵枓栱均为七层栱与昂组成,《营造法式》称为七铺作(昂在下文专门讨论)。众多朵枓栱向外出跳使巨大屋檐向外伸展。因此,素枋对佛光寺东大殿的铺作结构具有最重要的意义。现在,一个重要问题出现了:素枋是否在东亚其他地区使用?特别是那些建于同时期,或在唐代建筑影响下建造的建筑物。

在中国,建于唐代以前的木建筑没有一座保存至今。同时,绝大多数建于唐代的木建筑也早已不复存在,唐建筑技术已被遗忘或模糊不清。好在日本国尚有一些保存至今的在唐式建筑影响下修建的早期佛寺。这些建筑物是中国复原唐式建筑的主要实物资料。日本早期建筑具有唐代建筑风格特点的原因在于它们建于唐代中国鼎盛时期,当时中国是亚洲东部的中心。日本在奈良时代(710~794年)通过政府项目与唐朝建立密切交往。奈良的上层文化是在中国文化与佛教影响下发展起来的。建于这一时期的寺院建筑也采用了中国式样。

在这类建筑物中,年代最早的是法隆寺。对法隆寺的研究,中、日、韩三国都有学者发表论著。法隆寺建筑表现了飞鸟时代(538~710年)木结构的水平。比较法研究显示,法隆寺具有许多与佛光寺相同的设计特色。例如,法隆寺结构也使用素枋。与佛光寺不同之处亦存在。首先,素枋在法隆寺只形成了槽式构架,而无铺作。第二,作为屋架的一部分,一组长斜梁在柱头上远远探出支承屋檐(图2)。法隆寺金堂和五重塔结构极相似,并都有个宽大的屋檐。[1]但是,不敢确定法隆寺使用大斜梁的素枋结构与佛光寺使用昂的铺作为同期。

❶铃木嘉吉. 法隆寺金堂、法隆寺五重塔[M]//奈良六大寺大観. 1卷. 東京:岩波書店,1972;竹島卓一. 建築技法から見た法隆寺金堂の諸問題[M]. 東京:中央公論美術出版,1975;村田治郎. 法隆寺建築様式論考[M]. 東京:中央公論美術出版,1986.

图2　奈良法隆寺五重塔(710年)

(作者自摄)

奈良东大寺是另一个著名的例子。在奈良时代,这座寺院是佛教中心和主要文化机构。根据唐代典型式样,东大寺大殿原建于745年,其后多次重建并修葺,现大殿为1709年重修形象。[2]内供一尊大佛塑像,因而,这类建筑在日本称为"大佛样"。重建的大殿参照了该寺的南大门(1199年),并从原来通面阔十一间缩减到了七间。根据学者们的研究,东大寺南大门的建构方法是由中国南宋(1127~1279年)引进的。应当指出,现存年代最早的大佛样建筑不是东大寺南大门,而是1194年建在兵库县小野市的净土寺本堂(图3)。大佛样建筑给人印象最深刻的是那一排排直接从檐柱伸出的长栱,层层挑出直至屋檐口。东大寺枓栱结构与净土寺非常接近。

❷藤井恵介. 醍醐寺所蔵の弘安七年東大寺大仏殿図について—鎌倉再建大仏殿の復原[J]. 建築史学,1989,12(3):100-105.

大佛样建筑的素枋有两个用法:其一,素枋横贯柱身,柱之间用数条素枋,素枋之间施单栱或重栱。其二,按檐高和檐长,华栱连续出跳直至檐口。素枋作为联系构件,横串每朵出跳栱。东大寺南大门施三条这样的联系素枋(图4),东大寺大殿施一条(图5)。总而言之,大佛样的特点是仅用素枋、华栱和小料,全不用斜梁或昂。这种构造法风行于12世纪的日本。[3]

❸傅熹年. 福建的几座宋代建筑及其与日本镰仓"大佛样"建筑的关系[J]. 建筑学报,1981(4):68-77.

图3　兵库县小野市净土寺净土堂(1194年)

(作者自摄)

图4　奈良东大寺南大门(1199年),重檐,九层出七跳无昂,跳中施三条素枋相联

(作者自摄)

图5　奈良东大寺大殿，重檐，六层出六跳无昂，跳中施一条素枋相联

(作者自摄)

上述大佛样的早期形式可从汉代建筑明器上看到，例如河南灵宝地区出土的一件陶屋(图6)。明器表现了一个木构建筑，它的屋顶下有四朵枓栱分置在四个柱头上，没有昂，出跳栱由一条素枋横向串联。如此看来，枓栱与素枋已用于汉代建筑，净土寺和东大寺是一千年后的建筑，它们代表了这类建筑结构发展的一个中间点。

图6　汉绿釉陶屋，四朵柱头枓栱由一条素枋相联，无昂(河南灵宝出土)
(河南博物院藏)

与法隆寺相比，东大寺表现了不同的设计。两寺不同之处在于结构而不是风格，它们分别进一步代表日本和中国在唐代和宋代建筑的密切联系。历史上，中国建筑具有明确的地域传统。法隆寺和东大寺体现了不同的中国地方特点。按结构可以区分两种传统：①素枋构成一个结构单元，即铺作；②无独立的铺作结构，柱子间以素枋串联。挑檐栱直接插入柱身。很明显，素枋既可以构成铺作，也可以用来加强柱网或兼用于柱网和枓栱。

2. 叉手和托脚

唐代建筑屋架发展的一个关键是叉手和托脚。先看一下佛光寺东大殿，在屋架最上方平梁上立有一个人字架，即大叉手，它的作用是支承脊槫。在上平槫和中平槫之间斜置一根连杆，即托脚，用以加强平槫的稳定(图7)。

唐代建筑或唐式建筑与其他类型不同之处在于大量使用叉手和托脚。另外一个特点是施侏儒柱于叉手中间，以支承脊槫。实例有南禅寺大殿(782年)和独乐寺观音阁(984年)。叉手和托脚在这些建筑中是附加构件以增加屋架结构水平方面的稳定性(图8，图9)。

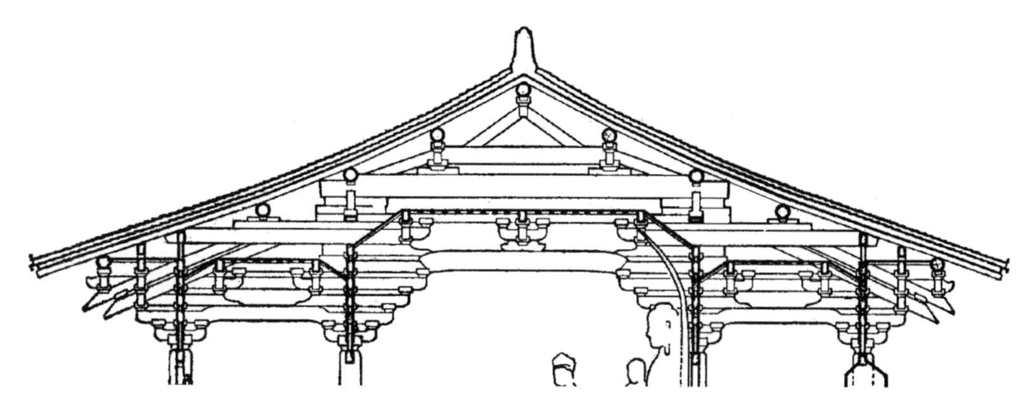

图7　佛光寺大殿(857年)，用叉手和托脚增强屋架

(梁思成. 记五台山佛光寺的建筑[J]. 文物参考资料,1953(5/6):76-121.)

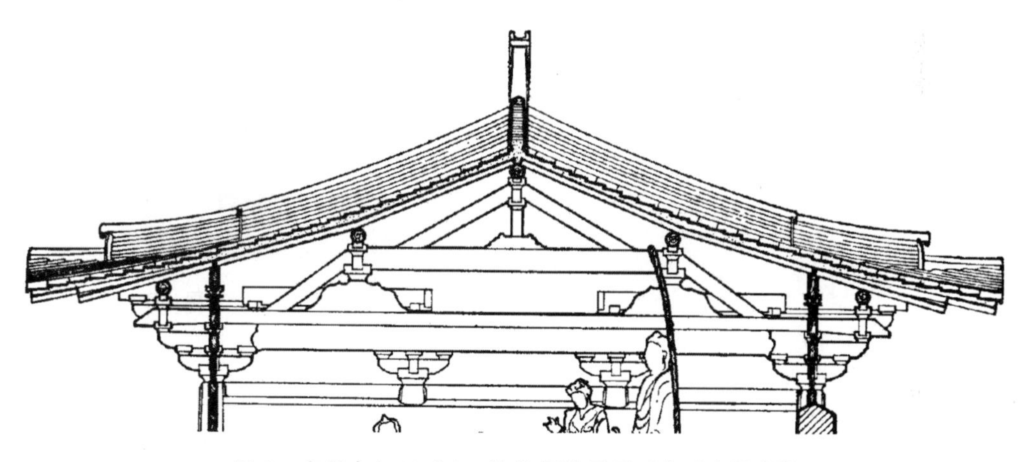

图8　南禅寺(782年)，施侏儒柱于叉手中以支承脊槫

(祁英涛,杜仙洲,陈明达. 两年来山西省新发现的古建筑[J]. 文物参考资料,1954(11):37-84.)

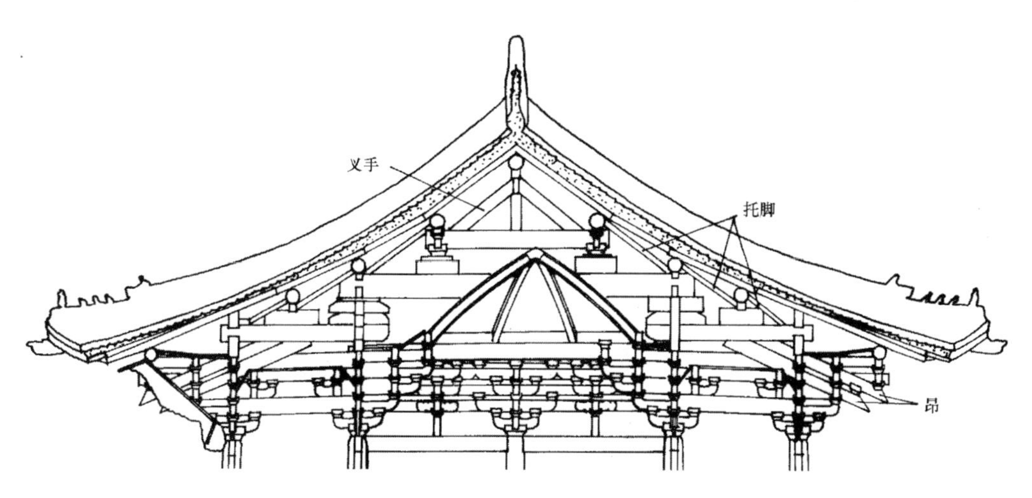

图9　独乐寺(984年)，叉手、侏儒柱、托脚和昂

(梁思成. 蓟县独乐观音阁山门考. 中国营造学社汇刊,第三卷,第二期.)

根据早期建筑实物，可以总结以下几点：第一，在唐代之前的一个时期，叉手、托脚与昂很可能是一个贯穿这些位置的斜梁。第二，这个斜梁曾是屋架的一部分。在唐代或略早于唐代的建筑中，这个斜梁与枓栱单元（朵）结为整体，起“昂”的作用。这样一来，叉手–托脚–昂屋架的前驱应是双斜梁结构。底部斜梁构成屋架，上部斜梁承载屋面材料。[1]在中国境内并未发现双结构的屋顶，很可能它在唐代之前即已消失。日本建筑设计喜用双顶结构，但不用托脚。

这些事实对于唐代建筑的叉手、托脚与日本建筑双重顶构架提出了一个很吸引人的问题。即，我们是否可将上述现象简单地归为中国与日本建筑在一千多年间发展的不同阶段所形成？也就是，是否可以说中国古建筑结构演变快于日本的体系，在唐代即已失去了的某些做法，而在日本建筑物中仍保存了一些它们的原型？

日本的双重屋顶是个复杂的论题，以下讨论几个实例。平等院的凤凰堂是座既有原设计又有晚期添加的混合体。此建筑物建于998年，本是座住宅，于1052年改建成寺院。[2]凤凰堂的屋顶有两重，原建筑的屋顶现隐藏在带有飞椽的增大了的屋顶之中。凤凰堂的设计还有其他独特之处，例如，它的斜梁下端挑出颇似昂。但我认为这不是昂。另一特点是位于回廊上方的装饰性勾栏（图10）。其屋顶的外盖、有传统风格的回廊和装饰性的勾栏都是后加在原建筑物上，为增大其体量及丰富其外观而建。在日本古佛寺建筑上常见装饰性勾栏。

图10　平等院凤凰堂（1053年），双重顶加高建筑

（作者自摄）

日本广岛竹林寺本堂使用另一种双重屋顶：江户中期在原屋顶上加盖了一个大外顶。这座建筑用第二重屋顶全包裹原顶，从而改变了建筑的外观和比例（图11）。此类另一个例子是奈良当麻寺曼荼罗堂的双重顶屋顶，它展现第二重屋顶用来遮掩屋与屋之间的结合处。曼荼罗堂是由几座建于不同时期的建筑并列组合成的拜殿，其最老部分为12世纪遗留下来。[3]这些建筑由一个高

[1] 详细论述见 Qinghua Guo. The Structure of Chinese Timber Architecture, London, 1999：51.

[2] 秋山光和，鈴木嘉吉. 平等院大観[M]. 3卷. 東京：岩波書店，1987；鈴木嘉吉. 平等院鳳凰堂[M]. 東京：每日新聞社，1988；福山敏男. Heian temples：Byodo-in and Chusonji. Ronald K. Jones，译. New York：Weatherhill，1976.

[3] 岡田英男. 当麻寺曼荼羅堂の沿革とその構造技法[M]//日本建築の構造と技法：岡田英男論集. 卷1. 京都：思文閣，2005：70-78；村田健一. 当麻寺本堂（曼陀羅堂）：密教系寺院本堂の変遷[J]. 建築雑誌，2001（5）：38-41.

大的屋顶覆盖在一起,故此在外观上看不出来它由几个房子组成,也避免了屋顶交接处(勾连搭)的技术问题(图12)。另外,在日本不见勾连搭屋顶。

图11　日本广岛竹林寺本堂,维修中第一层屋顶揭开之后见原屋顶

(作者自摄)

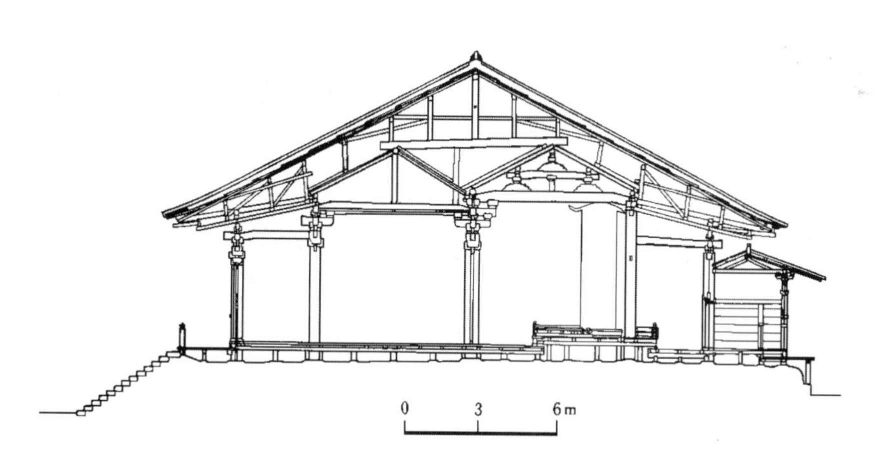

图12　奈良当麻寺本堂(1161年),高大的屋顶覆盖几个并列组合的建筑

(岡田英男.当麻寺曼荼羅堂の沿革とその構造技法[M]//日本建築の構造と技法:岡田英男論集.卷1.京都:思文閣,2005.)

这些对日本建筑实例的研究揭示了屋顶形式一直在变,古建筑需要定期维修屋顶,施用的方法多种多样。在建筑外观上,屋顶是决定性的。在施工上,屋顶是最难做的。在古代日本,佛寺属于上层建筑,其技术属于"高技术",有做法秘诀,尤其是屋顶的建造。而中国官式建筑做法规范,如《营造法式》,没有在历史上传入日本。

本节所讨论的中国古建筑的双重屋架与日本的双重屋顶完全不一样。

在中国,从双重屋架到叉手–托脚–昂屋架的演变是建筑结构的发展。双重顶是日本产生的建筑现象——大多数双重顶实例是中式建筑。也许可以这样解释,由于中国朝代更替,来自中国的建筑知识中断和大木作做法失传,中式建筑屋顶在周期性修缮中发生改变——它们的双重屋顶是日本地方工匠再创造的结果。

3. 平闇

佛光寺大殿内用格子式天花分隔室内空间与屋顶构架(草架)。天花为方格网上铺薄板组成的非结构层(图 13)。文献记载,天花也称承尘,可由木架和帐子制成。[1]如其名所示,功能是遮挡尘土。《营造法式》记载了两种天花:平闇和平棊。平闇是无装饰的方格天花,而平棊的格子大得多,并且格内有装饰。现存平棊中无唐代实物。佛光寺大殿天花为平闇类型,涂深红色。基于佛光寺大殿属唐代建筑实证之一,我们提出以下疑问:这类朴素的方格平闇是不是唐代建筑的特点?平闇有无原型,原型是什么?

[1]散见于《礼记 · 檀弓》、刘熙《释名 · 释床帐》、范晔《后汉书 · 雷义传》。

图 13　平闇遮掩屋顶草架,佛光寺大殿

(陈明达 摄)

在日本,平闇实物见于数处。其一在京都东寺金堂。现存的东寺金堂为丰臣秀吉于 1603 年重建。[2]它的天花与佛光寺大殿的天花如出一辙,可以推测它是仿唐式(图 14)。这两座建筑物的平闇仅在天花与下面承接的方木衔接部分做法略有不同:佛光寺大殿的天花边框为一圈斜面,而东寺金堂的天花边框是一圈曲面。具体做法是:斜面由直木条(《营造法式》称“峻脚椽”)斜向衔接平闇与下面的素枋,而曲面的“峻脚椽”为弯曲木条。更多的问题出现了:弯曲的峻脚椽是不是唐风?中国式天花在日本数百年间是怎样流传的?

[2]東寺. 東寺[M]. 京都:東寺,1995.

回头看法隆寺,其建筑中除平闇外还有几种格子式天花,均局部用于佛像的上方,例如飞鸟时代的金堂和奈良时代的传法堂(法隆寺东路)。第一个例子是华盖式平闇:金堂内佛像上方置一盝顶天花,盝顶下缘饰以璎珞流

图 14　唐风平闇，东寺金堂(1603 年重建)，日本京都
(作者自摄)

苏，中心部位为平闇式格子，与金堂本身的平闇做法一致(图 15)。其盝顶天花也许与“华盖”有渊源关系。华盖原为一花伞悬于君主头上方。华盖的早期形象如云南铜鼓上的饰件所示：李家山出土的铜鼓饰以一组行进人群，人群中有一车，车上坐一女主，有侍从持一伞盖在其头上以示显要。这类铜鼓是当时石寨山文化（战国至汉代）流行的贮贝器。[1]有关华盖的图像在日本大量存在，最早的可上溯到 13 世纪。第二个例子是槅扇式平闇：传法堂为彻上明造，平闇局部使用，并不遮掩整个屋顶构架，仅置于佛像上方(图 16)。[2]这类槅扇式平闇也许是从架子床或者榻演变而来的。[3]

图 15　华盖式盝顶天花，法隆寺金堂(7 世纪下半叶)
(作者自摄)

[1] 中国国家博物馆，云南省文化厅. 云南文明之光：滇王国文物精品集[M]. 北京：中国社会科学院出版社，2003.

[2] 传法堂原为圣武天皇夫人橘古那可智的住宅传法堂。太田博太郎. 日本建築史基礎資料集成(卷4)[M]. 東京：中央公論美術出版，1981；村田健一. 法隆寺東院伝法堂東院舎利殿・絵殿 東室：痕跡による実証的復原と建築遺跡発掘調査法の確立を中心に[J]. 建築雑誌，2001(5)：32-37.

[3] 史家珍. 洛阳市朱村东汉壁画墓发掘简报[J]. 文物，1992(12)：15-20.

图16　佛像上方的局部天棚，传法堂（750年），法隆寺东院
（作者自摄）

从已有资料出发，我们可以做以下假定：第一，槅扇式平闇与华盖式平闇一样古老。第二，槅扇式平闇也许是平闇的先驱，它在唐代以前已经发展成平闇。第三，从华盖衍生出弯曲的峻脚椽。从华盖到平闇的演变是逐渐的。第四，在普遍使用平闇后，华盖式天花继续存在。

4. 鸱吻和蹲兽

佛光寺东大殿的屋顶上有几个引人注目的特征。最引人注目的是正脊两端的青绿琉璃鸱尾（《营造法式》称鸱吻），与普通的灰瓦屋面对照十分突出。在四坡屋面交接的四条角脊上各安有一排兽形瓦件。按《营造法式》术语这些瓦饰称为蹲兽。鸱尾下部为一龙头形象，张大口吞咬正脊端头；上部为一翘起的尾，外缘装饰有平行的鱼鳍纹或鸟羽纹（图17）。[1]梁思成认为鸱尾造型颇似辽遗例，但其琉璃质泽似明遗物，而柴泽俊认为是元代遗物。[2]

东大殿的角脊上各有五枚蹲兽，其中三枚在上半脊，两枚在下半脊。在上脊下端头置一体量较大的龙头形饰瓦。在宋代官式建筑上，一组角脊饰件以嫔伽率首。嫔伽（意译妙音鸟）为一鸟身仙女形象，而东大殿上并无嫔伽，其上的蹲兽也非唐代原物。按梁思成的推断属明清时代。因此，梁思成在佛光寺学术报告的测绘图中没有画这些脊上的饰件。关于它们，我们一定会问：唐代建筑是否用鸱尾和蹲兽装饰屋顶？

[1] 柴泽俊. 山西琉璃[M]. 北京：文物出版社，1991.
[2] 柴泽俊. 佛光寺东大殿建筑形制初析[M]//柴泽俊古建筑文集. 北京：文物出版社，1999.

图 17　佛光寺大殿青绿琉璃鸱吻(3.06 米高)

(柴泽俊. 山西琉璃[M]. 北京:文物出版社,1991.)

先来讨论鸱吻。要点在其出现在建筑上的年代。❶请注意,唐《营缮令》记有:"宫殿皆四阿,施鸱吻"❷。《唐会要》卷 31:"……施悬鱼对凤瓦兽……"❸。佛光寺大殿上的鸱吻不会是凭空出现的。公元 539 年开凿的麦积山第 43 石窟形象地表现出完全由板瓦叠成的正脊,脊端扬起为板瓦叠落而成。这种做法在中国乡村地区仍可看到,其与麦积山式相互印证。从传承角度说,这种上扬形脊尾应是鸱尾的前驱。

以下用几件不曾作为建筑史资料的零碎材料来探讨一下唐代前后的鸱吻。现存古建筑的鸱吻上有"拒鹊子",一种针或叉状装置,使鸟不能站在鸱吻上。在日本大阪的难波宫(645 年 ~ 653 年)遗址出土的拒鹊子是现存最古的实物,为一块脊瓦上插纵横两排尖刺(图 18)。❹中国境内没有发现早期拒鹊子遗存,实物在宋、明、清建筑上可以看到。可是,从明代开始,拒鹊子逐渐被"剑把"取代。剑把是个长铁棍,尾端外罩剑柄形状的端头。除拒鹊栖息外,剑把有另外一个功能:加固功能,铁棍如剑一般贯穿鸱吻插入下面的屋面材料使其成为一体。注意,有些古建筑并用剑把和拒鹊子(图 19)。

---

❶关于鸱吻和鸱尾关系的讨论,详见 Qinghua Guo. (Chapter 7: Roof types and ridge ornaments) [M]. Brighton: Sussex Academic Press, 2010.

❷《营缮令》全文不传,部分佚文散见于相关引录文献中,此段见《唐六典·倭名类聚抄·居处部·居宅类》四阿条。参见:李林甫. 唐六典[M]. 北京:中华书局,1992.

❸此段《营缮令》条文被《唐会要》转录。参见:王溥. 唐会要[M]. 第六册. 上海:商务印书馆,中华民国 25 年:575.

❹奈良国立文化財研究所飛鳥資料館. 日本古代の鴟尾[M]. 奈良県高市郡: 飛鳥資料館,1980.

图 18　日本大阪难波宫(645—653 年)遗址出土的拒鹊子残块

(奈良国立文化財研究所飛鳥資料館.日本古代の鴟尾[M].奈良県高市郡：飛鳥資料館,1980.)

图 19　剑把和拒鹊子并用于鸱吻上,晋祠圣母殿(1020 年)

(作者自摄)

与确认为辽、宋、元和明代建筑实物相比，佛光寺大殿的鸱吻式样要早于元代和明代,可认为它大致保留了原先的尺寸和形象。根据类型来考察历史年代，龙口吞吻在唐代或唐代之前已出现。在唐代可能有几种不同式样的鸱吻并存,其中包括鸟尾或鱼尾(鸱尾),龙首加鸟身或鱼身(鸱吻)。因之,佛光寺大殿的鸱吻为其之前和之后的形象提供了一个重要的线索,它可说是设计发展史上的重要一环。

下面讨论蹲兽。我们的主要关注点是它的功能。佛光寺大殿屋架上铺木板(版栈)和一层石灰黏土,其上铺瓦。蹲兽与脊上盖瓦相间使用,虽然从表面上看蹲兽是装饰构件,但它们的原型应与瓦钉有关。瓦钉将盖瓦与灰泥固定在一起，钉的上端头罩在瓦帽之下。中国传统屋顶上瓦钉的功能可以从分析中国建筑连同其周边国家建筑屋顶设计中得到更好的理解。

第一个例子来自尼泊尔。加德满都地区的建筑有助于展示喜马拉雅商贸之路一带的建筑根源与变化。那里的建筑为坡顶,可以清楚地看到,脊上不用瓦钉,为防瓦片坠落,角瓦在屋角以“昂首鸟”方式结束(图 20)[1](另注:中国云南民居也用此方法)。

图 20 尼泊尔建筑脊上不用瓦钉,以防瓦片坠落,角瓦在屋角以“昂首鸟”方式结束(16 世纪中)

(作者自摄)

第二个例子来自日本。把佛光寺大殿上的蹲兽与日本佛教寺院建筑屋顶装饰比较,可以看清中国传统建筑屋顶装饰的发展。日本佛教寺院建筑屋顶上无蹲兽,在屋脊端头上用一类称“鬼瓦”的瓦饰,这种做法反映唐代的传统和风格。我们可以推测:蹲兽作为屋顶装饰的常规物件不会早于晚唐。

比较中国南方与北方的建筑有助于进一步说明蹲兽的使用。蹲兽用于北方的建筑。北方建筑的屋顶上施用一层厚 20 ~ 30 厘米的灰泥,以承屋瓦。南方建筑屋顶做法则大不相同:屋瓦直接摆在屋架上,不用瓦钉;屋顶四角陡然挑起,角脊上无需蹲兽。

二、佛光寺大殿的真实性

本文把佛光寺大殿作为讨论唐代建筑的参考样本,对于这样的文章来说,核心的问题无疑是这个建筑样本的历史可靠性。因为我们在佛光寺大殿寻找唐代建筑的特点,大殿本身的真实性是我们关心的中心问题。所以,本文最后一节要讨论的是佛光寺大殿的特殊之处,以核实它的历史真实性。

---

❶ Slusser, Mary Shepherd. Nepal mandala: a cultural study of the Kathmandu Valley[M]. Princeton: Princeton University Press, 1982.

首先要肯定的是佛光寺东大殿在漫长的历史过程中经历了多次修缮。一般来讲,古建大修为每300~400年一次,修缮150~200年一次,重新铺瓦80年一次,粉刷30年一次。根据栱眼壁、乳栿和门额上所残留的壁画所提供的情况,可以确定曾有过三次大修。以上三处壁画分别有可断为1122年、1430年和1614年的题记。然而,在哪个时期大殿哪些部分有哪些改变并不是那么一目了然。初看上去,木结构全部涂成红色,室内墙面处理方法一致。实际上,墙壁上原有唐代壁画,后覆以泥面并刷成红色;梁栿和门框上绘有佛像和几何图案,这些彩画的片断依然可见。[1]这些事实显示了后代的修整。问题是,大殿的修整是落架大修还是局部修缮,还是重涂颜色和重铺屋瓦?我们对此要寻找答案。

[1] 柴泽俊,贺大龙.山西佛寺壁画[M].北京:文物出版社,2006.

历史表明佛光寺东大殿属于"高标准建筑"——建佛寺以积功德。可以指出,从大殿本身可以看出它的高质量,例如,带精致浮雕的石柱础和色泽亮丽的琉璃鸱吻。下面进行仔细观察:其一,从屋面材料上讲,高标准建筑使用筒瓦为覆瓦,并在檐口用华头筒瓦。而现在所见的大殿屋顶未用筒瓦,全用板瓦仰覆相间铺盖;檐口用的是单唇板瓦。无疑,东大殿现在的屋瓦非原物,即原来的筒瓦在后代修缮时被当地常用的板瓦取代了。其二,佛光寺大殿屋檐无飞子。屋檐加用飞子是常用做法,实例有与佛光寺年代相近的镇国寺大殿(963年)和独乐寺观音阁(984年)。从出檐长度看,佛光寺大殿为:自檐柱中心向外2.02米,从角柱中心向外3.64米。这个出檐长度与其他古建筑相比不算深远,例如,日本法隆寺金堂檐出角柱达4.2米。为什么佛光寺东大殿没有飞子?先考察飞子出现的年代,从纯建筑结构(architectonics)意义上讲,可以确定飞子出现在叉手和托脚之后,或与其同时。在历史上,当斜梁演变为昂成为铺作的一部分时,就必然使用飞子以保持屋檐挑出的长度。飞子的作用还在于修缮方便和容易更新,因为屋檐是最容易腐朽的地方。很有可能,东大殿原有飞子,后因糟烂而被截短,最后被拆掉,没有换新的。这可能发生在用灰板瓦重新覆盖屋面的那次修缮中。这一改动表现了当地做法,也反映了这座寺院的衰落。另外,东大殿有个前廊,其门窗也是后代修缮时移到现在的位置上的。[2]尽管有上述变化,现存建筑仍保持着初始的大木结构,具有充足的历史真实性。

[2] 陈明达.对《中国建筑简史》的几点浅见[J].建筑学报,1963(6):26-28.

总而言之,研究典型构件为佛光寺东大殿的考察打开了一个新窗口。综合考古发现、历史建筑物和文献资料各方面的信息促进解开唐代建筑特点之谜。希望以上的讨论对研究佛光寺大殿有新的启迪,同时为中国建筑史的研究带来更多的课题。

《营造法式》与晚唐官式栱长制度比较

陈　彤

（故宫博物院）

摘要：栱长是斗栱演进的过程中一个较为活跃的因素，对斗栱的整体造型有很大的影响。本文在前辈学者的基础上深入解读了《营造法式》栱长构成的特点，尝试揭示出其精细分°值背后的设计智慧，并与《营造法式》成书之前影响甚广的晚唐官式栱长制度作了对比。

关键词：《营造法式》，晚唐官式，栱长，比例权衡

Abstract: The bracket length is a decisive factor in the evolution of *dougong* and greatly influences the overall shape of the bracket set. Expanding on the knowledge of previous scholars, the paper explores the bracket length in *Yingzao fashi* to reveal the wisdom in design that lies behind the *fen*, a modular subunit of length. The paper then compares this with the relevant regulations in late-Tang official style.

Keywords: *Yingzao fashi*, late-Tang official style, bracket length, proportions

斗栱是中国古代木构建筑最具特色的标志，其比例权衡和细部特点因不同时代、地域和匠作流派而有所不同，反映出审美价值取向的差异及营造技术的变迁。至《营造法式》（以下简称为《法式》）成书之际（1100 年），斗栱的分°值模数制已经极为成熟，其斗栱制度被其后历代官式建筑奉为经典。

从栱长的明承宋制、清承明制来看，可谓一脉相承。张十庆先生曾对《法式》栱长构成及其意义进行过解析[1]，探讨了栱长设计的创意及其历史演变规律。本文将在此基础上，对《法式》的栱长制度作进一步的探讨。

一、《法式》斗栱的比例模数

《法式》对铺作中不同栱和斗的比例关系均有明确规定，但《法式》所载铺作以重栱计心造为代表，制度的描述均侧重于此。至于单栱造和偷心造只在注文中略加提及而易被忽视。加之孤立地考察栱长无法揭示其构成规律，须综合考察斗与栱的细部特征及其组合关系。

1. 栱的分°值模数

关于铺作中栱的比例权衡，据《法式》卷四可得以下简表（表 1）：

[1]张十庆.《营造法式》栱长构成及其意义解析[J]. 古建园林技术，2006(2):30-32.

表1 《法式》造栱之制

名称	长(分°)	广(分°)	厚(分°)	栱头卷杀	备注
花栱(两卷头)	72	21	10	4瓣卷杀,每瓣长4分°	补间用单材
泥道栱(重栱造)	62	15	10	4瓣卷杀,每瓣长3.5分°	
泥道栱(单栱造)	72	15	10	4瓣卷杀,每瓣长4分°	
瓜子栱	62	15	10	4瓣卷杀,每瓣长4分°	
令栱	72	15	10	5瓣卷杀,每瓣长4分°	骑栿用足材
慢栱	92	15	10	4瓣卷杀,每瓣长3分°	骑栿用足材

其栱长分为三种:重栱造泥道栱和瓜子栱长62分°,花栱、令栱与单栱造泥道栱长72分°,慢栱长92分°。其中各栱的2分°尾数,是《法式》典型栱长的一大特点,颇令人费解。张十庆先生认为:“从实际操作角度而言,瓜子栱长62分°,华栱长72分°,慢栱长92分°,其中的2分°,并无实际意义,完全可以省去而不影响斗栱的组合,工匠在施工为图省事,也常常略去这2分°零头,以求整数。”如果其中的零头并无实际意义,古人岂能画蛇添足?那些为图省事的工匠也绝非北宋的梓人。如此精微的比例权衡显然隐藏着创立者的某种巧思。

2. 斗的分°值模数

关于铺作中斗的比例权衡,据《法式》卷四可得以下简表(表2):

表2 《法式》造斗之制

名称	长(分°)	广(分°)	高(分°)	细部(分°)	备注
栌斗	32	32	20	耳8,平4,欹8,底各杀4,顱1	角栌斗方36分°,圆斗径36分°
交互斗	18	16	10	耳4,平2,欹2,底各杀2,顱0.5	用于计心造花栱出跳之上
齐心斗	16	16	10	耳4,平2,欹2,底各杀2,顱0.5	用于栱心之上。平盘斗无耳
散斗	16	14	10	耳4,平2,欹2,底各杀2,顱0.5	用于横栱两头或偷心造花栱出跳之上

斗的种类基本分为大斗和小斗两种,大斗的尺寸约为小斗的两倍。

根据《法式》卷四的造斗之制,花栱跳头既可施交互斗也可施散斗,故花栱长与栱头小斗的种类密切相关。《法式》规定两卷头长72分°的前提是铺作为计心造且出跳不减分°[花栱长 =6 +30 +30 +6 =72(分°)]。若铺作偷心,其上小斗改用散斗,则花栱长 = 5 +30 +30 +5 =70(分°)。至于上昂造铺作,其花栱长更是灵活多样。因此,72分°只是典型的花栱长度,其2分°的尾数也有其存在的条件。

二、《法式》斗栱的模数构成法则

虽然《法式》的斗栱造型设计精美细腻,但应是在一个“原始设计模型”的基础上加工、修饰而来。若将斗栱的所有艺术加工和比例模数中的尾数都暂时略去,即可抽象出《法式》斗栱设计的“原始模型”,更便于揭示其初始的设计规律。此“原始模型”的斗栱种类和比例模数均大大简化(图1):

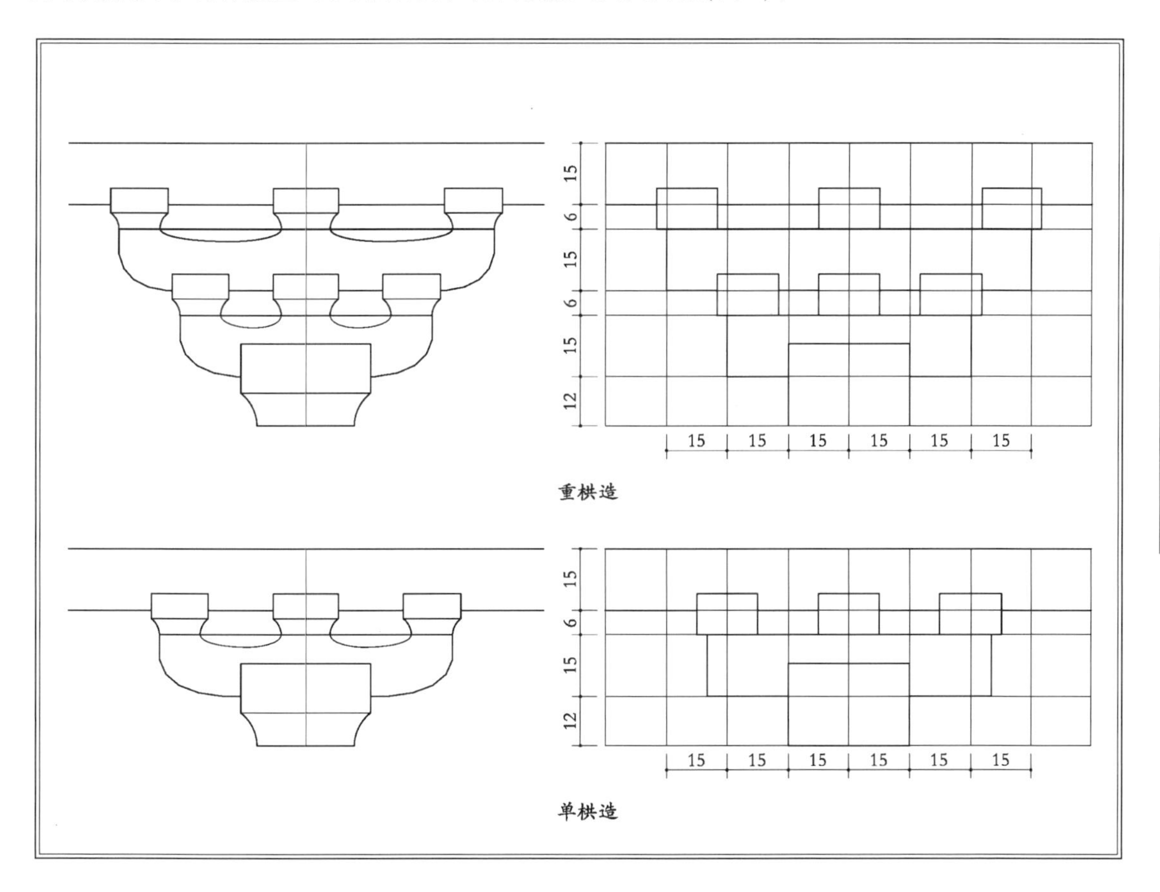

图1 《营造法式》斗栱原始模型图
(作者自绘)

(1)大斗:方30分°,高20分°;小斗:方15分°,高20分°

(2)重栱下层栱长60分°,重栱上层栱长90分°;单栱长70分°

图中可见无论重栱造还是单栱造的“原始模型”的构成均受到模数网格的严格约束(水平方向每格15分°,竖直方向15分°与6分°间隔),体现出简洁、朴素的“以章栔为祖”的设计思想。

进一步考察《法式》各栱长度的相关性:

(1)花栱长=令栱长=单栱造泥道栱长=72分°

(2) 瓜子栱长 = 重栱造泥道栱长 =62 分°
(3) 慢栱长 = 瓜子栱长 + 两材 =92 分°

值得注意的是,虽然瓜子栱与重栱造泥道栱长均为 62 分°,其栱头卷杀并不相同,显然与其下斗的长度有关。再看栱长与斗长的关系:

(1) 栌斗长 =32 分°
(2) 重栱造泥道栱长 = 栌斗长 + 两材 =62 分°

可见重栱造泥道栱的 2 分°尾数可能源于栌斗的 2 分°尾数,进而导致了慢栱的 2 分°尾数。需要追问的是:栌斗的 2 分°尾数因何而来? 栱长的尾数与栌斗的尾数是否必然相关?

《法式》各种小斗的长广均在 15 分°左右,高均为 10 分°。在斗栱发展的初期,小斗的规格简单划一,尚未分化(如莫宗江先生 1937 年所测的北宋初山西榆次雨花宫的斗栱就无交互斗、齐心斗和散斗的分别[1]),或虽有分化,尚不够细腻(如佛光寺东大殿的齐心斗与散斗尺寸相同)。而《法式》小斗微妙的 2 分°级差,显然是经过北宋匠师们精心推敲的,既有构造的需求,又有美学上的考虑。如齐心斗(正面 16 分°)居中,散斗(正面 14 分°)在两侧,通过 2 分°的长度差体现了微妙的主次之别。又如交互斗施于花栱出跳之上,受力较大且一般十字开口,故其正面尺寸放大至 18 分°。三种小斗中,以齐心斗的模数(方 16 分°,高 10 分°)最具典型性和代表性,是所有斗的基准斗。问题是齐心斗之方为何不取标准 1 材高 15 分°呢? 推测应与小斗的构造安全有关。三种小斗的侧面宽度是统一的,均为 16 分°。说明小斗侧面开 10 分°的卯口,其所剩两耳的厚度至少须各为 3 分°,若有隔口包耳,则能保证其厚度为 1.5 分°(1.5 = 3×0.5)。而栌斗的模数当是在齐心斗的基础上倍增而来的,即 32 = 16×2;20 = 10×2。至于角栌斗略大(方 36 分°)是基于构造考虑而做的微调。但栱长普遍的 2 分°尾数又如何解释? 栌斗方 32 分°,泥道栱亦可以取 60 分°而不必是 62 分°。其中究竟隐藏着古人怎样的匠心?

[1] 莫宗江. 山西榆次永寿寺雨花宫. 中国营造学社汇刊. 第七卷第二期. 北京:知识产权出版社,2006.

三、栱长尾数的玄机

笔者在参考《法式》卷三十大木作图样"栱斗等卷杀第一"的表达方法,重新绘制五铺作斗栱的过程中,发现前辈学者对"花头子"细部的误读可能是问题的突破口。花头子即外跳花栱的出头,用来承托下昂,其设计的初衷是为了将昂上坐斗归平。《法式》卷四:"*花头子自斗口外长九分°,将昂势尽处匀分,刻作两卷瓣,每瓣长四分°*。"初看此文,似前后存在矛盾:既然花头外长 9 分°,为何匀分的两瓣又每瓣长 4 分°呢? 刘敦桢先生认为原文有错漏,将"每瓣长四分°"校订为"每瓣长四分°半"。[2]梁思成先生亦认同此说,注释本"大木作制度图样四"中的花头子即是按此绘制的。[3]

其实原文不误,花头子自斗口出,先平出 1 分°作为过渡,再卷起两瓣,

[2] 李明仲《营造法式》校勘记录. 见:刘敦桢. 刘敦桢全集[M]. 第十卷. 北京:中国建筑工业出版社,2007.

[3] 梁思成. 梁思成全集[M]. 第七卷. 北京:中国建筑工业出版社,2001.

每瓣各 4 分°。这一细节恰体现出北宋建筑极其微妙的艺术处理：不同造型轮廓的构件相交，其间至少要留出 1 分°的平段（图 2）。同样的细节处理还出现在耍头的设计上，也是从斗口先平出 1 分°，再做斜抹。

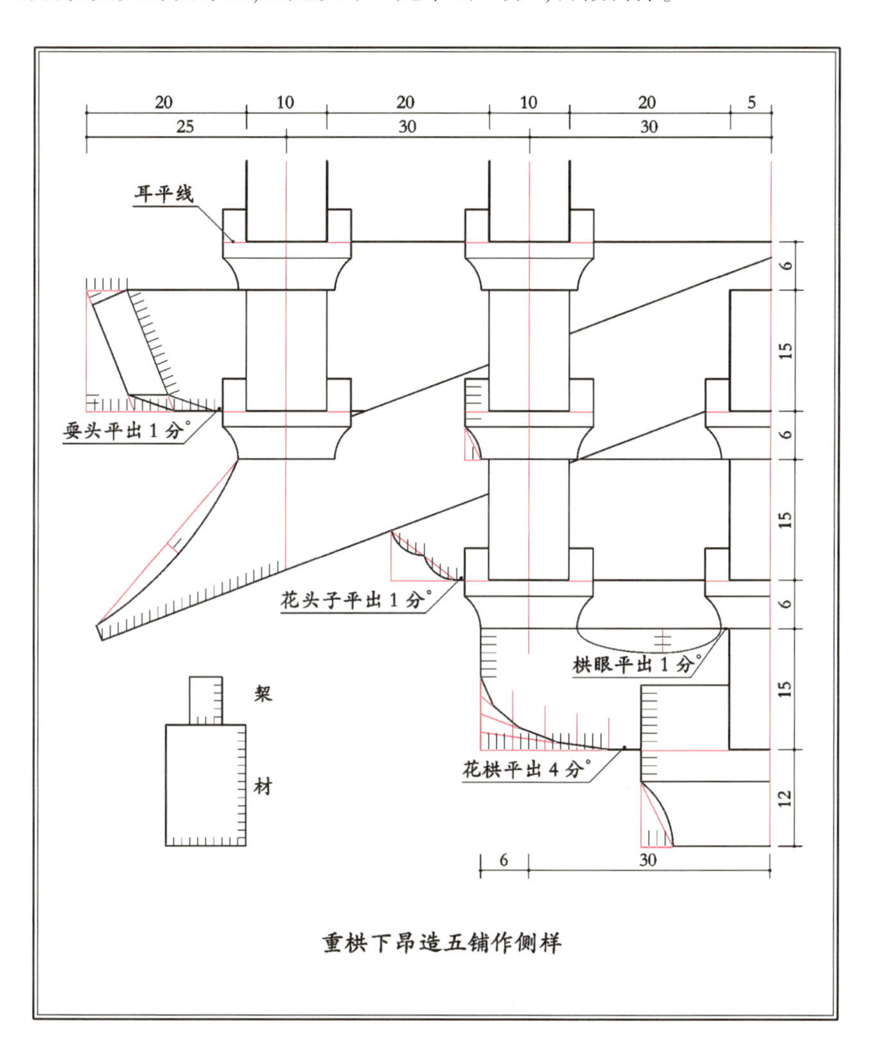

图 2 《营造法式》斗栱细部权衡图释 1

（作者自绘）

由此进一步考察各栱头的艺术处理，遵循的都是同样的设计法则：泥道栱（重栱造）自栌斗口出，先平出 1 分°，再做卷杀；泥道慢栱自散斗口出，亦先平出 1 分°，再做卷杀——这样做还能保证内侧的折点不入斗口，否则影响栱的受力（图 3）。可见栱长与栱头分瓣卷杀设计也是同时进行的，二者相互关联。进而又可以体会《法式》栱头的卷杀为何会因栱而异，不做简单的统一。❶因此，无论是泥道栱（重栱造）62 分°还是慢栱 92 分°的 2 分°零头，都是经过宋代匠师深思熟虑的。由于重栱造的瓜子栱在立面上与泥道栱相对应，故也取 62 分°。

❶《法式》栱头卷杀的典型做法是“四瓣卷杀”：栱头上留 6 分°，下杀 9 分°；从栱头顺身量四瓣，每瓣长 4 分°。至于三瓣或五瓣以及分°数不同的做法，都是根据实际情况在以上“理想模型”的基础上做出的微调。

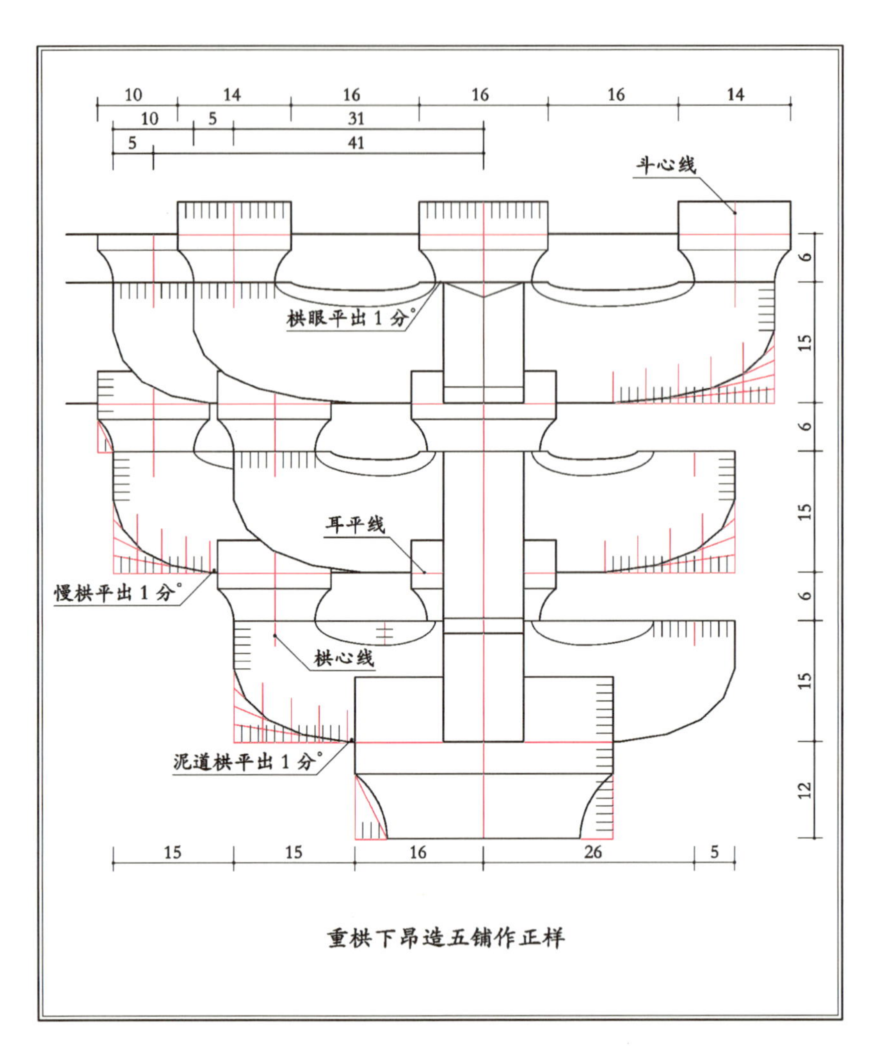

图3 《营造法式》斗栱细部权衡图释2

(作者自绘)

至于令栱长72分°，当与铺作的单栱造有关。与重栱造相比，单栱造是更为早期和原始的做法，即重栱造是在单栱造的基础上发展演变而来的，至《法式》成书之际已成为官式建筑斗栱的典型做法。《法式》卷四："四曰令栱，或谓之'单栱'。"可见令栱的本质是单栱。因此，分析令栱的栱长构成，应从单栱造入手。《法式》卷十七："如单栱造者，不用慢栱，其瓜子栱并改作令栱。"即单栱造铺作横栱的长度只有一种。又《法式》卷四："二曰泥道栱，其长六十二分°(若斗口跳及铺作全用单栱造者，只用令栱)。"单栱造改为泥道令栱，其长72分°，正与第一跳花栱长72分°相同。从构造上看，泥道令栱与第一跳花栱垂直正交于栌斗口内，第二铺形成正十字栱，二者在视觉上需达到均衡，泥道栱长取与花栱相等——这一法则正是早期斗栱设计的基本规律。因此，令栱的尾数是由典型的花栱长72分°带来的。

四、晚唐官式栱长制度

张十庆先生认为,《营造法式》成书以前的栱长制度并无一定之规,呈现出随宜和多样化的特点。但从现存唐辽宋建筑实例看,仍有一定的规律可循,最迟至晚唐已形成了典型的官式做法,且对北方地区的斗栱设计有着深远的影响。

我国现存最早的木构建筑五台山南禅寺大殿(782 年)已有清晰的栱长制度(据祁英涛先生 20 世纪 70 年代实测):

(1) 泥道栱长 =2 倍第一跳花栱头长 (略小于令栱长)

(2) 慢栱长 =2 倍第二跳花栱头长

由于此殿仅为五铺作且第一跳偷心,故无瓜子栱和真正的慢栱。

从五台山佛光寺东大殿(857 年)的栱长[❶]构成看,在南禅寺栱长制度的基础上又有所发展变化,已形成了极为精严的法度,代表了京师地区的官式做法。铺作的正样和侧样之关系密切,除泥道栱外的各栱心长均受到 490 毫米(即一大跳心长的 1/2 或一跳的均值,合 16.5 寸)模数线的制约(图 4)。其栱长的构成规律特征鲜明:

(1) 泥道栱长 = 第一跳花栱长 = 令栱长 + 散斗上下宽之差[❷]

(2) 慢栱长 =2 倍第二跳花栱头长

(3) 瓜子栱长 = 令栱长

(4) 慢栱心长 =2 倍瓜子栱心长 =2 倍令栱心长 =2 倍第一大跳心长

图 4 佛光寺东大殿柱头铺作

(作者自摄)

❶推测佛光寺东大殿单材高 10 寸、厚 7 寸,栔高 4.5 寸,足材高 14.5 寸。栱长及出跳尺寸:泥道栱长 43.5 寸(心长 36 寸 + 散斗下宽 7.5 寸),慢栱长 73.5 寸(心长 66 寸 + 散斗下宽 7.5 寸),瓜子栱、令栱长 40.5 寸(心长 33 寸 + 散斗下宽 7.5 寸),一大跳心长 33 寸(第一跳 18 寸,第二跳 15 寸,第三、第四跳 16.5 寸)。栌斗上方 21 寸,下方 16 寸,高 14.5 寸;散斗、齐心斗上方 10.5 寸,下宽 7.5 寸,下深 7 寸,高 7 寸。昂制:平出 33 寸,抬高 14.5 寸(亦有另一可能,同《法式》下昂斜度设计法,即用制图法而非以勾股长之比确定,也无法用整数的分°值比或尺寸比表达。其昂制尚有待进一步探讨)。

❷张十庆先生文中注 3:“唐佛光寺大殿的令栱与泥道栱等长是已知最早之例”。参见:张十庆.《营造法式》栱长构成及其意义解析[J]. 古建园林技术, 2006 (2): 30-32。但实际明显不等,据山西古建所实测泥道栱长约 1290 毫米,令栱长约 1200 毫米。

以上基本法则经过唐代匠师深思熟虑,自有其独特的设计逻辑。其斗栱为晚唐典型的双杪双下昂七铺作:外转第一、三跳偷心,第二、四跳计心,形成两个大跳。唐人将泥道栱设为与第一跳花栱等长,进而将泥道栱上的隐刻的慢栱取第二跳花栱外跳长的2倍,明显是试图使斗栱在造型上达到视觉的均衡(图5)。泥道栱则因栌斗尺度较大,在瓜子栱的基础上适当加长而成。瓜子栱和令栱的心长取慢栱的1/2,是为了使其上的散斗分布均匀。一大跳心长是东大殿铺作设计的根本出发点,也是各栱长度设计的模数基准。可以肯定,早在《法式》成书以前,晚唐官式建筑的栱长制度已经非常成熟且自成体系。

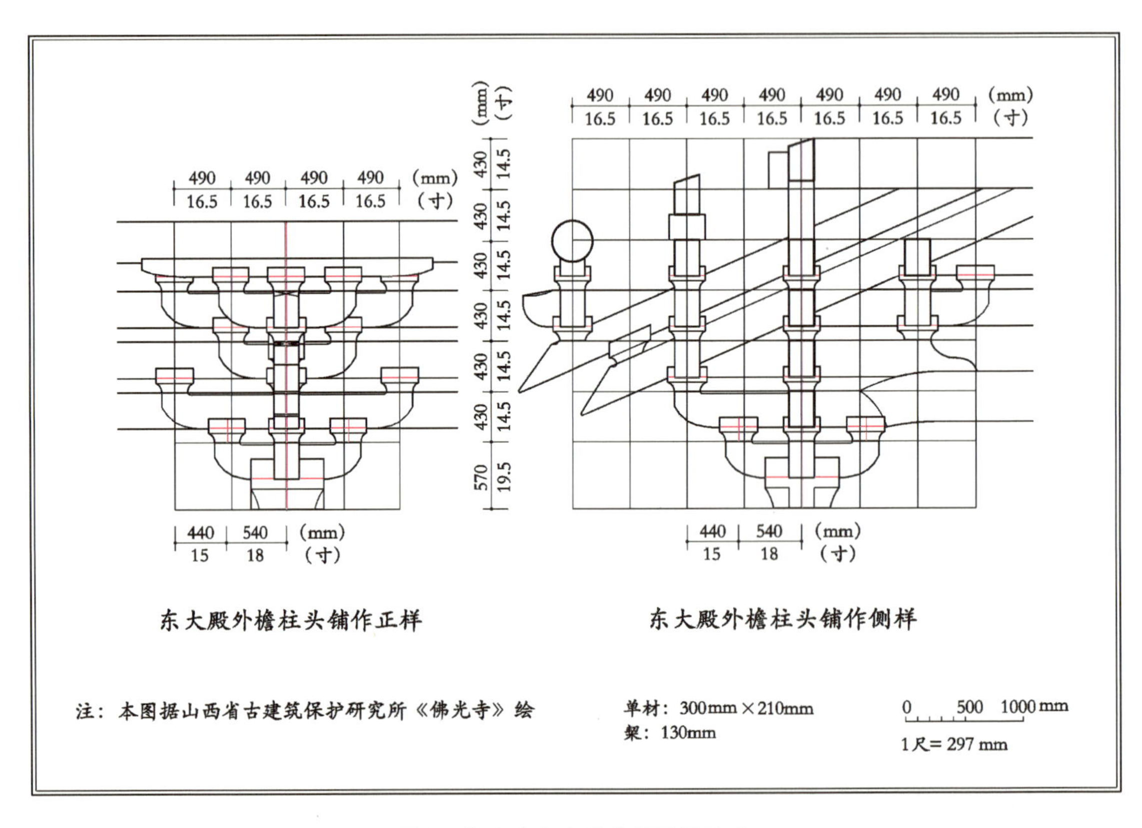

图5 佛光寺东大殿斗栱模数构成

(作者自绘)

佛光寺东大殿的栱长制度于敦煌莫高窟第431窟的北宋窟檐(980年)和蓟县独乐寺观音阁和山门(984年)以及山西应县木塔(1056年)中得到再现[1](图6)。至于平遥镇国寺万佛殿(963年)、太原晋祠圣母殿(984年)、义县奉国寺大殿(1020年)等辽宋建筑的栱长比例关系与东大殿相仿而又存在差异,可视为其制度的不同程度的变体。

[1] 观音阁与应县木塔的铺作侧样设计不如佛光寺东大殿严谨(例如七铺作两个大跳的尺寸不再统一),模数控制线对侧样的控制基本仅限于第一大跳之内。

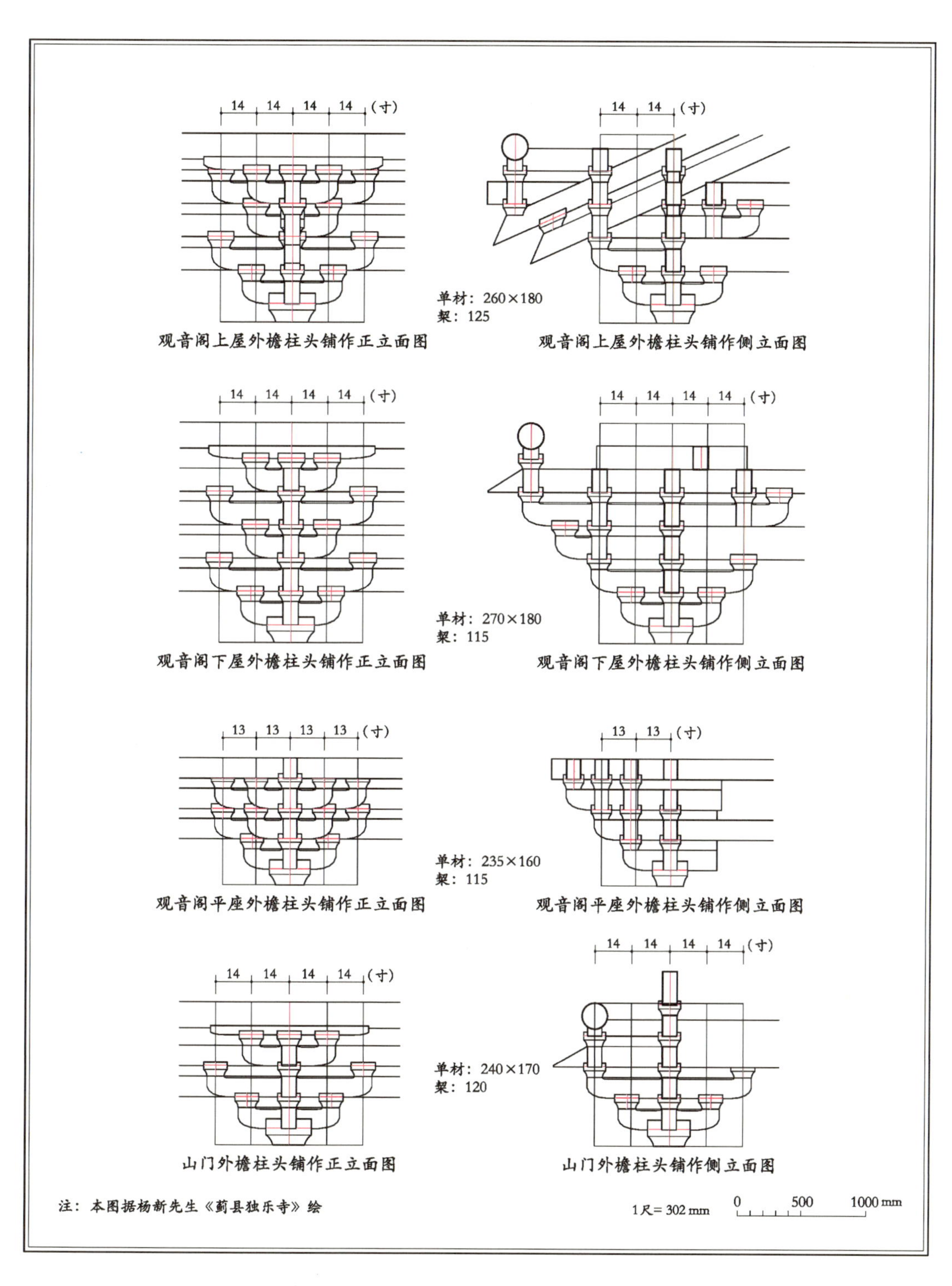

图6　独乐寺观音阁及山门栱长模数构成

（作者自绘）

《营造法式》栱长构成的原则与之有很大不同：典型的铺作为重栱计心造，其出一跳为30分°（两跳60分°），显然较唐辽为大，故花栱变长，两卷头长（72分°）超过重栱造泥道栱（62分°）。但单栱造泥道栱（泥道令栱）仍按古制取与之等长，这直接导致了令栱的加长。因此，在栱长演变过程中，令栱的加长似未必如张十庆先生所言“主要出于视觉效果的需要”，而是与计心造的发展有密切的关系。至于慢栱比例的缩短，应与唐宋之际当心间尺度一般在2丈之内，而补间铺作由唐辽的一朵变为北宋《法式》规定的两朵的变化直接相关。

需要进一步讨论的是，《营造法式》所载的材分°制始创于北宋抑或更早？佛光寺东大殿铺作设计的背后，是否也隐藏着一套精密的材分°制？

根据前辈学者的实测统计，佛光寺东大殿花栱厚均值约210毫米，假设晚唐铺作设计已存在成熟的分°制（1分°＝1/10材厚）且材厚等于栱厚[1]，则1分°＝21毫米，第一跳心长＝26分°，第二跳心长＝21分°[2]。由此假说可进一步得出表3：

[1]材厚与栱厚有时并不一定相等，实例中存在缩减材厚的“偷料”做法。如北宋少林寺初祖庵，用六等材，材厚本为4寸（1分°＝0.4寸），但实际栱厚偷减为3.7寸。又如明故宫英华殿，斗口2.5寸，实际栱厚偷减为2.4寸。因此在古建筑实测数据解读中，不能简单地将材厚等同于栱厚，须反复校验。

[2]张荣，刘畅，臧春雨.佛光寺东大殿实测数据解读[J].故宫博物院院刊，2007(2)：28-51.

表3　佛光寺东大殿栱长分°值假说

泥道栱长	第一跳花栱长	慢栱心长	第二跳花栱头心长	瓜子栱心长	令栱心长
62分°	62分°	94分°	47分°	47分°	47分°

此假说存在疑点，似不合常理：

（1）外跳第三、第四跳心长及里跳第三跳心长 ＝ 23.5分°非整数分°。

（2）瓜子栱心长与令栱心长 ＝ 47分°非偶数。

如以同样的思路假设当时分°制的存在，分析独乐寺观音阁及山门可得表4～表6：

表4　观音阁上、下屋栱长分°值（1分°＝18毫米）：

泥道栱长	第一跳花栱长	慢栱心长	第二跳花栱头心长	瓜子栱心长	令栱心长
64分°	64分°	92分°	46分°	46分°	46分°

表5　观音阁平座栱长分°值（1分°＝16毫米）

泥道栱长	第一跳花栱长	慢栱心长	第二跳花栱头心长	瓜子栱心长	令栱心长
66分°	66分°	96分°	48分°	48分°	48分°

表6　山门栱长分°值（1分°＝17毫米）

泥道栱长	第一跳花栱长	慢栱心长	第二跳花栱头心长	瓜子栱心长	令栱心长
68分°	68分°	100分°	100分°	50分°	

独乐寺观音阁、山门两座建筑在遵循东大殿栱长构成规律的基础上，其栱长的比例权衡不尽相同，斗栱的分°值也不统一，似说明在晚唐辽初之际铺作制度尚未形成类似《法式》的分°制，栱长的比例关系在满足大的构成原则的前提下，仅由简单的尺寸控制（如观音阁上下屋用材大于山门，但其栱长模数控制线同为14寸）。

五、结　论

栱长制度至迟到晚唐已形成了成熟严谨的官式做法。斗栱立面的竖向模数控制线为一大跳心长的1/2，横向联系栱的栱长由纵向出跳栱决定，慢栱比例较长（长同第二跳花栱），瓜子栱与令栱等长，其心长取慢栱心长之半。现存实例以佛光寺东大殿最为典型，斗栱比例舒朗，造型雄浑大气，其制度堪称"北派"谱系建筑的经典。虽然其法度精严，但当时的铺作设计尚未形成分°制。

北宋以来，艺术风格上"南秀"逐渐取代"北雄"，反映出统治阶级审美价值取向的巨变。至北宋晚期，源于江南营造技艺的《法式》一跃成为京师地区官式建筑的主流派系，其斗栱制度实为"南派"谱系建筑的代表。斗栱立面的原始竖向模数控制线为一材（15分°），横栱的长度与纵向的出跳不再密切相关，慢栱的比例缩短而令栱加长，横栱的组合显得错落有致。《法式》更多地反映出江南地区的审美趣味，斗栱比例紧凑，造型秀美精致。其最大成就在于分°制的应用，通过分°值模数制来精确权衡斗栱的比例，较唐辽和北宋初期更为细腻，体现了高超的设计智慧。林徽因先生在《清式营造则例》绪论中指出："美的大部分精神所在，却蕴于其权衡中：长与短之比，平面上各大小部分之分配，立体上各体积、各部分之轻重均等，所谓增一分则太长，减一分则太短的玄妙。"以此来评价《法式》斗栱设计的分°值模数制是最恰当不过的。

明嘉靖重修紫禁城与刘伯跃《总督采办疏草》研究[1]

喻梦哲

(西安建筑科技大学)

摘要：《总督采办疏草》是明嘉靖年间工部侍郎刘伯跃在总督湖广、四川、贵州采办大木期间所上相关奏疏、公文的汇编稿，该次钦差目的在于为重建遭雷火焚烧的北京故宫前朝部分搜集木料。因事关国家工程，涉及方面极多，该文献详细记录了官方层面的人事组织、采伐计划、预算方案、经济核算、监督管理、纠纷调解、运输保障等多方面政策及其实际施行情况，为我们更加深入了解明廷采办大木的经营活动提供了生动的资料，有助于深化我们对于明代宫廷建筑史的了解。

关键词：钦差采办大木，明代宫廷营造，总督疏草

Abstract: *Zongdu caiban shucao* is a collection of documents for the supervision and control of purchasing timber during the Ming Jiajing period (1522—1566) compiled by Liu Boyue, Vice Minister of the Ministry of Construction and in charge of purchasing wood in Hubei, Guangdong, Sichuan, and Guizhou provinces. His task was to collect special logs for the rebuilding of the Front Court of the Forbidden City in Beijing, which burnt down after having been struck by lightning. Since it was an imperial construction project, documentation involves many aspects and records in detail the official policies towards organization of personnel, wood cutting, budget planning, economic accounting, supervision and management, dispute resolution, and ensuring transportation, as well as their actual implementation. The documents provide us with ample material about business issues and purchasing activities at that time and can help us to understand the history of Ming-dynasty palace architecture in depth.

Keywords: Imperial commissioner for the supervision of wood purchasing (*qinchai caiban damuzuo*), Ming palace building, documents drafted by the chief supervision officer (*zongdu shucao*)

一、引　　言

明嘉靖三十六年(1557年)，北京紫禁城前朝部分遭雷火焚毁[2]，随后朝议复建[3]，并于翌年修

---

[1]本文为国家自然科学基金青年项目51408475成果。

[2]《明世宗实录》“嘉靖三十六年四月丙申，雷雨大作，戌刻火光骤起，由奉天殿延烧谨身、华盖二殿，文武楼、奉天左顺、右顺及午门外左右廊尽燬”。参见：文献[3]；《日下旧闻考》三四引《涌幢小品》“嘉靖三十六年四月十三日奉天等殿门灾……由正殿延烧至午门，楼廊俱烬”，又引《郑端简公年谱》“嘉靖丁巳四月，三殿二楼十五门俱灾”。参见：文献[6]。

[3]《明世宗实录》：“嘉靖三十六年十月丁未，以重建大朝门兴工，上亲告大高玄殿”。参见：文献[3]。

复门楼[1],四十一年(1562 年)重新建成三殿。[2]

当火灾发生之后,明世宗即令"虞衡司郎中戴愬查验各处大木,时工部会议修复殿朝门午楼,请先查神木场、通州、漷县至仪真、龙江关、芜湖等处遗留大木,解京兴工";又听从大学士严嵩建议,命工部右侍郎刘伯跃兼都察院佥都御史,总督四川、湖广、贵州三省采办大木事宜,并为其添设郎中、副使各二员,分省驻理。[3]

《总督采办疏草》是刘伯跃在主持采木钦差任上撰写的一部奏疏汇编,该书共三册,嘉靖年间刻本,页九行二十字、白口、四周双边,系宁波天一阁所藏政书孤本,因其系统记载了有关采办大木的奏疏、条约和往来公文,具有重要的史料价值,更兼不见于《四库全书》等常见类书,因此弥觉珍贵。刘伯跃与严嵩为儿女亲家,公私文献对其记载均寥若晨星,也使得这部内容丰富的历史文献长期处于学界研究视野之外,缘此,有必要对其作一简要爬梳介绍。

二、文本简介

1. 刘伯跃其人

刘伯跃,江西南昌府南昌县人,生于明弘治十五年(1502 年),卒年不详。嘉靖八年(1529 年)进士,嘉靖十年授刑部广西司主事,署员外郎,此后历迁礼部精膳司主事、仪制司员外郎、郎中,后外放福建按察司副使、云南布政司右参政、四川按察使、云南布政司右布政使、广西右布政使、湖广左布政使、郧阳都察院右副都御史。嘉靖三十五年(1556 年)升工部右侍郎,三十六年领钦差总督湖广、四川、贵州三省大木采办事宜[4],翌年即遭词臣弹劾[5],最后以嵩党坐罪贬谪。[6]

---

[1]《明世宗实录》:"嘉靖三十七年六月辛卯,新建朝门、午楼、东西角门、左右顺门、阙左右等门工完。得旨朝门且仍前,权名大朝,各门楼名总待殿成降制"。参见:文献[3];《明会典》"嘉靖三十七年重建奉天门成,更名曰大朝门"。参见:文献[4]。

[2]《明史·世宗纪》"嘉靖四十一年九月壬午,三殿成"。参见:文献[5];《明世宗实录》:"嘉靖四十一年九月甲申,更名奉天殿曰皇极,华盖殿曰中极,谨身殿曰建极,文楼曰文昭阁,武楼曰武成阁,左顺门曰会极,右顺门曰归极,奉天门曰皇极,东角门曰弘政,西角门曰宣治"。参见:文献[3]。

[3] [明]《国朝典汇》:"嘉靖三十六年六月,遣工部郎中方国珍管湖广,李佑管川贵,添设湖广副使张正和管湖广,四川副使卢孝达管四川,各采大木。"参见:文献[2]。刘伯跃《总督采办疏草》中《札行湖广川贵督木郎中张国珍李佑预理采办》、《牌催湖广川贵督木副使张正和卢孝达赴任》两篇公文也记录了此次人事安排。参见:文献[1]。

[4] 文献[1]:497-500.

[5]《明史》列传第九十八"董传策".《劾大学士严嵩疏》:"侍郎刘伯跃以采木行部,擅敛民财及郡县赃罚,辇输嵩家,前后不绝。其他有司破冒攘敚,入献于嵩者更不可数计。嵩家私藏,富于公帑。此其蠹国用之罪三也。"参见:文献[5]。

[6]《明史》列传第一百九十六"奸臣":"时坐严氏党被论者,前兵部右侍郎柏乡魏谦吉、工部左侍郎南昌刘伯跃、南京刑部右侍郎德安何迁、右副都御史信阳董威、佥都御史万安张雨、应天府尹祥符孟淮、南京光禄卿南昌胡植、南京光禄少卿武进白启常、右谕德兰谿唐汝楫、南京太常卿掌国子监事新城王材、太仆丞新喻张春及嵩婿广西副使袁应枢等数十人,黜谪有差。"参见:文献[5]。

2. 全书目录

《总督采办疏草》总计三册，合有奏疏、劾状、条约、行文等共80条，46500余字，试统计其条目如表1所示。

表1 《总督采办疏草》条目统计

卷目	题名	字数	内容	性质
一	命下条陈四事疏	1680	奏报工作方针并请求批准	奏疏
	报入境日期疏	273	奏报到任时间	奏疏
	辽襄二府献木疏	608	奏报王府献木事由	奏疏
	给由疏[1]	428	上报个人简历	手续
	预处钱粮并留三省巡抚布政使久任疏	965	奏报预备财用及稳定人事方案	奏疏
	劾襄阳府知府违慢疏	672	弹劾地方官员	劾状
	簰运事宜疏	1024	奏报木料造册与水运方案	奏疏
	奏乞预处排挤三省钱粮疏	1531	奏请挪借钱粮弥补缺款方案	奏疏
	报湖广首运疏	884	奏报解运湖广首批大木明细	奏疏
	报楚府献木疏	258	奏报王府献木事由	奏疏
	报四川首运疏	621	奏报解运四川首批大木明细	奏疏
	报贵州首运疏	525	奏报解运贵州首批大木明细	奏疏
	报三省总获木枋疏	577	统计采办木料总数	奏疏
	缴敕疏	217	奉旨交代副官印信	手续
二	条约	5954	三省摊派木材数量、等第、规格，钱款筹措方法、行事组织原则等	行文
	续行条约	3601	公布采办大木方案及注意事项	行文
	会同三省抚按行司道区处钱粮条件	1634	咨询采办大木经费来源办法	行文
	示谕	794	告示民众采木事宜	告示

[1] 给由，即个人简历。凡官员候升或候选时，其原属上司衙门，应将其履历及曾否受有处分等情具结行文咨送吏部，明代称给由，清代称文结。吏部必待人、文均到部后，始办理掣选及候补手续；官员经铨升或题升后，其该管上司均先行咨文吏部，吏部则查明缘由咨复，称为给由。

续表

卷目	题名	字数	内容	性质
三	札行湖广川贵督木郎中张国珍李佑预理采办	453	公布人事任命并明确责权范围	行文
	按行湖广川贵布政司委官招商预计采买	585	要求地方官员预备招商采木	行文
	咨湖广川贵巡抚预行司道府州采办	473	照会地方采买规格与分摊份额	行文
	牌催湖广川贵督木副使张正和卢孝达赴任	179	催令督木官吏到任	行文
	牌行九江府看守采获漂流大木听候揪运	220	催令地方官保存漂流在江木材	行文
	案行江防道差官沿江查截采号合式木枋	361	催令地方官搜查征调民间木料	行文
	案行湖广川贵三司各道禁止采办官员参谒	193	禁止地方官因私参谒	行文
	案行三省司道查催各处采有何号木枋	291	催令地方官上报在山木材详情	行文
	札行三省参将守备各官一体协采大木	273	要求驻军协同入山以策安全	行文
	案行守巡上湖南道添派衡永二府木数	297	公示更改原定摊派计划	行文
	案行湖广司道禁革殷实均派丁粮川贵意同	540	要求重新审定摊派民户服役事	行文
	案驳守巡湖北道条议采买事宜	375	驳斥地方请求减免摊派量倡议	行文
	札案湖广川贵督木司道分发土官恩典告示	307	公示奖励土司办法	行文
	札案湖广川贵督木司道遍发恩例榜文	515	责令印刷公告具体奖励办法	行文
	咨军门请给旗牌奖赏土官	683	为土官彭翼南、彭荩臣请赏	行文
	案行三省转示吏农人等各于本府州就近纳银	355	责令居民就近纳税充采木经费	行文
	札付拣委京山县知县罗向辰监采辰州大木	548	人事任命	行文
	案行三省守巡江防等道躬亲遍历出木地方催督	477	责令督木官吏往现场理事	行文
	案札川贵督木司道添委保顺嘉州等府官员	509	令产木地按需添设主事官名额	行文
	案札湖广督木司道催徙并验量大木	375	令查验采得大木状况并作区处	行文
	札付襄阳府同知马进阶前往四川采木	209	准因本地无木而往他处购买	行文
	札委监利县知县王鑽宗往容美监采	378	人事任命	行文
	咨贵州巡抚会请钱粮	604	协调地方上报经费缺口及对策	咨文
	案札湖广督木司道加派衡永郴三府州大木	516	增添地方摊派大木份额并催责	行文
	案札川贵督木司道催趱首运解官接运职名开江日期	277	责令外派官吏报送运输计划	行文
	札付指挥高应斗往衡永郴三府州采木并行司道	354	人事任命	行文

续表

卷目	题名	字数	内容	性质
三	咨郧阳抚治协催郧襄二府大木	288	请求协助催办郧襄二府木料	行文
	咨军门谕总兵石邦宪严督永宁平越等卫土官早报大木	335	令军队遣专人往土司襄理采木	行文
	案行四川布政司取重夔嘉眉等府州分采官职名	247	要求报送具体采木官员名单	行文
	札付通判周宗休入施州采木	323	人事任命	行文
	案行下荆南守巡道委知县朱锷代指挥孙克谦采木	361	人事任免替换决定	行文
	札黄州府委官验买安庆并德化县地方大木	347	核准跨境采买大木应役之请	行文
	案行四川布政司查委官工程兵各道有无巡历	462	令地方造册以确保现场巡视	行文
	案行上荆南道委施州卫官一员往卯洞会官采木	488	责令地方派遣专人去现场采木	行文
	会同抚按行上湖南道委官采耒阳县上五保等处大木	535	指定原木产地并委官前往开采	行文
	咨四川巡抚省谕宣抚奢世胤等不许阻挡贵州采木	352	令主管官员排解地方官间矛盾	行文
	案行川贵二布政司并督木郎副催趱首运	313	督促运输已采木料	行文
	案行三省督木郎副会祷雨泽	188	督促分派官员祷雨	行文
	咨四川巡抚行该道甲饬永播二司不许阻截贵州官商采木	735	责令废除地方保护主义措施	行文
	案行贵州布政司议呈守巡守备并委掌印正官往川监采	412	准许贵州官员采买四川木料	行文
	咨吏工二部请官交代	394	上报丁忧等候开缺	手续
	咨贵州巡抚径自奏请钱粮	461	咨询能否上报调剂银钱方案	行文
	案行川贵督木司道催二省首运准其畸零解发	431	责令发解已得木料并陆续外送	行文
	回咨军门议题贵州木价	532	协商采木摊派银钱缺项事	行文
	回咨军门止参四川布政司	404	回复军方不参劾地方官之请求	行文
	札付荆州府审处商民量行帮助买板	409	准许调整摊派钱粮方案之请	行文

续表

卷目	题名	字数	内容	性质
三	案行湖广督木司道将圆木议借川贵二省	361	准许跨省自行调整摊派名额	行文
	札付张郎中取回原委通判周宗休别用	318	人事调整	行文
	案行川东道严谕夔涪不许阻截湖木	713	调解矛盾,申饬地方	行文
	案行湖广川贵督木司道催徙木植出水	471	催办运输所需预置路桥码头	行文
	札案行湖广督木司道奖采木委官	506	奖励派遣采木官员	行文
	札行重庆奖播州宣慰杨烈	227	同上	行文
	札行泸州奖土官奢世胤等	380	同上	行文
	札行川贵督木郎中戒谕宣慰杨烈	317	查处欺罔行为并予警告	行文
	案行川贵督木司道查奖二省采木委官	313	查验派出官吏表现并造册表扬	行文
	札行荆州府委同知费止采木	279	人事任命	行文
	札湖广督木郎中查通判罗士贤采报工次	319	责令查明官吏虚报冒领情由	行文
	案行湖广布政司提问汉阳府推官杜纯	262	追查委派官吏靡费贪污罪证	行文
	牌行湖广布政司拿究害事承差	199	追查委派官吏假立名目罪证	行文
	案行湖广督木司道劝惩功过官员	475	奖励协助采木地方官员	行文
	案行川贵督木司道劝惩功过官员	458	同上	行文
	总会三省采获木枋造册咨送工部	296	因丁忧离任,造册上报工部	照会

3. 奏疏内容分析

就体例而言,三册《总督采办疏草》中的第一册主要由奏疏构成,其行文对象为明世宗朱厚熜,主要记录了两方面内容:一是刘伯跃在履职前就采办大木所需做的财政、人事、运输等准备工作提出自己的设想并请求照准;二是总督采办大木工作期间向朝廷述职,奏报所获木料明细。

第二册为条约,行文对象为刘伯跃直接管辖的督木官吏和采木所在省份的各级行政长官,目的在于申明木料规格与采买注意事项,是为落实工作而列出的具体操作规程;该册最后以示谕暨榜文的形式,进一步将官方条例在民间全面公示。

第三册则是各类行文,详细记录了刘伯跃总督采木期间就与大木采办相关的人事委派、工役筹措、财政补贴、运输组织、奖惩调停、追查贪渎等事,与湖广、贵州、四川三省的地方官员和军镇统帅,以及他自己治下督办采木的外派官吏间的公文往来,生动细致地记录了这一国家层面的工料搜集活动中发生的种种事件,从中折射出明王朝中晚期财政混乱、官吏贪腐、民族矛盾不断深化等社会乱象。

从以上三册《疏草》中，可以较为系统地了解明代采办大木的经费获取渠道、组织管理架构、采伐运输次序，乃至工料的规格、材种、等第判定、残缺处理，以及木材储量的地域性差异，从而为这段文献的解读增添了技术史、生态史、经济史、边疆史等多重视野。

三、采木的经费与工役来源

1. 明代采木的例行制度

明代营建宫殿，木料来源多取自湖广、川、贵，每有兴作即派遣钦差采木，或曰总督或曰提督。因事出郑重，皆奉敕而行，故不经工部，主事者皆以一、二品大员担任，产木各省巡抚为之襄助，或干脆令钦差大臣兼理巡抚，并加工部职衔，以利其便宜行事。据明人徐学聚所辑《国朝典汇》，仅嘉靖一朝，派遣钦差采木之事便发生了五次之多[1]：

"嘉靖四年八月戊子，升工部虞衡司署员外郎范总、李煌、年泰俱署营缮司郎中事，(范)总湖广常德、辰州等处，(李)煌四川马、叙等处，(年)泰贵州石阡、镇远等处，各买办大木。"

"嘉靖四年八月戊子，升巡抚四川右副都御史王軏为工部右侍郎兼佥都御史，总理收买大木。"

"嘉靖二十年宗庙灾，遣工部侍郎潘鉴，副都御史戴金于湖广、四川采木。"

"嘉靖二十二年三月，上谕工部曰：'庙建大木，采办日久未至，深切朕心。原任兵部尚书樊继祖可改工部尚书兼副都御史，令诣湖广地方提督采发大木，趣之速往，其四川采发大木诸务，令潘鉴专任之，毋得彼此推延'。"

"嘉靖三十六年六月，敕四川、湖广、贵州巡抚都御史黄先昇、李宪卿、高翀，同三省巡按御史督采朝殿楼内大门……命工部侍郎刘伯跃兼佥都御史，总督四川、湖、贵采办大木，改户部侍郎张舜臣于工部提督大石。"

刘伯跃奏疏中多次提到以"庙建"时工作办法为先例，指的便是嘉靖二十年(1541年)宗庙火灾[2]后的重建工程。实际上，嘉靖一朝不唯兴造频繁，在采木制度上也有所创新。就人事安排论，自明初以来，总督采木者一般只专管一省，若工程浩大，则派遣多名总督分头行动。以重臣专擅集权，虽有武宗时陈雍之先例，但随即废除，按《奏对录》载，将采木官由初设的两员改作一员，并佐以郎中二员、副使二员，从而形成新的制度，实自刘伯跃主持钦差任始。[3]

---

[1]该文尚记有"嘉靖二十二年，复遣工部侍郎刘伯跃采木川、湖、贵州"一条，考察前引刘伯跃《给由疏》，则嘉靖二十年刘伯跃任福建按察司副使，二十三年才升云南布政司右参政，在此期间并无任职工部的记录，更不可能作为侍郎总督采木，则该条当为徐学聚误记无疑。参见：文献[1]、文献[2]。

[2]《明史》"世宗纪"："嘉靖二十年四月辛酉，九庙灾毁"。参见：文献[5]。又《春明梦余录》一七："嘉靖二十年四月，雷火，八庙灾，惟睿庙存，因重建太庙，复同堂异室之制，停大享殿工"。参见：文献[7]。该事并见《明史》"礼志"、《日下旧闻考》三三)。参见：文献[5]、文献[6]。

[3]按徐学聚《国朝典汇》，明初至中叶钦差采木者，有永乐四年(1406年)宋礼、古朴、师逵、金顺、刘观、仲诚分别于川、赣、湖广、浙、晋采木事；洪熙元年(1425年)戈谦、杨和往四川起运木植事；宣德元年(1426年)黄宗载、吴廷采木湖广事；天顺三年(1459年)翁世资往淮、徐督运大木事；正德九年(1514年)刘尚总督湖广采木事；正德十三年陈雍总督湖广、川、贵采木事；正德十四年赵璜督运大木事；嘉靖四年(1525年)范总、李煌、年泰往湖广、川、贵采买大木事；嘉靖二十年潘鉴、戴金采木湖广、四川事；嘉靖二十二年以樊继祖提督湖广、潘鉴提督四川采买大木事；嘉靖三十六年刘伯跃总督湖广、川、贵采木事。参见：文献[2]。

2. 采木的规模与工费缺口

嘉靖三十六年采办大木的目的在于重建遭受火焚的北京紫禁城前朝部分,因而其规模至为浩大,所获枋木数以万计,其明细附文如下:

《报三省总获木枋疏》记载了刘伯跃第一次发送木料的明细:"先次催到,与各进献大木板枋共三千五百四十九根块……臣通计三省在山在水者共一万五千一百七十七根块。内大小圆木一万三千四百二十根。除常材不开外,楠木围一丈七尺二根、一丈六尺三根、一丈五尺十二根、一丈四尺三十八根、一丈三尺七十一根、一丈二尺一百七十八根、一丈一尺一百八十四根、一丈以上七百七十五根。杉木围一丈六尺一十一根、一丈五尺七根、一丈三尺一十六根、一丈二尺七十二根、一丈一尺三十七根、一丈以上一百六十五根。南柏木围一丈三尺一根、一丈二尺二根、一丈以上二根。板枋一千七百五十七块。其见今拽放溪滩者,起发虽暂候于水涨,架桥拖厢者移徙尚少假以日时,然已系是实获,次第皆可运之数,崇构有备选之材。"

《总会三省采获木枋造册咨送工部》是刘伯跃因丁母忧而面临离职时发往朝廷的述职报告,内附其工作期间最终的采木数目:"照得本职奉敕总督湖广川贵采办,随准本部咨派通共圆木一万四千二百五十九根,板枋一万八千六百七十一块……先次督完三省并各进献木枋共三千五百四十九根块,已经奏报首运……揭开采获在山在水木枋通共一万七千四百四十五根块,其中或采在山箐,用工砍伐;或架桥拖厢,将次出河;或拽在小溪,听候水涨。大小俱皆适用之材,次第可以发运之数。"

由上述两条文献可知,征用自过往工程遗留和各地王府进献的大木板枋为3549根,本次新采17445根,这与先期预定的指标(圆木14259根、板枋18671块)间存在较大缺口,实际只完成了约53%的工作量。

即或如此,采买木料的经费缺口也已远远超出明廷的实际收入水平——

刘伯跃在赴任总督行前,在《预处钱粮并留三省巡抚布政使久任疏》中即粗略估算钱粮缺口,"据湖广布政司右布政使李磐会同都按二司巡各道并督木郎中副使等官会呈,照依部咨派办大木板枋,除工力、人夫、揪簰什物等件未及查算外,实估价值通计三百万两以上。各该库贮堪动支使约计三十余万不足……续据川贵文移,木价不敷,大略与湖广相似";经过仔细勘察,在《奏乞预处排挤三省钱粮疏》中给出三省征派采木指标与实际经费间的具体差值如下:

"题为会计木价总数,钱粮不敷乞为预处以接济采办事节。

据湖广布政司呈称,会计得坐派本省楠杉木枋并南榆柏木共一万二千五百四十九根块,参酌估价共该银三百二十万六十两有零。本司随将在库应解户、礼、兵、工四部各项料银并事例等银先发一十一万两,分解荆、岳、辰、常、靖等府州收贮，听委官采，有合式木板于前银内给领。又查得库贮各部料银、支剩德安盖造王府余剩等银、司道各府州县库贮赃罚并御史林腾蛟查催嘉靖二十一年起至三十三年止各项料银，俱该工部题准支用。其抚按衙门赃罚随宜动支，通共少银二百五十六万六千五百余两。合无将嘉靖三十六年起至三十八年止本省坐派户、工二部各项起运钱粮及拖欠户部嘉靖二十一年起至三十三年止内府供应银，俱暂留派征买木支用。再乞将本省嘉靖三十六年加派实在丁粮并荆州抽分等银，通行奏请接济，尚少银一百八十万八千二百七十两。仍乞查照庙建事规，题取各省开纳事例、赃罚、南赣军饷，凑足前少数目。

四川布政司呈称，坐派木枋一万五千六百七十二根块，会估该价银三百五十八万余两。除司库堪动官银并议扣通省民兵更番工食，共银一十一万五千六百余两，差官分投，解发重、叙、嘉、眉等府州给商采买。查得本司户礼二部料银、南京工部历年麂皮、缺官、柴薪、马夫、布按二司及府州县赃罚开纳事例等银，以上系工部咨开，实在司库堪动之数，但未明开以后年分。又查抚按赃罚盐课额银、工部四司料价，以上虽未奉工部咨开，见今待用紧急，相应从宜动支，并以后年分通乞明示，逐年留用。缘前各项银两未敷木价十分之一，合无乞照旧规，题请江西布政司赃罚及南赣桥税，广东布政司广州、南雄等府椒木、香料、盐引、杂货，并河南、山东二省事例等银接济。

贵州布政司呈称，派采木枋四千七百九根块，会估价银一百三十八万一千六百余两，分发附近水次府卫，星夜采运。除候补还外，尚少银一百三十六万六千六百四十余两，亦乞比照奏请广东、江西、陕西、云南等处额解部料、事例、盐课等银各二十余万两，听本省取解协济(表2)。”

采办大木预计经费缺口整理如表2所示。

表2 采办大木预计经费缺口

省份	摊派指标(根)	估算价值(两)	专项经费(两)	差额(两)	亏缺比例
湖广	12549	3200060	1391790	1808270	56.51%
四川	15672	3580000	115600	3464400	96.77%
贵州	4709	1381600	14960	1366640	98.92%
总计	32930	8161660	1522350	6639310	81.35%

由此可知，在筹谋采办大木之初，刘伯跃便已明确知晓经费的筹措是整件事的关窍所在，也正因此，他在上报工作计划的《命下条陈四事疏》中向嘉靖帝提出四点建议：

一曰“酌议木价”，旨在要求财权以多方开源，“照得采办大木所须价值为急。今本部既无现发银两，而川湖贵州又恐库藏不敷，若不多方区措，必致误事……容臣至彼处地方会同抚按等官，除司府见贮额解钱粮应该奏留者，临期另行具提外，其余一切官银听臣从宜支买……愿纳人等就令在各本省输纳，专济采木之用，免其解京，事完停止，实为便益。”

二曰“分任责成”，旨在以任务包干的方式下发指标，充分利用考评权限督促地方官员以推进工作，“照得大木产于深山穷谷之中，采运甚难……今者工期速就，差去三省分投采办，只有郎中、副使各二员，地方广阔……伏乞敕令各抚按官司，臣斟酌木数分派各府州县，招集木商及访各乡军民，凡有合式大木，悉为均平收买。仍责令该管守巡照其地方，各自设法督责。各属掌印官刻期报运，各官即凭此验其贤否以定劝惩，庶职守严明而各相竞劝矣。”

三曰“申明旧例”，旨在广开恩典、卖鬻爵位以筹措经费，“照得三省附近产木地方，皆因兴工采办，合式大木所存无几……须取购土夷处所，事乃有济。卷查先年都御使潘鉴为恭庙建事，题准土官献木恩典则例，内开宣慰使，从三品，系崇阶，为一等，若进木验值银三千两；宣慰同知，正四品，资格次之，为一等，若进木验值银二千陆百两……其进木验值银就以宣慰同知二千陆百两为率，各照品级等第递减二百两，俱准武职……各给予应得诰敕命，若嫡母见在而乞封生母及本身愿进一级，武职散官者各量加木验植，宣慰使银五百两，余各四百两；乞封生母而不愿加散官及愿加散官而无生母者各加木验值，宣慰使银三百两，余各二百两……彼时蒙圣恩浩荡，土夷孝顺，所以多得大木济用。今朝殿门楼事体重大，又非昔比，伏乞敕下本部会同兵部将前例再加详议，题请恭候命下刊刻则例，印劄遵行。献木各到水次，郎中等官丈量合式，一面填与执照，一面奏报，庶可激劝人心而急大工矣。”

四曰“容广献纳”，旨在允许土司辖下罪人以银钱、木材赎罪，填补财政缺口，“照得土夷顽悍，概难尽绳以法，然慕义效忠，良心未泯。先年各该土夷往往有因雠忿相残互讦罪犯，官司类多规避，未与勘明，以致不蒙矜宥，无由自新。伏乞悯其无知，容臣至彼处会同抚按，除开罪恶深重法不在原外，其余有可矜疑者，许令将各情节从实陈告，行令司道即与审勘所犯重轻，应免罪者议免，应复职者议复，应袭替者议袭，应给予田地者议给。各定所赎木数及合式围圆丈尺开拟上请，准令纳赎，不许一概滥容，庶贿悻可杜而巨材易集矣。”

3. 人事与财务方面的预备措施

面对采木涉及的纷杂局面，刘伯跃主要从人事与财务两方面入手，向嘉靖帝寻求政策支持——

《预处钱粮并留三省巡抚布政使久任疏》要求暂停湖广、四川、贵州三省地方长官的迁调，以保证人事关系稳定，便于工作展开，“又该看得先时总督原是二员，今以臣一人兼之……但三省木务丛委，道里迂回，其中督责虽严，未免顾此失彼，各官奉行虽谨，往复终是逾时……计今须得木地方重臣各久专督，而臣往来总之，乃克有济，此分任一节所以当亟请也。巡抚系一方纲纪之司，布政司关各属财赋之会，剂量操纵，责任本专。且上号大木又多出于土夷去所，亲辖临之，自如手之使臂，臂之使指，其号召固尤速也。见今各官与臣协恭和衷，方尔图始，窃恐年资各深，别有迁转，则前后之去就靡常，彼此之心志各异，独力难成，必致稽延营造……伏乞皇上……另容会疏奏请，湖广川贵巡抚，乞敕吏部或查其资久该升，仍于本地方加授职衔，勿别推用；布政使，年久先加俸级服色，重以事权……"

《奏乞预处排挤三省钱粮疏》则要求调配各地收入，以支持三省采木事宜，"先查布政司库，各司、道、府、州、县赃罚、缺官、柴薪，及户、礼二部并南京工部料银，保宁、叙州地基银，俱尽数查支。及将嘉靖二十一年起至三十三年止本部题差御史林腾蛟、裴天佑见催派征未解各项年例等银，俱听催解……敕下工部会同各部再加查议，将三省抚按官奏留起解、两京各部坐派见在拖欠并以后年分料价等项钱粮，盐课监税及各该抚按赃罚等银，如果相应各随所奏议，请听留本处凑支木价。仍乞敕下工部将各省赃罚、南赣军饷、桥税、江西陕西云南额解部料盐课、广东布政司广州南雄等府椒木、香料、盐引、杂货等税银，查照各省缺乏之数，量定拨行，臣转行各布政司差官，分投前去各处，尽将在库见贮者先行取解协济，其余之数逐个陆续催解，以备后来接支……"显然，他打着"修复朝堂系为万方立极，通天下之财力以襄重务，乃见臣民忻瞻共戴之情"之名，多方挪措，无非是拆东补西之举，无形间扰乱了国家的正常财政安排，从而加速了明帝国的衰败。

4. 运输方面的预备措施

大木的采办，除了人工、经费的筹措之外，运输也是一个重点环节，如何安全、高效地将采伐的木材运送到京，当然需要预作准备。在《簰运事宜疏》中，刘伯跃充分考虑了长江和运河水运的不同特点，对整个运输工作的人事安排与操作流程作了细致部署，以确保木材顺利溯江河而上，不致迁延遗失。"……见今湖广首运，计先发行；川贵道里稍远，亦可相继接运。各待开江之日，另具奏报。所有催解事宜必须预计，盖簰筏一入大江，风涛不测，飘忽靡常；及至里河，逐闸循行，浅淤为患。加之沿途官司怠缓，夫役难齐……卷查庙建事规，该工部题差员外郎二员各领敕书，一员在里河一带，会同管洪、管闸主事；一员在长江一带，会同江防、兵备等官，各往来专理，催运并稽查其中奸弊，无非欲得速运，以济大工。况今修复朝堂事体尤重且急，臣已预行各布政司，于起运时将覆验类找木枋围圆尺寸数目填造文册，给付选委，总运贤能府佐并分运官员收赍领解。臣仍仿铺递赤历之法，将开江去处至京道里尽行查出，刻成格眼号票二张，亦付运官收执。每过府州县分，各另委佐二一员，押夫交接递送。如某日时督夫开簰，某日时行至某处计程若干里，又某日时送至某处交割，逐程俱填格内。外江号票至仪真，填满缴臣；里河号票至通州，填满缴工部……再照簰筏经过地方，各该抚按协督速运，责任唯均。若三省境内与附近九江一府，臣与湖广川贵抚按任之，无敢误者；若安庆以下，则应天、凤阳、山东抚按总理河道官任之……以后但有发运，臣先期马上差人知会，严督促沿河该道洪闸等官，各率所司，或整备防险之具，或疏通壅塞之处，并预选定委官，拨定夫役，俱于临河伺候。仍令差官一员，赍执牌而逐程查点，俟催簰到，随即更换递送，不许时刻延迟，及将簰筏入境日期径各类报，庶簰运无稽而大工克济矣……”作为总督，刘伯跃并未过多关注木材运输的技术问题，而是将精力放在建立责任制度上，通过预先造册、填造号票，将运输责任逐段落实到人，并通过簿册进行精细管理。

四、采木工作的相关条例

1. 采木的预定规格与分派数目

刘伯跃在《总督采办疏草·条约》中，首先对此次大木采办的数目、材种、规格作了界定，对三省各自的任务进行了分派，其中：

湖广布政司采买“殿堂楠木三千五百一十根。内：一号三百六十根，各长七丈五尺至七丈，径七尺至六尺；二号九百五十根，各长七丈至六丈五尺，径六尺至五尺；三号一千一百根，各长六丈至五丈，径四尺五寸至三尺五寸；四号一千一百根，各长五丈至四丈，径三尺五寸至二尺五寸。杉木一千八百一十六根。内：一号五十根，各长七丈五尺至七丈，径五尺至四尺；二号七百六十六根，各长七丈至六丈五尺，径四尺至三尺；三号一千根，各长六丈五尺至五丈五尺，径三尺至二尺。楠木板枋五千三百六十一块。内：连四板枋三百六十一块，各长三丈六尺，阔三尺，厚一尺五寸；连三板枋五百块，各长二丈七尺，阔二尺五寸，厚一尺五寸；连二板枋四千五百块，各长一丈八尺，阔二尺五寸，厚一尺三寸。杉木板枋一千六百一十二块。内：连三板枋三十二块，各长二丈七尺，阔二尺二寸，厚一尺；连二板枋一千五百五十块，各长一丈八尺，阔二尺，厚一尺；单料板枋三十块，各长九尺，阔二尺，厚一尺。南柏木一百三十根，各长五丈五尺至四丈，径二尺五寸至二尺。南榆木一百二十根，各长三丈五尺至二丈五尺，径二尺五寸至二尺。”

四川布政司采买“楠木四千三百一十五根。内：一号四百六十五根，各长七丈五尺至七丈，径七尺至六尺；二号一千一百五十根，各长七丈至六丈五尺，径六尺至五尺；三号一千四百根，各长六丈至五丈，径四尺五寸至三尺五寸；四号一千三百根，各长五丈至四丈，径三尺五寸至二尺五寸。杉木二千零六十七根。内：一号六十七根，各长七丈五尺至七丈，径五尺至四尺；二号八百五十根，各长七丈至六丈五尺，径四尺至三尺；三号一千一百五十根，各长六丈五尺至五丈五尺，径三尺至二尺。楠木板枋六千九百五十块。内：连四板枋四百五十块，各长三丈六尺，阔三尺，厚一尺五寸；连三板枋八百块，各长二丈七尺，阔二尺五寸，厚一尺五寸；连二板枋五千七百块，各长一丈八尺，阔二尺五寸，厚一尺三寸。杉木板枋二千零三十块。内：连三板枋四十块，各长二丈七尺，阔二尺二寸，厚一尺；连二板枋一千九百五十块，各长一丈八尺，阔二尺，厚一尺。南柏木一百六十根，各长五丈五尺至四丈，径二尺五寸至二尺。南榆木一百五十根，各长三丈五尺至二丈五尺，径二尺五寸至二尺。”

贵州布政司采买“楠木一千四百一十根。内：二号一百三十根，各长七丈至六丈五尺，径六尺至五尺；三号五百四十根，各长六丈至五丈，径四尺五寸至三尺五寸；四号七百三十二根，各长五丈至四丈，径三尺五寸至二尺五寸。杉木五百八十一根。内：二号一百三十一根，各长七丈至六丈五尺，径四尺至三尺；三号四百五十根，各长六丈五尺至五丈五尺，径三尺至二尺。楠木板枋二千四十二块。内：连三板枋一百五十块，各长二丈七尺，阔二尺五寸，厚一尺五寸；连二板枋一千八百九十二块，各长一丈八尺，阔二尺五寸，厚一尺三寸。杉木板枋六百七十六块。内：连二板枋六百十六块，各长一丈八尺，阔二尺，厚一尺；单料板枋六十块，各长九尺，阔二尺，厚一尺。”

上述文字总结整理如表3所示。

表3　采办大木预计规格及三省分派指标

省份	材种	等级	长度规格	截面直径	截面广	截面厚	摊派根数	分项根数	分省总数
湖广	楠木	一号	70～75尺	6～7尺	/	/	360	3510	12549根
		二号	65～70尺	5～6尺	/	/	950		
		三号	50～60尺	3.5～4.5尺	/	/	1100		
		四号	40～50尺	2.5～3.5尺	/	/	1100		
	杉木	一号	70～75尺	4～5尺	/	/	50	1816	
		二号	65～70尺	3～4尺	/	/	766		
		三号	55～65尺	2～3尺	/	/	1000		
	楠木板枋	连四	36尺	/	3尺	1.5尺	361	5361	
		连三	27尺	/	2.5尺	1.5尺	500		
		连二	18尺	/	2.5尺	1.3尺	4500		
	杉木板枋	连三	27尺	/	2.2尺	1尺	32	1612	
		连二	18尺	/	2尺	1尺	1550		
		单料	9尺	/	2尺	1尺	30		
	南柏木	/	40～55尺	2～2.5尺	/	/	130	130	
	南榆木	/	25～35尺	2～2.5尺	/	/	120	120	

续表

省份	材种	等级	长度规格	截面直径	截面广	截面厚	摊派根数	分项根数	分省总数
四川	楠木	一号	70～75尺	6～7尺	/	/	465	4315	15672根
		二号	65～70尺	5～6尺	/	/	1150		
		三号	50～60尺	3.5～4.5尺	/	/	1400		
		四号	40～50尺	2.5～3.5尺	/	/	1300		
	杉木	一号	70～75尺	4～5尺	/	/	67	2067	
		二号	65～70尺	3～4尺	/	/	850		
		三号	55～65尺	2～3尺	/	/	1150		
	楠木板枋	连四	36尺	/	3尺	1.5尺	450	6950	
		连三	27尺	/	2.5尺	1.5尺	800		
		连二	18尺	/	2.5尺	1.3尺	5700		
	杉木板枋	连三	27尺	/	2.2尺	1尺	40	2030	
		连二	18尺	/	2尺	1尺	1950		
	南柏木	/	40～55尺	2～2.5尺	/	/	160	160	
	南榆木	/	25～35尺	2～2.5尺	/	/	150	150	
贵州	楠木	二号	65～70尺	5～6尺	/	/	130	1410	4709根
		三号	50～60尺	3.5～4.5尺	/	/	540		
		四号	40～50尺	2.5～3.5尺	/	/	732		
	杉木	二号	65～70尺	3～4尺	/	/	131	581	
		三号	55～65尺	2～3尺	/	/	450		
	楠木板枋	连三	27尺	/	2.5尺	1.5尺	150	2042	
		连二	18尺	/	2.5尺	1.3尺	1892		
	杉木板枋	连二	18尺	/	2尺	1尺	616	676	
		单料	9尺	/	2尺	1尺	60		

其中四川摊派杉木板枋与贵州摊派楠木的总数与分项数目加和不相匹配，当是字误。从总数来看，湖广占到38%，四川48%，贵州仅14%；从木料规格来看，湖广各类枋木型号最全，四川次之（不提供单料杉木板枋），贵州最少（缺一号楠木、一号杉木、连四楠木板枋、连三杉木板枋，亦不提供南柏木、南榆木），这大概和当时认为贵州路途歧远、地穷民夷有关。

2. 采木的官方程序

刘伯跃在《总督采办疏草·续行条约》中，对整个采木工作的流程作了细致规定，共分十三条，要求三省“布政司仍呈抚按衙门知会及转行都、按二司守巡兵备等道一体遵照施行”：

其一为**“酌量木价”**，旨在解决木材定价过死，不能依据实际情况灵活变通的问题，提出“照得各号大木虽经会呈，议有价则，但估量在即，木植长径难齐，其中疵病又多不一。往时委官或苟同挪移作弊，或立异深刻避嫌，均为木蠹。以后审验丈量，务先博访舆情，参以独断。除丈径果与原式不差，及无天地空朽与扁弯皮糟等病给与前价外，如号式不合有疵，应当作何准算，逐则酌议，要在适中利商，不必一一拘泥往牍。”

其二为**“广求异材”**，以求进一步扩大选料源头，增加觅得合适大木的几率，“查得三省地方广阔，长养材木不止夷洞蛮荒。如军民士庶蓄有山场，与夫古墓、茂林、学宫、道观，其中岂无异材可以称选？合行各府州县着落里老人等，逐里逐图挨查觅探，但是围长合式，不拘楠杉榆柏，尽数报出，即与酌价给买。”

其三为**“禁分主客”**，主要预防跨境采买木料时主、客官员相互掣肘，因地方保护主义而延误工事，“照得采木夷司各府虽有定辖，但概省派委，俱必各入彼方。或木植繁多，固非独力所能尽采，义应协济。诚恐各该土官舍把酋寨洞长人等客视外府，故意刁难，需索高价，致沮木运，当思今次恩典殊常，木价亦厚，督木部道即便出示，前去各该土夷司隘张挂禁谕，不许沮挠。违者呈来，别议不贷。其派委在山本辖官员亦不得自分汝我，各致延误大工。”

其四为**“预备徙运”**，要求提前准备运输工具与通道，以方便从深山运出伐得木料，“查得采办大木，自在山以至出水，工夫节次甚多，若逐待临期措处，必致违误。合各行管采官入山之初，但查有合式木植，是虽未砍伐，即便审视出方，度量道里远近，或该架桥拖厢，找搭车梯；或该削平阻碍，凿孔洞岩；或遇溪滩水浅，应照里河事规，逐程立闸，停蓄遇满，放运各该物料。与夫合用人工，及引重牛只之类，各须预先整备。一遇砍过木植，就即如法拖徙，星解会编去所。”

其五为**“预立催限”**，目的在于树立解运规范，明确人事责任，确保木材及时运出，防止发生奸弊，“朝廷发银采买，不系科派，晓谕各商俱要及早用力，徙运出山，不得再蹈宿弊，将木植迁延停阁，图候水涨才放，或待白手捞摸以偿，一失机会，反致罄产追赔，噬脐无及。其催解之法，督木司道监府衙管木官，府卫管木官监催木官，催木官即监木商，各径直立限，而催督等官尤为紧要。如指挥、千百户、州县佐贰、首领、驿递阴医并大小土官，皆合精选，给予格眼簿一扇，横列某委官某商某处某号楠木等大木，于上下填某日起至某日止、若干工斫伐,又某日起止、若干工装车找驾,又某日起止、若干工拖拽,又某日起至水次、约得水几丈尺可以撑放。若无前项功夫,即为虚诈,便追究商人;若虚报前项工夫,即系受贿,便追究催木官。其有前项工夫一限完报者犒赏;二限不完者催木官俸粮住支、商人家属收监;三限不完者,府卫委官俸粮住支、催木官家属收监,并商人即坐侵欺。"

其六为**"严限比较"**,旨在要求外派采木官吏定期汇报工作(总督驻在省份之督木官两月一报,其余省份三月一报),以便掌握整体进度,"……各府掌印官或回护同僚,各司道或升迁不一,多未留心查并。至于各该吏典,泛视重务,合行簿书又不依期禀办,何能速济大工?相应分别地里远近,严限比较,除督木司道另行外,仰布政司即行各采办守巡府州知悉,与本司承认行各吏湖广以双月、川贵以每季终为期,开具已、未完木数,并奉到有行事件书册,亲赍赴部以凭查比。如督驻川贵,本省以双月、湖广以每季终各送。比其在山委官,亦各照前限……所运工程次第册报,各凭稽考施行。"

其七为**"痛革奸弊"**,主要是总结先年采木经验教训,要求对种种违法行为严加查处,"查得往时采木,奸弊百端。召到商人,有家无担石而赤手应募者;有在山无木而贿托领银者;有假名认采,复别雇工到场,做造私木者;有私自采运被获,指官影射过关者;有原报木植,领过半价,至期上报一半仍留一半,窥伺他处厚利者。其验过大木,有计将下号换出上号,另图报验者;有木已经某府验过,却又刷削,报别衙门虚影销算数出处者。管木官有虚申全数,随捏中途漂折,贿通勘官销骗官银者。委官给价,有纵容猾吏克损及自贪索分例者;匠役验量,有受商人财贿,虚报尺寸隐匿疵病者;有未得钱物,减削喝报,累害商人者。凡此亏官损民,法在不贷,督木司道及各该守巡官随地禁革,若有违犯,径自拿问……"

其八为**"依期验量"**,意为加快验货环节,解决木材砍伐后滞留于路途的问题,从而减轻采木商人的负担,"查得先年木商艰苦万状,入采有买场开栈,找搭梯车,抹桩吊秤方得出山。每木一根,百夫助呼,十牛引重,方拽到溪岸。不遇大水,穷年久阁。至大江犹不免夷猓剽窃、水石倾折之患。又必厚赂官吏及乡豪势要,方得销算给银,殊非事体。今次……该督木司道官给予标定木数,照原议价例,先领若干,后领若干。先采者促限斫徙,续采者严令入山。责各催木官监工其经由地方出给告示,晓谕各卫所土官悉力防护,如有夷人拦索买路者,本管官治以重罪。报到之日委官即日验量,但求坚实与径长合式,不得过索垢瘢,该司道复验完日即与补价。果有不堪找解,就便给票,任从发卖,勿得淹留,以致雍遏下情,阻塞来路……"

其九为**"立赏示劝"**,表彰采木过程中绩效突出的官吏商贩,提高其积极性,"……其余委官各径行每一运发解,通查某木系某官管理催促,列多寡大小为差。上等完多者银六两、次等者三两,买办花红羊酒迎赏,仍各注贤能备考;下等者但给米一石、布一匹,俟再运查数升降。如遇水涨,沿河查木委官捞获漂流无主合式楠杉木枋,亦以多寡大小长短给赏有差。查出有主隐藏者,或等第如前赏半给,或量加犒劳。其总运、分运、找运各官及趋事人役,于开江之日,分别官民,犒以花红酒肉,俱听督木司道酌处。商人有于原报正数之外多纳五根十根者,有原木未报认而自来投验者,有先年居积而今报纳者,又如各处客商见在簰筏内有勘解情愿发卖者,各照例给价外,亦量多寡,银花绫红迎赏并免火夫一年。至受赏三次以上者,是实为官府分忧,即系良民,有司查无别项大过,速行申请,或登名旌善亭,或匾其仗义门额,或行布政司给札冠带荣身。”

其十为**“议处起运”**,要求地方官府参照旧例,确定与木材水运相关的人力、物资保障数额,提前上报以作准备,“……今首运逼期,应合通行预议,如委官有总运分运,旧事时每省定委几员……四川除叙、涪起,至巴东县止;贵州除思、镇起,至城陵矶止;湖广除辰、常、荆、岳起,至江夏县止。先当作何拖拽,找成簰筏。先时川、湖各以二千根块为率。又川于巴东县,湖于武昌,贵于岳州各起关,应付夫役俱二百五十名,军三民七拨用。木枋每至各府仍另委本府佐一员押督运夫,逐程换送,俱要正身应役,不许干销……以至每运长行水手合用若干名,随簰桨船若干只,缠缆、铁锚、蔑帐诸各器具通于何处出办?运官廪给并水夫口粮应从何则?准议其进入里河,各簰拆成小吊,合用夫人数与大江迥异,俱有旧卷可稽。损益厘正,贵在通变,各布政司即会同各道守巡并督木郎中副使作速集议详行……”

其十一为**“编立字号”**,通过给采得大木编号墨书,实现统一管理,以方便稽查,“三省解运不齐,木植易至混淆。今合照依工部开式,各以府州名编,以便查验。湖、川楠木一号至四号,合以元亨利贞四字;杉木一号至三号并楠杉板枋与贵州楠木二号至四号,俱以天地人三字;贵州杉木二号三号并板枋俱以日月二字,各为记。楠木如湖广荆州一号则编曰‘湖广荆州楠元字一号’,二号则编曰‘湖广荆州亨字一号’,三号则编曰‘湖广荆州利字一号’,四号则编曰‘湖广荆州贞字一号’。杉木如四川叙州府则编曰‘四川叙州杉木天字一号’,二号则编曰‘四川叙州地字一号’,三号则编曰‘四川叙州人字一号’。如贵州镇远府楠木二号则编曰‘贵州镇远天字一号’,三号则编曰‘贵州镇远地字一号’,四号则编曰‘贵州镇远人字一号’,各至数尽而止,其余府州亦如之。其南榆、柏木仿此印记,自头运以至后运,数接连编记,不得别立字号、别起号数,致难稽查。各司府委官每遇一次编过号数,造册一本,赍报本部院,以凭类奏报并咨部查对,内有将不堪材料找解者,督木官查号参究报呈。”

其十二为**“察处漂流”**,针对木材水运时易随流遗失的问题,要求地方官员严加看管,且结算时统一以木材上的墨书编号为准,“照得川江上有叙、马、重、夔,下抵荆、岳、武汉,辰江上有镇远、辰州,下接常、岳,沿途采办府分,皆有板木停泊,诚恐卒遇洪水泛涨,漂流往下,所在官司人民即便接捞报官,申报本部院并督木郎中副使。查系已经入运奏报之数,所司责令地方人役谨慎看守,留待彼中运官到来识认领运……唯禁不得刬削原来山号斧记，另换新号以为己木，致生告扰……”

其十三为**“禁约惊扰”**，要求地方官员禁止官商假借朝廷采办大木的名目，搜求寻常木材，以致滋扰百姓，“照得叙州、涪州、荆州、城陵矶、汉口等处，多有大家收买建昌连二杉贩鬻。其长阔七尺以上者听报召买，至于金峒、郁山单料陆尺以下者，止堪庶民寿器，若有木行借此一概妄报，或排门沿户搜求剥害者，所司即各重处，仍出示以辑地方。”

总的来说，刘伯跃的工作流程可归结为四个步骤：首先每到一地，先行宣示圣旨，通告官民人等；随后会同地方抚按衙门，根据工部文件给相关州府县分配指标，安排任务；再就是查发钱粮，严督官吏，招商勒限入山；最后是查考官商业绩，予以奖惩，并责令运木赴京。

3. 采木的补充经费来源

如前文所述，嘉靖三十六年采办大木，从行事伊始便存在钱粮不敷使用的矛盾，刘伯跃针对这一问题也提出过诸如挪借他处经费等建议，最终，在《会同三省抚按行司道区处钱粮条件》中，将补充经费的来源落实为以下几点：

其一为**“查豁罪犯”**，以钱赎罪，“……凡军民人等罪犯，非奉特旨及常赦所不原者，准会各抚按官审酌，听赎属具由，以体奏请……将见监囚犯通查，除各已成狱者不可平反外，其余一切轻重罪犯见问未结但罪可原者，各官俱与虚心审处，酌议纳赎定银多寡，开具原发招由，议申抚按及本部院通详公夺……”

其二为**“军职免参”**，与第一条类似，但对象为在军籍者，“……罪者虽例应奏请提问，但武弁养成骄习，事体鲜知，防检或疏，遂罹法网，未必一无可原。况查有纳赎备边事例，生财宥过，情法适中，通行已久。今欲少济工用，相应触类举行，以后各该衙门问罪，如指挥、千百户等官但有见问，应参犯该立功者照备边例纳银五十两，该拟徒者每一年纳银十两，革去管军管事带俸差操笞杖者，以二十两为率，酌量加减……”

其三为**“议免充调”**，针对犯罪充军的土豪，准许以买办大木的方式赎罪，免于发解卫所，“充军人犯多系土豪势要，或衙门积惯害众成家之徒，每一发解，就便损害里甲户丁，中途往往致死，解户到卫，或当即逃回，及后清勾，徒费纸笔……其间如系土豪有力之家，情反可恶为众不容者，罚令买办头号二号大木，或一根，或二根，或随定木纳价，俱各免其纳充……”

其四为**“比例折纳”**，针对受到处分革职的衙门胥吏，准其以钱赎罪，“各衙门吏典……若系别事牵连，因公罣误，或风闻访查，审无实凭，或查盘坐赃，原未分辨，各革役者，情皆出于有因，法均可以原恕。况量减三分之一事例见在通行，该布政司再出示晓谕，今后如有前项吏典，许其径赴所在就近原籍原役衙门具实告陈，查明无碍……准令纳赎还役收参。”

其五为**“免填格札”**，通过收纳银钱简化胥吏迁转手续，“查得……衙门吏典……呈布、按二司并守巡、兵备、粮储、江防、屯田、驿传、提学等道批允之后，本吏仍执原领布政司格札亲赍各司道，俱请填完，方准起送类考及给咨批。赴部无非稽查钱粮速完事件之意，但经历衙门不一，各该变故无常，或以一格未填，遂致终难起送……今后吏典一考、二考役满，俱只照旧申呈所隶司道批详，驳查明白，府州县不论。六房首领，库攒纳银一十两；卫所长吏、司驿递等衙门纳银五两……俱免填札，即各准与起送施行。”

其六为**“民壮轮役”**，是将多已停废的民壮服役事项重新计价，责令地方为其缴纳银钱，“看得各处民壮，先年兵部曾议更番轮役，扣出工食银两解京以备边费。近年此银已停解，若以议济工费事体，亦宜布政司通将该省所属府州县额编民壮内，除调赴麻阳防守外，其调存与各实在之数，尽行查出共有若干名，每年分为两班，半年轮役，半年扣价入官，俱解该司转发采办衙门，以为拖运木植之用。”

舍此之外，尚有强制性的摊派与截留税款两途，涉及辖区内全部人民——

前者是在正常的征税之外，按照民户富裕程度而强派钱物指标，将经费缺口转嫁于百姓身上。如《案行湖广司道禁革殷实均派丁粮川贵意同》记“近该湖广三司等官会派木枋银两，除徙运工力、夫簰什物、水夫工食等项未及查算外，通估木植大约三百余万。见今司属堪动钱粮总约仅四十余万，不足数多……今日首务急在通商裕民，悦以使之，本可义动……为此案仰司道等官再加区划，或鼓舞示谕，着实底业，人户随其上、中、下为三等，听自量力多寡报助……将各里甲虚粮逃户尽行查出，先与议除，余唯以实在丁粮及照各地方丰啬剂量起派，亦不许将实在故捏消乏逃亡，致得影射避脱……”这是打着清查田亩、杜绝逃税的幌子威逼小民；又如《札付荆州府审处商民量行帮助买板》记“……查得状内有称役占丁单无人识买者；有称家道贫寒难以承认者；有称异乡孤身不惯入山者；有称情愿照价帮贴商人者。其中事节不同，固是概难凭信，但众心每易动而难安，处事必先情而后法……逐一分别查审，如果家道殷富，丁力相应，愿否承派为一等？或产业稍次，愿否以几户攒一为一等？或力胜丁单，愿否量行帮助者为一等？或委无底业，孤异贫难，相应豁免者为一等？徐与开诚布公，细筹停妥，听其承递认结，然后定议……”这是按财力将商民分作三六九等，各个给予摊派指标，被选中者也只能认命而已。

后者则是架空负有采木指标的各省府州县长官，直接接管地方财税收入，令一切政府开销为采木事务让道，如《案行三省转示吏农人等各于本府州就近纳银》记“为此案仰该司即将发去告示，转发所属谕令市村镇人烟凑集处所，张挂晓谕军民诸色人等知悉。今后如有遵例纳银、纳木者，各许赴本府州，告明查照先开条例，就彼径先收纳……所纳各项例银，湖广除荆、岳、辰、常、靖州，四川除重、夔、叙、马，贵州除思、石、铜、镇、黎、平系出木地方，各收本库外，其余府州俱解前项产木府分各库收贮，俱各听督木司道呈请支给木价，仍令逐季各将收解过姓名银数造遍览方册，付该吏斋报查考……”

无疑，这些措施本质上对国家的法制建设深具破坏力，所谓“广开收纳之门，庶上少赞国计，下亦聊济民穷，而工可速就矣”，无非是打着仁政的幌子行搜刮之实，也难怪这些规程成为刘伯跃日后遭受参劾的话柄。

五、行文所见采木相关事项

1. 木料的采办途径

嘉靖三十六年修造紫禁城前朝殿、门所需木料的来源主要分为四种：一是搜集，二是奉献，三是募捐，四是收买。

所谓搜集，主要针对的是往年官方营造中剩余下来、贮存于各地厂库中的木料，如戴愬奉旨查验神木场、通州、潞县至仪真、龙江关、芜湖等处遗留大木，解京兴造午门，即是此类。它的好处在于木料现成，都是经过丈量勘验合格，乃至已经锯解为规格板材者，省去了采伐拖曳之工；缺点在于年深日久，木料或遭虫蠹、火焚、盗窃，登记在册的数目未必能够准确反映现实状况，遇有缺额也无法临时补完，因此只能应急，满足小规模的营建需要。

奉献，专指各地王府、土司进纳成木。刘伯跃《疏草》中记载了三起王府献木事件：据《辽襄二府献木疏》记，辽王“旧题楠木七根，内一根围圆一丈一尺，一根围圆一丈三寸，余五根围圆八尺至六尺，长四丈至三丈一尺不等，今愿献用，及又进银二千两”，襄王“示旧遗楠木一十二根，围圆八尺五寸至六尺，长四丈三尺至三丈二尺不等，亦愿献用，及先已进银三千两”；而《簰运事宜疏》中也提到楚王献木事，“去后除进献大木板枋，楚王杉板一百二十块”。明代王府建设规模宏大，所储楠木巨材为数不少，每当两京重修殿宇坛庙，各地藩王争相敬献木材银两以输忠邀宠，亦是常态。[1]除王府献纳外，地方官吏尤其是土司也不时参与其中，如《国朝典汇》载“嘉靖四十年二月，湖广宣慰使彭明辅、彭翼南各献大木三十株，丽江军民府土官献木植银三千八百两”；刘伯跃在《簰运事宜疏》中也提到“辰州乡官副使胡鳌奉献楠木四根”等事，可为佐证。

募捐的对象主要为土司首领，与奉献不同之处在于，对于提供木材银钱者有具体的奖励措施，其本质仍是所谓的“献纳”，即花钱购买官职、学历、旌表等。刘伯跃建议援引先前潘鉴为重建宗庙奉旨采木时制定的《土官献木恩典则例》，依据市价将大木折算现钱，按所捐银两数目多寡封官赐爵，授予捐献者自宣慰使（从三品）至安抚佥事蛮夷长官司副长官（从七品）不等的职衔，并给予诰封父母、进阶服色等优惠待遇。这在实际操作中也的确

[1] 如《明史》记神宗重建乾清、坤宁两宫时，仅万历二十四年七月庚寅至十二月甲戌间，便收到潞王进助工银一万两、蜀王进助工银六千两、赵王进助工银一千两、肃王卫王各进银一千两、崇王进助工银一千两，皇帝也一一“嘉其忠爱，敕撰书复王”。参见：文献[5]。

获得了一些积极响应，如《咨军门请给旗牌奖赏土官》中记“查得土官彭翼南、彭荩臣武勇超群，军士畏服，素秉忠义，翊助居多……倡率各该管辖，多得异材，可充梁栋之选，本部院即以奇功会同贵院共彰厥美，奏赐褒嘉”；《札行重庆奖播州宣慰杨烈》中记“查得播州宣慰使司宣慰杨烈进献木三十根及据督木司道呈报相同，已见本官委新效顺，仗义输忠之意……本官愿祈何项恩典，听督木司道照例议请外，合先行奖以示激劝。”

收买是指通过商业渠道平价购买市面上流通的木植，这也是采办大木的主要途径。说是收买，其实也并非全然的市场行为，皇家工程的背景决定了这类大规模采买活动具有计划性、强制性和垄断性，不同于一般的现货交易。首先，采买的主体是各级政府，任务是自上而下层层发包摊派下来的，先有指标，再穷尽心力设法予以实现，甚至在经费十有八九未能筹措的情况下依旧可以推进执行，这都是计划先行的体现。其次，摊派指标一旦确定，地方上哪怕民不聊生，也必须遵行，即或行政长官请求减免任务也是徒遭斥责而已（如刘伯跃《案驳守巡湖北道条议采买事宜》称“辰、常二府尚执迂谈，不能以均役之议谕示小民，稽误运期，殊缺初望……斯时何时，敢不各思宣力以为宵旰纾忧？设使通郡皆以他诿，大工万无讫期，谁与共济？”）；另一方面，总督却可以依据“实际情况”，临时更改计划，增加某地的既定指标（如刘伯跃《案行守巡上湖南道添派衡永二府木数》称“案查布政司原派衡州府采办南柏木一十五根、永州府一十根，数目太少。盖缘该司区划欠详，以故呈主前议。近该本部院访得各府所属地方山谷深广，多产大木，向采未及。且闻属郡地方与夷仇相近山场一所，蓄长木植多是异材，可以称制。民情休戚相同，臣子效忠岂可过自分析？”）；此外，也可直接征收、挪借其他机构暂不急用或无主的木植，经费则任地方上自行处理，实际上多半也不了了之了（如《牌行九江府看守采获漂流大木听候揪运》记“查得城南第十六铺地方捞得常德府原漂流楠木一根，验看围圆八尺四寸、长五丈三尺，及龙开河地方造船厂楠木一根，围圆八尺一寸、长四丈七尺。随据本厂禀称：原系官买造船之数……为此牌仰本府即行德化县多拨人夫，将城南大木趁今有水拽送龙开河水次，与同厂木一处着落地方看守，听候起运。仍查厂木原系何衙门收买，成造原用官价若干，该府即便动支在库无碍官银查议给价，买补施行”），这些都是公权力强制性的表现。最后，垄断是官方采木的基本特征，体现在官府可任意征买进入流通市场的木材以弥补缺口，如有不从则加以罚没（如《案行江防道差官沿江查截采号合式木枋》记“今当秋水泛涨，川贵湖广各商贩卖木□，聚运前来……黄州府根块太少……为此案仰该道即差廉谨官员速于沿江一带并所属府州县地方逐各查采，凡楠木径二尺五寸、杉木径二尺以上，楠板枋长一丈八尺、阔二尺二寸、厚一尺三寸，杉板枋长一丈八尺、阔二尺、厚一尺，各以上俱系合式之数，照依时价验估……其余小木板枋不合式者听从发卖，不许一概措阻……逐一密访各商，有将大木隐藏僻处，地方人等贿漏不报，查出各加重罪，其木入官起运”；又如《咨湖广川贵巡抚预行司道府州采办》记"但遇有客商找放大簰，五、六尺围圆以下堪用楠木、杉木、柏木、柚木等项，即于要津去所，责委官员一面拦截抽取前项合式木植，不许私卖托避")；还可以采用赊欠的方式预定在山树木，强制要求商贩前往采集，以市价的三分之一予以预定征收（如《札行三省参将守备各官一体协采大木》记"凡遇出木土夷地方，多派的当员役密先采访，或有长养于深山，或有停阁于崖峒，凡在后开合式者，尽数查实，先委力干指挥等官验斧，一面驰报督木郎中副使或该管守巡，从宜就于便近贮库，动支官银先给三分之一，与平交买。斫运水次，再行凑足原估"）。

2．采木过程中的地方保护主义与跨政区调剂措施

嘉靖三十六年采办大木涉及湖广、四川、贵州三省，地方既辽阔，又牵涉土著、客商，自然矛盾丛生，刘伯跃身为钦差总督，居间调停也是其职司所在，这期间的工作大概分作三个侧重点——

其一是补贴贵州。三省之中，以贵州地处边僻，经济最欠发达，刘伯跃《咨四川巡抚行该道甲饬永播二司不许阻截贵州官商采木》记"照得贵州地方，古称荒服，秦汉置黔中、牂柯郡；洪武初年置贵州行都司，属四川管辖；永乐年间猫猓叛乱，讨平，始议改设贵州布政司都司；宣德年间始添设按察司，分割川、湖、滇、粤，府州县司属之贵州，所辖俱长官司，编夷东北起自镇远，抵西南亦资孔驿达滇南，列戍十五卫所，止一线之路，大道三四十里外即是无管生苗……山多土薄，不产巨材；卫士逃亡，所存无几；编夷贫弱，真为彻骨。乃与川湖滇云为伍，财力不侔，奚啻霄壤"。经济既窘迫，相应的采木份额与等第也有所削减（如表3所记）。即或如此，贵州仍然无法平衡财政，且地理歧远导致采木成本进一步提升，赤字更为严重（如《咨贵州巡抚会请钱粮》记"今次坐派本省楠杉木板共四千七百零九根块，会计价值起运、盘缠、工食、料费总共约银一百三十八万四百六十三两二钱有零，见今只有库贮六千四百六十三两二钱有零，给发买木。并今取云南盐课银二十万两外，尚少一百一十八万一千九百零八两二钱，难以措处……及照贵州今定木价二号每根一千零叁佰九十五两，比湖广多银二百零五两；三号九百八十五两，比湖广多银二百九十五两；四号五百零五两，比湖广多银三百五十二两。其余杉木亦各数差太远，议欠画一，恐碍会题……"）。为此，刘伯跃建议调用云南等不产木省份税银以补充缺口（如《咨贵州巡抚径自奏请钱粮》记"……查得尚少银一百一十六万六千六百四十三两九钱有零，无从区处……应于不产木省分均派协助，烦为查照会题等因……查得云南盐课原为三省统题之数，已经调停分发，贵州十万两，川、湖各五万两，分投咨报去后，切恐前银未必就有此数……具本奏请各省事例赃罚、南赣军饷、桥税、江西陕西云南额解部料盐课、广东椒木香料盐引杂货等税银，查照各省缺乏之数，剂量定拨协济……"；《回咨军门议题贵州木价》记"……咨开贵州土瘠

民稀，赋税甚微，正纳钱粮尚尔劝谕，会计木价并运徙诸费约用银一百三十八万一千六百二十两，除措借外，实少一百三十七万二千二百四十三两。欲照先年事例，奏请广东、广西、江西、云南、陕西等省事例各二十万协济……”），这几乎是以全国财税补贴贵州无力承担的摊派份额。

其二是内部调派。三省各自摊派的采木数目出自朝议，这是拿来考核地方长官绩效的硬性指标，但实际操作中，木材的砍伐与徙运先后有别，未必都能按时完成，这时身为总督的刘伯跃便充分利用职权，挪借协调解送次第，居中支配，做出诸如以湖木充川木的举措，以满足上峰要求，使地方长官不必因违期而遭受责罚。在《案行湖广督木司道将圆木议借川贵二省》中，记到“照得湖广首运将发拟行，奏川贵事同一体，就应接解，但以道路迂远，移拽艰难，所报在水圆木，各未满一百余根，不堪充运……及查湖省木植，畸零搜括，已竭水泽之藏，无何继运，便无一株可以起发。及近准二省抚按移来木数，揭帖砍伐在山，四川已四千有奇，贵州亦二千有奇，唯候春涨徙出，彼时大发，数又倍溢。湖省前后事体，各有缓急之宜，彼此裒益，实是大公之义，通应酌处。为此，案仰司道即便会同验找，各官将各号木内围自七尺五寸起至四尺五寸止，长自四丈起至三丈五、六尺止，均停抽取配搭，每省各借与一百根，各量计明白。就以长径数目造册二本，一存司道备照，一付彼处长运官领收，凑发首运。若遇二运之期，川贵解出大木，照数抵还。庶彼省得纾目前之急，而本省亦为后运之图，不唯艰难共济，利益各有所归矣”。

其三是排解地方矛盾，杜绝保护主义。按《疏草》所录情况，当时四川境内官民寻衅生事，阻碍贵州、湖广人士入境采运木植是相当常见的现象，这或许缘于川地植被茂密、水运发达，川人既居于主位，对于竞争关系的客商自然不会怀有善意。客观而言，这些矛盾有的源自政区分划的不合理（如《咨四川巡抚省谕宣抚奢世胤等不许阻挡贵州采木》记“据贵州布政司呈称，永宁卫与永宁宣抚司地方相挽，今该抚奉四川派取分散夷人拦阻，不容入山……又被马湖奸商占山，希图贩卖网利……伏乞移文四川抚按衙门督行叙泸兵备严谕，务令川贵委官一体采办……永宁宣抚司与永宁卫坐落一处，山林既近，可以共采，水次又便，可以徙运。但因各有所下辖，致分彼此。即今殿材孔棘，均欲采办完官，未宜独行拦占……如遇永宁卫官商入山采木，不得再行阻挡，有妨采运……”）；有的是地方长官的私心短视所致（如《咨四川巡抚行该道甲饬永播二司不许阻截贵州官商采木》记“查得先年贵州奉派大木，俱于播州宣慰司、永宁宣抚司采办，盖因二司属贵州兼制，且俱产美材。今奉四川巡抚衙门明文，诫谕土酋夷人封守山箐，不许别省寻采，则贵州产木地方已去十之六七矣，将何以应上命效臣节耶？再查得往年因本省采办不及，差知府守备等官赍银前往川湖建昌、黎雅、施州地方采买。又蒙总督部院悯念，分拨川木充贵州之数，给银川商凑运，皆往牒可稽也……若果奉受太严，贵州必难应制，或其情出急迫，致有先年免采之请，则川湖有额外之派，不误重累地方？前后利害，大小较然……”），对此刘伯跃也是极力晓之以情理，动之以利害，逼之以辞色（如《案行贵州布政司议呈守巡守备并委掌印正官往川监采》记“……况殿建肇工，须材急如星火，臣子效忠，莫此为大。该省各府正官，岂容概执守土为词？……今势在燃眉，不思筹济，决取愆尤……”）；还有的就完全是为图便利，就近截留，这便几近抢掠了，自然会遭到刘伯跃的全力申斥（如《案行川东道严谕夔涪不许阻截湖木》记“涪州、潘州、夔州府等处各委官不行分投采办，止依靠伊地方沿河，拦阻别府见买木植，不许出境，以致前木不能以济急运……今据本官所呈四川黔江等处官司依恃地方沿江拦阻，揆之情理未顺，且非事体所宜……抑恐将来稽延，误事非细等因……今据前因，看得大号木植蜀产为多，湖商自昔采求，未尝有异。备查前项地方乃各木必经运出之路，所报移徙又系各商夙购之材，各委不自深入夷方，乃专沿江拦截以图塞责，罪固当惩；各该掌印官亦苟且目前，全无大公之义！况钦限紧急，湖省买办不足，势必加派于川，前利无多，后害实大……敢有似前阻挠，攘截外商之木以充派几之数，并该府州县仍同执迷者，俱指实参来……”）。

3. 木料运送与验收

与木料运送相关的几个关键环节中，首先是拖曳出山。由于派采楠木数量多、围径大，多半位于深山老林之中，因此砍伐之后，首先要解决牵拉出山的问题。刘伯跃疏草中多次提到起吊运输方式，大概均是借助器械拖到山溪河道旁，再通过筑坝蓄水，逐渐运到较大的河网内，直到通达长江（如《辽襄二府献木疏》记“用工有找搭天梯、天车，架桥、拖厢徙出陆上各样层节，才到水次”；《簰运事宜疏》记“其在深山者，责令开栈搭桥、铺厢拖拽，听候水涨，方得徙出。在小溪者着落解楼、凿石筑坝，积流尽随儹到，截数起解”；《报湖广首运疏》记“今次俱深入山谷，百计搜求，地势险峻，必须设法拖拽。及候山水涨发，方始得出，唯稍近水次者多募工力……见在架厢拖拽，寸那尺攒，急难徙至会河”）。在此过程中尤须借助山洪，以致有祈雨之举（如《案行三省督木郎副会祷雨泽》记“照得天时久晴，溪涧水涸。合抱巨材诚恐奸商惧重，不即拽徙，委官偷安株守，未免有稽大工，且误初运，相应督催……其工力难拖者，或撰文竭诚于古洞名山，遍祷雨泽，务求灵应，陆续解发，接凑后运”）。

其次是扎排水运。水运时，因批次不等，来源各异，为便于管理，需一一编号，前引《总督采办疏草·续行条约》“编立字号”一节已有引述，其斧斫墨书之法至为详尽，可谓合理可用。此外，运木可据实需零散解发，如《案行川贵督木司道催二省首运准其畸零解发》记“……近见邸报，殿建肇工，寸木无备，唯以速解为功。又经差人持牌，督令各该衙门，不拘木枋数目，多则百十余，少则六七十，四五十。虽二三十根块俱令畸零星解……”

再次是量验木材，核查其质量、尺寸，其中糟朽空洞者可以允许解版——如《案札湖广督木司道催徙并验量大木》记"今照前项板木内，有长虽合式而径不足者，有阔虽合式而厚不足者，有长径阔厚俱不合式者，有疵病空朽太甚不堪锯板者……为此案仰本官，即便会同督木道，将开去各处报到大木板枋逐一查明……照依原发官尺如法验量，要见某木着实堪作某号某板是否合式，连单某木皮糟疵芊，堪锯板枋亦速锯板，勒限各府处备工食、缠缆，委官星夜解赴会验去所覆验。类找其长径阔厚，除与原式各不相远者仍听总选备凑外，若去式太远及空朽太甚不堪锯板者，就彼退给原商领卖……"；又如《案行湖广川贵督木司道催徙木植出水》记"又各更替管理，其中圆木若长径去式迥远，度其决难验收，或虽系美材，审实所历岩峦逐步阻阂，委难轻出者，亦准从宜查照板枋派式，不拘何号截锯成片。俾令便薄拖移出水，以便凑解，或其所派原无板枋者，待后销算，即与准折木数，听以他处派板者拨木抵还。庶事半功倍，彼此通融而木运可以无误矣……"

最后是解送赴京。湖川大木经长江转运河运送近京后，往往因水位不足延误运输，导致工程停滞，木料腐朽于道途，这也直接促使运输技术出现创新。据《国朝列卿记》"工部侍郎赵璜传"引其所撰《闲述》记："正德中，营建乾清、坤宁等宫……数岁，木无运至者，至者又多空朽。时永顺宣慰彭明辅进大木五百余根……至天津，河涸，水仅三四尺余，楠木沉重，食水五六尺余，至张家湾十日之程，一夫价费一两，近京地方公私空匮，不堪起派。"于是转为陆路车运，但费效比极低，民众徒增苦役，"自湾至神木厂，陆路半日之程，大车两辆并作一辆，名曰双脚车，止运木一根，索价七八十两，甚至人骡被压即死，车户往往逃避。"只得再转回水运，"虽有闸河，淤塞难运。工部差左侍郎刘永修濬，费价千两，迄无成功，在部及采木堂司等官俱停俸。"关键时刻赵璜毛遂自荐，获准后"议领天津三卫下班官军运木，以甦地方派夫之苦，疏濬闸河运木，以免雇军之费……比至天津，河涸木巨，有献议者云，取大剥船，贯土于中，压之食水四尺许，每船约二大木，于两帮横施三楞木，于上用缆簌结，去土船起，木随以浮，随浅可行"，这是利用浮力，以驳船间接拖运木料——之后又对这一措施加以改良，"又有献议者云，土迟以军代之，合散特一呼吸间"，利用军人压仓以增加灵活性。由此，彻底解决了内河水浅，难以徙运大木的难题，"凡百余船一日而就，时顺风骤作，涌浪高至数尺，船行甚速，凡十余日抵湾……乃濬闸河，凡修六七闸……凡数日抵神木厂，拽入打截，运入台基厂造作，于是工乃就绪。"

总而言之，采运大木，所耗人力、财用、时间俱多，往往导致木料堆积，空自腐朽，造成极大的靡费。前引《闲述》总结为："宫殿栋梁俱用楠木，时三省近山，屡经采伐，无大楠矣，惟远山有之，险阻不能出水，必须采伐在山，候霖雨降，洪水涨冲出水次，方可运也。此木多历年所，谚云十楠九空，有地空，止下截空；有节空，止中截空；若天空，则上中下俱空矣。一木采运不下千两，到京空朽不堪，何辞以解！"

六、结　　语

《明史》卷八十二记采办大木一事，称："采造之事，累朝侈俭不同，大约靡以英宗，继以宪、武，至世宗、神宗而极。其事目繁琐，征索纷纭，最巨且难者曰采木……三十六年复遣工部侍郎刘伯跃采于川、湖、贵州，湖广一省费至三百三十九万余两，又遣官核诸处遗留大木，郡县有司以迟误大工逮治褫黜非一，滨河州县尤苦之。万历中三殿工兴，采楠杉诸木于湖广、四川、贵州，费银九百三十余万两，征诸民间，较嘉靖年费更倍……侵冒不报，虚糜干没，公私交困焉……"回顾终明一世的采木活动，毫无疑问，临时设事导致的财政混乱、帝王漠视民瘼的暴虐天性、官府搜求无度诱发的民族和社会矛盾，都为王朝的覆灭埋下了重重隐忧。通过刘伯跃《总督采办疏草》，我们得以更为全面、清晰地了解明代采办大木活动的全貌。

参考文献

[1] [明]刘伯跃. 天一阁藏明代政书珍本丛刊第21册《总督采办疏草》[M]. 北京：线装书局，2010.

[2] [明]徐学聚. 国朝典汇[M]. 北京：北京大学出版社，1993.

[3] [明]黎民表，等. 明世宗实录[DB]. 北京：中国社会科学网，2013. http://www.cssn.cn/sjxz/xsjdk/zgjd/sb/jsbml/mszsl/

[4] [明]申时行，等. 明会典[M]. 北京：中华书局，1989.

[5] [清]张廷玉，等. 明史[M]. 北京：中华书局，1974.

[6] [清]于敏忠. 日下旧闻考[M]. 北京：北京古籍出版社，1983.

[7] [清]孙承泽. 春明梦余录[M]. 北京：北京古籍出版社，1992.

[8] 单士元. 单士元集(第二卷)[M]. 北京：紫禁城出版社，2009.

[9] 孟凡人. 明代宫廷建筑史[M]. 北京：紫禁城出版社，2010.

[10] 晋宏逵，等. 明代宫廷建筑大事史料长编[M]. 北京：故宫出版社，2012.

佛教建筑研究

关于卵塔、无缝塔及普同塔[1]

张十庆

（东南大学建筑研究所）

摘要：卵塔源于禅僧墓塔，因其形而得名，是中国寺塔的一种独特形式。论文通过对卵塔的分析，希望深入认识其独特的形式与内涵。

关键词：卵塔，墓塔，禅寺

Abstract: Originating from tomb pagodas of Chan (Zen) monks, the egg-shaped pagoda (*luanta*) is named after its shape, and it is a unique form of Chinese pagodas. Through the analysis of the egg-shaped pagoda, this paper hopes to deepen the understanding of its unique style and meaning.

Keywords: Egg-shaped pagoda (*luanta*), tomb pagoda, Chan (Zen) monastery

卵塔是源于禅寺的一种墓塔形式，因其塔身呈椭圆蛋形而得名。其存世实物虽不多，亦未得到多少关注，然卵塔以其形式及内涵上的独特，表现出禅僧墓塔的鲜明特征，是中国寺塔的一种颇具特色的形式。

一、禅寺墓塔的特色

塔属寺院中的纪念性建筑，墓塔是塔的一类，然在性质上却是塔的本意，所谓舍利塔即是。中国佛教寺院中的塔，按其内容来分主要有佛塔、墓塔和经塔这三种。按其形式来分，则有楼阁式塔、密檐塔和单层塔这三种；按材料来分，则有木塔、砖石塔和砖木混合塔这三种。墓塔从形式上而言，一般为单层塔；从材料上来看，则多为砖石塔。早期实例如唐代的净藏禅师塔，少林寺的塔林，即皆为墓塔。

在佛教诸宗中，禅寺墓塔最具特色。禅宗重嗣承，尊法系，热心于祖师塔的造立；禅宗的观念亦影响了墓塔的形式与内涵。禅宗关于墓塔有多种称谓，如无缝塔、卵塔及普同塔和海会塔等，其中尤以卵塔在形式和内涵上别具特色。

二、卵塔的由来

禅寺卵塔，以其塔身椭圆如卵的形式而得名。而这一形式的内涵，则源于禅的理念，或者说是对禅理念的一种具象化和造型化的结果。唐以来，禅宗高僧理念中的墓塔，被抽象和概括为所谓

---

[1] 本文为国家自然科学基金课题（编号 51378102）的相关论文。

“无缝塔”。而卵塔,正是对禅师“无缝”概念的释义和具象化。在卵塔上,所谓“无缝”被释义为无缝无棱,具象为“卵”(蛋)形塔身,故有卵塔之称。《禅林象器笺》云:“无缝塔,形似鸟卵,故云卵塔”。[1]

参禅悟道的终极目的是明心见性,彻见“本来面目”,并以此表征禅悟境界。而与“本来面目”相类的喻象,还有“一物”、“本来人”、“本来身”、“无缝塔”等,皆表清净圆满的本心。《坛经·顿渐品》慧能示众:“吾有一物,无头无尾,无名无字,无背无面,诸人还识否?”所谓“无缝塔”意同“一物”,也是本心圆满的象征。[2]

无缝塔之称,初见于唐代。《五灯会元》卷二记唐代宗问南阳慧忠禅师(677~775年):“师灭度后,弟子将何所记?师曰:告檀越造取一所无缝塔。帝曰:就师请取塔样。”[3]由此记可见,无缝塔仅是高僧想象中的墓塔形式,故代宗要请取塔样。实际上,当时禅师们自己也说不出其理念中的“无缝塔”何形何样,或对塔形本身并不关心,故有“僧问如何是无缝塔?师(自岩上座)曰砖瓦泥土”[4]。这一回答或是禅语机锋,然并未关及塔的形式。禅宗灯录故实中多见有这类问答,“如何是无缝塔”,成为当时禅机应答的一个重要话头,见以下文献所记:

“陕府龙溪禅师上堂,僧问:如何是无缝塔?师曰:百宝庄严今已了,四门开豁几多时。”[5];“问:如何是无缝塔?师曰:八花九裂。曰:如何是塔中人?师曰:头不梳,面不洗。”[6];“僧问:如何是无缝塔?师(衡州华光禅师)指僧堂曰:此间僧堂无门户。”[7];“僧问:如何是无缝塔?师曰:四棱着地。曰如何是塔中人?师曰:高枕无忧。”[8]。

显然禅师心中的无缝塔,只是一个充满禅机的理念,禅师的言语,也是难以用常理去理解的。无缝塔于禅僧而言,几不是实物的概念,更多的是借以引申和象征的意味:“向无缝塔中安身立命,于无根树下啸月吟风。”[9]

后世禅僧根据自己的理解,以卵形的无缝无棱,来解释和具象“无缝塔”的形式。若硬是要追求一个形式的话,那么以一浑圆整石所成者,或最能区别于传统用木石垒砌、有棱有缝的佛塔。其实卵形,也只是对所谓无缝塔“无缝”的一种理解和表现,至于南阳慧忠禅师所求无缝塔的“无缝”之义,应是一种境地,何劳建造,所谓“无缝”或只是高僧就无形无相、本心圆满理念的隐喻和象征。苏东坡《别石塔》就有缝、无缝有一段禅机应答:“石塔别东坡,予云:经过草草,恨不一见石塔。塔起立云:遮个是砖浮图耶?予云:有缝塔。塔云:若无缝,何以容世间蝼蚁?予首肯之。”[10]言外之意,别有意味。

唐代的无缝塔,本无确定的形制,所谓“无缝”,早期未必在形式上有何特指。然宋代以后,具象的卵塔已成为抽象的无缝塔的专指,并为禅僧所普遍接受。《禅林僧宝传·瑞鹿先禅师传》:“大中祥符元年二月,谓门弟子如昼曰:为我造个卵塔,塔成我行矣”[11];《禅林僧宝传·双峰钦禅师》:“太平兴国二年三月谓门弟子曰:吾不久去,汝矣可砌个卵塔”[12];《丛林盛事》:“涂毒

[1] 无著道忠. 禅林象器笺[M]. 卷第二. 殿堂类下. 北京:中华全国图书馆文献缩微复制中心,1996.

[2] 参见:吴言生. 禅宗哲学象征[M]. 北京:中华书局,2001。

[3] 文献[1].

[4] 文献[1]. 卷十五.

[5] 文献[1]. 卷六.

[6] 文献[1]. 卷十一.

[7] 文献[1]. 卷十三.

[8] [明]居顶. 续传灯录[M]. 卷四. 明州仗锡山修已禅师//蓝吉富. 禅宗全书·史传部十六. 台北:文殊出版社,1988.

[9] 文献[1]. 卷六. 处州法海立禅师.

[10] 苏轼. 东坡志林·卷一(唐宋史料笔记丛刊). 北京:中华书局,1981.

[11] 慧洪. 禅林僧宝传(中国禅宗典籍丛刊). 郑州:中州古籍出版社,2014.

[12] 同上。

老人示寂，放翁以诗哭之曰：尘侵白拂绳床冷，露滴青松卯塔成”[1]，陆游诗云：“云堂已散三三众，卯塔空寻点点师。”[2]两宋时期，卵塔之称已甚为普遍，并完全成为无缝塔的代称，而无缝塔则少有提及。原初“无缝”的抽象禅理念，最终为卵形的具象所取代和淹没，无缝塔由此而具象化和定型化。

[1]道融，丛林盛事 宁宗庆元五年(1199年)刊行，收于卍续藏第一四八册.

[2]严修. 陆游诗集[M]. 游灵鹫寺. 成都：巴蜀书社，1996.

三、无缝塔的性质与年代

称高僧墓塔为无缝塔者，始于禅宗南阳慧忠国师，时为中唐代宗大历十年(775年)，无缝塔自此成为禅宗丛林独特的墓塔形式[3]。在性质上，无缝塔是禅宗高僧所用的个人墓塔形式，早期一般只有开山、住持等高僧才能置此形式的墓塔。

以卵塔代称无缝塔者，始见于北宋初太平兴国二年(977年)。卵塔盛行于两宋丛林，尤其在禅寺兴盛的南宋地区，卵塔营造甚多，并为日本禅寺所仿效。日本自镰仓时代传入南宋禅宗后，始有无缝塔，并作为禅宗高僧墓塔而盛行流传，且随南宋称谓而称作卵塔。

卵塔随着发展，由禅宗独有普及至他宗共用，成为各宗僧侣的墓塔形式。这一特色，中日皆然。事实上，中国佛教寺院形制自中唐以后，即多以禅宗寺院为范本，在中国寺院制度与佛寺形制上，禅宗是最具创造力和开先河者，塑造了中国佛寺的独特内涵与形式。禅宗所创诸多寺院制度和佛寺形制，都为他宗所传用、普及。从宗派构成来看，唐宋以后的中国佛教寺院的主体，实际上也主要就是禅、净二宗的天下。在中国佛寺发展史上，有诸多禅宗的初创性与他宗的模仿性的互映，小小的卵塔即为一例。

丛林以卵塔为高僧墓塔的做法，不止为他宗所仿效，甚至亦影响至在家者。北宋名相王旦，“性好释氏，临终遗命剃发着僧衣，棺中勿藏金玉，用茶毗火葬法，作卵塔而不为坟”[4]。卵塔的普及和发展，大致沿着由禅宗至他宗，由佛教至民间的途径。

[3] 据称山西灵丘县曲回寺塔林中的无缝塔，造于唐天宝十年(751年)，比唐南阳慧忠国师的无缝塔还要早24年，是我国现存最早的无缝塔。

[4] 司马光. 涑水记闻[M]. 卷7. 北京：中华书局，1989.

四、卵塔的构成

卵塔造型，表现为须弥座上安卵形塔身的形式。宋代成熟时期的卵塔形式，具体由须弥座、仰莲座、塔身三段式构成。卵塔塔体无缝无棱，无顶无刹，造型简洁，倒也与禅僧的趣味相合，所谓“无缝塔样，八面玲珑”[5]。

卵塔独特的塔身形式，除了比附“无缝”概念之外，也有认为源于对安奉于塔中的舍利瓶坛形状的模仿，“梅峰信和尚曰：‘凡安舍利，用铜瓶金坛，藏之于塔中。……卵形盖瓶瓷之遗形也’。”[6]后世所谓卵塔，在意义与形式上也确与舍利铜瓶金坛具有相关性(图1)，卵塔或正是其遗形。修定

[5] [金]赵秉文. 利州精严禅寺盖公和尚墓铭[M]//和珅，梁国治. 钦定热河志. 卷118. 天津：天津古籍出版社，2003.

[6] 无著道忠. 禅林象器笺. 卷第二. 殿堂类下. 北京：中华全国图书馆文献缩微复制中心，1996.

❶ 修定寺石塔(唐代)基址出土石雕舍利函底座周边,有北齐天保五年刻铭,见:河南省文物研究所.安阳修定寺塔[M].北京:文物出版社,1983。

寺石塔基址出土石雕舍利函(北齐)❶,在材料、形式及内涵上与卵塔十分相近(图2)。故无缝塔的卵形,应非源自窣堵坡的形式,与后世的喇嘛塔亦无直接关联。

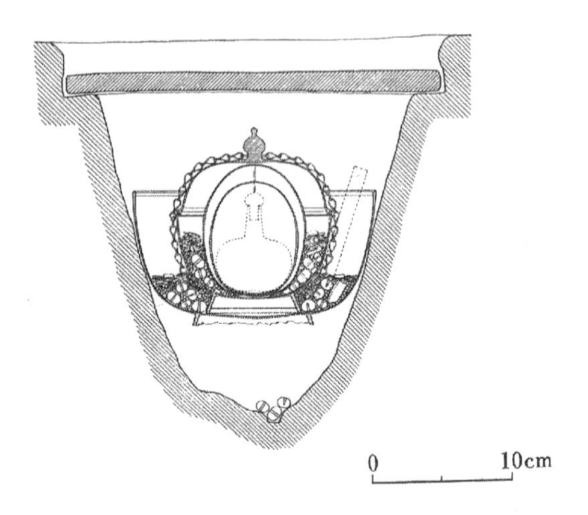

图1　法隆寺五重塔卵形舍利容器剖面图

[日本建筑学会.日本建筑史图集[M].彰国社,1986.]

图2　修定寺石塔基址出土石雕舍利函(北齐)

(河南省文物研究所.安阳修定寺塔[M].北京:文物出版社,1983.)

唐宋以来,无缝塔的构成应以追求塔身以一浑圆整石而成为特色。无缝塔实物,自唐以来遗存甚少。唐代早期实物,或以临济祖庭黄檗山所存唐大中十一年(857年)的运祖塔略具雏形(图3)。此塔为临济始祖希运禅师墓塔,其构成为须弥座上置卵形塔身,唯有不同的是塔身上覆六角顶盖,然唐代无缝塔在形式上,或未必有确定的形制。实际上,临济祖庭黄檗山墓塔中,即多有无缝塔的身影和遗意。

图3　临济祖庭黄檗山所存唐代运祖塔(857 年)

(http://s7.sinaimg.cn/middle/3c71dba5g810da0973446&690)

唐以后所见卵塔遗例重要者有北宋的阿育王寺守初禅师(?—1030年)塔。塔身保存完好,须弥座仅存上段(图4)。塔身正面铭文“第二代守初禅师塔,师筠州人姓刘,天禧五年辛酉住,庚午年迁化,易寺向南”。可知禅师北宋天禧五年(1021 年)住此山,庚午年(1030 年)迁化,此塔或为南方所存卵塔最早者。据《明州阿育王山续志》卷第十六《先觉考》[1],阿育王寺始创于西晋太康三年,历南朝隋唐五代,皆律居讲席。至宋端拱元年始为十方禅寺,守初禅师为其第二代住持。守初禅师塔表现了宋代禅宗住持高僧的墓塔形式。

南宋时期,禅宗的发展以江南五山十刹为中心,至今五山诸寺仍存有多处其时高僧卵塔。其重要者有三例,现皆在五山第三位的宁波天童寺,即宏智正觉禅师塔、密庵咸杰禅师塔及晦岩光禅师塔。三师皆为南宋禅寺高僧,其中尤以宏智正觉禅师(1091—1157 年)和密庵咸杰禅师(1118—1186 年)著名。宏智禅师于 1129 年至 1157 年,密庵禅师于 1184 年至 1186 年,前后住持天童寺,弘扬禅法,乃宋代丛林巨擘,对海东日本丛林亦影响巨大。晦岩光禅师为阿育王寺第三十二代住持。

上述现存南宋三卵塔中,以南宋绍兴二十七年(1157 年)的宏智禅师塔保存最为完整,塔全高 1.9 米,须弥座上承卵形塔身,虽经后世重修,但其原形未有改变(图5)。唐代无缝塔大小,从禅僧应答话语中推知,高约五六尺[2],合 1.5 至 1.8 米左右,与宋代相仿,为小型墓塔形式。

[1] [清]畹荃. 明州阿育王山续志. 卷第十六. 先觉考(中国佛寺丛刊・第90册). 扬州:江苏广陵古籍刻印社,1996.

[2] 文献[1]. 卷十:“婺州齐云山遇臻禅师,越州杨氏子僧问如何是无缝塔,师曰五六尺,其僧礼拜,师曰塔倒也。”

图4　阿育王寺守初禅师卵塔
(作者自摄)

图5　天童宏智禅师卵塔(1157 年)
(常盘大定,关野贞. 中国文化史迹[M]. 法藏馆,1975.)

密庵咸杰禅师塔(图6)与晦岩光禅师舍利塔(图7),二者大致相似,二塔唯塔身部分为原物,基座皆已不存,塔身正面禅僧铭文处做成荷叶牌的形式,是南宋常见做法。南宋实物还见有浙江雁荡山南坡卵塔(图8)。

图6　天童寺密庵咸杰禅师塔(南宋)
(作者自摄)

图7　天童寺晦岩光禅师舍利塔(南宋)
(作者自摄)

图8　浙江雁荡山宋代卵塔
(文献[2])

前年在浙东山村调查时,偶见石造卵塔残件,推测应是南宋遗物(图9)。近年在杭州径山禅寺调查时,也发现遗存卵塔残件(图10)。此外,湖北黄梅县四祖寺西北处鲁班亭内众生塔，又称栽松道人塔，六角须弥座上承椭圆形塔身，正是禅寺典型的无缝塔（图 11），且时代可能早至宋代，其与石亭相配，朴实厚重，别具一格（图 12）。[1]

图 9　浙东溪口村卵塔（塔身局部）
（作者自摄）

图 10　杭州径山寺遗存卵塔残件
（作者自摄）

❶ 此塔塔基须弥座上刻有"塔接栽松"的字样，故此塔应是栽松道人的墓塔。据文献[1]卷一记载，栽松道人曾问道于四祖道信，并投胎转世，奉事四祖，法号弘忍，后为禅宗五祖。

图 11　湖北黄梅县四祖寺鲁班亭众生塔
(湖北省建设厅. 湖北古代建筑[M]. 北京:中国建筑工业出版社,2005.)

图 12　湖北黄梅县四祖寺鲁班亭众生塔立面
(湖北省建设厅. 湖北古代建筑[M]. 北京:中国建筑工业出版社,2005.)

禅宗祖庭少林寺的塔林诸墓塔中,可见二例金代卵塔,一是衍公长老塔(1215 年)(图 13),一是铸公禅师塔(1224 年)(图 14)。金代卵塔在形式上与南宋卵塔略有不同。

图 13　登封少林寺塔林衍公长老塔(1215 年)(作者自摄)

图 14　登封少林寺塔林铸公禅师塔(1224 年)(作者自摄)

日本自中世传入南宋禅宗以后,其禅寺墓塔也普遍采用卵塔的形式,现存重要实例如镰仓时代(1184—1332 年)前期的建长寺大觉禅师塔(图 15)、泉涌寺开山塔(图 16)等,前者为赴日宋僧兰溪道隆墓塔,后者为入宋日僧俊芿墓塔,二者皆纯粹的宋式卵塔形式,是日本现存最早的卵塔实例。日本自镰仓时代中期开始,无缝塔作为禅宗僧侣墓塔而广泛使用,其后又从禅宗普及至净土宗等他宗,至江户时代更为一般民间采用。日本中世以后所存卵塔甚多,在形式上则有相应的变化。

卵塔形式的成熟定型,以现存的南宋天童寺宏智禅师塔最为标准,日本镰仓时代的早期实例,构成形式都基本与之相同,即保持须弥座、仰莲座与塔身三段式,唯日本部分卵塔,塔身下部曲线内收,成上大下小的倒梨状,造型灵巧。日本中世以后卵塔形式的变化,主要表现在简化、变形与大型化这三个方面。塔形简化主要指对须弥座的简化或省略,变形指卵形塔身变细长(图 17,图 18),大型化则表现在清泰院冈山藩主池田忠雄墓塔(1632 年),形式上为高 5.6 米的大型无缝塔,且大型塔身仍为一整石雕造,塔身正面雕刻壶门铭文,记墓主名号及年代(图 19)。

图 15　日本建长寺大觉禅师塔(镰仓时代)
(滨岛正士. 寺社建筑の鉴赏基础知识[M].
东京:至文堂,1992.)

图 16　日本泉涌寺开山塔(镰仓时代)
(滨岛正士. 寺社建筑の鉴赏基础知识[M].
东京:至文堂,1992.)

图 17　日本某寺无缝塔群
(http://ohkita-sekizai. com/wp-content/uploads/2015/07/G020208-132)

此外,南方东南沿海又有一种钟形石塔,在形式上与卵塔相似,其源流上或也与之相关。其体量较大者,则分块垒砌。如福州西禅寺石塔,呈扣钟形,以花岗石垒造,正面嵌碣(图 20)。此类卵塔最早者为闽侯雪峰崇圣寺义存祖师塔,其他如福建黄檗山万福寺海公塔等例。

图 18　日本爱知县正眼寺无缝塔（1458 年）
（滨岛正士. 寺社建筑の鉴赏基础知识[M]. 东京：至文堂，1992.）

图 19　日本清泰院池田忠雄墓（江户时代）高达 5.6 米的巨大无缝塔
（滨岛正士. 寺社建筑の鉴赏基础知识[M]. 东京：至文堂，1992.）

图 20　福州西禅寺卵塔
（谢鸿权 提供）

五、丛林普同塔

禅的"无缝"理念在墓塔上，最终表现为卵塔的形式；而丛林集团修行及僧众平等的观念，在丛林墓塔上，则表现为普同塔的形式。唐宋以来，卵塔多是禅宗高僧独葬的单人墓塔，而所谓普同塔，则是丛林僧众的合葬墓塔。

丛林禅僧合葬墓塔称普同塔，亦称普通塔或海会塔，名异而实同，皆以藏亡僧骨殖同归于一塔而名。《禅林象器笺》卷第二・殿堂类下"海会"：

“亦是普同塔也。盖与海众同会于一穴也。”[1]丛林以普同塔的形式,表示丛林住持与僧众生死不离的平等精神。《禅林象器笺》引《禅林僧宝传·宝峰英禅师传》云:“呼维那鸣钟众集,叙行脚始末曰:吾灭后火化,以骨石藏普通塔,明生死不离清众也,言卒而逝。”[2]又《禅林僧宝传》黄龙佛寿清禅师传云:“公遗言藏骨石于海会,示生死不与众隔也。”[3]临济祖庭黄檗山墓塔群中,即有葬众僧遗骨之普同塔。

禅僧墓塔,唯卵塔在形式上有其特指,而所谓“普同”或“海会”,皆只表示塔的性质,并不关及形式。然文献中也偶见住持与众僧分别合葬的大卵塔,据《禅林象器笺》引《林间录》云:“云居佑禅师曰:吾观诸方长老示灭,必塔其骸。山川有限,而人死无穷,百千年之下,塔将无所容。于是于宏觉塔之东作卵塔曰:凡住持者,自非生身不坏,火浴无舍利者,皆以骨石填于此。其西又作卵塔曰:凡众僧化,皆藏骨石于此,谓之三塔。”[4]如此的话,这里的卵塔,已是合葬墓塔,唯住持与僧众分别合葬于两塔而已。且其合葬的目的,已非普同塔的“示生死不与众隔”,而是出于“山川有限,而人死无穷”,以此节省空间的目的而已。在此,丛林“普同”之初意,已趋淡化或背离。上文提及的湖北黄梅县四祖寺鲁班亭众生塔,或正是这类合葬卵塔,故称众生塔。

[1] 无著道忠. 禅林象器笺. 卷第二. 殿堂类下. 北京:中华全国图书馆文献缩微复制中心,1996.

[2] 慧洪. 禅林僧宝传(中国禅宗典籍丛刊)[M]. 郑州:中州古籍出版社,2014.

[3] 同上。

[4] 无著道忠. 禅林象器笺. 卷第二. 殿堂类下. 北京:中华全国图书馆文献缩微复制中心,1996.

六、宋元以后禅寺墓塔的发展

禅宗视生活中的一切都是禅修的训练,并反映和表现在禅寺形态上,祭祀与墓葬即是其颇具特色的表现。然宋元以后,禅寺葬式日趋繁琐世俗,并逐渐加强了对住持的重视。为显要禅僧单独建塔,且其塔所逐渐演化成为寺内具有特殊性质的子院——塔院,并影响了此后中国佛寺的构成形式。而作为佛寺墓塔的卵塔、无缝塔及普同塔,尽管其初衷本意至后代大都已淡化和消失,然其形式背后的本质和内涵,仍可追溯于禅宗丛林的早期做法。

中国佛塔的形式丰富多样,禅宗通过无缝塔的形式,升华和丰富了传统墓塔的内涵与形式,形成了禅宗墓塔的新意境。创始于唐代禅宗的无缝塔,在发展中普及于其他诸宗及民间,在这一过程中,表现出本意淡化、初衷扭曲的倾向,并成为一种时尚,其关键是宋代卵塔将本无定形的唐代无缝塔的具象化与定型化。无缝塔这一事例,或也从一个角度反映了中国佛教寺院发展演化的倾向和特色。

参考文献

[1][宋]普济. 五灯会元[M]. 北京:中华书局,1984.

[2]张驭寰. 中国塔[M]. 太原:山西人民出版社,2000.

见于史料记载的几座宋代寺院楼阁建筑复原[1]

王贵祥

(清华大学建筑学院)

摘要：本文从两宋时代史料文献中爬梳出了几座佛教寺院中的楼阁建筑，包括千佛阁、御书阁、毗卢阁、大悲阁，以及钟楼等记载资料较为详细的建筑实例。以这些记载为基础，结合宋代建筑的法式制度与建筑实例，对这些建筑进行了推测性的假设复原，以期还原这几座建筑当时的可能平面、剖面与立面，从而对宋代佛教寺院中的楼阁建筑，有一个更为直观的了解。

关键词：两宋时代，佛教寺院，楼阁，史料文献，复原探讨

Abstract: Examples of multi-storied buildings built in Song-period Buddhist monasteries, such as Thousand Buddha pavilions pavilions for the emperor' s calligraphy, pavilions of Vairocana, pavilions of Great Mercy, or bell towers, have been found in the literature of Northern and Southern Song dynasties. With reference to the construction principles and the extant buildings of the Two Song, the paper presents the hypothetical restoration of their floor plans, cross-sections, and elevations. The goal is to extend and deepen the knowledge of Buddhist temple architecture during the Song period.

Keywords: Northern and Southern Song dynasties, Buddhist temples, multi-storied pavilions, historical literature, discussion of building recovery

尽管在两宋辽金时代的佛教寺院中，出现了较多楼阁式建筑，如华严阁、大悲阁、慈氏阁、弥勒阁、毗卢遮那佛阁、千佛阁，以及钟楼、经阁等，但这一时期现存的佛教建筑实例中，除了寥寥几座辽代寺院楼阁与几座规模较小的宋金时代楼阁外，几乎见不到宋代寺院中佛教楼阁的实例遗存。因此，透过两宋时代史料文献，对记载较为详尽的宋代寺院楼阁建筑进行一些推测性复原探讨，对于我们较为完整地了解两宋时代佛教寺院建筑的发展，是一件十分有意义的事情。

一、千佛阁、御书阁、毗卢阁

自隋唐时代，佛教寺院中就多有楼阁建筑的建造，寺院中的楼阁建筑大约可以分为两种：一种是位于寺院中轴线上的较为重要的楼阁，一般如三门楼、千佛阁、五百罗汉阁等，宋代以来又出现有专门储藏帝王宸翰字墨的御书阁，以及代表佛教法身佛的毗卢遮那阁，或卢舍那阁。而且，两宋时代还出现有将三门楼与千佛阁或五百罗汉阁综合为一，或将毗卢阁或卢舍那阁与经藏阁综合

[1]本文为本人主持的国家自然科学基金资助项目《文字与绘画史料中所见唐宋、辽金与元明木构建筑的空间、结构、造型与装饰研究》(项目批准号:51378276)成果。

为一的趋势；另外一种则是位于寺院两侧跨院中的主阁，如天王阁、弥勒阁等，或是直接布置在寺院主殿前两侧的左右配阁，如慈氏阁、观音阁、轮藏阁以及钟楼等。

实例中还有将文殊阁、普贤阁对称布置在寺殿之前的做法。而两宋时代的文献中也记录了一些楼阁建筑实例，为我们提供了更多了解这一时期木构楼阁建筑的机会。

1. 金陵瓦棺寺升元阁

金陵瓦棺寺是一座东晋名寺，只是现在的瓦棺寺已经是一座清代式样的地方寺院了。然而，早在东晋时代，瓦棺寺中就曾出现过一座名楼，称升元阁。唐代人的诗歌中，以及宋代佛传文献，如《五灯会元》、《林间录》中，甚至《宋史》中，都曾提到升元阁，可知其名声之大。

据《十国春秋》，此阁原名"吴兴阁"，五代南唐升元二年（938 年）时改名为"升元阁"。宋代祝穆《方舆胜览》中记载了升元阁的一些细节："升元阁，一名瓦棺阁，乃梁朝建，高二百四十尺。李白有'日月隐檐楹'之句。今之升元阁非古基矣。"[1]

祝穆为南宋时人，卒于 1255 年，说明其时升元阁还存世，且似乎有 240 尺高，但已非南北朝或隋唐时的旧构。

《景定建康志》中也提到了升元阁高 240 尺。然而，《景定建康志》中又有一个阁高 10 丈的说法："《南唐书》云，升元阁因山为基，高可十丈，平旦阁影半江。开宝中王师收复，士大夫暨豪民富商之家，美女少妇，避难于其上，迨数千人。越兵举火焚之，哭声动天，一旦而烬。今崇胜戒坛院近升元阁故基，建卢舍那佛阁，亦高七丈，俗呼为升元阁。"[2]

这里说得比较详细，五代南唐时的升元阁，高约 10 丈，五代末宋初的战争中，遭到兵火的焚毁。南宋时在升元阁主阁的故基临近处，又建有一座卢舍那阁，其高度为 7 丈。

两宋之交时期的韩元吉（1118—1187 年）撰有一篇《崇胜戒坛记》，也对升元阁的情况加以了记载："唐贞观三年，造阁三成，高二十五丈，挟以东西二阁，通十有九楹，为一方雄杰之观。其后阁坏于南唐，又新之，号吴兴阁，而寺名升元。……建炎渡江，兵寇杂扰，寺宇无一存者。……悉力营焉。凡殿宇像设与夫讲授之堂、栖息之室、庖湢库廪，无不备具。乃致院事，以付其徒，甲乙传之。……规制仅足，不侈不陋。亦建大阁，崇且百尺，造为千佛，以五时教法，置机轮之藏。"[3]

显然，这些信息都有一些不甚准确之处。如果以韩元吉的记载为参考，大约可知唐代贞观时，其阁有三层，高应该是 24 丈（而非 25 丈），东西有二

[1] 文献［1］. 史部. 地理类. 总志之属. ［宋］祝穆. 方舆胜览. 卷 14. 江东路.

[2] 文献［1］. 史部. 地理类. 都会郡县之属. ［宋］周应合. 景定建康志. 卷 21. 城阙志二. 楼阁.

[3] 文献［2］. 卷 4797. 韩元吉. 崇胜戒坛记. 第 216 册：189.

阁相挟，共有19棵柱子。后来的10丈高升元阁，应该是南唐时的旧构，而南宋时代重建的卢舍那阁，所谓“崇且百尺，造为千佛”，不知道是否指的是那座卢舍那佛阁，但其高度为10丈（“百尺”），则是与《景定建康志》的记载相吻合的。而《景定建康志》中提到的另外一座高为7丈的卢舍那佛阁，大约也应该是可信的。也就是说，南宋时期，有可能既有那座高10丈的主阁，也有高约7丈的东西辅阁。

无论如何，有关这座历史名阁的信息过于杂乱，如其高度就有25丈、24丈、10丈、7丈等多种不同说法，即使确定了其高度确实曾为24丈，但所挟东西二阁的高度信息却无法知道，而所谓“通十有九楹”，其意似乎是说其阁通长有19间，这也似乎给人一个印象，即其中央楼阁为9间，而两侧挟阁各为5间。若果如此，则其阁的规模与尺度之大，在中国古代建筑史上也是空前的。

但若非此，似乎又难以找出第二种解释。诸如，设定其平面柱网中共有19棵柱子，这连一个（需20棵柱子的）广深各为4开间的方阁都难以架构起来，如何能够有容纳数千人的空间。或有另外一种解释，即其中央9间，其实是一个三开间见方的方阁，平面共有9个房间而已。如此，则两侧各有5间，如何布置平面？总不能中央楼阁为三开间见方（面广、进深均为三间，共有9间），而两侧附阁，反而为五开间面广（至少两间进深，实际为10间房间）的楼阁形式吧？基于这样一种分析，这里的“通十有九楹”，很可能是一字排开有19间的开间，则中央主阁为9开间，两侧辅阁各有5开间，这样一种布置的可能性是很大的。

也许是出于对于历史疑团的好奇，这里不妨做一个尝试性的复原探讨。即以韩元吉的记载为基础，设定这是一组中间有一座面广9开间的大阁，两侧各有一座面广5间的辅阁的建筑。关于其高度，可以先设定其总高度为24丈（或可以将结构高度设定为24丈，而将建筑高度，即屋脊上皮的高度设定为25丈，以求与两个史料记载都相吻合）来做一些分析。

先来看中央大阁，其阁为三层，面广九间。参考文献与图形上所见唐宋时期楼阁，多是上一层比下一层在四个方向上向内各收入一间的造型做法，则可以理解成，其首层平面为面广9间，进深7间，周匝副阶的做法；第二层则变为了面广7间，进深5间，但仍然是周匝一圈回廊的形式；到了第三层，则可以形成一个面广5间，进深仅为3间的紧凑平面。这样一座九开间的楼阁，无论在结构上，还是在外观造型上，以及室内空间组织上，都是比较合理的。这或也解释了，其阁为什么会有9间之多。

按照这一逻辑，则两侧附阁，可能是面广5间，进深亦为5间的格局，至第二层时，四个方向各向内收了一间，成为面广3间，进深3间的平面。而附阁仅为二层高，从而形成如南北朝时期流行的在中殿两侧并峙东西堂式的三阁并列的空间形式。既是如此,则中央大阁及两侧辅阁的尽间或梢间的开间都不会太大,以便于上层向内的收入。

由于没有面广与进深的数据,只能从唐代史料中所见的例子,对其平面柱网的大略尺寸加以推测。已知的唐代建筑,无论是史料中所见,还是考古发掘中所知,较为常见的柱子高度与开间尺寸为1.8~1.9丈左右。如《旧唐书》中所记明堂建筑:"堂每面九间,各广一丈九尺。……堂周回十二门,每门高一丈七尺,阔一丈三尺。"[1]门高1.7丈,其柱子的高度也应该在1.9丈左右。而考古发掘的唐代大明宫主殿含元殿,"中间九间每间间广18尺,两梢间及副阶间广16.5尺,外槽进深也是16.5尺,内槽深33.5尺。"[2]故而,可以将这里提到的两个比较接近的开间(间广1.8~1.9丈)与柱高尺寸(柱高约为1.8~1.9丈)作为一个参考的数据。

然而,还有一个问题是,宋代史料中特别给出了这座楼阁的高度,其楼为3层,高度为24丈(或25丈),也就是说,每层平均的高度应该接近8丈,才有可能实现这一高度记录。而如果仅仅以1.8丈或1.9丈的开间,即使将柱子高度有意识地拔高一点,也无法达到这样的高度指标。故而只有预设性地加大开间与柱高尺寸,才有拔高这座3层楼阁总高度的可能。故这里先假设升元阁中央大阁,面广9间,进深7间,面广方向当心间面广为2.6丈,这样可以将首层檐柱的高度,至少设定为2.6丈。

柱上用斗栱,铺作橑檐方上皮的标高,按柱子高度的$\sqrt{2}$倍取,高约3.7丈,而其上为内檐檐柱柱头,其标高大约相当于首层副阶柱高的2倍,可以推测为5.2丈高。柱头之上用平坐斗栱,其高可按柱头铺作高度的一半取,高约0.55丈,其上为二层楼面;设定二层楼面高,距离内柱柱头高度为0.6丈,则二层地面距离首层地面的高度为5.8丈。二层柱子的高度,应该比首层柱子高度稍加减少,可定为2.4丈,柱头上斗栱橑檐方上皮距离二层楼面标高,仍按柱子高度的$\sqrt{2}$倍取,则为3.4丈;而其内檐柱头高度,亦可以假设为外檐柱高的2倍,即其内檐柱头与2层地面的高度差为4.8丈,其上有平坐,仍然按其下檐铺作高度的一半,约为0.5丈计,加上楼面厚度,约为0.55丈。也就是说,第三层楼面与二层地面的高度差,为5.35丈,即第三层地面与首层地面的高度差为11.15丈。第三层地面以上,柱子高度应略低于第二层柱子,设定为2.2丈高,其上有斗栱,仍按柱子高度的$\sqrt{2}$倍取,则第三层外檐铺作橑檐方上皮距离第三层地面的高度约为3.1丈。而其两侧向外的出挑距离,每侧约为0.9丈。

由于升元阁第三层平面的面广为5开间,进深仅为3开间,中间间广2.4丈,前后间间广2.2丈。其通进深为6.8丈,再加上前后橑檐方的出挑距离共1.8丈,则前后橑檐方距离为8.6丈。按照宋代殿堂建筑的起举规则,以这一

[1] 文献[3]. 卷22. 志第二. 礼仪二.

[2] 文献[4]:380.

距离的1/3为上层阁顶的屋顶起举高度，举高为2.87丈左右。将这一起举高度与前面累积计算得出的三层地面高度(11.15丈)和三层柱头上铺作橑檐方上皮与三层地面的高度差(3.1丈)相加，总高为17.12丈。这几乎已经是目前所知的结构条件下，这座楼阁所能够架构起来的极限高度了，却仍然与所谓高240尺，或高25丈，有着8~9丈的高度差距。显然，基于这样一种结构逻辑的分析，可以确定无疑地说，如果升元阁确实仅有3层的高度，那么，无论如何架构，都难以达到两宋人所记载的24丈或25丈的高度。

由此得出的结论是，无论是《方舆胜览》所说的高24丈，还是韩元吉所记载的高25丈，仅仅是一种传说与猜测。由如上的分析出发，我们可以采用排除法，将这两种可能性排除，则《景定建康志》所记录的"《南唐书》云，升元阁因山为基，高可十丈，平旦阁影半江"❶，即其阁的高度为10丈左右，则变得比较可信了。这为前文中设想的，其中央主阁高为10丈，左右辅阁各高7丈，找到了一点逻辑基础。

❶文献[1]. 史部. 地理类. 都会郡县之属. [宋]周应合. 景定建康志. 卷21. 城阙志二. 楼阁.

如果仍然相信，其中央大阁与左右挟阁共有19间的面广，即其相应的平面关系不做改变的话，要将中央主阁高度控制在10丈左右，其相应的开间宽度、柱子高度等，都需要做适当的调整(图1，表1)。

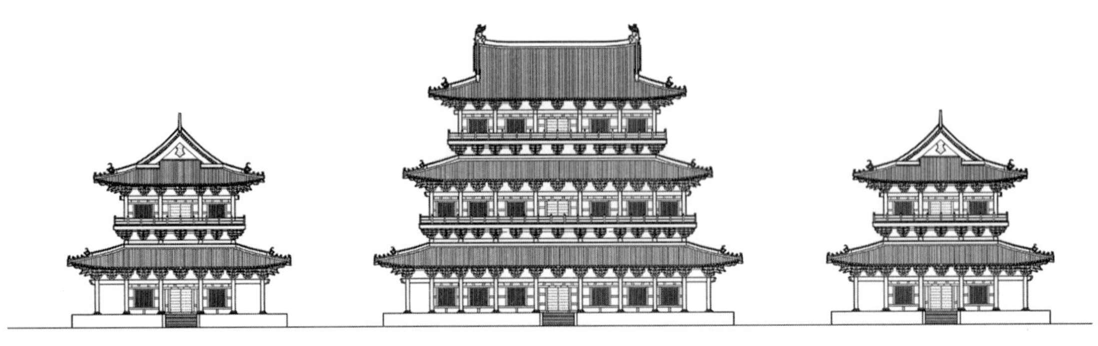

金陵瓦棺寺升元阁主阁与左右附阁正立面

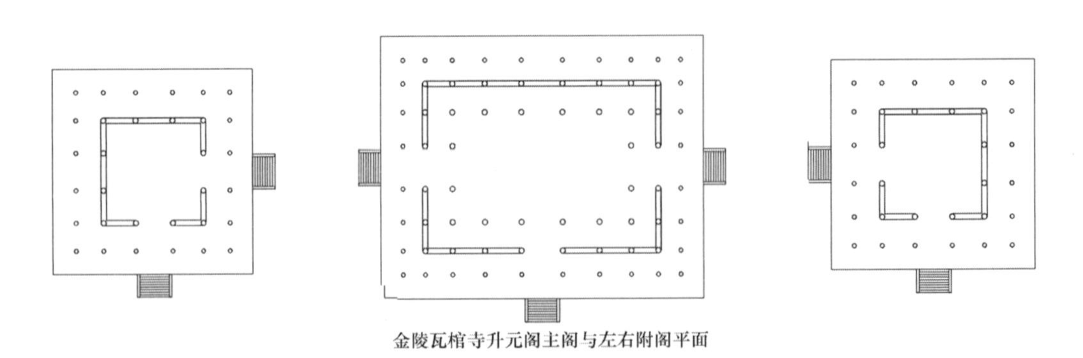

金陵瓦棺寺升元阁主阁与左右附阁平面

图1　金陵瓦棺寺升元阁主阁与左右附阁平面及组合立面图

(平面图：作者自绘；立面图：李菁 绘)

表 1　以高 10 丈推算的金陵瓦棺寺升元阁中央主阁平面尺寸

阁面广（丈）	通面广	左尽间	左梢间	左次间	左次间	当心间	右次间	右次间	右梢间	右尽间
	16.0	1.0	1.2	1.4	1.6	1.8	1.6	1.4	1.2	1.0
阁进深（丈）	通进深	前间	前次间	前次间		中间		后次间	后次间	后间
	12.2	1.0	1.2	1.4		1.8		1.4	1.2	1.0

这里将首层副阶檐柱的高度设定为副阶左右次间间广宽度，即 1.4 丈，其上用五铺作单杪单昂斗栱及腰檐，与内柱相接。为了降低其腰檐高度，设定其斗栱用材为一等材。按照唐宋辽金时期的楼阁比例规则，其内柱（首层殿身檐柱）柱头标高，通过作图得出的高度为 3.00 丈，其上用平坐，架构第二层楼面。以平坐斗栱与楼板高度之和有 0.60 丈计，则其二层楼面标高可以达到 3.6 丈。第二层外廊檐柱高度可以略低于首层副阶檐柱，设定为 1.3 丈，即其柱头标高为 4.90 丈。其内柱（即第二层殿身檐柱）柱头标高，通过作图得出的高度为 6.40 丈，其上用平坐，约高 0.6 丈，则第三层地面标高为 7.00 丈；第三层外檐檐柱柱高可略低于第二层檐柱柱高，定为 1.2 丈，其上用六铺作单杪双昂的斗栱，斗栱高度约为 0.58 丈，斗栱出跳 0.46 丈。也就是说，第三层檐柱外檐铺作橑檐方上皮标高为 8.78 丈。因第三层在进深方向仅有 3 间，通进深为 4.6 丈，加上前后檐出挑距离，前后橑檐方距离为 5.52 丈，因为我们是按照宋代时可能存在的楼阁进行复原的，故其屋顶当以殿阁式结构的屋顶举折方式，按照前后橑檐方距离的 1/3 来设定屋顶起举高度，故其举高约为 1.84 丈。如此可以得出这座楼阁的脊槫上皮标高为 10.62 丈（图 2，图 3）。

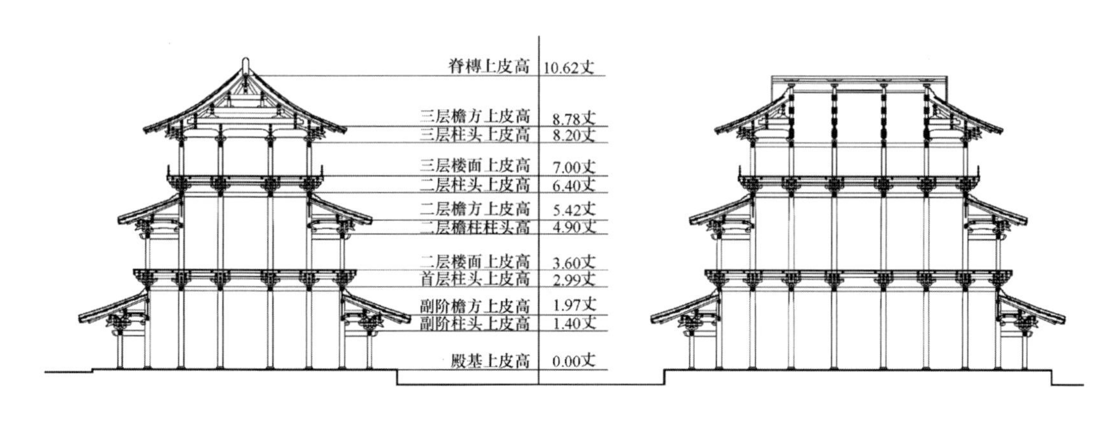

图 2　金陵瓦棺寺升元阁主阁横剖面和纵剖面图

（横剖面：作者自绘；纵剖面：李菁 绘）

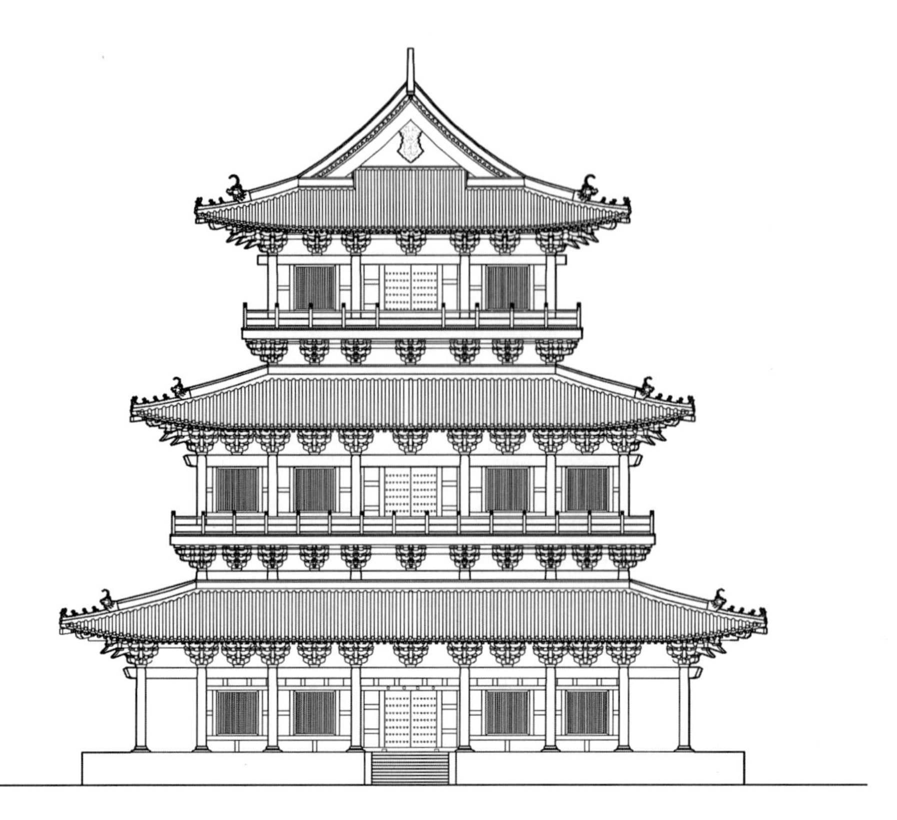

图3　金陵瓦棺寺升元阁主阁侧立面
（李菁 绘）

如此推算的累积结果是，其楼阁第三层脊槫与阁基座顶面的高度差约为10.62丈。这样一种推算，应该是十分接近文献中关于这座楼阁为3层，高为10丈左右的记载的。

再来看一看升元阁左右两侧附阁的平面与高度情况（表2）。

表2　以中央主阁高10丈推算的升元阁左右附阁平面尺寸

附阁面广（丈）	通面广	左梢间	左次间	当心间	右次间	右梢间
	8.4	1.2	1.4	1.6	1.4	1.2
附阁进深（丈）	通进深	前间	前次间	中间	后次间	后间
	8.4	1.2	1.4	1.6	1.4	1.2

为了作图的方便，也需要将两侧辅楼的高度作一个分析。辅楼应为2层，与主楼之间应该有一点距离。例如，考虑到两者都有出挑的檐口等，两者之间的柱缝距离可以假设为2丈，之间或可以用飞虹桥或平桥加以连接。

假设辅阁首层副阶柱子高度与其次间间广相同，设为1.4丈，其内柱（首层殿身檐柱）柱头高度，仍为3丈，加上一个平坐层的约0.6丈的高度，则第二层楼面标高为3.6丈；第二层檐柱高度为1.2丈，故其柱头标高为4.8丈。其上用斗栱，约高0.58丈，故其上檐铺作橑檐方上皮标高为5.38丈，斗栱出跳距离仍可估为0.46丈。以其上层平面通进深为4.4丈,前后橑檐方距离亦为5.32丈,屋顶起举高度,仍按1/3,则举高约为1.77丈,由此推算出的附阁二层屋顶脊槫上皮,与台基顶面的高度差为7.15丈。这与其高约为7丈的史料记载大略是吻合的(图4,图5)。

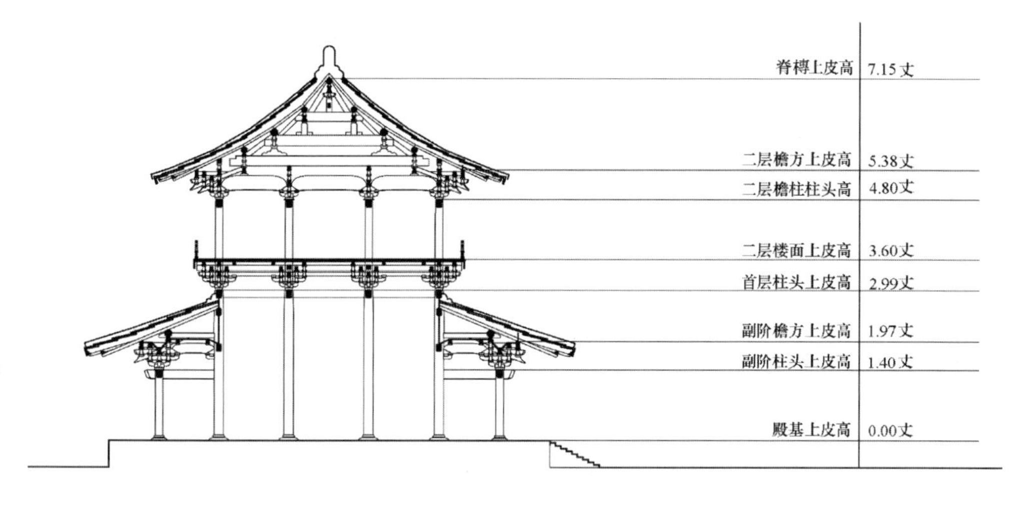

图4　金陵瓦棺寺升元阁附阁剖面

(作者自绘)

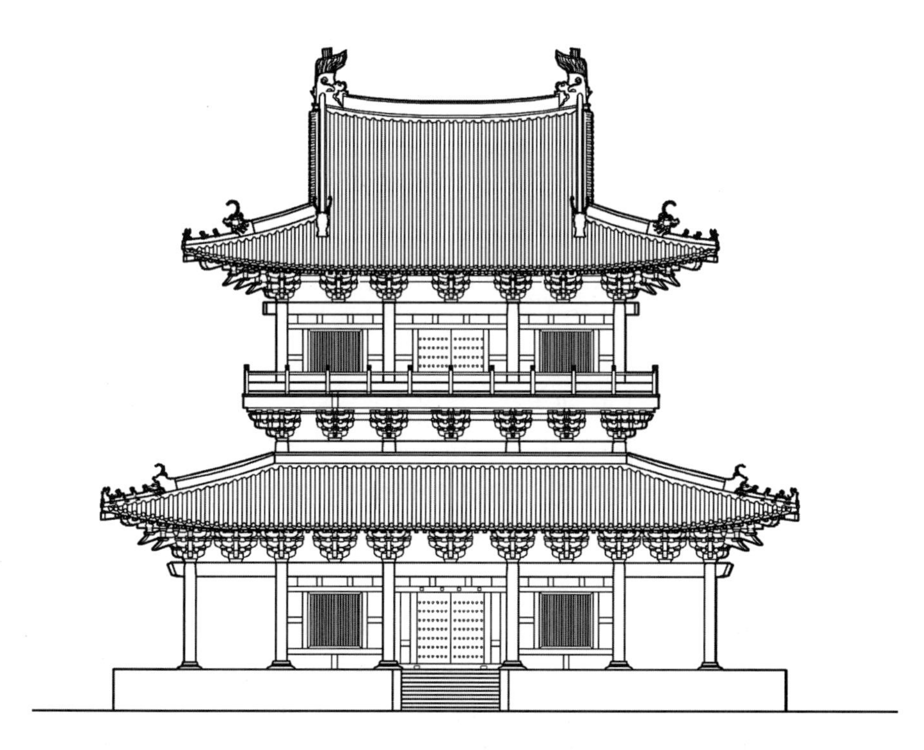

图5　金陵瓦棺寺升元阁附阁立面

(李菁 绘)

也就是说,两侧辅阁结构总高度比中央主阁结构总高度低约3.47丈,而两侧辅阁第二层楼面标高(3.60丈)与中央主阁第二层楼面标高(3.60丈)是持平的。如果有需要的话,三阁之间或可架以平接的桥。但由于阁间距离较大,故其结构难度亦较大,所以亦可忽略这种可能。

前文中提到,在南宋时代,升元阁遭到焚毁之后,在其基座上建造了一座卢舍那佛阁,高度为7丈。参照上面的数据分析,可以想象,这座高为7丈的佛阁,大约与升元阁左右辅阁的尺度与高度相当,造型与结构很可能也比较相近。这里设想的三阁并立,中央主阁高为10丈,左右辅阁高为7丈的组合形式,很可能也是升元阁历史上曾经存在过的一种形式。

2. 天童山千佛阁

四明天童景德禅寺,位于南宋时期的五山之一,在宋代佛教史上,具有重要的地位。其寺前的三门,同时也是一座千佛阁,据说连这座楼阁的主要木料都是由日本僧人荣西泛海运来的。以南宋史料所谓“越二年,果致百围之木凡若干,挟大船泛鲸波而至焉”[1]说明这座楼阁的主要木料,有百围之粗。可见其所用木料之巨。

关于这座千佛阁,宋人楼钥《天童山千佛阁记》有较为详细的记载:“门为高阁,延袤两庑,铸千佛列其上,……凡为阁七间,高为三层,横十有四丈,其高十有二丈,深八十四尺,众楹俱三十有五尺,外开三门,上为藻井。井而上十有四尺,为虎座,大木交质,坚致壮密,牢不可拔。上层又高七丈,举千佛居之,位置面势无不曲当。外檐三,内檐四。檐牙高啄,直如引绳。”[2]

也就是说,这座楼阁面广7间,通面广14丈,通进深8.4丈,高为3层,结构总高为12丈。其中首层柱高3.5丈,中层结构高度1.4丈,上层高度7丈。这三个数据的总和为11.9丈,与总高12丈十分接近。但需要注意的是,这里的高度,没有特别提到其中的斗栱、平坐等高度,加上柱头上的斗栱铺作,其首层的总高,应该明显高于3.5丈。而中层高1.4丈,可能是一个平坐层的结构高度,其中既有平坐柱子高度,也有平坐斗栱高度。因此,似乎不能简单地将这些尺寸归在各层柱子的高度之上。

值得庆幸的是,日本所藏“五山十刹图”中的天童寺图,给出了这座千佛阁的平面。从图中看,其面广7间,进深3间,呈身内双槽的平面格局。柱网中共有32棵柱子。透过图中显示的柱网关系,看起来其柱子开间与进深间距,似乎是均匀分布的。也就是说,其面广的间距,可以按每间间广2丈均匀分布,而其进深方向,因仅有3间,通进深为8.4丈,故可以按照间广2.8丈的间距布置(图6,表3)。

[1] 文献[2]. 卷5968. 楼钥. 天童山千佛阁记. 第265册:25.

[2] 文献[2]. 卷5968. 楼钥. 天童山千佛阁记. 第265册:25.

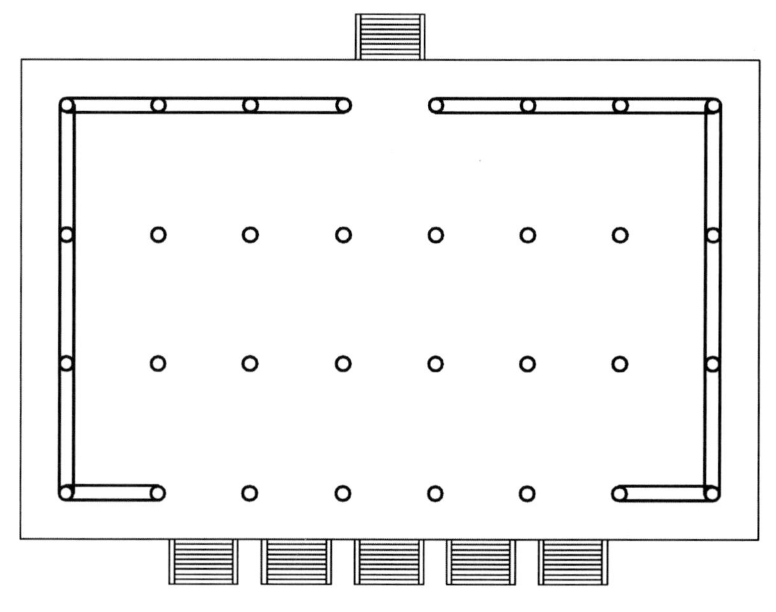

图6　四明天童山景德禅寺千佛阁平面图

（作者自绘）

表3　明州天童山景德禅寺千佛阁平面尺寸

面广	通面广	左尽间	左梢间	左次间	当心间	右次间	右梢间	右尽间
（丈）	14	2	2	2	2	2	2	2
进深	通进深	前间			中间			后间
（丈）	8.4	2.8			2.8			2.8

因其屋檐为“前三后四”，可以猜测其阁朝向寺内的一侧，为四重屋檐，而其阁朝向寺外的一侧，仅有三重屋檐。故其阁朝向寺内一侧，可能有一排承托首层腰檐的柱子。先假设这排首层檐柱的高度，与其面广方向各间间广宽度保持一致，设定为2.0丈，其上用五铺作出双杪，上承要头、橑檐方的斗栱做法。因文献记载，其阁用材巨大，故其斗栱用一等材。如此推算出其首层腰檐斗栱的高度为0.65丈，也就是说，其铺作橑檐方上皮标高为2.65丈。其上用叉柱造的做法呈托其上第二层腰檐的檐柱。第二层腰檐檐柱上皮标高为3.5丈，以期与“众楹俱三十有五尺”的记载相合。

同时，可以将其阁身内双槽首层柱子高度，亦升至3.5丈的高度，将其阁朝向寺外一侧的外檐首层檐柱的柱高，亦定为3.5丈。这样，恰可以满足其史料所载的“众楹俱三十有五尺”的记录。

在其阁朝向寺外一侧的外檐柱头上用斗栱，应与其阁朝向寺内一侧第二层腰檐檐柱柱头上的斗栱取齐，两者都用一等材五铺作单杪单昂的做法，斗栱上用腰檐。这是其阁内侧的第二重屋檐,也是其阁外侧的第一重屋檐。在前后檐柱及内槽柱头之上,用高为0.48丈的平坐斗栱与平坐地面板,构成了第二层楼面的高度。

如此积累下来的第二层楼面高度为5.00丈。其上可以架构史料记载高度为7.00丈的上层结构。

其阁第二层的檐柱柱高,可以按1.8丈计,柱头标高为6.80丈,柱头之上用斗栱。其斗栱标准可以略高于首层外檐斗栱,设定为一等材六铺作双杪单昂。通过绘图得出的斗栱高度为0.70丈,则其橑檐方上皮标高,可以达到7.50丈。以其斗栱承托上层屋顶的下檐檐口。这一层檐口,相当于其阁朝向寺内一侧的第三重檐,同时,也相当于其阁朝向寺外一侧的第二重檐。

在第二层结构的下檐檐柱之上,再用叉柱造做法,承托第二层结构的上层屋檐。第二层上檐檐柱的柱头标高为8.20丈。这同时也是二层前后内槽柱子的柱头标高。也就是说,楼阁第二层内柱的柱子高度为3.20丈。在这一柱头标高之上施六铺作双杪单昂斗栱,以承托屋顶。以其为一等材六铺作双杪单昂的做法,通过作图可以得出,铺作高度亦为0.70丈。也就是说,楼阁二层上檐檐柱之上所施铺作的橑檐方上皮标高为8.90丈。这里即是这座楼阁顶层屋顶举折的起举点标高。

依据作图方法,得出其斗栱出跳距离,为0.495丈。而为了加强结构的稳定性,其第二层结构的上层外檐柱,向内侧做了一些偏移。偏移的幅度为0.045尺。也就是说在其通进深8.4丈的基础上,两侧共收进了0.09尺,故其前后檐柱缝距离为8.31丈。在这一通进深基础上,再加上前后檐斗栱的出跳距离,则前后橑檐方距离为9.3丈。可以以此来推算屋顶的起举高度。

因为这是一座殿阁式建筑,且尺度巨大,故取其前后橑檐方距离的1/3为屋顶起举高度,其起举高度为3.10丈。由此可以得出其上层屋顶脊槫上皮距离阁基座地面的标高恰好为12.00丈,与史料文献的记载高度吻合。而其上层结构高度为7.00丈,也与文献的记载相合。

需要讨论的一个问题是,文献中记录了这座楼阁高为3层,但是又特别提到其外观造型为"外檐三,内檐四",这多少令人不解。从上面的分析看,因为其首层柱子高度,明确记载为3.5丈,而其二层结构又明确记载为7丈,故其结构高度,不可能再出现一个楼层。所以,所谓楼阁"高为三层",指的应该是其阁朝向寺外的立面上,有三重屋檐。而其所谓"内檐四",也正是在朝向寺内一侧的外檐部位,加了1层腰檐檐柱,并在檐柱上施斗栱,以承第一层腰檐,从而形成外侧立面为三重檐,内侧立面为四重檐的外观造型(图7~图10)。

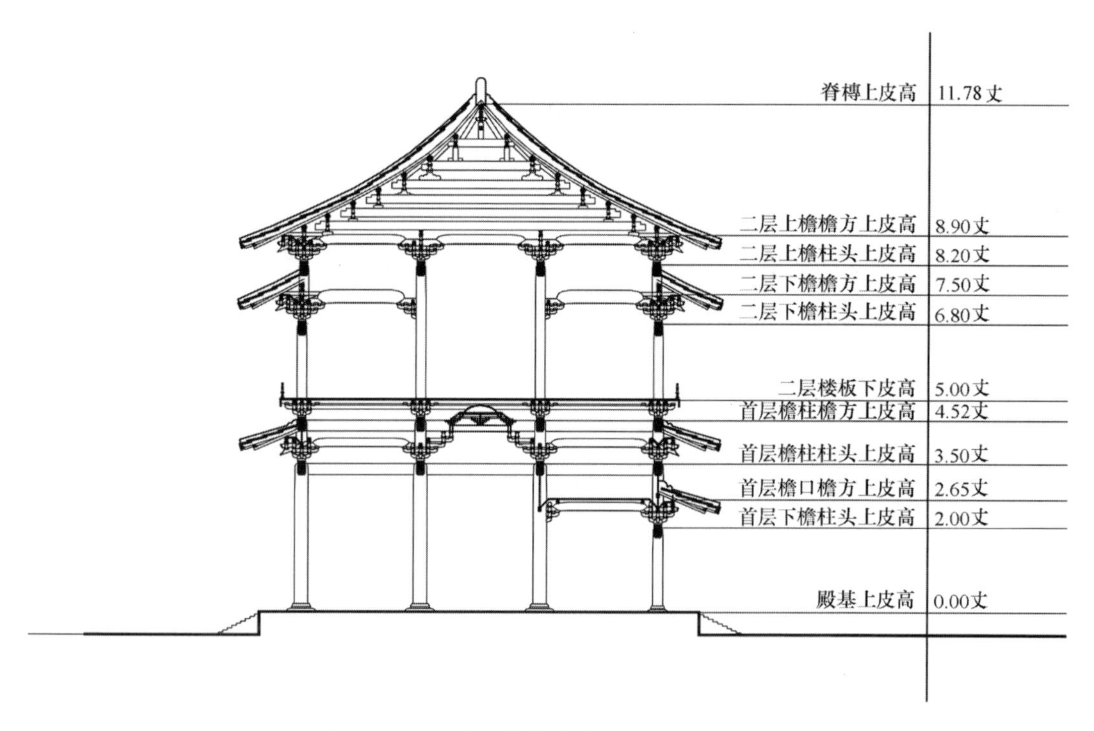

图7　四明天童山景德禅寺千佛阁剖面复原图

（作者自绘）

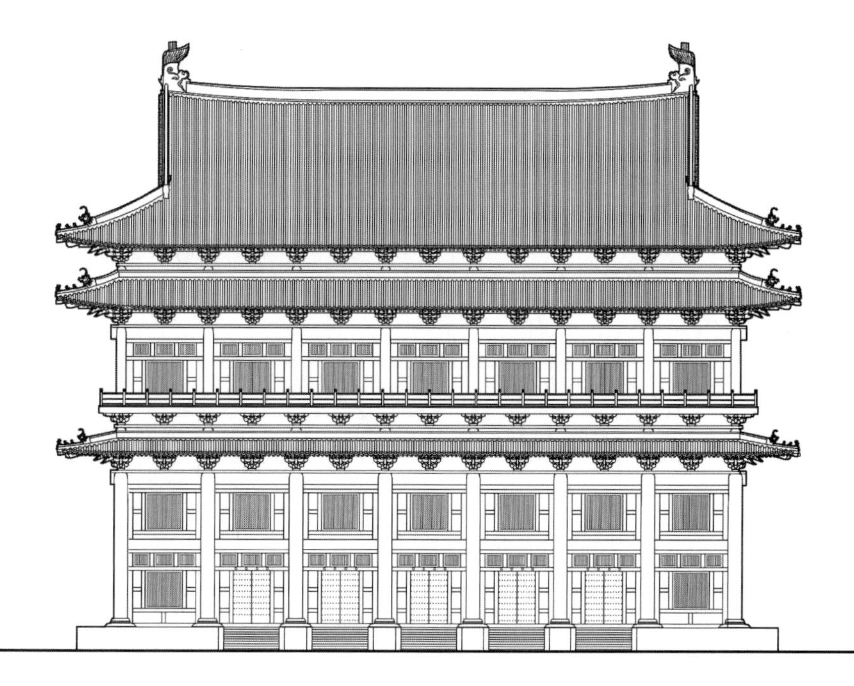

图8　四明天童山景德禅寺千佛阁前立面图

（李菁 绘）

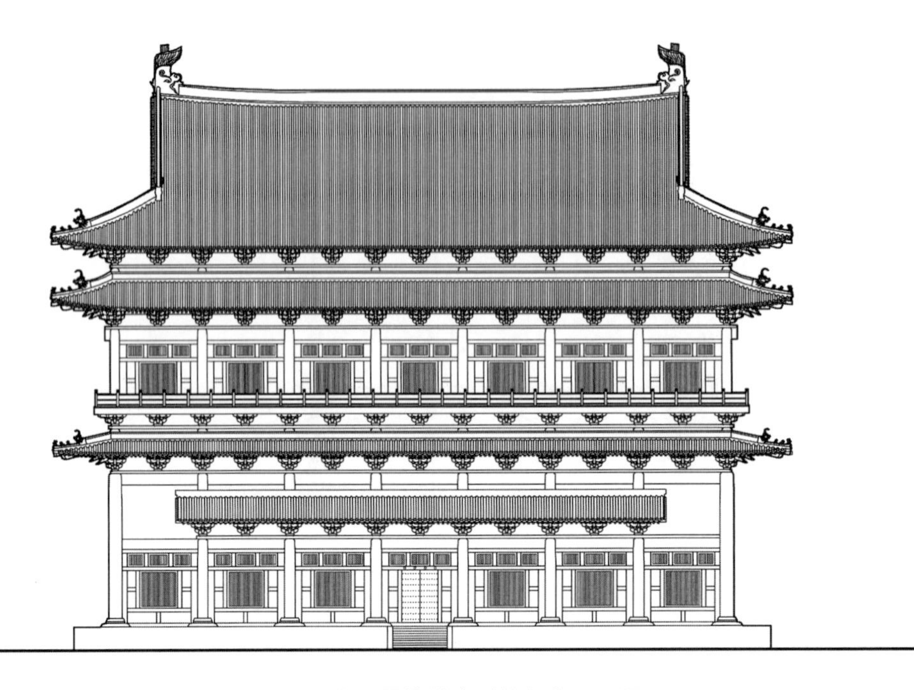

图 9　四明天童山景德禅寺千佛阁背立面图

（李菁 绘）

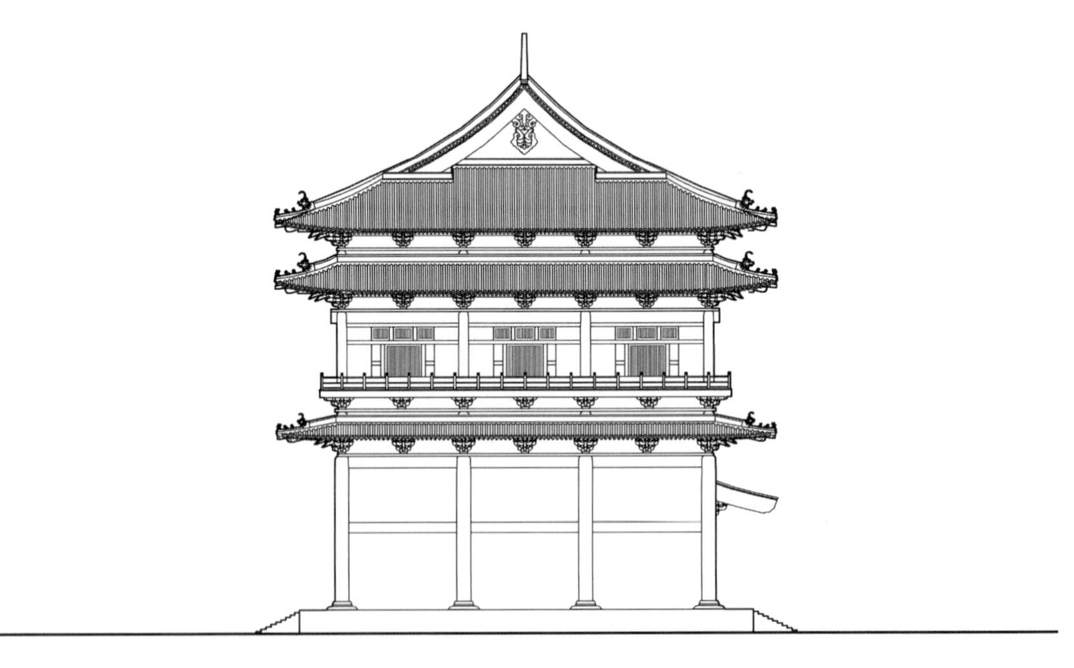

图 10　四明天童山景德禅寺千佛阁侧立面图

（李菁 绘）

由于从“五山十刹图”看到的其柱网进深仅为3间，因此很难通过副阶的方式起架二层楼面，故这里的各层柱子都采用了叉柱造的做法，使上下两层在平面柱网上保持了一致。

3. 隐静山普惠寺御书阁、毗卢阁

在今日的安徽省繁昌县有一座山(名“隐静”)，山上曾有寺(名“普惠”)。南宋乾道三年(1167年)，寺院中的长老僧道恭：“筑大殿，植二楼，峙杰阁于南，辟丈室于背，周廊重庑，环室数百，无一椽一桷仍其旧者。”[1]寺内藏有三朝御书120轴，为了妥善保存这些宋代帝王的宸翰墨宝，北宋嘉祐三年(1058年)寺内曾经建有一阁，此次也都易旧为新，新建之阁：“以楹数之从冲为七十四楹，以尺度之高下为七十尺。中以度御书，后为复阁，以安毗卢遮那次像。左右飞阁，道壁涌千佛，栏槛四合，可以周旋瞻望作礼，围绕在我教中毗卢遮那广大楼阁等一切处。”[2]

[1]文献[2]．卷4797．韩元吉．隐静山新建御书毗卢二阁记．第216册：180．

[2]文献[2]．卷4797．韩元吉．隐静山新建御书毗卢二阁记．第216册：180．

由如上的记述可以知道，这座寺院中有大殿，殿前对峙二楼与杰阁；殿北设方丈之室；周廊重庑，环室数百，是一座颇具规模的寺院。

先来分析一下这两座楼阁。按照文字的描述，可以推测出楼阁其实是4座。沿寺院中轴线有前后两座楼阁，前为御书阁，用来珍藏皇帝御书；御书阁之后有一座复阁，用来安置佛教法身佛毗卢遮那佛造像。在中间主阁即御书阁的左右，有两座辅阁，称为左右飞阁。辅阁与主阁之间可以与中央楼阁相连通。

再来看楼阁的柱网分布与尺寸关系。所谓“从冲为七十四楹”，是说这组楼阁，纵横共有74棵柱子。楼阁的最高部分，高度达到了70尺。按照前后阁与左右飞阁共74棵柱子，可以设想，位于前部中央的御书阁，广为5间，深亦为5间，柱网上总共可能有36棵柱。以金箱斗底槽的方式，去掉位于柱网中心的4棵柱，共有32棵柱。主阁两侧各有一座广3间、深3间的飞阁，飞阁中心不设柱，每座有12棵柱子，合为24棵。御书阁之后为广3间、深4间的复阁，柱网上共有20柱，仍可以去掉中央2柱，以保持中空的效果，则共有18棵柱子。综合四阁柱网纵横柱子的总数恰为74棵柱。

这里没有给出面广与进深的长宽尺寸，故只能够依据当时可能的间广尺寸加以推测。考虑到其主阁的高度为7丈，按照楼阁建筑的一般规则，二层楼面标高会定在首层柱子高度的2倍左右，考虑到有屋顶的上层结构高度，应该较首层结构为高，也就是说，二层楼面标高应该在3.2～3.3丈左右，则其首层柱子的高度，应该不会高于1.6丈，以此推测出其首层柱网当心间间广，亦应以1.6丈为思考的基准点。因为5开间殿阁，当心间间广一般都比首层檐柱高度略大一些，故将其中央御书阁部分的正面当心间开间，与进深方向中间1间间广，均设定为1.8丈。两侧次间为1.6丈，梢间为1.4丈。这样设定，可以使其首层柱高在1.6丈左右浮动。

主阁之后的复阁为毗卢遮那佛阁，室内空间亦可能较大，但可以略小于中央主阁，故设定其当心间开间略小于其前主阁的当心间，为1.6丈，两次间开间为1.4丈，进深方向的4间，间广均设为1.4丈。此外，主阁两侧的两座飞阁，各以当心间为1.6丈、左右次间为1.4丈来布置。三阁之间，可以架以飞虹桥，以保持三阁的联系。其主阁的柱网平面尺寸见表4，见图11。

表4　隐静山普惠寺御书阁平面尺寸

主阁面广（丈）	通面广	左梢间	左次间	当心间	右次间	右梢间
	7.8	1.4	1.6	1.8	1.6	1.4
主阁进深（丈）	通进深	前间	前次间	中间	后次间	后间
	7.8	1.4	1.6	1.8	1.6	1.4

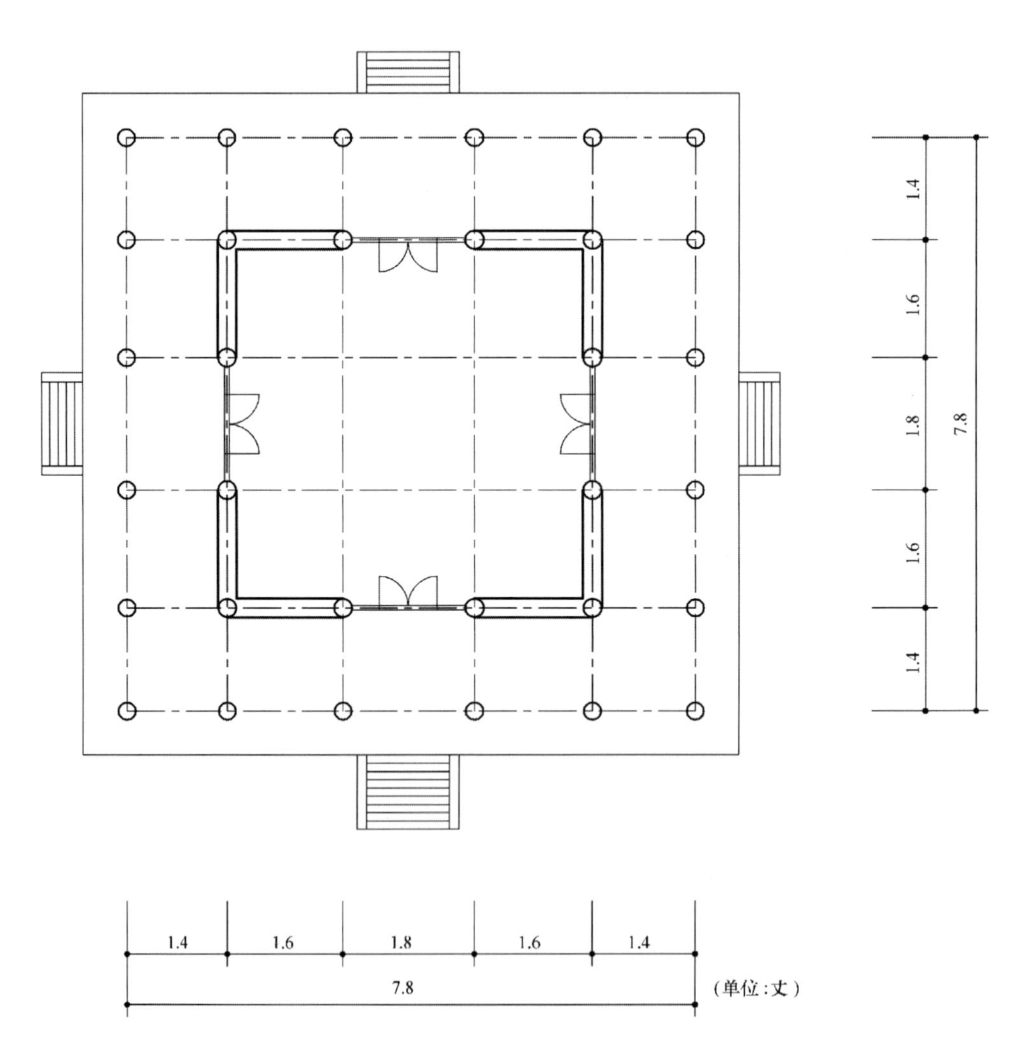

图11　安徽隐静山普惠寺御书阁首层平面图
（作者自绘）

再来看一下主阁的高度关系。以其阁总高为 7.0 丈，其副阶檐柱不能太高，且在 1.6 丈左右，故设其柱高为 1.5 丈，其上用外檐铺作，铺作高度仍按柱子高度$\sqrt{2}$倍取值；斗栱用二等材六铺作单杪双昂，则其橑檐方上皮标高，恰为 2.15 丈。而其首层内柱柱头标高，一般情况下可以粗估为首层柱子高度的 2 倍，即高 3.0 丈，但考虑到其首层腰檐的起坡高度，可能会对内柱高度有所要求，故可以通过作图的方式，推定其殿身内柱首层柱子高度为 3.1 丈。柱子之上用平坐斗栱。平坐斗栱与二层楼面的厚度相加的总高约为 0.49 丈，也就是说，第二层楼面的标高为 3.59 丈。

这里忽略二层的可能向内收进，即二层仍按开间、进深各 3 间架构，柱网间距与首层相同。设定其二层檐柱中柱子高度为 1.3 丈，即其二层檐柱柱头标高为 4.89 丈。柱头之上斗栱用五铺作单杪单昂，加上栌斗下普拍方的厚度，其斗栱高度可以达到 0.62 丈。也就是说，其上檐檐柱上所承铺作橑檐方上皮的标高为 5.51 丈。通过绘图方式，推出其斗栱出跳长度约为 0.36 丈，前后檐总出跳长度为 0.72 丈；三间通进深为 5 丈，则前后橑檐方距离为 5.72 丈。这一标高，距离记载中的屋顶高 7.0 丈，仅有 1.49 丈的高度差，因而只能采用厅堂式建筑的屋顶举折方法。取其前后橑檐方距离的 1/4，再加上这一计算高度的 1/10，作为屋顶起举高度，则由此求得的屋顶起举高度为 1.57 丈。如此累积的高度，自阁顶脊榑上皮，距离首层台基面的高度为 7.08 丈。当然，在实际绘图中，这 0.8 尺的误差，是很容易消解掉的。这样一个高度，说明前面的数据推定，大致上还是可信的（图 12 ~ 图 15）。

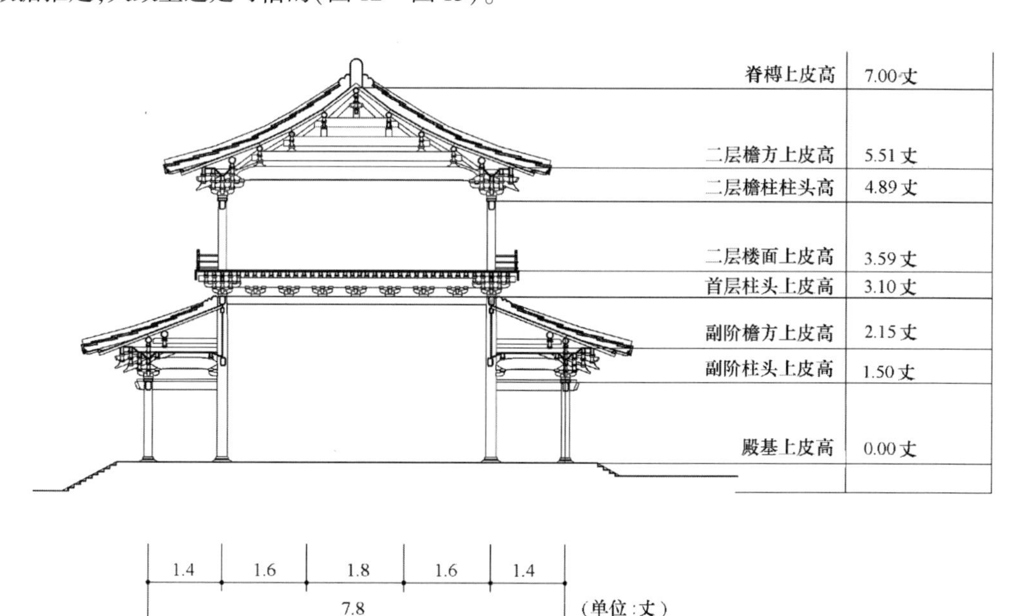

图 12　安徽隐静山普惠寺御书阁横剖面图

（作者自绘）

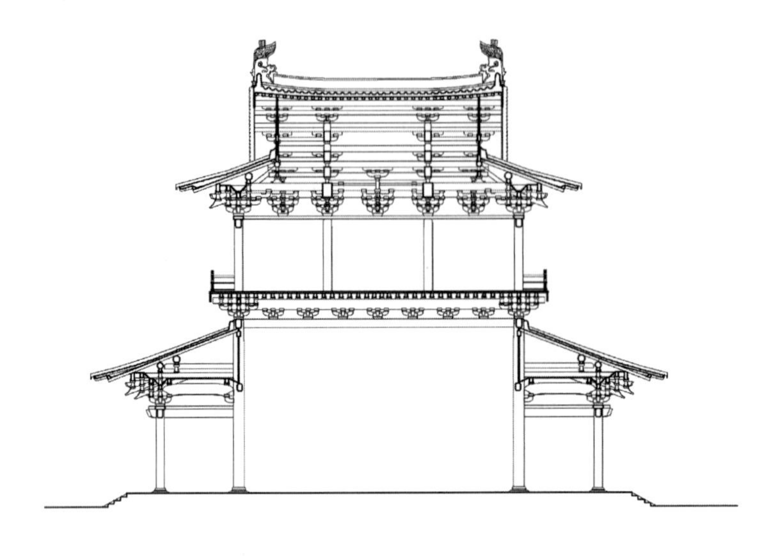

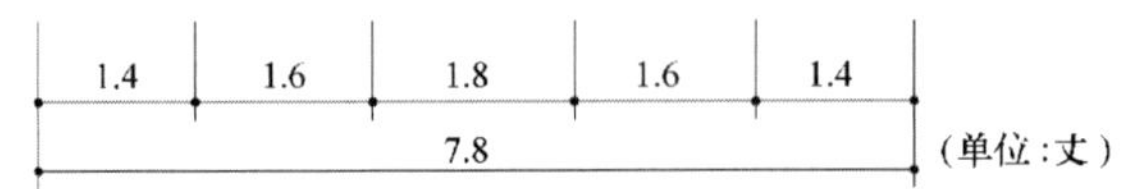

图 13　安徽隐静山普惠寺御书阁纵剖面图
(敖仕恒 绘)

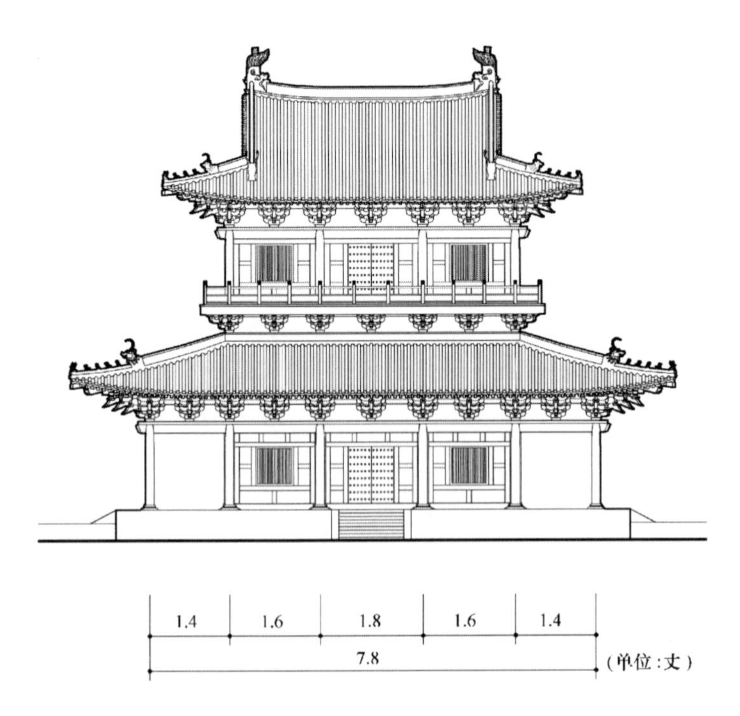

图 14　安徽隐静山普惠寺御书阁正立面图
(敖仕恒 绘)

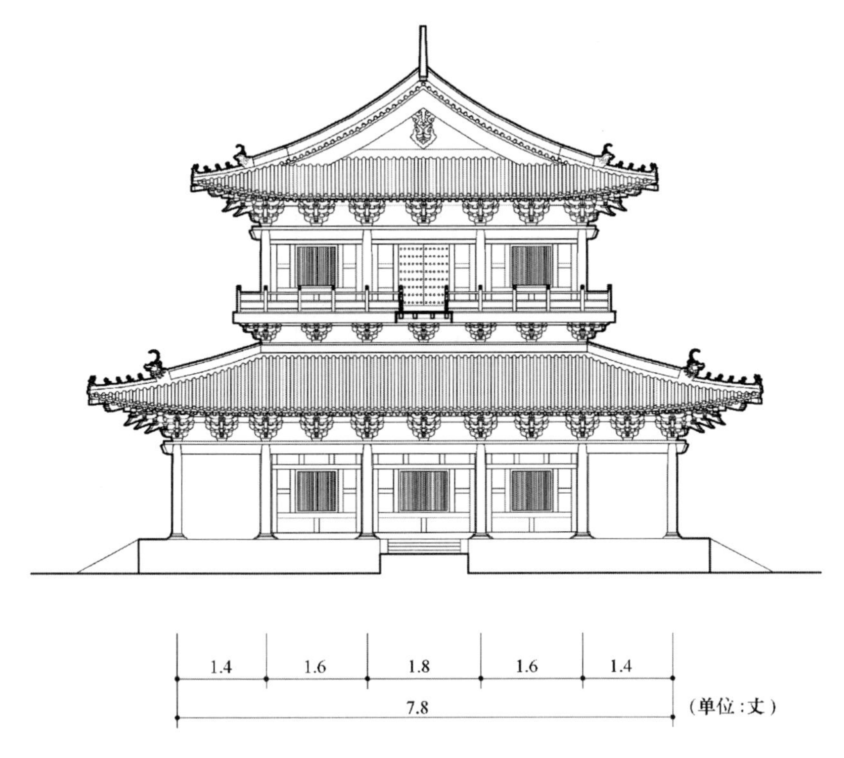

图 15　安徽隐静山普惠寺御书阁侧立面图

（敖仕恒 绘）

下面再列出其御书阁后的复阁，即毗卢遮那阁，与御书阁两侧的左右飞阁的平面柱网尺寸（表 5，表 6）。

表 5　隐静山普惠寺御书阁后毗卢阁平面尺寸

面广（丈）	通面广	左次间	当心间	右次间	
	4.4	1.4	1.6	1.4	
进深（丈）	通进深	前次间	前间	后间	后次间
	3.5	1.4	1.4	1.4	1.4

表 6　隐静山普惠寺御书阁两侧飞阁平面尺寸

面广（丈）	通面广	左次间	当心间	右次间
	4.4	1.4	1.6	1.4
进深（丈）	通进深	前间	中间	后间
	3.5	1.4	1.6	1.4

先来看御书阁后复阁，即毗卢阁（图 16）。设想其阁为 2 层，中间有平坐，因其柱网面广方向仅为 3 开间，说明其上层不可能收进 1 间。也就是说，平坐层是叠加在首层柱头之上的。假设其首层檐柱柱高为 1.50 丈，其

上仍用六铺作单杪双昂斗栱，斗栱上以叉柱造方式，承托平坐柱。平坐柱柱头标高设定为2.8丈，其上用五铺作出双杪的平作斗栱，再加上二层楼面板，则斗栱与楼板的总高为0.49丈，可知二层楼面标高为3.29丈。

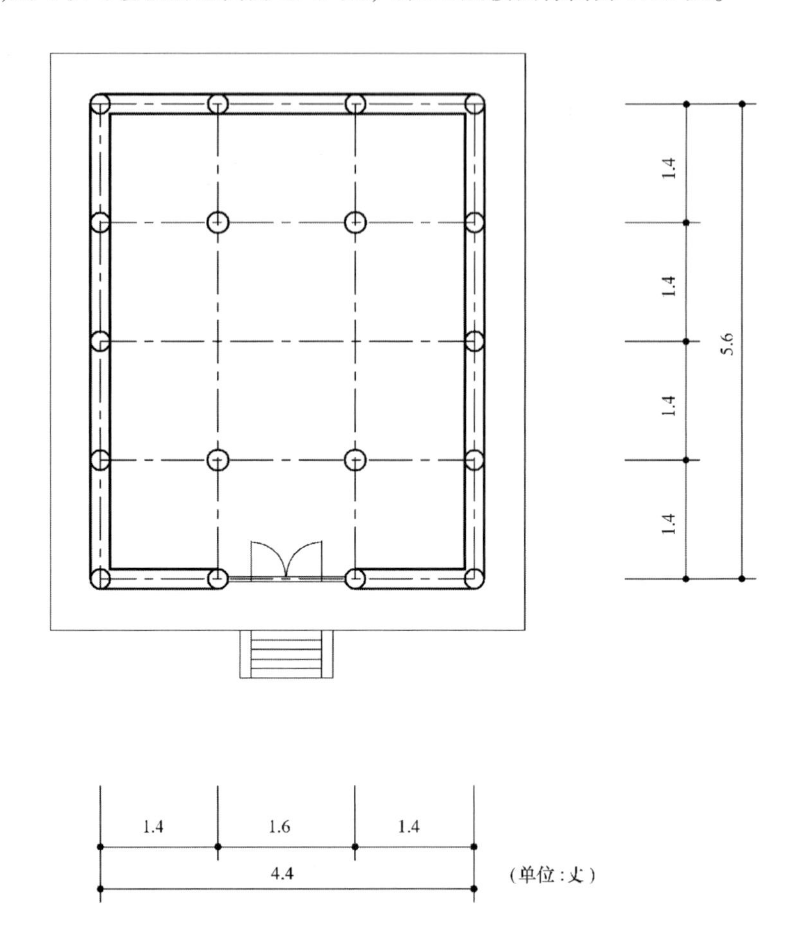

图16　安徽隐静山普惠寺毗卢阁首层平面图
（作者自绘）

二层柱子高度为1.3丈，柱头标高为4.59丈。其上用五铺作单杪单昂的斗栱，斗栱高度为0.62丈。由此可以推出，二层外檐铺作橑檐方上皮标高为5.21丈。这里即是屋顶举折的起举点。斗栱出跳距离为0.36丈，两侧共出跳0.72丈。

其二层柱网的前后柱距，本应为4.4丈，但是，因为用了柱子叠加的结构方式，故在平坐柱处，四周平坐檐柱均向内收进了0.022丈，两侧总收进0.044丈。如果二层柱网不再向内收进，则其二层柱网前后柱缝的距离当为4.356丈，再加上前后斗栱的出跳距离，则其前后橑檐方的距离应为5.08丈。取其长度的1/3为屋顶起举高度，则其高约为1.69丈。也就是说，其阁顶脊槫上皮的标高，约为6.9丈。这是一个略低于其前主阁御书阁的高度（图17～图19）。

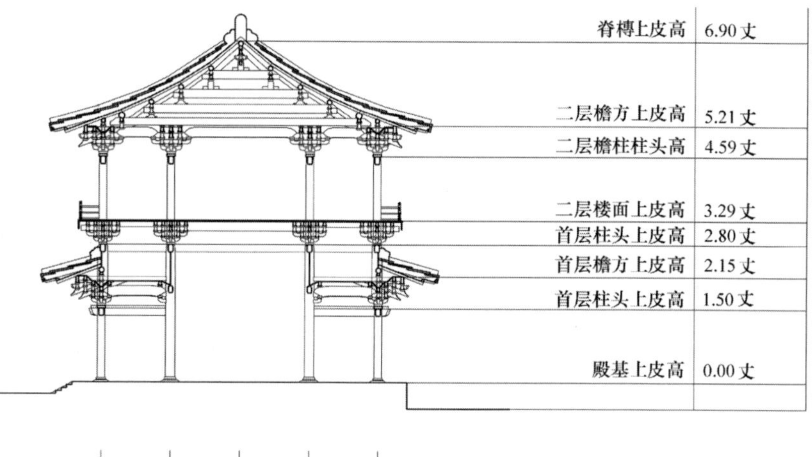

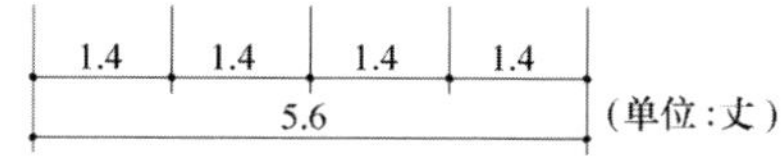

图 17　安徽隐静山普惠寺毗卢阁剖面图

（作者自绘）

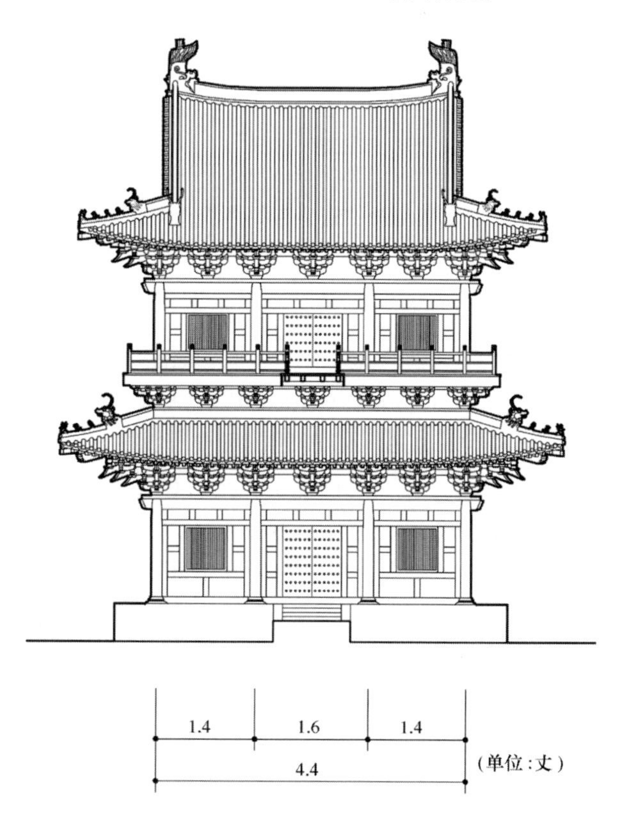

图 18　安徽隐静山普惠寺毗卢阁正立面图

（敖仕恒 绘）

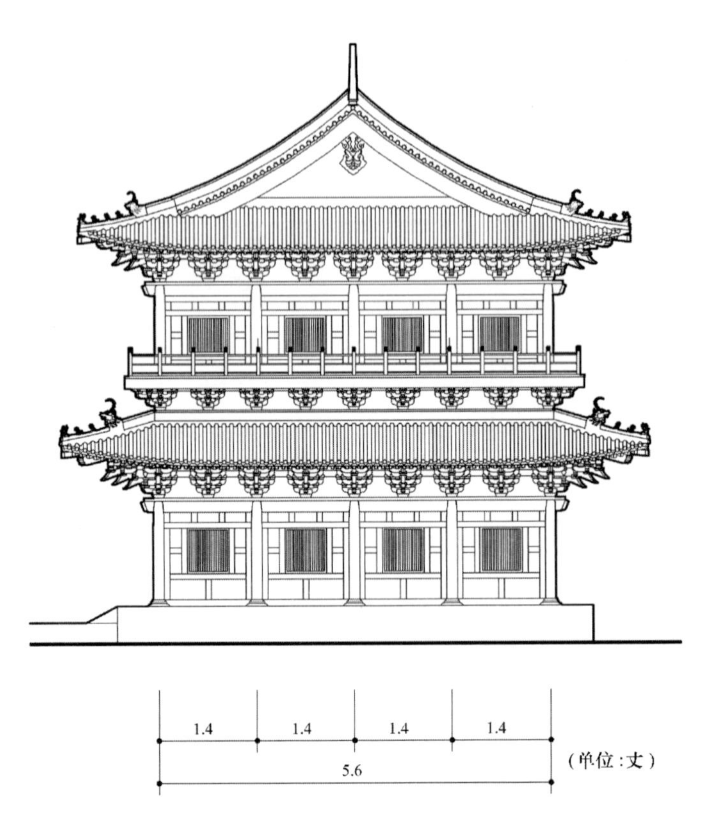

图 19　安徽隐静山普惠寺毗卢阁正侧立面图

(敖仕恒 绘)

再来看御书阁的左右附阁(图 20)。这也是一座 2 层楼阁,且呈梁柱叠加的结构模式。假设其下檐檐柱高为 1.35 丈,其上仍用六铺作出单杪双昂斗栱,斗栱高度仍为 0.62 丈,则其橑檐方上皮标高为 1.97 丈。

二层楼面标高,按照首层柱子高度的 2 倍推算,可以设定为 3.0 丈。其间是平坐柱与平坐斗栱。平坐柱亦向内收进 0.022 丈。二层柱子高度为 1.20 丈。其上用五铺作单杪单昂斗栱,其高 0.62 丈,则二层橑檐方上皮的标高为 4.82 丈。这里即是二层屋顶结构的起举标高。

以其经过收进后的前后柱距为 4.356 丈,加上两侧的斗栱出跳距离共 0.72 丈,则其上檐斗栱前后橑檐方距离仍为 5.08 丈。这里以其长度的 1/4 强计算举高,则为 1.40 丈,也就是说,其屋顶脊槫上皮的标高,为 6.22 丈。如此,可以绘出两座附阁的剖面与外观(图 21 ~ 图 24)。

由于这四座楼阁是一个紧凑的综合体,各楼阁之间可以连以飞虹桥(图 25 ~ 图 27)。这样一组由 4 座楼阁组成的造型丰富的楼阁建筑群(图 28,图 29),且布置在了寺院主殿的南侧,无论如何,都为宋代佛教寺院建筑在造型的丰富性与多样性上,添上了浓重的一笔墨彩。

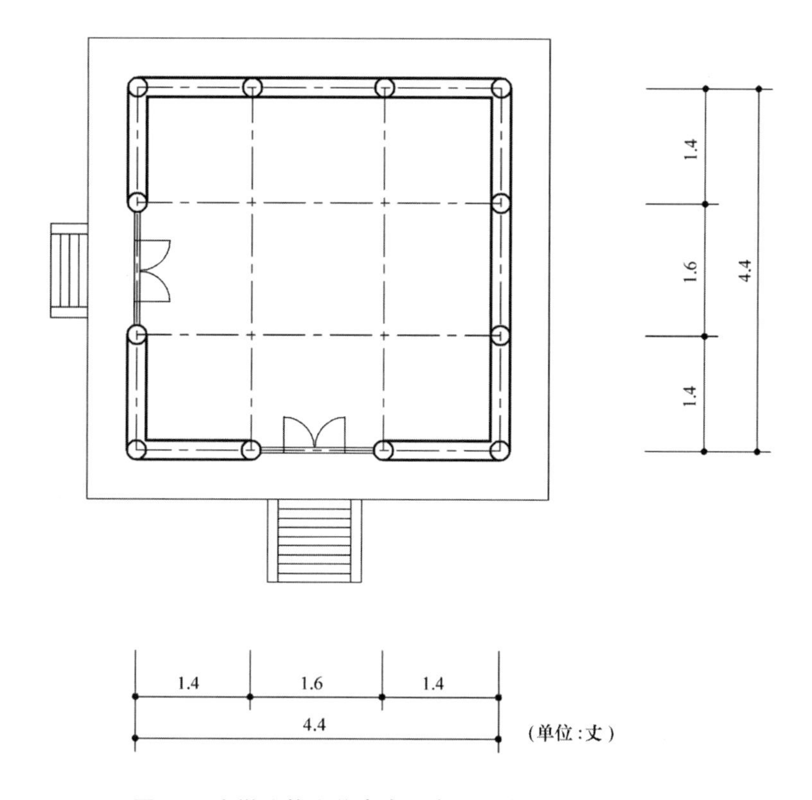

图20　安徽隐静山普惠寺御书阁左右飞阁首层平面图

（作者自绘）

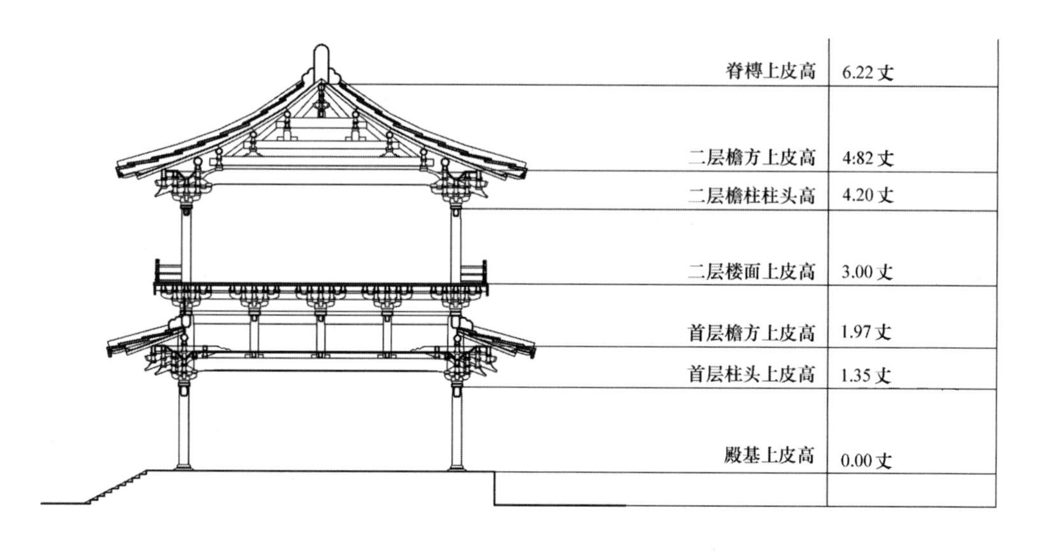

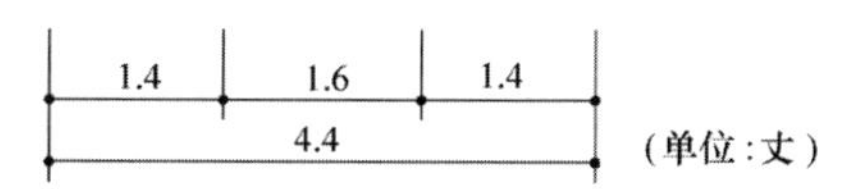

图21　安徽隐静山普惠寺御书阁左右飞阁横剖面图

（作者自绘）

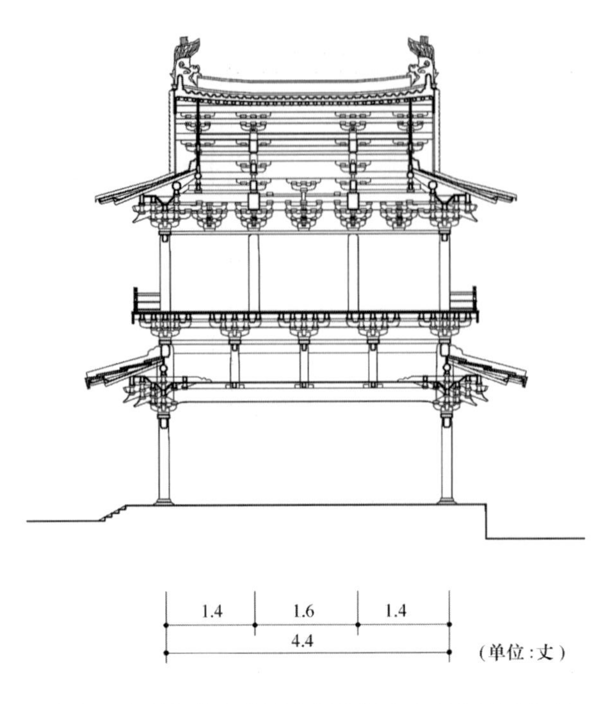

图 22　安徽隐静山普惠寺御书阁左右飞阁纵剖面图
（敖仕恒 绘）

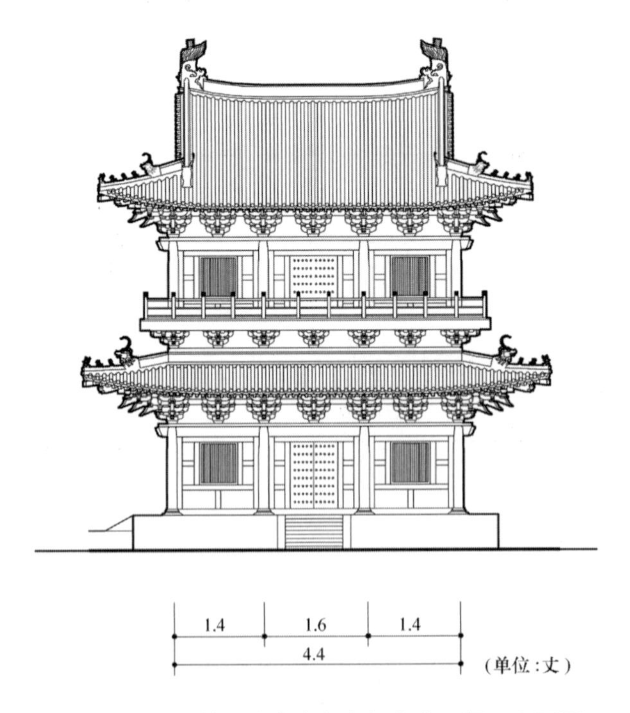

图 23　安徽隐静山普惠寺御书阁左右飞阁正立面图
（敖仕恒 绘）

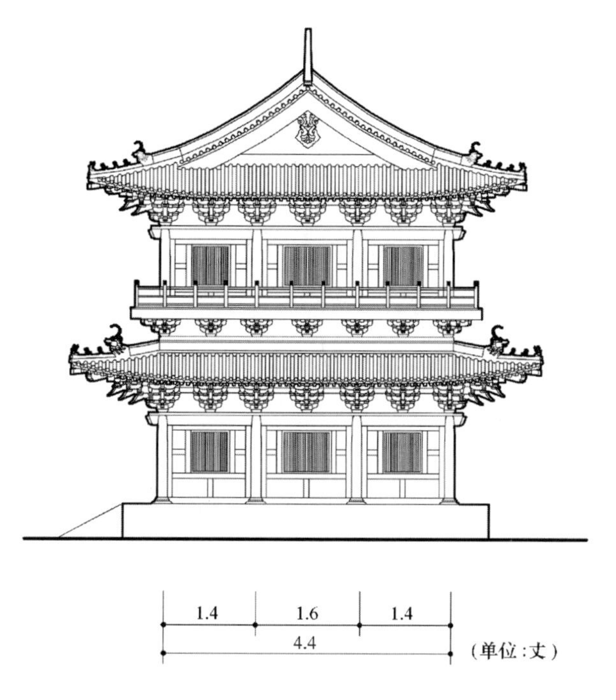

图 24　安徽隐静山普惠寺御书阁左右飞阁侧立面图

(敖仕恒 绘)

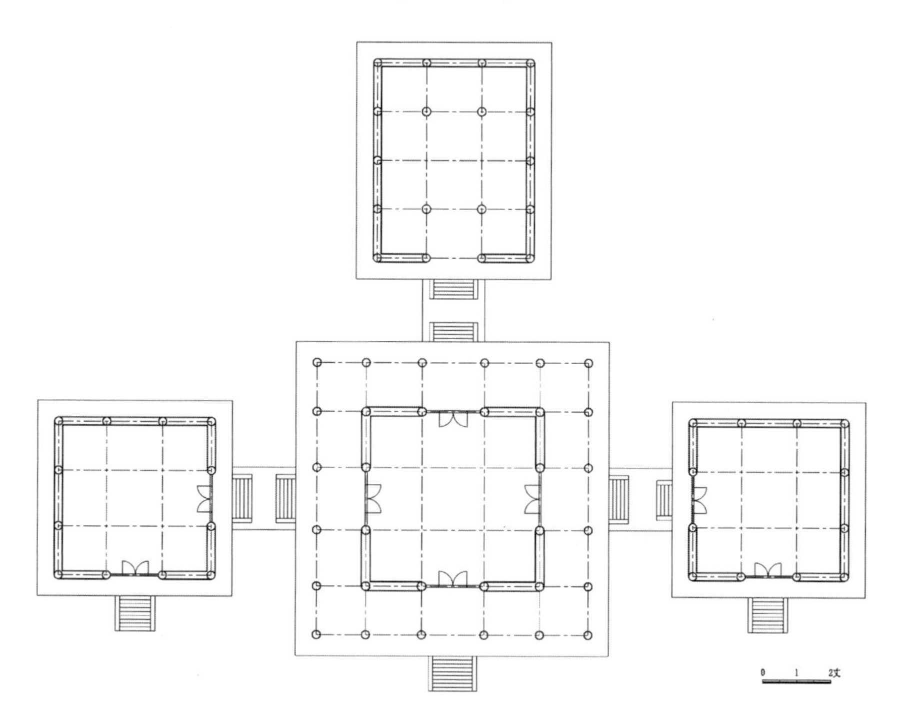

图 25　安徽隐静山普惠寺御书阁、毗卢阁及左右飞阁组合平面图

(作者自绘)

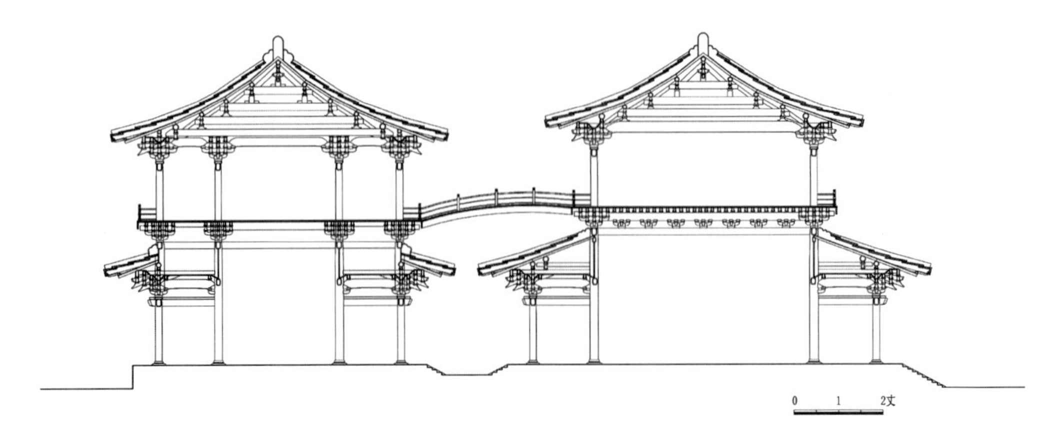

图26 安徽隐静山普惠寺御书阁、毗卢阁及左右飞阁组合横剖面图
（作者自绘）

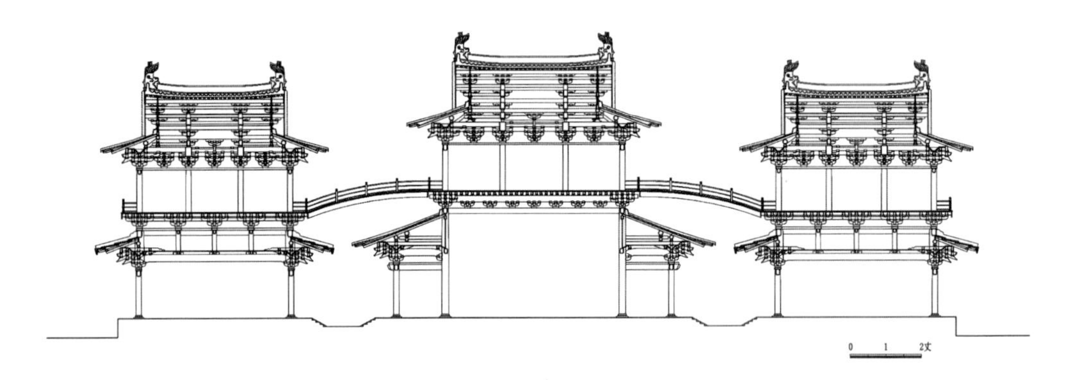

图27 安徽隐静山普惠寺御书阁、毗卢阁及左右飞阁组合纵剖面图
（作者自绘）

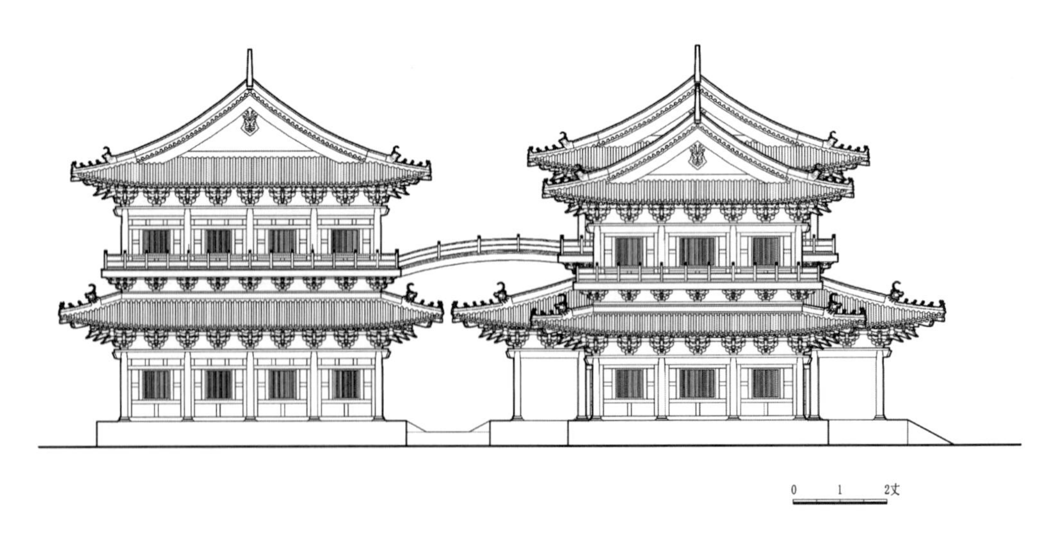

图28 安徽隐静山普惠寺御书阁、毗卢阁及左右飞阁组合侧立面图
（敖仕恒 绘）

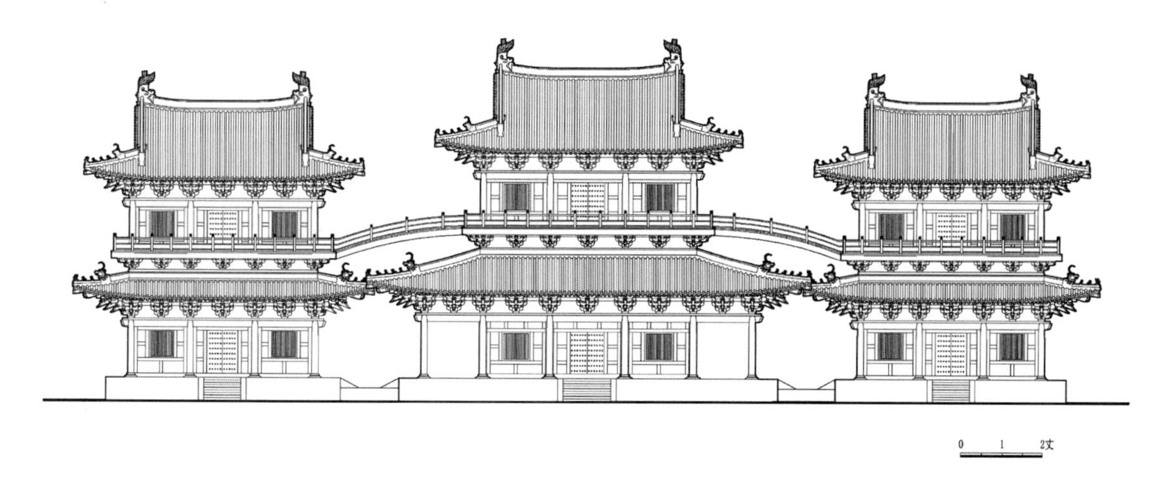

图29　安徽隐静山普惠寺御书阁、毗卢阁及左右飞阁组合正立面图

(敖仕恒 绘)

二、大　悲　阁

辽宋时代寺院中出现的大悲阁,是以千手千眼观音菩萨为主尊的楼阁,且其观音造像,又多为高大的立像。现存蓟县独乐寺的观音阁,可以说,大致代表了这一时期大悲阁的空间意向。即在楼阁的外观形式下,包裹的是一个完整而单一的室内空间。这为辽金、两宋时期的木构楼阁建筑的结构与造型,提出了更高的要求。

实例中仅有正定隆兴寺大悲阁中的造像,仍为北宋时的原作,但覆盖其外的楼阁,早已面目皆非。我们只能相信,其中空的内部建筑空间,可能大略接近其北宋时期原创大悲阁的空间意向。

1. 成都圣寿寺大中祥符院大悲阁[1]

❶原属成都府,今属重庆。

成都圣寿寺内有敕赐的大中祥符院,创建于五代时期,鼎盛时期院内有400余间殿堂屋舍。南宋绍兴十七年(1147年)春,于其院内:"雕造千手千眼大悲像。至二十一年孟冬像成,立高四十七尺,横广二十四尺。复于二十二年季春,即故暖堂基而称像建阁。阁广九十尺,深七十八尺,高五十四尺。于绍兴二十二年三月七日阁就,奉安圣像于其中。"[2]

❷文献[2]. 卷3968. 冯檝. 大中祥符院大悲像并阁记. 第181册:147.

可知史料中记载的这座大悲阁的三维尺度十分明晰:面广90尺,进深78尺,高54尺。阁内有一尊千手千眼观音像:高为47尺,横广各为24尺,恰与阁相称。其阁内部无疑也是一个中空的完整空间。

从高度上看,这应该是一座外观为2层的楼阁。阁内有高4.7丈的观音造像。而阁顶结构的最高点,为 5.4 丈,两者之间的高度差仅为 0.7 丈。这也说明观音像一直抵达屋顶结构的平梁之下,而且,很可能设置有藻井。

阁通面广为 9 丈,可以分为 5 间,当心间间广为 2.2 丈,左右次间为 2 丈,两侧梢间为 1.4 丈;阁通进深为 7.8 丈,亦分为 5 间,前间与后间间广为 1.4 丈,中央一间间广为 1.8 丈,前后两次间间广为 1.6 丈。其平面柱网尺寸可见表 7、图 30。

表 7　成都圣寿寺大中祥符院大悲阁平面尺寸

阁面广（丈）	通面广	左梢间	左次间	当心间	右次间	右梢间
	9.0	1.4	2.0	2.2	2.0	1.4
阁进深（丈）	通进深	前间	前次间	中间	后次间	后间
	7.8	1.4	1.6	1.8	1.6	1.4

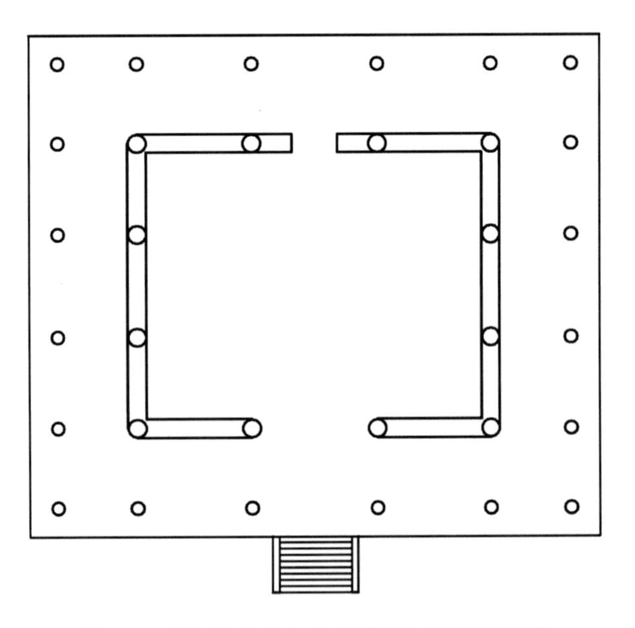

图 30　成都圣寿寺大中祥符院大悲阁平面图

（作者自绘）

再来看其高度尺寸。由于其总高较低,故其首层柱高可以设定为 1.8 丈,柱头之上铺作用二等材六铺作单杪双昂,加上普拍方,铺作高度可以控制在 0.65 丈,则橑檐方上皮距离台基顶面的高度,约在 2.45 丈。首层柱头上用腰檐,直接伸至内柱柱身之上,因前后间进深为 1.4 丈,以其坡度推算,其内柱柱头高度,可以控制在 3.50 丈,其上用上檐铺作。因总高的限制,上檐斗栱仅用四铺作出单昂,上承耍头的做法,加上普拍方的斗栱高度为 0.50 丈,则上檐橑檐方上皮标高为 4.00 丈。两侧斗栱出跳距离为 0.228 丈,则前后总出跳距离为 0.456 丈。而其上檐通进深为 5 丈,加上斗栱出跳长度，前后橑檐方距离为5.456丈，以其1/4强为屋顶起举高度，则举高为1.5丈，则两者之和，即阁顶脊槫上皮的标高，应该为5.5丈。考虑到积累误差，将这一标高控制在5.4丈左右，应该是没有问题的。也就是说，这样一种剖面形式，与史料中的记载数据是大致相契合的（图31）。但如此的处理，这座大悲阁二层是没有平坐的。外观上，大约相当于一座重檐屋顶的殿阁（图32，图33）。

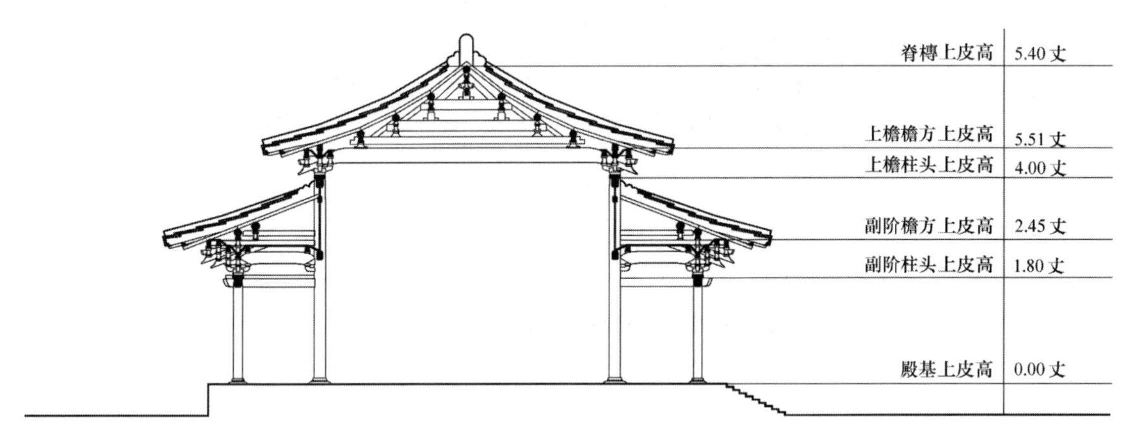

图31 成都圣寿寺大中祥符院大悲阁剖面图

（作者自绘）

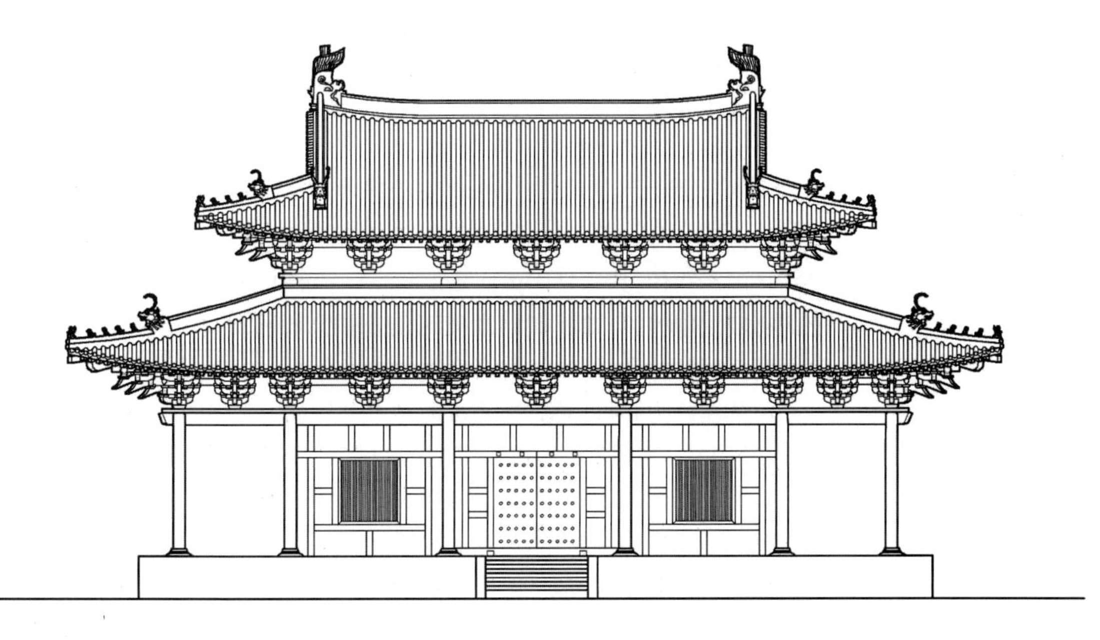

图32 成都圣寿寺大中祥符院大悲阁正立面图

（李菁 绘）

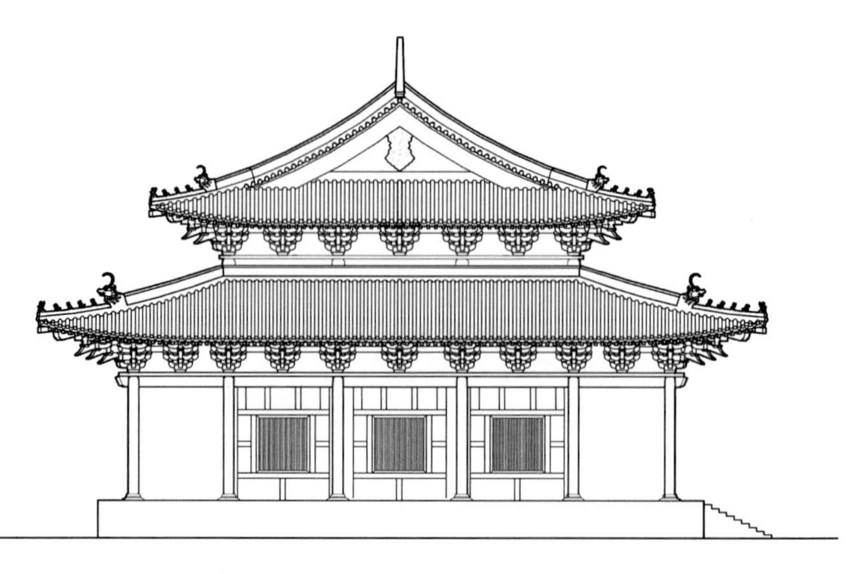

图33　成都圣寿寺大中祥符院大悲阁侧立面图
（李菁 绘）

2. 盐官安国寺大悲阁

北宋文人苏轼（1037—1101 年）记录了浙江海宁盐官县安国寺内曾经建造的一座大悲阁：“杭州盐官安国寺僧居则，自九岁出家，……且造千手千眼观世音菩萨像，而诵其名千万遍，……铢积寸累，以迄于成。其高九仞，为大屋四重以居之。”❶

❶文献[2]. 卷1969. 苏轼. 盐官大悲阁记. 第90册:426.

因是苏轼所记，可知阁应该是北宋中叶时的建筑。这里与大悲阁有关的信息，除了阁内有千手千眼观音造像之外，只有两个与建筑有关的信息：其一是阁高 9 仞；其二是阁为四重屋檐。古代的 1 仞为 8 尺或 7 尺，因为这座阁有四重屋檐，可知其阁的高度可能比较高，故以 1 仞为 8 尺来推测之。其阁高 9 仞，则可以推知阁的高度为 7.2 丈。

因其屋顶为四重屋檐，推测可能是一个外观为 2 层的楼阁，每层各为一个重檐造型。则每层至多有 3.6 丈的高度，且每层都需要安排两重屋檐，故两层柱子的高度，都不会太高。先假设首层柱高为 1.0 丈，首层外檐柱头用二等材四铺作出单杪斗栱，高度为 0.37 丈，其上用腰檐，其檐伸至内柱上，加上腰檐起坡的高度，其首层内柱柱头的标高可以控制在 2.20 丈。柱头上用二等材五铺作单杪单昂斗栱，斗栱高度为 0.49 丈，其上以叉柱造做法承平坐柱，平坐柱柱头标高可以控制在 3.10 丈，其上用斗口跳式的平坐斗栱，承托平坐结构，使第二层楼面标高控制在 3.40 丈。

平坐之上用第二层柱，二层檐柱亦高 1.0 丈，其上仍用四铺作斗栱，斗栱高 0.37 丈，再起腰檐，使二层内柱柱头标高控制在 5.5 丈。二层上檐柱头用五铺作单杪单昂斗栱，承托顶层屋檐，斗栱高度仍为 0.51 丈，也就是说，顶层屋檐檐下斗栱橑檐方上皮距离二层平坐顶面的高度为 2.1 丈，而与阁首层台座地面的高度差为 6.01 丈。也就是说，其上与脊槫上皮的高度差仅有 1.19 丈。二层上檐斗栱出跳距离约为 0.36 丈，两侧出跳为 0.72 丈。

假设其屋顶是按前后橑檐方距离的 1/4 再加上这一数值的 1/10 推算其起举高度的，即(1.19 - 0.119) × 4 = 4.284，则可以反算出其前后橑檐方的距离为 4.284 丈。减除两侧斗栱的总出跳距离 0.72 丈，则其顶层前后柱缝的通进深为 3.564 丈。考虑到诸如柱子侧脚及相应误差等因素，可以反推出其前后柱缝的距离为 3.6 丈。也就是说，如果假设其上层的柱网进深为 3 间，可以认为每间的间广各为 1.2 丈。

这样就可以将这个 1.2 丈的间广运用到首层，假设首层面广与进深各为 7 间，面广方向，当心间间广为 1.4 丈，两次间为 1.35 丈，两梢间为 1.25 丈，两尽间为 1.2 丈，其通面广为 9 丈；在进深方向的逐间间广均为 1.2 丈，通进深为 8.4 丈。至二层平坐顶面时，柱网为面广进深各 5 间，二层通面广为 6.6 丈，通进深为 6 丈。这样就可以保证顶层屋檐前后檐间距离仅余 3 间，共 3.6 丈的进深，从而将建筑的结构高度恰好控制在 7.2 丈。或者说，这个广 4.1 丈、深 3.6 丈的中央空间，在这座大悲阁内，是上下贯通的，其中空的高度，至少可以达到 5.4 丈。故而，这座大悲阁内的中央空间，若安置成都圣寿寺大中祥符院大悲阁内的那尊立高 4.7 丈、横广 2.4 丈的千手千眼大悲造像，还是比较恰当的。

这是一种从其结构总高及出檐层数反推出来的平面关系，尽管未必完全可信，但是从结构逻辑上，与其记载的高度及屋檐数，还是比较吻合的，这或也从一个侧面印证了这一平面，可能已经比较接近历史的真实（图 34 ~ 图 37）。按照如此方式推测出来的柱网尺寸见表 8。

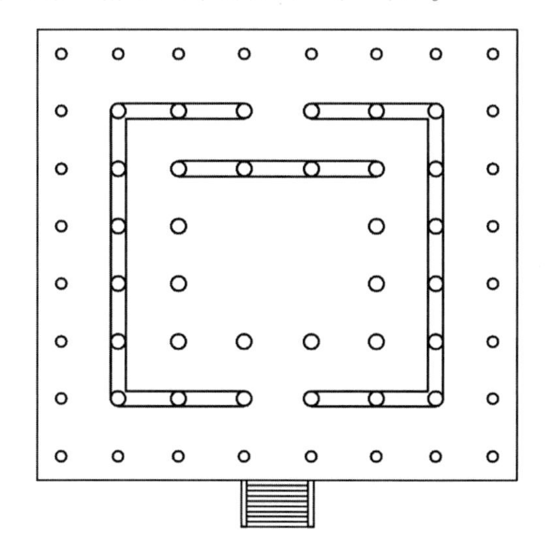

图 34　杭州盐官安国寺大悲阁平面图

（作者自绘）

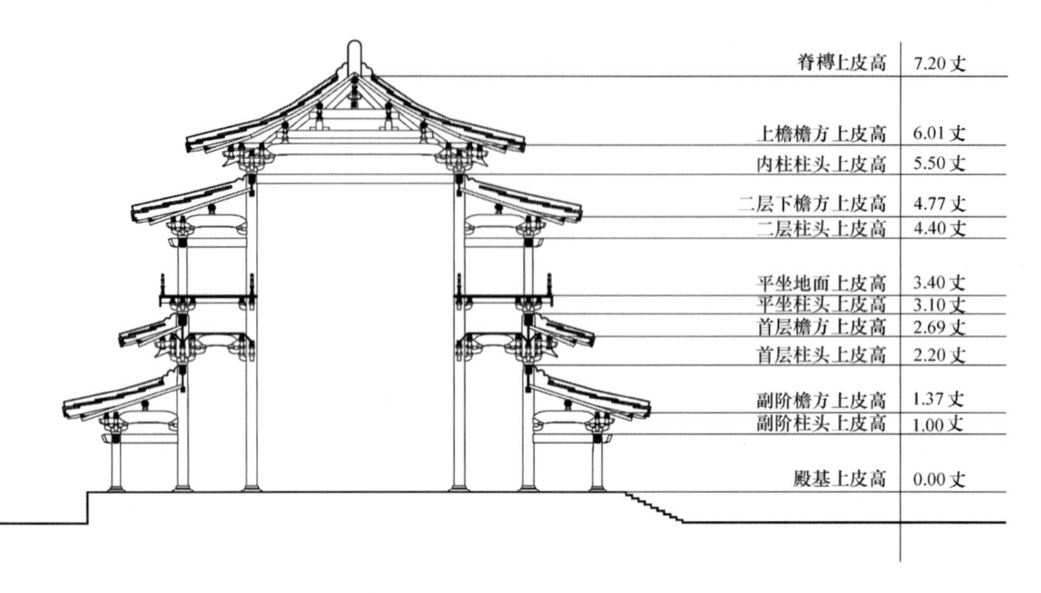

图35 杭州盐官安国寺大悲阁剖面图

（作者自绘）

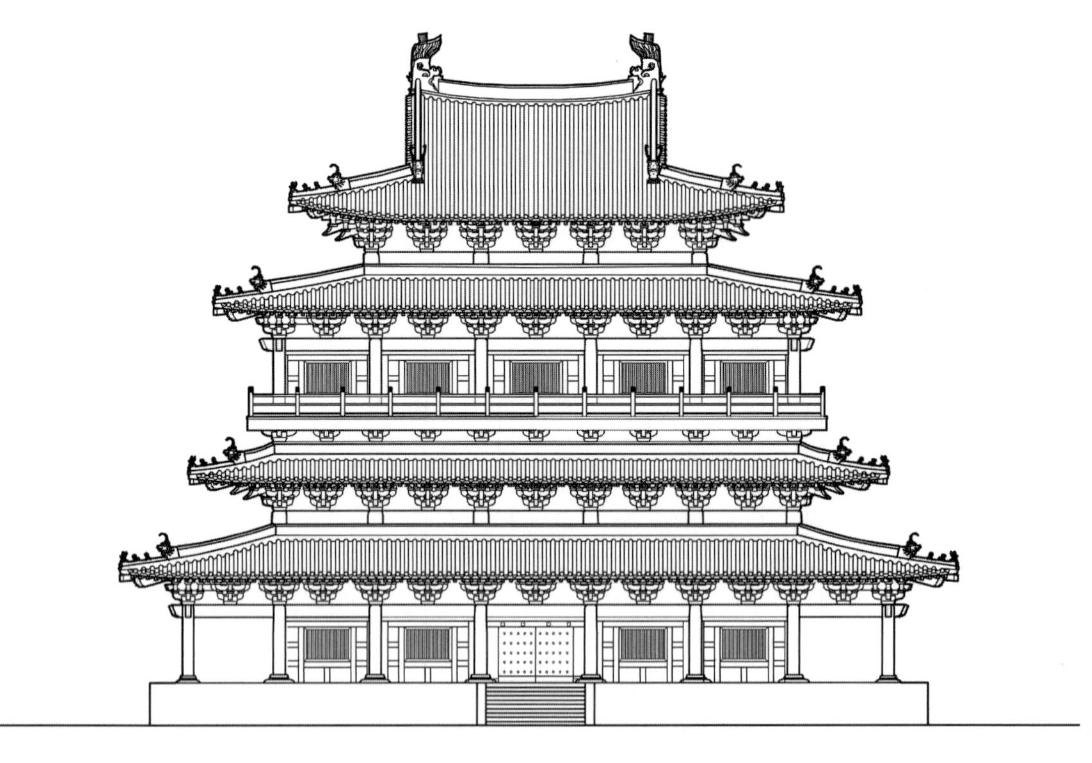

图36 杭州盐官安国寺大悲阁正立面图

（李菁 绘）

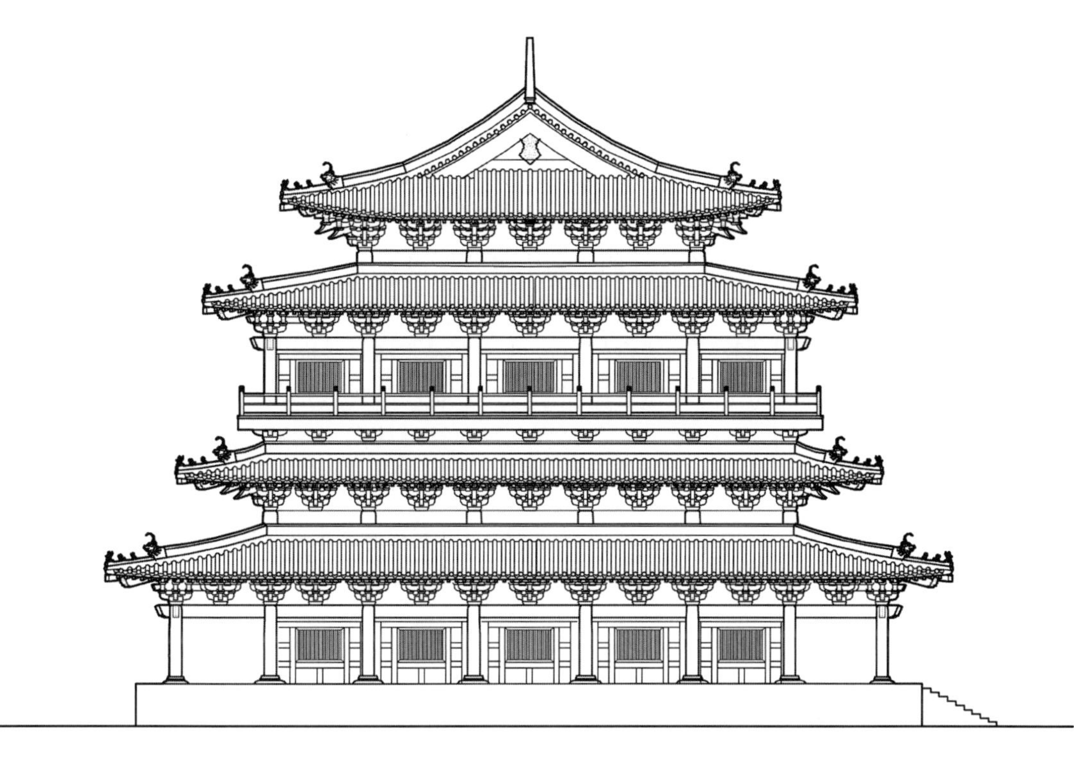

图 37　杭州盐官安国寺大悲阁侧立面图

（李菁 绘）

表 8　盐官安国寺大悲阁平面尺寸

面广（丈）	通面广	左尽间	左梢间	左次间	当心间	右次间	右梢间	右尽间
	9.00	1.20	1.25	1.35	1.40	1.35	1.25	1.20
进深（丈）	通进深	前间	前梢间	前次间	中间	后次间	后梢间	后间
	8.40	1.20	1.20	1.20	1.20	1.20	1.20	1.20

3. 萧山觉苑寺大悲阁

北宋人沈辽于熙宁元年（1068 年）所撰《大悲阁记》，大略地记录了浙江萧山觉苑寺内的大悲阁："浙江南浒，其地名曰萧山，……觉苑寺大悲阁者，沙门智源所造也。……大启法席，以落其成。善哉！紫金之相，巍巍堂堂。千手应现，千眼光明。其崇三丈六尺，重构外周，宝华相鲜，厥容前具。"[1]

这里仅仅给出了阁内所立的千手千眼观音造像的高度尺寸，其高为 3.6 丈。以前述成都圣寿寺大中祥符院的大悲阁内，有立高"四十七尺，横广二十四尺"大悲造像的比例推测，这尊萧山觉苑寺大悲阁内的观音造像，其横广大约应该在 1.8 丈左右。也就是说，萧山觉苑寺内的大悲造像，大约是成都圣寿寺大中祥符院大悲阁内千手千眼观音像 3/4 的尺度。

[1] 文献［2］. 卷 1725. 沈辽. 大悲阁记. 第 79 册：197.

如果将覆盖其外的大悲阁按照同样的比例加以架构，则由成都圣寿寺大中祥符院的大悲阁“阁广九十尺，深七十八尺，高五十四尺”的记载，可以大略地推出，萧山觉苑寺大悲阁的外观尺寸，有可能是阁广72尺，阁深60尺，而阁高仅为48尺。这几乎是覆盖这尊横广1.8丈、高3.6丈的千手千眼观音造像的最小楼阁尺寸了。

然而，在沈辽的记录中也特别提到了：“其始小基近教院之法堂，而上人之道场也。”[1]说明即使是当时人，也觉得这座大悲阁，规模不过相当于一座普通教院的法堂建筑。这至少说明这座楼阁的主要尺度，确实比较小。

[1]文献[2]. 卷1725. 沈辽. 大悲阁记. 第79册: 197.

出于一种对于历史之谜的好奇，我们不妨按照这一较小的尺寸，推想一下这座与教院法堂在尺度上比较接近的大悲阁吧。阁可以按照金箱斗底槽平面，以面广5间、进深4间的平面进行布置，其平面尺寸见表9、图38。

表9　浙江萧山觉苑寺大悲阁平面尺寸

阁面广（丈）	通面广	左梢间	左次间	当心间	右次间	右梢间
	7.2	1.2	1.5	1.8	1.5	1.2
阁进深（丈）	通进深	前间	前次间		后次间	后间
	6.0	1.2	1.8		1.8	1.2

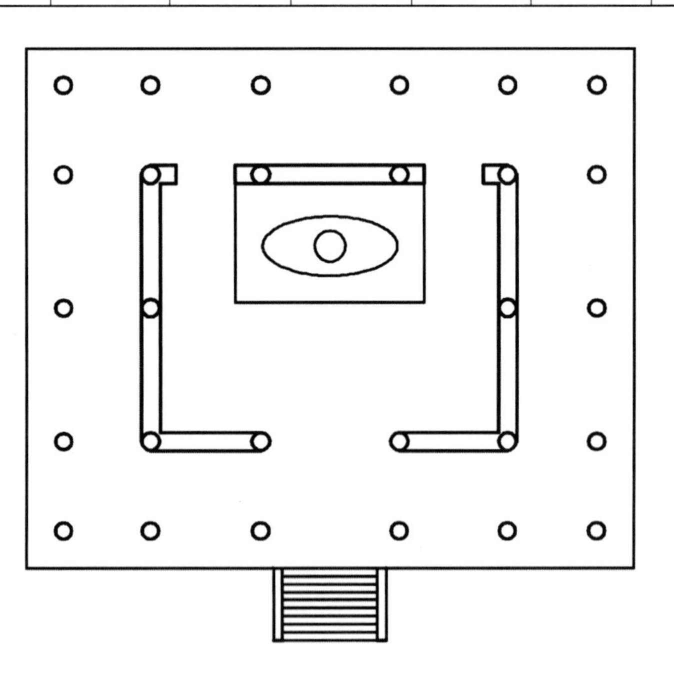

图38　浙江萧山觉苑寺大悲阁平面图
（作者自绘）

从平面看,这一大悲阁似乎与现存辽代蓟县独乐寺观音阁最为接近。再来看其高度方面,由于这里假设的楼阁总高仅为4.8丈,故只能设定其首层檐柱高为1.0丈,柱上用二等材五铺作单杪单昂斗栱,斗栱高度为0.495丈,平坐柱头标高为2.4丈,其上用斗栱及平坐板高0.25丈,则平坐地面板标高2.65丈。其上以叉柱造方式承托平坐柱,柱头标高控制在1.99丈,柱头上再用平坐斗栱承二层楼面,斗栱为斗口跳的做法,斗栱与二层楼面的高度为0.32丈,也就是说,二层地面标高为2.31丈。

其上再用高为1.0丈的外檐檐柱,柱头标高为3.31丈。柱头上施五铺作单杪单昂斗栱,并将其橑檐方上皮距离平坐层地面的高度控制在1.29丈,则累积高度,即上檐橑檐方上皮距离阁基地面高度为3.60丈,距离初步设定的总高还余1.20丈,这作为屋顶起举的高度差,显然是不够的。

以其二层前后檐柱的通进深为6.0丈,二层外檐所用二等材五铺作单杪单昂斗栱,其出跳距离为0.33丈,则前后檐出跳之和为0.66丈,可以知道其前后橑檐方的距离为6.66丈。这一距离的1/4为1.665丈,再加上这一数值的1/10,则为1.83丈,这应该是合理的起举高度。以上檐斗栱橑檐方上皮距离台基顶面高度为3.60丈计,则其脊槫上皮的标高,应该为5.43丈。我们取其整数,设定其脊槫上皮标高为5.4丈,相对于这座楼阁,应该是一个适当的高度。也就是说,经过这一基于结构逻辑的分析与调整,这座萧山觉苑寺大悲阁,很可能是一座面广7.0丈、进深6.0丈、高5.4丈的2层楼阁,阁内空间为中空,其中供奉有一尊横广各为1.8丈、高为3.6丈的千手千眼观世音菩萨造像(图39~图41)。

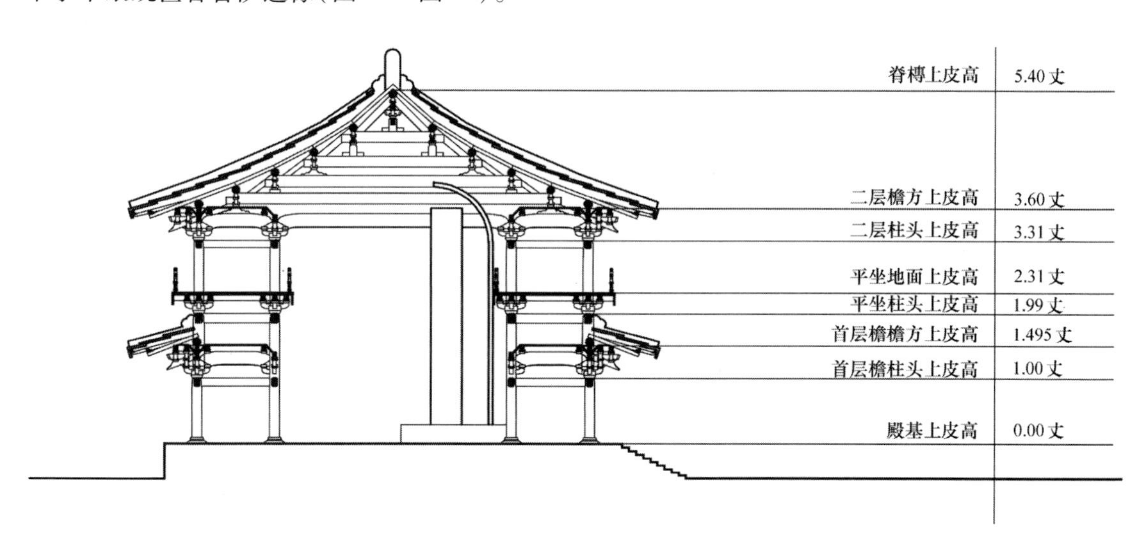

图39 浙江萧山觉苑寺大悲阁剖面图

(作者自绘)

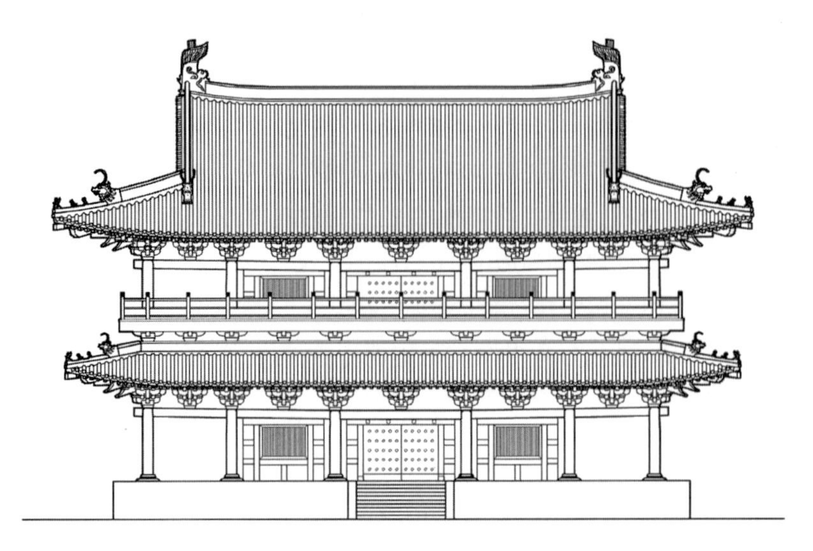

图40　浙江萧山觉苑寺大悲阁正立面图
（李菁 绘）

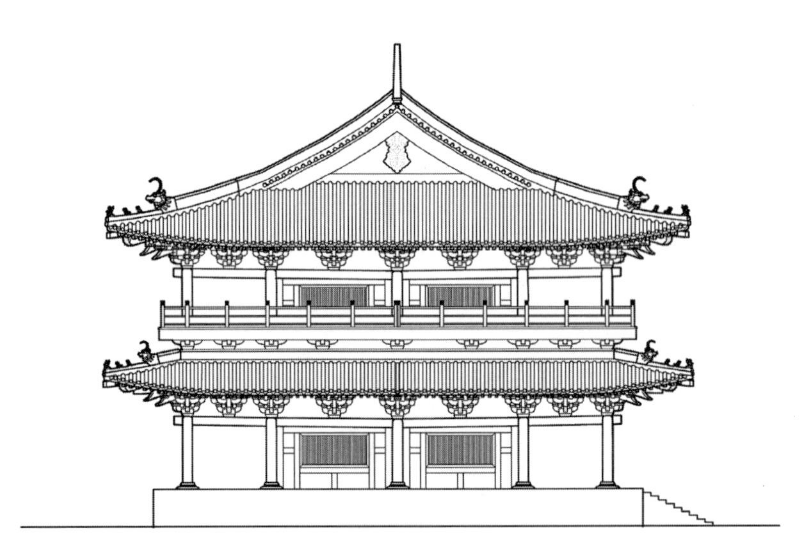

图41　浙江萧山觉苑寺大悲阁侧立面图
（李菁 绘）

三、弥勒阁与弥陀阁

弥勒信仰的鼎盛期是唐代，唐长安城内就曾出现过高达150尺的弥勒阁。在两宋时代，特别是北宋的寺院中，作为一种寺院建筑类型，弥勒阁以及以阿弥陀佛信仰为基础的弥陀阁，仍是常常出现的。有时，弥勒阁又被称为慈氏阁。如现存正定隆兴寺内，就存有一座北宋时代所创的慈氏阁。

1. 武功宝意寺弥勒阁

北宋至道三年(997 年)李德用撰写了一篇《京兆府武功县宝意寺重修装画弥勒佛阁记》。其中提到了这座弥勒阁的大致造型:“夫武功县者,唐高祖潜龙之地。宝意寺者,弥勒佛大像之居。名山隐映,镇于西城;丽水汪洋,遶其东□。矧兹佛也,身而百尺,阁就三层,度木鸠工,动盈万数。”[1]

这里给出的信息仅有两个:一是,其阁外观有 3 层;其次,阁内有一座弥勒大像,这可能是一尊立像,造像的高度为 10 丈。若此,弥勒佛底座的长宽尺度大约为 5 丈。其楼阁的高度,不会低于 12 丈。

假设这一中空建筑的中央空间为宽 7.2 丈、深 6 丈,形成一个周围有回廊的金箱斗底槽平面形式。由于阁有三重屋檐,则其外至少有两圈回廊,以保证上部的两层屋檐下各有一个回廊式空间的平坐层,如此推测出其阁通面广至少应为 12 丈,通进深至少应为 10.8 丈,阁的面广与进深各为 7 间(图 42)。或可以以这样一个推测的长宽尺度,及记载中的百尺高度,来推想这座三重屋檐弥勒阁的大致结构与造型(表 10)。

[1]文献[2]. 卷 166. 李德用. 京兆府武功县宝意寺重修装画弥勒佛阁记. 第 8 册:281.

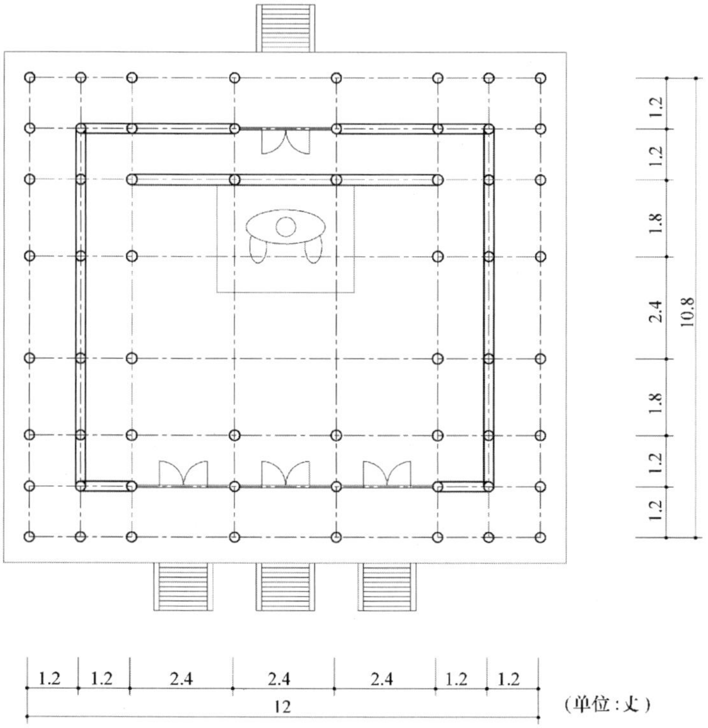

图 42 京兆府武功县宝意寺弥勒阁首层平面图

(作者自绘)

表 10　武功宝意寺弥勒阁平面尺寸

面广（丈）	通面广	左尽间	左梢间	左次间	当心间	右次间	右梢间	右尽间
	12.0	1.2	1.2	2.4	2.4	2.4	1.2	1.2
进深（丈）	通进深	前间	前梢间	前次间	中间	后次间	后梢间	后间
	10.8	1.2	1.2	1.8	2.4	1.8	1.2	1.2

高度方向，仍以首层当心间广尺寸为则，首层檐柱柱高应略小于这一间广尺寸，可以设定为2丈，其上橑檐方高度2.64丈，首层内柱柱头高3.6丈，其上用平坐。平坐顶面，高4.01丈；平坐上再用二层檐柱，柱高1.8丈；柱头上用铺作，铺作橑檐方上皮距离平坐地面高2.28丈，距离阁基地面标高为6.29丈。其上用插栱造做法，承托第二层平坐，平坐顶面标高为再用平坐，平坐顶面与二层平坐面高差为3.38丈，距离阁基地面标高为7.39丈。其上用檐柱高1.6丈，即二层殿身内柱柱头标高为2.99丈。柱头上用六铺作单杪双昂斗栱，二等材，铺作橑檐方上皮距离三层平坐顶面高度差仍可以控制在2.28丈，这里就是屋顶起举的位置，其距离阁基地面的标高为9.67丈左右。

此时上檐前后檐柱缝的距离为6丈，而其上檐口有斗栱出跳，每侧出跳的距离为0.49丈，则上檐前后橑檐方的距离约为6.98丈，取其1/3为屋顶起举的高度，则为2.33丈。如此，则可以推算出其阁顶脊槫上皮距离阁基地面的标高为12丈（图43～图45）。在这样一座高阁内，基本可以容纳下一尊高约百尺（10丈）的弥勒佛立像，且其阁有三重屋檐，与记载中的"*剏兹佛也，身而百尺，阁就三层*"的描述基本契合。

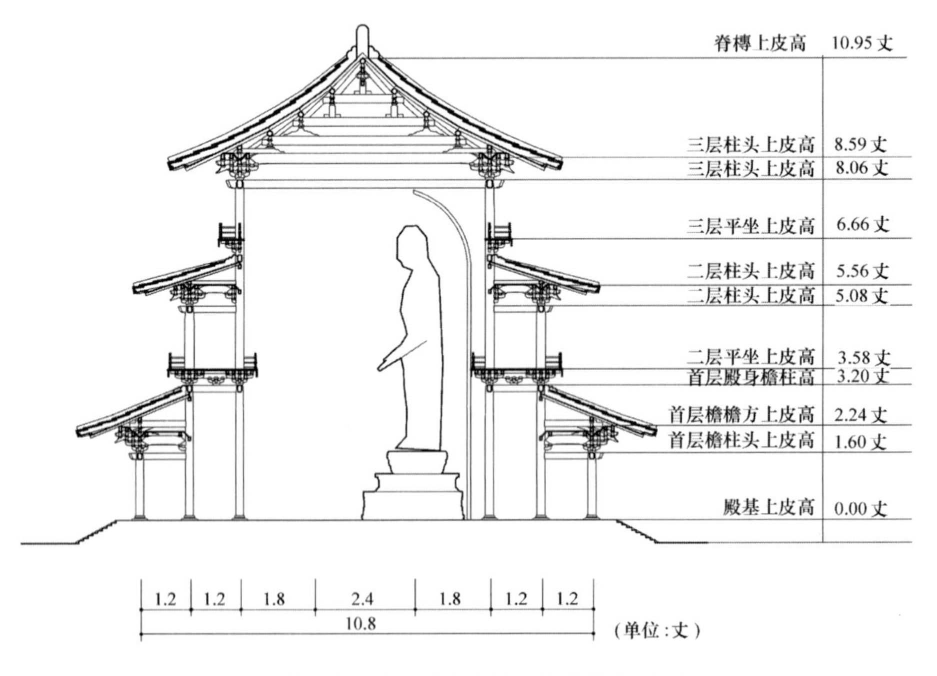

图43　京兆府武功县宝意寺弥勒阁剖面图
（作者自绘）

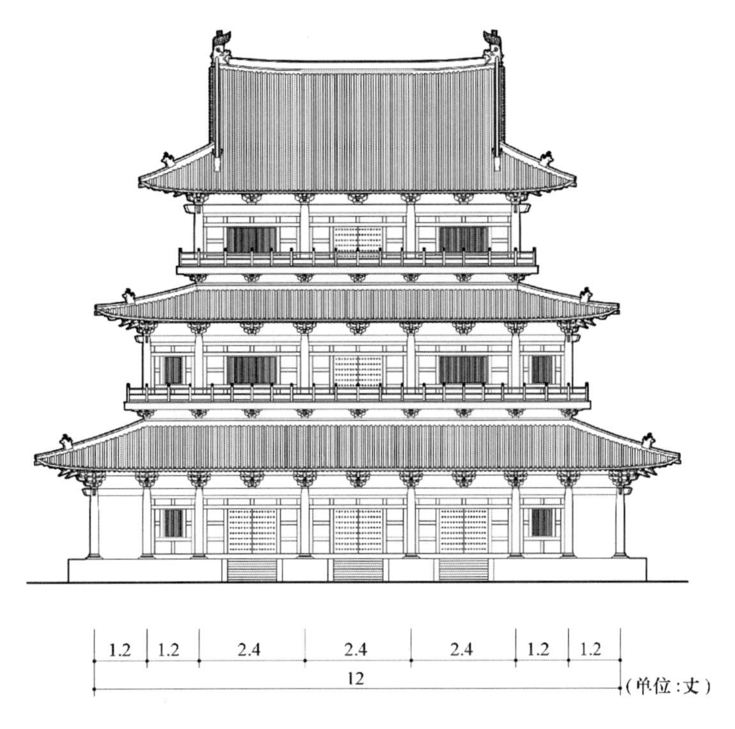

图 44　京兆府武功县宝意寺弥勒阁正立面图

(敖仕恒 绘)

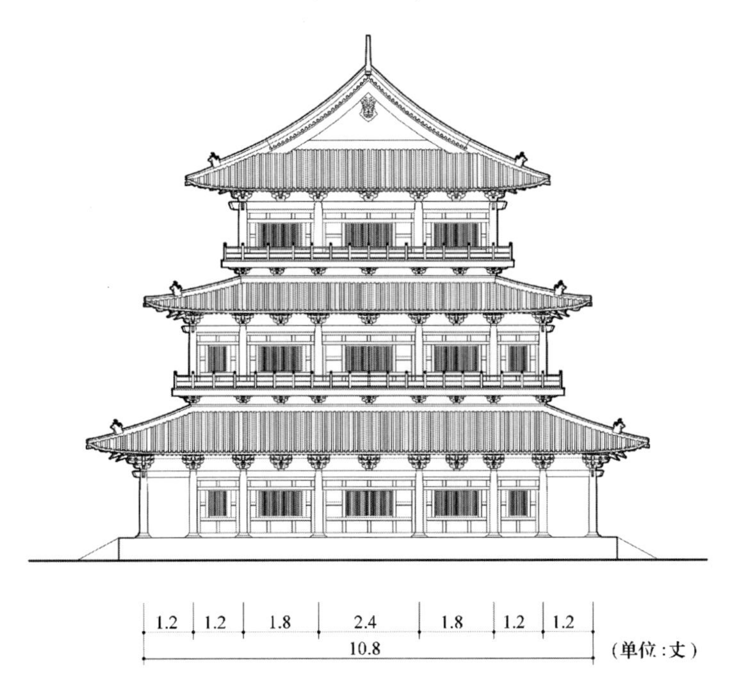

图 45　京兆府武功县宝意寺弥勒阁侧立面图

(敖仕恒 绘)

2. 越州龙泉寺弥陀阁

释元照于大观元年(1107 年)撰《越州龙泉弥陀阁记》:"……构立其阁,左右前后共五间。寺首覃悦以谓净土教观,方今盛行,仍出长财,雕造丈六弥陀妙相立于当中。旧有千佛画□,大悲刻像,布列左右。重修双塔,增广堂舍,利成一院,揭号弥陀宝阁焉。"[1]

[1] 文献[2]. 卷 2434. 释元照. 越州龙泉弥陀阁记. 第 112 册:347.

与武功宝意寺弥勒阁只给出楼阁的层数与高度不同的是,这里只给出了楼阁面广与进深的间数,同时给出的是弥陀造像的高度,且仅为 1.6 丈。当然,这里的弥陀像高度,不包括其下佛座的高度。

根据记载,其开间与进深各为 5 间,这可能是一座金箱斗底槽式平面,室内中空,可以布置佛像。按照唐宋时代较为常见的开间尺度,将其平面尺寸推测如下(表 11,图 46):

表 11　越州龙泉寺弥陀阁平面尺寸

阁面广(丈)	通面广	左梢间	左次间	当心间	右次间	右梢间
	7.2	1.2	1.5	1.8	1.5	1.2
阁进深(丈)	通进深	前间	前次间	中间	后次间	后间
	7.2	1.2	1.5	1.8	1.5	1.2

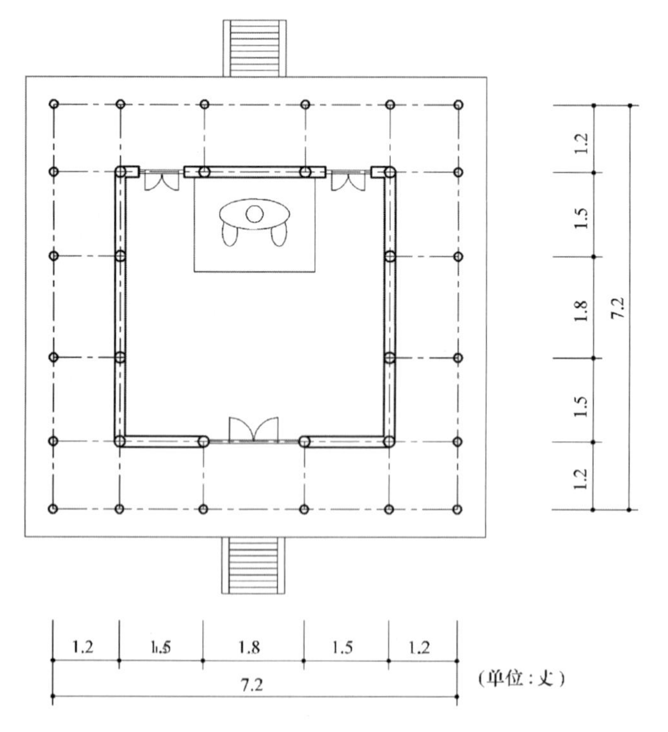

图 46　越州龙泉寺弥陀阁首层平面图
(作者自绘)

因其室内弥勒造像仅有1.6丈，加上佛座，至多也不过2.6丈左右。故其阁的高度应该不会太高。假设其首层檐柱与次间柱子同高，为1.5丈，其上斗栱高度按橑檐方上皮标高为檐柱高度的$\sqrt{2}$倍推测，约为2.1丈。既然称阁，其首层檐上可能有一个平坐，承托平坐的首层内柱，同时也承托首层腰檐的尾部，故设定其柱头标高，为首层檐柱高度的2倍，即首层内柱高为3丈。其上施平坐，平坐顶面的标高为3.38丈。平坐之上再用二层檐柱，柱高设定为1.2丈，其上用五铺作单杪单昂斗栱，二等材，二层外檐铺作橑檐方上皮与平坐顶面的高差为1.7丈。也就是说，这座楼阁，是在标高为5.08丈的位置上推算屋顶举折的。其二层前后檐柱柱缝的距离本为4.8丈，再加上上檐前后斗栱的出跳距离，以每侧出跳0.33丈推算，则两侧共出跳0.66丈，即楼阁上檐前后橑檐方的距离为5.46丈。以此尺寸的1/3推算其屋顶起举的高度，则为1.82丈。也就是说，这座楼阁脊槫距离阁基地面的高度为6.9丈。这应该就是这座楼阁的结构高度。首层与二层之间设有阶梯，二层仍然可以设置佛造像（图47～图49）。

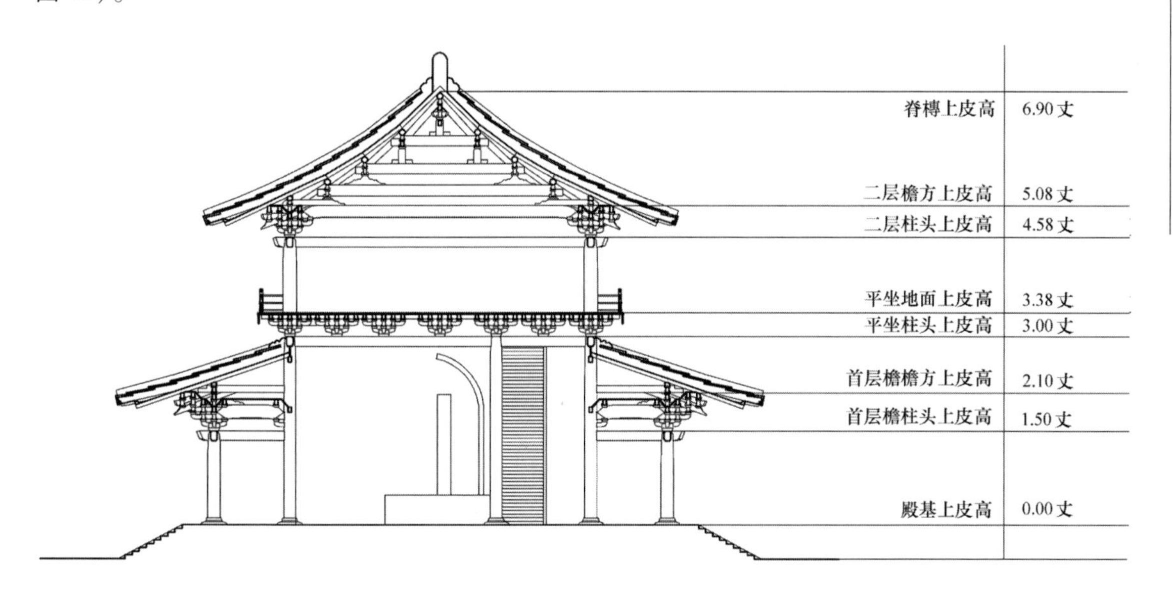

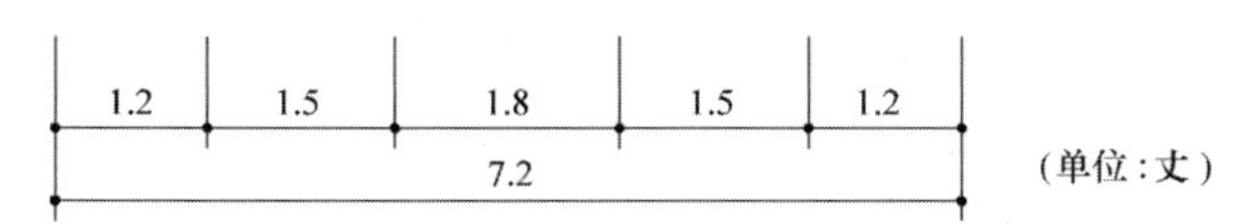

图47　越州龙泉寺弥陀阁剖面图

（作者自绘）

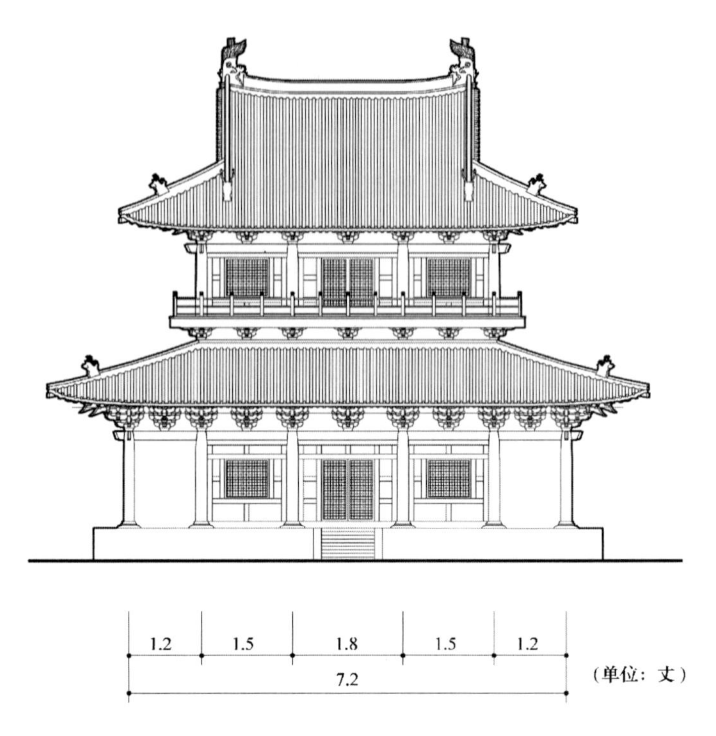

图 48　越州龙泉寺弥陀阁正立面图

（敖仕恒 绘）

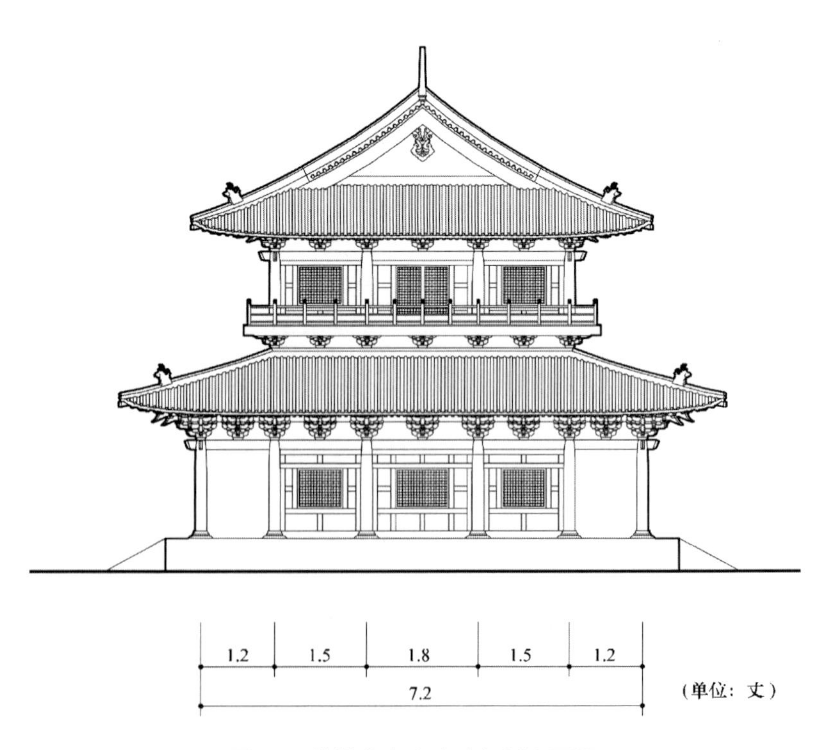

图 49　越州龙泉寺弥陀阁侧立面图

（敖仕恒 绘）

四、华 严 阁

华严宗的主要殿阁华严殿或华严阁内，一般供奉的是华严三圣。下面这个例子，是南宋时期华严教院中的一座华严阁。

阁见于商逸卿嘉定五年（1212 年）所撰《真如教院华严阁记》，其院在嘉兴城南门外，阁建于南宋淳熙二年（1175 年）："凡五间，阔六丈二尺，高六丈五尺，深四丈九尺，他如卢舍那殿、十六观堂及僧之居处一新之，至其具体有不可阙者，总为屋四十八间。"[1]这里给出了这座华严阁相当详细的结构数据：阁为 5 间，通面阔为 6.2 丈，通进深为 4.9 丈，阁的结构高度为 6.5 丈。

[1] 文献[2]. 卷6522. 商逸卿. 真如教院华严阁记. 第 287 册:218.

设想其阁的 5 间间广按如下尺寸分布：当心间 1.5 丈，次间 1.3 丈，梢间 1.15 丈，通面广正与 6.2 丈合。而其进深似乎只有 4 间，其中前间与后间各为 1.15 丈，次二间各为 1.3 丈，通进深亦与 4.9 丈合。推测的平面柱网如下（表 12，图 50）：

表 12 嘉兴真如教院华严阁平面尺寸

阁面广（丈）	通面广	左梢间	左次间	当心间	右次间	右梢间
	6.20	1.15	1.30	1.50	1.30	1.15
阁进深（丈）	通进深	前间	前次间		后次间	后间
	4.90	1.15	1.30		1.30	1.15

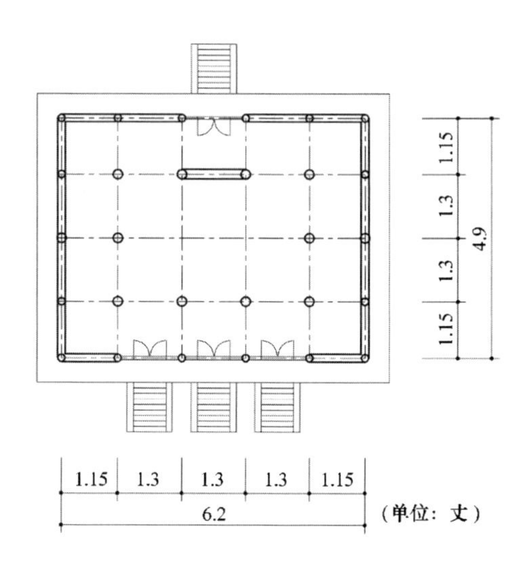

图 50 嘉兴真如教院华严阁首层平面图
（作者自绘）

以其阁首层当心间间广为 1.5 丈，次间间广为 1.3 丈，参照唐宋时期 5 间殿阁的柱高与间广关系，可以取其次间间广为首层檐柱高度，即首层檐柱高 1.3 丈，柱上斗栱按 $\sqrt{2}$ 的比例，采用二等材五铺作单杪单昂的做法，使其外檐铺作橑檐方上皮标高控制在约 1.88 丈，并将其阁二层平坐的地面标高控制为 3.0 丈。

二层地面上起上层檐柱，柱高为 1.2 丈，其上仍然用五铺作单杪单昂斗栱，使上檐铺作橑檐方上皮标高控制在距离二层地面 1.78 丈的高度上，则上檐屋顶起举的起点标高为 4.78 丈，也就是说，这一标高与记载中的结构最高点，即阁顶脊槫上皮之间，有 1.72 丈的高度差。

已知阁前后檐柱缝距离为 4.9 丈，这一距离，在上层可能会有一定的向内退进，如退入 0.09 丈。则前后檐柱缝距离为 4.72 丈。然后，再加上上檐斗栱的出跳距离，以每侧出跳 0.33 丈算，共有 0.66 丈，则上檐前后橑檐方的距离为 5.38 丈，按 1/3 的起举高度约为 1.79 丈。这与前面分析的 1.72 丈的高度差十分接近（图 51 ~ 图 53），完全可以消解在作图中的细部尺寸上。

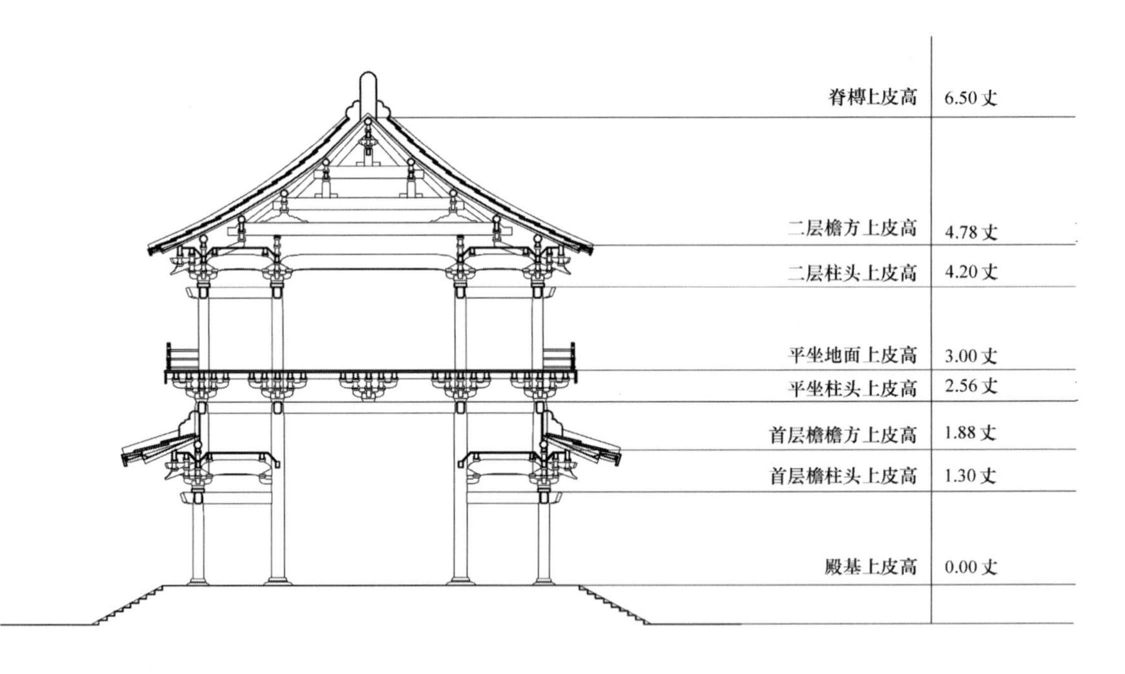

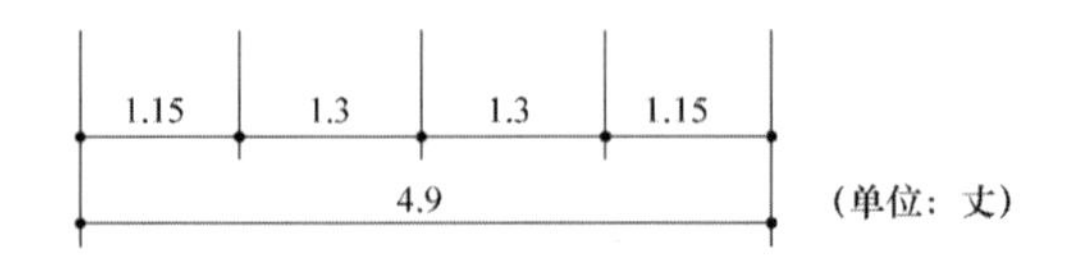

图 51　嘉兴真如教院华严阁剖面图

（作者自绘）

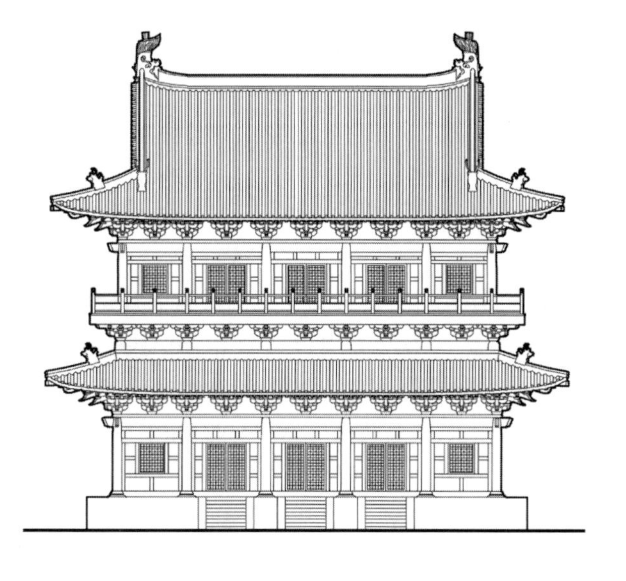

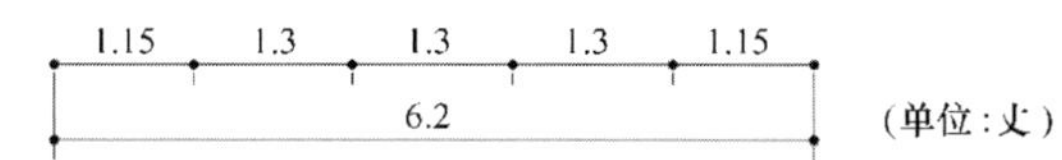

图 52　嘉兴真如教院华严阁正立面图
(敖仕恒 绘)

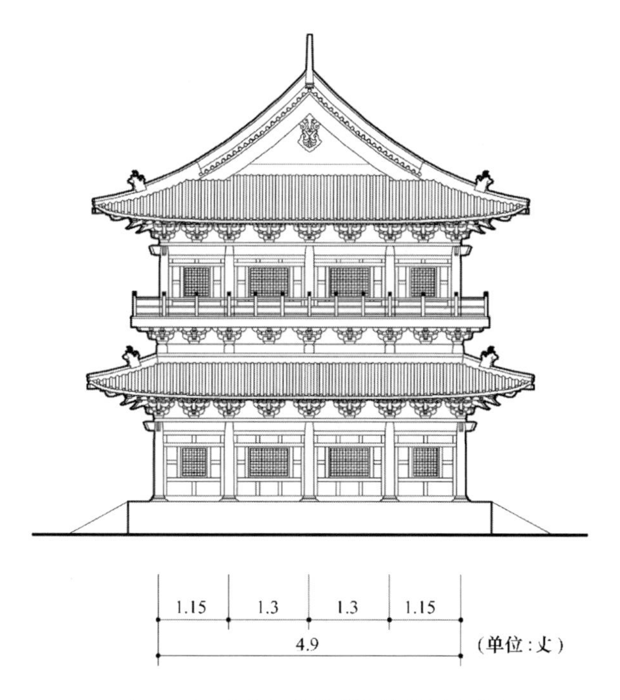

图 53　嘉兴真如教院华严阁侧立面图
(敖仕恒 绘)

这也说明，这里推测而出的华严阁基本高度、开间、斗栱尺度，是比较接近历史真实的。

五、钟　　楼

钟楼几乎是延续时间最长，也最为常见的佛教寺院建筑，早在唐代的寺院中钟楼已经十分常见。现存正定开元寺钟楼，就是一座尚存的晚唐时代钟楼建筑。几乎两宋时期的每一座寺院中都有钟楼设置，但文献记录中给出了较为详细尺寸者，却如凤毛麟角。这里可以举出一个例子。

南宋绍兴七年(1137 年)灵峰院僧宝胜在寺院所处的山顶，建造了一座钟楼："绍兴丁巳，灵峰院僧宝胜创建钟楼于院之山顶，越明年，楼成，其高七仞，纵广半之，壮丽轮奂，动人心目。"❶

❶文献[2]. 卷 4581. 王咸久. 灵峰院钟楼记. 第 206 册:367.

由于两宋时期历史上出现过多座称为灵峰寺或灵峰院的寺院，这里很难厘清这座灵峰院，究竟是位于哪里的灵峰院。从作者王咸久在南宋绍兴间，曾经做过左朝奉郎，通判蜀州，或可以猜测，这里的灵峰院，有可能是今日四川三台县的灵峰寺。

这里给出了几个数据，这座钟楼的高度为 7 仞，而楼的面阔与进深为 3.5 仞。这里其实出现了两套数据，因为中国古代的仞，或为 1 仞 8 尺，或为 1 仞 7 尺。以一仞为 7 尺计，则其楼高为 4.9 丈，楼广 2.45 丈，深 2.45 丈。而若以一仞为 8 尺计，则其楼高 5.6 丈，其楼广 2.8 丈，其楼深 2.8 丈。

相信这座钟楼，应该是一座面广与进深各为 3 开间的楼阁。以其平面深广为 2.8 丈推算，其尺度与一座小型楼阁建筑大略还是接近的。故这里假设 1 仞为 8 尺，由此推出这座小型楼阁的平面尺寸(表 13，图 54)。

表 13　灵峰院钟楼平面尺寸

面广(丈)	通面广	左次间	当心间	右次间
	2.8	0.8	1.2	0.8
进深(丈)	通进深	前间	中间	后间
	2.8	0.8	1.2	0.8

钟楼的结构高度为 5.6 丈。这相对于一座平面长宽仅为 2.8 丈的楼阁来说，似乎有一点高，说明这是一座瘦高的楼阁。因其较高，故设定其首层檐柱柱高为 1.2 丈，柱头上用三等材六铺作单杪双昂斗栱，加上普拍方的厚度，斗栱总高约为 0.60 丈。铺作上以插柱造方式，设平坐柱，柱头标高为

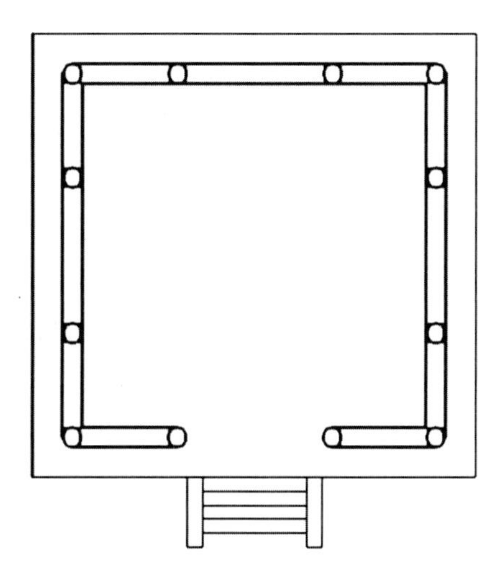

图 54　灵峰院钟楼首层平面图

（作者自绘）

2.4 丈，其上用平坐斗栱及平坐板，使二层楼面标高控制在 2.80 丈。二层檐柱高为 1.1 丈。柱头上用三等材，五铺作单杪单昂，铺作橑檐方上皮的标高，可以控制在 4.48 丈的高度。

橑檐方之上起钟楼屋顶。以前后檐柱距离为 2.74 丈（按两侧各向内收进 0.03 尺计），加上檐柱斗栱向外出跳的距离，每侧约为 0.33 丈，共 0.66 丈。则前后橑檐方距离为 3.4 丈。以这一距离的 1/3 为楼阁屋顶的起举高度，则屋顶举起约 1.13 丈。也就是说，这座钟楼上层屋顶脊槫上皮的标高为 4.48 + 1.13 = 5.61（丈）。这与文献记载的"其高七仞"，即 5.6 丈的记录是高度吻合的（图 55，图 56）[1]。

[1] 文中所有建筑的基本平面与剖面，都是由笔者研究分析后绘制的，相应的深化性剖面及立面图，则有赖清华大学建筑学院建筑历史方向的诸位研究生参与完成，参加绘图的同学名称，在每幅图后都已经加以标注，这里谨向参加绘图的各位同学致以谢意。

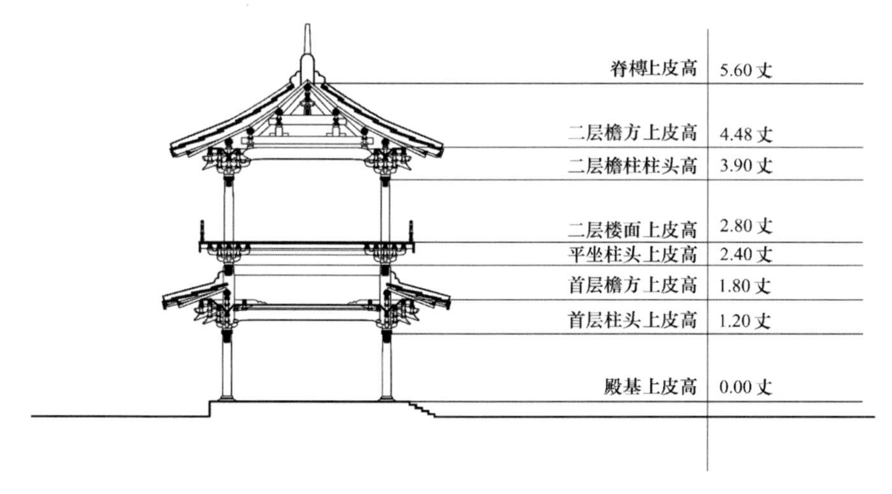

图 55　灵峰院钟楼剖面图

（作者自绘）

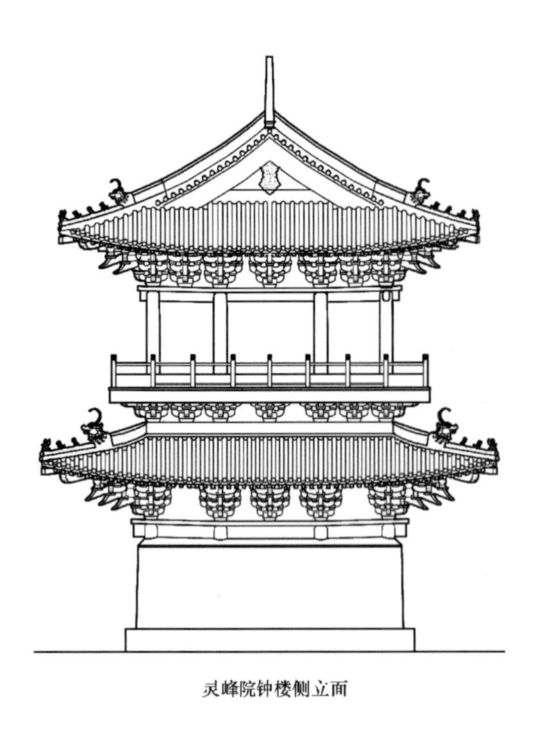
灵峰院钟楼侧立面

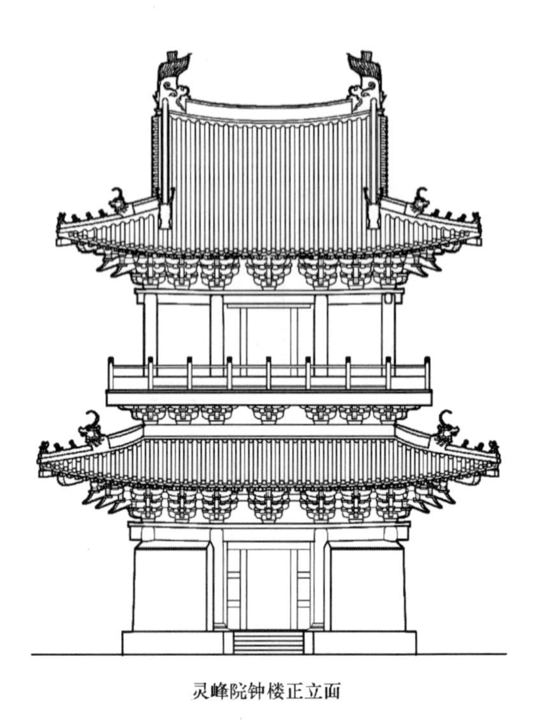
灵峰院钟楼正立面

图 56　灵峰院钟楼正、侧立面图
（李菁 绘）

六、结　　语

需要说明的是，这一以两宋时代史料文献记载为基本依据，基于宋代木构建筑结构逻辑与比例规则的复原研究，是一种假设性复原，即对宋代存在过的佛教木构单体殿堂建筑实例的基于有限数据资料与结构逻辑推导而来的推测性研究。其原则是尽可能接近其文献记录的基本特征与数据，同时，与同一时代其他木构建筑的结构逻辑与比例规则尽可能吻合，从而在最大程度上接近这些见于文献记载的建筑实例在历史上的真实样貌。由于中国木构建筑体系的特殊性，两宋历史上的木构建筑实例，尤其是多层木楼阁的建筑实例，所存至今者，寥寥无几，这一研究或许对我们理解两宋时代佛教寺院木构楼阁建筑的类型、特征与基本造型，有一定的参考意义，从而弥补中国古代建筑史上的这一缺憾，也会进一步丰富我们对于这一时期建筑史内涵的深入认识。

参考文献

[1] 商务印书馆四库全书出版工作委员会. 文津阁四库全书(影印本)[M]. 北京:商务印书馆,2008.

[2] 曾枣庄,刘琳. 全宋文(全360册)[M]. 上海辞书出版社,安徽教育出版社.

[3] [后晋]刘昫,等. 旧唐书[M]. 北京:中华书局,1975.

[4] 傅熹年. 中国古代建筑史[M]. 第二卷. 北京:中国建筑工业出版社,2001.

见于史料记载的几座宋代木构佛塔建筑复原[1]

王贵祥

（清华大学建筑学院）

摘要：本文从两宋时期史料文献中爬梳出了关于几座佛教寺院中木构佛塔建筑实例的较为详细的记载资料，以这些记载为基础，结合宋代建筑的法式制度与建筑实例，对这些佛塔建筑进行了推测性的假设复原，以期还原这几座佛塔当时的可能平面、剖面与立面，从而对宋代佛教寺院中的木构佛塔建筑，有了一个更为直观的了解。

关键词：两宋时期，佛教寺院，佛塔，史料文献，复原探讨

Abstract: Several examples of wood-framed pagodas built in Song-period Buddhist monasteries have been found in the literature of the Northern and Southern Song dynasties. With reference to the construction principles and the extant buildings of the Song dynasties, the paper presents the hypothetical restoration of their floor plans, cross-sections, and elevations. The goal is to extend and deepen the knowledge of Buddhist temple architecture during the Song period.

Keywords: Northern and Southern Song dynasties, Buddhist temples, pagoda, historical literature, discussion of building recovery

如果说，南北朝与隋唐时期，佛塔或舍利塔在寺院中几乎具有中心性的地位，那么两宋时期寺院中的佛塔，则没有早期寺院那样多，有的位置没有那么重要，尺度上也没有南北朝与隋唐时期的佛塔那么高大和宏伟。但是，在两宋时期的史料中，我们还是可以发现一些佛塔或舍利塔的相关资料。

一、润州甘露寺舍利塔

古润州，大约相当于今日江苏省的镇江地区。北宋端拱元年（988年）润州甘露寺内的东侧新建了一座舍利塔，据史料记载，其塔："材用工役，必求善良；规模制度，必据经法。其高七十尺，其周二十步，八隅莹玉，五盏凌霄，游居之徒，莫不称叹。"[2]由文字的描述中，可以知道这可能是一座仿木结构造型的石塔，塔平面为八角形，塔的造型似乎是五重檐。

---

[1] 本文为笔者主持的国家自然科学基金资助项目《文字与绘画史料中所见唐宋、辽金与元明木构建筑的空间、结构、造型与装饰研究》（项目批准号：51378276）成果。

[2] 文献[1]. 卷25. 徐铉. 润州甘露寺新建舍利塔记. 第2册：241.

塔的基本尺度是周回20步,高70尺。以一步为5尺,其塔八边形的周长为100尺。也就是说,八边形每侧的边长为12.5尺。我们可以设定首层塔的每边分为三开间,当心间间广5.5尺,两次间间广3.5尺。

由于该塔是一座向上的高塔,其柱子比例应该有一个向上的冲力,故一般会将首层柱子设计得高于其当心间的间广。而将第三层柱子的当心间间广与柱子高度取齐,这样可以构成较好的比例。著名的杭州闸口白塔,就是这样处理的。故这里将首层塔柱子高度设定为6.5尺。其上用斗栱,因为这是一座总高仅有70尺的小塔,且塔还需要分为5层,故其所用斗栱的材分无疑是比较小的。这里设定其斗栱用八等材,材高4.5寸。

首层柱头用五铺作单杪单昂斗栱,斗栱上用叉柱造承其上平坐柱,平坐柱头上再用一跳华栱,形成等级较低的斗口跳铺作形式。通过绘图可以推出首层柱头距离二层平坐地面的高度差为8.23尺。这一尺寸包括了外檐柱头铺作、平坐柱及阑额和平坐斗栱的高度,以及平坐板的厚度。由此推算出的二层楼面标高为14.73尺。

二层以上的柱子高度逐层递减,以每层减0.5尺为率,则二层柱子高度取为6尺,第三层柱子高度取为5.5尺。也就是说,塔之第三层柱子高度,与当心间间广正好相同,在立面外观上,形成了一个正方形。第四层柱子高度取为5尺, 第五层柱子高度取为4.5尺。

在第二层柱头与第三层楼面板,第三层柱头与第四层楼面板,以及第四层柱头与第五层楼面板之间,因为都用了相同的外檐铺作、平坐柱及平坐斗栱,因而也都保持了同样的8.23尺的高度。如此,则可以知道,第三层地面标高为28.96尺,第四层地面标高为42.69尺,而第五层楼面标高为55.92尺。至第五层檐柱柱头,与塔基地面的高度差为60.42尺。第五层柱头铺作仍用八等材五铺作单杪单昂的做法,其橑檐方上皮与柱头上皮的高度差为2.7尺,也就是说,第五层塔橑檐方上皮与塔基地面的高度差为63.12尺。

从塔身平面的角度来看,为保持塔首层八边形轴线的每边边长为12.5尺,其相对两条边的轴线距离约为30.18尺,以此为基础,以上逐层柱缝向内收进,以每层每面向内收进1.65尺为率(这其中也包括了各层平坐柱向内的收进),则第二层楼面相对两条边的轴线距离为26.51尺;第三层楼面相对两条边的轴线距离为23.21尺,第四层楼面相对两条边的轴线距离为19.91尺,第五层楼面相对两条边的轴线距离为16.61尺(图1,图2)。

以其第五层柱头斗栱为八等材,用五铺作单杪单昂,其橑檐方缝与柱头缝的出跳距离为1.8尺,加上前后柱缝的距离,则塔身第五层相对两条边柱头斗栱橑檐方缝的距离为 20.21 尺。这里是塔顶起举的标高位置，以前后橑檐方缝距离 20.21 尺的 1/3，即 6.74 尺来计算举高，则其塔脊栋位置的标高当为 63.11 + 6.74 = 69.85（尺），考虑到可能的误差，其脊栋距离塔基地面的高度，应该与记载中的 70 尺是吻合的。其上可以再加上一个塔刹的高度，取其刹高为 10 尺，则其塔刹顶的高度为 80 尺（图 3，图 4，表 1）。

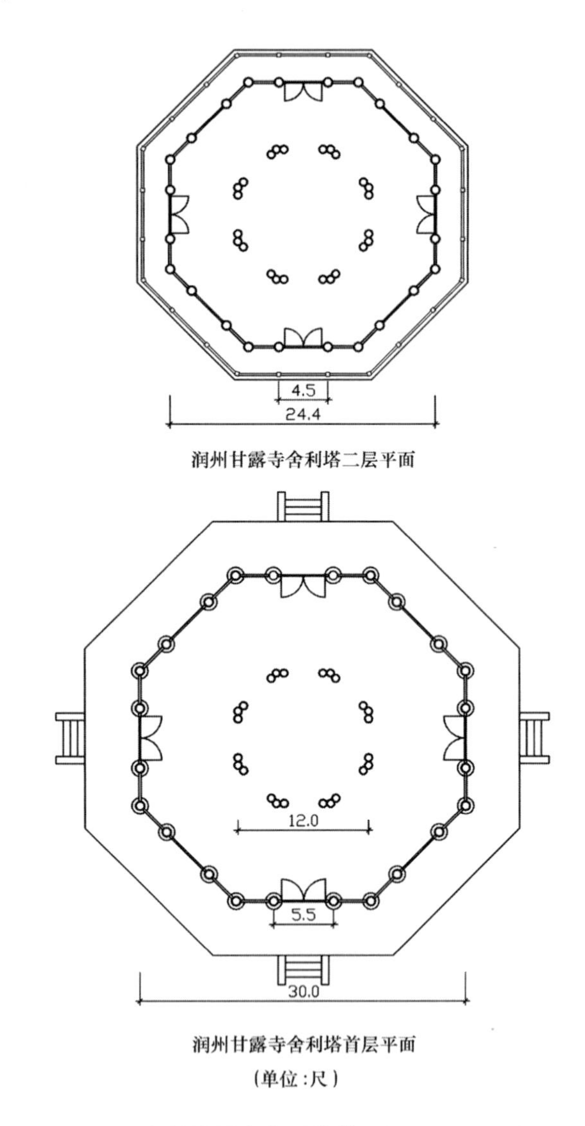

图 1　润州甘露寺舍利塔首层与二层平面图

（作者自绘）

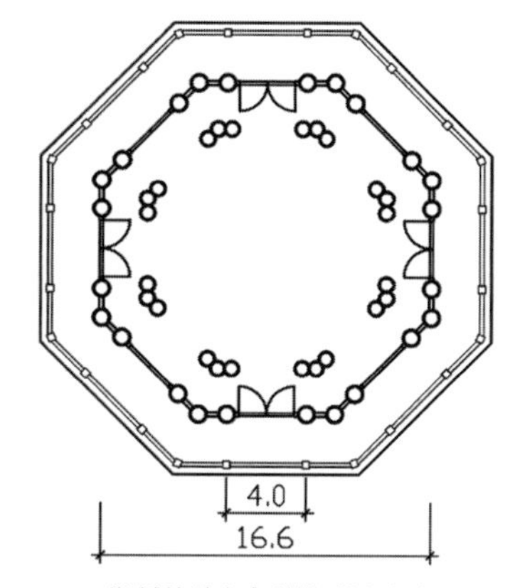

润州甘露寺舍利塔五层平面

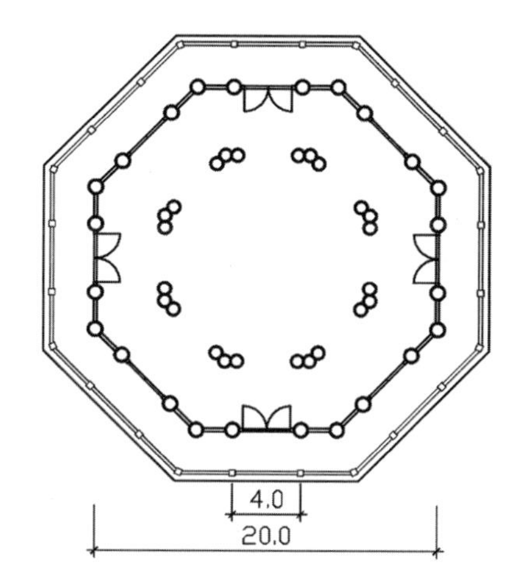

润州甘露寺舍利塔四层平面

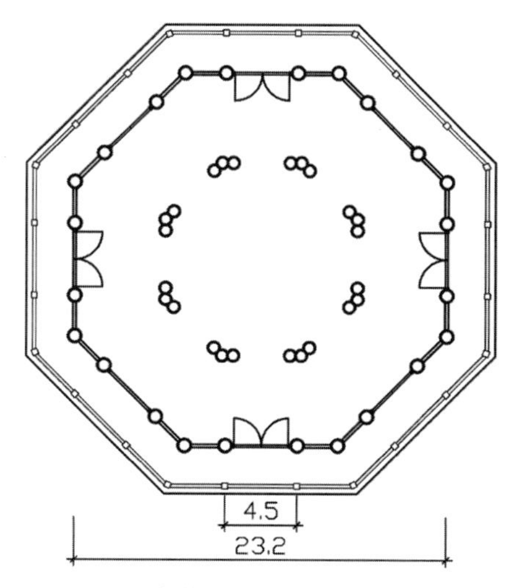

润州甘露寺舍利塔三层平面

图2　润州甘露寺舍利塔三、四、五层平面图

（作者自绘）

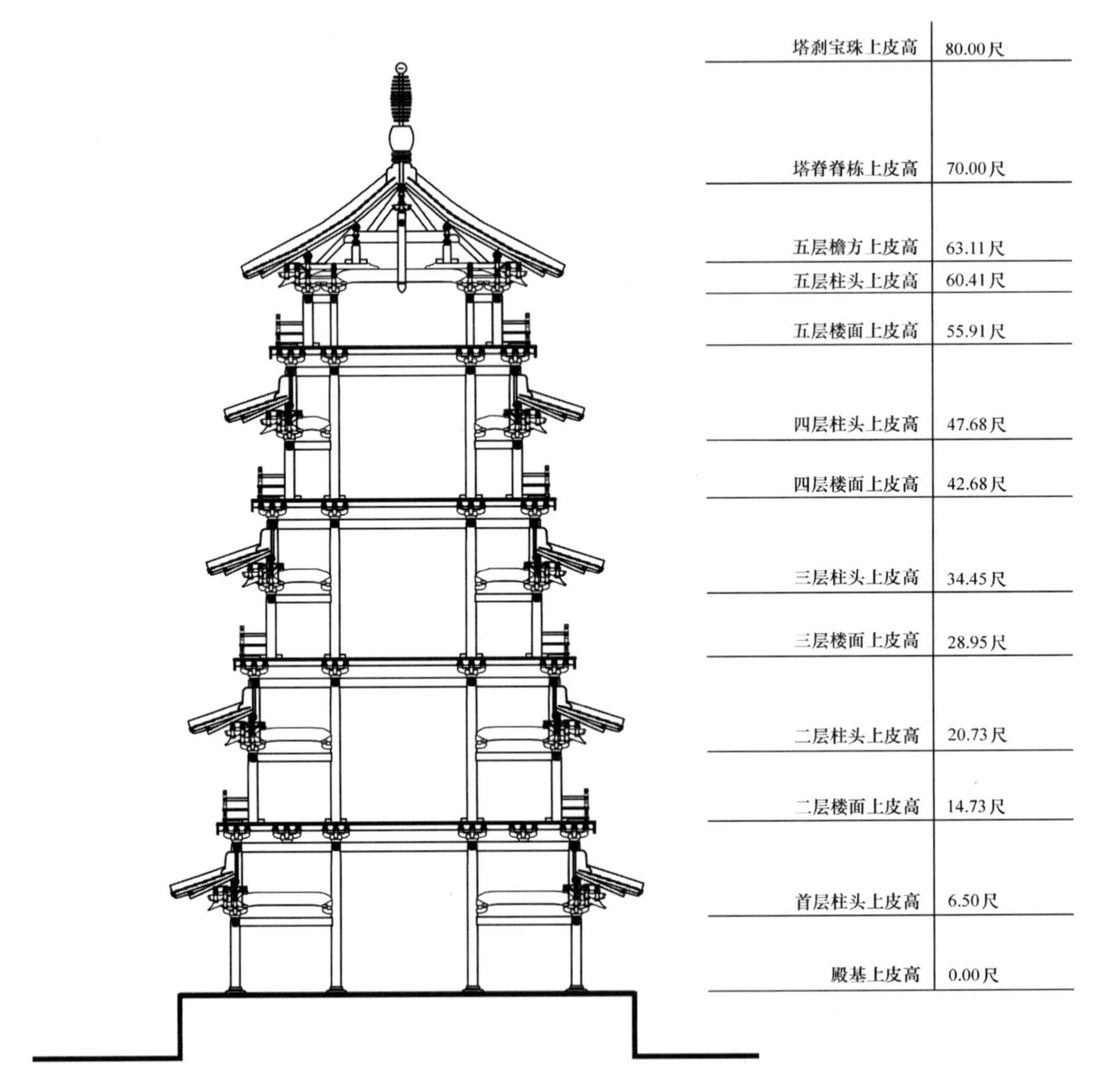

图3 润州甘露寺舍利塔剖面图

（作者自绘）

图 4　润州甘露寺舍利塔立面复原图

（张亦驰 绘）

表1　润州甘露寺舍利塔高度控制尺寸　　单位:尺

层级	第一层	第二层	第三层	第四层	第五层	累积	顶层举高	脊栋标高
各层柱高	6.50	6.00	5.50	5.00	4.50	27.50		
平坐地面标高		14.73	28.95	42.68	55.91			
上层地面与下层柱头高度差		8.23	8.23	8.23	8.23	32.92		
橑檐方上皮高	9.20	8.70	8.20	7.70	7.20	63.11	6.74	69.85
累积高度		23.43	37.15	50.38	63.11			

润州(镇江)甘露寺尚存,但是,由于岁月久远,这座石筑舍利塔的旧迹已难寻觅,好在寺内尚存一座宋代时的铁塔,原为九级八面,在明代海啸时遭毁,尚存3级(图5),可供今人凭吊思古之幽情。

图5　镇江(润州)甘露寺尚存宋代铁塔

(孙大章,傅熹年,罗哲文,等.梵宫——中国佛教建筑艺术[M].上海:上海辞书出版社,2006.)

二、泗州水陆禅院舍利塔

北宋时期一位具有科学意识的文人沈括曾经撰有一篇《泗州龟山水陆禅院佛顶舍利塔记》,并且给出了这座舍利塔的高度尺寸:“庆历中,诏遣中贵人持佛顶骨舍利,函以金塔,坎于山胁,于是即山为宫,逶蛇登降,环络弥布。中为浮图十有三成,为高二百有五十尺。面峙峻阁,而复殿翼其后,廊疏句椽。"[1]然而,这里给出的仅有塔的层数与高度,却没有给出塔的平面造型与长宽尺寸。

[1]文献[1].卷1690.沈括.泗州龟山水陆禅院佛顶舍利塔记.第77册:337.

以其塔高250尺,分为13层,平均每层的高度约为19.2尺。如果算上塔顶的高度,则其每层塔檐的高度不会超过18尺。我们不妨将首层柱子高度假设为10尺,其上每层按0.5尺递减,减至第十三层时,柱子高度为4尺。各层都有平坐,以其斗栱用五等材,材高为0.66尺,其各层柱头外檐铺作用五铺作单杪单昂,首层与第二层平坐斗栱用五铺作出双杪的做法,自第三层平坐始,至第十三层平坐,其下皆用斗口跳的做法。则下层柱头与上层楼面板的高度差,通过作图可以推测出,第二层楼面与首层柱头,以及第三层楼面与二层柱头之间的高度差为12尺;以上各层平坐地面与下层柱头的高度差均为11.14尺。这一高度包括了柱头上的斗栱高度、平坐柱与平坐斗栱高度,以及平坐地面板的厚度。由此推测出13层塔各层的柱子高度,及平坐地面板标高,可见表2。

表2 泗州水陆禅院舍利塔高度控制尺寸 单位:尺

塔层	各层柱子高度	各层平坐地面与下层柱头高度差	平坐地面标高	橑檐方上皮高	举折高	脊栋高
1	10.00			14.26		
2	9.50	12.00	22.00	35.76		
3	9.00	12.00	43.50	56.76		
4	8.50	11.14	63.64	76.40		
5	8.00	11.14	83.28	95.54		
6	7.50	11.14	102.42	114.18		
7	7.00	11.14	121.06	132.32		
8	6.50	11.14	139.20	149.96		
9	6.00	11.14	156.84	167.10		
10	5.50	11.14	173.98	183.74		
11	5.00	11.14	190.62	199.88		
12	4.50	11.14	206.76	213.52		
13	4.00	11.14	222.40	230.10	19.90	250.00

如此推算出的第13层楼面标高为222.4尺。其上加第十三层檐柱,高4尺,柱头上用五铺作单杪单昂斗栱,五等材,斗栱高度即橑檐方上皮与柱头上皮的高度差为3.7尺,故而可以推出第十三层外檐铺作橑檐方上皮与塔基地面的高度差为230.1尺。以作图方式推出其斗栱出跳距离,即橑檐方缝与外檐柱缝的距离为2.65尺。

通过以上推测得出的第十三层橑檐方上皮标高230.1尺,距离记载中的塔顶结构高度250尺,尚有19.9尺的高度差。可以以此反推第十三层塔前后橑檐方的距离。以其举高为前后橑檐方距离的1/3推算,则可以知道,第十三层塔前后橑檐方的距离当为19.9的3倍,即59.7尺。如果减去前后檐各 2.65 尺的斗栱出跳距离，则可以反推出这座塔第十三层相对两条边的柱缝距离为 54.4 尺。这里取整为 54 尺。可以以这一基本尺度，推算出各层的平面尺寸（图 6 ~ 图 11）。

由于这是一座北宋时期的舍利塔，故可以推测这很可能是一座八角形平面塔。也就是说，这座塔的第十三层，相对两檐的柱子距离为 54 尺，由此可以推出其八边形每边的边长约为 21.9 尺。

假设这座塔的收分，是按每层收入 3 尺（每侧 1.5 尺）计算的，则可以由顶层的相对两檐柱子距离反推各塔层的前后（或左右）檐柱距离，从第十三层向第一层逐层递增的数据分别是：54 尺，57 尺，60 尺，63 尺，66 尺，69 尺，72 尺，75 尺，78 尺，81 尺，84 尺，87 尺，90 尺。也就是说，这座塔首层前后檐柱缝距离为 90 尺。如此可以推算出首层八角形塔每面的边长为 37.28 尺。

可以将每层的八个面，都按三开间设置，例如，顶层当心间为 10 尺，两次间为 5.95 尺。首层当心间为 16 尺，两次间为 10.64 尺。如此可以类推出各层的每面边长与各间间广，当然，其上各层的逐间间广，随着塔身平面的缩小，也相应有所变化。据此，可以绘出这座高 250 尺、共 13 层的北宋舍利塔的剖面及外观。在塔顶之上还应有塔刹，取塔结构高度的 1/10，则其高应该在 25 尺左右、而塔刹顶端距离地面的高度为 275 尺（图 12，图 13）。

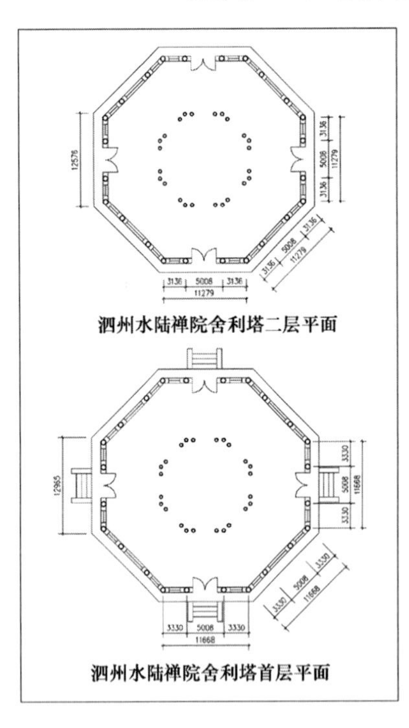

图 6　泗州水陆禅院舍利塔首层、二层平面图
（作者自绘）

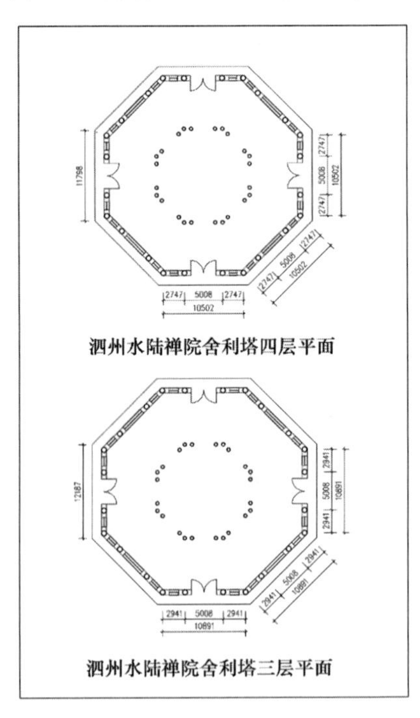

图 7　泗州水陆禅院舍利塔三层、四层平面图
（作者自绘）

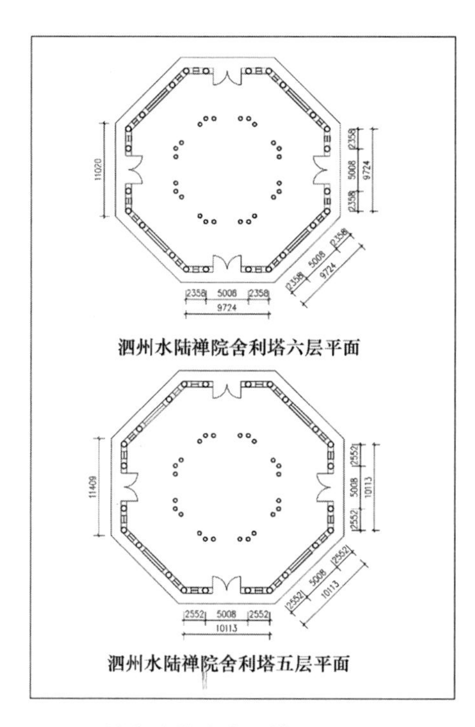

图 8 泗州水陆禅院舍利塔五层、六层平面图
（作者自绘）

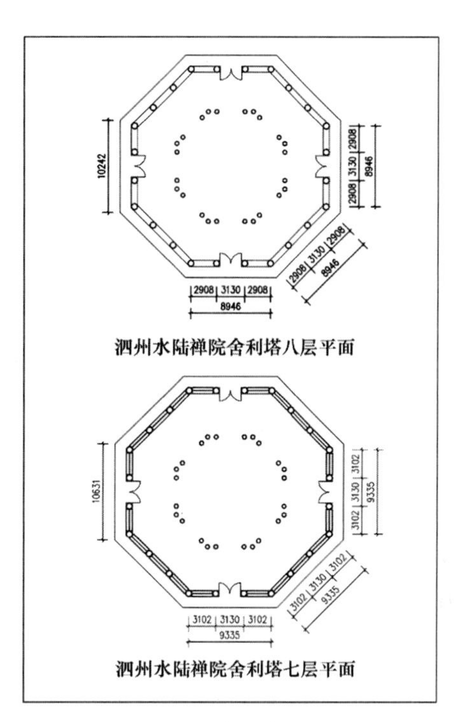

图 9 泗州水陆禅院舍利塔七层、八层平面图
（作者自绘）

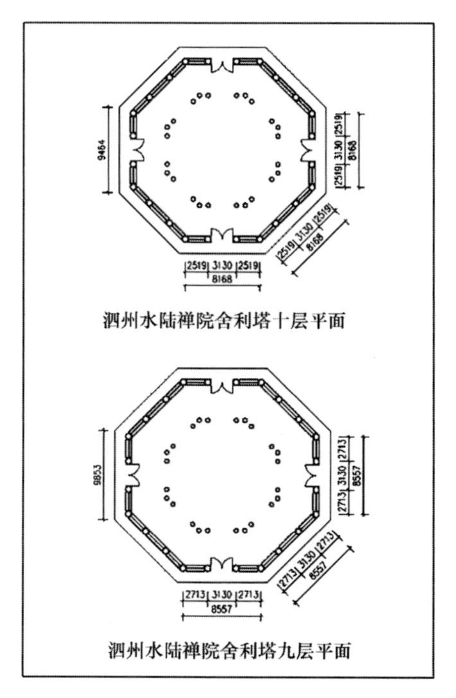

图 10 泗州水陆禅院舍利塔九层、十层平面图
（作者自绘）

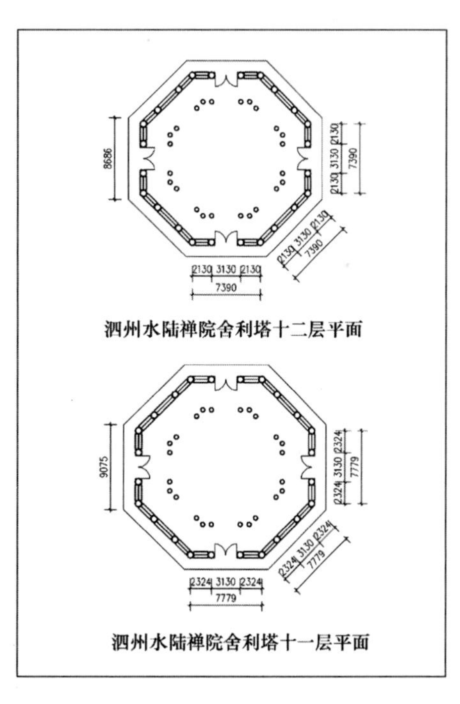

图 11 泗州水陆禅院舍利塔十一层、十二层平面图
（作者自绘）

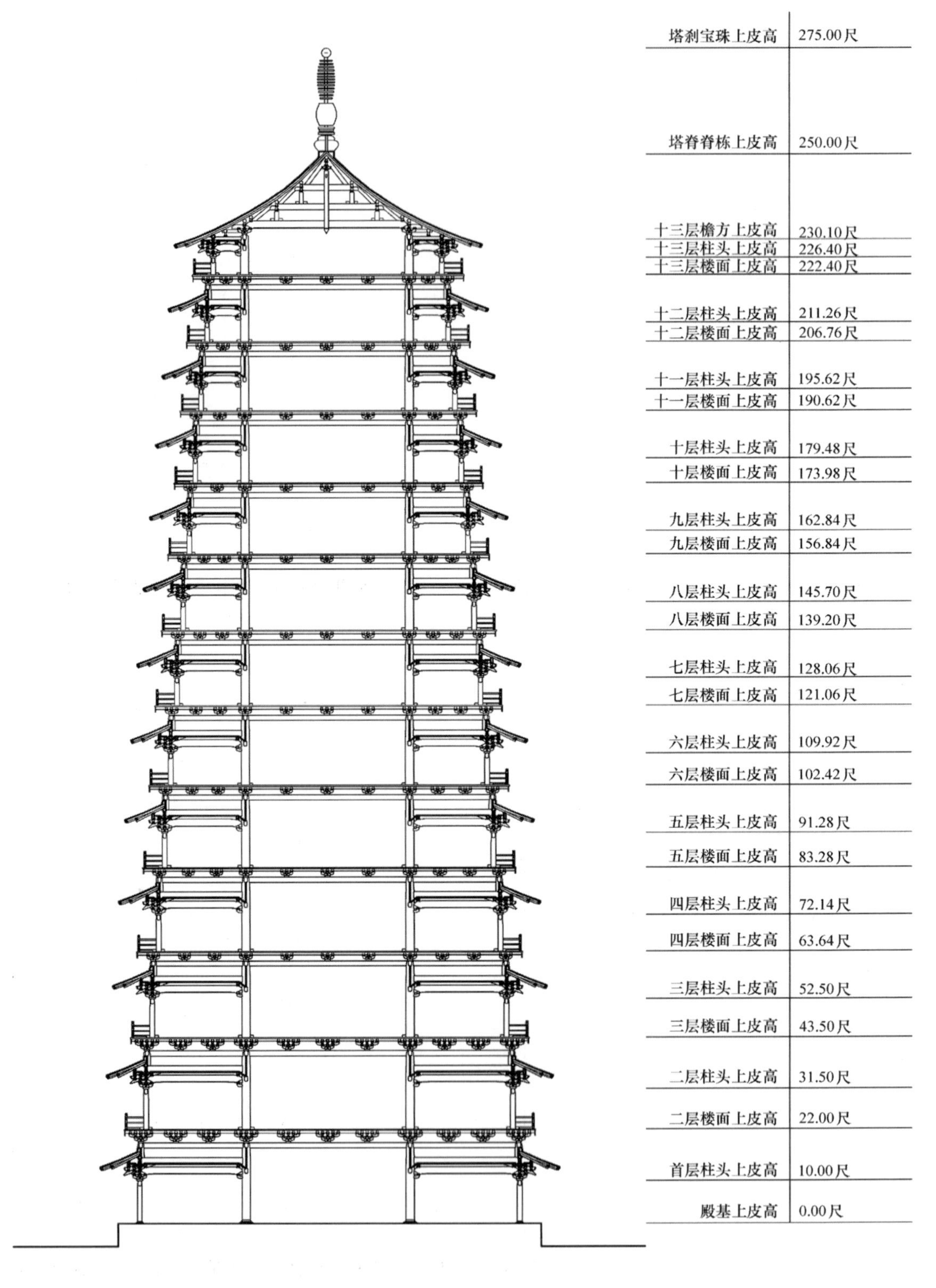

图12 泗州水陆禅院舍利塔剖面图

（作者自绘）

图 13　泗州水陆禅院舍利塔立面图
（李德华 绘）

三、东京护国禅院大安塔

北宋东京左街护国禅院内有一座佛塔,称为大安塔,创建于北宋乾德六年(968年),宋人夏竦撰《大安塔碑铭》记录了这座塔及寺的一些梗概:"美哉!四门九级,岌嶪天中,十盘八绳,晃曜云际。……由二级而上,命奉安祢庙至宣祖皇帝四室神御,并列环卫,拱侍左右。自余缘塔功德未具者,皆省服御成之。由是贤劫之像,萨埵之容,无佐星纬,八部人天,分次峻层,罔不咸备。……是塔庀工二十年,规平三百尺,高二引有六丈,经用一亿,旁庑佗舍,无虑五百楹。"❶

❶ 文献[1].卷354.夏竦.大安塔碑铭.第17册:212.

如前面已经谈到的,这座塔前有献殿,左右有夹殿,塔前还矗立有经藏阁与钟楼。可知其塔在寺院中,仍处于中心地位。这里所载塔的高度为"二引有六丈",以一引为10丈,可知塔高26丈。而所谓塔"规平三百尺",不知何意。这里存在两种可能,一是塔周长为300尺,二是塔的面积为300平方尺。若这里是指面积,则可以反推出其塔的直径在9.8尺左右,这显然是一个太小的数字,所以,可以推定这里的300尺,应该指的是塔的周长。

以其周长为300尺,设想塔为八边形,则每面的边长为37.5尺。由此可以反推出其首层相对两边柱子的距离为90.5尺。而其塔为9层,但这里说是"四门九级,……十盘八绳"。所谓十盘,应该是有10重塔檐,而八绳,应该指的是塔顶上八个角与塔刹顶端之间所设的绳链。由此可以推知的是,这座塔为八角形平面,九层十檐。即塔的首层应该是一个有副阶的重檐屋顶。

先以首层塔每面边长为37.5尺,其相对两条边的垂直距离为90.5尺。设想在首层塔有一圈周匝副阶。假设首层塔身部分的前后檐距离控制在68尺,则副阶柱与塔身檐柱的柱间距为11.25尺。

副阶部分每侧37.5尺的长度可以分为3开间,如当心间为15尺,两次间为11.25尺,与副阶进深柱距相同。而其首层塔身相对两条边垂直距离为68尺,则其八角形每面边长为28.2尺。若仍将其分为3间,当心间设定为12尺,则两次间为8.1尺。以塔副阶及塔首层柱子的基本尺度,可以通过逐层收分的方式,推出各层塔每面的边长、柱距及柱、檐的高度。

先从柱子高度,以及相应的各层柱头铺作橑檐方上皮标高,与各层平坐高度作一个简单的推测。假设首层副阶柱子的高度为12尺,其上用二等材,六铺作双杪单昂,则其上斗栱的高度(橑檐方上皮与副阶柱头高差)为6.4尺。加上副阶屋顶的起坡,首层塔身柱的高度,应该在28尺。

首层塔身柱柱头之上用平坐柱,平坐柱顶的标高约为39.65尺,平坐柱上再用五铺作出双杪斗栱,加上平坐板的厚度,则二层平坐地面标高为43.73尺。

二层平坐地面上立第二层檐柱,其高设定为14尺。以这一柱高为基数,其上逐层递减,每层减1尺,则第三层檐柱高13尺,第四层柱高12尺,第五层11尺,第六层10尺,第七层9尺,第八层8尺,第九层7尺(图14~图17)。

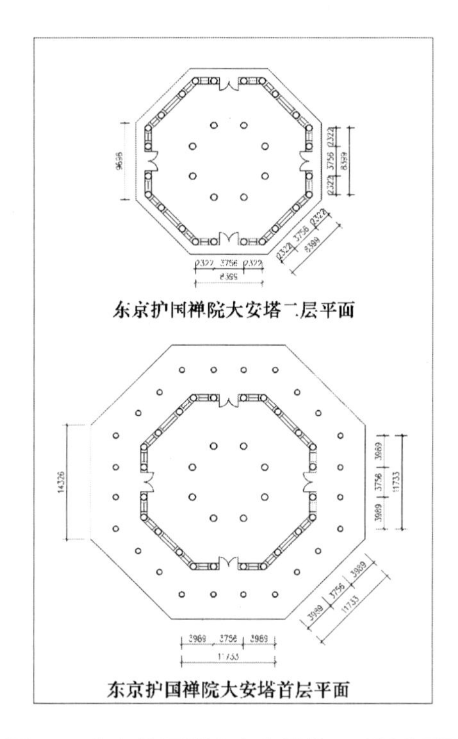

图 14　东京护国禅院大安塔首、二层平面图

（作者自绘）

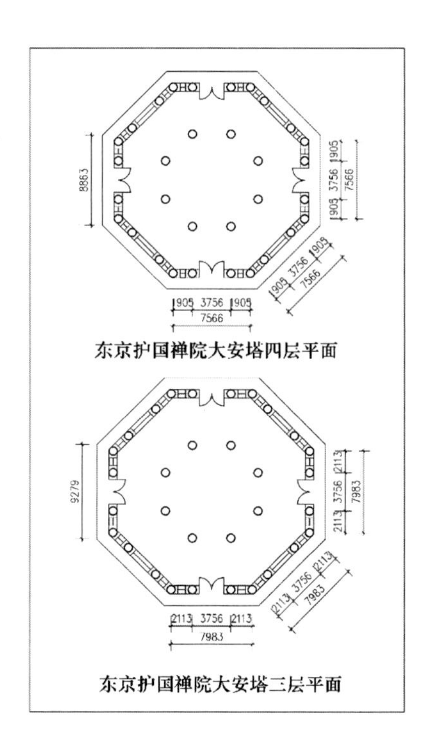

图 15　东京护国禅院大安塔三、四层平面图

（作者自绘）

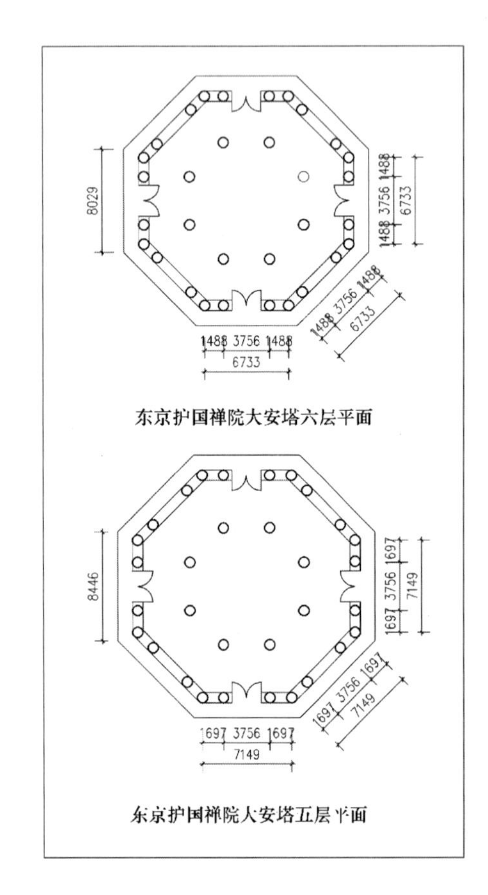

图16 东京护国禅院大安塔五、六层平面图
（作者自绘）

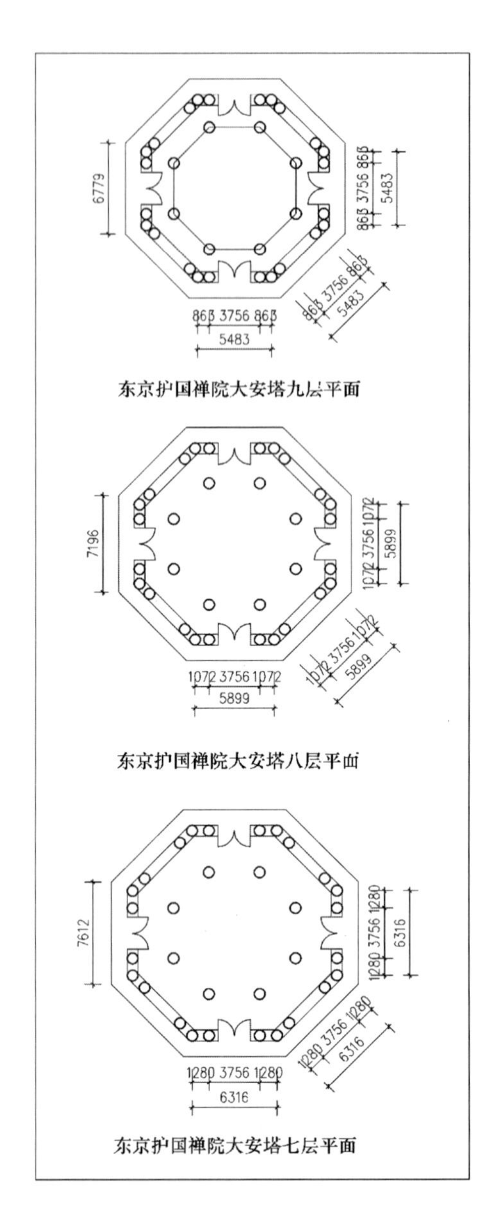

图17 东京护国禅院大安塔七、八、九层平面图
（作者自绘）

再来看各层平坐柱、平坐斗栱及平坐板。如果各层平坐柱铺作不变的话，可以将这一数字确定为一个基本数，即通过作图的方法，推算出自下层外檐柱头至上层平坐地面板的高度为15.73尺。这样，可以推测出各层的结构高度（图18，表3）。

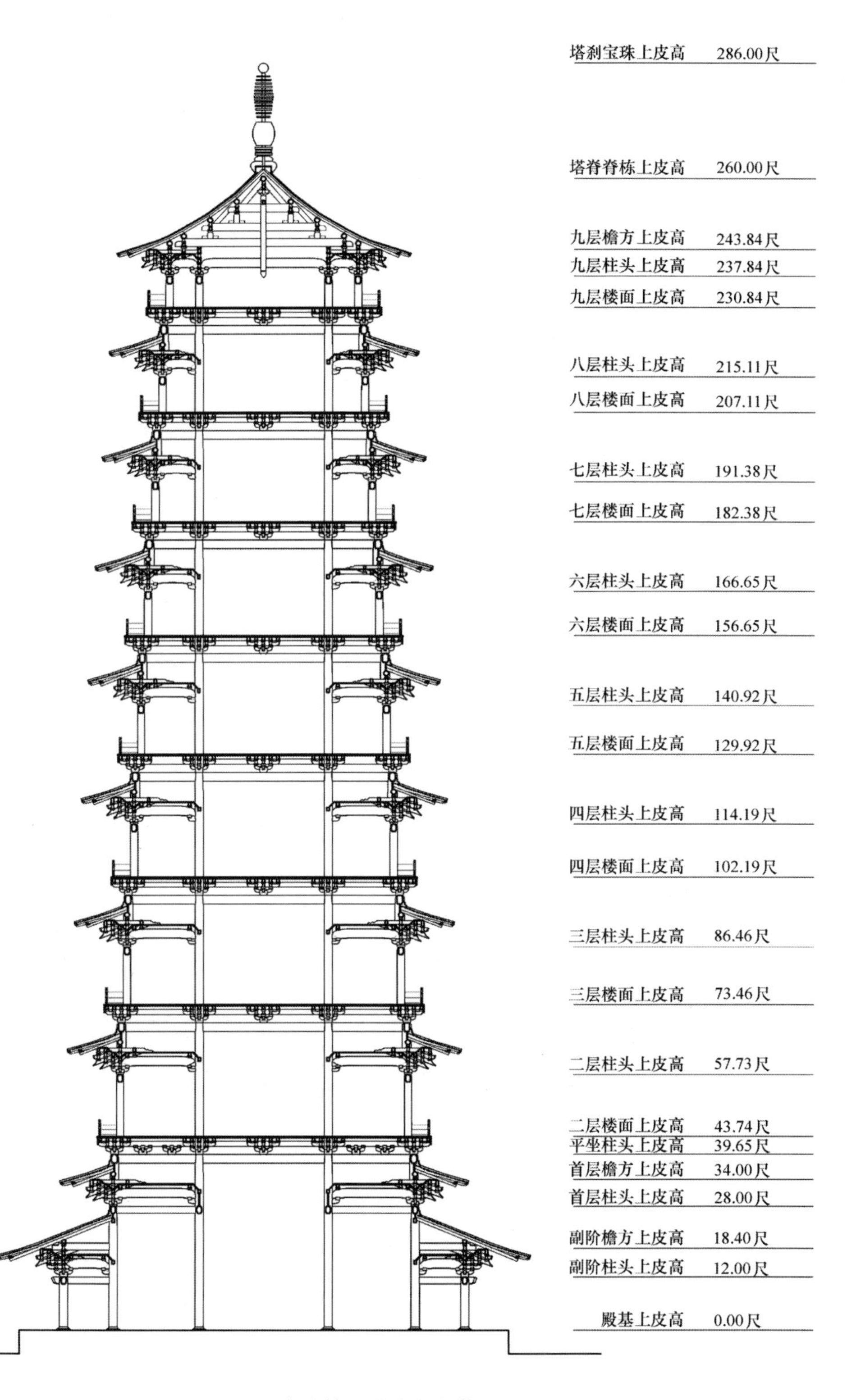

图 18　东京护国禅院大安塔剖面图

（作者自绘）

表3　东京护国禅院大安塔高度控制尺寸　　单位:尺

层数	副阶	首层	二层	三层	四层
各层柱高	12	28	14	13	12
平坐地面标高			43.73	73.46	102.19
橑檐方上皮高	18.4	34	63.73	92.46	120.19
塔顶举折高					
塔顶脊栋高					
层数	五层	六层	七层	八层	九层
各层柱高	11	10	9	8	7
平坐地面标高	129.92	156.65	182.38	207.11	230.84
橑檐方上皮高	146.92	172.65	197.38	221.11	243.84
塔顶举折高					16.16
塔顶脊栋高					260

以此推测出塔顶层外檐铺作橑檐方上皮标高为243.84尺,距离塔顶结构最高点为16.16尺。这应该就是顶层塔屋顶的起举高度。以此高度,按1/3的举折比例,可以反推出其塔顶层前后橑檐方距离应该为48.48尺。以每侧出挑距离为4.95尺计,则两侧共出挑9.9尺。所余38.6尺,当为其塔顶层相对两边的垂直距离。与首层塔身相对两边垂直距离68尺之间的差距为29.4尺。这应该就是整座塔在9层范围内的最大收分尺寸(图19)。[❶]

可以将这一尺寸均匀分摊到8层之中,大约每层应该退进3.67尺余,也就是说,自首层平坐上的第二层起,每层塔身每侧的柱子要向内收入1.835尺的距离。这应该还是一个比较适宜的收分比例。实际上,如果加上各层柱子向内侧脚,这一收分的处理,还会更优雅一些。

❶文中所有建筑的基本平面与剖面图,都是由笔者本人研究分析后绘制的,相应的深化性剖面及立面图,则有赖清华大学建筑学院建筑历史方向的诸位研究生参与完成,参加绘图的同学名称,在每幅图后都已经加以标注,这里谨向参加绘图的各位同学致以谢意。

图 19　东京护国禅院大安塔立面图

（胡南斯 绘）

四、江宁崇教寺辟支佛塔与南岳弥陀塔

这里还有两座塔,一座是北宋江宁县牛首山崇教寺的辟支佛塔,另外一座是南宋南岳山的弥陀塔。两座塔的尺度似乎都不是很大,记载中的可分析数据相对也比较贫乏,这里或可以做一个简单的介绍。

释普庄皇祐二年(1050年)撰《圣宋江宁府江宁县牛首山崇教寺辟支佛塔记》提到这座寺院的僧人在天圣年间(1024~1032年):“欲于山顶建造砖塔,以标胜迹。”[1]这里其实透露出了一个重要信息:北宋时期的僧人,对于寺院建筑的标志性,有了更为强烈的主观意识。如前面提到两宋寺院往往会凸显“三门雄峙”,就是出于这样一个心态。而这里这座辟支佛塔的建造目的,也同样表达了彰显寺院位置、标志寺院胜迹的主观意图。

当然,这座辟支佛塔的相关记述比较模糊,文献中仅提到:“于洞前按图定址,审曲面势,下葬舍利,上建砖塔,总高四丈五尺,中安辟支佛夹苧像一躯,粹容俨若,宝塔高妙,瞻者睹者,罔不发菩提心耶?”[2]可知这座塔的高度仅有45尺(约合14.1米),塔中供奉有夹苧佛像一躯。这里既没有提到塔的层数,也没有提到塔首层的相关长宽尺度,故无法做进一步的分析。从塔中供奉有佛像,令人联想到现存山东历城县神通寺四门塔(隋),或河南安阳修定寺塔(初创于北齐,唐重修)。神通寺四门塔是一座单层方形四坡檐塔,四面设门,中间立柱的四个方向都有佛像,塔边长7.38米,高度约在13米[3],而修定寺塔也是一座四边形单层单檐塔,其边长为8.3米,塔身高度为9.3米[4]。塔内有一个大约4米见方的空间,可以供奉佛像。这里的塔身高度,应该是没有包括其上塔刹的高度的,由于两者的边长比较接近,其塔总高也应该在13米左右。

由此,可以猜测这座高约4.5丈,中安辟支佛夹苧像一躯,且被建造于山顶之上的江宁崇教寺辟支佛塔,很可能也是一座方形、单层单檐砖石塔。其高度与神通寺四门塔及修定寺塔比较接近,故其底边的四个边长,也应该在8米左右(或折合北宋尺2.5丈左右),前辟一门,内有一个约4米(1.25丈)见方的内室,可以供奉辟支佛。塔下当有地宫,瘗安佛舍利。当然,这只是一种猜测,并无史料、考古或结构逻辑上的严密推证,权当是对曾经存在过的一座历史建筑的某种聊胜于无的想象吧。

另外一座由释法忠于绍兴三年(1133年)所撰《南岳山弥陀塔记》所载石塔,相关的记载稍微详细一点:“……僦工砻石,建窣堵波一所凡七级,高三丈有二,立于南岳罗汉洞妙高台之右,藏念佛人名于其中。”[5]这里给出了两个重要数据,一个是塔有七级,一个是塔高3.2丈。但没有有关平面为方形或八角的描述,且从高度上看,似乎又像是一个密檐小塔的造型。故对其可能形态的推测与想象,难度就更大了。因此这里不做进一步的分析,留待

[1]文献[1]. 卷930. 释普庄. 圣宋江宁府江宁县牛首山崇教寺辟支佛塔记. 第43册:239.

[2]文献[1]. 卷930. 释普庄. 圣宋江宁府江宁县牛首山崇教寺辟支佛塔记. 第43册:239.

[3]文献[2]:144.

[4]李裕群. 安阳修定寺塔丛考[M]//王贵祥,贺从容. 中国建筑史论汇刊. 第伍辑. 北京:中国建筑工业出版社,2012:185.

[5]文献[1]. 卷3798. 释法忠. 南岳山弥陀塔记. 第174册:98.

文献或考古资料的进一步发掘。

五、结　语

需要说明的是,这一以两宋时代史料文献记载为基本依据,基于宋代木构建筑结构逻辑与比例规则所进行的宋代木构佛塔复原研究,是一种假设性复原,是对宋代存在过的佛教木构佛塔建筑实例的基于有限数据资料与结构逻辑推导的推测性研究。其原则是尽可能接近其文献记录的基本特征与数据,同时,与同一时代其他木构建筑的结构逻辑与比例规则尽可能吻合,从而在最大可能程度上接近这些见于文献记载的佛塔建筑实例在历史上的真实样貌。

由于中国木构建筑体系的特殊性,辽宋历史上的木构建筑实例,尤其是多层或高层木构佛塔的建筑实例,所存至今者,除了应县辽代佛宫寺释迦塔之外,几乎没有一例。这一研究或许为我们理解两宋、辽金时代佛教寺院高层木构佛塔建筑的类型、特征与基本造型,有一定的参考意义,从而弥补中国古代建筑史上的这一缺憾,也会进一步丰富我们对于这一时期建筑史内涵的深入认识。

参考文献

[1]曾枣庄,刘琳. 全宋文(全360册)[M]. 上海辞书出版社,安徽教育出版社,2006.

[2]刘敦桢. 中国古代建筑史[M].2版. 北京:中国建筑工业出版社,1984.

山西高平西李门二仙庙的历史沿革与建筑遗存

杨 澍

(清华大学建筑学院)

摘要: 山西高平西李门二仙庙是第六批全国重点文物保护单位,其前殿建于金正隆二年(1157年)。本文以庙内所存碑文题记及建筑测绘数据为主要资料,结合文献记载与实地访谈,对二仙庙的历史沿革和建筑遗存进行梳理,并对其布局演变做出可能性推测。

关键词: 二仙庙,金代建筑,平面格局

Abstract: Xilimen Erxianmiao, with its front hall built in the Jin dynasty, was designated as a key national heritage conservation unit of China in 2006. Based on existing inscriptions, survey records, written materials and interviews, the paper presents a preliminary study on the history, architecture, and layout transformation of Xilimen Erxianmiao.

Keywords: Erxianmiao, architecture of the Jin dynasty, architectural layout

西李门二仙庙位于今山西省高平市河西镇岭坡村之二仙岭上。庙宇坐北朝南,现存前后两院。沿中轴线由南至北依次排列有戏楼(已残毁)、山门、前殿和后殿。前殿东西建有梳妆楼,前后院落两侧均有厢房。2006年被列为第六批全国重点文物保护单位。

清华大学建筑学院建筑历史与理论研究所王贵祥教授与2012级22位本科生于2015年7月对西李门二仙庙进行了为期两周的建筑测绘。

本文通过文献研究和建筑测绘勘察,试对该庙的历史沿革、建筑遗存和庙宇格局进行初步探究。

一、历史沿革

西李门二仙庙历史沿革相关文献记录存留较少,庙内现有年代题记两处、碑四通,金人李俊民存文两篇或与该庙相关,另明《山西通志》亦有简略记录。现将有关资料根据时间顺序罗列如下:

(1)已知年代最早之记录为该庙前殿门楣题记,镌刻时间为金正隆二年(1157年)仲秋二十日。题记记载“晋城县莒山乡司徒村众社民户施门一合”一事,并附有纠首、石匠、石匠人和木匠人的姓名。

(2)二仙庙后殿南面台基东侧嵌石碑一块,碑名《举义□□仙□村重修献楼□□记》,正隆三年(1158年)季秋九月十有九日刻石,内容是村众为献楼创砌正面石阶。文后记有长老、书写者、石匠及木匠姓名。

(3)后殿南面台基西侧亦嵌石碑一块,名为《举义乡丁壁村砌基阶记》,时间是大定三年(1163年)三月二十五日。该记以“二仙庙自唐建立,修饰苟完,不甚亢丽”开篇,文中有“录事皇甫谏等与众计度……缔构二殿,□像容仪……其规模宏远,居处状大,礼法制度灿然一新……”并“今者,向有殿

阶,四隅本村合砌,长二丈二尺,高逾三尺。召匠磨刻珉石二尊□范。不越两旬,能事告成……”。撰文者为乡贡进士无隅。

(4) 金人李俊民有《庄靖集》十卷,卷八《重修悟真观记》载“高平县南二仙庙者,在张庄李门之间。……大金贞祐甲戌岁,……敕赐二仙庙作悟真观……其意若曰:以庙为观,则是无庙矣;以观为庙,则是无观矣。……于是市庙东之隙地为三清殿,为道院……观之西曰庙,栋宇宏丽,像容粹穆,邃以重门,翼之两庑旁列诸灵之位。……”[1]该文未记写作年月,《晋城金石志》[2]记为蒙古庚子年(1240 年),《三晋石刻大全》[3]记为金兴定五年(1221 年),《金代文学编年史》[4]记为蒙古窝阔台汗九年(1237 年)。

(5) 李俊民《庄靖集》卷九收录《重修真泽庙碑》碑文。碑文所言似与《重修悟真观记》为同一事。文云“……大朝龙集庚子九月十五日丙子,悟真观树落成之碑……时庙也,自唐天祐迄今三百余年,庇庥一方,实受其福。水旱疾疫,祷无不应。贞祐甲戌烽火以来,残毁殆尽,幸而存者,前后二殿。……由是感激奋厉,踊跃就役,斧斤者,陶甓者,版筑者,圬墁者,不募而来,不劝而从。缺者完之。仆者起之,绘事之墁漶者色之。不日而新,无愧于初。……”[5]关于该文写作,年月《晋城金石志》、《三晋石刻大全》和《金代文学编年史》同记为蒙古窝阔台汗十二年(1240 年)。

(6) 明成化十年(1474 年)学道胡谧所辑《山西通志》记载“二仙庙有六……一在高平县东南二十里李门村,唐天祐间建,金正隆间修”[6]。

(7) 二仙庙后殿西配殿殿门上壁嵌有《重修子孙殿碑记》,时间为明崇祯十六年(1643 年)孟春十五日。

(8) 二仙庙前殿大门西侧立清光绪十一年(1885 年)十一月二十九日之《永禁兴窑碑》,碑文内容为高平县韩大老爷堂谕,有“二仙岭周围交界以内永禁挖窑劚 矿,恐于庙宇奎楼有碍,故将四至开明……四至之界,相距岭庙皆约一里有余。……”等内容。

对以上文献进行简要梳理,首先需要确定其内容是否都与本文研究对象——西李门二仙庙相关。八条记录中,二仙庙前殿门楣题记(1)、成化《山西通志》之记载(6)、后殿西配殿所嵌《重修子孙殿碑记》(7)以及前殿大门西侧的《永禁兴窑碑》(8)是目前比较明确的本庙文物与文献记录。从现状判断,后殿南面台基西侧《举义乡丁壁村砌基阶记》(3)应是后人从他处挪用至此。但其碑文明确记载“二仙庙自唐建立”,且碑名所载“丁壁村”目前仍存,与西李门村同属河西镇,距二仙庙约 4.5 千米。因此这块碑当为庙中原物。西李门二仙庙在金大定三年前后属高平举义乡丁壁村。

后殿南面台基东侧《举义□□仙□村重修献楼□□记》(2),碑名残缺涣漫,《晋城金石志》记为《举义乡仙□城村重修献楼□□记》,《全辽金文》记为《举义□□仙□村重修献楼□□记》。根据碑文“谨等切念献楼土基,岁久隳堕,乃忧。勤率村众,命匠增石,创砌正面石阶,益土基址”等内容推

[1] 文献[1].[金]李俊民. 庄靖集. 卷八. 旧抄本:97-98.

[2] 晋城市地方志丛书编委会. 晋城金石志[M]. 北京:海潮出版社,1995.

[3] 李文清. 三晋石刻大全[M]. 太原:三晋出版社,2012.

[4] 牛贵琥. 金代文学编年史[M]. 合肥:安徽大学出版社,2011.

[5] 文献[1].[金]李俊民. 庄靖集. 卷九. 旧抄本:105.

[6] 文献[2].[明]胡谧. (成化)山西通志. 卷之五. 明成化十年刻本:524-525.

测，碑名“献楼”后残缺二字可能亦为“基阶”。有研究[1]通过对比正隆三年(2)和大定三年(3)两块碑文发现，二碑均载录修缮庙宇的倡导者“录事皇甫谏”[2]，判断二碑同属庙中原物。然而大定三年(3)碑名明确记载二仙庙属举义乡丁壁村，正隆三年(2)碑名虽残损不清却仍可辨认为举义乡“仙□城村”或举义乡“□仙□村”，加之碑文中只记载“此庙昔大□□□”而并未明确其为“二仙庙”，因此这块碑很有可能原属临近地区其他庙宇，庙宇由于某些原因损毁之后，碑刻被挪至二仙庙收藏。此外，正隆三年碑(2)最后提到石匠和木匠的名字，其中“石匠：乔镇、乔进”中的“乔进”与正隆二年门楣题记(1)中的“石匠人：乔进”当为同一人，可能是当时这一地区比较有名的石匠，而木匠姓名前的“荐献楼木匠：丁壁村”则从侧面表明正隆三年前后已有“丁壁村”这一村名，而并非大定三年时由“仙□城村”或“□仙□村”更改而来，也进一步证明正隆三年碑可能并非二仙庙原有。因此并不能仅凭这块碑刻就判断二仙庙曾经在金代建有献楼，以及作出如今正殿前月台即为献楼基座等推论[3]。

李俊民《重修悟真观记》(4)和《重修真泽庙碑》(5)原碑均已不存[4]。《晋城金石志》、《三晋石刻大全》和《全辽金文》皆未将此二文与西李门二仙庙相关联。《重修悟真观记》(4)所载二仙庙在高平县南，张庄、李门之间。此“李门”与成化《山西通志》中“二仙庙有六……一在高平县东南二十里李门村”[5]之“李门”应是同一地点。高平市南城街道现有“张庄村”，据西李门二仙庙约 10 千米，似乎并非文中所指。原记中“张庄”概已更名。《重修悟真观记》中另有一处地点记载，即“大朝丁酉岁……是岁八月……请以白鹤王志道知神霄宫事……乃于宫西别院为鹤鸣堂三间，……与悟真观相去五十里”[6]。神霄宫，今不存。明万历《泽州志》记载州城有神霄宫，在“城西南隅，宋建”[7]。根据《庄靖集》卷九所录《县令崔仲通神霄宫祭孤魂碑》[8]和卷十《请杨仲显同住神霄宫疏》中“虽所乐者岩居，亦何妨于市隐”[9]字句推断，李俊民所记神霄宫地点在泽州县城之内，与《泽州志》中所录神霄宫应为同一处。金代泽州县城在今晋城市区东北，与西李门二仙庙相距约 26 千米，与文中“相去五十里”基本符合。从这两点推断，李俊民文中之二仙庙即今天的西李门二仙庙。成化《山西通志》记载二仙庙建于唐天祐年间，可能即为采用《重修真泽庙碑》之说法。结合二文文意，二仙庙建于唐天祐年间，在金贞祐甲戌(1214 年)之乱中遭受严重损毁，仅存前后二殿。因朝廷接受道士李德方的纳粟，将二仙庙赐作“悟真观”。李德方遂购买庙东空地建三清殿，并重修二仙庙。蒙古窝阔台汗十二年(1240 年)，悟真观与重修之二仙庙同时落成。重修后的二仙庙有前后两道庙门，门两旁建有廊庑。

根据现存所有相关文献，可整理西李门二仙庙之历史沿革。二仙庙，唐天祐年间创建。金正隆二年前后，经录事皇甫谏倡导，村众重新建构前后二殿，庙宇灿然一新。大定三年(1163 年)，村民合砌殿基，立记事碑。贞祐甲戌战乱，该庙残毁殆尽，仅二殿幸存。道士李德方在庙东购地建悟真观，并

[1] 王潞伟. 高平西李门二仙庙方台非“露台”新证[J]. 戏剧，2014(3)：53-60.

[2] 正隆三年碑中“皇甫”之后一字无法辨识，《全辽金文》记为“录事皇甫□”。大定三年碑《全辽金文》记为“录事皇甫谏”，《晋城金石志》记为“录事皇甫泳”。据笔者现场观察，存疑之字为言字旁，似乎“谏”字可能性更大。但无论“皇甫谏”或“皇甫泳”现存史籍中均无任何记载。

[3] 王潞伟. 高平西李门二仙庙方台非“露台”新证[J]. 戏剧，2014(3)：53-60.

[4]《重修悟真观记》收录于《庄靖集》卷八“记”中，而《重修真泽庙碑》收录于卷九“碑铭”中。《晋城金石志》记载二者皆为碑刻。

[5] 文献[2]. [明]胡谧. [成化]山西通志. 卷之五：524-525.

[6] 文献[1]. [金]李俊民. 庄靖集. 卷八. 旧抄本：98.

[7] 文献[3]. [明]傅淑训. [万历]泽州志. 卷之十六：226.

[8] 文献[1]. [金]李俊民. 庄靖集. 卷九. 旧抄本：107-108.

[9] 文献[1]. [金]李俊民. 庄靖集. 卷十. 旧抄本：120.

重修二仙庙，于蒙古窝阔台十二年（1197 年）功成。文人李俊民撰文以记之。至明成化年间，二仙庙香火不断，是山西六座重要二仙庙之一。明末崇祯十六年（1643 年）重修后殿西配殿。清光绪十一年（1885 年），高平县韩大老爷立碑禁止在庙宇四周一里范围内挖窑开矿，以保护古迹。

据现有研究，二仙信仰起源于晚唐之晋东南地区。北宋末期，宋徽宗政和初年（1111 年）敕封二仙为“冲惠”、“冲淑”二真人，二仙信仰达到顶峰。[1]西李门二仙庙并无金正隆二年以前文献记录留存。根据《举义乡丁壁村砌基阶记》记载推断，二仙庙在正隆年间重修之前似乎一直保留着晚唐初建时的规制。此次重修中前殿石门由晋城市莒山乡司徒村村民捐助，而二仙庙属于高平市举义乡丁壁村，可见在当时此庙已经有了一定的辐射范围。此外，自成化《山西通志》之后，万历、康熙、雍正《山西通志》，雍正《泽州府志》，顺治、乾隆及其后各版本《高平县志》均未再记载西李门二仙庙。从顺治《高平县志》开始，高平境内二仙庙被方志收录者只有赵庄二仙庙[2]一座。而后殿西配殿崇祯年间题记记载该配殿其时为“子孙殿”[3]，光绪年间《永禁兴窑碑》碑文所写“恐于庙宇奎楼有碍”表明清末二仙庙中已有奎楼存在。从以上各点推断，西李门二仙庙自明末清初之际开始可能已经不再是一座单一祭祀二仙的庙宇了。

[1] 张薇薇. 晋东南地区二仙文化的历史渊源及庙宇分布[J]. 文物世界，2008(3)：45-52.

[2] 可能为今日南赵庄二仙庙。

[3] 2006 年出版的《山西神庙剧场考》记载西李门二仙庙后殿西配殿供奉高禖。参见：冯俊杰. 山西神庙剧场考[M]. 北京：中华书局，2006。该殿内现今无神像遗存。

二、寺院布局

西李门二仙庙位于高平市河西镇西李门村南一处不高的山岭顶部。岭名二仙岭，又名凤凰岭，其顶部是一块平坦的开阔地。二仙庙占据了整块地的西半部分，东边原状不详，现建有两幢仿古风格的房子，其南侧是停车场。根据《重修悟真观记》中“于是市庙东之隙地为三清殿，为道院”的记载，二仙庙东可能为金末元初悟真观的所在地点。

整个庙宇四周围以院墙，墙内基址南北长 55 米，东西宽 30 米，占地约 1785 平方米。山门以南约 19 米处（从山门南至戏台北）为戏台遗址，据二仙庙管理员——现年 64 岁的岭坡村村民牛海炉介绍，该庙原为 3 进，戏台和山门之间的空地曾是二仙庙的第一进院落，院落东西两侧原有院墙，现已不存，2013 年修缮二仙庙时，倒塌的戏台和院墙均未重建，形成了今天的格局。庙宇所在位置地势由南向北起缓坡，以山门南侧空地作 ±0.00 地坪记，戏台以南标高 -2.64 米，前院标高 1.19 米，后院标高 1.93 米。

此庙现存前院由山门、前殿及两侧的配房围合而成。该院南北长约 21 米，东西最宽处约 22 米。山门面阔 3 间，单檐悬山顶，清代风格。其东西两侧各有一大一小 2 间耳房，硬山屋顶。两耳房之间有宽约 1.6 米的通道，通道南端开门直通院外。山门及其东西两侧偏门平时关闭，进出庙宇需通过东院墙上的掖门。前殿面阔3间，单檐歇山顶，金代风格。其南面建有长(东西向)14.4米、宽7.6米、高约1米的长方形台明。院落东西各有相邻却形制相异的两座配殿。南侧配殿面阔7.2米，进深4.95米，砖墙承重，北侧配殿面阔5间14.15米，进深5.9米，带有净宽0.77米的前廊。南北两侧配殿均为硬山屋顶。

后院南北距离7.2米，东西最宽处约22米。北面为面阔3间单檐悬山顶的后殿，其左右两侧配殿亦为3开间。配殿旁另有1面阔进深均为1间的偏房。此进院落东西以院墙、配殿和梳妆楼围合。北侧配殿硬山屋顶，面阔7.4米，进深4.8米，砖墙承重。南侧梳妆楼面阔(东西向)5.76米，进深4.74米，单檐悬山顶，共3层，鸱吻最高点标高为12.4米(图1，图2)。

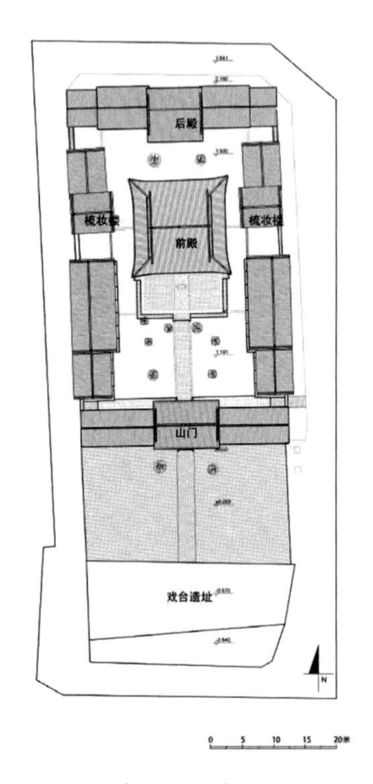

图1 西李门二仙庙屋顶平面图
(项轲超、王玉颖绘，杨澍修改)

图2 西李门二仙庙航拍图
(赵波摄，杨澍制图)

三、单体建筑

1. 山门

现存山门台基东西最宽处9.67米、南北5.74米，高1.16米(南侧测量)。南面台阶5级，北面出甬路通至前殿。平面面阔3间，进深1间，前后檐石柱各 2 根。东西两侧山墙长 5.25 米、厚 0.65 米,墙高 4.52 米。明间和两次间实测宽度分别为明间 2.81 米、东次间 2.8 米和西次间 2.77 米。前后檐柱间距离 4.03 米。

实测山门无侧脚、生起。前檐柱高 3.9 米,无收分,下有约 0.5 米高的方凳形柱础,后檐柱高 4.14 米,收分约为 1.2/100,其下素覆盆柱础高约 0.06 米。山门进深四步架,檐步长 1.3 米,五七举,脊步长 1.27 米,五九举,两步架深与举高基本相同。三架梁和五架梁断面近似圆形,三架梁上立瓜柱、叉手承托脊檩。

山门前后檐柱头科斗栱用五踩重昂。一、二跳昂宽度 8.8 厘米,五架梁出要头,宽 13.4 厘米,约为昂宽的 1.5 倍。平身科每间一朵,五踩重翘出 45 度斜栱。昂宽 8.8 厘米,斜栱栱头斜切与正面平行,宽度也为 8.8 厘米。要头宽 13.4 厘米,其后尾平出立瓜柱,柱上坐斗与替木上承金檩。斗栱层高度 1.05 米(从大斗底至挑檐檩上皮),约占后檐柱高度的 1/4。以斗口宽 8.8 厘米计,各间面阔约合 32 斗口。

现存山门无彩画遗存。前后檐柱均做抹角,前檐柱素面无雕饰,其下方凳形柱础浮雕神兽图案。后檐柱三面有花草浮雕,下为素覆盆柱础。前后檐柱形制、装饰差异明显,推测其可能并非同一时间建造。此外,殿身额枋、雀替上木雕花草、鸟兽图案,斗栱各翘及瓜栱、万栱、厢栱均做刻瓣装饰(图 3,图 4)。

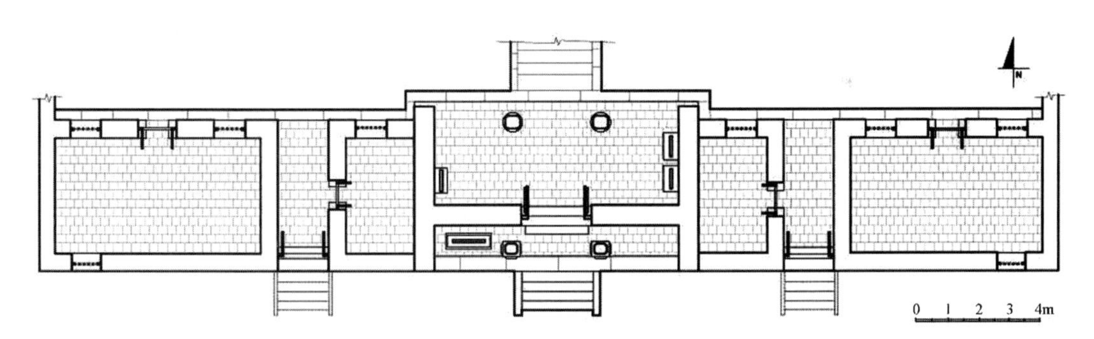

图 3 山门及两侧耳房平面图

(龚怡清 绘)

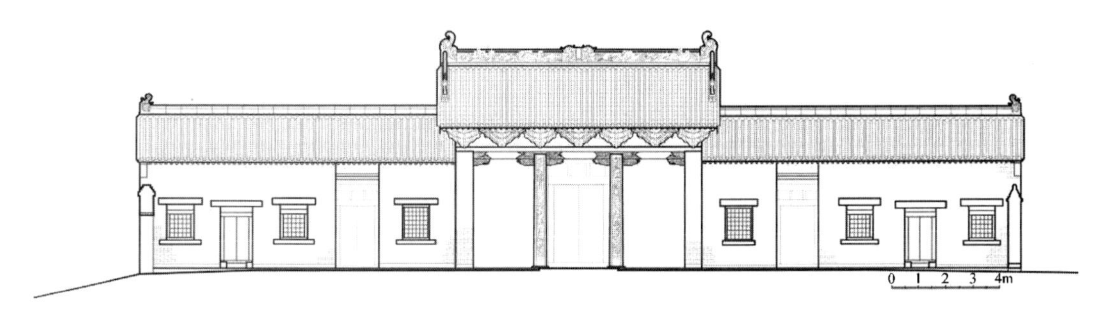

图 4 山门及两侧耳房北立面图

(温从爽 绘)

2. 前殿

现存二仙庙前殿为金代风格，根据门楣题记判定为金正隆二年（1157年）所建（图5）。

图5 西李门二仙庙金代前殿

（黄文镐 摄）

1）平面

二仙庙前殿面阔3间，进深6椽，共有14柱。檐柱12根，东、西、北三面皆包于0.61～0.95米厚砖墙之中，前檐四根露明。内金柱两根，当中安装大门，左右各开一直棂窗。金柱与檐柱间为前廊。殿身通面阔10.06米，当心间面阔4.1米，次间面阔2.98米。通进深9.67米，前檐柱至金柱2.99米，金柱至后檐柱6.68米。

前殿台基石质，东西13.2米，南北12.9米，高1.05米。东、西、北三面无台阶，南侧与东西14.4米、南北7.6米、高约1米的长方形月台相连。此月台南面正中及东西两侧与前殿台基相连处各出石阶5级。月台形制为须弥座，青石和砂石混合砌筑。上层叠涩为砂石制成，高0.28米，中层束腰青石、砂石混用，高0.42米，下层叠涩亦为砂石，高约0.25米，因场地由南向北逐渐坡起，下层叠涩的最北面有将近一半的高度被埋进地下。月台上层叠涩饰以双层仰莲，下层叠涩饰以宝装莲瓣。中间束腰层正面被隔身板柱分为六部分，东西两侧各分为三部分。隔身板柱由砂石制成，分别做花草、神兽浅浮雕和石狮雕塑。据牛海炉介绍，月台转角处原有力士雕塑，被偷盗后现已用砖补砌。三面束腰均有线刻或浮雕，窥其风格显然不是同一时期所做，其中尚存一幅金元时期的线刻队戏图，被誉为研究中国古代戏剧的珍品（图6，图7）。

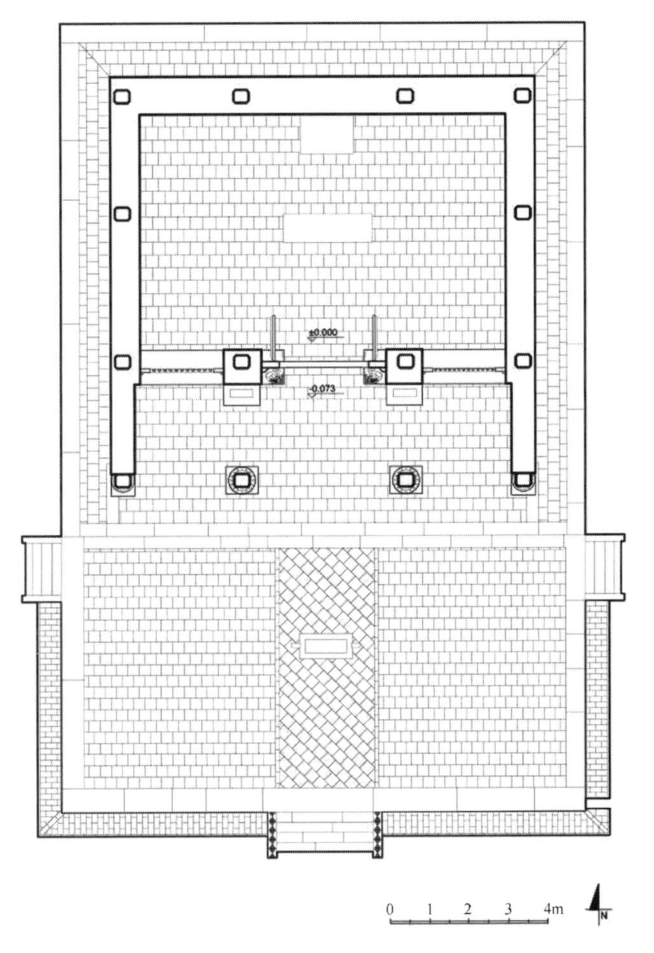

图6 前殿平面图
(黄孙杨 绘)

图7 前殿月台细部
(杨澍 摄)

2）梁架、柱

前殿阑额上施普拍枋，至角出头。殿身构架四椽栿对（压）前乳栿用三柱。四椽栿上立蜀柱置栌斗承托平梁。平梁中央立蜀柱，两侧撑叉手，叉手嵌入柱头栌斗斗口并与襻间相交。乳栿上设缴背，其上以蜀柱栌斗承托劄牵。纵向设隔间相闪之襻间。两山丁栿在前檐金柱之上者平置，与乳栿相交压于四椽栿下，偏后檐者用弯木，后尾搭于四椽栿上。丁栿上立蜀柱架系头栿。角梁后尾承托下平榑与系头栿之交点。

根据实测数据，正殿前后橑风榑中心距离（l）11.25 米，自橑风榑上皮至脊榑上皮举高（h）3.59 米，举折比（h/0.5l）为 0.64。脊榑与上平榑间步架长 1.94 米，高 1.53 米，举折近 0.79；上平榑与下平榑间步架长 1.79 米，高 1.13 米，举折约 0.63；下平榑与橑风榑间步架长 1.91 米，高 0.93 米，举折近 0.49。

前檐四根抹角石柱，柱底截面 0.38 米 ×0.33 米，平柱高 3.75 米，角柱高 3.86 米。实测侧脚面阔方向 0.013，进深方向 0.009，较《营造法式》之规定略大。平柱柱础双层覆莲，角柱柱础外观残缺，经辨认似为宝装莲瓣，尺寸较平柱柱础略小，二者当不是同一时期建造。从角柱柱础残损程度判断，亦不排除其为唐天祐间初建二仙庙时遗留柱础之可能。两根金柱亦为石制抹角，高 4.25 米（以室内地坪为基准），根据其上铺作层形式，金柱应高于外檐柱一材一絜。两金柱柱头间设阑额，其上刻有月梁斜项，因金柱处隔墙厚达 0.81 米，此阑额非攀爬至一定高度不可见。由此，则隔墙之砌筑恐在阑额建造之后（图 8，图 9）。

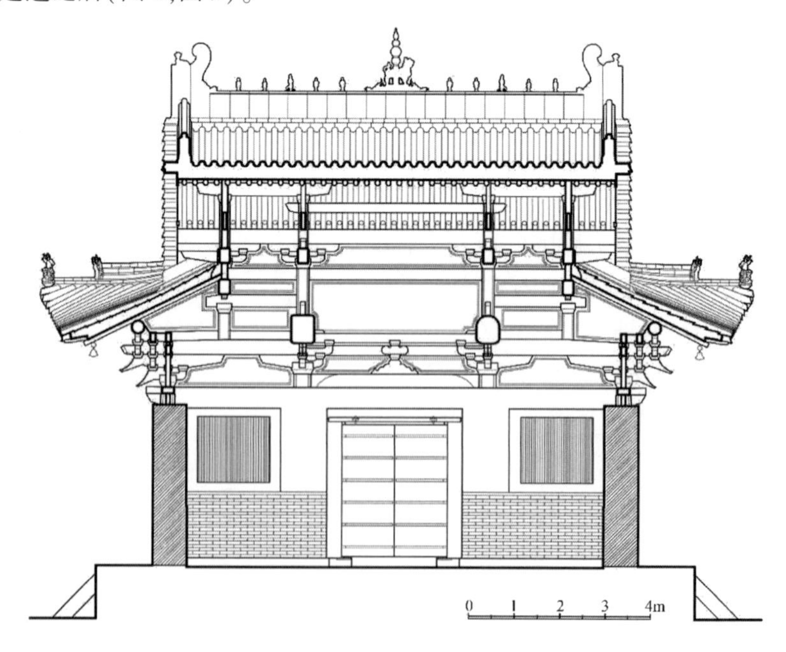

图 8　前殿纵剖面图

（周桐 绘）

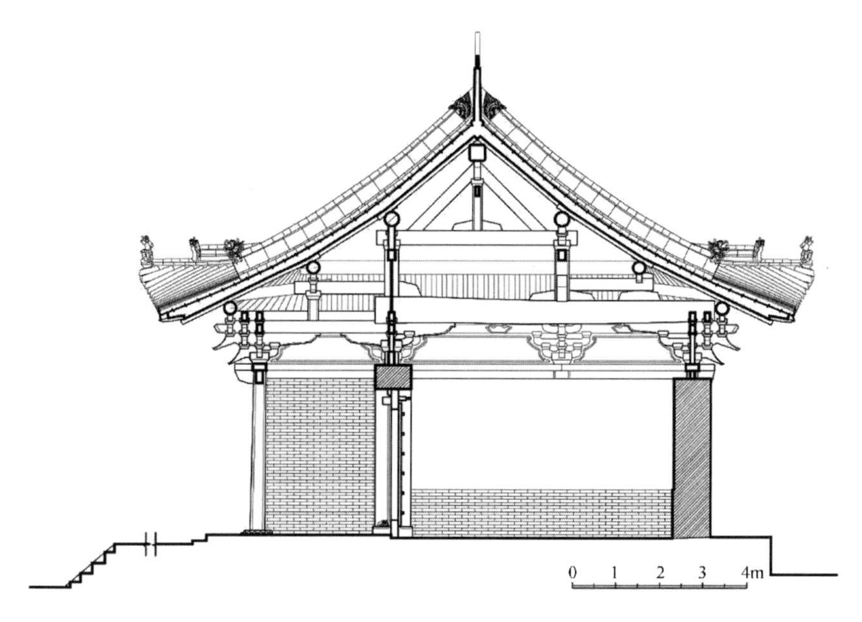

图 9　前殿横剖面图

（吴濯杭 绘）

3）斗栱

前殿外檐斗栱五铺作，单材高 19.3 厘米，宽 13 厘米，足材高 27.5 厘米。以每份 1.29 厘米计，前殿通面阔 780 份，当心间面阔 318 份，梢间面阔 231 份。通进深 750 份，前檐柱至金柱 232 份，金柱至后檐柱 518 份。前檐平柱高 291 份，角柱高 299 份。

柱头铺作：五铺作双下昂，重栱计心造，昂为假昂，下刻华头子。前檐柱头铺作里转第一跳出华栱，第二跳为蝉肚楷头承托乳栿，乳栿出檐作要头，乳栿上缴背为衬方头。后檐柱头铺作里转一、二跳出华栱，要头后尾为蝉肚楷头承托四椽栿。山面南侧柱头铺作里转第一跳出华栱，第二跳出楷头承托丁栿，丁栿出檐作要头，丁栿上缴背为衬方头。山面北侧柱头铺作里转一、二跳出华栱，要头后尾出楷头斜承丁栿。因四椽栿压于乳栿之上，且丁栿有与乳栿相交和搭于四椽栿之上两种做法，在外檐平柱等高的情况下，前后檐及山面柱头铺作里转出跳数不等。

转角铺作：第一跳出角华栱，跳头平盘枓上出华头子，上施第二跳角昂。里转三跳偷心，第三跳跳头上垫靴楔托由昂后尾，其上再承托角梁。

补间铺作：全殿补间铺作仅前檐当心间一朵出跳，瓜瓣栌枓，五铺作出双杪，重栱计心造。其里转三跳偷心，第三跳跳头上垫靴楔托要头后尾。要头后尾坐瓜瓣斗，上出令栱与翼形栱相交承托下平槫。其余各间仅在泥道慢栱上之素枋中隐刻出翼形栱，其上坐小枓一枚。

根据实测数据，柱头铺作里外第一、二跳出跳长度均为 37.1 厘米，约合 28 份。补间铺作里跳跳长依次减小。瓜子栱长 88.2 厘米约合 68 份，慢栱长129.4厘米约合100份,令栱长97厘米约合75份。铺作层高度,从栌斗底至橑风槫上皮为140厘米,约合109份,铺作层高度与柱高之比约为1:2.6(图10)。

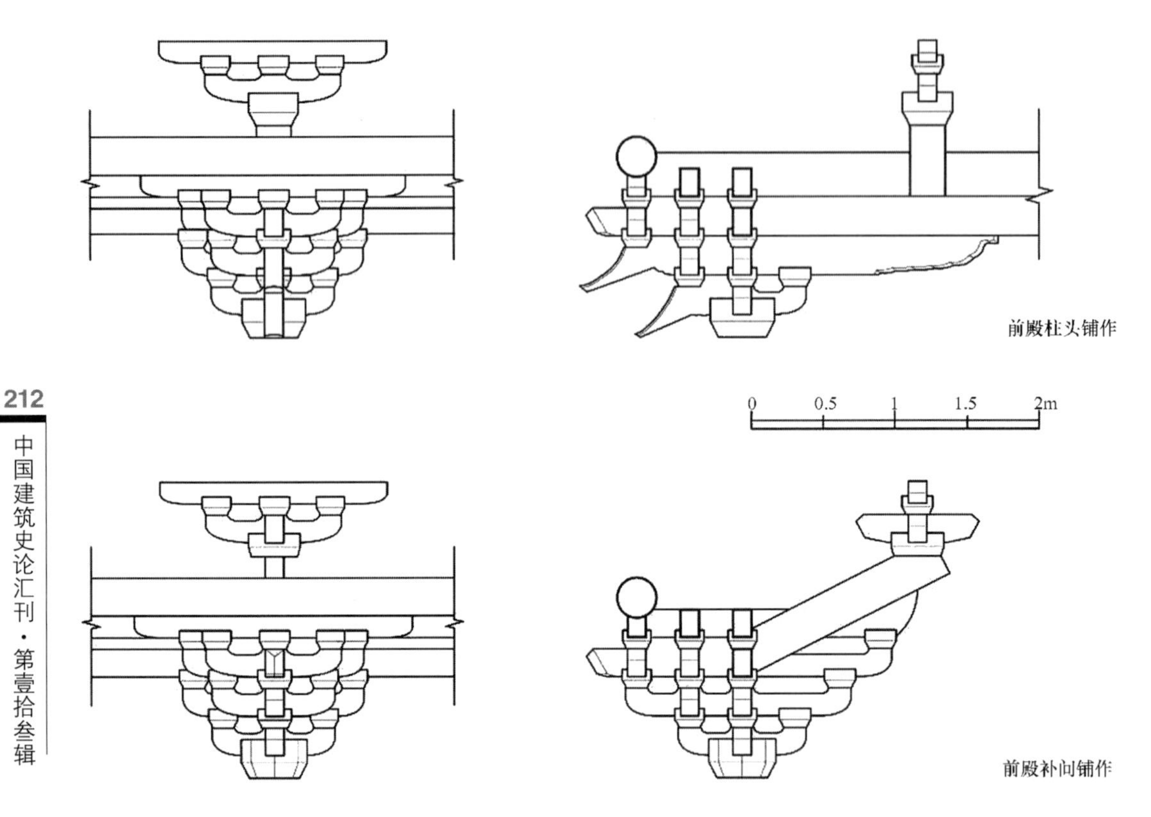

图10　前殿斗栱实测图

(刘通 绘)

4)其他

前殿仅在前廊砖墙上辟门窗。正门门框青石制,门楣刻有"正隆二年"题记,门砧石上有一对石狮雕塑,雕工精美,当与门为同一时期建造。东西次间开破子棂窗,两侧棂条个数不等。

屋顶筒瓦屋面,檐口用重唇板瓦和勾头。歇山各脊用琉璃瓦,据牛海炉所述,屋顶原有精美脊兽,后重修时并未重新建造安装,现状仅在戗脊端部置一仙人。

殿身内部铺作里跳和梁栿端头留有青绿色彩画,斗欹和栱卷头处绘有墨线如意图案,栱身和楷头侧面绘墨线缠枝纹。北侧内墙上有青绿色壁画和褐色画框残迹,壁画内容已无法辨识,褐色画框上绘宝相华。前廊外侧栱眼壁内绘兰草,应是更晚期所为(图11)。

5)前殿中的建筑平、立面比例关系

根据实测数据,将前殿平面、立面和剖面的主要尺寸列为表1:

(a)
(杨澍 摄)

(b)
(黄文镐 摄)

图 11　前殿彩画细部

表 1　前殿平面、立面和剖面的主要尺寸

部位	当心间广	次间广	侧面心间广	檐高	檐柱高	上平榑高	举高
尺寸(厘米)	410	298	373	531	375	737	359

由此可以推出前殿平、立面的几个比例关系：

当心间广：次间广 $=410/298=1.38\approx\sqrt{2}$

通面广：（当心间广+次间广）$=1006/(410+298)=1.42\approx\sqrt{2}$

侧面心间广：檐柱高 $=0.99\approx1$

檐高：檐柱高 $=1.42\approx\sqrt{2}$

上平榑高：檐柱高 $=1.97\approx2$

檐柱高：举高 $=1.04\approx1$

由以上数据可知，在平面上，前殿当心间与次间间广比值约为$\sqrt{2}$，即通面广同当心间与次间广之和的比值也为$\sqrt{2}$。立面上檐柱高与侧面心间间广相同，但殿身通面阔和通进深与檐柱柱高无直接关系。构架方面，上平榑标高为檐柱高的 2 倍，即上平榑至檐柱柱顶之距离与檐柱柱高基本相等，符合唐宋以来殿堂型构架房屋中平榑（距檐榑二步架者）至檐柱顶之距与檐柱高相等的规律[1]。屋顶之举高（橑风榑上皮至脊榑上皮）也与檐柱柱高近似相等。与此同时，前殿橑风榑上皮的标高与檐柱上皮标高的比值恰为$\sqrt{2}$，与唐宋建筑柱檐关系的$\sqrt{2}$规律[2]相吻合。

除此之外，前殿地坪中点至前后橑风榑上皮的距离（7.79 米），与中点至前后上平榑的距离（7.70 米）几乎相等，即前后橑风榑上皮与前后上平榑上皮，恰好位于一个以地坪中点为圆心的半圆之上。而室内四椽栿底的标高（4.89 米）又约为通进深（9.67 米）的一半（图 12～图 14）。

[1] 傅熹年. 中国古代城市规划、建筑群布局及建筑设计方法研究[M]. 北京：中国建筑工业出版社，2001.

[2] 王贵祥. $\sqrt{2}$与唐宋建筑檐柱关系[M]//建筑历史与理论（第三、四辑）. 南京：江苏人民出版社，1982：137-144.

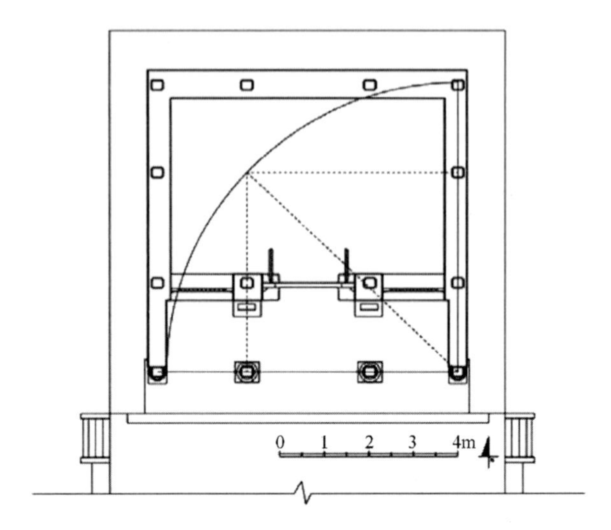

图 12　前殿平面比例关系分析图

（杨澍 绘）

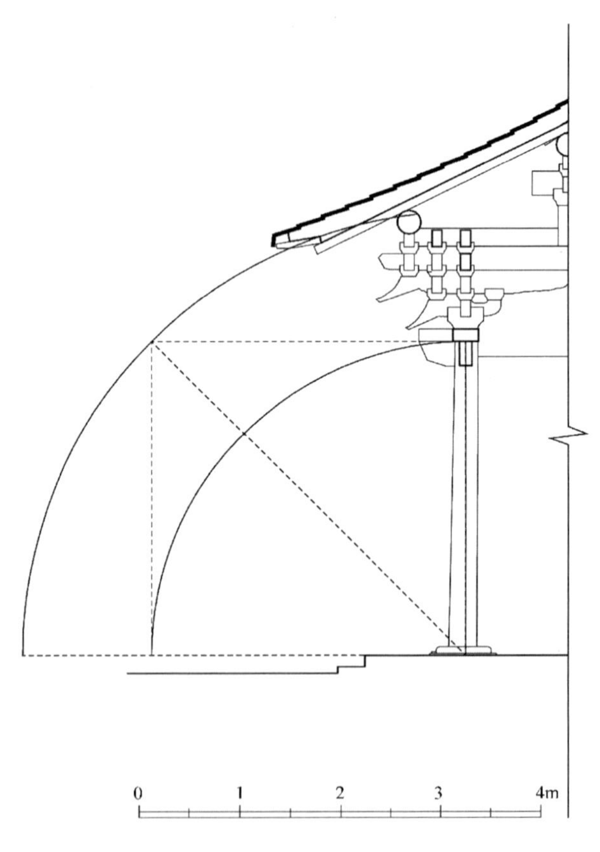

图 13　前殿檐柱关系中的$\sqrt{2}$规律分析图

（杨澍 绘）

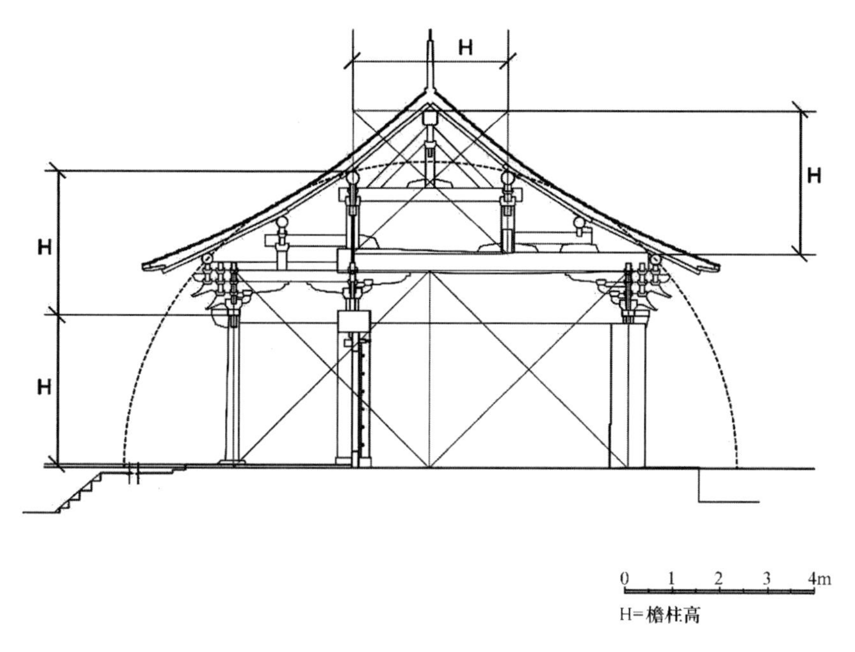

图 14　前殿剖面比例关系分析图

（杨澍 绘）

3. 后殿

二仙庙后殿由正殿、东西配殿和东西偏房组成。

正殿单檐悬山顶，明代风格。台基东西 9.14 米，南北 7.9 米，高 0.56 米，南面台阶 3 级。殿身面阔 3 间，进深 1 间带前廊，东、西、北三面为砖墙。明间面阔 2.67 米，次间 2.48 米。从前檐柱至后墙中线距离为 6.07 米，前廊净宽 0.8 米。

实测正殿无侧脚、生起。前檐柱高 3.05 米，下有高约 0.42 米的方凳形柱础，无收分。殿身进深四步架，南侧出单步前廊，柱头科与平身科耍头后尾插入金檩下砖墙。屋架举折檐步四七举，金步五四举，脊步五八举。三架梁上立瓜柱、叉手承托脊檩。

正殿仅前廊施斗栱。柱头科用三踩单昂，昂身、耍头 10.9 厘米宽。平身科斗栱用三踩单翘，出翘及耍头宽度与柱头科相同。斗栱层高度 0.86 米，与檐柱高比值为 1∶3.5。以斗口宽 10.9 厘米记，后殿正殿明间宽 24.5 斗口，两次间宽度接近 23 斗口。殿身无彩绘，殿内塑像为 2006 年村民集资所塑，额枋与雀替有花草木雕，柱础浮雕有神兽图案。

后殿西配殿 3 开间硬山顶，明间面阔 2.3 米，东、西次间 2.1 米。进深四步架，各步架长度不等，从前檐步至后檐步分别为 1.07 米、1.3 米、1.42 米和 1.47 米，以脊檩为分界南侧进深小于北侧。南侧金檩下方砌砖墙辟板门隔出前廊，前廊净宽仅0.25米，砖墙与金檩位置不对应，可能并非此配殿初建时所砌。砖墙内嵌《重修子孙殿碑记》时间为明崇祯十六年，该殿部分木构架始建年代可能早于此。殿身前廊用斗栱，柱头科三踩单昂，平身科上每间一朵云形斗栱承托柱头枋，无出跳。斗栱层高度0.79米。东山墙西侧可见正心栱从墙内伸出，推测此殿可能初为悬山顶，后改作硬山顶。前檐柱高2.13米，抹角石柱，收分约为2.8/100。斗栱层高度与柱高比值为1∶2.7。平板枋用原木，断面近似圆形。殿内南墙残存题记，门砧浮雕神兽。东配殿3开间硬山顶，无斗栱。此外另有东西偏房，开间进深均为1间，砖墙承重（图15，图16）。

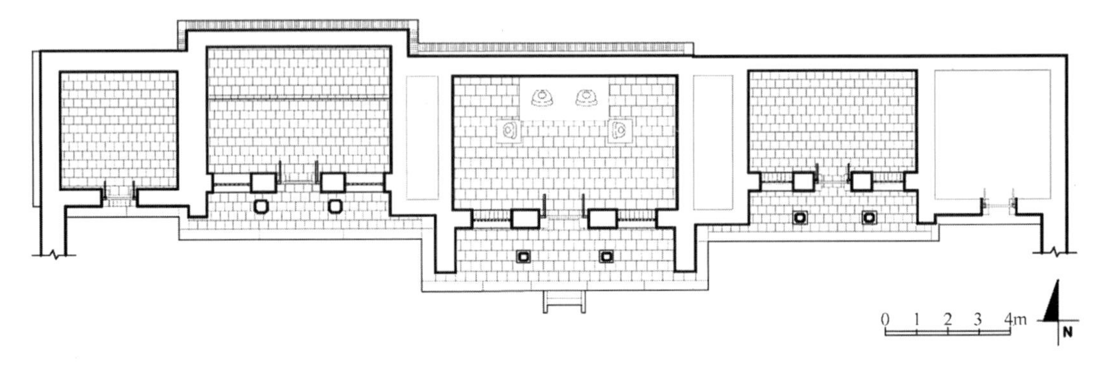

图15　后殿平面图

（马志桐 绘）

图16　后殿南立面图

（陈爽云 绘）

后殿正殿西内墙与西配殿东内墙间距离1.97米，两墙之间部分未探明，正殿东内墙与东配殿西内墙间也有2.24米的距离。根据实测数据，后殿西配殿东墙与东配殿西墙相距10.2米，这一数值与前殿面阔近似。若将金代前殿东西柱网轴线延长至后殿区域，则延长线亦恰巧交于西配殿东内墙及东配殿西内墙处。因此不排除原先后殿规模与前殿相似，后代重修时将其缩小为现状的可能性（图17）。

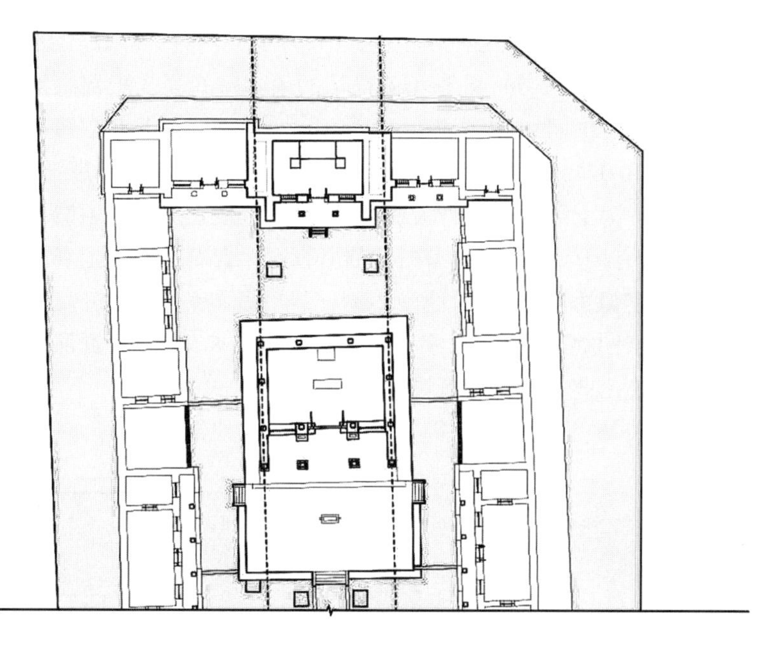

图 17　前殿后殿平面关系分析图
（杨澍 绘）

4. 戏台

二仙庙山门南约 19 米处留有戏台遗址。现存遗址东西最宽处约 33 米，南北 12.3 米，最高处 1.94 米（于南侧测量），北侧与山门通过缓坡相连。据牛海炉介绍，戏台上原建有舞楼，东西两侧为钟鼓楼。如今钟鼓楼已不存，舞楼仅剩基址（图 18）。[1]

图 18　戏台遗址局部
（林浓华 摄）

[1] 根据牛海炉所述，戏台上原建有阁楼，阁楼上层为戏台，两侧是钟、鼓楼，下层为进庙的大门。阁楼坍塌之后，20 世纪 80 年代村里又在原址建造了戏台。现存戏台遗址所残留的半间房屋，当为 20 世纪 80 年代所建戏台遗存。

现存戏台遗址根据形制差别可分为东、中、西三部分。中间部分实测宽度17.63米,高1.74米,造型为简洁的须弥座式样。上层叠涩由砂石制成,高0.26米,中间束腰为青石材质,高0.54米,其下两层砂石叠涩分别高0.46米和0.48米。上下叠涩层无装饰,仅做混线,中间束腰被砂石质的隔身板柱分为七部分。隔身板柱共有八块,六块上做浅浮雕装饰,皆风化难以辨认,另有两块在壸门造型内雕刻出石狮。青石束腰之上线刻有花草,其中一块有字似为石碑,可惜漶漫不清,只能勉强辨认出“不明于斯”、“廊庑既成”等无法推定年代的文字。东侧部分宽约8.1米,西侧部分宽约7.1米,两部分皆由高宽不等的石块垒砌而成,除西侧部分有一个浮雕小狮之外并无其他装饰,显然与中间部分并非同一时期建造(图19)。

图19 戏台遗址细部
(林浓华 摄)

戏台遗址的中间部分,虽风化严重,并因左右加建致使其东西两侧本来面貌无法得见,但就如今所存,其造型和装饰皆与前殿月台有相似之处,然而因装饰简单,石狮雕塑也不若月台灵动,无法判断是否为同时期作品。金大定三年《举义乡丁壁村砌基阶记》只记载“录事皇甫谏……缔构二殿……其规模宏远,居处壮大”,除前后二殿外并无金代二仙庙布局的其他信息,而金末元初李俊民却在《重修真泽庙碑》中记载“贞祐甲戌烽火以来,残毁殆尽,幸而存者,前后二殿”。可知贞祐之乱过后二仙庙仅有前后二殿存留。因戏台遗址与现存前殿相距甚远,且所处地坪与现存前殿地坪高差过大(约3.8米),不太可能为上述二文中所记二殿之中的前殿(如若此,现存前殿当为二文所记二殿之中的后殿),则其建造年代必在贞祐之后。又李俊民《重修悟真观记》一文有“观之西曰庙,栋宇宏丽,像容粹穆,邃以重门,翼之两庑旁列诸灵之位”之字句,可知“大朝龙集庚子”年(1240年)重修完成后二仙庙除金代所建二殿之外又修葺了两重山门。现存二仙庙仅余一座山门,则其南侧的戏台遗址很有可能是另一座山门的所在地点,加之其遗存台基与前殿月台造型相似,等级却较低,若前殿月台为金代大修时所建,则戏台遗址可能为元代重修庙宇时参照金代月台而做,若前殿月台并非金代所建，则前殿月台与现存戏台遗址可能均为李俊民文中所记这次大修中修建。无论何种情况，现存戏台遗址位置为元代所建第一重山门之位置的可能性甚大。依据遗址形制，其中间部分当为元代大修时建造，而东西两侧的条石台基则是后人维修庙宇时加建而成。

四、西李门二仙庙布局演变的可能推测

依据上文内容，可推测出二仙庙布局演变的可能情况。西李门二仙庙始建于唐天祐年间，其时“修饰苟完，不甚亢丽”，由于金代大修时才“缔构二殿”，故推测二仙庙初建之时可能为只有一间殿堂的小庙宇，采用的是唐代常见的廊院式布局。金代正隆年间，二仙庙大修，在唐代殿堂基址上（根据现存柱础推测）重修前殿，同时创建后殿。金末元初，二仙庙再次大修，在前后二殿之外又修建了前后两道山门（即现存戏台遗址和山门的位置），形成了3进院落的格局。明清两代，二仙庙保存了元代形成的格局，在此基础上重新修建了后殿，同时第一重山门变成了戏楼。直至近代，戏楼及其两侧院墙被毁后未再修复，终于形成了今天的庙宇布局（图20）。

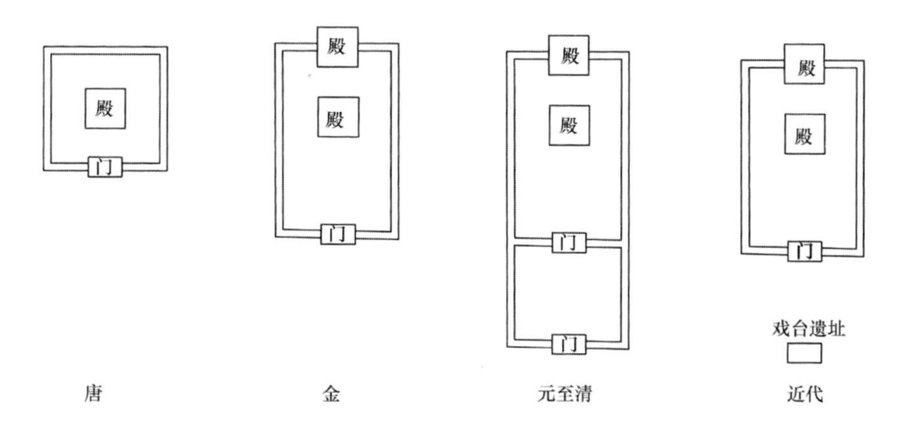

图20　西李门二仙庙布局演变示意图
（杨澍 绘）

本文所用测绘图纸及实测数据取自清华大学建筑学院2015年7月历史建筑测绘项目的成果。该项目测绘带队教师清华大学建筑学院王贵祥教授在现场与西李门二仙庙管理员岭坡村村民牛海炉进行了深入的实地访谈，文中所录牛海炉之叙述均来源于此。另，文中根据现存实物和历史文献做出的历史沿革考证和庙宇布局论述带有推测性质，因笔者学力尚浅，疏漏在所难免，还望方家不吝指正。

参考文献

[1] 刘俊文. 中国基本古籍库(电子版)[M]. 合肥:黄山书社,2006.

[2] 中国国家图书馆. 原国立北平图书馆甲库善本丛书[M]. 第335册. (万历)即墨志十卷. (嘉靖)全辽志六卷. (成化)山西通志十七卷(一). 北京:国家图书馆出版社, 2013.

[3] [明]傅淑训,重修. 郑际明,续修. 马甫平,点校. (万历)泽州志[M]. 太原:北岳文艺出版社,2009.

[4] 傅熹年. 中国古代城市规划、建筑群布局及建筑设计方法研究[M]. 北京:中国建筑工业出版社,2001.

[5] 王贵祥. $\sqrt{2}$与唐宋建筑檐柱关系[M]//建筑历史与理论(第三、四辑). 南京:江苏人民出版社,1982:137-144.

[6] 王贵祥. 关于唐宋单檐木构建筑平立面比例问题的一些初步探讨[M]//建筑史论文集(第15辑). 北京:清华大学出版社,2002:50-64.

建筑文化研究

汉代建筑中的罘罳

黄婧琳　朱永春

（福州大学建筑学院）

摘要：文章以汉代建筑中的罘罳为研究对象，界清其名义，总概其特征；并依罘罳附着单体建筑称谓，将其划归七类逐次阐明，即楼、阁、堂、阙、庑、墙、屏之罘罳；论文进一步分析罘罳的七种功用：屏障、围护、防御、挡土、采光、通风和装饰。

关键词：汉代建筑，罘罳，类型，功用

Abstract: This paper explores the feature of *fusi* in Han dynasty architecture and discusses the origin of its name and its main characteristics. According to the building to which it is attached, the paper distinguishes seven types of *fusi*: *fusi* for multi-storied buildings (*lou*) and pavilions (*ge*), halls (*tang*), watchtowers (*que*), side buildings (*wu*), walls, and screens. The paper then analyzes its functions: it might be used for shielding off, space-enclosing, defending, earth-retaining, lighting, ventilation, or decoration.

Keywords: Han dynasty architecture, *fusi*, types, functions

罘罳，是一种汉代建筑的组成元素，存在于楼阁、殿堂、门阙、廊庑及墙垣之上，有屏蔽、护土、采光等多种功能。由于汉代仅有石祠、阙、崖墓等少数建筑遗存，罘罳的实物资料仅褚兰一号东汉石墓一例，但是其形象在汉画像与明器中屡见不鲜。

目前对罘罳仅有零星的研究，如陈明达的《汉代的石阙》和杨宽的《汉代阙前的罘罳建筑》，略提阙间及阙前罘罳。此后学者对罘罳的研究付之阙如，在考古报告中常称其为菱形或网状图案，因此关于罘罳的认识仍未明朗。本文拟以古文献、汉画像、明器和建筑实物互为印证，对汉代罘罳的界定、类型、功能做初步的疏理。

一、"罘罳"语义的界定

古代典籍中，罘罳一词在两种不同意义上混用，其一为《前汉书》："未央宫东阙罘罳灾。"颜师古注："罘罳，谓连阙曲阁也。"[1]此指罘罳是一种建筑类型。又如《前汉书》所记载，哀帝赐董贤于北阙甲第建大宅，于义陵旁造墓地祠堂，"内为便房，刚柏题凑，外为徼道，周垣数里，门阙罘罳甚盛。"[2]及《盐铁论·散不足》记述汉代各阶层的墓地祠堂形制，云："中者祠堂、屏、阁、垣、阙、罘

---

[1] [汉]班固. 前汉书. 卷四. 影印文渊阁四库全书本[M]. 上海：上海古籍出版社，1987.

[2] [汉]班固. 前汉书. 卷九十三. 影印文渊阁四库全书本[M]. 上海：上海古籍出版社，1987.

罳。”[1]将罘罳与垣、阙、阁等建筑类型并置；其二为《前汉书》颜师古释：“罘罳，阙之屏也。”[2]《三辅黄图·建章宫》传曰：“辇道相属焉，连阁皆有罘罳。”[3]此指罘罳是一种建筑上的元素。

古人独取建筑中罘罳指称其所附属建筑，《演繁露》对此辨析道：“世有一事绝相类者，夕郎入拜之门名为青琐，取其门扉之上刻为交索，以青涂之。事见王后传注，故以为名称谓，既熟后人不缀门闼，单言青琐，世亦知其为禁中之门。此正遗屏阙不言而独取罘罳为称义，例同也。”[4]如此一来，罘罳和建筑两者的概念极易混淆，而疑义丛生。正是“郑能指汉阙以明古屏，而不能明指屏阙之上孰者为罘罳；故崔豹不能晓解，而析以为二；颜师古又不敢坚决两者，而兼存之。所以起议者之疑也。”[5]

罘罳作为建筑组成元素含有两类特征：其一，罘罳是一种屏蔽物，如《广雅》曰：“罦罳谓之屏。”[6]又如《中华古今注》：“罘罳，屏之遗象也，塾门外之舍也。”[7]其二，罘罳镂刻成网状或格状。罘罳属“罒”旁，从网，如《演繁露》云：“罘罳云者，刻镂物象着之板上，取其疏通连缀之状。”[8]又如《雍录》所记“罘罳者，镂木以为之，其中疏通可以透明，或为方空，或连琐状，扶疏故曰罘罳。”[9]其网格的疏密程度各有不同，如出土于郑州市二里岗小砖墓的红陶仓阁，建筑的平座布置横向密集格状物和竖向稀疏柱列，整体上构成上下疏密程度不等的屏蔽物，即为罘罳（图1）。一言蔽之，罘罳是镂刻为网状或格状屏的蔽物。

图1　郑州市二里岗小砖墓出土红陶仓阁

（河南博物院. 河南出土汉代建筑明器[M]. 郑州：大象出版社，2002：44.）

[1] [汉]桓宽. 盐铁论[M]. 北京：华夏出版社，2000：186-187.

[2] [汉]班固. 前汉书. 卷二十七上. 影印文渊阁四库全书本[M]. 上海：上海古籍出版社，1987.

[3] 何清谷. 三辅黄图校注[M]. 西安：三秦出版社，1995：115-118.

[4] [宋]程大昌. 演繁露. 卷十一. 影印文渊阁四库全书本[M]. 上海：上海古籍出版社，1987.

[5] 同上。

[6] [魏]张揖. 广雅. 卷七. 影印文渊阁四库全书本[M]. 上海：上海古籍出版社，1987.

[7] [五代]马缟. 中华古今注. 卷上. 影印文渊阁四库全书本[M]. 上海：上海古籍出版社，1987.

[8] [宋]程大昌. 演繁露. 卷十一. 影印文渊阁四库全书本[M]. 上海：上海古籍出版社，1987.

[9] [宋]程大昌. 雍录[M]. 北京：中华书局，2002：212.

罘罳的色彩，据文献记载，饰以青、朱、白三种，其中青为深绿色或浅蓝色。《楚辞章句》："网户朱缀，刻方连些。"❶《楚辞集注》释："网户者，以木为门扉而刻为方目，使为罗网之状，即汉所谓罘罳。"❷《楚辞补注》释："镂刻也，横木關柱，为连言门户之楣，皆刻镂绮文，朱丹其缘，雕镂连木，使之方好也。五臣云：又刻镂横木，为文章，连于上，使之方好。"❸《周礼·冬官考工记》释"文章"："青与赤谓之文，赤与白谓之章。"❹汉代明器中的罘罳同样存有三色，与文献记载相一致。如焦作市马作村出土的五层彩绘陶仓楼，三层右侧门框两侧的窗框上为深朱色，中间为深绿色网状物；五层阁楼上罘罳分为九部分，中间为方形孔洞，孔四周由内及外饰以深红色、浅蓝色；四角为深绿色竖条格状；左右为较细密的朱色菱形网格；上下为较大的菱形白色网格，格内间隔饰以浅蓝色和暗朱色（图2）。

❶[汉]王逸. 楚辞章句. 卷九. 影印文渊阁四库全书本[M]. 上海：上海古籍出版社，1987.

❷[宋]朱熹. 楚辞集注. 卷七. 影印文渊阁四库全书本[M]. 上海：上海古籍出版社，1987.

❸[宋]洪兴祖. 楚辞补注. 卷七. 影印文渊阁四库全书本[M]. 上海：上海古籍出版社，1987.

❹[汉]郑玄. 周礼. 卷十一. 影印四部丛刊本[M]. 上海：商务印书馆，1929.

图2　焦作市马作村出土五层彩绘陶仓楼（局部）

（河南博物院. 河南出土汉代建筑明器[M]. 郑州：大象出版社，2002：21.）

二、罘罳类型的划分

罘罳类型依其所附属建筑而定，《演繁露》中载"屏施诸宫禁之门则为某门罘罳，而在屏则为某屏罘罳，覆诸宫寝阙阁之上则为某阙之罘罳，非其别有一物元无附着而独名罘罳也……虽施寘之地不同，而其罘罳之所以为罘罳，则未始或异也。"❺及《雍录》曰："罘罳之名既立，于是随其所施而附着以为之名。"❻本文按照罘罳依附的单体建筑类型来划分罘罳的类型，分为

❺[宋]程大昌. 演繁露. 卷十一. 影印文渊阁四库全书本[M]. 上海：上海古籍出版社，1987.

❻[宋]程大昌. 雍录[M]. 北京：中华书局，2002：212.

楼、阁、堂、阙、庑、墙、屏七类展开论述。

1. 楼罘罳

楼罘罳见于百戏楼、望楼、碉楼、仓楼、榭、角楼等各类形制的楼中。1966年山东费县出土的东汉画像石中，绘有两座楼，三层高，两楼间以阁道相连。两楼的第二、三层木格外墙中部均嵌以镂空网状罘罳（图3）；百戏楼中罘罳，如项城县东汉百戏楼二层嵌以镂空网状罘罳（图4）；望楼中罘罳，如内乡县马山口镇茨园村窑厂，其第二、三层墙外均置模印网状罘罳，两旁布置条形窗洞（图5）；碉楼中罘罳，如河北阜城桑庄出土的东汉碉楼中第三层镶以网状罘罳（图6）；仓楼中罘罳，如焦作市马作村出土五层彩绘陶仓楼第三、四、五层栏杆、窗户、外墙上均采用罘罳（图2）；榭罘罳，如陕县刘家但渠三号墓出土三层陶榭，其第一、二层门两侧罘罳铺盖整面外墙（图7）；角楼罘罳，见于《周礼订义》："且城隅不止城身而谓之城角之上浮思。"[1]及《礼记集说》："桴思，小楼也，城隅、阙上皆有之。"[2]又，《考工记解》："隅者，城角也，罘罳角处也。角处又高二丈，故曰七雉，城隅又高四丈，故曰九雉。"[3]

[1] [宋]王与之. 周礼订义. 卷七十八. 影印文渊阁四库全书本[M]. 上海：上海古籍出版社，1987.

[2] [宋]卫湜. 礼记集说. 卷八十. 影印文渊阁四库全书本[M]. 上海：上海古籍出版社，1987.

[3] [宋]林希逸. 考工记解. 卷下. 影印文渊阁四库全书本[M]. 上海：上海古籍出版社，1987.

图3　山东费县垛庄镇出土东汉画像摹本

（作者摹绘自：焦德森. 中国画像石全集. 第3卷. 山东汉画像石[M]. 济南：山东美术出版社，2000：81.）

图4　项城县老城邮电所院出土东汉百戏楼
（河南博物院．河南出土汉代建筑明器[M]．
郑州：大象出版社，2002：74．）

图5　内乡县马山口镇茨园村窑厂采集陶望楼
（河南博物院．河南出土汉代建筑明器[M]．
郑州：大象出版社，2002：82．）

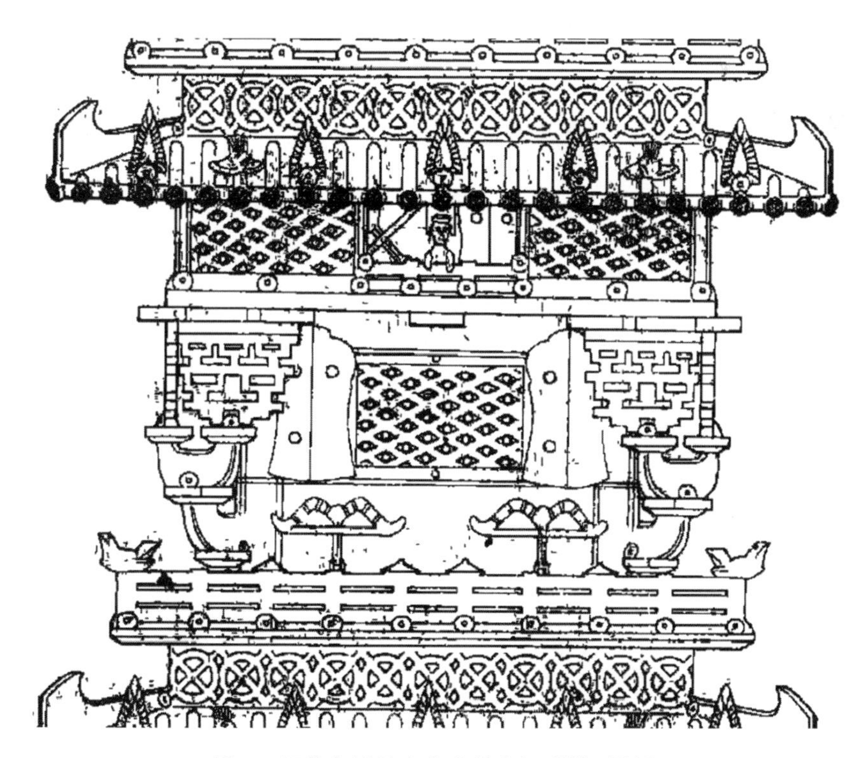

图6　河北阜城桑庄出土的东汉硐楼（局部）
（河北省文物研究所．河北阜城桑庄东汉墓发掘报告[J]．文物，1990（1）：28．）

图7　陕县刘家但渠三号墓出土陶榭
(河南博物院. 河南出土汉代建筑明器[M]. 郑州:大象出版社, 2002:121.)

2. 阁罘罳

阁罘罳见于门阁、连阁、途阁等各种形制的阁中。汉代阁指一层架空、矩形平面的多层建筑。

门阁罘罳:阁本义指门阁,门固定于正中,阁架于门两旁。如《说文解字》释:“阁,所以止扉也。从门各声”,段玉裁注:“阁本训直橛……汉书所谓门牡者,而阁居两旁,每扉以一长杙,上贯于过门版,下拄于地,故云所以止扉。”[1]门阁罘罳记载于《前汉书》中,王莽遣将破坏汉王室渭陵、延陵园门阁罘罳,使百姓勿复思汉王朝,“遣使坏渭陵、延陵园门罘罳,曰:‘毋使民复思也’,又以墨洿色其周垣。”[2]又如《通雅》:“渭陵、延陵园门亦有罘罳,加网状,其雕刻棂栊。”[3]汉画像中,门阁罘罳见于四川德阳黄许镇出土的门阁上(图8),图中门阁为干栏结构,下部架空,中央有大门,右翼有小门。门阁上方建纵向短木和横向长木交织的格状物,并于其中嵌以镂空网状物,即为罘罳。与《通雅》所载甚合。

连阁罘罳:连阁指连接多层建筑上部的阁道,连阁两端之间建造罘罳。

[1] [汉]许慎,撰. [清]段玉,裁注. 说文解字注[M]. 上海:上海古籍出版社,2003:587.
[2] [汉]班固. 前汉书. 卷九十九下. 影印文渊阁四库全书本[M]. 上海:上海古籍出版社,1987.
[3] [明]方以智. 通雅. 下卷[M]. 上海:上海古籍出版社, 1988: 1145-1175.

图8　四川德阳黄许镇出土汉画像中门阁
（龚廷万，等. 巴蜀汉代画像集［M］. 北京：文物出版社. 1998：图52.）

文献中记载《三辅黄图·建章宫》“辇道相属焉，连阁皆有罘罳。”[1]注曰：“连阁曲阁也，以覆重刻垣墉。屏翳之处画以云气鸟兽，其形罘罳然。”汉画像中连阁罘罳见于山东费县垛庄镇东汉画像连接两楼的连阁中（图3），其中用方木组成疏通的格状罘罳。

[1]何清谷. 三辅黄图校注［M］. 西安：三秦出版社，1995：115-118.

途阁罘罳：途阁指架空有棚的道路。如江苏睢宁双沟出土画像石中的途阁（图9），阁的第二层用罘罳围合外墙，下至底部上承屋檐，左右连接柱子，用条木分为六个部分，除中上一部分，其余皆嵌以菱形网状物。又如四川德阳黄许镇出土的汉画像中，途阁上设有网状与格状罘罳（图10）。

图9　江苏睢宁双沟出土画像石中途阁
（汤池. 中国画像石全集. 第4卷. 山东汉画像石［M］. 济南：山东美术出版社，2000：77.）

图10　四川德阳黄许镇出土的汉画像中途阁
（龚廷万，等. 巴蜀汉代画像集［M］. 北京：文物出版社. 1998：图版54.）

3. 殿、堂罘罳

殿堂罘罳应用于殿、堂门或门前，《三礼图》称罘罳："可以为屏，又可为门扉。"[1]也可覆盖于殿、堂台基侧面。

堂门上罘罳，如广州南郊细岗出土的三合院陶屋中，正堂门墙上建造网状罘罳，使整片墙镂空半透（图11）；堂门前罘罳，如广西合浦望牛岭出土的西汉铜屋中，门前木条横竖交接，下与架空铺板相连，上承托屋檐檩子，于门前形成稀疏屏障（图12）。于文献《玉篇》记载"罳，屏树门外也。"[2]《三礼图》释曰"按罘罳上皆以网，即网户也。以木为方，如罗网状。故可以为屏"甚合。

[1]［宋］聂崇义. 三礼图. 卷一. 影印文渊阁四库全书本［M］. 上海：上海古籍出版社，1987.

[2]［梁］顾野王. 玉篇. 卷八. 影印文渊阁四库全书本［M］. 上海：上海古籍出版社，1987.

图11　广州南郊细岗出土三合院陶屋正堂罘罳

（广州市文物管理委员会. 广州出土汉代陶屋［M］. 北京：文物出版社，1958：36.）

图12　广西合浦望牛岭出土西汉铜屋

（广西壮族自治区文物考古写作小组. 广西合浦西汉木椁墓［J］. 考古，1972（9）：图版4.）

殿堂罘罳文献中记载于《后汉书》:“己亥南宫内殿罘罳自坏。”[1]《古今注》:“汉西京罘罳合板为之,亦筑土为之,每门阙殿舍前皆有焉,于今郡国斤前亦树之。”[2]福建顺昌宝山寺大殿门前仍存有罘罳。虽建于元代,但与福建地区其他古迹类似,仍保留了前朝乃至汉时期的古拙做法。宝山寺殿门罘罳通过横向石条、额及额上石板联系六石柱,形成门前“疏屏”,门前罘罳通过柱上屋檐檩条和劄牵与主体建筑相连(图 13 ~ 图 15)。

[1][刘宋]范晔. 后汉书. 卷八. 影印文渊阁四库全书本[M]. 上海:上海古籍出版社,1987.

[2][晋]崔豹. 古今注. 卷上. 影印文渊阁四库全书本[M]. 上海:上海古籍出版社,1987.

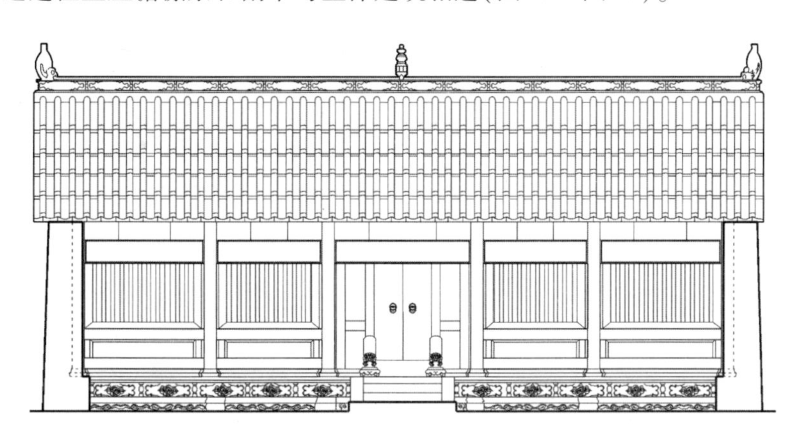

图 13　福建顺昌元代宝山寺大殿立面图

(作者自绘)

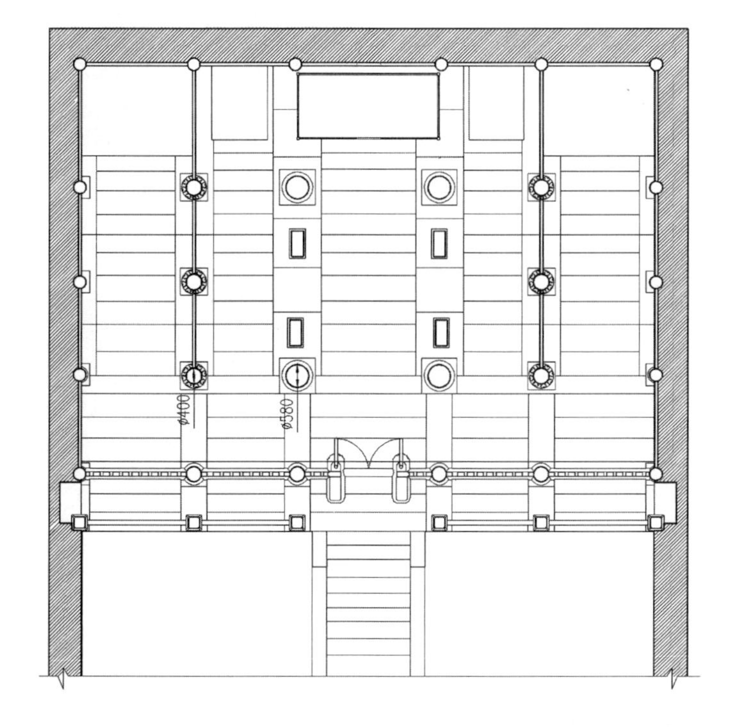

图 14　福建顺昌元代宝山寺大殿平面图

(作者自绘)

图 15　福建顺昌元代宝山寺罘罳
（作者自摄）

殿堂台基罘罳见于安徽宿县褚兰石墓北后室后壁的画像石中，画中一座庑殿顶殿堂，堂内两人对坐宴饮，殿堂台基侧面的网状物即是罘罳（图 16）。

图 16　安徽宿县褚兰一号东汉石墓北后室后壁画像石拓本
（王步毅. 安徽宿县褚兰汉画像石墓［J］. 考古学报，1993（4）：532.）

4. 阙罘罳

阙罘罳，盖可分为阙主体以及阙附属物上的罘罳。《前汉书》："六月癸酉未央宫东阙罘罳灾。如淳曰，东阙与其两旁罘罳皆灾也。晋灼曰，东阙之罘罳独灾也。师古曰，罘罳，谓连阙曲阁也，以覆重刻垣墉之处，其形罘罳然，一曰屏也。”[1]以上注释包含两种阙罘罳，在汉画像和明器中均有出现，下文分别论述。

阙主体上的罘罳：阙主体罘罳可分别布置于阙座、阙身、阙楼。阙楼罘罳，如四川德阳市黄许镇东汉墓出土汉画像中（图17），左翼阙身与阙顶之间的阙上小楼分为四层，自下而上看，第一层三栌斗间与第三层方格间均嵌以网状镂空物。同样，右翼阙楼第三层柱格间也嵌以网状镂空物，两单檐阙楼部分均使用了网状罘罳；阙座和阙身罘罳，如安徽萧县出土的汉代画像石中，中央殿堂两旁各立一双重檐阙，阙主体的阙座、阙身和阙楼部位均刻有菱形网状物，即为罘罳（图18）。和林格尔汉墓后室北壁桂树双阙壁画中，也可见左翼子阙身及右翼阙楼上均有网状罘罳（图19）。在文献中，阙主体上罘罳被屡次提及，《水经注》文中“象魏之上加复思以易观。”[2]指出阙上加建罘罳。《前汉书》第二十七卷“师古曰：罘罳，阙之屏也。”[3]《礼书》：“先儒谓屏为罘思，罘思小楼也，城隅阙上皆有之，屏上亦然，故称屏曰罘思然，则先王观阙之制宜亦如此。”[4]

图17　四川德阳市黄许镇东汉墓出土汉画像

（徐文彬，等. 四川汉代石阙[M]. 北京：文物出版社，1992：171.）

图18　安徽萧县出土的汉代画像拓本

（周水利. 安徽萧县新出土的汉代画像石[J]. 文物，2010(6)：62.）

[1] [汉]班固. 前汉书. 卷四. 影印文渊阁四库全书本[M]. 上海：上海古籍出版社，1987.

[2] [北魏]郦道元. 水经注(上)[M]. 北京：华夏出版社，2006：335.

[3] [汉]班固. 前汉书. 卷二十七上. 影印文渊阁四库全书本[M]. 上海：上海古籍出版社，1987.

[4] [宋]陈祥道. 礼书. 卷三十七. 影印文渊阁四库全书本[M]. 上海：上海古籍出版社，1987.

图 19　内蒙古和林格尔汉墓后室北壁壁画桂树双阙摹本(局部)
(作者摄于内蒙古盛乐博物馆)

阙附属物上罘罳:阙附属物上罘罳可分布在双阙间连接物和阙两旁。双阙间连接物中罘罳,如四川博物院藏东汉画像砖中(图 20),它与 1972 年四川省成都市大邑县安仁镇出土的东汉凤阙画像砖❶相比而言,前者中的双阙连阁罘罳更为明晰昭彰。阙间连接物两端之间覆盖有清晰菱形网状罘罳,下及楼板上抵屋檐。与颜师古所注"罘罳,谓连阙曲阁也,以覆重刻垣墉之处,其形罘罳然,一曰屏也"❷甚合;阙两旁罘罳见于苏、皖、浙地区出土的汉画像中,建筑物沿画像中轴线对称,双阙左侧清晰可见阙旁网状罘罳,双阙右侧阙旁罘罳仅剩上下边框,其内网状物应属缺损(图 21)。这与如淳所说阙两旁皆有罘罳甚合。

图 20　四川博物院藏东汉画像砖
(作者摄于四川博物院)

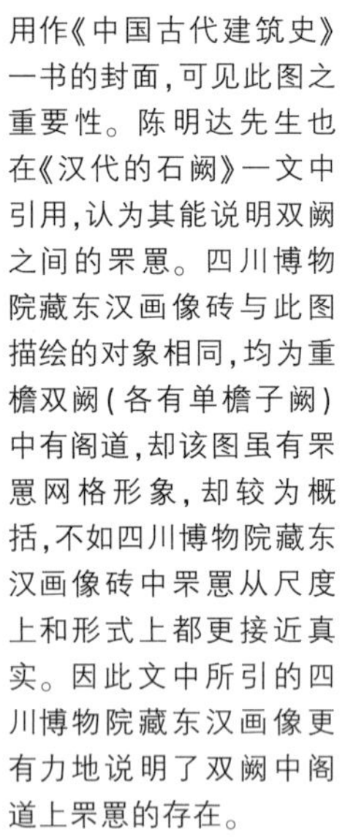

❶此汉画像被刘敦桢先生用作《中国古代建筑史》一书的封面,可见此图之重要性。陈明达先生也在《汉代的石阙》一文中引用,认为其能说明双阙之间的罘罳。四川博物院藏东汉画像砖与此图描绘的对象相同,均为重檐双阙(各有单檐子阙)中有阁道,却该图虽有罘罳网格形象,却较为概括,不如四川博物院藏东汉画像砖中罘罳从尺度上和形式上都更接近真实。因此文中所引的四川博物院藏东汉画像更有力地说明了双阙中阁道上罘罳的存在。

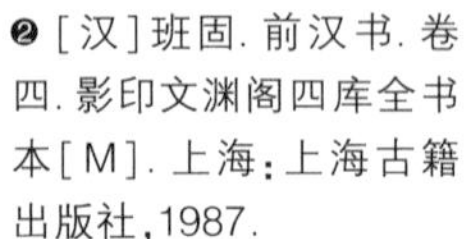

❷[汉]班固. 前汉书. 卷四. 影印文渊阁四库全书本[M]. 上海:上海古籍出版社,1987.

图 21　苏、皖、浙地区出土画像石

（汤池. 中国画像石全集. 第 4 卷. 山东汉画像石[M]. 济南：山东美术出版社，2000：87.）

5. 廊庑罘罳

廊庑罘罳指廊庑中柱列立面建造半遮蔽的屏蔽物。如沂南汉墓中所绘的墓地祠堂中，建筑为三进，第一进为门阁，第二进为堂，第三进为祠，两旁以庑连接，该庑的形制为里外庑，其沿脊檩做墙，分为形制不同的院内外两部分，院外部分为二层横条与七根竖柱交接，形成格状半透空屏蔽物，即为罘罳；院内部分较院外减一半竖柱，形成更为稀疏的格状屏蔽物（图 22）。

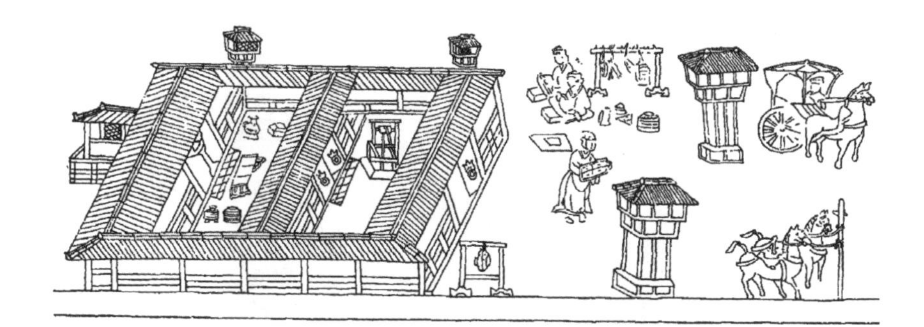

图 22　沂南画像石墓东室中壁上横额摹本

（陈明达. 汉代的石阙[J]. 文物，1961（12）：17.）

6. 墙罘罳

墙罘罳指单体围墙上罘罳，墙罘罳可应用于墙基和墙身。墙基罘罳见于褚兰一号墓地墓垣（图23），该墓垣由墙基、墙身、墙顶叠砌而成。墙顶雕成瓦垄，檐头刻云纹圆瓦当，说明其模仿木构建筑形制，墙基的菱形纹即为罘罳；墙身罘罳，如广州南郊大元岗出土的陶屋中（图24），该陶屋为两层二合院制，两侧单层墙体采用镂空网状墙身，即为墙身罘罳，壁上覆盖瓦片作为墙顶。

图23　安徽宿县褚兰一号东汉石墓墓垣

（王步毅.安徽宿县褚兰汉画像石墓[J].考古学报，1993(4)：图版18.）

图24　广州南郊大元岗出土曲尺形陶舍

（广州市文物管理委员会.广州出土汉代陶屋[M].北京：文物出版社，1958：11.）

7. 屏罘罳

屏罘罳指单体屏上的罘罳，可立于门阙前、后，形成独立的屏蔽物。文献中屡次提及屏罘罳，如《前汉书》："刘向以为，东阙所以朝诸侯之门也，罘罳在其外，诸侯之象也。"[1]《释名》曰："阙在门两旁，中央阙然为道也，罘罳在门外。"[2]《太平御览》载："备如汉西京之制，筑阊阖诸门，阙外罘罳。"[3]《日知录》记载："鱼豢《魏略》'黄初三年，筑诸门阙外罘罳'……则其为屏明甚而，或在门内，或在门外，则制各不同耳。"[4]

此外，门阙前后的实屏，虽未透空，但相对于门而言，也起到半遮蔽作用，古人也将其称为罘罳，此属屏罘罳的特殊形制。文献中，《三辅黄图·建章宫》称"屏翳之处画以云气鸟兽，其形罘罳然"，另有崔豹《古今注》："汉西京罘罳，合板为之亦筑土为之。"[5]顾炎武注"今人谓之影壁"[6]，沈自南注"今之照墙也"[7]。如内蒙古和林格尔汉墓宁城图壁画中，幕府衙署南大门(莫府南门)为三开间，左右连接子母阙，门阙后院内建造不镂空屏罘罳(图25)。

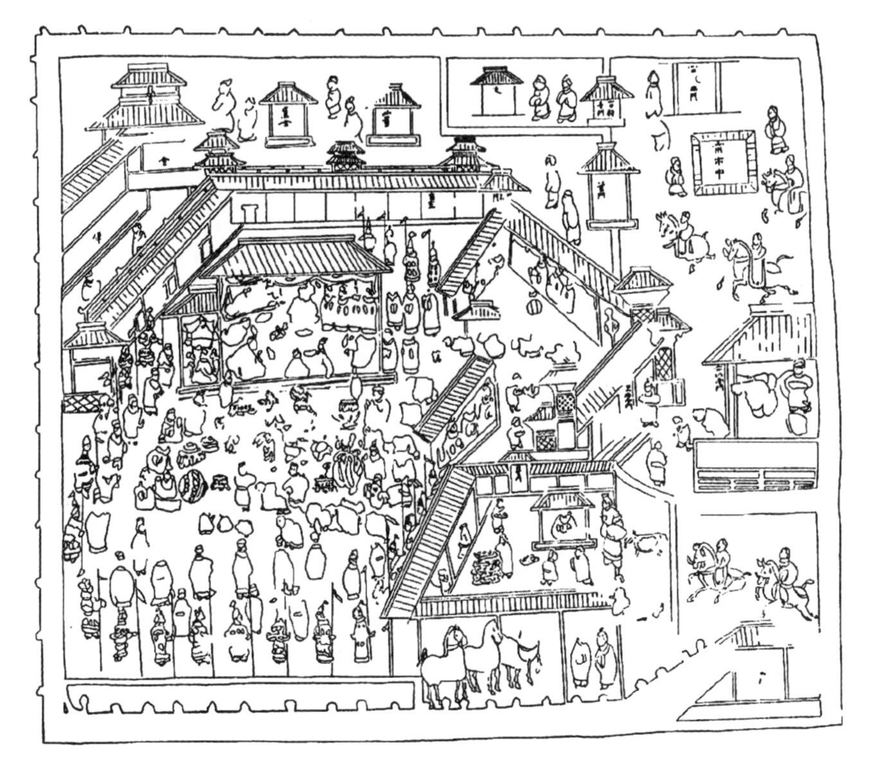

图25　内蒙古和林格尔汉墓宁城图壁画摹本

(内蒙古自治区博物馆文物工作队. 和林格尔汉墓壁画[M]. 北京：文物出版社，2007：17.)

[1][汉]班固. 前汉书. 卷二十七上. 影印文渊阁四库全书本[M]. 上海：上海古籍出版社，1987.

[2][汉]刘熙. 释名. 卷五. 影印文渊阁四库全书本[M]. 上海：上海古籍出版社，1987.

[3][宋]李昉. 太平御览. 卷九十四. 影印文渊阁四库全书本[M]. 上海：上海古籍出版社，1987.

[4][清]顾炎武，著. 黄汝成，集译. 日知录集译[M]. 长沙：岳麓书社，1994：1150-1151.

[5][梁]顾野王. 玉篇. 卷八. 影印文渊阁四库全书本[M]. 上海：上海古籍出版社，1987.

[6][清]顾炎武，著. 黄汝成，集译. 日知录集译[M]. 长沙：岳麓书社，1994：1150-1151.

[7][清]沈自南. 艺林汇考·栋宇篇. 卷四. 影印文渊阁四库全书本[M]. 上海：上海古籍出版社，1987.

三、罘罳功用之辨析

罘罳的功能依建筑中的具体使用目的而定,罘罳功能可分为屏障、围护、防御、挡土、采光、通风、装饰七类。

1. 屏障

罘罳运用于殿堂、门阙前后主要功能为屏障,起一种半遮蔽的作用,形成进入殿堂的过渡空间。罘罳用于堂门前的具体案例见于广州北郊景泰坑出土陶屋(图26)及广西合浦望牛岭出土西汉铜屋(图12)。堂门前罘罳,上支撑屋檐檩条,两侧与堂相连,于门前形成半遮蔽空间。

图26 广州北郊景泰坑出土陶屋

(广州市文物管理委员会.广州出土汉代陶屋[M].北京:文物出版社,1958:64.)

罘罳用于殿门前时,所屏翳的空间可作为群臣进谏等候处。文献有记载《中华古今注》:"罘罳,屏之遗象也,塾门外之舍也。臣来朝君至门外,当就舍,更详熟其所应应对之事也。"[1]《说文解字》:"舍,象屋也",指具有一定纵深的空间,上覆盖屋顶,故文中罘罳形制与宝山寺殿前罘罳一致(图15);其他类似文献如下,刘熙《释名》曰:"罘罳在外门,罘复也,臣将请事于此,重复思也。"[2]《越绝书》:"巫门外罘罳者,春申君去吴假君,所思处也。"[3]《礼记集说》:"疏屏者,疏刻也,屏谓之树,天子外屏,人臣至屏,俯伏思其事……故郑云桴思也,此皆天子庙饰。"[4]《钦定四库全书总目》:"西京门阙殿舍前皆有罘罳。盖天子非若诸侯内屏门堂前,亦宜有隐蔽之处。"[5]其中的罘罳均为屏障功能。

[1] [五代]马缟.中华古今注.卷上.影印文渊阁四库全书本[M].上海:上海古籍出版社,1987.
[2] [汉]刘熙.释名.卷五.影印文渊阁四库全书本[M].上海:上海古籍出版社,1987.
[3] [汉]袁康.越绝书.卷二.影印文渊阁四库全书本[M].上海:上海古籍出版社,1987.
[4] [宋]卫湜.礼记集说.卷八十.影印文渊阁四库全书本[M].上海:上海古籍出版社,1987.
[5] [清]纪昀,等.钦定四库全书总目.卷三十六.影印文渊阁四库全书本[M].上海:上海古籍出版社,1987.

2. 围护

罘罳应用于多层楼、阁的平台上，可充当类似栏杆的围护功能。或应用于墙上，将整面墙作为罘罳，替代封闭实墙起到围护功能。前者见于淮阳县于庄1号墓出土陶院，中庭主楼二层外部平台采用网状镂空罘罳，作围护之用（图27）。又见四川德阳黄许镇出土的汉画像中途阁中，阁道两侧网状与格状罘罳，作为围护之用（图10）。后者如广州南郊大元岗出土曲尺形陶舍中，以罘罳替代墙身围合院落（图24）。

图27　河南淮阳县于庄一号墓出土陶院

（河南博物院. 河南出土汉代建筑明器[M]. 郑州：大象出版社，2002：49.）

3. 防御

罘罳运用于阙、碉楼、仓楼、墙垣等外墙上，既起到了屏蔽的作用，又不阻碍视线，利于守望。其镂空网孔可用来射箭，起到防御的功能。疏通守望见于《论语类考》中记载："金履祥氏云谓之萧墙者，虽设屏以限内外，而萧疏可以通望内外，如汉罘罳之类。"❶又如《水经注》文中，"象魏之上加复思以易观。"❷网孔射箭见于《释名》："楼谓牖户之间有射孔。楼，楼然也。牖户之孔，状若网罗之目，故曰罘罳望之楼，楼然其名起于此。"❸又如章炳麟《小学答问》："古者守望萧墙，皆有射孔。屏最外，守望尤急，是故刻为网形，以通矢族，谓之罘罳。"❹在明器中，如荥阳市城关乡魏河村出土的七层灰陶仓楼（图28），第三层墙上皆为罘罳，刻为网状。网内有孔洞，其孔洞较其他功能的罘罳更为密集和细小，隐蔽性强，有利于对外射箭，对内守护，从而易守难攻。

❶[明]陈士元. 论语类考. 卷十五. 影印文渊阁四库全书本[M]. 上海：上海古籍出版社，1987.

❷[北魏]郦道元. 水经注（上）[M]. 北京：华夏出版社，2006：335.

❸[汉]刘熙. 释名. 卷五. 影印文渊阁四库全书本[M]. 上海：上海古籍出版社，1987.

❹杨宽. 中国古代陵寝制度史研究[M]. 上海：上海人民出版社，2003：141.

图 28 荥阳市城关乡魏河村出土陶仓楼

(河南博物院. 河南出土汉代建筑明器[M]. 郑州:大象出版社, 2002:14.)

4. 挡土

罘罳应用于阙座、墙基、殿堂台基,可作为挡土之用。由于土筑台基易受雨水冲刷、阳光暴晒、湿度与温度变化的影响,土台表面风化、破碎、剥蚀,甚至出现局部坍塌。土台表面嵌以罘罳,作为土台支护,能在一定程度上防止和延缓夯土流失、剥落、碎裂,保持土台表面的完整性,增强土台基的强度和整体性。在图 16 中殿堂台基罘罳,与图 25 中衙署大院左侧中部殿堂台基罘罳,若以网状罘罳作为支撑结构显然并不可行,应作为巩固夯土台基之用。图 18 中阙罘罳与《演繁露》"汉西京,罘罳,合板为之,亦筑土而为之,详豹之意以筑土者为阙,以合板者为屏也"[1]所述一致。

[1] [宋]程大昌. 演繁露. 卷十一. 影印文渊阁四库全书本[M]. 上海:上海古籍出版社,1987.

5. 采光

由于汉代没有透明玻璃,罘罳可运用于窗牖上作为采光之用。如四川成都新都区马家出土东汉画像石中(图 29),殿堂屋顶之上架起两座天窗,上覆盖屋顶,如若直接在屋顶上开窗洞采光,会有雨水进入,因而四周围以罘罳,则既可采光又可防雨,为使光线充分进入,用于采光的罘罳较稀疏。

图 29　四川博物院藏东汉画像砖

(作者摄于四川博物院)

6. 通风

罘罳用于窗牖或墙上,使空气对流起到通风功能。如和林格尔汉墓壁画中,在建筑上题有:“护乌桓校尉幕府谷仓”,罘罳应用于其屋上天窗与屋下两窗户,上下窗牖罘罳促进空气流通,以保持谷仓内通风干燥(图 30);在广州出土的陶制民居中,由于木结构建筑易于受潮发霉腐烂,尤其在南方梅雨季节,如若建筑通风条件良好,可以减缓或防止木头霉腐。故建筑常不设实墙,皆以罘罳替之而利于通风。如南郊大元岗出土的陶屋(图 31)。

图 30　内蒙古和林格尔汉墓前室西壁壁画摹本

(内蒙古自治区博物馆文物工作队和林格尔汉墓壁画[M]. 北京:文物出版社,2007:108.)

图 31　广州南郊大元岗出土的陶屋

(广州市文物管理委员会. 广州出土汉代陶屋[M]. 北京:文物出版社,1958:11.)

7. 装饰

罘罳的网状或格状形象常被刻画于建筑表面,可涂以色彩作为装饰之用。如焦作市马作村出土的彩绘陶仓楼中,第三、四、五层均雕刻网状和格状的彩色罘罳(图 2)。又如河南焦作市马作村出土的陶制殿堂上,其大门两侧刻以罘罳网状形象,网中饰以圆点(图 32)。此种方法,仍沿用于宋代建筑的隔断物中。

图 32　河南焦作市马作村出土的陶制殿堂

(河南博物院. 河南出土汉代建筑明器[M]. 郑州:大象出版社, 2002:50.)

四、小　结

罘罳是一种网状或格状的屏蔽物。古代典籍中,将罘罳与其所附建筑互为指称,引致歧义。确切说,罘罳主要以其附着的单体建筑类型而各得其称义。据此,可按罘罳所依托的建筑分为:楼罘罳、阁罘罳、殿堂罘罳、阙罘罳、廊庑罘罳、墙罘罳。屏罘罳是一种特例,虽然其本身不透空,但就半遮蔽的门而言,也是半封闭状态。

罘罳的功用,因其半屏蔽的性质,被广泛用于各种建筑类型的门前、窗牖、平台、外墙,此外还有若干特殊功用。如用于台基、墙面等挡土;又如,将网格状罘罳涂以朱、青、白三类色彩,来作为一种建筑装饰图样。建筑中的单个罘罳通常兼具多项功能。总之,罘罳有屏障、围护、防御、采光、通风、挡土以及装饰的功能。

从唐代懿德太子墓《阙楼图》
看画格与斜线在中国古代建筑壁画中的使用

王卉娟
(澳大利亚墨尔本大学)

摘要: 本文以唐代懿德太子墓中的《阙楼图》为例,探讨画格与斜线是否系统性地运用于唐代建筑壁画的绘制,其方法为何。并从图面绘制方法这个角度探讨该壁画中四栋建筑物的位置关系以及Z字城墙的图面作用。结果发现"画格"用于图面的"经营位置" 以及作为建筑尺寸模数;"一去百斜"和"一斜百随"等斜线则绘制出建筑物的"向背分明"。四栋建筑中甲、乙、丙为一组子母阙;丁建筑位于子母阙之后与子母阙的中轴线垂直;Z字形城墙符合同时期陵墓建筑城墙的画法,在此壁画中提供了较大的人物绘制空间,也提供相邻不同题材的图面过渡空间。

关键词: 建筑壁画,懿德太子墓,阙楼图,经营位置,向背分明,画格,一去百斜,一斜百随

Abstract: Early researches show *jingying weizhi* (graphic composition) and *xiangbei feiming* (the spatial relationship of buildings) are two traditional Chinese painting principles. Also *huage* (the use of the grid system), *yiqu baixie* (the use of diagonal lines) *and yixie baisui* (the use of parallel lines) are methods implemented in the depiction of architectural murals of the Jin and Yuan dynasties ($12\text{-}14^{th}$ centuries). The mural known as *Queloutu* (Painting of Gate Towers) depicts four gatetowers and a z-shaped city wall. Originally inside the tomb of Prince Yide (682—701), it is the only architectural mural painting preserved from the Tang dynasty.

This study, from the artist's point of view, uses the ancient painting principles and their methods of depiction as a framework for an empirical graphic investigation of *Queloutu*. It confirms and clarifies: the meanings and methodology of those painting principles; the layout of the four gatetowers; and the depiction purpose of the z-shaped city wall. For example, *huage* was used as a modular for graphic layout and the depiction of buildings elements. The term *xiangbei feiming* relates to the use of converging diagonal and parallel lines. Gatetowers A, B and C are a set of mother-and-son towers. Gatetower D is an individual building located behind them. And the z-shaped wall allows more figures to be painted and provides a transitional space between two adjacent painting elements.

Keywords: Architectural murals, tomb of prince Yide, *Queloutu*, *jingying weizhi*, *xiangbei fenming*, grid system, *yiqu baixie*, *yixie baisui*

一、引　言

懿德太子墓建于705年。[1]在26.3公尺长，3.9公尺宽的墓道内，绘有三组壁画：位于过洞入口上方的《城楼图》和在墓道东、西侧的两组壁画。《城楼图》已严重毁损；东侧壁画绘有青龙一只、《阙楼图》一组、Z字城墙、仪仗队伍以及山水树石；西侧壁画绘有白虎一只，其余壁画和东侧类似。单就《阙楼图》而言，东、西两墙画法略有不同。例如：东墙的三座阙楼高台是以三条线绘制；西墙则使用了五条线（图1）。到目前为止西墙的全区线描图未见发表。若将东墙的线描图水平翻转置于西墙阙楼图上，与最左侧阙楼高台的左斜线重叠，如图2所示，屋脊、屋檐起翘和城墙等有多处不同。本文以图面较为完整的东墙壁画为主要研究案例。

[1] 懿德太子李重润（682—701年）的生平和其墓室以及墓室壁画概述，参见：申秦雁.懿德太子墓壁画[M].北京：文物出版社，2002：5-9；懿德太子墓发掘简报，见：陕西省博物馆和乾县文教局唐墓发掘组.唐懿德太子墓发掘简报[J].文物，1972(7)：26-31。

图1　东、西墙阙楼高台的画法差异
（陕西历史博物馆）

图2　东墙《阙楼图》线描图和西墙照片重叠所得建筑物的位置差异示意图❶

❶文中所有图面除特别标明外皆为作者绘制。

本文所使用的《阙楼图》图面主要参考陕西历史博物馆所提供的高解析度照片以及文物出版社2002年出版的《懿德太子墓室壁画》书中的照片。分析图的制作是先线描照片中可以辨识的线条，再以AutoCAD软件对图中建筑物的位置、大小和线条角度进行详细地分析。线描图以黑色代表建筑物和城墙；紫红色为人物；浅绿色为山石树木(图3)。分析图的研究主要是以画面中假设的画格作为基本比例单位，故忽略图片在绘制、扫描和接合时所产生的人为误差。

本文分析图中词语的用法：(1)“左”和“右”是面对画面时，观看者的左面和右面。(2)“画格”是指画面上纵横的网格。(3)“H”代表画格的水平距离；“V”代表画格的垂直距离。

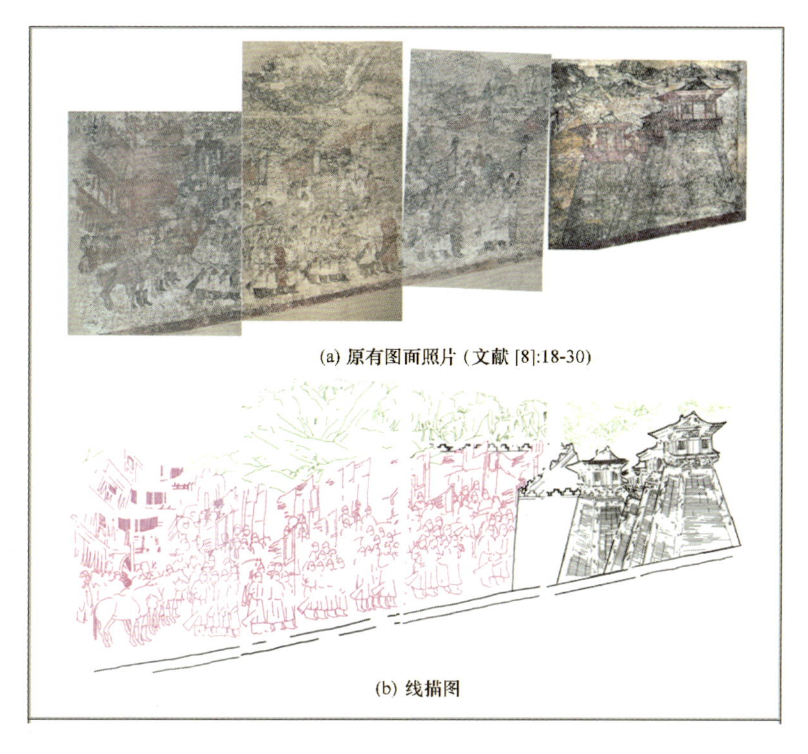

图 3　东墙壁画的照片和线描图

二、《阙楼图》的绘制方法

1. 以画格经营位置

排除模糊的右侧青龙壁画，东墙壁画由右至左包括：一组由四栋建筑所组成的《阙楼图》（分析图中称：甲、乙、丙、丁）、Z 字形城墙、人物（仪仗队伍）以及背景的山木树石。在研究壁画是否采用画格设计时，因为无法取得《阙楼图》实际绘制范围的精确尺寸，图面上也没有可供参考的尺寸，首先假设建筑物的绘制宽度是以画格作为界定。在这样的假设下发现：若以甲建筑高台底右界到其屋脊左侧鸱尾右界为一个模数，其余东墙壁画的绘制范围约可以等分为 12 个大格。[1]其中甲建筑台基右下端到丙建筑屋身左界共占 2 大格；丁建筑和 Z 字形城墙各约占一大格；人物占 8 大格。但是，如果以仪仗队伍一组一组的人物绘制范围来看，这个 8 大格的人物绘制范围会全部右移约 1/4 大格。在壁画的高度上，若以甲建筑的右侧屋脊到其高台顶为一个模数，整幅壁画的绘制高度约可以等分为 6 个大格。如图 4 所示，东墙壁画的图面可能是以正方形的画格为基本模数设计而成。

[1] 已知壁画总长为 26.3 公尺。若以现有照片墓道斜坡角度约 12° 的斜线角度反推，建筑、城墙和人物绘制范围的长度可能约为 11.5 公尺。那么每一大格的宽度可能约为 0.96 公尺。但是在《唐懿德太子墓发掘简报》中记载墓道的斜坡角度为 28°。对于照片和发掘记录墓道角度不同这一点，陕西历史博物馆暂时无法回应。本研究依照片图面资料为准。

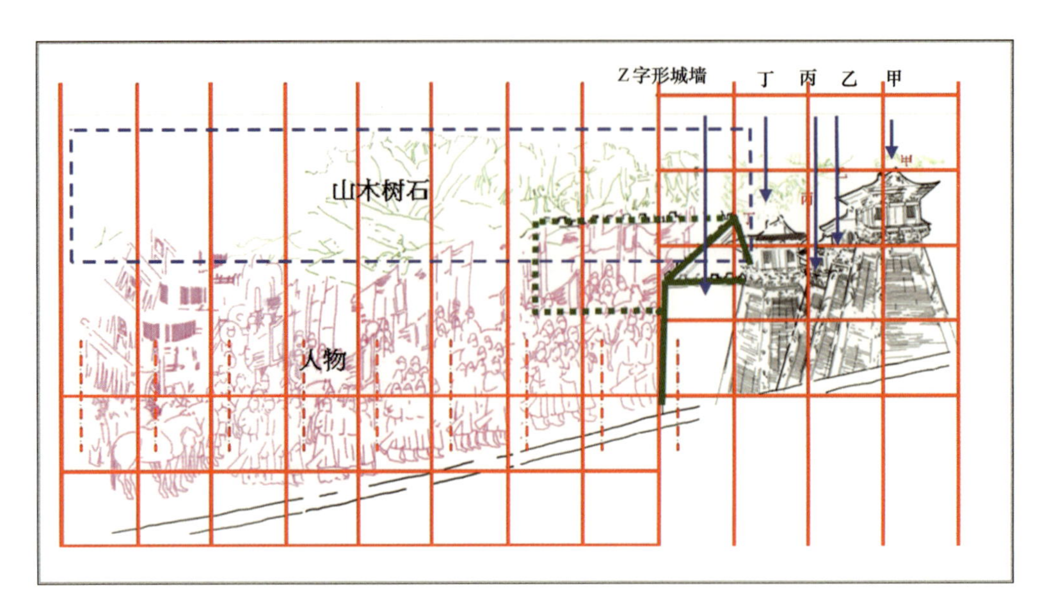

图4　东墙壁画以画格经营位置

若进一步研究《阙楼图》和城墙绘制范围的尺寸比例，如图5所示，它们呈现三种图面关系：(1)甲、乙、丙所占的画面宽度等于丁建筑加上城墙所占宽度。(2)甲、乙、丙的绘制范围约占正方形对角线的一半。(3)丁建筑的图面宽度和城墙相同，各占一个画格；甲、乙、丙建筑侧面屋身的宽度总和也约占一个画格。而且甲、丁建筑的高度相似。

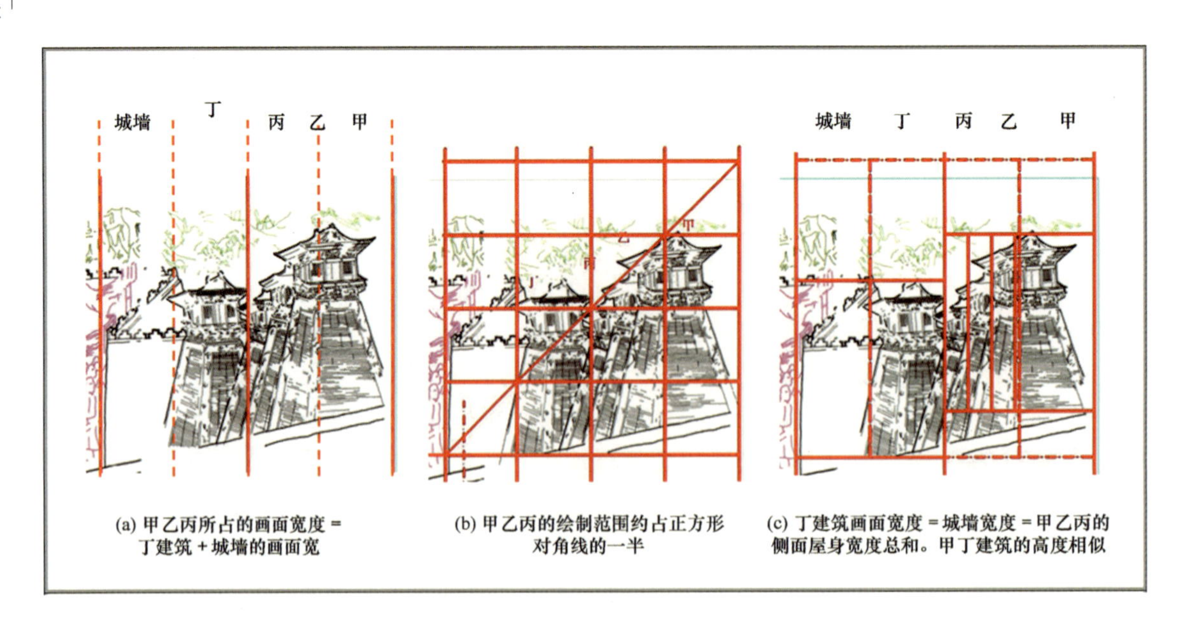

图5　《阙楼图》和城墙的绘制范围呈现三种图面关系

以上图面绘制范围的等距分割证实了整体图面的经营位置使用画格为模数。此外,绘制范围的比例关系说明了:(1)甲、丁建筑可能是等同重要的两栋建筑物。(2)甲、乙、丙三栋建筑的关系密切,它们可能是一组建筑的三个部分。

以下将分析阙楼建筑和城墙的画法,进一步了解画格是否运用于建筑的细部绘制。

2. 以画格绘制建筑物垂直和水平方向尺寸

在探讨《阙楼图》建筑细部的绘制是否采用了较小尺寸的画格为模数时,以先前设定的大画格为框架作细分,以小画格与建筑细部有明显的比例关系作假设。研究发现,如果以甲建筑屋身正面距离作为宽度的参考比例模数,甲建筑屋身正面可以等分为 5 个画格;其屋身侧面 2 个画格。若以单一格的宽度为此部分壁画画格的宽度模数,如图 6 所示,甲、乙、丙、丁四栋建筑的宽度约占 26 个画格 (26H);城墙宽度约占 5.5 个画格 (5.5H)。以单栋建筑物的细部而言,甲建筑的屋檐宽度为 11H、屋身 7H,其两端的出檐都是 2H。乙和丙建筑的屋身宽度各约为 2.5H。丁建筑的屋身宽度为 6H,其右侧屋檐出檐约为一个 H;其左侧出檐为 2H。如果以甲建筑屋顶高度作为画格的高度参考比例模数,从甲建筑屋脊到城墙左界下方可以等分为 26 个画格(26V)。其中甲、丁建筑元素的垂直方向比例相同:屋顶 3V、屋身 3V、平坐 2V、高台 11V。说明此壁画采用了更小的画格为基本设计模数。[1]

[1]如果以大画格的尺寸为 0.96 公尺 ×0.96 公尺计算。等分为 8 份以后,每一个小画格的尺寸约为 12 厘米 ×12 厘米。

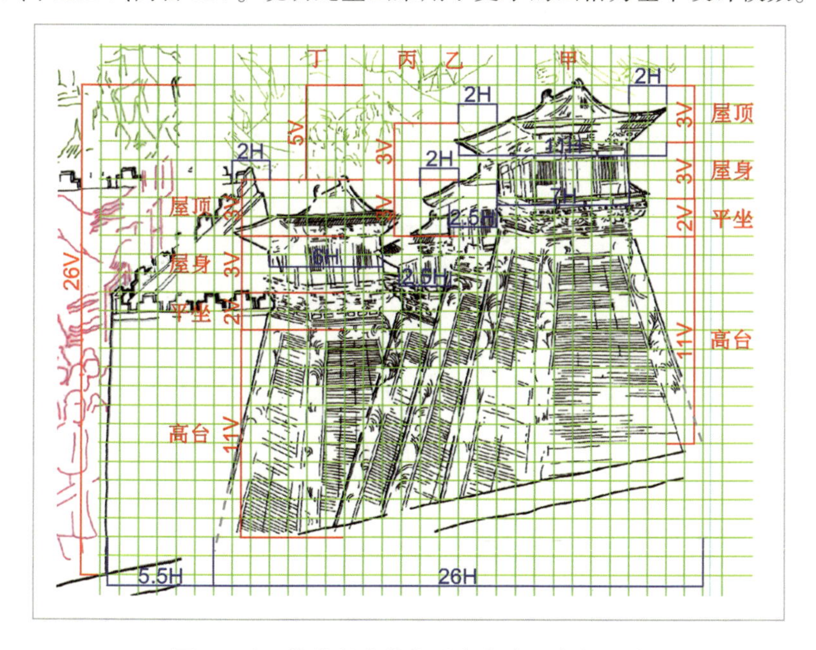

图 6　以画格绘制建筑物垂直和水平方向尺寸

通过对《阙楼图》中建筑物的垂直和水平方向尺寸的研究发现:(1)画格为建筑元素的尺寸模数。(2)画格的格线被用来界定垂直和水平方向建筑元素的图面位置。(3)建筑加上城墙的图面绘制范围为(26H+5.5H)×26V。(4)甲和丁的建筑元素尺寸相似。它们的高度比例相同,宽度比例则相差一个画格。

《阙楼图》画面中的深度和广度主要由三个方法来表现:建筑物的不同高度、建筑物之间的前后遮掩以及建筑物侧面的斜线绘制。这些方法使壁画看起来有位置上的前后感,可能就是画论中所描述的"向背分明"。[1]以下将针对画面中建筑物斜线的方向和角度进行分析,以了解位置上的前后感:"向背"是如何绘制出来的。必须强调的是:本文在研究的过程中利用计算机软件标示出图面斜线的角度,主要是为了解读图面绘制的方法。在唐代,角度的概念尚未被广泛地接受,复杂的角度计算不可能是实际绘制的方法。

[1]关于"向背"一词的意思和其在建筑画中的用法,见:王卉娟.元代永乐宫纯阳殿建筑壁画线描[M].北京:文物出版社,2013:14-15.

3. 以斜线界定甲、丁建筑屋脊和高台的图面位置

在研究甲、丁建筑屋脊斜线的角度时,尝试将二者的屋脊斜线向左延伸,结果发现,它们交会在画格的交叉点:控制点A。若将甲、丁建筑高台正面的两个顶点以斜线相连,它们的延长线居然也交会在A点。但是这样的方法并没有运用来界定乙、丙建筑的屋脊和高台的顶点。如图7所示,A点距离城墙左侧约4个大格。

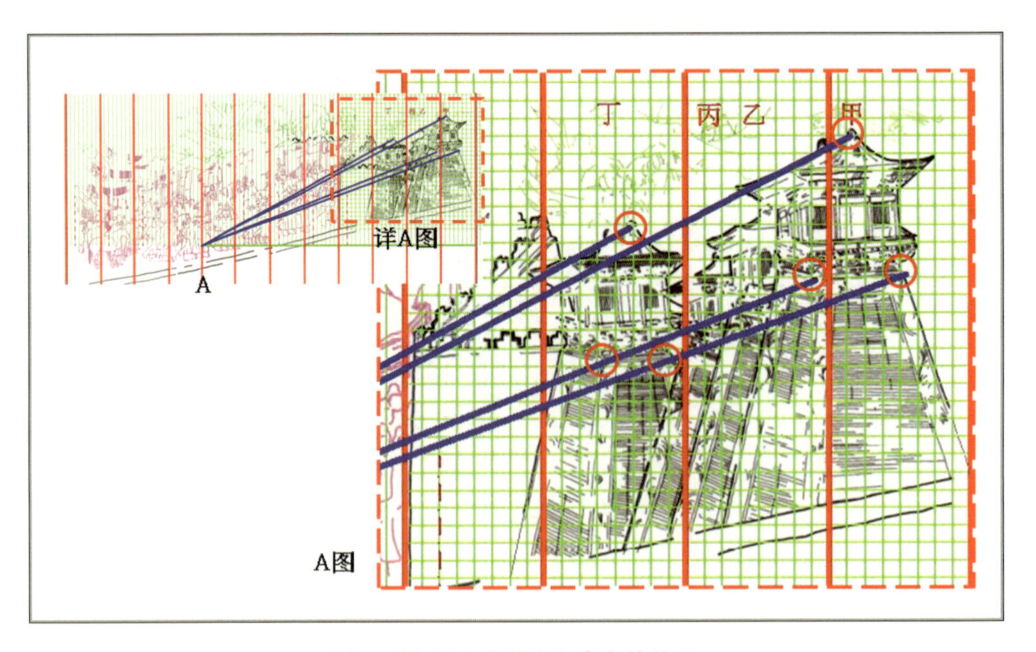

图7　甲、丁建筑屋脊和高台的关系

4. 以斜线界定甲、乙、丙建筑元素的图面位置

在探讨甲、乙、丙三栋建筑的建筑元素在图面的相对位置时发现，如图 8 所示，若将甲、乙、丙三栋建筑的屋脊左侧、正面的屋檐起翘、屋身左界上方和高台侧面的顶点都以斜线相连，它们的延伸线全部交会在一个画格的交叉点上：控制点 B。B 点靠近城墙左侧最下端，距离丙建筑屋身左界两个大格。

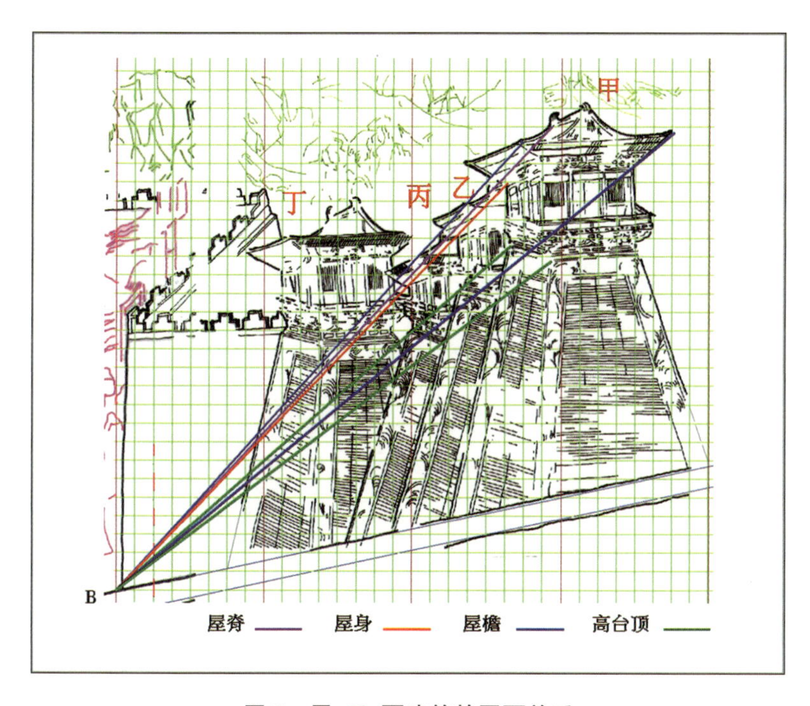

图 8　甲、乙、丙建筑的图面关系

以上甲、丁建筑的屋脊和高台以及甲、乙、丙三栋建筑的相对位置画法研究说明：甲、丁是以一套方法绘制，它们可能是等同重要的两栋建筑物；甲、乙、丙是以另一套方法绘制，它们可能是同一组建筑中的三个部分。而设定在画格交叉点的控制点和斜线是在绘制时用来表现它们之间关系的具体方法。也就是说，运用交会在同一个控制点的斜线："一去百斜"在画面上整合相关建筑的建筑元素位置。

5. 建筑物高台的画法

《阙楼图》中有四座高台，研究中尝试将可以辨识的高台斜线全部往上延伸，结果发现，除了甲建筑最右侧斜线交会在其屋脊的中间线以外，其余全部交会在画格的交叉点上。如图 9 所示，甲建筑的高台斜线方向是以 C、C1 和

C2 三个控制点绘制而成。由右至左,它们分别控制正面右侧 71°、正面左侧 86°以及侧面左侧 78°的斜线。乙、丙建筑的侧面左侧高台斜线方向则是由两条 74°的平行线所绘制,这两条斜线分别交会于 C3 和 C4 点。砖墙的纵向斜线中,C 点控制了甲建筑高台正面的三条和侧面的一条斜线方向,C1 点控制了乙建筑侧面的一条砖墙斜线方向。C 和 C1 相距 1/2H;C1 和 C2、C2 和 C3 都是相距一个 H;C3 和 C4 相距 2H。丁建筑的三条高台斜线方向是以 D1 为控制点绘制而成,由右至左分别是 77°、87°以及 78°。其最右一条正面砖墙的纵向斜线方向也是由 D1 点所控制,其余砖墙斜线方向皆由 D 点所控制。D 和 D1 相距一个画格。以上这 7 个控制点:C 到 C4 以及 D 和 D1 并列于同一条水平线上,高度位于甲建筑右侧屋脊上方约 2.5V。

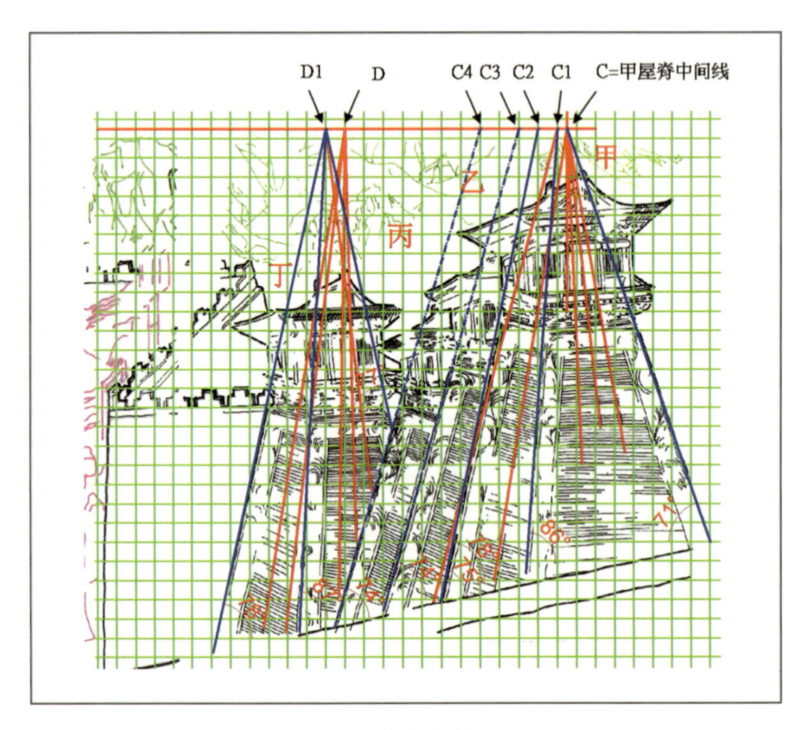

图 9　建筑高台的画法

在研究过程中还发现四座高台的转角收边皆绘有花纹,这些收边石和高台的斜线方向相似,它们可能是以平行线绘制而成。在不使用控制点的情况下,平行线的画法可能是藉由画格计算所得。例如甲、丁建筑高台侧面左斜线 78°的画法为3H∶14V;乙、丙建筑侧面左斜线 74°的画法为 2H∶7V。以上建筑物高台画法分析得知:甲、丁是个别独立的两栋建筑,它们的高台斜线方向各自以距离相近的 2～3 个控制点所绘制。乙、丙配合甲建筑,三者应是同一组建筑。

至于一栋阙楼建筑的高台斜线究竟需要使用几个控制点来绘制,其以图面效果为主导的绘制灵活性从甲、丁建筑的画法不同可以了解。明显地,如果甲建筑高台斜线也和丁建筑一样是以一个控制点绘制，在二者高度相同其水平方向建筑尺寸又相似的情况下，也就无法明显地表现它们之间的前后感“向背”。

6. 屋檐的画法

如图10所示，若将《阙楼图》中可以辨识的屋檐起翘的线条往下延伸，并标示出斜线的角度，它们交会在四个画格的交叉点：E、E1、F和F1。

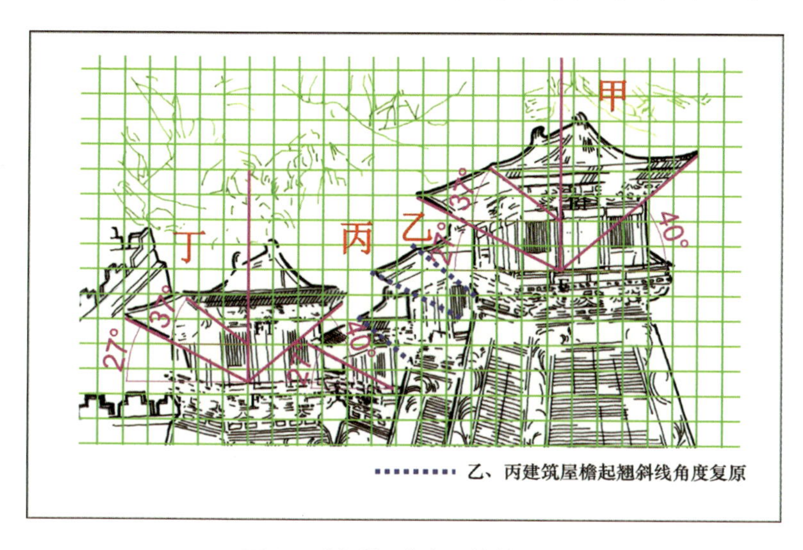

图10 《阙楼图》中屋檐的画法

甲建筑正面右侧屋檐起翘斜线角度为40°，左侧两条屋檐起翘斜线角度分别为37°和27°。其中40°和27°的斜线方向可能是由E点所控制；37°则可能是以E1为斜线方向的控制点。E和E1高度相距2V，都位于画格的交叉点上。丁建筑三条屋檐起翘斜线角度都和甲建筑相同。它们可能是以位于画格交叉点上的F和F1为控制点所绘制而成。F和F1高度相距1.5V。丙建筑左侧左屋檐起翘角度也是27°，其斜线控制点不详。画面中丙建筑的另一条屋檐起翘斜线以及乙建筑的两条屋檐起翘斜线已经模糊无法辨识角度。但是从甲、丙和丁建筑左侧左屋檐起翘斜线角度都是27°，甲和丁建筑左侧右屋檐起翘斜线角度都是37°，可以推测四栋建筑的屋檐起翘斜线角度可能相同。

至于取得27°、37°和40°斜线的方法，除了甲、丁建筑使用控制点来绘制斜线方向外，乙、丙建筑似乎没有采用明显的控制点。很有可能这些斜线是甲、丁建筑屋檐斜线的平行线。而平行线的绘制方法可以经由画格的计算而快速取得。如图11所示，27°为3H：1.5V；37°为4H：3V；40°为3.5H：3V。这项屋檐起翘斜线画法的研究还发现斜线方向的控制点中，E和F点都坐落在勾阑的上缘。绘制的顺序可能是先画好了平坐和勾阑，再绘制上方的屋檐和屋顶。

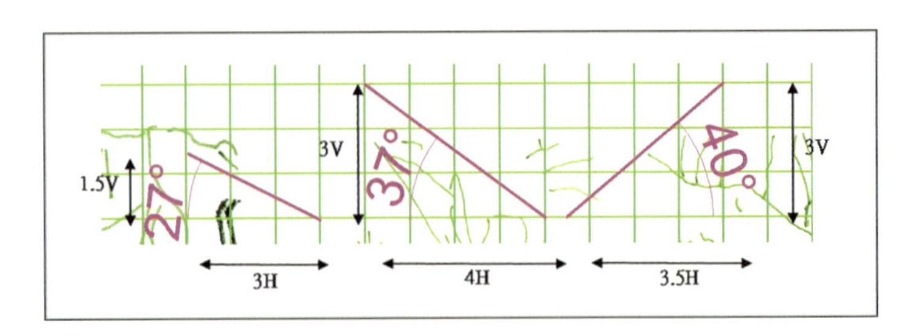

图 11 《阙楼图》中屋檐角度的取得方法

7. 侧面屋身的画法

若将《阙楼图》中可以辨识的侧面屋身线条延伸,并标示出斜线的角度,它们的角度各异。如图 12 和表 1 所示,甲建筑侧面屋身四条主要斜线为:屋檐 20°、屋身上缘 22°、勾阑 16°、高台顶 16°。丁建筑的屋檐、勾阑以及高台顶都是 17°。乙和丙建筑侧面主要斜线的角度也都不同。例如乙建筑屋檐 27°、屋身上缘 25°,丙建筑则是屋檐 23°、屋身上缘 19°,等等。

表 1 建筑侧面屋身四条主要斜线的角度

	屋檐	屋身上缘	勾阑	高台顶
甲建筑	20°	22°	16°	16°
乙建筑	27°	25°	8°	13°
丙建筑	23°	19°	14°	18°
丁建筑	17°	?	17°	17°

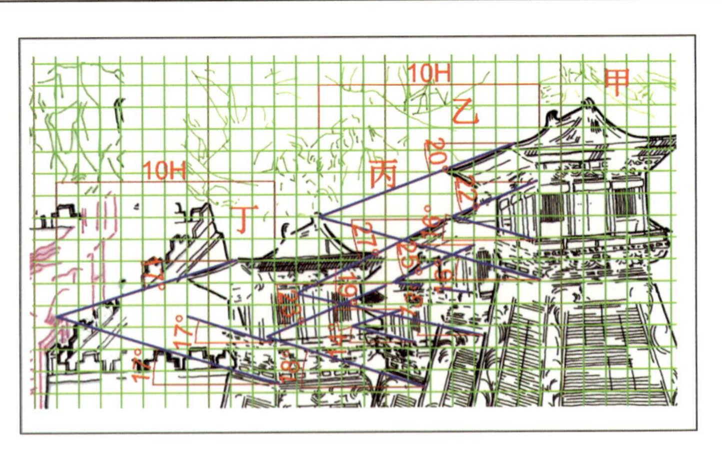

图 12 侧面屋身的画法

若进一步探讨这些斜线的交会点,如图 13 所示,甲、乙、丙三栋建筑的屋檐斜线和高台顶端斜线交会在 G1、G2、G3 三个控制点;丁建筑的相同部位则交会在 H1 控制点 。甲、乙、丙建筑的各自屋身上缘和勾阑上缘的斜线交会在G4、G5、G6三个控制点;丁建筑可能交会在H2控制点。G1和G4位于同一条水平线上;H1和H2也位于同一条水平线上。值得注意的是:G2和G5以及G3和G6不仅不在同一条水平线上,这4个控制点也不在画格的交叉点上。

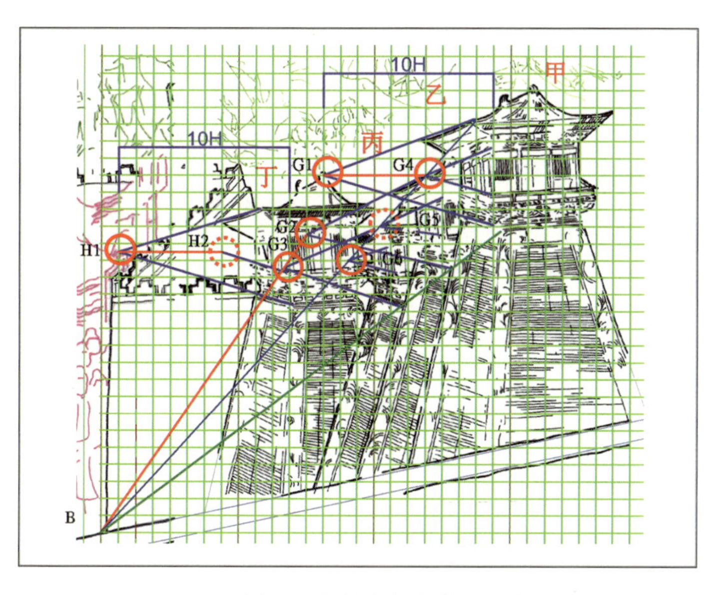

图13 侧面屋身斜线角度的定位方法

研究中尝试将G2和G3两个控制点以一条斜线相连并将其延长,其斜线交会在画格的交叉点:控制点B。若将G4、G5和G6三个控制点以一条斜线相连并将其延长,这条斜线也交会在控制点B。而这个B点的位置就是图8中用来绘制甲、乙、丙三栋建筑建筑元素位置的控制点。也就是说,绘制时先在墙上绘制出控制建筑元素位置的控制斜线,再以其中两条控制斜线安排甲、乙、丙建筑侧面屋身斜线的控制点。这解释了为什么G2、G3、G5、G6不在画格的交叉点上。至于甲、丁建筑屋檐斜线控制点G1和H1的设定方法,应该是以各自屋身正面左界向左算起10H的水平位置,其高度配合画格的尺寸约在屋身高度的一半。

此屋身的绘制方法研究过程中,还发现甲建筑正面屋身右侧有一条清晰的34°勾阑上缘斜线,丁建筑正面高台右侧顶端也有一条46°的斜线。这两条单独的斜线似乎没有受图面上任何控制点的控制。但是,如图14所示,甲建筑侧面勾阑斜线的延长线通过其正面屋身卷帘上缘的水平中间点;丁建筑高台侧面斜线的延长线通过其正面勾阑上缘的水平中间点。像这样以屋身元素的水平中间点作为斜线控制点的画法,可能是一种简易取得控制点的方法。[1]

研究以上《阙楼图》屋身的画法得到几项结论:(1)建筑侧面屋身斜线方向主要以画格的交叉点为控制点。(2)控制点也可以设计在用来整合同一组建筑物建筑元素的控制斜线上。(3)同一栋建筑的多个控制点位于同一条水平线或是相近的水平线上。(4)屋身元素的水平中间点可以作为斜线方向的控制点。(5)甲、丁建筑以同一套绘制方法考量;甲、乙、丙建筑以另一套绘制方法考量。

---

[1] 这样的画法屡见于元代永乐宫纯阳殿建筑壁画中。见:Wang. *The use of the grid system and diagonal lines in Chinese architectural murals: A study of the 14th century Yongle gong temple supported by an analysis of two earlier examples, Prince Yide's tomb and Yan shan si temple*: 115-116,183-184.

图 14　以屋身元素的水平中间点为斜线控制点的画法

8. 高台横向砖墙斜线的画法

如图 15 所示,若在每一栋建筑高台的上方和下方各取一条横向砖墙斜线为代表,并将这些斜线延长,它们交会在两个画格的交叉点:控制点 I 和 J。其中甲建筑的砖墙斜线方向由控制点 I 和 J 所界定;乙、丙建筑则只使用了控制点 I。丁建筑的砖墙斜线方向由控制点 J 所界定。也就是说,甲、丁建筑共用了两个控制点;乙、丙建筑共用了一个控制点。控制点 I 和 J 以及之前图 9 中的控制点 C 和 D 同位于一条水平线上。

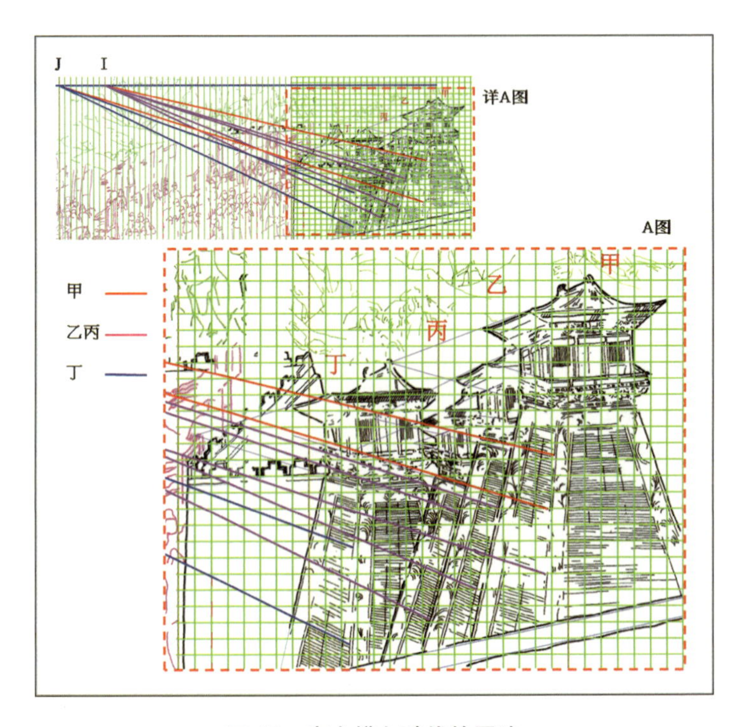

图 15　高台横向砖线的画法

9. 画格和斜线的运用

以上研究证实《阙楼图》以画格"经营位置";并以斜线绘制出建筑物的"向背分明"。其具体运用方法为:

(1)大画格规划整体壁画各部位的图面位置。

(2)小画格作为绘制建筑元素的尺寸模数。

(3)画格的垂直和水平格线界定建筑元素的图面位置。

(4)以"一去百斜"的画法绘制交会在控制点的斜线,在图面上表现出建筑物的前后感。

(5)以"一去百斜"的画法绘制宽度由下往上递减的高台斜线。

(6)控制点主要设计在画格的交叉点,作为斜线方向的控制点。

(7)控制点可以设计在控制整合建筑元素的斜线上。

(8)控制点可以设计在屋身建筑元素的水平中间点。

(9)"一斜百随"的平行线画法,仅运用于绘制像高台转角石等较为次要的建筑元素。

(10)四栋建筑共使用10个控制点。它们大致位于壁画上方呈水平排列(图16)。

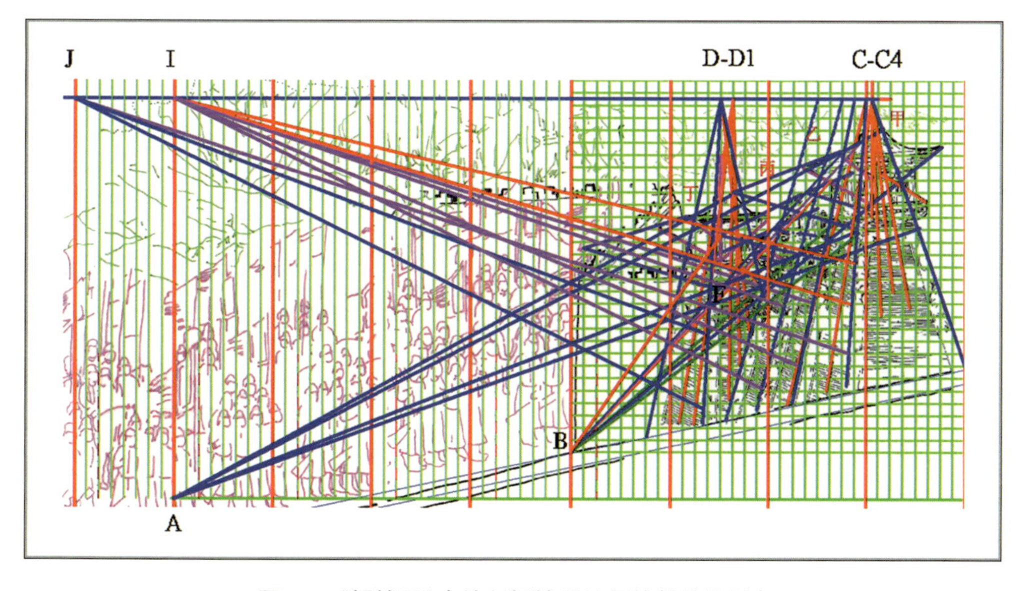

图16 《阙楼图》中绘制阙楼所使用的斜线控制点

10. 甲、乙、丙、丁四栋建筑的关系

以上对壁画画法的研究可以推论《阙楼图》中四栋建筑物的关系为:

甲、丁建筑是等同重要的两栋建筑;甲、乙、丙是同一组建筑的三个部分。其使用的图面语言为:

(1) 甲、乙、丙的绘制范围占两大画格,丁建筑和城墙也占两大画格。若将绘制范围以正方形概括,甲、乙、丙建筑占正方形对角线的一半。

(2) 甲、丁建筑元素垂直方向比例相同;水平方向比例相近。乙、丙建筑元素在垂直和水平方向的尺寸都比甲、丁小。

(3) 甲、丁建筑的建筑元素位置以控制点 A 整合。

(4) 甲、乙、丙三栋建筑的建筑元素位置以控制点 B 整合。

(5) 甲、丁建筑的高台斜线方向以控制点 C 和 D 整合;乙、丙配合甲建筑。

(6) 甲、丁建筑的屋檐起翘斜线方向以控制点 E 和 F 分别绘制。

(7) 甲、丁建筑侧面屋身的斜线交会在位于画格的交叉点上的控制点。甲、乙、丙建筑侧面屋身的斜线交会在用来整合同一组建筑物的控制斜线上。

(8) 甲、丁建筑的高台横向砖线方向以控制点 I 和 J 整合;乙、丙建筑高台横向砖线方向以控制点 I 整合。

(9) 从每一个控制点的使用情形来看,甲、乙、丙建筑在绘制时是以一套画法作考量;甲、丁建筑则是以另一套画法作考量(表 2)。

表 2 《阙楼图》所使用的控制点

	使用的控制点			
	甲	乙	丙	丁
甲、丁建筑元素位置	A	–	–	A
甲、乙、丙建筑元素位置	B	B	B	–
高台斜线的画法	C	C	C	D
屋檐起翘的画法	E	–	–	F
侧面屋身的画法	G、B	G、B	G、B	H
高台横向砖线的画法	I、J	I	I	J

傅熹年于 1998 年提出《阙楼图》中四栋建筑物分别为一座"三重子母阙"和一座"观"。[1]本文以上绘制方法的研究说明了甲、乙、丙三栋建筑物关系密切,它们在绘制时是以同一组建筑物作考量。应该就是由一栋主建筑和两栋小建筑所组成的"三重子母阙"。丁建筑应属另外一栋独立建筑,其大小尺寸和绘制方法都和甲建筑一并作同等考量,所以甲、丁建筑的重要性等同。

[1]见:傅熹年.傅熹年建筑史论文集[M].北京:文物出版社,1998:251-255。

三、从图面绘制看《阙楼图》四栋建筑的位置和 Z 字城墙的图面功能

傅熹年在其《傅熹年建筑史论文集》中也同时发表了壁画所表示的“宫门建筑形象图”。图示这四栋建筑、Z 字城墙和城门的可能排列图像以及整体平面配置图(图 17)。其中“三重子母阙”和“观”为两组建筑,并列于一条与城门平行的直线上。“观”的后侧紧接着一座 Z 字城墙,城墙延伸到城门附近时转折 90°与城门相连。傅的文章中说明了“阙”一般“夹门外而建”,“观”则设计在“门侧城墙通阙的转角处”,与此图不符,需要进一步研究。傅也提到“城阙壁画的透视有失步之处”,说明壁画中城墙的“透视线与楼阁不一致”。

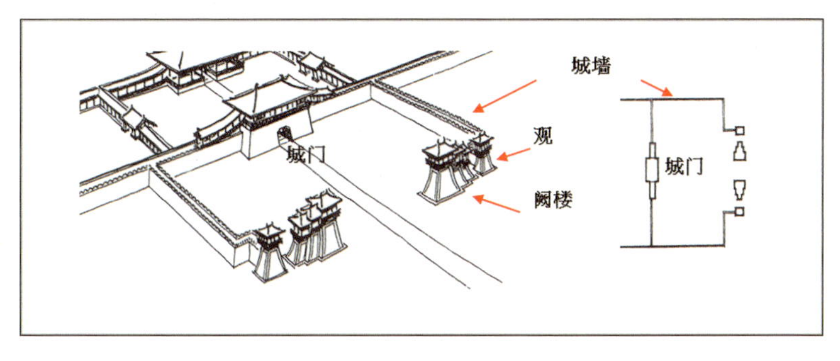

图 17　傅熹年所提出的宫门建筑形象图和平面配置图

(文献[1]:254.)

《阙楼图》以侧面控制点绘制出建筑物的侧面,表达了图面上建筑物的向背。而且四栋建筑在图面的高度位置上,甲建筑最高,乙、丙次之,丁建筑最低。以现在我们所熟悉的建筑画画法来看,好像这四栋建筑的排列方向是呈一直线,其中轴线与壁面垂直,甲在前,丁在最后。本文以下将针对丁建筑的可能平面位置和 Z 字城墙的画法进行研究。希望从图面绘制这个角度来了解《阙楼图》在位置排列上可能使用的图面语言。

以下将从三个方向进行讨论:(1)隋、唐考古实物复原图的城阙配置方法。(2)同期其他壁画以及艺术品上所绘制的城阙图。(3)考古实物中阙楼在陵墓建筑的位置。

1. 隋、唐考古实物复原图的城阙配置方法

依照杨鸿勋 2001 年的考古研究报告,如图 18 所示,隋代东都则天门两侧各有位于转角处的垛楼一座,垛楼在 90°方向的位置各有一座 L 形的双向三出阙。垛楼和阙楼间有连接阁道。唐代大明宫含元殿两侧也各有位于转角的钟、鼓楼一座。钟、鼓楼在 90°方向的位置各有一座子母阙。楼与阙

之间以飞廊相连。[1]同样是含元殿的复原，傅熹年在1998年的建议中没有提到转角建筑，但整体平面配置相似。[2]这三份研究报告说明了：(1)子母阙的中轴线与城门平行位于城门前的左、右两侧，没有另外的独立建筑与其并列于同一条中轴线上。(2)阙楼和城门以L形连接阁道或是飞廊相连，整体平面呈现U字形。(3)L形转角处可能有也可能没有转角建筑。

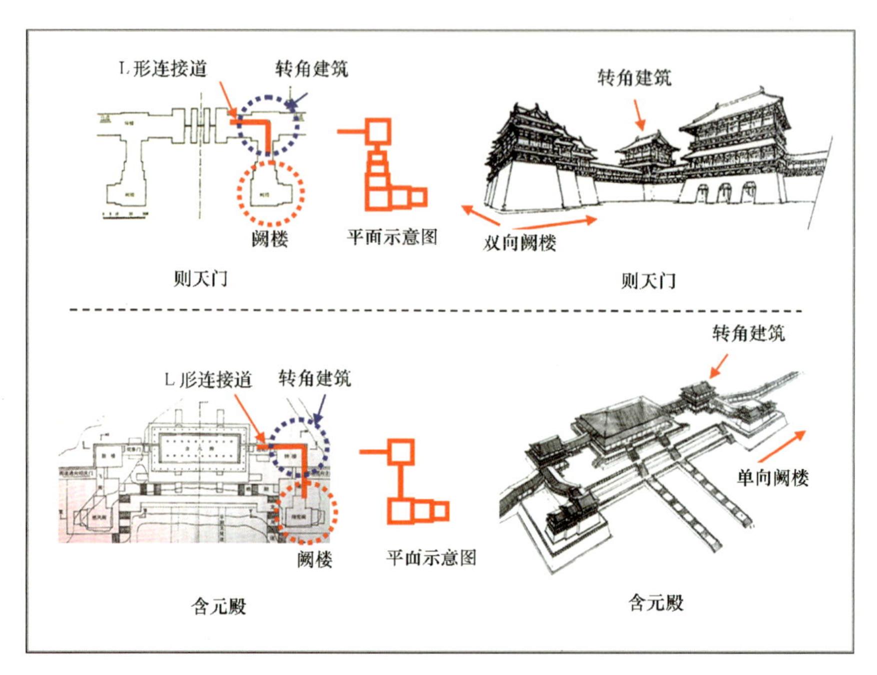

图18　隋代则天门和唐代含元殿的复原图

(文献[3]:378,379,421,437.)

2. 同期其他壁画以及艺术品上所绘制的城阙图

城阙的相关位置，也可以参考同期其他壁画和艺术作品中的形象。例如金代岩山寺壁画可能反映了金中都的宫殿配置。其东墙壁画中绘有一座城门、转角建筑以及一座子母阙。子母阙的中轴线与城门平行，位于城门前左、右两侧。其后有一栋转角建筑。建筑之间有廊相连(图19(a))。稍晚北宋铁钟上的宣德楼图像也反映出了同样的配置方法。只是其中的子母阙为三重[图19(b)]。以上两个图面案例证实了子母阙的中轴线与城门平行位于城门前的左、右两侧。如果有另外一栋独立的建筑，它的位置应该在L形连接道的转角处。

古代宫殿建筑中城门和城墙的作用首在防御，如果《阙楼图》所反映的是如傅熹年所推测的"宫前广场建筑"，为何宫殿建筑前的子母阙和丁建筑间没有城墙或是廊道相连？以下将进一步了解唐、宋时期陵墓建筑中阙楼的位置。

[1]隋代东都则天门研究，见：杨鸿勋. 宫殿考古通论[M]. 北京：紫禁城出版社，2001：376-379；唐代大明宫含元殿研究，见：杨鸿勋. 宫殿考古通论[M]. 北京：紫禁城出版社，2001：409-421.

[2]傅熹年的含元殿复原研究，见：傅熹年. 傅熹年建筑史论文集[M]. 北京：文物出版社，1998：187-192.

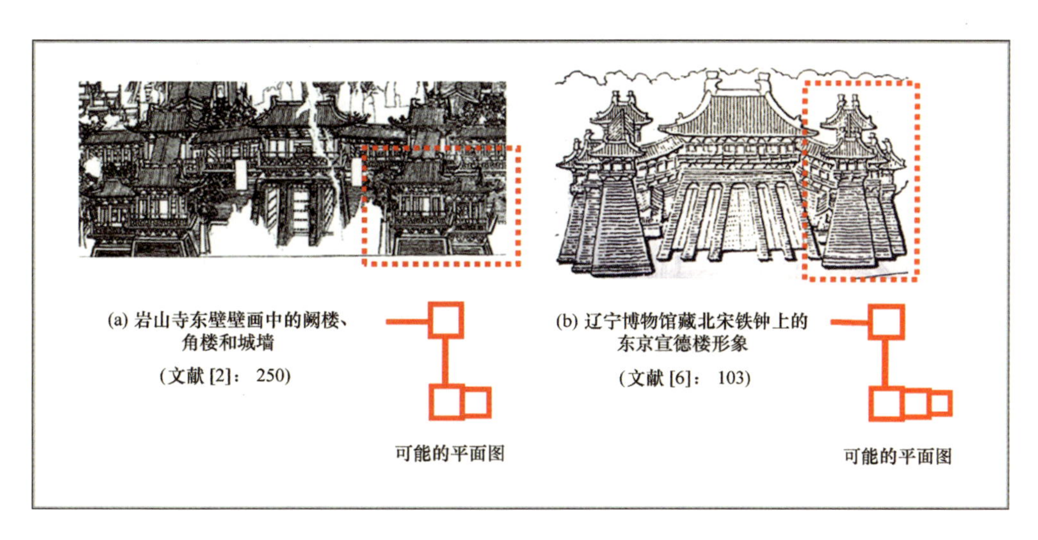

图 19　岩山寺壁画和北宋铁钟上所绘制的城阙图

3. 考古实物中阙楼在陵墓建筑的位置

陕西省文物管理委员会发表的《唐乾陵勘查记》一文中图示了唐高宗乾陵平面图。图中陵墓占地广大,只有主要墓区范围有城墙及四座城门围合。城门外各有一座中轴线与城门平行的子母阙,但是阙和城门之间并没有城墙相连(图 20)❶。像这样的阙和城门之间没有城墙相连的设计方法也运用于之后河南巩义市宋陵的设计❷(图 21)。由以上考古报告得知:在陵墓建筑中,子母阙的位置可以独立于城门之外而且没有城墙或廊道相连。这点和懿德太子墓中的壁画画法相同。

❶唐高宗乾陵平面示意图,见:陕西省文物管理委员会. 唐乾陵勘查记[J]. 文物,1960(4):53-60.

❷郭湖生,戚德耀,李容淦. 河南巩县宋陵调查[J]. 考古,1964(11):564-577.

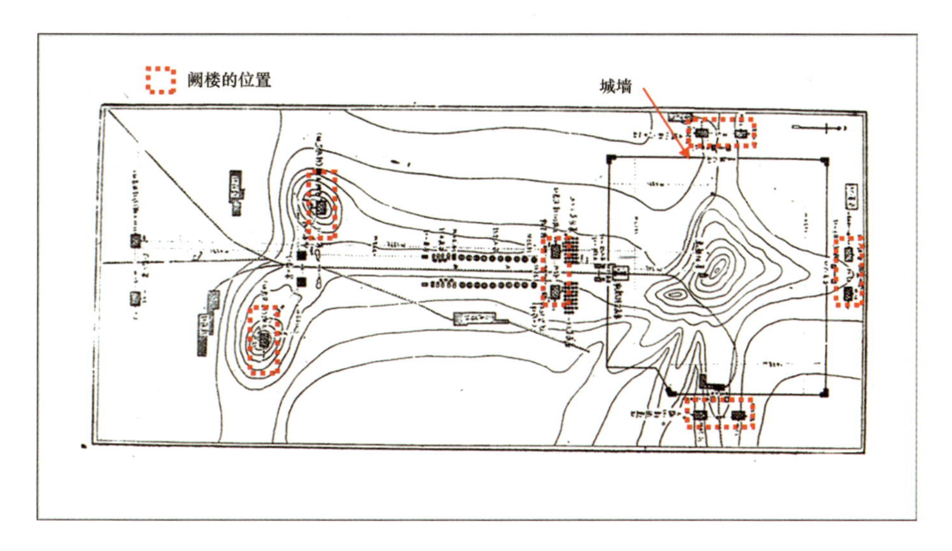

图 20　唐高宗乾陵平面示意图

(文献[12]:59.)

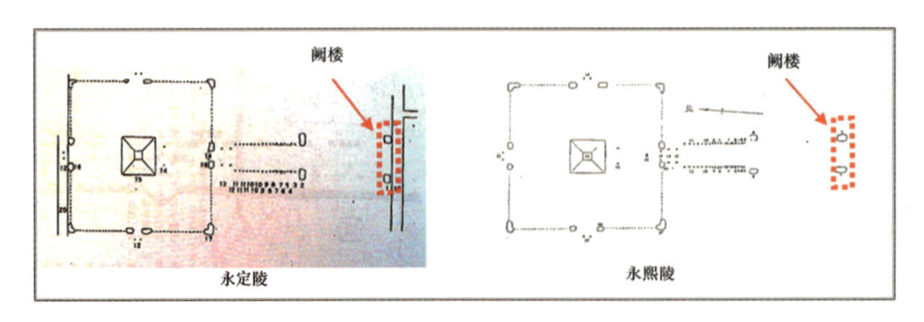

图 21　永定陵和永熙陵的阙楼位置

（文献[11]：567,568.）

4.《阙楼图》的图面语言

归纳以上隋唐建筑考古复原文献、同期其他图面对城阙的配置描绘以及阙楼在陵墓建筑位置的研究得知：《阙楼图》可能是反映当时陵墓城阙的配置方式。其图面语言为：(1)由甲、乙、丙三栋建筑所组成的子母阙的中轴线和城门平行；丁建筑的位置和这条中轴线垂直。(2)丁建筑是一栋独立建筑，其后有城墙相连。(3)子母阙和丁建筑相距甚远，之间没有城墙或廊道相连。如果以上的推测成立，那么有可能是因为壁面图画空间的局限，只好将丁建筑的位置紧邻于丙建筑之后。如图 22 所示，《阙楼图》壁画图面阅读的顺序可能是：由甲建筑的侧面后方开始，接着乙、丙建筑的侧面后方，然后转到丁建筑的侧面，最后看到 Z 字形城墙。

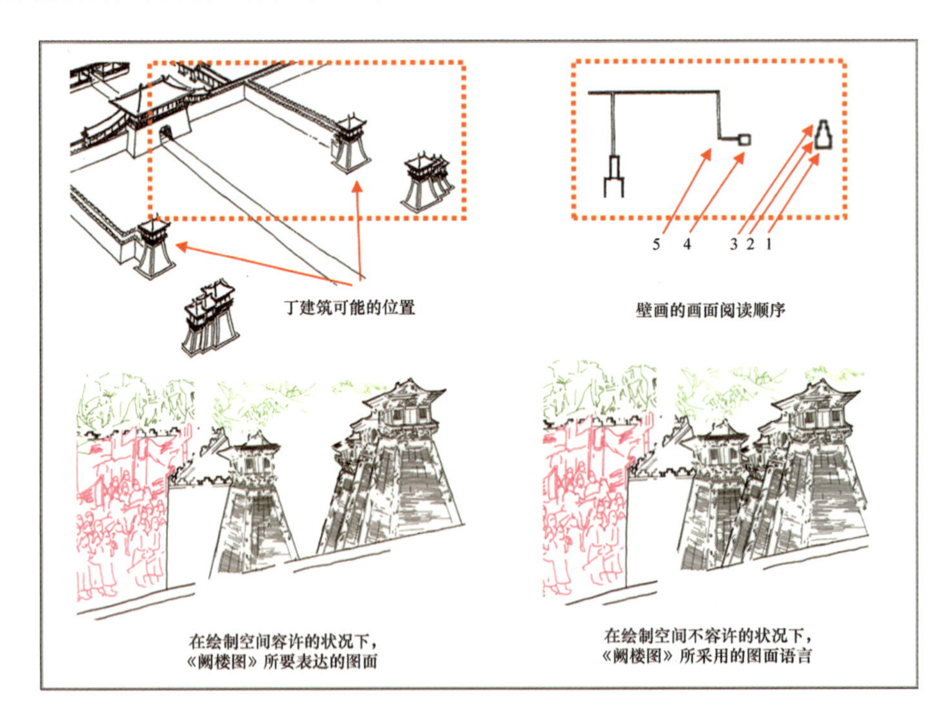

图 22　《阙楼图》在绘制空间局限的状况下所采用的图面语言和其阅读顺序

以上的分析还原了丁建筑的位置,也解释了图面阅读的顺序。另外,针对傅熹年所提出的壁画中城墙的“透视线与楼阁不一致”的问题。以下将分析 Z 字城墙的绘制方法和其设计的原因。

5. Z 字形城墙的斜线画法和解读

如图 23 所示,壁画中三条城墙斜线的方向可能都是由画格的交叉点所界定:斜线 KK1 界定最右侧斜线的方向,其中 K1 点和丙建筑高台下端斜线起点重叠;斜线 LL1 界定城墙左侧斜线方向,其中 L1 点和界定甲、乙、丙建筑元素图面位置的控制点 B 相差 1/4 个画格;45°的斜线 MM1 则界定了 Z 字城墙转折斜线的方向,其中 M1 点落在大画格的交叉点上。当然 45°斜线也有可能是以正方形画格的对角线所绘制。无论如何,《阙楼图》中建筑物和城墙的画法一致,皆是参考画格的交叉点作为斜线方向的控制点。再度证实了画格在壁画绘制中的重要性。

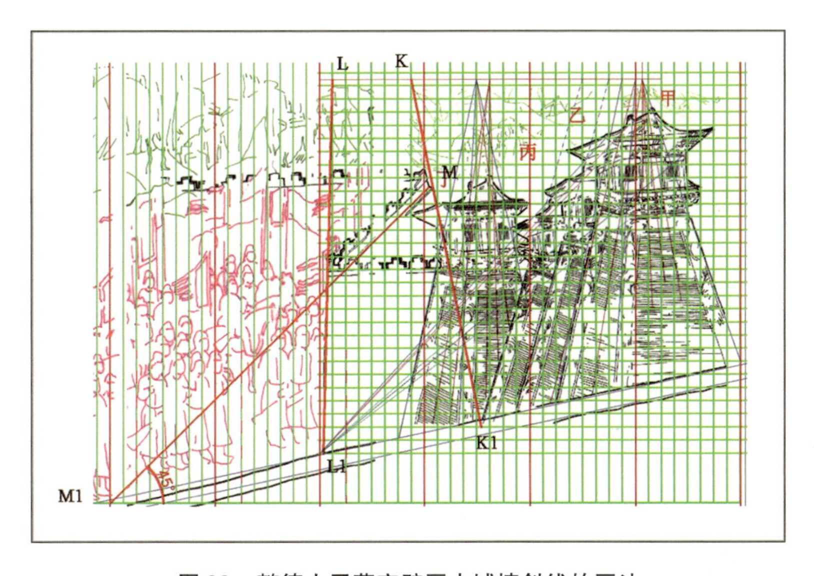

图 23　懿德太子墓室壁画中城墙斜线的画法

依照之前建筑考古文献以及其他城阙配置图,城墙一般为 L 形。两侧城墙在城门前围合出一个 U 字空间。以下将从两个方向来研究懿德太子墓室壁画中使用的 Z 字形城墙:(1)Z 字城墙是否反映当时城墙设计的方法;(2)Z 字城墙的使用是否有其图面上的重要性。

虽然 Z 字城墙的使用似乎没有在唐代宫殿建筑文献中发现,也无法从陵墓发掘报告中清楚地辨识,但是如图 24 所示,这样的城墙形式出现在唐、五代时期敦煌壁画陵墓建筑的绘制中。而且城墙的起点为一独栋建筑。不同的是 Z 字城墙围合出的空间在敦煌壁画中为陵墓主体,但在懿德太子墓室壁画中可能是一座城的城门前空间。虽然敦煌壁画中的独立建筑和《阙

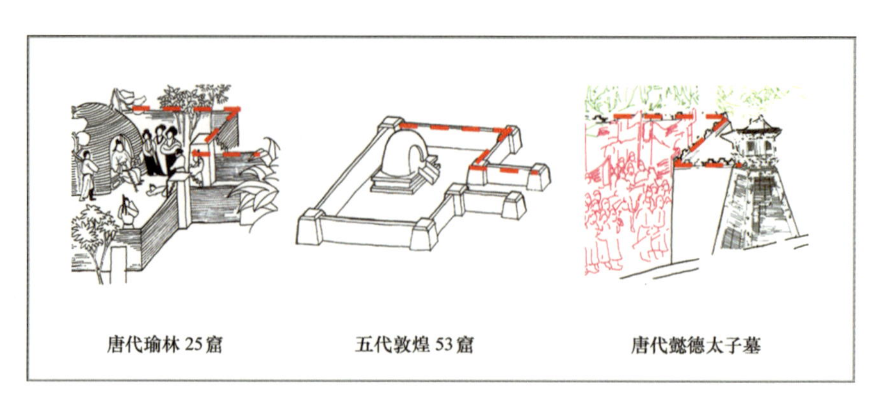

图 24　敦煌壁画中陵墓建筑的 Z 字形城墙

（文献[4]：190.）

楼图》中丁建筑的建筑样式不同，壁画中对陵墓建筑画法的案例说明了 Z 字城墙存在的可能性，也合理化了懿德太子墓室壁画中城墙的画法。似乎可以肯定这是当时绘制陵墓建筑所采用的共通语言。但是，如果引入和懿德太子墓同期的永泰公主墓室壁画，可以发现其单独阙楼之后所连接的是一座长条形的城墙[1]（图 25）。也就是说，配合城门的位置，永泰公主墓壁画所要表现的可能是宫殿建筑的 L 形城墙。永泰公主与懿德太子身份相似，而且二者墓室壁画的绘制时间同期。懿德太子墓室壁画中没有采用同样的画法，说明城墙形式的决定是经过选择之后的结果。以下的研究将从壁画图面表现作考量，以了解 L 形和 Z 字城墙的绘制对壁画图面整体效果的影响。

[1] 唐永泰公主墓发掘简报，见：陕西省文物管理委员会. 唐永泰公主墓发掘简报[J]. 文物，1964（1）：7-18.

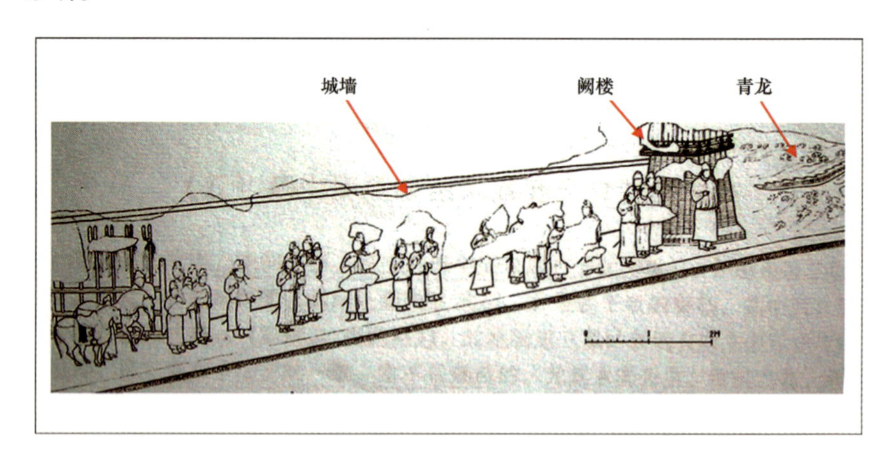

图 25　唐代永泰公主墓室壁画中的阙楼和城墙

（文献[13]：10.）

若比照永泰公主壁画，将《阙楼图》中城墙的画法改为一长条形。如图 26 所示，城墙将画面区隔为两份。以此画法，人物的绘制位置和城墙的位置大致重叠，山水树石则在墙的后面。此种画法图面构图合理，也表现出 L 形城墙的形式，但是并没有被采用。

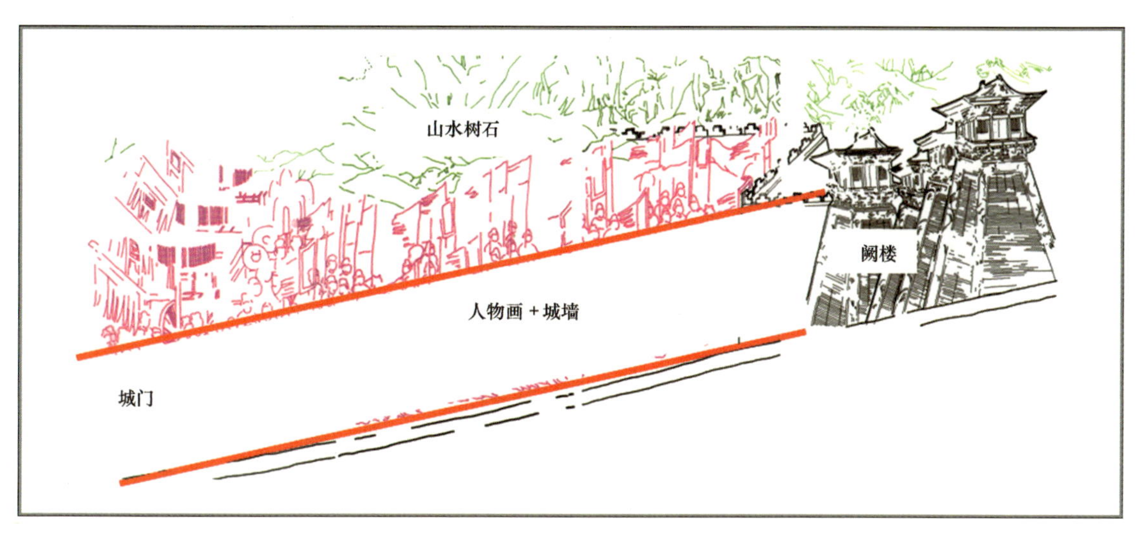

图 26　懿德太子墓室壁画中城墙的画法改为一字形

如果按照懿德太子的身份，仪仗队人物、车马和旗杆等的数量需要更多的绘制空间。[1]一种增加图面深度的画法是：绘制一座 L 形城墙紧接在丁建筑后面。城墙斜线可以使用高台砖墙斜线方向的控制点 J 为斜线的方向（图 27）。这样的画法增加仪仗队的画面空间，也可以表现出 L 形城墙的形式。但是这个方法也没有被采用。至此，应该可以推论懿德太子墓室壁画在绘制时刻意采用了 Z 字形城墙的 45°斜线。这个画法为同时期可以接受的陵墓建筑图面画法，而且 Z 字城墙为仪仗队伍的绘制提供了较大的图面空间。

[1] 唐代统治阶级盛行门列棨戟制度，见：李求是. 谈章怀、懿德两墓的形制等问题[J]. 文物，1972(7)：45-50；王仁波. 唐懿德太子墓壁画题材的分析[J]. 考古，1973(6)：381-393；申秦雁. 唐代列戟探悉[M]//周天游. 唐墓壁画研究文集. 西安：三秦出版社，2003：137-145.

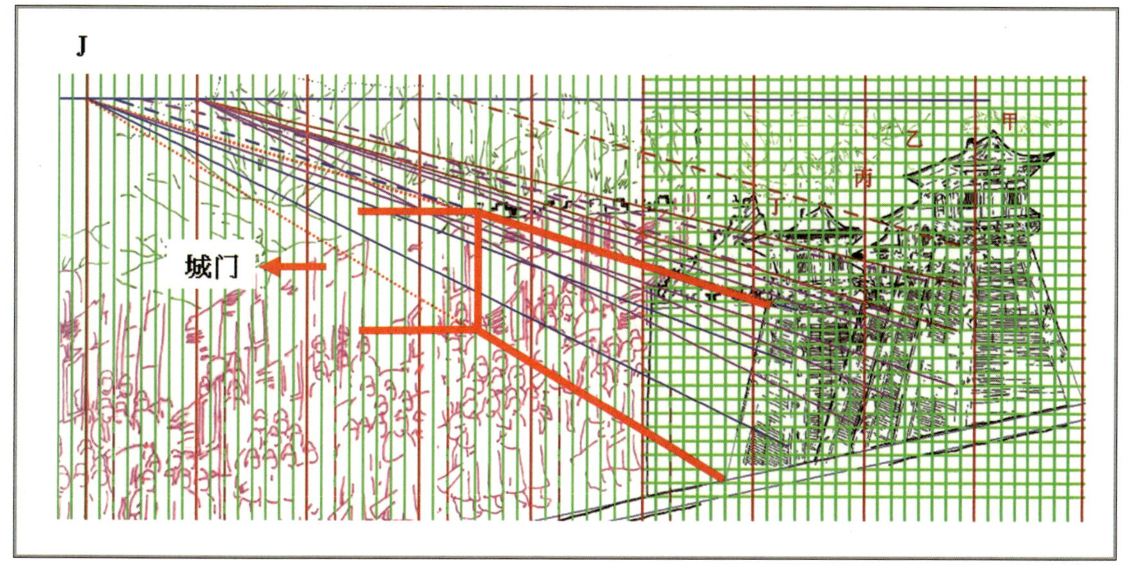

图 27　懿德太子墓室壁画中城墙的画法改为 L 形

此外,当与永泰公主墓的壁画作比较时,本研究还发现懿德太子墓室壁画中Z字城墙的另一个功能是:为阙楼和仪仗队的人马提供一个图面的过渡空间。

6. Z字城墙的图面过渡空间功能

王仁波在1973年发表了墓道东壁壁画线描图。从线描图中可以清楚看到以青龙为首的整个东壁壁画。其中青龙和阙楼间有一段空白,阙楼和仪仗队的人马之间也有一段空白。如图28所示,这两段空白的空间为不同题材的画面提供了一个明显的过渡空间。而这第二段空白的空间就是Z字城墙所占的图面位置。这种图面过渡空间的使用也运用在永泰公主墓室壁画中青龙和阙楼之间。

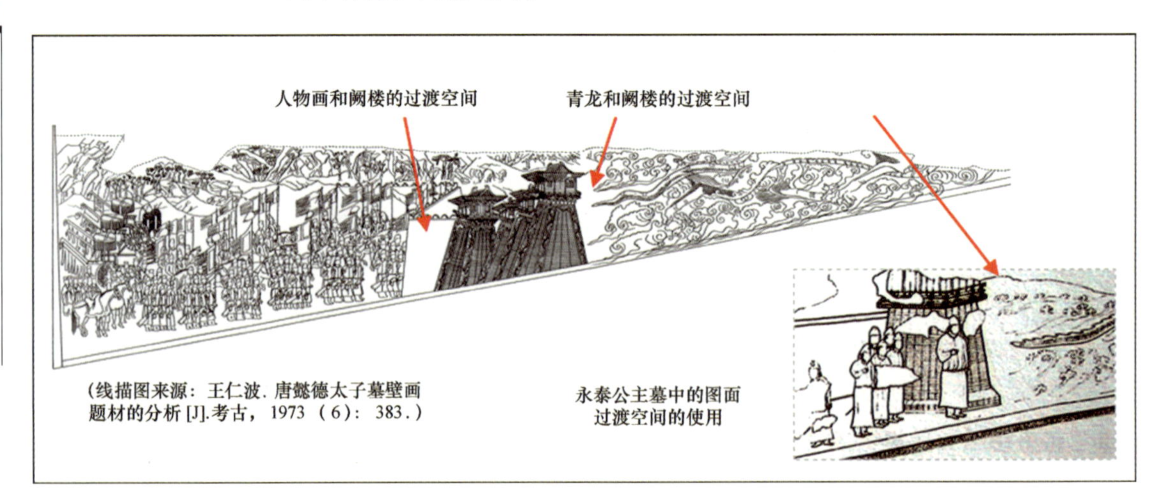

图28 懿德太子墓室壁画中图面过渡空间的使用

如图29所示,如果依照东壁壁画中每一组人物画的图面范围,将靠近城墙的这组仪仗队人马完整地绘制。可以发现人马和阙楼的位置贴近而且高度几乎相同,失去了阙楼建筑应有的高大性。不管这是人物和建筑物两套画稿重叠的结果或是在绘制时的图面位置调整,透过Z字形城墙的空白面,不但清楚地划分相邻不同题材的图面位置,也适当地解决了它们的比例关系。

通过以上Z字形城墙的画法和解读得到三点研究结果:(1)Z字形城墙符合同时期陵墓建筑城墙的图面画法。(2)Z字形的城墙给仪仗队伍提供了较大的图面绘制空间。(3)Z字形所产生的空白提供给不同题材一个图面过渡空间,解决了相邻不同题材在画面上的比例关系。

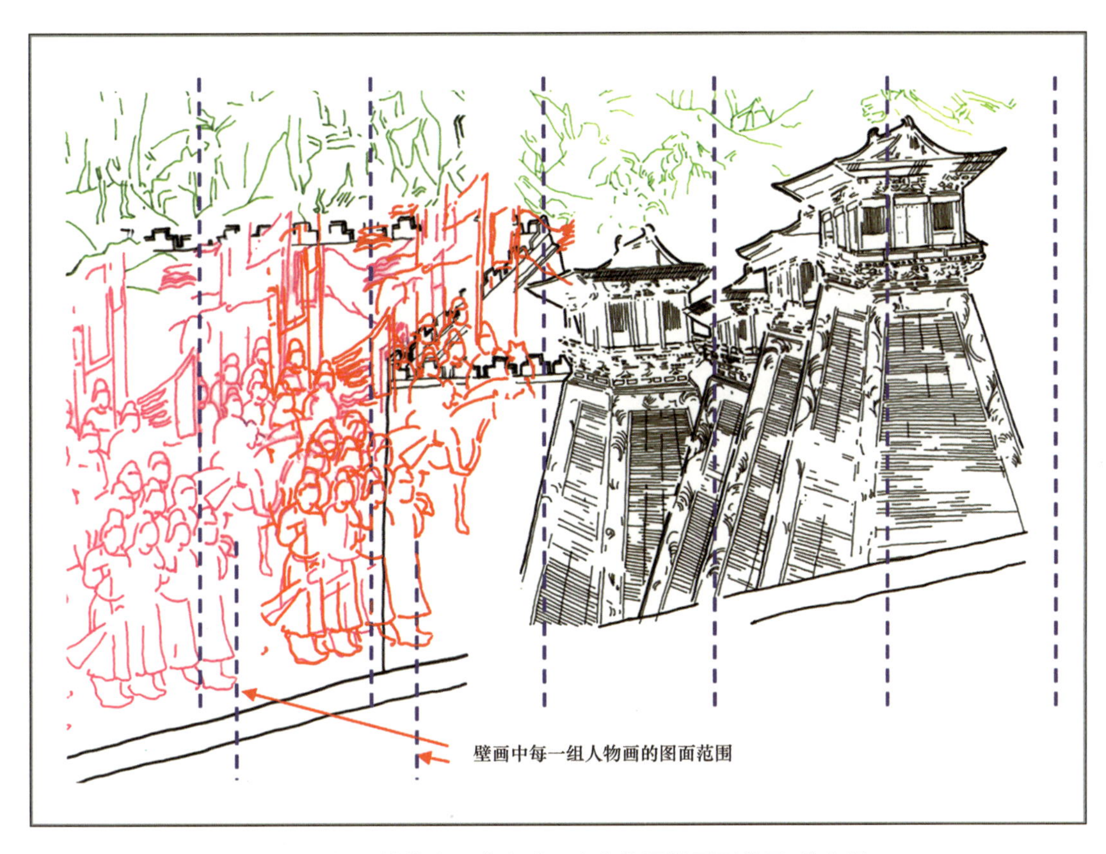

图 29　依照懿德太子墓室壁画中人物画的图面范围，将靠近城墙的仪仗队人马完整地绘制

四、懿德太子墓室壁画研究结论

本文从图面绘制这个角度来了解懿德太子墓室壁画的绘制方法及其可能使用的图面语言。结果发现“画格”用于“经营位置” 以及作为建筑尺寸模数；“一去百斜”和“一斜百随”等斜线则绘制出建筑物的“向背分明”（表3）。《阙楼图》的四栋建筑中甲、乙、丙为一组子母阙；丁建筑位于子母阙之后与子母阙的中轴线垂直。至于 Z 字形城墙，其符合同时期陵墓建筑城墙的画法。在此壁画中不但提供了较大的人物绘制空间，而且也提供给相邻不同题材一个图面过渡空间。

表3　唐懿德太子墓室壁画中“画格”与“斜线”的具体运用方法

<table>
<tr><th colspan="3">画论及应用方法</th><th>目　　的</th><th>图 面 表 现</th></tr>
<tr><td rowspan="3">经营位置</td><td colspan="2" rowspan="3">画格</td><td>界定不同题材的画面位置</td><td>甲乙丙建筑物占两个大画格、丁建筑和城墙占两个大画格、人物占 8 个大画格。</td></tr>
<tr><td>界定建筑物的建筑元素位置</td><td>建筑和城墙的绘制范围等分为 26 + 5. 5 个水平画格和 26 个垂直画格。
以画格的格线界定建筑物垂直和水平方向的图面位置。</td></tr>
<tr><td>作为绘制建筑物垂直和水平方向尺寸的模数</td><td>水平方向:甲建筑屋檐宽 11H、屋身 7H、两端出檐都是 2H;乙和丙建筑屋身各约 2. 5H; 丁建筑屋身 6H、左侧屋檐出檐 2H。
垂直方向:甲、丁建筑元素比例相同:屋顶 3V、屋身 3V、平坐 2V、高台 11V。</td></tr>
<tr><td rowspan="4">向背分明</td><td rowspan="3">一去百斜（控制点）</td><td>控制点在画格交叉点</td><td>界定同一组建筑物的建筑元素位置
绘制建筑物的向背和阙楼高台的斜线</td><td>表现出甲乙丙建筑的群组关系。
表现出甲丁建筑的关系。
绘制阙楼高台的斜线。
绘制建筑物的屋檐起翘斜线方向。
绘制建筑物、高台以及砖墙的侧面斜线。
控制点主要位于同一条水平轴线。</td></tr>
<tr><td>控制点在控制斜线</td><td>明确地表达出不同建筑物间的群组关系</td><td>表现出甲乙丙建筑的群组关系。</td></tr>
<tr><td>控制点在屋身元素的水平中间点</td><td>绘制建筑物的向背</td><td>表现出甲丁建筑的侧面。</td></tr>
<tr><td>一斜百随（平行线）</td><td></td><td>绘制次要的建筑元素</td><td>绘制高台、转角石等。</td></tr>
</table>

结论以十点详细说明如下：

（1）大“画格”规划壁画各部图面的位置:“经营位置”。

（2）小“画格”作为建筑元素的尺寸模数,以及界定建筑元素的图面位置。

（3）“一去百斜”以一个控制点来控制多条斜线的方向,用来绘制阙楼高台、建筑物侧面等斜线。在图面上表现出建筑物的“向背分明”。交会在控制点的斜线也可以用来整合同一组建筑的建筑元素。

（4）“一斜百随”平行线画法,运用于绘制像高台转角石等较为次要的建筑元素。

(5) 斜线控制点位置的设计有三种方法。一般在画格的交叉点上,也可以设计在整合建筑元素的控制斜线上以及在屋身元素的水平中间点。

(6) 一幅壁画使用多个斜线控制点,大部分控制点位于壁画上方呈水平排列(图30)。

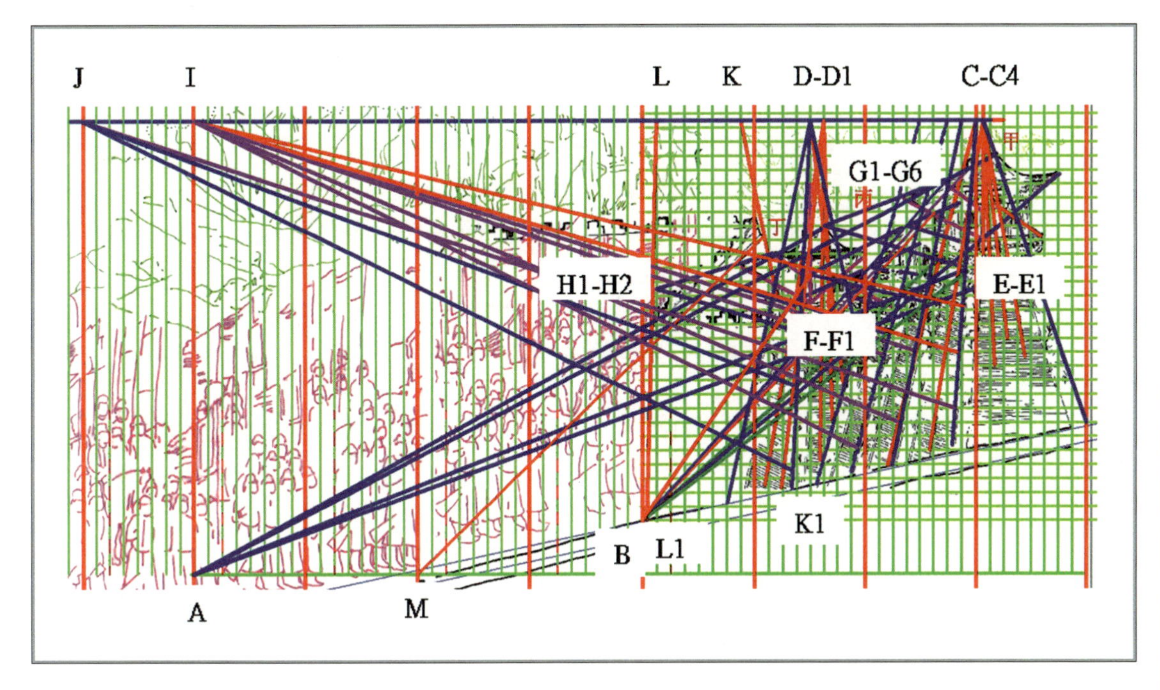

图30 懿德太子墓室壁画中绘制阙楼和城墙所使用斜线控制点的位置

(7) 从控制点的使用情形来看,甲、丁建筑和甲、乙、丙建筑在绘制时是以两套画法作考量。因此推论甲、乙、丙为一组子母阙,丁建筑则是一栋和甲建筑同等重要的单独建筑。

(8) 子母阙的中轴线和城门平行,且与丁建筑呈90°。

(9) 丁建筑位于子母阙之后而且没有城墙相连,符合同时期陵墓城墙设计方法。

(10) 城墙的Z字形设计提供了较大的人物绘制空间以及相邻不同题材的图面过渡空间,并且符合同时期陵墓建筑城墙的画法。

参考文献

[1] 傅熹年.傅熹年建筑史论文集[M].北京:文物出版社,1998.

[2] 傅熹年.山西繁峙县岩山寺南殿金代壁画中所绘建筑的初步研究[M]//中国古代建筑十论.上海:复旦大学出版社,2004.

[3] 杨鸿勋.宫殿考古通论[M].北京:紫禁城出版社,2001.

[4] 萧默.敦煌建筑研究[M].北京:机械工业出版社,2003.

[5] 王卉娟. 元代永乐宫纯阳殿建筑壁画线描[M]. 北京:文物出版社,2013.

[6] 郭黛姮. 中国古代建筑史(第3卷)宋、辽、金、西夏建筑[M]. 北京:中国建筑工业出版社,2003.

[7] 申秦雁. 唐代列戟探悉[M]//周天游. 唐墓壁画研究文集. 西安:三秦出版社, 2003.

[8] 申秦雁. 懿德太子墓壁画[M]. 北京:文物出版社, 2002.

[9] 王卉娟. 画格与斜线在金元时期楼建筑壁画中的使用方法[M]//王贵祥, 贺从容. 中国建筑史论汇刊. 第捌辑. 北京:中国建筑工业出版社, 2013.

[10] 王仁波. 唐懿德太子墓壁画题材的分析[J]. 考古,1973(6):381-393.

[11] 郭湖生, 戚德耀, 李容淦. 河南巩县宋陵调查[J]. 考古,1964(11):564-577.

[12] 陕西省文物管理委员会. 唐乾陵勘查记[J]. 文物,1960(4):53-60.

[13] 陕西省文物管理委员会. 唐永泰公主墓发掘简报[J]. 文物,1964(1):7-18.

[14] 陕西省博物馆和乾县文教局唐墓发掘组. 唐懿德太子墓发掘简报[J]. 文物,1972(7):26-31.

[15] 李求是. 谈章怀、懿德两墓的形制等问题[J]. 文物,1972(7):45-50.

[16] Wang. The use of the grid system and diagonal lines in Chinese architectural murals: A study of the 14th century Yongle gong temple supported by an analysis of two earlier examples, Prince Yide's tomb and Yan shan si temple. PhD thesis. The University of Melbourne, 2009.

闽南传统建筑凹寿的装饰形态和象征意义

郑慧铭

(中央美术学院)

摘要:在闽南传统建筑中,凹寿通常包括大门及其牌楼面和两侧的看堵,是重要的装饰空间,也具有较高文化内涵和艺术性。本文首先就木雕、石雕、砖雕、彩绘和交趾陶等多种精湛的工艺进行归纳及讨论。针对闽南传统建筑中的凹寿装饰特征,重点分析了典型的装饰题材及其表现手法,进一步深入探讨其中的文化内涵及象征意义,力图展现出典型闽南传统民居建筑装饰艺术的形式、技艺以及文化意识上的优秀一面。在当前城镇化运动对于传统建筑文化产生巨大破坏的背景下,期待相关的研究能够加强保护、深入弘扬民族优秀建筑及其装饰艺术传统,为地域建筑提供有益的启发。

关键词:闽南传统建筑,凹寿,装饰艺术,传统与保护

Abstract: *Aoshou*, a concave belly gate that usually includes the gate and side walls of an archway (*pailou*), is a highly decorated feature of the traditional architecture in southern Fujian. This paper discusses and classifies various of its decoration methods such as wood, stone, and brick carving, color painting, plaster and limestone sculpturing, and ceramic molding. Typical decorative elements and representative styles are studied, and their cultural meaning is analyzed with the goal to demonstrate the distinctive architectural beauty and the art of decoration in southern Fujian. Given the problems connected to rural - urban migration and any damage to the traditional building culture resulting from this, the study aims to contribute to the protection of historical buildings and artistic traditions in southern Fujian.

Keywords: Traditional architecture of Southern Fujian, *aoshou* (concave belly gate), art of decoration, safeguarding tradition

对于具有悠久历史文化积淀的闽南传统建筑而言,大门及其附属区域,作为一种可进行开阖活动的建筑构造而存在,更作为建筑标志性的一部分,渗透着审美情调和文化意蕴,其空间及内涵都有极其重要的意义。通常以大门为分界线,将大门以外,正面向内伸进的空间称为"凹寿"或"凹肚门楼",大门以内的空间称为前厅或前庭。如曹春平在《闽南传统建筑》中提到:"凹寿即是入口处内凹一至三个步架而形成的门斗空间,也称为'塌寿'、'塔秀'、'行阁'、'行叫'、'倒吞砛'、'凹肚'。"❶李乾朗在《台湾古建筑图解事典》中将凹寿定义为:"凹寿也称为'倒吞砛'、'塌肚'、'凹肚'和'塔寿'等。意为房屋入口处内缩,称为檐下有步口廊,使寿梁外显。而这些不同的称谓,则分见于闽南各地,如塌肚及塔寿为客家地区用语,凹肚则为潮汕匠师用语。"❷

❶文献[1]:14.

❷文献[2]:62.

凹寿装饰主要集中于牌楼面、两角门和两侧壁堵(又称龙虎垛、对看堵、廊墙。[1]如图1所示。凹寿是内外空间的过渡,通过装饰强化内外有别和尊卑有序,满足人们的安全需要、审美需要、情感归属、精神寄托、社会尊重和自我肯定等各方面的需要。等级越高的建筑,凹寿装饰的级别就越高,工艺难度和建造成本也相应增高。凹寿空间常用不同的装饰搭配、丰富的装饰题材和装饰元素等,构成闽南传统建筑的空间叙事体系。

[1]文献[2]:75.

图1　凹寿装饰部位名称示意图(永春崇德堂)

(作者自绘)

本文以闽南传统民居的凹寿空间为研究对象,从凹寿的空间位置和装饰材料的搭配谈起,分析凹寿的装饰题材、审美体验和象征意义,重点分析凹寿装饰的象征意义与文化心理之间的联系与影响,阐述闽南传统民居凹寿装饰的艺术价值、人文价值和社会价值等,寄望于拾遗补阙,将有利于加深对闽南传统建筑的认识,推动保护传承地域性建筑。

一、凹寿装饰的主要材料搭配

凹寿传承古典建筑的比例,《考工记》对门堂的规定是:"门堂三之二,室三之一。"[2]凹寿布局均衡,比例和尺度符合建筑美学。如图1所示,凹寿空间中,大门的高度大约占建筑高度的三分之二,大门的宽度大约占牌楼面的三分之一(图2)。从装饰上看,凹寿是装饰最显眼和较集中的地方,体现出主人的身份地位。从内涵上看,凹寿装饰元素丰富,体现了主人的愿望与憧憬。

[2]文献[3].冬官考工记下.匠人:471.

图2 凹寿布局分析(永春崇德堂)

(作者自绘)

牌楼面常分为几个块面,称为“堵”或“垛”,以人的身体结构为参照,一般分为三到七堵装饰门面,彰显主人的身份和地位。由上而下分为:顶堵、身堵、腰堵、裙堵和柜台脚等(如图3所示)。檐口以下的狭长石块称为顶堵。顶堵以下称为身堵,用木雕和石雕等装饰。身堵之下的条状装饰称为腰堵。腰堵之下的方块面为裙堵,常用白色花岗石和青斗石装饰,用浮雕或线雕的手法塑造花草和动物图案等。李乾朗在《台湾古建筑图解事典》中提到:“角门又称为‘员光门’和‘弯光门’,是半圆形的拱门,在闽南地区多为石砌的门框,周边布置顶堵、门额、门楣和小门。壁堵又称龙虎垛、对看墙或廊墙,是屋前步口廊之左右两端相对的墙壁,在寺庙和宗祠的左边常雕龙,右边雕虎,所谓‘龙蟠虎踞’为装饰。”❶

❶文献[2]:75,100.

闽南传统建筑凹寿堵块的装饰性比较强,作为视线的焦点,有利于强化视觉的空间层次和烘托牌楼面的整体形象。通常运用木雕、石雕、砖雕、彩绘、交趾陶和泥塑等材料,结合浮雕、镂雕和圆雕等工艺手法塑造吉祥动植物和人物图案等。凹寿装饰依据主人的社会地位和经济条件,选择相应的材料和工艺搭配。常见有八种搭配组合:普通民居常运用木雕牌楼面和彩绘的对看堵或是木雕牌楼面与砖雕对看堵的组合,富裕之家常运用整面花岗岩石雕装饰或是石雕和砖雕的组合。泉州沿海民居常运用红砖牌楼面与交趾陶对看堵,厦门的普通民居常用石灰墙和石雕搭配或石灰墙与泥塑彩绘的对看堵组合。宗祠、家庙和富裕之家甚至运用三种以上材料搭配。牌楼面和壁堵雕刻的吉祥题材,以人物纹为画面的重点。如图3所示,泉州永春县崇德堂的凹寿牌楼面,石雕窗棂中心的“神仙送子图”,体现人们的美好愿望。

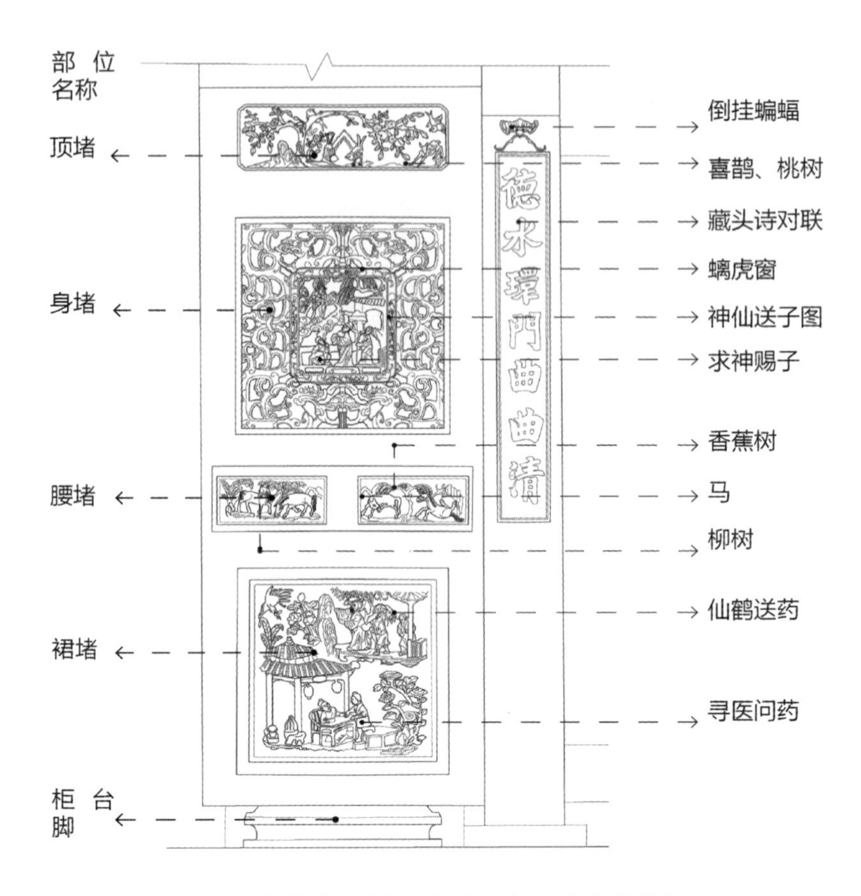

图3　凹寿牌楼面的部位名称示意图(永春崇德堂)
(作者自绘)

1. 木雕牌楼面与彩绘对看堵

闽南传统建筑多以木构件为主,用于装饰的木雕通常被称为“小木作”或“凿花”,如吊筒、门楣和窗棂等。木雕的可塑性较强,装饰题材广泛,包含吉祥瑞兽、花鸟植物、民间传说和历史故事等。木雕的工艺手法包含线雕、浮雕、透雕和漏雕等,常常将多种手法并用。线雕指平面上用阴线和阳线表现的雕刻方法,主要用于边框和细节等。浮雕分为浅浮雕和高浮雕,高浮雕主要用于牌楼面的顶堵和裙堵等,用逐层递减的方法形成相对凸出的形象,便于较远处辨识轮廓和形象。浅浮雕一般用于腰堵和窗棂等视线集中的地方,用透雕又称“镂雕”,将背景的局部进行镂空。凹寿的窗棂一般空隙较小,符合形象与构图需要,还根据私密性的要求布置。如图4所示泉州永春岵山镇福德堂凹寿,运用螭虎木雕窗,牌楼面的顶堵由两块花草纹木雕组成,身堵为镂空的木雕窗,身堵以下没有雕刻,对看堵上部有挑出的木质半栱,下方雕刻莲花花瓣。普通民居的吊筒常见莲花型,富贵之家雕刻精致的花瓣型、花篮型或在吊筒外侧的卵口以爬狮、神仙人物和凤凰等装饰，称为“竖柴”。有些吊筒在油漆底子上贴金箔，营造富丽堂皇的氛围。

图4　木雕牌楼面和彩绘对看堵（泉州永春岵山镇福德堂）
（作者自摄）

彩绘能增添建筑之美，闽南民居凹寿的彩绘传承苏式彩画的技法，以山水、花鸟和人物为主要题材，用于牌楼面的顶堵和对看堵的灰塑之上等。彩绘运用色粉和水墨材料，色粉包含朱砂、群青、土黄和石绿等。闽南传统民居顶堵的狭长装饰带称为“水车堵”或“水车垛”。水车堵的边框由砖砌和灰塑围合，为三段式的构图，中心称为“堵仁”。堵仁的装饰题材丰富，包含山水花鸟、人物故事和亭台楼阁等，综合运用泥塑、剪粘和彩绘等技法增加立体感，画面精致，常有落款题字，点明主题。接近柱身处称为“堵头”，装饰卷草纹、如意纹、雷纹和螭虎纹等，最外侧靠近柱头处有束带纹。

2. 木雕牌楼面与砖雕对看堵

闽南内陆普通民居的凹寿常见木雕牌楼面和砖雕对看堵的搭配。砖雕是常见工艺，称为“画像砖”或“砖刻”。闽南的砖雕以红砖为依托，主要用于门额和墙堵，尤其是对看堵。有两种常见形式：一种是以小块砖雕拼接成的墙面，如六边形砖，结合凤凰、仙鹤和牡丹等图案，形成变化统一的效果，如泉州永春五里街民居的六角形鹤纹砖组成的对看堵。纹样相同的一般是“窑前雕”，即在土坯入窑前雕刻，造型清晰，线条流畅，用于批量生产。另一种将图案拓在烧制好的红砖上，以印刻的方式进行雕琢，采用线刻凸显图案，雕去的底子用白色灰浆填上，对比鲜明，具有壁画效果，称为“窑后雕”。窑后雕的线条较浅、硬直，表面平整，边缘有锯齿状，以吉祥题材为主，如梅花与喜鹊、马与喜鹊等。雕砖质感朴实、色彩明快、造价低廉且运用范围广泛，为泉州普通民居凹寿的常用材料。

3. 石雕牌楼面和对看堵

石材构筑的凹寿牌楼面称为“石垛”或“石堵”，通常分为五段或七段，与木雕牌楼面的结构大体相同。石雕装饰最上面的一块称为“顶堵”，常见浮雕的动植物纹。顶堵的下方称为“身堵”、“身垛”或“中垛”，常见镂雕的螭虎窗，中间为人物图案。身堵下方称为“腰堵”，为饰以动植物搭配浮雕的青石或白石。腰堵以下称为“裙堵”，常用花草纹或文字纹的浮雕石板。裙堵下方称为“柜台脚”，常用青斗石雕刻的兽蹄。门楣的上方是匾额，一般包含姓氏和家族迁徙地等文字。牌楼面身堵的书法常出自当地书法家之手。门楣两端有圆形的门簪，常见天官、龙头和植物纹，是建筑等级和主人身份的象征。角门以石材构成弧形门框，边框雕刻浅浮雕，门楹常见高浮雕的文字装饰，字句多出自古书。

石雕牌楼面和对看堵运用多种石雕工艺。“素平”是将石材凿平，用于裙堵、石条窗、柱身和铺装等。“平花” 相当于《营造法式》的“减地平钑”，用线条的粗细和深浅刻画动植物和文字等，用于牌楼面的裙堵、顶堵和窗棂周边等。水磨沈花相当于《营造法式》的“压地隐起”，称为“沉雕”和“浅浮雕”，主要用于牌楼面的身堵。剔地雕是一种半立体的高浮雕，主要用于凹寿的门簪、柜台脚和柱础等。剔地雕的立体感强，效果更接近圆雕如图5所示，门簪采用剔地雕的手法。透雕是清代流行的石雕工艺，又称为“镂空”或“镂雕”，是将背景镂空。透雕一般采用青斗石，装饰龙柱、竹节窗和螭虎窗等，层次丰富、雕刻细腻。圆雕又称为“四面雕”或“立体雕刻”，一般结合精细雕刻和镂空的技法，主要用于石狮、石柱、门枕石和柱础等，形象逼真，生动传神。凹寿装饰的石雕具有实用性、艺术性和象征性，造价相对较高，最能体现建筑的等级、主人的身份和经济实力，常用于富商官宦的府邸、祠堂和庙宇。

图5　石雕牌楼面与对看堵(厦门思明区卢厝)

(作者自摄)

4. 石雕和砖雕搭配

石雕和砖雕的搭配是富商之家常用的类型，两种工艺效果相近、色彩互衬。石雕牌楼面通过不同石材和雕刻手法丰富墙面。一般身堵和腰堵运用青斗石雕刻精细的纹样，白石用于边框和裙堵，雕刻浅浮雕。砖雕大多用窑后雕，以浅浮雕为主，剔除的部分用白灰填上，对比鲜明，类似剪纸的效果，常用于对看堵。如图6，蔡氏古民居的对看堵运用砖雕，裙堵运用石刻浅浮雕装饰。砖雕与石雕的装饰搭配内容丰富，色彩明快，风格协调。

图6　石雕牌楼面和砖雕对看堵（泉州蔡氏古民居）
（作者自摄）

5. 红砖和交趾陶对看堵

红砖通过不同的堆砌增加装饰的表现力。闽南沿海地区常见红砖和交趾陶装饰的凹寿空间。交趾陶是闽南传统建筑装饰的特色工艺，为陶土塑造后上釉色入窑烧制的低温陶件，造型细腻，尺寸较小，硬度不高，工序复杂，与灰塑的外观相似，工艺有较大差别。交趾陶的色彩丰富，如朱红、明黄、石绿、群青和赭石等。交趾陶常与灰塑、剪粘和彩绘等手法结合，主要用于庙宇、宗祠和民居的对看堵和水车堵。一般运用红砖砌成框线，增加层次感。交趾陶装饰影响了粤北和台湾地区的传统建筑。如图7是晋江福全村民居对看堵的交趾陶装饰，运用红砖砌成框线，交趾陶融合雕塑、绘画和陶瓷的表现手法，以生动的造型构成和谐的画面。

图7　交趾陶与红砖搭配（泉州晋江福全村民居）
（作者自摄）

6. 石灰墙与石雕对看堵

厦门地区传统民居的牌楼面常以石灰墙装饰。石灰墙用灰塑塑造花纹，添加灰色、群青或赭色等颜料，中间留出白色线条，省略顶堵和腰堵的分割，仿造砖砌墙面的效果。如图8所示，厦门海沧区院前新厝角牌楼面的石灰墙融合十字纹、八角纹和福寿纹装饰顶堵，结合蓝色、灰色、白色和金色等色彩丰富墙面，裙堵用石雕的吉祥瑞兽，对看堵运用石雕装饰。石灰墙和石雕装饰具有丰富的表现力，在厦门和漳州的传统民居凹寿中十分常见。

图8 石灰墙和石雕看堵（厦门海沧院前新厝角）
（作者自摄）

7. 石灰墙和泥塑彩绘对看堵

石灰墙和泥塑彩绘的搭配也是厦门传统民居凹寿的特色，与泉州地区的精致雕刻有所差别。厦门传统民居的牌楼面在灰底上做浮雕并施加彩色，塑造万字纹、龟背纹和风车纹等，类似花砖的效果。泥塑彩绘是闽粤建筑的装饰特色，多用于对看堵。对看堵常用灰塑做成浅浮雕，堆积了一定高度形成半立体的造型，浅浮雕结合彩绘和剪粘，使得装饰更加立体化。

8. 多种材料的凹寿空间

闽南传统建筑的凹寿多数只运用两种材料装饰，少数宗祠、家庙和民居，为表现丰富的内涵，凹寿结合木雕、砖雕、石雕、泥塑和彩绘等多样材料与工艺装饰。如图 9 所示，厦门海沧新垵的万吉大厝，正面以砖雕和砖砌的牌楼面为主，对看堵有石条窗，寿梁下方用精致的木雕吊筒和雀替装饰，泥塑彩绘分布对看堵，形成多种材料的凹寿装饰。有学者认为："福清、莆仙地区的红砖建筑具有'满装饰'的特点，过分堆砌外观装饰，将木雕、石雕、泥塑、壁画、贴面各种装饰手段用上，让人感觉一种花枝招展的俗艳之美。"[1]

[1] 文献[4]:175.

图 9　多种材料对看堵（厦门海沧新垵万吉大厝）
（作者自摄）

二、凹寿装饰的题材解析

闽南传统民居之中，凹寿的地位和重要性常常通过材料、工艺、内容和文化内涵来强化和衬托。凹寿装饰对建筑来说意义重大，主要体现在装饰的表意和内涵上。“不同的祥瑞图设计在古代中国反映人和自然界关系的变化。”[1]表意的装饰图像继承中原的传统文化，运用吉祥图案装饰，并吸收外来装饰文化，形成地域特色。装饰内涵通过形象组合表达文化理念。凹寿的装饰元素体现人们对人生“五福”的追求。五福原出自于《尚书》，如：“第一福是长寿，第二福是富贵，第三福是康宁，第四福是好德，第五福是善终。”[2]（注：《尚书》上所记载的五福是：一曰寿、二曰富、三曰康宁、四曰攸好德、五曰考终命。）

[1] 文献[5]：94.

[2] 文献[6]．洪范：125.

1．动物纹

1）龙纹

龙是古代的四灵之一，《礼记》中有“麟凤龟龙，谓之四灵”[3]。龙是水中的神兽，象征神圣。《左传》中记载：“龙，水物也。”[4]《管子》曰：“蛟龙得水，而神可立也。”[5]龙纹象征尊贵的地位和社会尊重，体现主人自我肯定的文化心理。古代皇帝自称为真龙天子，龙纹成为帝王的专属装饰，寓意尊贵吉祥、威严和力量，朝廷不许皇宫以外的建筑用龙纹。闽南传统建筑中龙纹装饰很常见，寺庙的龙纹用于屋脊、挂落、撑栱、梁枋、雀替、石柱和窗棂等。窗棂常见抽象的龙纹，又称为“草龙”、“螭虎”或“螭龙”。《左传》中记载：“共工氏有子曰句龙，为后土。”[6]《山海经》中记载：“共工臣名相繇，九首蛇尾，自环，食于九土。”[7]文中提到的“句龙”就是“螭龙”，与其他搭配，如“螭虎围炉”，四边是螭虎纹，四角有蝙蝠纹，中间是人物纹。宗祠和民居凹寿的龙纹，一般构件较小，主要分布在窗棂、裙堵、门簪和柱头等。宗祠的窗棂常用螭龙纹，牌楼面的对看堵常见龙纹，遵循“左青龙，右白虎”的布局传统。如图10和图11所示，泉州晋江的东蔡家庙在门簪上运用龙纹，匾额的上方有一对龙纹，与太阳组合，这两处龙纹都雕刻精致。

[3] 文献[6]．礼运：179.

[4] 文献[8]．昭公二十九年.

[5] 文献[9]．形势：9.

[6] 文献[8]．昭公二十九年.

[7] 文献[10]．大荒北经（山海经第十七）：489.

图10　龙纹饰图（泉州晋江东蔡家庙门簪）

（作者自绘）

图 11　龙凤纹饰图(泉州东蔡家庙匾额木雕)

(作者自绘)

2）凤凰纹

凤凰为古代瑞兽之一,《山海经》中有:“鸾鸟自歌,凤鸟自舞”❶,又曰:“有神,九首人面鸟身,名曰九凤。”❷凤为雄,凰为雌,为百鸟之王。《尔雅》中有“鶠,凤,其雌皇”。郭璞注曰:“鸡头、蛇颈、燕颔、龟背、五彩色,其高六尺许。”❸凤的装饰寓意吉祥富贵与和平美好。《山海经》中“有鸟焉,其状如鸡,五采而文,名曰凤凰,……见则天下安宁”❹。意思是凤鸟和鸾鸟隐含天下太平。凤冠虽用于宫廷女性的首饰,但朝廷没有禁止民间运用凤纹。凤纹形象优美,增加动感、美化环境,体现追求富贵吉祥的心理。闽南地区妈祖庙以凤凰为主要的装饰题材,民居的凹寿常见凤纹装饰,如挂落和看堵等。龙凤组合寓意“龙凤呈祥”和“龙飞凤舞”,寄托人们对幸福生活的向往。如图 11 所示,晋江东蔡家庙匾额下方是一对凤与牡丹,寓意富贵吉祥。如图 12 所示,凤纹用于对看堵的砖雕,形态生动,与太阳、马和菊花等组成祥和的画面。

❶ 文献[10]. 大荒西经(山海经卷第十六):455.

❷文献[10]. 大荒北经(山海经第十七):486.

❸文献[11]. 释鸟十七.

❹文献[10]. 南山经(山海经第一):19.

图 12　凤凰与马等纹饰图(泉州永春五里街砖雕看堵)

(作者自绘)

3）麒麟纹

麒麟是瑞兽之一，如杜预曰："麟，凤五灵，王者之嘉瑞也。"[1]"麒是雄，麟是雌，头上有角，性情温顺。"[2]麒麟的装饰运用体现安全感需求，古人称"太平之兽"，常用于庙宇和宗祠中门两侧的石雕裙堵，民居较少单独使用，常见与其他图案的组合。麒麟隐喻地位尊贵和吉祥长寿等，古代有麒麟送子的传说，还包含早生贵子之意。如图13所示，厦门海沧区新垵村永裕堂大厝牌楼面的裙堵，用高浮雕刻画麒麟、喜鹊、松树和山石等吉祥图案。麒麟是对看堵砖雕的常见内容，如蔡氏古民居的对看堵《竹苞图》，由麒麟、老鹰、松树和山石等共同组成。

[1]文献[8]. 春秋左传集解序.

[2]文献[2]:115.

图13　麒麟与老鹰、松树纹饰图（厦门海沧新垵村永裕堂大厝）

（作者自绘）

4）狮子纹

狮子在佛教中作为威武的护法神兽，象征平安、吉祥、纳福和辟邪，体现人们对安全感的需要。在闽南传统建筑中，狮子纹结合多种材料作为装饰，如石雕狮子、吊筒的竖柴爬狮，梁枋的木雕狮座和对看堵的交趾陶狮子装饰等。闽南地区常年受台风的影响，风狮爷是民间镇风避邪的信仰物。狮子的谐音是"事"，图案搭配具有延伸的含义，两只狮子隐喻"事事如意"；狮子与喜鹊、桃树寓意吉祥长寿；狮子与花瓶、香炉和牡丹寓意平安富贵。明清时期闽南传统建筑的狮子大多脸部朝下，面带笑容，如泉州蔡氏古民居的竖柴爬狮，温顺可爱，体现地域审美。

5）白虎纹

白虎纹传承自中原文化，古人将白虎作为四象之一，代表西方的灵兽，又是威武勇猛和高贵权势的象征。古人画虎为了避邪，常见于官式建筑和宗祠家庙。东汉应劭曰："画虎于门，……冀以衛凶也"，又云，"虎者，阳物，百兽之长也，能执搏挫锐，噬食鬼魅”[1]。古人把虎看成百兽之首，能够驱鬼降妖，白虎装饰建筑能给居住空间带来“安全感”。闽南传统建筑凹寿的虎纹主要运用于牌面楼的裙堵和对看堵，用石刻浮雕，如晋江东蔡家庙对看堵由白虎、仙鹤和松树组成吉祥图。牌楼面的须弥座常以虎脚兽足的石雕勒脚，寓意吉祥长寿。

6）蝙蝠纹

蝙蝠装饰源于中原，体现文化的传承和泛神信仰。《营造法式》中称蝙蝠为“角蝉”，指边角的纹样。蝙蝠的谐音为“福”、“富”和“遍福”，常用于窗棂、对看堵、镜面墙、门楹和匾额中，结合木雕、石雕、砖雕或彩绘等。闽南传统民居方形窗四隅的三角部位，常雕刻四只蝙蝠，称为“挞角”，谐音为“四福”或“赐福”，象征幸福。泉州晋江的东蔡家庙匾额，四角有蝙蝠，象征赐福。蝙蝠纹样常与其他题材组合，蝙蝠与寿桃寓意福寿安康，蝙蝠和牡丹寓意富贵双全，蝙蝠与螭虎、花瓶寓意平安幸福，倒置的蝙蝠作为挂钩，谐音“福到了”。

7）鱼纹

鱼纹源于原始文化，是古代泛灵信仰的延续，一般不特指某种鱼。闽南民居的鱼纹基于体现民间信仰和敬奉神灵的心理，从屋顶到柱础都有鱼纹的运用。鱼纹内涵丰富，具有神话色彩，寓意多子多福、灭火消灾和事业成功等。鱼的谐音“余”，与莲花的组合，隐喻年年有余、爱情幸福、前途美好和五谷丰登等。如图 14 所示，泉州晋江民居对看堵的交趾陶运用“鲤鱼化龙”比喻事业成功。

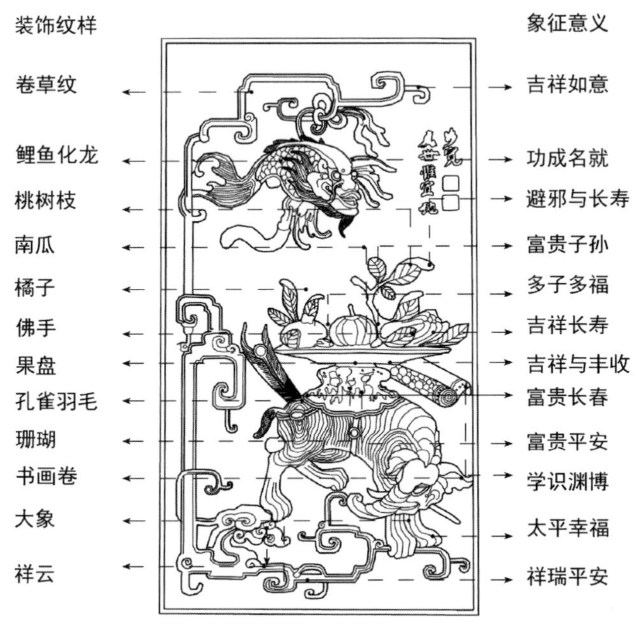

图 14　动物、植物和器物的装饰题材和象征示意图（泉州晋江塘东村民居）
（作者自绘）

[1] 文献［12］：卷八. 祭典：367，368.

8）大象纹

大象纹饰来自佛教，体现闽南地区受到的佛教影响。闽南的寺庙和宗祠常见梁枋上的斗抱（象座），象征神通广大、吉祥长寿。如厦门海沧青焦慈济宫凹寿的象座，形象生动。大象的谐音"祥"，寓意吉祥，大象与宝瓶隐喻太平有象；大象驮如意，意味吉祥如意和招财进宝；大象与果盘，象征五谷丰登。如图14所示，晋江塘东村交趾陶对看堵塑造大象驮果盘，与花盆和水果等组成吉祥图。

9）其他动物纹饰

闽南传统建筑常见其他吉祥动物如鹤、喜鹊、蝴蝶、燕子、牛、马、狗和猪等，体现泛灵信仰。鹤象征长寿、祥瑞和天外使者，比喻为官清廉。喜鹊和梅花寓意喜上眉梢，蝴蝶隐喻美好，燕子寓意对外出亲人的期盼。先秦的《礼记·月令篇》中有"仲春之月，……是月也，玄鸟至，至之日，以太牢祀于高禖"[1]，将玄鸟和燕子视为象征生殖和嫁娶的"高禖之神"。牛、马、狗和猪是生活中常见的动物，象征生产丰收。动物装饰常用谐音的手法，将装饰内容与内涵联系起来，如鸡的谐音为"吉"，寓意鸡鸣富贵。羊的谐音为"祥"，寓意三羊开泰和喜气洋洋。鹿的谐音为"禄"，表达"福禄双全"。马的谐音"马上"，寓意马上发财、马到成功等。题材结合运用，丰富内涵，如图14为泉州晋江的对看堵，象征吉祥如意、多子多福和富贵平安等。

[1] 文献[7].月令.第六：120.

2. 植物纹

闽南传统民居动植物的装饰，体现农业生产方式。德国的艺术学家、人类学家艾恩斯特·格罗塞（Ernst Grosse，1863—1927年）认为："从动物装饰过渡到植物装饰是历史上最大的进步之一——即从狩猎过渡到农业。"[2]植物纹装饰体现农业生产方式，隐喻古人热爱生活的价值观。植物纹装饰有利于衬托主体、构成主题和丰富内涵，是凹寿装饰不可缺少的元素，体现人们美化空间的需要和泛神论的影响。常见的凹寿植物纹样如下：

[2] 文献[13]：5.

1）牡丹纹

牡丹纹样装饰起源于南北朝，东晋顾恺之的《洛神赋图》中已有牡丹形象。唐宋时期牡丹纹广泛运用，明清时期闽南传统建筑装饰运用木雕、石雕、交趾陶和彩绘等表现牡丹纹，寓意花开富贵。牡丹与枝叶寓意富贵连绵；牡丹与蝙蝠和凤凰寓意富贵吉祥；牡丹与凤凰和梧桐树寓意福星高照；牡丹与白头鸟象征白头偕老等，体现人们的美好愿望。

2）莲荷纹

莲荷装饰历史悠久，春秋初年就有莲图案的"莲鹤方壶"（1922年河南新郑出土）。战国墓出土绘有荷花的彩陶盘（1953年洛阳耀沟612号）。秦咸阳宫遗址出土莲瓣瓦当、汉代的建筑藻井有荷花装饰等。莲荷用于寺庙装饰，象征佛教和再生。闽南传统民居凹寿的吊筒（相当于北方的垂花柱）

常见下方雕刻莲花纹。莲荷装饰美化建筑,暗含个人理想和高贵品格。

3)岁寒三友

"岁寒三友"指"松、竹、梅",具有无畏寒冷、傲骨迎风和经霜抗冻的品格。"岁寒三友"的装饰体现主人对高尚道德情操的尊重敬仰,体现个人理想。如泉州的蔡氏古民居的对看堵运用"竹苞、松茂图",以松竹为主体,动植物为搭配,象征乔迁之喜、家族兴旺和高尚品德。

4)四君子

"四君子"指梅、兰、竹、菊,是文人题材,梅花寓意傲雪,兰花寓意高雅幽香,竹子寓于谦虚高节,菊花寓意淡泊隐士。"四君子"用于闽南传统民居装饰,隐喻君子的人格和品德,暗含主人的理想。蔡氏古民居牌楼面装饰梅、竹、兰与吉祥瑞兽喜鹊、蝙蝠、牛和燕子等组合,内涵丰富。

5)瓜果题材

闽南地区的植物题材装饰中有菠萝、荔枝、杨桃、柚子和木瓜等热带水果,暗含五谷丰登的景象。比如厦门莲塘别墅的窗楣,大量运用瓜果题材装饰,寄托子孙终年以礼果祭祀天地神灵和祖先的虔诚敬意。果蔬题材的装饰是闽南地区装饰题材的独特风格。

3. 人物纹饰

闽南传统民居人物装饰依照形象可以划分为仙界和人间,仙界人物常用于装饰壁堵上方。巫鸿在《武梁祠》中将仙界人物的表现称为"偶像式",人间题材的称为"情节式"。人间题材常源于古典文学、民间传说和戏剧故事等,包含较强的情节性和叙事性。泉州民居崇德堂的石雕牌楼面,主题是"天王送子",刻画员外向上天求子和天王抱送婴儿的情景。忠孝礼义是儒家文化的重要思想,以二十四孝图、历史故事杨家将、木兰从军和桃园结义等表达。人物纹饰体现宗教崇拜,如天官赐福、八仙过海、麻姑献寿、福禄寿星和南极仙翁等。题材传承自中原文化,如"太公钓鱼"、"牛郎织女"和"封神榜"等,文学故事如"西厢记"和"竹林七贤"等。牌楼面窗棂配以镂空的石雕窗,人物纹饰常处于视觉中心,表现吉庆题材。庙宇和宗祠建筑中,常见门神装饰。吊筒的竖柴常见神仙人物的雕刻。人物装饰题材体现宗教和华侨文化的影响,如憨蕃抬厝角和飞天仙女撑栱;受华侨文化的影响,如厦门华侨陈炳猷在越南经营大米生意回厦门建造的莲塘别墅运用印度卫兵墀头[1],泉州旅居马来西亚槟城的郑锦起盖的永春的崇德堂[2],窗棂运用宪兵、汽车、穿西服的华侨等暗含华侨在东南亚的生活体验。人物装饰题材体现主人的身份地位、人生经历、价值观及中西文化交融的时代特征,有利于激励后代。

[1] 文献[14]:20.
[2] 文献[15]:87.

4. 古器宝物

闽南传统建筑凹寿常见器物包含：宗教宝物、玉器、花瓶和琴棋书画等；佛教八大件——法轮、法螺、宝伞、白盖、莲花和盘长等，象征佛教和平安；道教八大件——葫芦、渔鼓、花篮、阴阳板、宝剑、笛子和荷花等象征吉祥，体现闽南人追求平安幸福的文化心理。单体的宝物还有特别含义，如葫芦象征福气，法轮寓意生生不息，法螺象征运气，宝伞隐喻保护平安，宝瓶象征成功与圆满，盘长象征长寿等，宝珠、古钱、珊瑚、银子、如意、犀角、玉簪和方胜等象征吉祥和财富。古器宝物一般组合运用，如博古图案与青铜器皿、酒具、炉、瓶等组成隐喻闲情雅趣；如意纹与云纹比喻吉祥如意；琴棋和书画组合隐喻子孙知书达理等。太极与八卦组合为避邪宝物，常挂在匾额的上方。灯谐音“丁”，表达人丁兴旺、丁财两旺。如图15所示，厦门海沧新垵村传统民居对看堵装饰以梅花、牡丹与花瓶、宝剑和如意等包含吉祥平安的内涵。

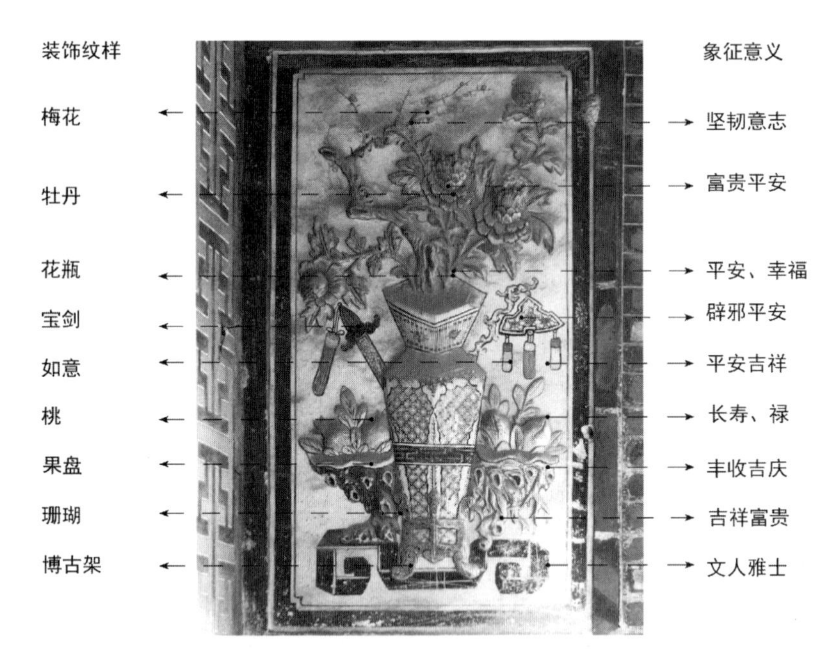

图15　古器宝物的装饰组合和象征示意图(厦门海沧新垵民居的对看堵)
(作者自绘)

5. 文字装饰

文字装饰指运用楹联和匾额的建筑装饰。文字装饰有利于清晰地表达主题、增加文化底蕴和提高美学价值等。凹寿的文字装饰主要有三种形式，一种是单字装饰，如“福、禄、寿、囍、忠、孝、礼、义”等图案化处理。如常见的

“螭虎团字”,其形态自由,能结合不同文字,常运用于裙堵,表达美好的祝福。如图16所示,螭虎纹组成的“禄”字,隐喻福禄。厦门传统建筑的花头和垂珠上常有“寿”和“囍”,表达幸福长寿。其次,二到四字的组合,常用于凹寿的匾额和门联。如图17、图18所示,福兴堂匾额运用隶书装饰,两侧神仙人物的雕刻,烘托吉祥幸福。角门的门额常见“手卷额”、“书卷额”和“叶形额”,传承自北方园林,运用高浮雕突出立体感。凹寿对看堵的“诗礼传家”、“竹苞”和“松茂”等,表达对《诗经》、《礼记》等修身治家理念的传承。明清时期流行书法装饰,多用于牌楼面、对看堵、门联和楹联,刻画楷书、行书、隶书、草书等字体的名言。闽南传统建筑文字装饰包含“长寿、富贵、好德、善终和康宁”等。文字装饰增加美感、营造文化氛围,使建筑主题突出、意境深邃,具有教化作用,体现人们的美好理想和价值观。

图16　单字装饰图(晋江塘东村民居螭虎纹组成禄)

(作者自绘)

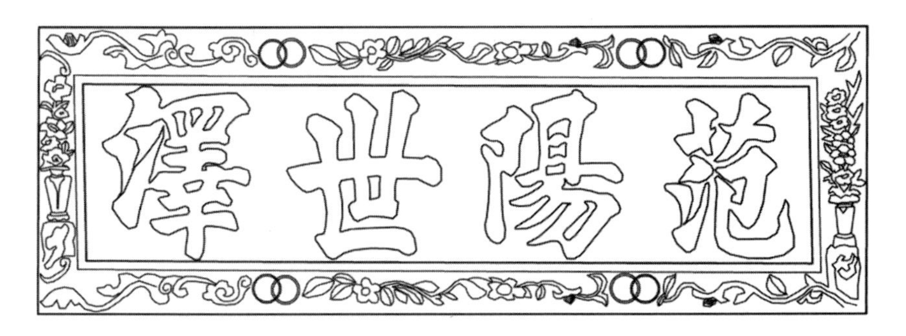

图17　组合文字装饰图(厦门思明区卢厝匾额范阳世泽)

(作者自绘)

图 18　组合文字和人物装饰图(泉州永春岵山匾额福兴堂)
(作者自绘)

6. 几何纹

几何纹源于原始社会的图腾与符号。闽南传统民居凹寿结合砖砌和灰塑等构成优美的视觉形式,体现材质美,并唤起人们的情感。从现代构成角度看,凹寿的几何纹具有韵律感和构成美,组合方式主要有:重复、对比、近似、错视、集结、空间、发射、特异等。“重复”是多次运用同一个纹样,体现秩序整齐,如图 19 的四方连续图案。“对比”运用鲜明的形状相互衬托,如图 20 所示,方形、六角菱形和花形相互交错。“近似”将相似形态组合起来,如图 21 所示,以长短不同的形状,组成纹样。图 22 的万字纹与龟纹的疏密分布形成空间感,类似形结合变异,具有一定的张力。闽南传统建筑的几何纹包含丰富的内涵,如八角纹寓意吉祥;圆形象征圆满;风车纹寓意生命;双环相扣的钱纹寓意财源不断;万字纹象征生生不息;相扣的方胜纹寓意爱情长久。如图 20,龟背纹寓意长寿延年。凹寿的几何纹组成严谨活力的墙面,增加文化气息,体现对称均衡和虚实变化,具有整体感、节奏感和抽象美等。

图 19　几何纹饰图:重复(万字纹——厦门海沧新垵民居)
(作者自绘)

图20　几何纹饰图：对比（龟背纹——厦门海沧新垵民居）

（作者自绘）

图21　几何纹饰图：近似（几何纹——厦门海沧新垵民居）

（作者自绘）

图22　几何纹饰图：空间（万字纹与龟纹——厦门思明区卢厝）

（作者自绘）

三、凹寿装饰形态与视知觉

凹寿发挥过渡空间的作用，如老子云："户牖以为室，当其无，有室之用"[1]，意思是门窗四壁的围合形成空间，供生活使用。凹寿装饰是依附建筑空间结构的视觉艺术，使内外空间产生联系，通过多种表现形式增加审美体验和营造文化氛围。如图 23 所示，凹寿是装饰系统中的重要部分。

❶文献[16]. 无用第十一.

凹寿装饰通过造型和色彩吸引人们的注意，融合结构、材料和装饰内容为一体。庄子云："故视而可见者，形与色也。"[2]可见，装饰容易吸引人们的注意。凹寿装饰分布在不同位置，每个角度和区域都有重点，从不同的角度和形态表达层层递进的装饰内涵。如宗白华所说，中国的诗与画中所表现的空间意识，"是'俯仰自得'的节奏化的音乐化了的中国古人的宇宙感"[3]。凹寿通过檐下装饰增加层次感，通过墙面的雕刻增加立体感，通过墙面的框线和地面的铺装增加透视感，丰富的装饰内容和材料美化空间，增加观赏者的审美愉悦感，凹寿装饰包含传统艺术的审美内涵和欣赏习惯，将闽南的建筑装饰艺术发挥到极致，创造建筑的意境，体现建筑装饰与地域文化的内在联系。

❷文献[19]. 天道：221-222.

❸ 文献[20]：83.

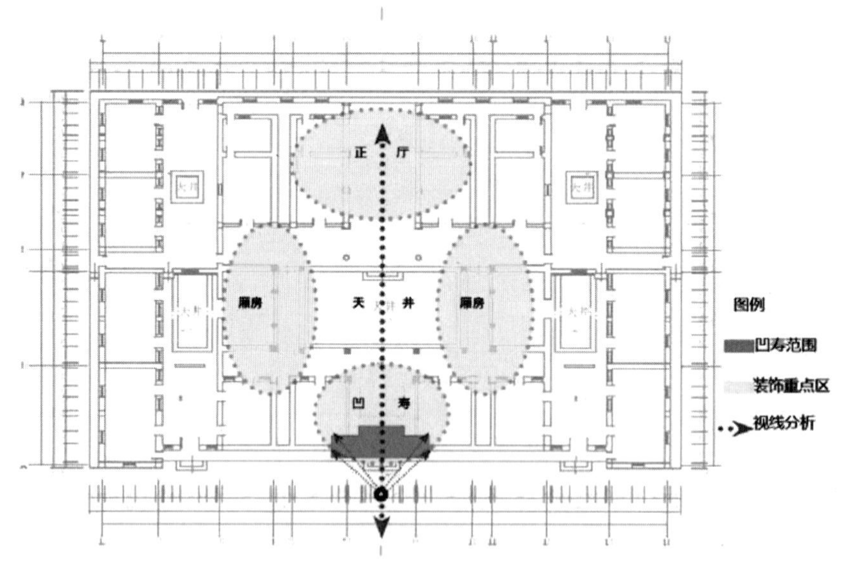

图 23　凹寿空间范围示意图（永春福兴堂）
（作者根据永春县城乡规划局资料自绘）

1. 檐下层次感的表现

凹寿装饰通过花头、垂珠、封檐板、寿梁、托木、吊筒（相当北方的垂花柱）、圆光枋和门楣等装饰构件层层缩进的"线条感"增加空间层次。飞翘的屋脊与檐下的直线形成对比，花头和垂珠增加檐下的层次和材质的对比。屋架装饰内容的繁复增强层次表现，如吊筒下方的莲花型、花篮或绣球型构件，吊筒的正面常有人物雕板或爬狮的“竖柴”构件，增加装饰空间的层次。托木是三角形的构件，相当于清代的“雀替”，有利于缩短梁的净跨长度，减少压力，运用镂雕的龙凤、仙鹤和花鸟等增加空间感。装饰构件由封檐板层层缩进，避免受到风雨侵蚀，光影加深立体感，突出精神表达和心理暗示。门楣和窗楣的雕刻内容，增加立面的节奏感。雕刻精致的吊筒具有视觉的导向作用并暗示吉祥繁荣。如泉州晋江青阳的蔡氏家庙，凹寿以精美的封檐板、寿梁、托木、匾额和圆光枋等构件装饰，有利于遮蔽直射的阳光，增加凹寿的空间层次感，体验庄严肃穆的氛围和生命的延续感。

2. 墙面立体感的表现

凹寿是装饰和视线集中的地方，包含牌楼面、门柱、门联和大门等，具有界定空间、划分空间、沟通内外和显示身份等作用。大门的立体装饰包含门簪、门神、门钉和匾额等。大门敞开时，可以从门框透过天井看到“上落”的大厅。凹寿与中堂能形成对景，从内到外或从外到内看到不同的画面，使得室内外彼此连接，增加空间的立体感。凹寿的牌楼面在平整的墙面上运用立体的视觉概念，追求立体效果。凹寿空间增加了建筑立面的变化，平面装饰使画面后退，虚实相衬和光影效果增加立体感，一些双凹寿使得立体感更强。墙面的石雕和木雕等局部运用高浮雕塑造形象，增加牌楼面的立体感。牌楼面镂雕的木窗或石窗，层次丰富，增加立体感。门柱是建筑的承重构件，也是楹联的承托构件，石质的门框与板门、腰门形成多层次的立体表现。门柱雕刻藏头诗表达主人的理想，形成立体的文字。门额上方的高浮雕匾额的悬挂略向下倾斜，下方常有匾托，有利于空间立体的表现。匾额两边用高浮雕的神仙人物衬托门的立体感。方形、圆形、八角形或龙首形的立体门簪，加深局部立体感。门神一般绘制于宗祠和庙宇，通过渲染增加门板的立体感。常见的门钉是八卦形的金属构件，将实用与祈福相结合。墙面的装饰强化了凹寿的视觉效果和立体空间。

3. 凹寿透视感的表现

闽南凹寿地面铺装采用白色花岗石为铺垫，以素平的手法，平坦防滑，地基和铺装平行铺设，地栿线条集中，两条石砛竖向分布，增加了空间的透视感。台阶为置于建筑前的长条形石阶，以花岗石为主，正面中心和转角处刻画兽纹，形状像柜台，称为踏垛。牌楼面每个堵块都有框线，对看堵的框线和水车堵多层线条增加了空间的透视感。柜台脚和地牛增加立面层次和透视感。水车堵框内的亭台塑造增加画面的透视感。墀头框内的山水、风景题材增加了立体感和透视感。转角处设置圆雕的狮子,形象朝前倾斜,增加了透视感。柱础位于墙面和地面的交接处,主要雕刻花鸟纹样,不同形状的柜台脚和地牛巧妙处理转角,增加透视感。闽南地区比较潮热,大门常开敞,从凹寿看到天井和大厅,增加空间的透视感。

4. 材料色彩的丰富

凹寿空间运用多种材料搭配和丰富的色彩装饰牌楼面和对看堵。凹寿装饰结合砖雕、木雕、彩绘和石雕等装饰材料和工艺,用于门楣、窗楣、对看堵、壁堵和柱础等。不同的装饰材料和内容以线框为分界线,使得局部构图完整、主次分明、视觉效果突出。对看堵装饰采用相同材料、相近题材和手法布局,形成统一变化的视觉平衡感。对看堵在入口处吸引注意力,双凹寿两侧角门的门额以高浮雕装饰"书卷额"和"叶形额",综合线雕、浅浮雕和高浮雕的工艺手法。半圆形拱门增加门框的曲线美。红砖砌墙组合丰富,与白色墙基相互映衬,寓意吉祥喜庆。白色花岗石的浅浮雕和青斗石的精细雕刻形成对比;檐下水车堵和两侧壁堵的彩绘、交趾陶和剪粘的装饰色彩与墙面形成对比。红色砖雕与白底色形成对比,突出动植物纹样,满足闽南人的色彩喜好,表达富贵吉祥的内涵。凹寿丰富的装饰材料、多样的装饰内容、精湛的工艺手法、多层次的内涵,充分体现出能工巧匠的创造力和闽南传统建筑的巧、秀、美。

四、凹寿装饰的象征意义与文化心理

凹寿装饰是建筑象征意义的充分体现。陈凯峰在《建筑文化学》中认为:"建筑文化的内涵,是建筑思想、建筑观念、建筑意识、建筑情感、建筑意念和建筑思潮等心理层面的要素群。"[1]行为科学家认为:"衣着是一个人皮肤的延伸,宅第则为肢体的延伸,这个观念深刻地阐明内在世界对外在环境的影响。"[2]闽南传统建筑的凹寿装饰作为象征符号,装饰图像以微妙的方式包含人们的物质层面、生理层面、心理层面、精神层面和社会层面等需要,反映了闽南人的精神追求和深层的思想文化内涵。

[1] 文献[22]:13.

[2] 文献[23]:11.

1. 过渡空间与安全需要

闽南传统建筑的凹寿装饰在一定程度上满足了人们的安全需要。凹寿空间是建筑与外界的过渡空间和私人空间,空间的界定暗示私人属性,增加权属感。闽南地区潮热的气候使凹寿常增设木栅门,木栅门的顶堵、裙堵和两侧雕刻花草纹样,满足通风采光,便于大门的开敞,是审美与实用结合的构件。内凹两次的双凹寿通常设置角门,大门通常紧闭,只需开启相对隐蔽的角门便于进出,有利于保护民居私密性。如图 1 所示,从建筑外部的正面看,角门一般看不到,一定程度上增加安全感。牌楼面的窗户一般运用镂雕石窗装饰,坚固美观,空隙较小,能满足通风和采光的需要,有利于增强私密性和安全感。凹寿装饰中运用狮子、白虎和宗教"八大件"等装饰题材体现了人们的安全需要和祈福避灾的文化心理。

2. 环境美化与审美需要

建筑装饰源于人们的审美需要,人们需要装饰的空间就像生活需要水一样,极简空间容易产生空虚和消极的负面心理。闽南传统建筑的凹寿运用吉祥纹样和多种工艺手法装饰,美化建筑环境,增添愉悦感,满足人们的审美需要。德国古典哲学家康德(I. Kant,1724 ~ 1804 年)在《判断力批判》中曾说:"在绘画、雕刻艺术,以至一切造型艺术中,在建筑,庭园艺术……对于鉴赏重要的不是感觉的快感,而是单纯经由它的形式给人的愉快。"❶凹寿空间装饰布局虚实相衬,装饰内容体现文化内涵,增加人们的愉悦感。清代文学家沈复曾说"在大中见小,小中见大,虚中有实,实中有虚,或藏或露,或深或浅……"❷。凹寿装饰激发人们的想象和感受,如泉州永春福兴堂楹联"游目骋怀此地有崇山峻岭,仰观俯察是日也天朗气清"。晋江五店的朝北大厝对联"石鼓峰奇锺胜地,漆园吏隐有遗书",石鼓、奇峰和漆园引发人们对优美环境的向往和想象。

❶文献[24]:159.

❷ 文献[25]. 卷二. 闲情记趣:23.

闽南传统建筑的凹寿装饰受中国传统绘画审美的影响,凹寿装饰的内容、形态和技法体现意境美,表达审美情趣和文化韵味。南齐谢赫在《画品》中提出"六法",唐代美术理论家张彦远在《历代名画记》中记述:"昔谢赫云:画有六法,一曰气韵生动;二曰骨法用笔;三曰应物象形;四曰随类赋彩;五曰经营位置;六曰传移模写。"❸闽南传统建筑凹寿装饰追求造型生动传神,线条富有力度感,提炼形象特征,色彩布局协调,构图活泼均衡,图像组合内涵丰富等。建筑装饰的审美与中国传统绘画的审美观具有一致性,体现传统文化的传承。

❸文献[26]. 论画六法:16.

3. 家族文化与情感归属

闽南传统建筑装饰以生动的形象、对比性的色彩,利用装饰的象征性唤起人们的经验、记忆、美感和想象,蕴涵家族文化,体现主人的情感寄托。黑格尔认为:"建筑的基本类型是象征艺术的类型,建筑的任务在于无机自然加工,使它与心灵世界结成血肉因缘,成为符合艺术的外在世界,建筑的目

❶ 文献[27]:103–114.

的和内容并不在建筑本身而在供人居住。"❶闽南古代匠人会依据当时流行的思想观念和主人的愿望,赋予凹寿装饰丰富的象征意义,表现主人的生活经历、精神追求和家族文化等。泉州塘东村1922年建造的民居,牌楼面用花岗石刻着"留福与子孙未必,买黄金白镯种心,为产业由来,皆美宅良田",以书法装饰反映主人价值观和对子孙的期望。闽南传统民居对看堵的"竹苞"和"松茂"出自名句"如竹苞矣,如松茂矣"❷,象征华屋落成和家族兴盛的美好愿望。楹联是家族文化的重要表达,厦门芦塘举人第的楹联:"涉世有良方,规行矩步;传家无功法,兄友弟恭",表达循规蹈矩和和睦相处的家训。泉州永春崇德堂的楹联:"来崇福禄增新庆,通德门庭守旧规",体现对礼制和家规的尊重。泉州南安蔡氏民居的凹寿楹联:"家学有真源,蒙引一书承四字",体现对家族后代的期望。晋江传统民居柳青新宅:"凡有远虑之人,不特顾目前之生活,并虑及奖励,勤俭贮蓄,预为之计",体现勤俭的家族文化。

❷ 文献[28].小雅.斯干:114.

闽南传统建筑凹寿深受儒家思想的影响。有学者认为:"南宋后福建成为理学重镇,封建伦理道德在长时期内成为人们立身处世的准则,如家庭间的慈孝、人际间的信义等起到好的作用。"❸闽南人尊重传统道德观念的传承,将尊祖敬天和荫佑子孙等视为庄严神圣的大事。家庙和宗祠的凹寿装饰尤其精美,是家族的凝聚力和血缘关系的情感依托。宗祠的牌匾常用木刻或石刻,一般带有家族姓氏、发源地等信息,以繁衍的郡望为名称或以祖先的丰功伟绩为堂号,彰显家族历史和荣誉感。如黄姓常挂"紫云衍派",王姓挂上"开闽传芳",郑姓用"荥阳衍派",蔡姓多刻"济阳衍派"或"清河衍派"等门匾。厦门卢厝的"范阳世泽",暗含家族传承自北方范阳卢氏。衍派与传芳都体现家族的辉煌历史,家族的迁移记忆,传承家族文化和增加同宗的认同感。匾额文字反映北方居民的南迁和中原文化在闽南地区的延伸发展,对纪念祖籍地、光大祖先荣耀、探寻家族渊源和对子孙处世的激励起到一定作用。闽南传统民居的凹寿装饰体现追寻祖根、纪念先人、彰显祖德,是情感的归属和家族文化的传承。

❸文献[29]:250.

4. 宗教崇拜与精神寄托

历史上闽南民间盛行鬼神崇拜,乾隆时期《泉州府志》记载:"泉人颇惑于鬼神之说。"信鬼神与宗教信仰具有相似性,都相信神秘的超力量,因此闽南地区呈现佛教、道教、基督教、伊斯兰教和泛灵信仰等多元并存的格局。有学者认为是闽南人开放的思想、宽广的胸襟、包容的态度、兼收并蓄的精神、当局的政策、重商情节和泛神崇拜的影响使然。❹凹寿装饰体现了图腾崇拜、祈福辟邪和宗教信仰的包容性特征。

❹文献[31]:60.

闽南传统民居凹寿装饰体现佛教元素如:狮子、莲花、万字纹和卷草等,用于吊筒、窗棂、斗栱和柱础等。莲花代表高雅,卷草纹象征坚韧不拔的意志。道教作为本土宗教,装饰元素有:神仙人物装饰、八仙的法器(称为"八大件”）和八卦纹等，体现人们平安吉祥的愿望。

闽南地区的泛灵信仰继承闽越文化遗风，亦与移民背景相关。[1]司马迁《史记·封禅书》记载：“越人俗鬼，而其祠皆见鬼，数有效。”[2]泛灵信仰认为自然万物都有生命，《礼记·祭法》中记载：“山林、川谷、丘陵能出云，为风雨，见怪物，皆曰神。”[3]泛神论将蝙蝠看作智慧的化身，龙、虎等作为祖先的守护者，保佑人丁兴旺和家族兴盛，麒麟象征威武辟邪等。凹寿的匾额、楹联和壁堵装饰体现敬奉神灵、追求功利、福寿双全和升官发财等美好理想。如泉州永春丰山村14号楹联和柱联：“庆集门庭瑞徵孝弟，星辉奎壁象现文明”和“庆云爽气笼仁里，星斗祥光射德门”，体现祈福思想。凹寿常结合宗教纹样，与闽南人的移民历史及祈福避灾的精神寄托相关。

[1] 文献[31]：62.

[2] 文献[32]．史记．卷二十八．封禅书．第六：1096.

[3] 文献[5]．祭法第二十三：360.

5. 耕读结合与社会尊重

闽南传统民居传承中原礼教、儒家思想和文化心理等。闽南文化偏向经济功利型，以功利论作为价值取向，文化结合“耕读”的特色。[4]秦汉以后闽南地区远离战争，以耕读文化为主，在和平时期功利论发展很快，逐渐成为文化特征，影响建筑装饰。凹寿装饰包含循规蹈矩、家庭和睦、耕读结合、勤俭积德和积德善道的价值观，体现“礼”的秩序和社会尊重。楹联和对看堵的书法装饰，飘逸优雅，体现积德处事、修身读书和纲常伦理等思想。厦门传统民居举人第的书法装饰：“必孝友乃可传家，兄弟式好感他，则外侮何由而入”和“唯诗书常能裕后，子孙见闻止此，虽中材不致为非”，体现内敛自省和谦逊为人。泉州永春福兴堂楹联：“人间千古年世家无非积德，天下第一件好事还是读书”，推崇积德与读书。”福兴堂楹联：“ 承先祖一脉相传克勤克俭，教子孙两行正路唯读唯耕”，体现勤俭与耕读石雕门联表达修身自省的思想，如厦门新垵西片276号：“修省身心如执玉，德怡孙子胜遗金。”名人书法提升主人的身份地位、体现高雅情趣与高层的社交圈，如厦门卢厝用明末四大书家之一张瑞图的书法装饰牌楼面，暗含主人结交文人墨客的高雅情趣。楹联还体现主人的处事之道和社会尊重，如泉州永春福兴堂楹联：“福不唐捐处事毋达十善道，兴堪计日居心要奉三无私。”楹联体现主人知足感恩的品德，如泉州晋江塘东村的石雕如：“茹苋助餐承宠誉，穀梁著说荷恩褒。”对看堵格言体现谦逊的美德，如晋江五店市的柳青新宅：“富裕之后，益当谦逊，常存人贤于我之心，恭俭而不骄，自得天佑”。楹联和对看堵书法装饰传递主人的价值观念、身份地位，蕴含功利性思想下的耕读文化和社会尊重。

[4] 文献[30]：181.

6. 个人理想与自我肯定

闽南传统建筑凹寿装饰在材料、内容和题材上都十分讲究，运用多种元素，结合建筑、雕塑与绘画综合表现。“门当户对”和“门第”等词透露出门户(凹寿)的重要性,体现建筑等级、经济状况和家族源流,是个人理想、身份地位和价值观念的体现。《泉州建筑志》记载:"富贵之家亦于棂窗面套花鸟、鹿凤、龟鹤等吉祥物,以示风雅、高贵、长寿。"[1]宗祠的凹寿作为褒扬功名和功业品行的重要空间,宗祠的牌楼面常见"状元第"和"大夫第"的匾额,显示家族的荣耀和对后代的勉励。楹联常表达主人理想和自我实现,如泉州永春福兴堂的门楹"国顺、齐家",暗含个人理想。楹联表达对功名的向往,如永春丰山村庆星堂门联"进禄,加冠"。对看堵的书法体现主人精神品格,如泉州南安蔡氏民居:"家给屋宇华喜,能施德,行仁不类俗,留夸阀问。"门联体现传统美德,如厦门邱新样厝门联:"克俭克勤美人美富,美轮美奂君子之居。"民居石雕体现读书人的情怀,如泉州晋江塘东村:"古今来有许多世家无非积德,天地间称第一人品还是读书。"看埕堵的格言体现主人的价值观和自我总结的人生态度,如泉州晋江朝北大厝刻画曾遒的:"一心为善,正念时时现前,邪念自然污染不上,如太阳当空魍魉潜消,此精一之真传也。"另一句格言:"君子所以异于人者,以其存心也。君子所存之心,只是爱人敬人之心,盖人有亲疏,贵贱、智愚、贤不肖,皆吾同胞。"凹寿装饰文字装饰表达价值取向和社会身份地位,体现主人的身份认同、自我肯定、处事之道和道德情操等精神追求。

[1] 文献[34]:229.

五、结　　语

闽南传统建筑中的凹寿装饰,孕育自中国传统文化历史的母体,是地区独特的人文、风俗及自然环境的产物,以丰富的建筑材料、多样的工艺方法为手段形成闽南传统建筑典型意义的一部分。凹寿作为传统建筑中内外空间的过渡节点,通过丰富材料,结合多种手法,赋予空间重要性,具有丰富的装饰形式和文化内涵。承袭中原的历史文化传统,凹寿装饰运用动物、植物、人物、古器宝物、文字和几何纹样等,表达家族传统、福禄寿喜、吉祥平安等文化内涵,是传统人文精神和礼制文化观念的反映。凹寿空间及其装饰,是主人身份地位的象征和对外交往形象的强调,以人们可感知的形象和元素体现主人的情感归属、精神寄托、社会尊重、儒家文化、个人理想和身份认同等。因此,凹寿作为人与建筑实体的互动、人与人互动的一部分,展现出较高的文化艺术价值,也反映了浓厚的思想文化内涵,在闽南传统建筑中具有重要的地位。

近年来工业化、城镇化运动的负面影响加剧了具有典型地域风格的建筑形式、装饰艺术等的消亡。我们应该加强整理和研究,深入探索包括装饰艺术在内的传统民居的完整形态的保护方法,在地域建筑发展中将闽南民居的装饰艺术之美发扬光大。希望本文的工作能够为闽南传统建筑的研究与发展做出贡献。

参 考 文 献

[1] 曹春平. 闽南传统建筑[M]. 厦门:厦门大学出版社,2006.

[2] 李乾朗. 台湾古建筑图解事典[M]. 台北:台湾馆编辑制作,2003.

[3] 林尹. 周礼今注今译[M]. 北京:书目文献出版社, 1985.

[4] 陈支平. 福建历史文化简明读本[M]. 厦门:厦门大学出版社,2013.

[5] 巫鸿. 武梁祠[M]. 北京:生活・新知・三联书店,2015.

[6] 屈万里 . 尚书集释[M]. 台北:联经出版事业股份有限公司,1983.

[7] [元]陈澔,注. 万久富,整理. 礼记集说[M]. 南京:凤凰出版社,2010.

[8] [春秋]左丘明,著. [西晋]杜预,集解. 春秋左传集解[M]. 上海:上海人民出版社,1977.

[9] [战国]管子,著. 颜昌峣, 校释. 管子校释[M]. 长沙:岳麓书社, 1996.

[10] 袁珂. 山海经校注[M]. 成都:巴蜀书社,1993.

[11] [晋]郭璞. 尔雅注[M]. 北京:中华书局,1985.

[12] [东汉]应劭, 撰. 王利器, 校注. 风俗通义校注[M]. 北京:中华书局,1981.

[13] 张家骥,张凡. 建筑艺术哲学[M]. 上海:上海科学技术出版社,2010.

[14] 龚洁. 到厦门看红砖厝[M]. 武汉:湖北美术出版社,2004.

[15] 永春县五里街镇人民政府. 闽南古镇五里街[M]. 2007.

[16] [汉]河上公. 宋刊老子道德经[M]. 福州:福建人民出版社,2008.

[17] [明]计成,原著 . 陈植,注释. 园冶注释[M]. 北京:中国建筑工业出版社,1981.

[18] [宋]郭熙,著. 周远斌,点校. 林泉高致[M]. 济南:山东书画出版社,2010.

[19] [春秋]庄周,著. 方勇,译注. 庄子[M]. 北京:中华书局,2010.

[20] 宗白华. 美学散步[M]. 上海:上海人民出版社,1981.

[21] [战国]墨翟,著 . 孙以楷,译注. 墨子全译[M]. 成都:巴蜀书社,2000.

[22] 陈凯峰. 建筑文化学[M]. 上海:同济大学出版社,1996.

[23] 林会承. 台湾传统建筑手册[M]. 台北:艺术家出版社,1995.

[24] 北京大学哲学系美学教研室. 西方美学家论美和美感[M]. 北京:商务印书馆,1980.

[25] [清]沈复. 浮生六记[M]. 南京:江苏古籍出版社,2000.

[26] [唐]张彦远. 历代名画记[M]. 杭州:浙江人民美术出版社,2011.

[27] (德)黑格尔. 美学[M]. 朱光潜,译. 北京:商务印书馆,1979.

[28] 余冠英. 诗经选[M]. 北京:人民文学出版社, 1957.

[29] 赵麟武. 闽文化的人文解读[M]. 闽文化研究学术论丛(二). 上海:同济大学出版社,2011.

[30] 泉州历史文化中心. 泉州古建筑[M]. 天津:天津科学技术出版社,1991.

[31] 林华东.闽南文化:闽南族群的精神家园[M].厦门:厦门大学出版社,2013.

[32] [西汉]司马迁,著.阙勋吾,阙宁南,注.史记新注(中册)[M].湖北教育出版社,2003.

[33] 朱志勇.越文化精神论[M].北京:人民出版社,2010.

[34] 泉州市建委修志办公室.泉州市建筑志[M].北京:中国城市出版社,1995.

古代城市与园林研究

明清郧阳城复原研究

徐斐宏

（北京大学考古文博学院）

摘要： 郧阳城，位于今湖北省西北部。该城明清时期为郧阳府治所，并一度是郧阳抚治的中心，有较高的研究价值。本文以明清郧阳城为研究对象，应用城市考古的方法对这座地方城市进行个案研究。由于该城在1967年丹江口水库蓄水后大半沦为泽国，故作为研究对象，情况较为特殊。本文主要根据文字、图像材料，结合作者调查所见，以从晚到早的顺序梳理了郧阳城的发展情况，并将成果落实到了复原图上，在此基础上，讨论了该城演变背后的历史动因与城市布局等相关问题。

关键词： 城市考古，明清，郧阳城，个案研究

Abstract: Located in the northwest of Hubei province, Yunyang was once the center and administrative capital of Yunyang *fu* of the Ming and Qing dynasties, which makes the city interesting for research. This paper presents a case study of the Ming and Qing city by the method of urban archaeology. The city is special because most of the city area has been inundated by flood water coming from Danjiangkou Reservoir since 1967. Based on texts, images, and field investigation, the author presents the development of Yunyang in reversed chronological order and provides reconstructed city models. Then, the motivation behind the urban evolution and the different city layout are discussed.

Keywords: Urban archaeology, Ming and Qing dynasties, city of Yunyang, case study

缘　　起

郧阳城为湖北省郧县的旧城，地处今湖北省西北部。该城明清时期为郧阳府治所，并一度是郧阳抚治的中心。2012年夏，笔者在郧县参加考古发掘，期间对郧阳城进行了调查。调查之后，感到郧阳城虽然已经遭到较为严重的破坏，大半沦为泽国，但仍有进行复原与研究的条件与必要。因此，结合文献与地图等图像资料，尽己所能，对明清时期郧阳城的演变情况进行了复原，终成此文，以求教于学界。

一、郧阳城的地理环境与现状

郧阳城位于今郧县县城南部，北距十堰市区约20公里，地理坐标为北纬32°48′40″，东经110°48′49″（图1）。该城地处鄂豫陕三省交界处之山区，秦岭、巴山东延余脉之间；踞于汉江北岸，系汉

江上游重镇,史称“郧县地接河陕,路通水陆,居竹、房、上津、商、洛诸县之中,为四通八达要地”[1]。郧阳城西、南两面紧邻汉水,城北为丘陵地区,地势高而崎岖,城东则为汉水北岸台地,地势低平。总体而言,郧阳城的地形呈现出西、北高而东、南低的形态(图2)。

1967年,丹江口水库开始蓄水,郧阳城东、南部低洼的部分遂没于水底,面貌发生了很大的改变(如图3所示)。而作为南水北调工程的一部分,丹江口水库将提升水位,届时,郧阳城将有更多部分沦为泽国。因此,对郧阳城的复原与研究可谓迫在眉睫。

[1] [明]陈子龙,等. 明经世文编[M]. 卷九十三. 开设荆襄职官疏.

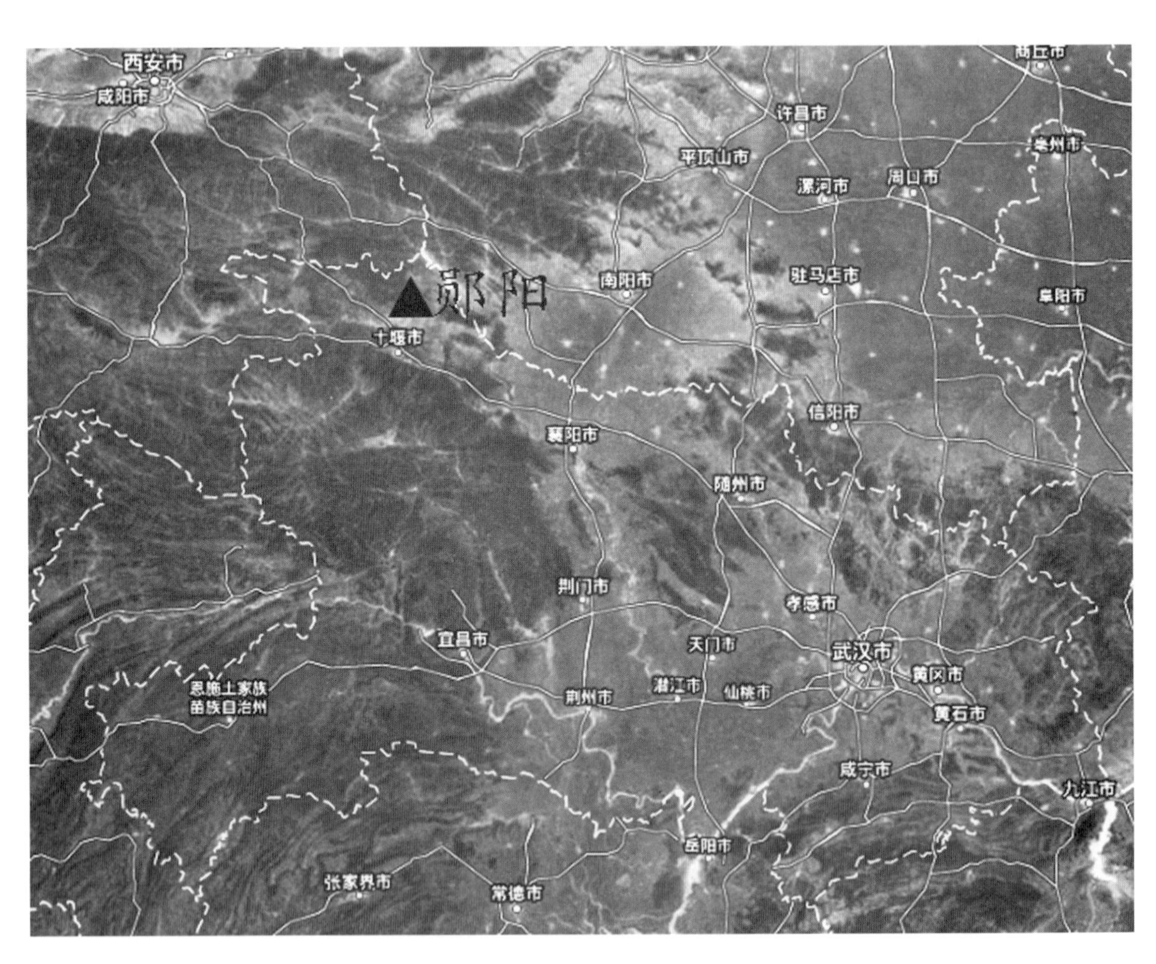

图1 郧阳城区位图

(作者以 Google Map 提供的地图为底图自绘)

图2　1968 年 11 月拍摄的郧阳城 Corona 卫星影像

（由中国社会科学院考古研究所刘建国先生提供）

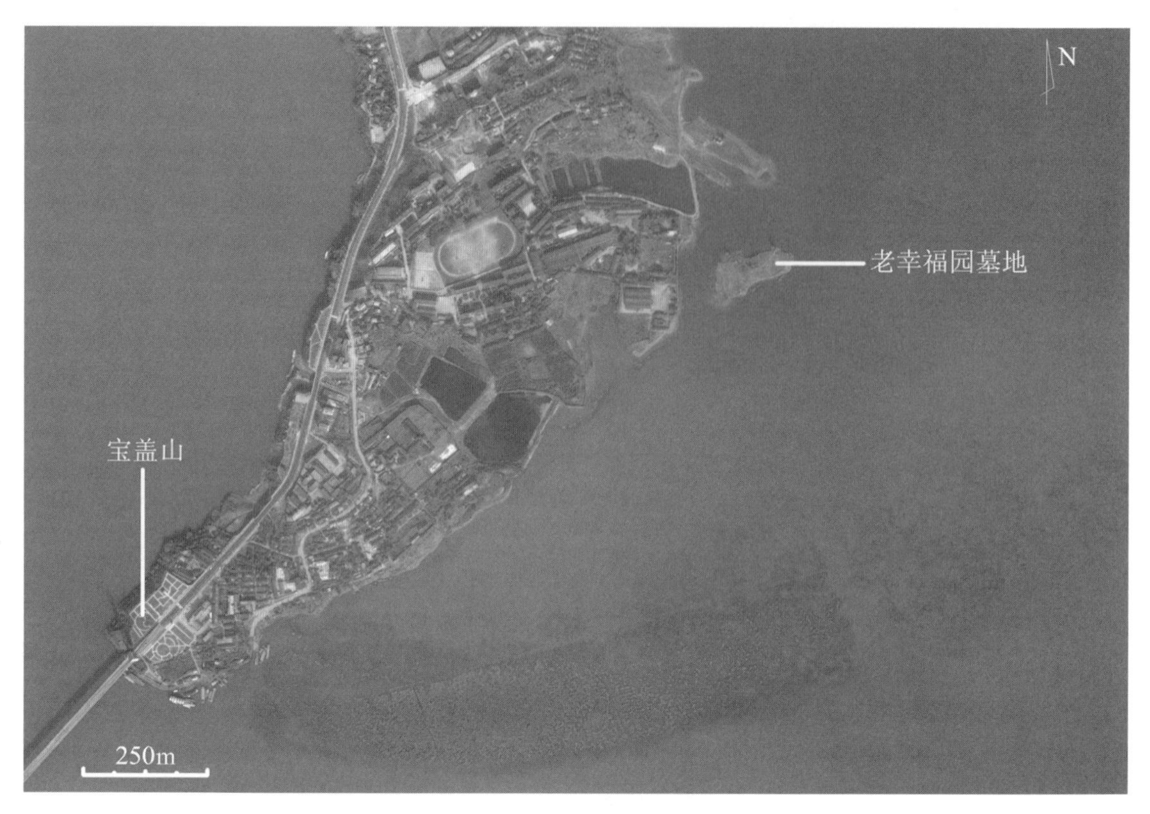

图3　被淹之后郧阳城的面貌
(作者以 Google Earth 提供的 2003 年 11 月拍摄的卫星影像为底图自绘)

二、郧县的历史沿革

有关郧县的历史沿革,《嘉庆重修一统志》卷三四九"郧阳府·郧县"条称:

(郧县)汉为汉中郡长利县地。晋太康五年,置郧乡县,属魏兴郡。宋因之。齐属齐兴郡。梁为兴州治。[1]隋初属均州,大业元年属淅阳郡。唐武德元年,置南丰州,八年州废,县属均州,贞观元年属淅州,八年还属均州,宋因之。元初废,至元十四年复置,改曰郧县,仍属均州。明成化十二年为郧阳府治。本朝因之。

[1] 关于郧乡县在萧梁、西魏及北周三代的归属,史书记载不甚明晰。[清]王正常. 郧阳志(嘉庆)[M]. 卷一. 沿革. 称郧县"梁析郧乡,置南上洛郡,西魏改为丰利,周省丰利入上津,以熊川、阳川二县入丰利,隋以丰利隶西城,郧改隶淅阳郡",同治《郧阳志》袭此说,与《嘉庆重修一统志》不尽相同。究竟如何,待考。

成化十二年(1476年),明廷为安抚流民,设郧阳府,以郧县为府治,领七县,并置郧阳巡抚。[1]抚治范围最广时地跨湖广、陕西、河南、四川,辖八府[2],此后除几次抚治短暂被撤外,郧县始终为郧阳抚治治所,直至清康熙十九年(1680年)抚治被裁。抚治被裁,郧阳府尤在,并延续到民国成立。

根据以上情况,可知郧县的前身为郧乡县,而郧乡县的历史自隋代至元至元十四年(1277年),是一脉相承的。南齐到隋之间,郧乡县所在地的沿革不甚明了,然郧乡县作为县一级的行政单位很可能并未发生大的变动。因此,郧县的历史当可追溯至西晋太康五年(284年)所设之郧乡县。

关于明代以前郧乡县、郧县县城的迁移情况,鲁西奇在《山城及其河街:明清时期郧阳府、县城的形态与空间结构》(以下简称《山城及其河街》)一文中有较为详细考证,此处不再赘述。[3]大体而言,明清郧阳城是在元代郧县县城的基础上发展而来的,作为郧县前身的郧乡县,其治所自西晋至南宋发生过若干次迁移,今只能知晓其大致位置。至于更早的情况,从现有考古发现上看,郧阳城所在地在战国、东汉时期就应存在一定规模的聚落。[4]

而郧阳府与郧阳抚治的成立,使郧县一跃成为地区政治中心,同时也令郧阳城的城市建设获得了较大发展,逐步奠定了被淹没之前的格局。相关材料也多记录设府以后的情况。因此,本文以明清郧阳城为主要的复原与研究对象。

三、相关研究情况

有关明清郧阳城的既有研究总体来说是较为匮乏的。

对郧阳城进行了较系统研究的,当属鲁西奇《山城及其河街》一文,此文第二章第一部分主要根据方志中的记载,对郧阳城的城墙、城内建筑、街区等方面的情况进行了梳理与总结,论点多有与本文观点相契合者[5],但该文也有一些不足之处,主要在于其运用的材料只停留在文字层面,基本未结合图像材料与现场踏查,最终成果也没有落实到地图上,得出的结论也有个别值得商榷之处。

---

[1] 详见:明史[M].卷二三一.原杰传.

[2] 对郧阳抚治所辖府数量的考证,见:靳润成.明朝总督巡抚辖区研究[M].天津:天津古籍出版社,1996:95-96.

[3] 鲁西奇.山城及其河街:明清时期郧阳府、县城的形态与空间结构[M]//冯天瑜.汉水文化研究——汉水文化暨武当文化国际学术讨论会论文集.北京:中国国际广播音像出版社,2006:261.需要补充的一点在于鲁西奇文中"宝盖山"的问题,宝盖山南临汉水,[清]顾祖禹.读史方舆纪要[M].卷七十九.郧县.记载:"天马山,在府南二里,隔江,一名天马崖,又宝盖山在城西南三里,一名西山,志云汉水经宝盖山下,两崖扼束,为控守要津",通过这一记载,推测宝盖山的位置如图3所示,即汉江大桥北部引桥的位置。

[4] 郧阳府学以东有老幸福院墓地,该遗址的位置如图3所示。2004年6月至9月和2005年3月至4月,为配合南水北调中线一期工程建设,湖北省文物考古研究所等单位先后两次对老幸福院墓地进行了发掘,共清理东周墓葬30座、东汉墓葬38座、宋代墓葬3座。详见:南水北调中线水源有限责任公司,湖北省移民局,湖北省文物事业管理局.郧县老幸福院墓地[M].北京:科学出版社,2007.

[5] 例如鲁西奇在文章262页注15指出了南城墙的多次修复与汉水的关系,与本文第五章中"城池"部分的论点相契合;又如,文章239页中对郧阳城街区演变情况的推测亦与本文第五章"街区"部分的观点一致。

同时,郧县当地学者撰写有回忆性文字,描绘昔日郧阳城的格局与面貌。此类文章以冷遇春《郧阳府治城建史廓觅踪》[1]为代表,文章内容较为翔实,是本文复原时较为重要的参考。其他学者亦曾撰写简单介绍郧阳城的文章,如李璟、汤路《明清时期郧阳古城格局初探》[2]。

有关郧阳城的内容在另外一些论文中有简短提及,其中有泛泛而谈的,如邓启江《丹江口水库湖北淹没区水下文化遗存初探》[3],亦有侧重于某些方面的,例如梅莉、晏昌贵《历史时期丹江口库区城市发展简论》[4]。

此外,昔日郧阳城居民也以绘制回忆图、整理旧照片等形式记录着家乡曾经的风貌,其中回忆图有兰士华《梦里郧阳图》(图4)与冷遇春、冷小平《郧阳抚治史实类纂》[5]一书中所附的《郧阳府城印象图》(图5),旧照影集有陈家麟《郧阳古风——陈家麟摄影作品集》[6]。这些图像材料对本文的复原亦有较大帮助。

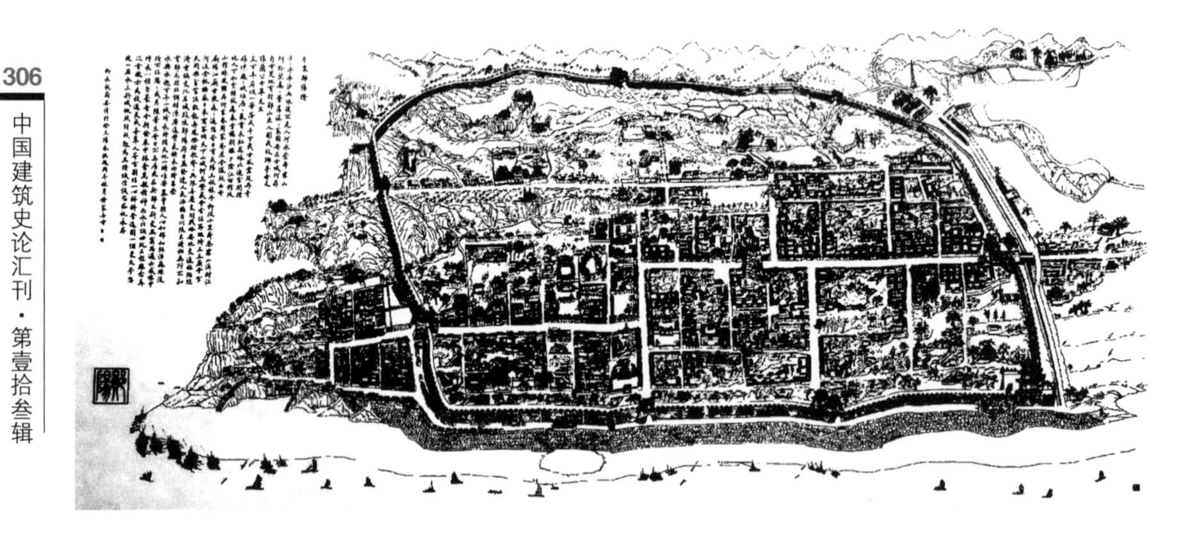

图4 《梦里郧阳图》
(作者摄于郧县博物馆)

[1] 冷遇春. 郧阳府治城建史廓觅踪[J]. 武当学刊,1993(3):16-23.

[2] 李璟,汤路,明清时期郧阳古城格局初探[J]. 中华建设,2011(6):72-73. 该文仅停留在文字描述的层面,且有讹误,如将天主教堂与福音堂混淆。

[3] 邓启江. 丹江口水库湖北淹没区水下文化遗存初探[M]//中国国家博物馆水下考古研究中心. 水下考古学研究·第一卷. 北京:科学出版社,2012:145-162. 文中有小部分关于郧阳城的内容,较为简略,且误将郧阳城被淹的时间记成了1959年。

[4] 梅莉,晏昌贵. 历史时期丹江口库区城市发展简论[J]. 湖北大学学报(哲学社会科学版),2001(6):78-83. 讨论涉及明清郧阳城的发展与军事、水路贸易等方面的关系。

[5] 征求意见稿,未正式出版。

[6] 陈家麟. 郧阳古风——陈家麟摄影作品集[M]. 武汉:湖北美术出版社,2003.

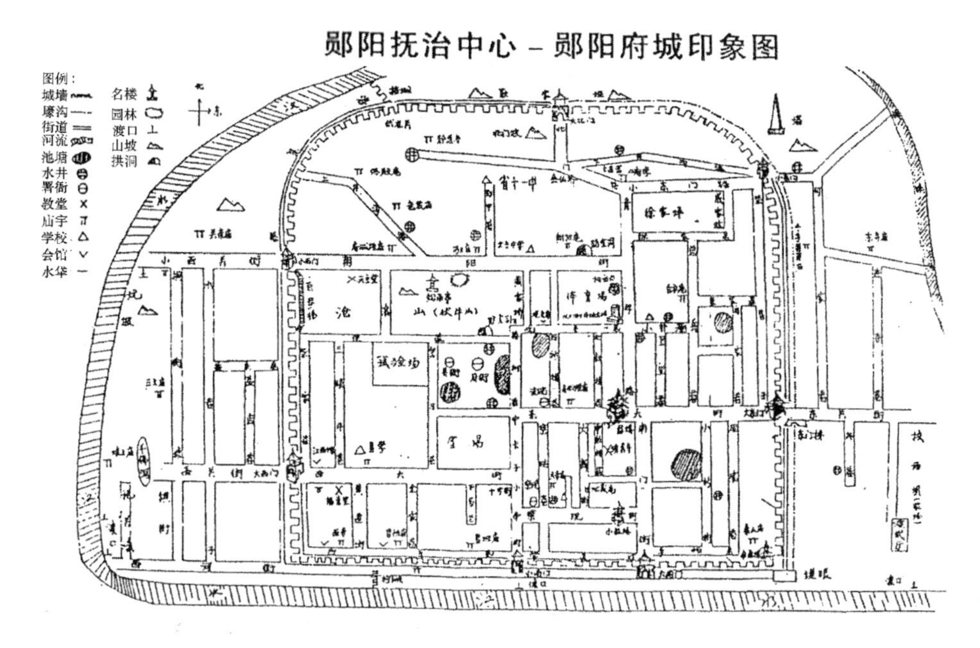

图 5　郧阳府城印象图

（冷遇春，冷小平. 郧阳抚治史实类纂[M]. 郧县电脑印刷厂,2003）

四、没于水库前夕郧阳城的情况

在针对古代城市的复原与研究中，地图是不可或缺的材料，也是最终成果的载体。笔者现能找到的郧阳城地图中，大多为方志所附示意图（图 6 ~ 图 9）、今人回忆图（图 4、图 5）等非实测地图，能反映被淹之前郧阳城面貌的实测图有 1968 年 11 月拍摄的卫星影像（即图 2，以下简称“卫片”），该图反映的信息较为丰富，是本文的复原研究依靠的主要材料之一。

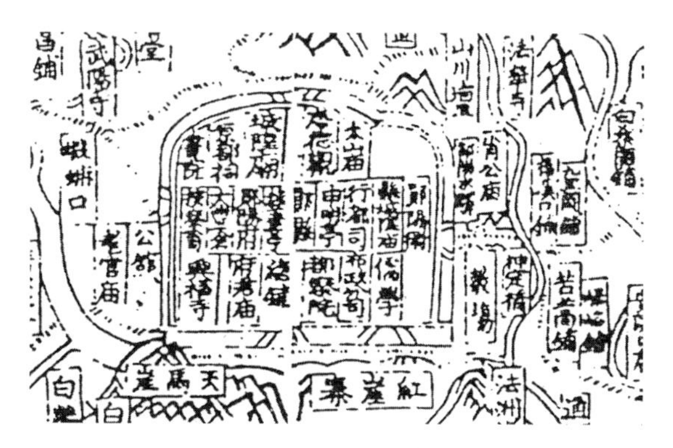

图 6　嘉靖《湖广图经志书》卷九“郧阳府”“郧县之图”

（[明]薛纲，等. 湖广图经志书（嘉靖）[M]. 卷九. 郧阳府//张培玉. 郧阳志汇编（上）. 十堰：内部印刷品，2007）

图7　万历《郧阳府志》府城图

([明]徐学谟.郧阳府志(万历)[M].卷一//张培玉,郧阳志汇编(上).十堰:内部印刷品,2007)

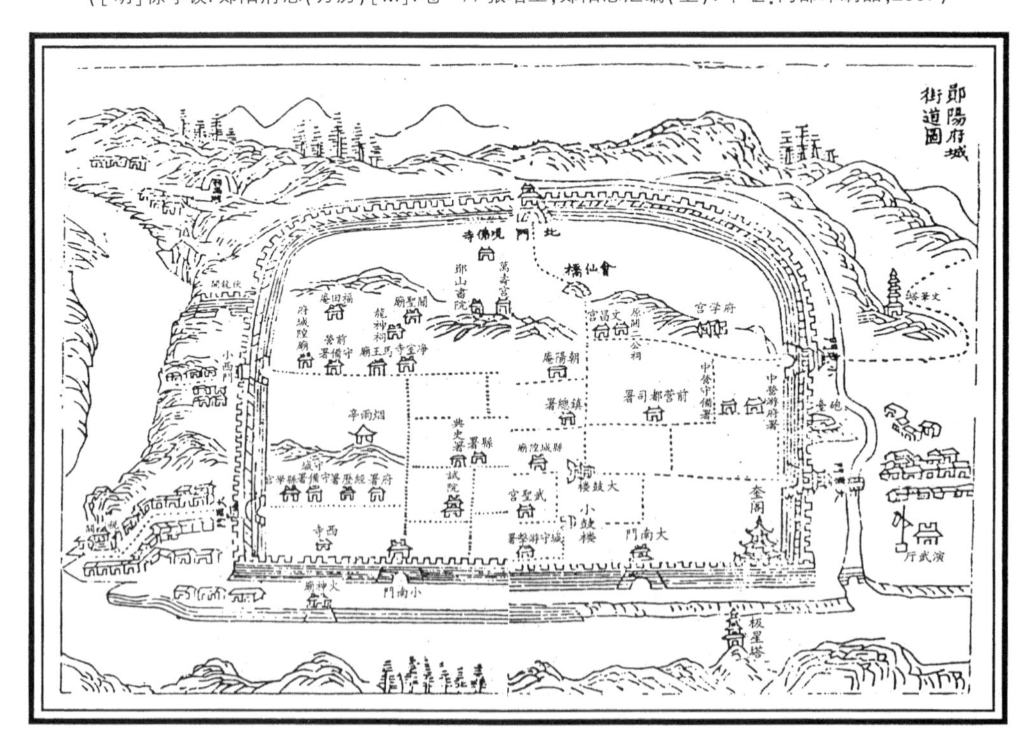

图8　同治《郧阳志》郧阳府城街道图

([清]吴葆仪.郧阳志(同治)[M].卷首//张培玉.郧阳志汇编(下).十堰:内部印刷品,2007)

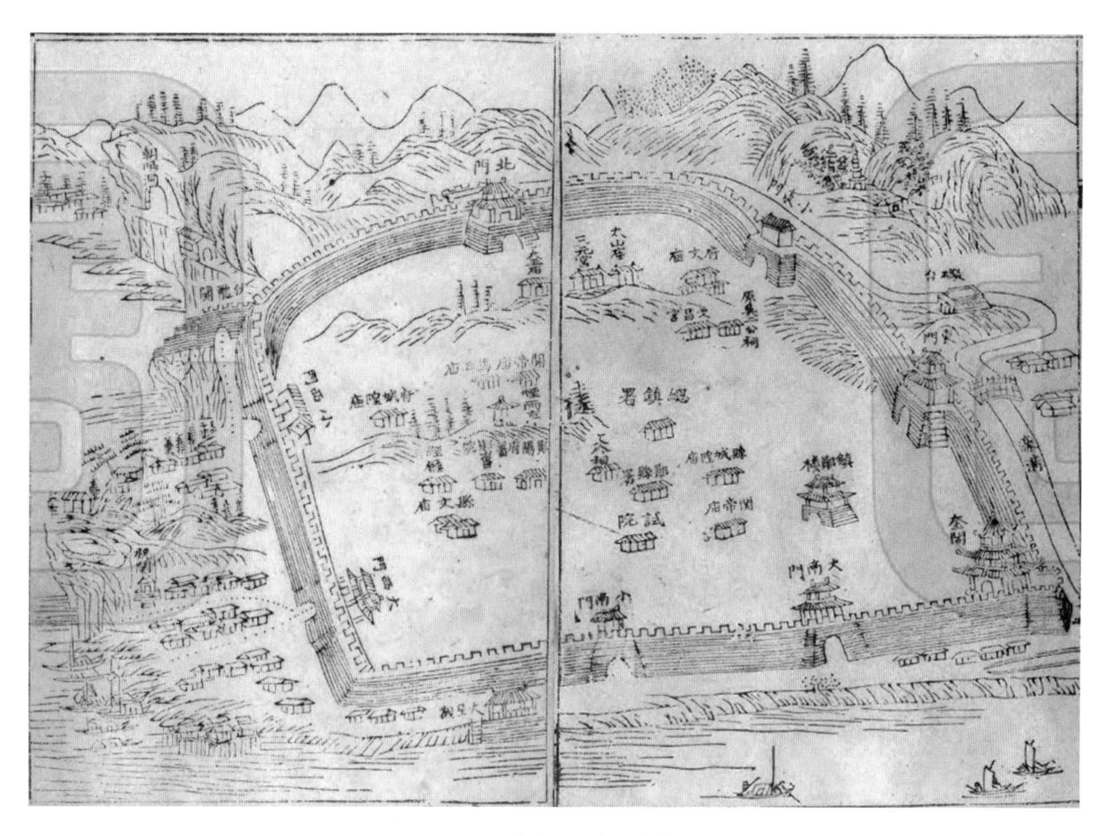

图 9　同治《郧县志》城池图

（[清]周瑞，等. 郧县志（同治）. 清同治五年刻本，1866：卷首）

必须指出的是，卫片本身也有一定特殊性。据亲历者回忆，郧阳城的淹没并非一蹴而就。1967 年秋，丹江口水库第一次蓄水，水很快没入郧阳城内，城内居民在毫无准备的情况下仓促逃往北部新城。时新城尚未竣工，因此郧阳城内主要建筑皆遭抢拆，以获取建设新城的建材。两个月后，水位下降，郧阳城被淹没的部分重又露出水面。[1]而这张卫片的拍摄时间恰在郧阳城重新露出水面之后，城的面貌已遭一定程度破坏。卫片上显示城南部建筑密集部分有多处范围较大的空地，这些应当就是城内主要建筑被拆除后留下的废墟。

通过对比图 3 与卫片，可推知郧阳城遭淹没的具体范围。今天的郧县县城绝大部分为水库蓄水之后修建的新城，位于郧阳城以北。在郧阳城未被淹没的部分，能作为地标以指示郧阳城位置的建筑大体有三处：郧阳府学大成殿、大丰仓和天主教堂，连接小西门的朝阳街亦基本保持了郧阳城被淹没前的走向，如图 10 所示，而这些建筑与街道在卫片中的位置见图 11。通过对比图 10 与图 11，不难发现没入水中的恰恰是郧阳城内建筑最为集中、最为繁华的区域，因此，在研究郧阳城时，现场踏查作用有限，对它的复原与研究主要建立在对文献与图像的分析与解读之上。

[1] 关于郧阳城第一次蓄水的情况见兰士华的回忆，载：梅洁. 大江北去[M]. 北京：北京十月文艺出版社，2007.

图10　地标位置示意图(被淹之后)
(作者以 Google Earth 2003 年 11 月拍摄的卫星影像为底图自绘)

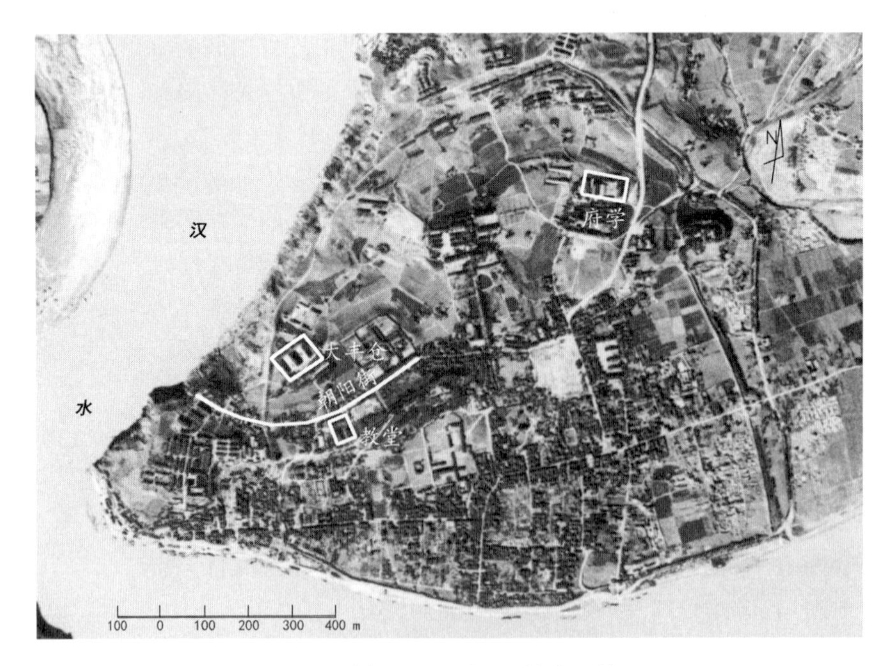

图11　地标位置示意图(被淹之前)
(作者以图2 为底图自绘)

以卫片为基础，结合文献，所复原的被淹前夕的郧阳城如图 12 所示，以下分条目详释之。

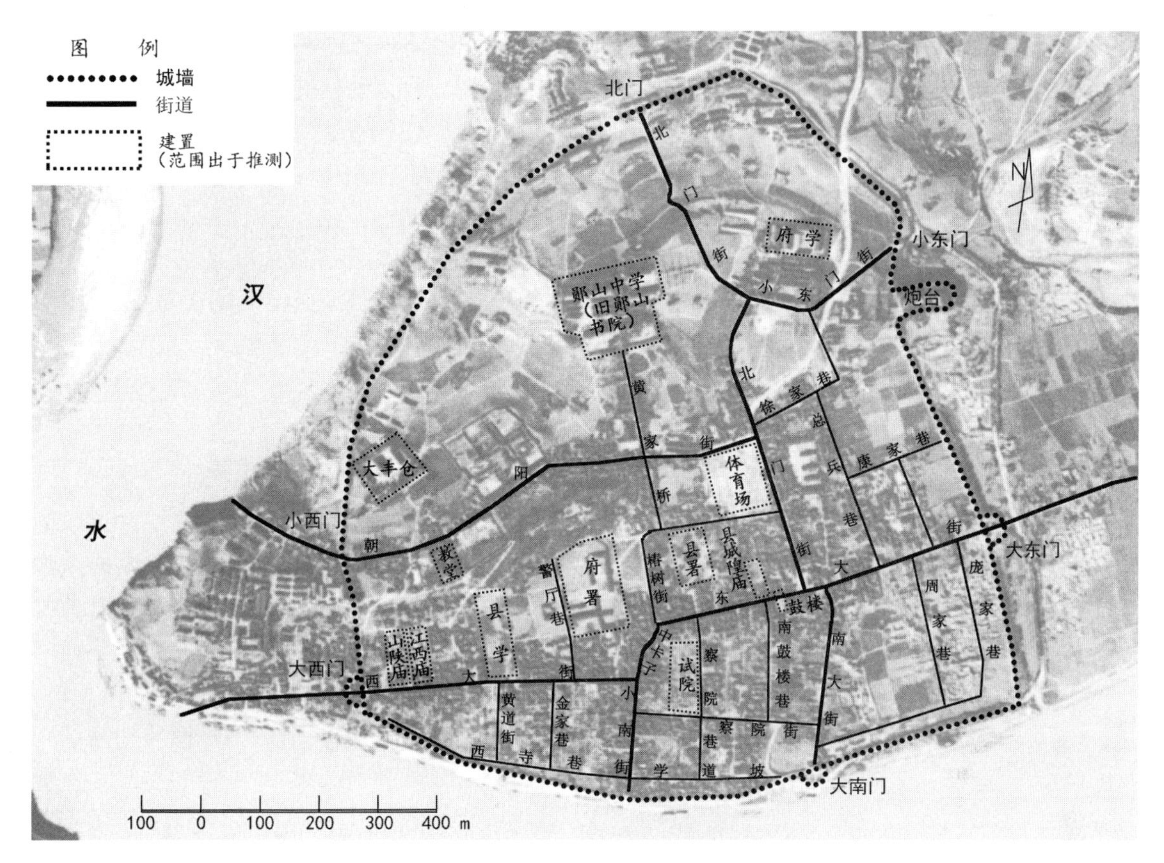

图 12　水淹前夕郧阳城复原图

（作者以图 2 为底图自绘）

1. 城池

通过卫片可知，被淹之前的郧阳城南城墙与大部分东城墙保存情况应较好，在卫片上清晰可辨；其他部分的城墙在卫片上不甚明显，然尚存遗迹，图 12 中的位置主要基于这些遗迹及相关信息推定。

同治《郧阳府志》卷二“城池”记载：

> ……（郧阳城城门）东曰宣和，南曰迎熏，西曰平理，北曰拱辰[1]，其西、南附小门二……（嘉靖三十六年展筑并定型后）计六里有奇，东增一门曰时雨，盖府学面门也……

基于复原图，测得郧阳城城墙长度约为 3830 米，长于文献记载的“六里有奇”。城墙共开七门，并有瓮城三[2]。从卫片上看，南面两门及东面宣和门（即大东门）明显可辨，且迎熏门（即大南门）与大东门之瓮城影像清晰；

[1]［明］薛纲．湖广图经志书（嘉靖）［M］．卷九．郧阳府．城池．记载南门旧名“敷惠”、北门旧名“水门”，应即成化十二年展筑之前的土城南北两门各自的名称。

[2]［明］徐学谟．郧阳府志（万历）［M］．卷一．府城图．显示三瓮城分别在大西门、大南门与大东门，详见图 7。

余下四门中,平理门(即大西门)因位于西大街上,位置亦不难确定,且其瓮城尚隐约可识;而小西门的位置,卫片上未有体现,然经现场踏查,走访当地老人,亦得确定;北面仅拱辰一门,为北门街之起点,其位置能通过街道推断;东面之时雨门(即小东门),方志中记载为“府学面门”,其位置根据府学推测。

卫片东城墙中部外凸的部分,同治《郧县志》卷首“城池图”标明其为炮台(见图9),应即同治元年修筑的石佛嘴炮台。

至于城墙外的池,文献记载郧阳城“惟东门外浚池”,明清时期所遗留的城池民国时曾经驻军的改造[1],但其形态究竟如何现已无从知晓,故本文暂且不对之进行复原。

[1] 冷遇春.郧阳府治城建史廓觅踪[J].郧阳师范高等专科学校学报,1993(03):17.

2. 街道

明清方志中没有关于街道的系统记录,复原依据的材料主要为近人的回忆性文字与回忆图。[2]根据记载,由东向西次第相连贯穿郧阳城的东大街、中卡子与西大街为城内最繁华之干道,而南门街、小南街、朝阳街与“了”字形北门街(1941年起称青年路),则分别连接大南门、小南门、小西门与北门,亦为城内主要街道。这些街道在卫片上较为明显,且与城门相连,位置容易确定。而其他部分街道则主要依据文字记录、回忆图与实测图互相对照的方法复原。

[2] 主要依据的文字见冷遇春.郧阳府治城建史廓觅踪[J].郧阳师范高等专科学校学报,1993(03):17-18.同时参考图4、图5与《郧阳古风》一书中有关街道的老照片及注解。

3. 主要建筑

如前文已述,卫片显示的郧阳城面貌已受破坏,主要建筑皆遭拆除。因此,除府学宫、大丰仓、天主教堂三处建筑保留至今外,其他城内主要建筑的位置主要通过比对各类资料进行推测[3],而对这些建筑迁移、演变情况的考证,则是下章的主要内容之一。

[3] 主要依靠的文字材料为冷遇春《郧阳府治城建史廓觅踪》中的相关记载,图像材料主要为方志所附示意图(图6~图9)、《郧阳抚治史实类纂》所附示意图(图5)以及《郧阳古风》中的老照片与注解。

图12上各主要建筑的情况如下:

旧府署:郧阳府署自设府以来始终在城内西部,西大街以北,靠近椿树街的位置,1949年后曾作为郧阳师范校舍。府署北靠沧浪山,西为旧县学,东为旧县署。

旧县署:郧阳县署的位置明清以来变动较为频繁,最后迁移至东大街北侧、府署以东、县城隍庙以西的位置。民国时为法院,1949年后成为医院。

大丰仓:位于小西门内,万历四十一年(1613年)迁至现址。现存仓舍三间,为光绪时原址重建者。2008年被确定为省级重点文物保护单位(见图13)。

图 13　大丰仓现状

(作者自摄)

旧试院:明代时为都察院所在,抚治撤销后成为试院。1949 年新中国成立后其建筑大部分犹存,位于中卡子以东、东大街以南,紧邻察院巷与察院街。

旧县学:郧阳县学在明代重建后位置即未发生变动,1941 年开始一直作为小学校舍,位于西大街中段以北,天主教堂东南。县学正殿为五开间歇山顶建筑(如图 14)。

图 14　郧县县学、天主教堂旧照

(陈家麟. 郧阳古风——陈家麟摄影作品集[M]. 武汉:湖北美术出版社,2003)

旧府学:位于"了"字形的北门街拐角处,小东门内,民国起被改为中学。府学大成殿(图 15)建于明嘉靖三十五年(1556 年),保存至 2012 年,后为配合丹江口水库水位上升而整体搬迁。

图 15　郧阳府学大成殿旧照

（陈家麟. 郧阳古风——陈家麟摄影作品集[M]. 武汉:湖北美术出版社,2003）

旧郧山书院:初为三元宫大王庙,同治年间改作郧山书院,辛亥革命后,改为“郧山中学”;后一直为中学校址,其地今为郧阳一中校舍。

鼓楼:“镇郧楼”,为郧阳城标志性建筑,位于东大街中段,跨街而立,如图 16。

图 16　鼓楼旧照

（陈家麟. 郧阳古风——陈家麟摄影作品集[M]. 武汉:湖北美术出版社,2003）

旧县城隍庙：位于东大街北，东面紧邻鼓楼（图16），抗战末期被改建为中山纪念堂，1949年后改作豫剧院。

江西会馆与山陕会馆：又称江西庙、山陕庙。两者比邻，为旧时城内会馆中规模较大者。位于大西门内，西大街北，县学以西。1949年后江西会馆被改为县文化馆。

天主教堂：天主教堂位于县城内沧浪山上，建成于1909年，哥特式建筑。1985年被确定为县级重点文物保护单位（见图14左上角）。

体育场：位于北门街南段路西，1940年建。

以上，对卫片与水淹前夕郧阳城的复原图做了注释，为之后对明清郧阳城的逐步复原提供了原点。

五、明清郧阳城的演变

为更全面地对明清郧阳城的演变情况进行复原，本章仍先分门别类，对郧阳城各组成部分的演变情况进行梳理，再将所获信息进行汇总，以地图的形式表现郧阳城发展史中几个较有代表性的时间点。

1. 城池

万历《郧阳府志》卷五“城池”中有关明代郧阳府城墙的记录如下：

郧阳府旧为郧县，无城。天顺八年，民饥，盗起，知县戴惔（讹，应为“琰”）为土墙备御。

成化十二年，因流贼刘千斤等作乱，都御史原杰奏请开设府卫于郧，遂以旧基恢拓之，甃以砖石，周八百余丈，高一丈五尺，为大门四，东曰宣和，南曰迎薰，西曰平理，北曰拱辰[1]，其西、南附小门二焉。

嘉靖三十六年抚治章焕又以东北一带开筑二百余丈，计六里有奇，正东增一门曰时雨，盖郧学朝门也。

四十五年秋大水，东南城圮，都御史刘秉仁修筑之，高二丈一尺，厚一丈八尺，城上为窝铺二十，为门楼七，为瓮城楼三，为角楼一，而规制始备矣。

万历间都御史王世贞复改拱辰曰春雪楼，且为诗之，都御史徐学谟记之。

以上所引文字，记录了明代郧阳城城墙逐步扩建的过程。而从方志的记载看，清代郧阳城城墙的营建基本是在原有基础上所进行的补筑与修葺，并未改变明代郧阳城墙的格局。[2]可以说，郧阳城城墙自嘉靖四十五年（1566年）“规制始备”后，便进入了稳定并逐步废弃的阶段，而卫片所显示的即是其大部被淹没而遭彻底废弃之前的情形。

[1] [明]薛纲.湖广图经志书（嘉靖）[M].卷九.郧阳府.城池.记载南门旧名“敷惠”、北门旧名“水门”，应即成化十二年（1476年）展筑之前的土城南北两门各自的名称。

[2] 详见[清]吴葆仪.郧阳志（同治）[M].卷二.城池.其中的相关记录与附表中的相关条目。

有关清代修葺城墙的记载，多半与洪水直接或间接相关。同治《郧阳志》卷二“城池”中记录的有关清代城墙营建的记载共14条，其中4条内容为修补地势低洼的城南部或东南部城墙及相关设施，其他部分的城墙则鲜被提及；14条中另有4条直接提到了洪水对城墙的破坏。民国24年(1935年)，汉江大水，冲毁东城墙数十丈，当地官员亦进行了重修❶。这点在卫片上亦有体现，对比图3与卫片，不难发现卫片上图像清晰的城墙基本皆在东部与南部地势低洼的被淹没区，保存情况肯定好于西、北部城墙。这种状况不太可能是短时间内造成的，应是出于防洪的实际作用，地势较低处的城墙才被屡次修补。小西门与大西门之间城墙的情况较为特殊，可能因为妨碍到了西门外港口与城内的贸易与运输而渐遭废弃，故这段城墙在卫片上仅余遗痕。

同治《郧阳志》卷二“城池”中提到北门拱辰门“自明末封筑，至康熙二十四年四月始开”，鲁西奇认为北门封闭“当出自形家之言，可不具论”❷，此说未尝不可，然笔者认为这或许与郧阳城明清交替之际经历的战乱有关❸，封闭北门或是出于防御的考虑。同时，战乱对郧阳城造成的打击很可能使人烟本就稀少的城北部更为凋敝❹，在此情况下北门似乎缺乏开启的必要。

天顺八年(1464年)筑土墙后，郧阳城城墙经历了成化十二年(1476年)与嘉靖三十六年(1557年)两次展筑，奠定了图12中的规模与形制。与嘉靖三十六年的展筑直接相关的，是三十五年迁府学于府城东门外的事件❺。为将府学纳入城墙范围，对东北部的城墙进行了展筑，并新设了小东门作为“府学面门”。此次展筑所影响之范围应仅限于城东北部，未影响到北门与东门，而府学须位于扩建之前的城墙外。基于以上几点，并结合“开筑二百余丈”的记载，所复原的嘉靖三十六年展筑以前的郧阳城城墙形态如图17所示。图17中城墙的形态是成化十二年原杰展筑后奠定的，此次展筑无疑与当年郧阳府的设立密切相关。郧阳行政级别的提升，带动了城市的大规模建设❻，城墙的展筑即是内容之一。

至于原杰展拓之前郧阳城墙的形态，鲁西奇认为：

> 据嘉靖《湖广图经志书》卷九郧阳府“城池”所记，知县戴琰所筑城垣南门称“敷惠”(后原杰改称“迎薰”)，北门称“水门”(后原杰改称“拱辰”)；后来原杰所展拓之城，南门、北门均沿用戴琰所筑土城之南、北门，则原杰所展拓部分主要是向东、西两个方向拓展，盖其北贴近山麓，而南临汉水之故也。❼

展筑之前的土城有南北两门，这点当问题不大。❽然笔者以为，土城南北两门的位置与原杰展拓城墙的方向等问题尚有可商榷之处。

---

❶ 冷遇春.郧阳府治城建史廓觅踪[J].郧阳师范高等专科学校学报，1993(03)：17.

❷ 鲁西奇.山城及其河街：明清时期郧阳府、县城的形态与空间结构[M]//冯天瑜.汉水文化研究——汉水文化暨武当文化国际学术讨论会论文集.北京：中国国际广播音像出版社，2006：262注15.

❸ 明清交替之际郧阳先后遭到过张献忠部、李自成部与清军的围攻。

❹[明]徐学谟.郧阳府志(万历)[M].卷十一.食货.记载郧县“万历元年户二千八百一十三，口三万三千一百二十七”；而[清]刘作霖.湖广郧阳府志(康熙)[M].卷十二.赋役.记载郧县“原额户口人丁九千一百一十六丁，今实在人丁一千三百六十八丁”，前后差距，可见一斑。

❺ 有关这一事件，见下文“府学”条。

❻ 详见附表中成化十二年、十三年的相关条目。

❼ 鲁西奇.山城及其河街：明清时期郧阳府、县城的形态与空间结构[M]//冯天瑜.汉水文化研究——汉水文化暨武当文化国际学术讨论会论文集.北京：中国国际广播音像出版社，2006：236.

❽ 疑南北两门的旧名有所颠倒，成化扩建后的郧阳城内似无水，称北门为“水门”颇不能解，而南门面水，为“水门”似更为合理。

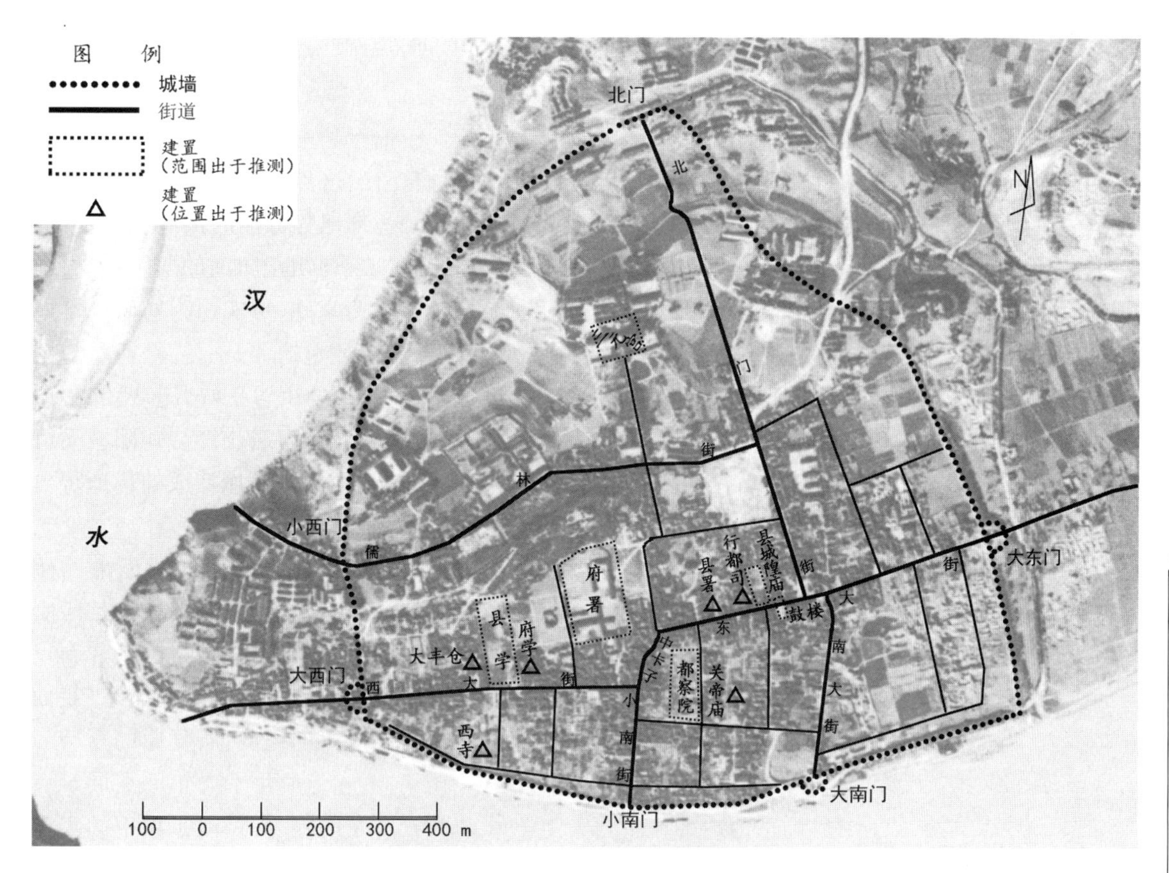

图17　明嘉靖三十二年(1553年)郧阳城复原图

(作者以图2为底图自绘)

首先,关于东、南城墙的展拓与土城南门的位置。郧阳府学前身为郧县县学,建于洪武年间,嘉靖三年(1524年)迁建前一直位于"府治东南"[1],鲁铎《郧阳府迁学记》[2]有更具体的记载:

(府学)旧在城南门之东隅,前蔽后隘,顾望无所见,市声流尘,混昧耳目。

由此可见嘉靖三年以前郧县县学当位于南门街以东、东门街南的区域,考虑到县学应不至于在城外,那么这一区域至少应有一部分在土城的范围之内。原杰展筑后郧阳城东南部城墙与主干道的格局就已定型,因此相关的位置、长度等信息通过卫片即可知晓。从卫片看,南门街以东、东门街以南的区域东西最长处约355米,南北宽约280米,面积有限,不太可能是扩张之后的结果,方志中"以旧基恢拓之"中所谓的旧基应即原土城的东墙、南墙。

南门在南城墙上的相对位置亦不太可能发生过变动。假设展筑前南门位置与展筑后不同,原南门随着城墙的展筑遭废弃并被封堵,那照常理,连通旧南门的干道应会在地图上留下痕迹[3],而在郧阳城南墙一线,并无此类

[1] 详见下文"府学"条。

[2] 文载:[明]徐学谟. 郧阳府志(万历)[M]. 卷三十. 艺文.

[3] 旧猗氏县城的情况即是一例,详见:宿白. 张彦远和《历代名画记》[M]. 北京:文物出版社,2008:13。

街道存在。因此，成化展筑城墙以前土城的南门应即位于后来大南门的位置，并延续至1949年后。

而成化十二年以前土城的北门则不太可能位于后来北门的位置。方志的记录中仅提到了戴琰所筑城垣南门与北门的名称，这说明原先的土城很可能仅有两门。对比图17中显示的成化十二年展筑以后的情况，假设展筑前后郧阳城南北门的位置并未发生变动，那整个城的平面形态会呈现出南北长而东西短的面貌。这种情况下，仅在南、北各开一门显然是不合常理的，因此原来的南门与北门必有一个位置发生过变动。上文已论证南门位置未变，那显然发生变动的是北门。然北门原来的位置，现已无从知晓，鉴于卫片上显示的郧阳城建筑尚且集中在城南部低地，而设府之前，郧县人口当更少，城市应尚未发展到城北部，因此北城墙一线很可能并未到达地势较高的区域，或许在后来的朝阳街、徐家巷一线。

原杰展筑城墙，一方面向北，另一方面应为向西[1]，原先土城西墙的位置现已无从知晓，笔者推测其可能位于后来椿树街、中卡子、小南街一线附近，成化年间设立的府署当位于土城西墙以外。

[1]鲁西奇在《山城及其河街》注10中指出宋末尝置郧乡县城于明清郧阳城之西南，宝盖山附近。后县治东迁，成为明清郧阳城的基础。若本文对宝盖山的位置推测不误，则原杰展筑以前，郧阳城以西应有较大的空间，这点也可以从侧面说明原杰向西展筑的合理性。

综合以上推断，复原的明成化十二年以前的郧阳城墙形态如图18所示。

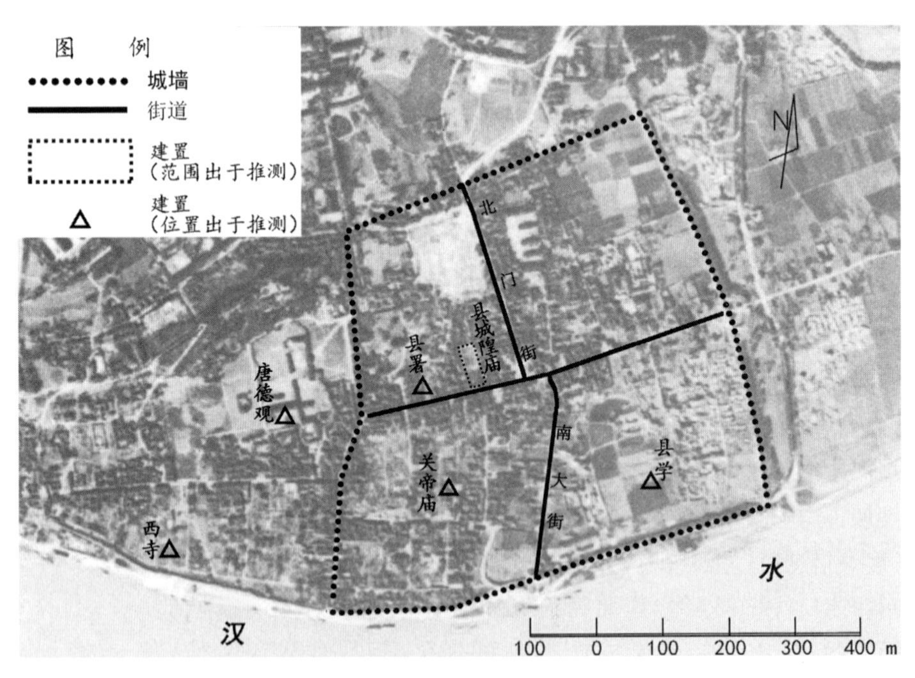

图18 明成化十一年郧阳城复原图

（作者以图2为底图自绘）

至于天顺八年筑土墙的原因，方志明确指出系"民饥，盗起"。此处所谓的"盗"，当指天顺八年刘通（又名刘千斤）等于房县大木厂发动的流民叛乱，即所谓第一次“荆襄流民起义”，当时叛乱声势浩大，地方难以遏制，朝野震动。郧县为应对这一事件而增强城防，可谓流民作乱带来的连锁反应之一，有很强的军事防御色彩与临时性。

关于城墙外的池，同治《郧阳志》卷二“城池”条记载：

> 池则自城西北折而东，皆枕山不可达，惟东门外浚池，阔二丈二尺深九尺长五十余丈，西、南一带则以汉水为池焉……同治元年襄阳道金国琛以旧池填淤，饬知府艾浚美、知县奎联率令城乡绅民分段开浚，自大南门至伏龙关长七百三十丈，广三丈，并筑石佛嘴炮台一座，城上炮台六十座。

以上文字基本可以涵盖其他方志中有关郧阳城“池”的记载。

以上文字中，第一段记录的是郧阳城外池的常态，即西、南两面枕汉江为池，仅在“东门外浚池”，长“五十余丈”，如图7所示。

而同治元年（1862年）在城东、北两面开浚池七百三十丈，实际是为在短时间内加强城防而采用的权宜之计，并非池的常态。同治元年十月，太平天国扶王陈得才率部由城东琵琶滩进攻郧阳城，战况激烈，官府甚至拆大丰仓以御敌[1]，最终太平军铩羽而归，郧阳得保。同治《郧县志》卷四“城池”在记录同治元年事件时，特别强调：

> ……以旧濠填淤，且东、北皆枕山而城垣卑矮，宜开濠以卫之……

显然，当年对池进行疏浚并增建炮台是出于御贼的需要。

遗憾的是城外池的位置与形态根据现存资料已难以复原，本文不妄加推测。

2. 街道

郧阳城内主要街道[2]的布局，自明晚期至被淹之前基本未发生改变。这一论断最主要的依据即在于卫片所显示的城内主要街道的格局与出版于万历六年（1578年）的《郧阳府志》卷一中的“府城图”（图7）中反映的街道格局基本一致，可以互相印证。遗憾的是，因为材料的缺乏，清代、民国时郧阳城内街道演变的情况今已无从知晓，只能进行一些侧面的论证。自卫片拍摄的时间向上追溯，同治《郧阳志》所附“郧阳府城街道图”（图8）记录的街道情况虽不甚精确，但仍不难看出图中描绘的街道布局与卫片基本一致。另一方面，自明万历初至清同治时期，郧阳城虽屡有营建，但如上文所述，城墙与城门的位置均未发生变化，城内主要的官署、学校、祠庙等建筑也多未发生迁移。[3]在这种情况下，城内主要街道的布局也应相对稳定，不可能发生大的改变。例如，跨东大街而立的鼓楼与大东门的位置明晚期以来就未发生过变动，由此可推断东大街的走向在这一时期内也是稳定的。[4]

城内各主要街道中，最可能发生过一定变动的是北门街。卫片上显示的“了”字形走向较为怪异，这可能是明代迁府学于城东北之后，街道顺势

[1] 见：[清]吴葆仪. 郧阳志(同治)[M]. 卷二. 公署. 大丰仓.

[2] 如本文第四章中“街道”部分所述，郧阳城内主要街道指连通各城门的道路，即东大街、中卡子、西大街、南门街、小南街、朝阳街与北门街。

[3] 见本章相关内容与附表。

[4] 相关论证见本章“镇郧楼”条。

发生变化的结果。当然这一走向的形成也可能出于地势,街道呈"了"字形或许是便于行人上下坡。无论如何,北门街即使发生过变动,也不会涉及朝阳街路口以南的部分。

另外,城内一些街道的名称也发生过改变。例如,连接小西关的朝阳街在清代应被称作"儒林街"。清代方志中均提及小西关附近儒林街有关帝庙一所[1],根据图8、图9,可知该关帝庙应在后来的朝阳街沿线,同治《郧阳志》卷二"市集"中亦提及郧阳城内有儒林街。城内除儒林街外另有儒林保,可见儒林街应为城内主要街道之一,同时卫片、图7、图8等均显示城西北部仅有一条主要街道,明清方志中又全无朝阳街的记载,因此,笔者推测儒林街极有可能是朝阳街的前身,并且是沿袭了明代的叫法。

[1] [清]刘作霖. 湖广郧阳府志(康熙)[M]. 卷八. 祠祀. 郧阳府. 关夫子庙//[清]王正常. 郧阳志(嘉庆). 卷三. 祠祀. 郧阳府. 关帝庙//[清]吴葆仪. 郧阳志(同治)[M]. 卷三. 祠祀. 郧阳府. 关帝庙.

3. 公署

以下讨论公署中都察院(清代改为试院)、府署、县署、湖广行都司、总镇署(协镇署)及大丰仓的演变历程,前五者在公署中地位相对重要且位置能基本确定,而大丰仓今犹存,是复原郧阳城过程中的重要地标之一。

1) 都察院(试院)(图19)

都察院又称"抚治署",万历《郧阳府志》卷十"公署""都察院"条记载:

> 都察院,成化十三年春都御史原杰建……隆庆四年冬,毁于火,都御史汪道昆檄本府同知韩孜重建,规制视旧益饬焉。

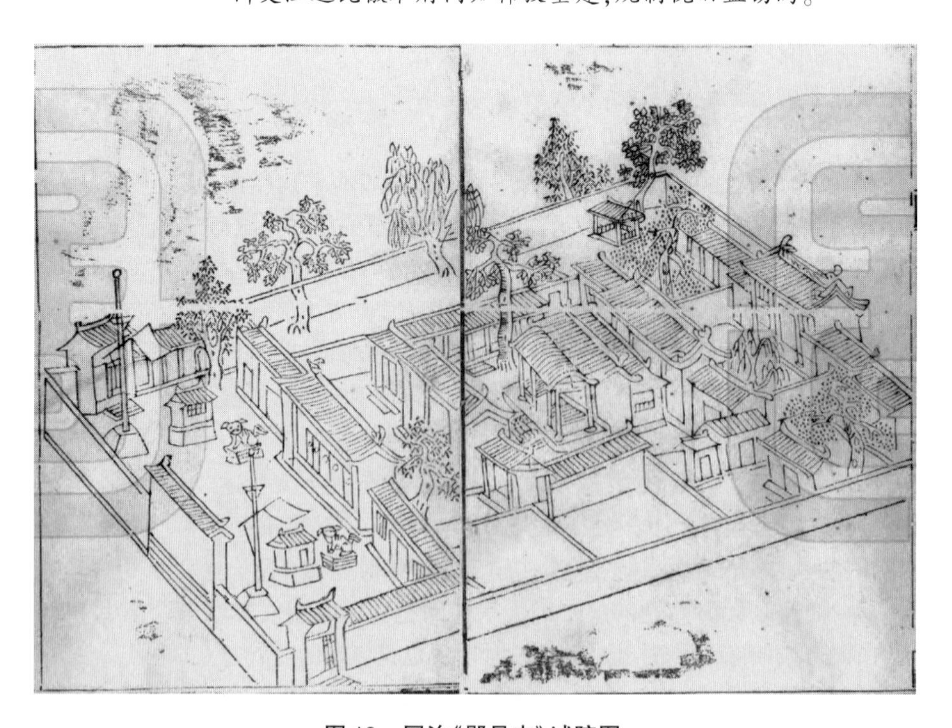

图19 同治《郧县志》试院图

([清]周瑞,等. 郧县志(同治). 清同治五年刻本,1866:卷首)

同治《郧阳志》卷二"公署""试院"条记载：

试院即旧抚治署，康熙四十九年知府郭维祯尝设书院于此，后为学院行署。

无论是都察院还是试院，其位置一脉相承，始终位于城南中部。都察院被改为试院后，其所在地仍保留有察院巷、察院街等地名。

2）府署

关于府署演变的情况，同治《郧阳志》卷二"公署""郧阳府署"条记载：

府署在城内西，成化十三年知府吴远建……国朝乾隆二十三年知府王文裕(修葺)……四十三年知府邢璵(修葺)……六十年知府王正常以门堂不相缀属，建大门于仪门基地，另为仪门，左右两班房与科房相属，照墙移街之北，改古郧坊[1]两楔……道光十二年、咸丰二年叠经水患，知府崇善、侯廷樾先后修葺。同治六年尽圮于水，七年知府金达重建……堂西射圃乃旧署址，故下以次培高有差，大门一尺，仪门二尺，堂三尺，二堂六尺，宅各以丈，东亦如之，备水患也……

遗憾的是，关于郧阳府署的布局，没有留下图像资料，因此对其复原只能根据以上文字记载。基于这些记载，可知明清郧阳府署的发展大体经历了三个阶段：

a. 明代设府起至清乾隆二十三年(1758 年)为第一阶段，标志府署的创建与定型。

b. 清乾隆二十三年至同治六年(1867 年)为府署发展的第二阶段，主要变化在于乾隆年间对府署的三次修葺。特别是乾隆六十年(1795 年)的修葺，将仪门与大门北移，实际是缩小了府署的占地面积。由此可见之前府署大门面街，照壁在街之南。但总体而言，三次增修应当没有对府署的布局产生较大改变。而进入道光以后，洪水对府署的影响似乎开始变得显著。

c. 同治七年(1868 年)重修府署之后为郧阳府署的第三阶段。府署之前的位置在同治七年重建后成了正堂西面的"射圃"，因此重建后的府署主体建筑整体向东发生了迁移，并且为防止再遭水患毁坏，整体提升了台基。

这里便涉及一个问题。清道光之后，郧阳府署屡次受到洪水影响，同治七年重建府署后知府金达有铭[2]，云：

汉江每秋霖水则涨，涨甚必灌城坏公私庐舍，郡署地特洼，其坏益甚，数十年间大水凡三，道光十二年大水沈阳崇公善新之，咸丰二年大水平阳侯公廷樾新之，同治六年秋大水，署廨尽圮。

清代中晚期，汉水流域水害频发[3]，郧阳亦屡受其害。嘉庆之后对郧阳城构成较大影响的洪水共有三次[4]，除同治六年的大洪水造成了城内公共建筑布局的较大变动外，道光十二年(1832 年)、咸丰二年(1852 年)两次洪水对城内公共建筑造成的破坏相对有限，而郧阳府署却无一例外地受到了波及，这证实了金达题铭中"郡署地特洼，其坏益甚"的说法。但这又不免让人疑惑，为何府署会被安排在这样一个地势低洼的尴尬位置？如本章"城池"部分所述，

[1] [清]王正常. 郧阳志(嘉庆)[M]. 卷二. 公署. 郧阳府署. 云："申明、旌善二亭前为古郧名郡坊，万历元年知府杨愈茂重修于仪门外"，同治《郧阳志》记载相同。

[2] 文载[清]吴葆仪. 郧阳志(同治)[M]. 卷二. 公署. 郧阳府署.

[3] 关于清代中晚期汉水流域水利灾害频发的原因，论者多归咎于移民的涌入带来的水土流失、环境恶化，但有学者亦指出这一变化的背后也有当时气候条件与当地地理条件的影响。详见：钞晓鸿. 清代汉水上游的水资源环境与社会变迁[J]. 清史研究，2005(2)：2-7.

[4] 分别发生于道光十二年、咸丰二年和同治六年，见附表中的相关条目。

府署的位置很可能在原杰展筑前的郧阳土城之外，原来土城以内在修建了都察院、湖广行都司等设施后已无足够空间，将府署安置在城西或许是出于靠近码头、交通便利的考虑？抑或当时汉水较为稳定，一段时间内未发生严重的洪涝灾害，于是选址时未仔细考虑地势的问题？究竟如何，待考。

3）县署

关于明清郧县县署，万历《郧阳府志》卷十“公署”郧县“县治”条记载如下：

> 县治创自前代，元季兵燹，洪武二年县丞臧普开设，洪武十年知县马伯庸重修，成化二年知县戴琰改建。

据图7所示，明代县署应位于椿树街以东、东大街以北、湖广行都司以西的位置，与图8所示清代县署位置相仿。

然而同治《郧阳志》卷二“公署”“郧县署”条云：

> 郧县署先在府署西……明末毁于寇，移驻龙门书院，即今所也，厥后相继经营，规制称备……同治六年后堂圮于水，知县余思训新之。

移驻龙门书院后，县署便处于图12上的位置，未再变动。对比明清时期对县署的记载，不难发现移驻龙门书院前，县署所处的“府署西”并非万历府志所记载的位置。方志中对县署位置的记载当不至于有误，因此，可以推断从万历六年（1578年）《郧阳府志》出版到明末清初县署移驻龙门书院的几十年间，郧县县属的位置当发生过变动，从府署东迁至府署西。至于这次迁移发生的时间与原因，尚不能定论。

迁至府署西以前县署的位置，万历《郧阳府志》卷十六“祀典”“郧县城隍庙”条云：

> 城隍庙，在县治东四十步。

明清时期郧阳城中的县城隍庙，在民国后被改为中山纪念堂，位置并未发生过变动[1]，可根据卫片确定。由此可见，西迁以前，县署的位置应在距县城隍庙西30余米处；而卫片中，县城隍庙东距县署约60米，西迁以前县署的位置相比移驻龙门书院后的县署位置更偏东。

同治《郧县志》附有“县署图”，对移驻龙门书院后县署的布局记录较为详细，如图20所示。

4）行都司

明代于郧阳设湖广行都指挥使司，总领郧阳抚治的军事。关于其衙署，万历《郧阳府志》卷十“公署”“行都司”条记载：

> 行都司在抚治东，成化十三年都指挥使柴政建，左邻鼓楼，右接郧县正堂。

本章“县署”条已述，明代西迁前的县署与县城隍庙之间相隔30余米，而如图12所示，县城隍庙已紧贴鼓楼，两者的位置于明清时期以来又未发生过变动[2]，因此，行都司只可能位于县署与县城隍庙之间东西宽30余米的区域，万历《郧阳府志》的示意图亦能支持这一推测（图7）。湖广行都司可能与县署的遭遇类似，在明清两朝交替之际的战乱中受到了破坏。至于行

[1] 见本章“县城隍庙”条。

[2] 分别见本章“县城隍庙”条、“镇郧楼”条。

都司被废弃后其所在地归属的演变，今受材料所限，已无从查实。

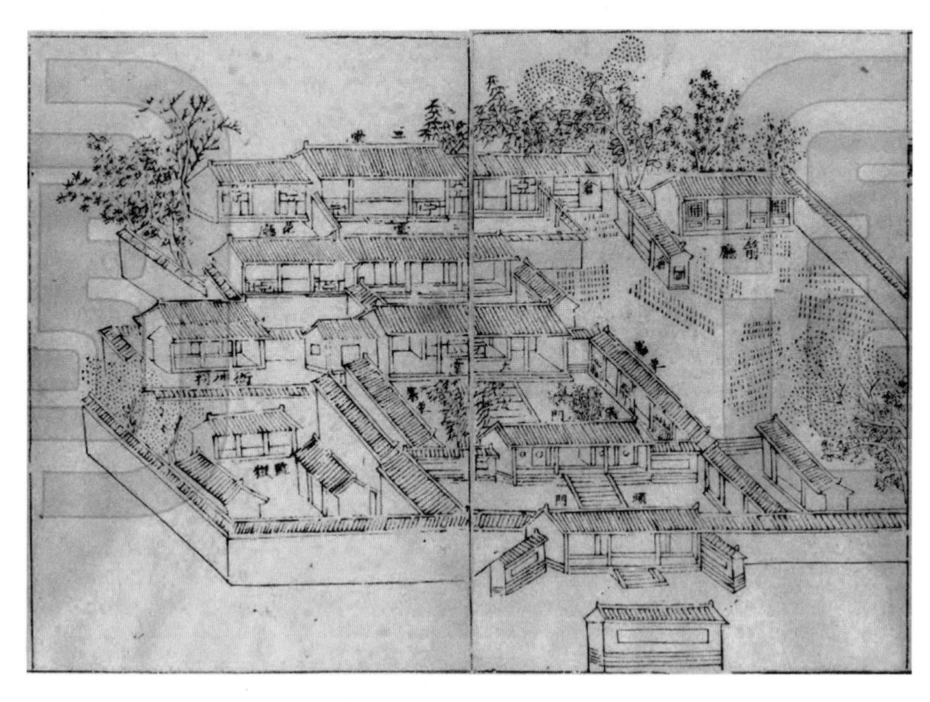

图 20　同治《郧县志》县署图

（[清]周瑞，等．郧县志（同治）．清同治五年刻本，1866：卷首）

5）总镇署（协镇署）

嘉庆《郧阳志》卷二“公署”“协镇署”条记载：

> 协镇署在府治东，乾隆十二年副将傅洪烈重建。

同治《郧阳志》卷二“公署”“总镇署”条则云：

> 总镇署在府治东，即前协镇署……咸丰二年大堂外圮于水，同治四年总兵杨朝林修之，六年大水，七年杨朝林重缮。

协镇署之建立当在康熙十九年（1680 年）裁抚治之后，后改称总镇署，其位置根据图 8[1]、图 9 判断，当在县城隍庙之北，即图 12 中体育场的位置。同治《郧县志》前附有“镇署图”（图 21），描绘的应即当时总镇署的情况。

[1] 图 8 中误作“镇总署”。

6）大丰仓

关于大丰仓，同治《郧阳志》卷二“公署”“大丰仓”条记载：

> 大丰仓先在府署西八十步，明万历四十一年大水入城，仓贮漂没，改建小西门内高岗。国朝同治元年毁以御贼。

同治元年（1862 年）太平天国攻打郧阳的问题在本章“城池”部分已提及，此处不再赘述。光绪九年（1883 年），大丰仓得以重修，部分建筑保存至今。

万历四十一年（1613 年）以前大丰仓的选址靠近府署应是为便于控制，毕竟作为官方的储粮机构，大丰仓具有较为重要的战略意义。迁至小西门内以前大丰仓的位置见图 17 与图 22。

图 21　同治《郧县志》镇署图

（[清]周瑞，等. 郧县志(同治). 清同治五年刻本，1866：卷首）

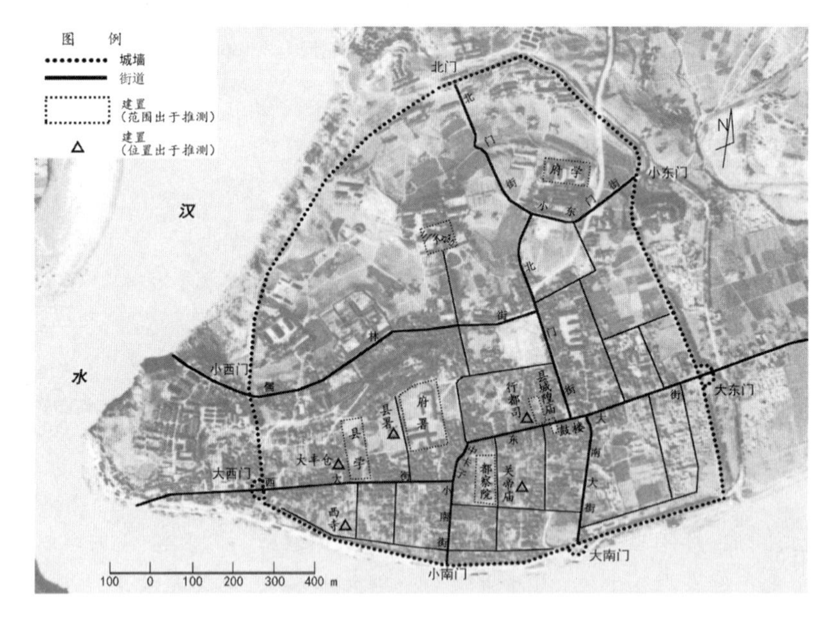

图 22　明万历四十年（1612 年）郧阳城复原图

（作者以图 2 为底图自绘）

除上述五所官署外，明清时期郧阳城内尚有大小官署若干，然由于材料的缺乏，这些官署的演变历程或位置多无从考证，因此，正文中略去不表，相关情况可查阅附表中的相关条目。

4. 学校与书院

1）府学

万历《郧阳府志》卷十三“学校”“府学”条记载：

> 府学旧为郧县学，在府治东南，元季兵燹，洪武间知县马伯庸建，成化二年知县戴琰重修，十二年置府，升县学为府学，弘治十四年，都御史王鉴之以旧庙卑隘弗称，檄知府胡伦鼎新之，仍设乐器、祭器，嘉靖甲申（三年）都御史章拯移建于府治之比，后知府黎尧勋改置于府治之西，越嘉靖丙辰（三十五年），都御史章焕更选吉，于府城东门外仍拓城基地环之，即今所也。

清代府学承袭明代，在原有基础上有过若干次重修，相关记载见同治《郧阳志》卷二“学校”郧阳府“学宫”条，此处不再赘述。

明代郧阳府学屡次迁移。基于现有材料，对其先后位置及搬迁原因只能进行推测，如下：

嘉靖三年（1524年）之前，府学建立在原县学基础上，关于其位置的讨论在本章“城池”条的论证中已涉及，不再重复，根据现有条件尚不能得出精确结论。而府学迁移的原因，前引《郧阳府迁学记》中有所谓“前蔽后隘，顾望无所见，市声流尘，混昧耳目”之说，这或能说明旧县学本身规模有限，原有的空间不能满足升为府学之后的需要，周围环境亦不利于府学存在，遂使其进行了第一次搬迁。

上引万历府志文记载府学第一次搬迁至“府治之比”，应是“府治之北”的讹误，《郧阳府迁学记》中就明确记载：

> （抚治等）乃相度府治西北得隙地治之，谋迁焉。

清代方志在相关条目中亦称府学迁移至府治之北。唯“府治之北”、“府治西北”的概念过于宽泛，只能大体判断其位置在郧阳城内沧浪山以北的区域。

之后，府学又迁至府治西，具体时间清代方志记为嘉靖三十一年（1552年）❶，具体位置仍不能定论，吴桂芳《改建郧阳府儒学记》❷有云：

> 其后郡守黎尧勋，改于郡治之西，合祀，弗称越。

此处的“合祀”或指与县学❸合祀？若如此，迁移至“府治之西”的府学应位于县学之附近。鉴于当时大丰仓在县学以西，两者紧邻❹，因此推测府学位于县学以东。至于迁移的原因，根据现有条件已难知晓。

明清郧阳府学最后一次迁移发生在嘉靖三十五年（1556年），距上次迁移仅四年。当年发生华县大地震，郧阳府亦受波及。❺因此，此次府学的迁移或许是出于地震对原府学的破坏。之后，府学再无迁移，一直位于图12中显示的位置，直至2012年府学大成殿被整体搬迁。耐人寻味的是，嘉靖三十五年府学的迁移显得大费周章，为配合新府学的建设还对城墙进行了外扩。❻简单地将其原因归咎为“更选吉”似乎过于草率。如果说将府学迁

❶ [清]王正常. 郧阳志（嘉庆）[M]. 卷二. 学校. 郧阳府. 学宫//[清]吴葆仪. 郧阳志（同治）[M]. 卷二. 学校. 郧阳府. 学宫.

❷ 文载[明]徐学谟. 郧阳府志（万历）[M]. 卷三十. 艺文.

❸ 嘉靖十七年重建，详见本章“县学”条。

❹ 详见本章“县学”条。

❺ 见[明]徐学谟. 郧阳府志（万历）[M]. 卷二. 郡纪.

❻ 见上文，本章“城池”条。

到城墙外，是为了获得一个清净之地以便学生一心向学，那么参考卫片与图17，可推断当时郧阳城北部面积虽不及迁府学扩建城墙之后，但亦应较为空旷，寻得一地安置府学当绰绰有余。因此，颇疑此次府学的迁移与城墙的扩建还考虑到了地势的因素，根据笔者现场踏查所见，府学恰处于一块高地之上，这点在图3上也有较明确的体现，这样一块高地处于城墙之外似乎不利于郧阳城的城防。因此，此次迁建府学，选址时可能考虑到了城防的需要，以此为契机，扩建城墙，提升了郧阳城的防御水平。

2）县学

关于郧县县学，万历《郧阳府志》卷十三"学校"郧县"儒学"条记载：

儒学旧在县治东南，成化十三年设府，升为府学。嘉靖十七年知府许词奏建于县治之西南。

而关于清代县学的情况，同治《郧阳志》卷二"学校"郧县"学宫"条记载：

国朝顺治间知府李燦然重修，康熙五十五年知县卢上进复修，乾隆七年知县狄兰谷毁其旧而新之，三十六年知府王采珍展复临街旧基，作棂星门、泮池，缭以垣墉……咸丰六年，汉溢，坏垣墉，知府金达（等）缮葺。

明伦堂旧在学宫西偏，明嘉靖二十一年迁东。

图23为同治《郧县志》中的"县学宫图"。图中显示县学由东西两路院落组成，西路为文庙（即学宫），东路为明伦堂。文庙一路前后两进，表现的即是乾隆时期"毁其旧而新之"并"展复临街旧基"后的形态。

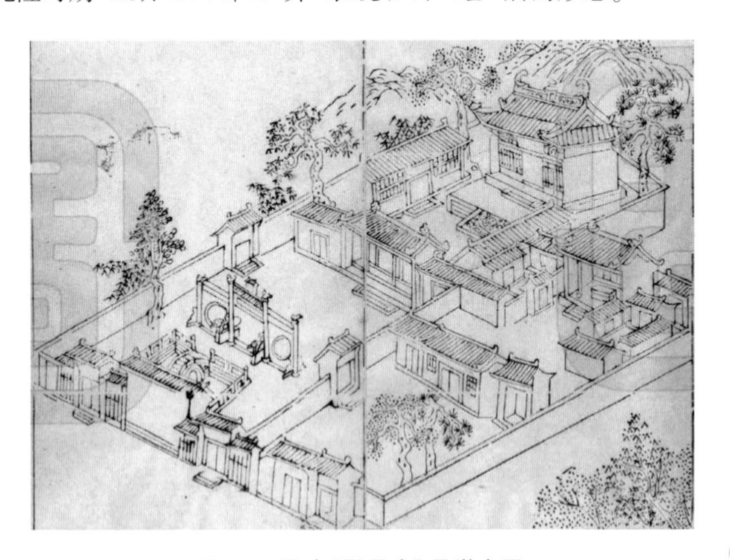

图23　同治《郧县志》县学宫图

（［清］周瑞，等．郧县志（同治）．清同治五年刻本，1866：卷首）

嘉靖二十一年（1542年）以前，文庙以西为明伦堂，为"左学右庙"的格局；而之后，明伦堂迁至文庙以东，两者左右位置互换。孙继鲁在《郧县儒学迁明伦堂记》中明言其原因：

唯郧县学宫草创，明伦堂在西偏，面于仓墙，藏不易改置，堂不可面墙，蔽明塞贤路……更东偏，面山向明，道孔周焉，其西偏则舍学官矣。

此处所谓的“仓”，根据图7显示，即位于“府署西八十步”的大丰仓。

3）郧山书院

明清郧阳城内的书院，多存在时间较短，位置不可考。唯郧山书院自明嘉靖年间设立后，演变脉络清晰，地点较为明确。

同治《郧阳志》卷二“学校”“郧山书院”条记载：

> 郧山书院在府治东北，明嘉靖二十六年抚治于湛建……国朝雍正十年守道鲁之裕重建……嘉靖二年院东西宅多倾圮，知府王正常补葺，改名龙门书院，道光三年移建旧通判署，仍复原名……同治六年知府金达葺治墙屋，寻圮于水，八年移建北山麓旧三元宫大王庙。

根据这一记载，可知自设立至道光三年（1823年），龙门书院均位于府治东北，但具体位置现已不可考。嘉庆元年（1796年），位于府署西的通判署移驻上津[1]，郧山书院遂在道光三年迁至旧通判署所在，其位置根据图9，应在府署与县学之间。同治六年（1867年）郧阳大水，对郧阳造成了较大破坏，致使郧山书院迁移至城北旧三元宫大王庙。[2]辛亥革命后，改为“郧山中学”，其地今为郧阳一中校舍所在。

5. 寺观与祠庙

1）兴福寺

兴福寺为郧阳府中较为重要的一处寺庙，又称西寺，设府后设僧纲司于寺内，万历《郧阳府志》卷二十三“寺观”“兴福寺”条记载：

> （兴福寺地处）郡内西，天顺初知县戴铨循故址重建，成化初知县戴琰重修，十二年因都御史原杰奏，立府卫，改本寺为僧纲司。

同治《郧阳志》卷三“祠祀”“兴福寺”条：

> 万历癸未春，水溢，冲决城垣，寺尽沦没，居士韦大经捐金修建……国朝顺治十二年毁于火，康熙间重修，乾隆十九年增修，同治八年藏经楼毁。

可见明清以来，兴福寺的位置并未发生变动，图7与图8均显示其位于城内西南角，因此，推测其位于图12中西大街以南，黄道街以西的区域。

2）迎恩观

与兴福寺类似，成化十二年（1476年）设府后设道纪司于迎恩观。

万历《郧阳府志》卷二十三“寺观”“迎恩观”条记载：

> 观故道纪司，旧名唐德观，基址即府前总铺[3]，成化中[4]知府吴远达迁本观于府治山后，弘治中[5]都御史沈晖因祝厘于开福寺狭隘，遂徙于本观，增饬之，奏请今名。

迎恩观终毁于同治元年的战乱。[6]其位置现已不能在卫片上确定，根据图7，可知其位于图12中黄家桥以西，朝阳街北一带。从明清方志所附示意

[1] 见[清]吴葆仪. 郧阳志（同治）[M]. 卷二. 公署. 通判署.

[2] [明]徐学谟. 郧阳府志（万历）[M]. 卷一. 府城图. 显示在城北部有三元宫，而嘉靖《湖广图经志书》中并无相关记载，此庙之兴建或在嘉靖年间，不晚于万历六年（1578年）。

[3] [明]薛纲. 湖广图经志书（嘉靖）[M]. 卷九. 郧阳府. 寺观. 迎恩观. 记载：“成化间以其地为府”，该观搬迁以前的位置如图27所示。

[4] 吴远于成化十八年（1482年）离知府任，故迁唐德观时间下限不晚于当年。

[5] [清]吴葆仪. 郧阳志（同治）[M]. 卷三. 祠祀. 迎恩观. 记载为弘治九年。

[6] 见[清]吴葆仪. 郧阳志（同治）[M]. 卷三. 祠祀. 迎恩观.

❶ 见图7与[明]徐学谟.郧阳府志(万历)[M].卷十六,卷二十三.

❷ 见本章上文"郧山书院"条。

❸ 见图8、图9与[清]吴葆仪.郧阳志(同治)[M].卷三.祠祀.

❹ 详见[清]吴葆仪.郧阳志(同治)[M].卷三.祠祀.祠祀.郧县.城隍庙.

❺ 指小西关内关帝庙。

图看,该区域在明清郧阳城中应一直为祠庙集中区,明晚期这一带集中有原吴二公祠、府城隍庙、迎恩观、三元宫等[1];而清晚期,迎恩观已毁,府城隍庙犹存,原吴二公祠情况不明,三元宫改为郧山书院[2],另有马王庙、关帝庙、龙神祠等。[3]遗憾的是这一带虽未被淹没,但面貌改变较大,通过卫片已不能分辨这些寺观、祠庙之所在,在现场踏查中亦未发现相关遗迹。

3)县城隍庙

祠庙中唯一能明确位置者,系县城隍庙。其始建时间无考,但见于《湖广图经志书》中的"郧县之图"(图6),因此其始建时间当不晚于《湖广图经志书》的出版时间,即嘉靖元年(1522年),很可能在设府以前即已存在,明清两朝屡有修葺。[4]从旧照片看(图16),县城隍庙位于东大街以南,西紧邻鼓楼,坐北朝南,面街开门。民国时期县城隍庙被改建成中山纪念堂。

4)关帝庙

清代郧阳城内关帝庙有二,一在试院(即旧都察院)以东,另一在小西关儒林街。其中以在试院以东者年代最久,且位置相对可考。

万历《郧阳府志》卷十六"祀典"郧县"关王庙"条:

> 在府东南,洪武中知县吕仲捐建,后更府,改名英济王庙。

同书卷九"秩官表"记载郧县知县有吕仲彬,洪武三十五年(1402年)到任,因此"吕仲"当为"吕仲彬"之误。

后关帝庙渐遭废弃,嘉庆六年(1801年)知府王正常等重修,同治《郧阳志》卷三"祠祀"郧阳府"关帝庙"条有记曰:

> 以旧庙[5]无隙地可开,惟元至正中所建在今试院之东,规制宏阔,及据碑考寻遗址,有官夺之为仓庾者,民侵之为庐舍园圃者,仅存庙屋三楹,陊剥已甚,于是核其故地,还诸庙。

可见试院东关帝庙的历史或能追溯到元至正时期,明洪武时知县吕仲彬可能对其进行了重修。根据图5与图8大体可判断该关帝庙位于察院街以北,察院巷与南鼓楼巷之间的区域。

5)天主教堂与福音堂

清末,随着西方势力侵入中国,西方宗教亦在郧阳落脚。郧阳城内先后建起了福音堂与天主教堂。福音堂建于1906年,图5显示其位于西大街以南,黄道街以西的区域。而有关天主教堂的情况已在前文提及,此处不再重复。

明清时期郧阳城中寺观祠庙名目繁多,碍于材料限制不能一一详述,故本文仅罗列以上几所较为重要或材料较为丰富者。

6. 其他建筑

1)镇郧楼

镇郧楼即郧阳鼓楼,为郧阳城内地标建筑。嘉庆《郧阳志》卷二"公署"

“镇郧楼”条云：

(镇郧楼位于)府治东，明弘治中府治陈清建，初名谯楼，正德中抚治刘琬重修，易今名，知府王震续成之，国朝嘉庆二年楼圮，知府王正常知县叶治修葺。

镇郧楼对复原郧阳城内东大街的位置与走向的演变有重要意义。楼跨东大街而立(图16)，明清方志附图所示亦如此(图7、图8)。从上引文献看镇郧楼自明弘治间建成后位置便未发生变动，由此，可以确定自图7的绘制时间(即明晚期)以来东大街的位置与走向至少在镇郧楼附近没有改变。在此基础上，结合大东门的位置，可以推定明晚期以后，东大街整体并未发生过大的变化。在此基础上追溯，东大街可能在成化十二年(1476年)扩建郧阳城墙时便已定型。

2)文昌阁

亦名奎楼、奎星楼(图24)，同治《郧阳志》卷三“祠祀”郧阳府“文昌阁”条记载：

文昌阁今名奎星楼，在城东南隅，对极星塔，乾隆二十年知府王文裕纠众建，嗣后屡经修葺，道光二十九年陈子饬更增，楼高一丈有奇……

图24　文昌阁(奎楼)旧照

(陈家麟. 郧阳古风——陈家麟摄影作品集[M]. 武汉：湖北美术出版社，2003.)

可见该楼建于城墙东南角之上，与汉江对岸的极星塔遥相呼应，亦为城内标志性建筑。此建筑现已毁圮。

3）会馆

清代郧阳城内有会馆若干。[1]其中以山陕会馆、江西会馆规模最大，并见于县志，同治《郧阳志》卷三“祠祀”郧县“山陕庙”条云：

> 山陕庙在西关内，乾隆六年山陕商人建，为二省会馆，五十六年重修，其左为江西馆，则江西人建也。

会馆的出现，标志着郧阳城贸易的兴盛。会馆的位置选在西关内，应是为了靠近西关外码头，以获取更多便利。

7. 街区

关于郧阳城的街区，嘉庆《郧阳志》卷二“里社”与同治《郧阳志》卷二“里社”都记载郧阳城有新仁保、三桂保、儒林保、鼓楼保、迎武保、北楼保、东关保与西关保八保，这一划分延续到了民国。冷遇春在《郧阳府治城建史廓觅踪》中就记载：

> 郧县自清至民国，于县治所在之城关，划为东关、西关、迎武（自大南门沿南门街卫里巷总兵巷至小东门）、北路（卫里巷口至北门街口直至北门）、鼓楼（南北鼓楼巷及财神楼巷）、三桂（小南街中卡子以东）、新仁（西大街及小南街以西）、儒林（西北一带）八保。

其中，“北路”保应即“北楼”保，东关、西关两保应即是东西两门之外的街区，而其他六保在城墙之内。虽然冷遇春记录了城内诸保的大致范围，但其叙述略显模糊，在此基础上尚不能准确复原郧阳城城内街区的分布情况，只知迎武保在城东南，北路保在城东北，儒林保在城西北，新仁保在城东南，三桂保在迎武、新仁二保之间，鼓楼保居城中部，而东关、西关二保则分别在东、西门外。

康熙《湖广郧阳府志》卷三“城池”中则记载郧阳城有儒林保、三桂保、新县保、鼓楼保、武举保、施仁保、北门保、迎勳保、东关保与西关保，共十个。对比嘉庆、同治方志中的记载，不难发现“迎武保”应即由原先“迎勳保”与“武举保”合并而来，“新仁保”的前身为“新县保”与“施仁保”，这点鲁西奇在其文章中亦有指出。[2]城内保的合并，应非因为人口的减少[3]，可能是出于简化城内街区划分的目的。另外，清早期郧阳城的人口较明晚期有大幅减少[4]，而街区的划分却比后来人口更多时更细，这说明清早期郧阳城街区的划分应继承了明代晚期的格局。

至于明代郧阳城街区的情况，受材料限制，这里不再讨论。

8. 演变情况汇总

为对以上讨论成果进行梳理与汇总，并落实到图上，笔者选取了六个较有代表性的时间点，绘制了六张明清时期郧阳城演变图，即图16、图17、图22、图25～图27。

[1] 详见：冷遇春. 郧阳府治城建史廓觅踪[J]. 郧阳师范高等专科学校学报，1993(03)：22.

[2] 鲁西奇. 山城及其河街：明清时期郧阳府、县城的形态与空间结构[M]//冯天瑜. 汉水文化研究——汉水文化暨武当文化国际学术讨论会论文集. 北京：中国国际广播音像出版社，2006：239.

[3] 清嘉庆时编撰的《郧阳志》卷四“田赋”中记载“郧县户土著流寓二万九千八百八十九，丁口大小男女一十九万六千一百五十八”，较注25记录的康熙府志所记载的人丁数而言还是有很大增加的。

[4] [明]徐学谟. 郧阳府志（万历）. 卷十一. 食货. 记载郧县“万历元年户二千八百一十三，口三万三千一百二十七”；而[清]刘作霖. 湖广郧阳府志（康熙）. 卷十二. 赋役. 记载郧县“原额户口人丁九千一百一十六丁，今实在人丁一千三百六十八丁”，前后差距，可见一斑。

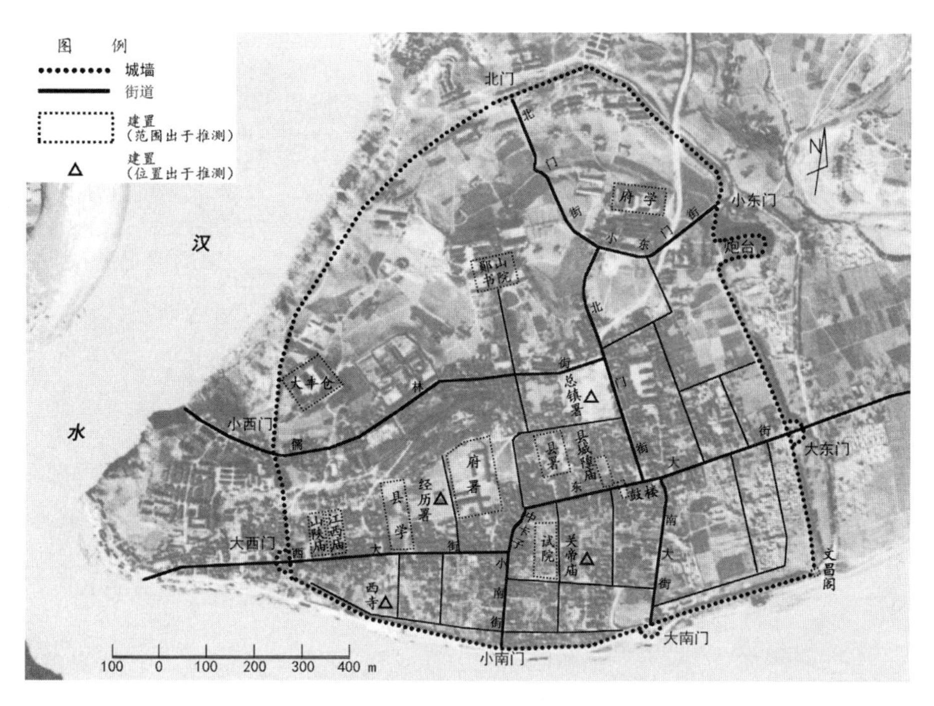

图 25 清同治八年（1869 年）郧阳城复原图

（作者以图 2 为底图自绘）

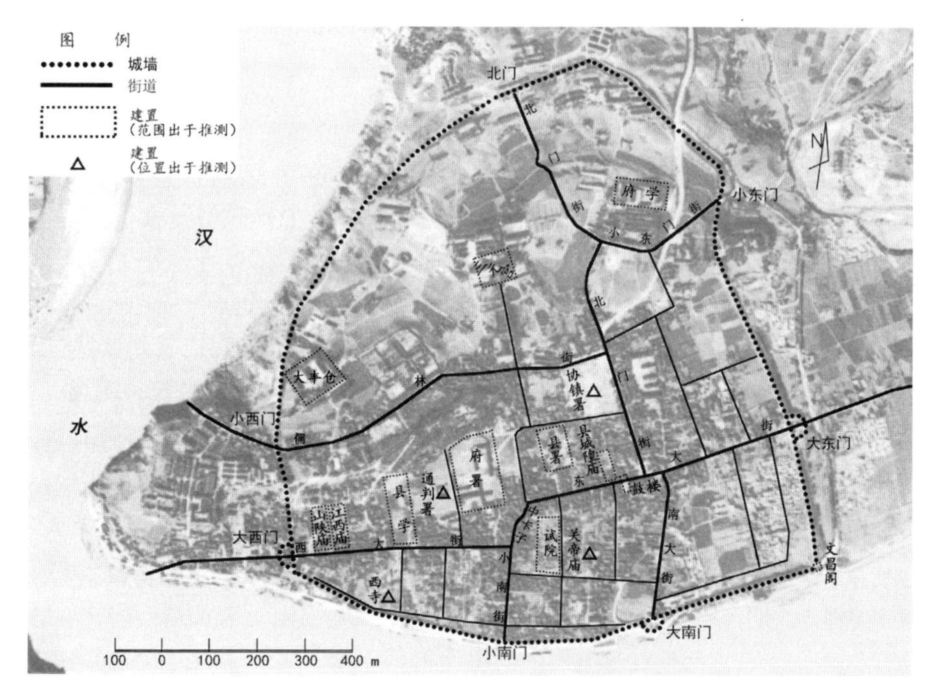

图 26 清乾隆六十年（1795 年）郧阳城复原图

（作者以图 2 为底图自绘）

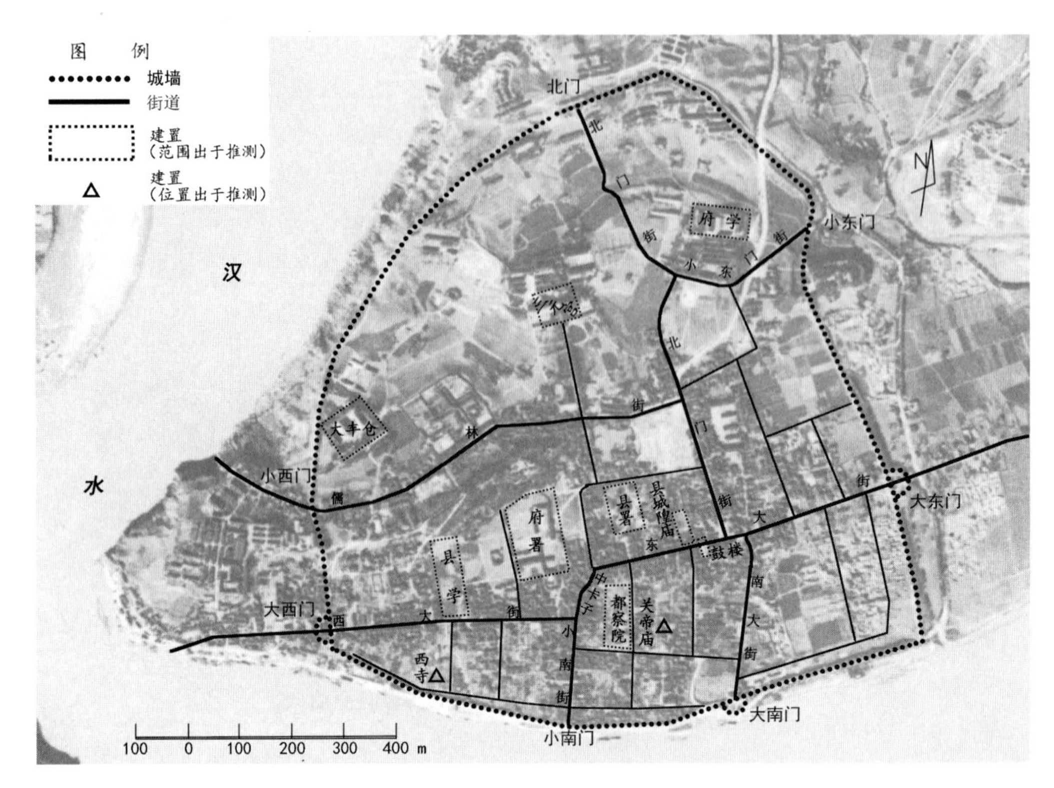

图 27　清康熙十八年(1679 年)郧阳城复原图

(作者以图 2 为底图自绘)

图 25 反映的时间点是同治八年(1869 年),代表清光绪至清代灭亡期间郧阳城的面貌。该图与图 12 大体一致,唯其绘出了位置与范围出于推测的关帝庙、西寺、经历署和总镇署,以及位于城墙东南角之上,于 20 世纪 40 年代被拆除的文昌阁。此外,城墙东北部的炮台亦修建于这一阶段。郧山书院于道光三年(1823 年)迁至图中经历署的位置,而后,同治六年(1867 年)的洪水对郧阳城造成了较大影响[1],郧山书院也受到波及,迁至废三元宫,书院原址则被经历署占据,图 25 即体现了这一情况。图 26 反映的时间点是乾隆六十年(1795 年),代表清雍正、乾隆、嘉庆时期郧阳城的面貌。文昌阁、山陕会馆与江西会馆等建筑均建于这一时期。通判署于嘉庆元年(1796 年)迁往上津,至于其何时开始位于图中的位置,现已无从知晓。[2]。

图 27 反映的时间点是康熙十八年(1679 年),代表清代开国至康熙时期郧阳城的面貌。原先位于府署西的郧县县署于明清两朝交替之际毁于战火,之后便迁移至图中的位置未再变动。康熙十九年(1680 年),郧阳抚治正式退出历史舞台,都察院所在地不久之后被改为试院。

图 22 反映的时间点为万历四十年(1612 年),代表明嘉靖三十六年(1557 年)扩建城墙至明代灭亡前夕郧阳城的面貌。这一时期,伴随着城墙的扩建,府学迁到了城东北部。县署的位置发生过一次变动,自府署东迁移

[1] 详见附表中同治六年、七年的相关条目。

[2] 康熙《湖广郧阳府志》中并未提到通判署,因此其时间上限应不早于该书的出版时间,即康熙二十四年(1685 年)。

到了府署西，即图中的位置，然变动的具体时间不明，但知不早于万历六年（1578 年），万历四十年时变动应已发生。万历四十一年，大丰仓因大水而迁往小西门内高岗。这一时期行都司尚未毁于兵乱。

图 17 反映的时间点为嘉靖三十二年（1552 年），代表明成化十二年（1476 年）与嘉靖三十六年（1557 年）两次展拓城墙之间郧阳城的面貌，图上建筑除县署、县城隍庙和西寺，均建于这一时期。当时，城墙东北角尚未向外展拓，而府学于嘉靖三十一年自府署北迁至府署西，即图中的位置。同时，县署尚位于府署东。街道方面，北门街可能尚未变为“了”字形。

图 18 反映的时间点为成化十一年（1475 年），代表明天顺八年修建土墙至成化十二年设府期间郧阳城的面貌。因材料有限，所作复原相对简单，如图所示。

六、小　　结

1. 明清时期郧阳城发展的各个阶段

明代成化十二年设府以前的郧县县城继承的是元代县城的基础，由于资料有限，现已不能对前者进行详细的复原。这一阶段，可视为郧阳城发展的预备期。

成化十二年，原杰出抚、郧阳府建立，标志着明廷流民政策的重大转变，从之前的暴力镇压叛乱变为安抚流民，允许其就地落籍。该举措使郧阳地区获得了相对安宁的社会环境，在这一背景下，郧阳城也进入了一段快速发展并定型的时期，可视为郧阳城演变历程中的发展期。这一时期自成化十二年开始，至明末结束，时间跨度约一百六十年。期间，郧阳城的建制基本完备，有清一代，郧阳城可以说并未跳出这一时期所奠定的格局。而这一时期又可以细分为两段，以嘉靖三十六年为界。

成化十二年设府至嘉靖三十六年扩建东北部城墙之前，为郧阳城发展期的早段。城的建制在较短时间内得以完备，府署、都察院、行都司、郧阳卫、新县学等建筑均建于这 80 年间。附表显示该时段的营建绝大部分集中在成化十二年与十三年，可见伴随着行政级别的骤然提升，郧阳城的基础设施在短时间内也进行了大规模升级，以配合抚治治所的地位。比较图 17 与图 16，不难发现这一时段郧阳城体现出了较为明显的向西发展的趋势，一方面，城墙向西、向北扩建，另一方面，这一时期新建的府署、县学、大丰仓以及自旧址迁移而来的府学均位于城西部新拓展的区域，而都察院的选址也相对偏西，这或许是因为原先土城面积较小，已无空间容纳更多公共建筑。总体来说，郧阳城的大格局经过这一时段实际已基本形成。

嘉靖三十六年至明末战乱开始前[1]约 80 年的时间为郧阳城发展期的后

[1] 时间下限在崇祯六年（1633 年），［清］吴葆仪. 郧阳志（同治）［M］. 卷七. 兵事. 记载“崇祯六年，流寇初犯，郧阳、郧戒严。”

段。该时段的标志性事件即东北部城墙的扩建与府学的迁移,郧阳城城墙的轮廓至此定型。而除大丰仓与县署外,城内主要建筑的位置未见变动,可以说继上一阶段的大规模建设之后,郧阳城城内建筑的布局已趋于稳定。

明末至康熙十九年(1680 年)裁撤郧阳巡抚的四十余年时间为郧阳城发展过程中的动荡期。明清两朝交替之际,郧阳先后遭到农民武装及清军的围攻,始终未有沦陷,直至顺治二年(1645 年)才举城归降清廷。连年的战事无疑对郧阳地区造成了较大负面影响,当地人口锐减即是明证。而北门的封闭、县署的再次迁移等事件一定程度上也折射出了战争对郧阳城的破坏,这方面的实际情况应远非这两点能够概括,然材料有限,不能详叙。而康熙十九年郧阳抚治的裁撤,表面上看是郧阳城行政级别的下降,背后说明在消灭了流窜于山区的反抗势力、平定了吴三桂叛乱之后,郧阳地区的社会环境已回归稳定,郧阳城重又进入了平稳发展的轨道。

自康熙十九年裁抚治至清亡,为郧阳城发展史中持续时间较长的稳定期。比较图 25、图 26 与图 27,可知这一时期郧阳城虽然在一些细节上有所变化,但是总体格局始终如一。稳定期亦可分为前后两段。

1)稳定期的前段自康熙十九年至乾隆帝退位,跨度为 115 年。适值清代鼎盛的时段,社会安定,而郧阳城的发展则体现出了稳中有升的态势。观察年表可以发现这段时间城内营建多为原有基础上的重修,主要建筑未见大的变动,整体继承了之前的格局。较为值得注意的一点在于乾隆初年山陕会馆与江西会馆的建立,标志着郧阳城水路贸易的繁荣,其背后的动因是清代早中期对汉江上游地区的开发,由此可推测此时在郧阳地区,顺治、康熙时开始的鼓励流亡人口“开垦耕种,永准为业”[1]的政策已见成效。

2)稳定期的后段自嘉庆帝登基至清亡,时间跨度同样为 115 年。在清朝由盛转衰的大背景下,郧阳城总体来说是稳定的,未经历剧烈动荡,但也不可避免地受到了一些负面因素的冲击。首先是战乱重现,郧阳城在这一时段先后经历了嘉庆初年的白莲教叛乱与同治初年的太平天国运动,白莲教众虽攻陷郧阳府下诸县,但并未影响郧阳城;而太平军则一度兵临城下,引发了同治元年开浚城池、修建炮台等事件,但最终郧阳得保,此次战事对城的影响亦相对有限。其次是自然环境的恶化,由于山区过度开发、气候变化等原因,嘉庆以后,汉水多次泛滥,郧阳城亦屡受其害,城墙多次重修,城内部分建筑被迫重建或迁建,但即便如此,城的总体格局仍旧维持了原状。另外,清末福音堂与天主教堂的出现,标志着西方势力的介入,这也是该阶段郧阳城发展中值得留意的一个问题。

总体而言,郧阳城在明代设府后经历了短时间的大规模建设,至嘉靖三十六年扩建城墙时格局始备,其后,虽然历经明清朝交替之际的战火与清中期之后的动荡,但郧阳城的总体格局体现出了较强的延续性,未见剧烈变化。当然,以上只是根据现有材料较为粗线条地归纳了郧阳城发展的趋势,实际情况无疑会呈现出更为复杂的面貌。

[1] 清实录・世祖章皇帝实录[M]. 卷四十三. 顺治六年五月壬子.

2. 明清时期郧阳城的布局——以清晚期为例

以下，欲以清晚期同治八年(1869 年)时的郧阳城为对象，研究其布局。这一时间点距今尚且不远，材料相对丰富。城市作为一种动态的研究对象，其布局无时无刻不在变化。然鉴于上文所述，明清时期郧阳城自明晚期以后布局并未发生大的变动。故而研究清晚期郧阳城的布局，也能较大程度地反映该城更早时候的情况。

首先，讨论郧阳城城墙以内的布局情况。[1]郧阳城城墙内的布局，似乎在很大程度上受到了城内的地势影响，郧阳城内的西、北部高而相对崎岖，东、南部低且平坦，前者的范围大约就是图 3 中郧阳城未被淹没的部分，清晚期时为郧阳城的祠祀区与文教区之所在；而后者在水库蓄水后沦为泽国，城被淹以前城内居民的日常活动主要集中在这一区域。或许是出于地势高处交通不便，抑或是地形限制了大规模的营建，郧阳城内的大部分建筑集中在东、南部低地，这在卫片中有明确体现，清晚期乃至明晚期以来的情况当始终如此。

郧阳城的西北部自明代起便为城内的祠祀区，城内大小宗教建筑多位于该区域，这点在本文第五章“迎恩观”条中已有论述，图 8 中也有明确体现，此处不再重复。该区中的大丰仓系明末因水患自低地搬迁而来，可见其在郧阳城更早的规划中，并不属于该区域。

城内东北部为教育设施相对集中的区域，其中心为府学，另有文昌宫与郧山书院。卫片显示，这一区域较为空旷，其他建筑稀少，推测清晚期时情况与之类似，因此大体可称该区为文教区。必须指出的是，文昌宫虽与教育有关，但严格意义上并非教育机构，应属祠庙之范畴；郧山书院于同治七年(1868 年)迁至该区域，其址原为三元宫大王庙，为祠寺区之一部分；而城内的教育设施除以上几所外，县学等亦不在这一区域。因此，严格地讲仅凭府学等几处建筑便称该区为文教区是略显勉强的，此处姑且称之。

而城墙以内东部、南部的低地为城内建筑最为集中的区域，可谓承载了郧阳城行政、商业、居住等诸多方面的职能。东西向的西大街－中卡子－东大街一线为这一区域的中轴。

行政方面，郧阳城内大小官署基本皆集中在这一区域，从图 25 看，郧阳城的官署建筑主要分布于该区中轴线之两侧，根据前文的复原，可知这一布局在明清两代是一以贯之的。官署集中在城内繁华的低地，似乎说明其选址首先考虑的是交通方便，利于控制，而非选择地势较高处以获得一个便于防守的位置，当然这也有可能是因为城内高地的地形限制了规模较大的官署建筑的建设。另外，虽然在郧阳城中不能划分出一个独立的行政区域，但主要官署的位置皆在城南部偏西。上文已经提到过成化十二年扩建郧阳城时即表现出了向西发展的趋势，而发展至清晚期，郧阳城重心偏西南的格局

[1]城墙为中国古代城市的重要组成部分，但并非城市范围的严格界限，城墙以外，同样会有承担着不同职能的街区，因此在考察中国古代城市时，不宜将城墙内外过于割裂地看待，这点在郧阳城同样适用，但相比城墙以内，郧阳城城墙以外的街区面积有限，且有一定特殊性，功能上相对单一。因此，为行文方便，本文以城墙为界，分别讨论郧阳城城墙以内与城墙以外的布局情况。

已较为明朗。

商业方面，同治《郧阳府志》卷二“市集”中记载郧阳城城厢有东关市、正关市、署前市和府前市。[1]这四所“市集”中，正关、东关两市当在城外（详见下文），另两市在城墙以内，结合图25，可知这些“市集”皆位于东西中轴沿线。其中，府前市在西大街、中卡子与小南街交汇处，而署前市则位于东大街、北门街与南门街交汇处，这些街道均连通城门，无疑是城内的主干道，因此，两市之所在可谓城中交通最便捷的地段。除此以外，东西向的中轴两边应都有商号沿街分布，民国时曾拓宽城内干道，“令东关到西关之各商号拆除私檐”[2]，清晚期时的情况当与之类似，总体呈现出沿街设市的开放形态。

城内的居民区也主要分布在城内低地，可能相对集中于城东南部。文献中并无这方面的明确记载，今只能作一些侧面的论证与猜测。一方面，上文已经提到城内主要的官署建筑多集中在南面偏西的位置，那这片区域余下的空间势必有限，不可能安置过多的居民；另一方面，被淹没以前的郧阳城东南部有徐家巷、康家巷、庞家巷、周家巷等街道，这些街道的名称应是继承了清晚期的叫法，有可能是因为街道所在地有较为集中的居民区而得名。

而在郧阳城的城墙以外，也存在一定规模的街区，主要集中在大西门、小西门以西与大东门以东，即西关保、东关保所在地。其中，以西门外的街区规模较大，地位较为特殊。

郧阳城西门外的区域紧邻汉江，是郧阳城最重要的港口——西河码头之所在，城内干道出大西门、小西门后西延至江边。文献记载此处有西关保、西关市。自明代开始西关外已有较为稠密的人口[3]，至清道光时已是：

> 人烟车马稠密，辐辏、商艇、渔舟往来上下，欸乃邪许，目眩耳填，岿然为巨镇。[4]

可见，西关以外是郧阳城最重要的商贸、物流区之一。有一帧老照片（图28）能较为清晰地反映被淹没以前这一区域的面貌。西关外街区的发展，无疑是由水路贸易带动的，是郧阳城较为特殊的一处街区。

图28　西河码头旧照

（陈家麟．郧阳古风——陈家麟摄影作品集[M]．武汉：湖北美术出版社，2003.）

而东关之外，亦有东关保、东关市，但论规模与重要程度似都不及西关保与西关市，故此处不再详述。

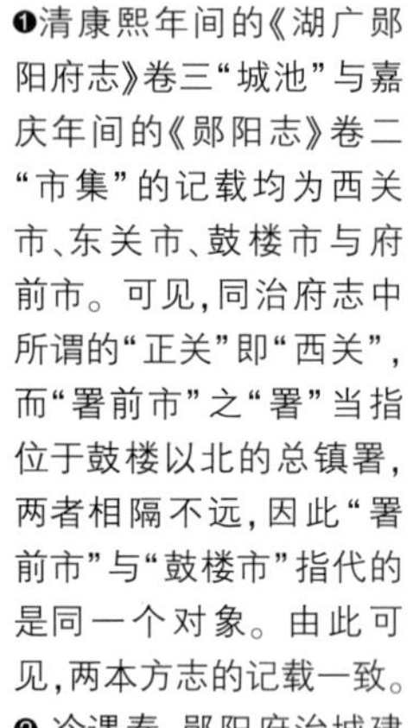

[1] 清康熙年间的《湖广郧阳府志》卷三“城池”与嘉庆年间的《郧阳志》卷二“市集”的记载均为西关市、东关市、鼓楼市与府前市。可见，同治府志中所谓的“正关”即“西关”，而“署前市”之“署”当指位于鼓楼以北的总镇署，两者相隔不远，因此“署前市”与“鼓楼市”指代的是同一个对象。由此可见，两本方志的记载一致。

[2] 冷遇春．郧阳府治城建史廓觅踪[J]．郧阳师范高等专科学校学报，1993(03)：18.

[3] 明万历年间徐学谟的《郧阳府志》卷二“郡纪”记载：“（隆庆）四年正月，郧城西门外延烧五百余家。”

[4] 引自清同治年间吴葆仪的《郧阳志》卷十“祠祀”郧县“千佛洞”所载赵晋基《重修千佛洞记》，此文作于道光十二年（1832年），千佛洞在郧阳城西关外。

附表　明清郧阳城城建年表(见下注❶、❷)

类别	朝代	时　间❶		内　　容❷	出处与备注❸
公署	明	洪武二年	1369 年	县丞臧普开设县治	万历府志卷十“公署”,康熙志卷五“公署”的记载为洪武三年
公署	明	洪武七年	1374 年	知县马伯庸建养济院于县治	万历府志卷十“公署”
公署	明	洪武十年	1377 年	知县马伯庸重修县治	万历府志卷十“公署”
铺舍	明	洪武初	*1380* 年	知县马伯庸建县前八铺	万历府志卷二十“铺舍”
学校	明	洪武初	*1380* 年	知县马伯庸建县学,于府治东南	万历府志卷十三“学校”
公署	明	洪武十四年	1381 年	知县吕仲彬建富农仓于县治	万历府志卷十“公署”
祠寺	明	天顺初	*1461* 年	知县谭铨依故址重建兴福寺于府内西,俗称西寺	万历府志卷二十二“寺观”
城池	明	天顺八年	1464 年	知县戴琰修土城,南门称“敷惠”,北门称“水门”	嘉靖通志“城池”
公署	明	成化二年	1466 年	知县戴琰改建县治	万历府志卷十“公署”
学校	明	成化二年	1466 年	知县戴琰重修县学	万历府志卷十三“学校”
公署	明	成化四年	1468 年	知县戴琰重修富农仓于县治,清废	万历府志卷十“公署”
公署	明	成化四年	1468 年	知县戴琰建预备仓于县治,清废	万历府志卷十“公署”
公署	明	成化七年	1471 年	知县戴琰迁养济院于县治西南,清废	万历府志卷十“公署”
祠寺	明	成化初	*1472* 年	知县戴琰重修兴福寺	万历府志卷二十二“寺观”
公署	明	成化间	*1472* 年	成化间知县戴琰建布政分司,在府东五十步,另一在府西八十步	嘉靖通志“公署”
水利	明	成化间	*1472* 年	知县戴琰穿盛水堰于县北五里	万历府志卷十九“水利”
事件	明	成化十二年	1476 年	春,正月,都御史原杰奏建郧阳府	万历府志卷二“郡纪”

❶右栏年份为斜体者代表年代下限,依照事件、有关官员在职时间等确定。

❷本栏文字中下划直线者为人名,下划波浪线则代表城内建筑。

❸本栏中,“嘉靖通志”代表:嘉靖《湖广图经志书》卷九郧阳府;“万历府志”代表:万历《郧阳府志》;“康熙志”代表:康熙《湖广郧阳府志》;“嘉庆志”代表:嘉庆《郧阳志》;“同治府治”代表:同治《郧阳志》。

续表

类别	朝代	时间		内容	出处与备注
城池	明	成化十二年	1476年	抚治原杰展筑城墙，恢拓以砖石，周八百余丈，高一丈五尺，为四门，东曰宣和，南曰迎熏，西曰平理，北曰拱辰，其西、南附小门二	万历府志卷五“城池”
祠寺	明	成化十二年	1476年	改兴福寺为僧纲司	万历府志卷二十二“寺观”
公署	明	成化十二年	1476年	都御史原杰等于府东创建湖广行都司，左邻鼓楼右接郧县正堂，正德间有增修	万历府志卷十“公署”
公署	明	成化十二年	1476年	移按察分司于府西七十五步，旧在府东南	嘉靖通志“公署”
公署	明	成化十二年	1476年	知府吴远移建申明亭、旌善亭于府前左右，旧在县前	嘉靖通志“公署”
铺舍	明	成化十二年	1476年	增设县前八铺为十八铺	万历府志卷二十“铺舍”
学校	明	成化十二年	1476年	置府，升县学为府学	万历府志卷十三“学校”
公署	明	成化十三年	1477年	知府吴远建郧阳府署，在城内西	万历府志卷十“公署”
公署	明	成化十三年	1477年	春，都御使原杰于府西建都察院	万历府志卷十“公署”
公署	明	成化十三年	1477年	于府治西八十步置大丰仓	康熙志“卷五”公署
公署	明	成化十三年	1477年	建郧阳水驿，在县东一里半许，清废	嘉靖通志“公署”，万历府志卷十“公署”记载建于弘治三年
公署	明	成化十三年	1477年	指挥使康勇建郧阳卫于府东一里	万历府志卷十五“兵政”
公署	明	成化十三年	1477年	阴阳学、医学（两者在府治街南）、僧纲司（在兴福寺）、道纪司（在迎恩观）等应皆建于设府时	万历府志卷十“公署”
祠寺	明	成化间	*1482*年	知府吴远迁迎恩观于府治山后，旧址在府前总铺处	万历府志卷二十二“寺观”
祠寺	明	成化间	*1482*年	知府吴远建府城隍庙	嘉庆志卷三“祠祀”
祠寺	明	弘治间	*1497*年	都御史沈晖扩建并定名迎恩观	万历府志卷二十二“寺观”
学校	明	弘治十四年	1501年	都御史王鉴之檄知府胡伦鼎新府学	万历府志卷十三“学校”

续表

类别	朝代	时间		内容	出处与备注
楼阁	明	弘治间	*1502* 年	都御史陈清建谯楼于府东二百步	嘉靖通志"宫室"
水利	明	弘治间	*1505* 年	都御史王鉴之重修盛水堰	万历府志卷十九"水利"
水利	明	弘治间	*1505* 年	都御史王鉴之穿武阳堰于县西北二十里	万历府志卷十九"水利"
事件	明	正德二年	1507 年	十一月,革郧阳抚治	
事件	明	正德五年	1510 年	八月,复设郧阳抚治,辖区如旧	
水利	明	正德间	*1513* 年	都御史刘琬檄府重修武阳堰,清废	万历府志卷十九"水利"
楼阁	明	正德九年	1514 年	知府王震重建谯楼并改名镇郧楼	嘉靖通志"宫室",嘉庆志卷二"公署"云重修始于都御史刘琬,王震续成之
事件	明	正德十六年	1521 年	郧阳大水	万历府志卷二"郡纪"
学校	明	正德间	*1521* 年	于府治北建五贤书院	嘉庆志卷一"古迹"
事件	明	嘉靖元年	1522 年	《湖广图经志·郧阳府》出版	
学校	明	嘉靖三年	1524 年	都御史章拯移建府学于府治之北,后知府黎尧勋改置于府治之西	万历府志卷十三"学校"
祠寺	明	嘉靖九年	1530 年	知府郭五常重葺府城隍庙	嘉庆志卷三"祠祀"
祠寺	明	嘉靖十三年	1534 年	郡人重修迎恩观	嘉庆志卷三"祠祀"
学校	明	嘉靖十七年	1538 年	知府许词重建县学于县治西南	万历府志卷十三"学校",嘉庆志卷二"学校"记载时间为十六年
事件	明	嘉靖二十五年	1546 年	大水漂没民居	万历府志卷二"郡纪"
学校	明	嘉靖二十六年	1547 年	都御史于湛建郧山书院于府治东北	嘉庆志卷二"学校"
事件	明	嘉靖三十五年	1556 年	地震	万历府志卷二"郡纪"
学校	明	嘉靖三十五年	1556 年	都御史章焕迁府学于东门外,乃拓城基环之	万历府志卷十三"学校"

续表

类别	朝代	时间		内容	出处与备注
城池	明	嘉靖三十六年	1557年	抚治章焕于东北一带开筑城墙二百余丈，计六里有奇，东增一门曰时雨，盖府学面门也	万历府志卷五“城池”
事件	明	嘉靖四十年	1561年	大水	万历府志卷二“郡纪”
城池	明	嘉靖四十五年	1566年	秋，大水，东南城圮，抚治刘秉仁补助城墙，高二丈一尺，厚一尺八丈，为窝铺二十，为门楼七，为瓮城楼三，为角楼一	万历府志卷五“城池”
事件	明	嘉靖四十五年	1566年	九月，汉水忽涨，涌入郧城东南一带，人民千余家俱遭昏垫	万历府志卷二“郡纪”
学校	明	嘉靖四十五年	1566年	府治刘秉仁重修府学	嘉庆志卷二“学校”
事件	明	隆庆三年	1569年	大水	万历府志卷二“郡纪”
公署	明	隆庆四年	1570年	冬，都察院毁于火，都御史汪道昆等重建	康熙志“卷五”公署
事件	明	隆庆四年	1570年	正月，郧城西门外延烧五百余家	万历府志卷二“郡纪”
祠寺	明	万历元年	1573年	都御史汪道昆等增修迎恩观	嘉庆志卷三“祠祀”
公署	明	万历元年	1573年	知府杨愈茂重修府署	同治府志卷二“公署”
事件	明	万历三年	1575年	郧阳郧西地震	同治府志卷八“祥异”
城池	明	万历四年	1576年	抚治王世贞题拱辰门楼为春雪楼，有诗	万历府志卷五“城池”，时间按钱大昕：《弇州山人年谱》增补
公署	明	万历五年	1577年	知府宋豸等鼎新察院，在都察院东十武	万历府志卷十“公署”
公署	明	万历五年	1577年	知府宋豸创建监仓于大丰仓前，以处罪轻者，清废	万历府志卷十“公署”
水利	明	万历五年	1577年	冬，修补盛水堰	万历府志卷十九“水利”
事件	明	万历六年	1578年	《郧阳府志》出版	
事件	明	万历九年	1581年	四月，裁郧阳抚治	
祠寺	明	万历十一年	1583年	春，水溢，冲决城垣，兴福寺尽沦没，居士等重建如初	嘉庆志卷三“祠祀”

续表

类别	朝代	时　间		内　　容	出处与备注
事件	明	万历十一年	1583 年	正月，复郧阳抚治	
学校	明	万历十四年	1586 年	知府沈鈇增修郧山书院	嘉庆志卷二"学校"
事件	明	万历十八年	1590 年	《郧台志》出版	
学校	明	万历间	*1590* 年	都御史裴应章重修府学	嘉庆志卷二"学校"
事件	明	万历二十四年	1596 年	郧房大水	同治府志卷八"祥异"
事件	明	万历三十五年	1607 年	郧阳大水	同治府志卷八"祥异"
学校	明	万历三十五年	1607 年	都御史黄纪贤建龙门书院，十月落成	嘉庆志卷一"古迹"
公署	明	万历四十一年	1613 年	大水入城，大丰仓仓贮漂没，改设于小西门内高岗之上	康熙志卷五"公署"
事件	明	崇祯十年	1637 年	大水	同治府志卷八"祥异"
事件	明	崇祯十一年	1638 年	城内灾百余家	同治府志卷八"祥异"
城池	明末		*1644* 年	北门封闭	同治府志卷二"城池"
公署	明末		*1644* 年	旧县治毁，移驻龙门书院	康熙志卷五"公署"
祠寺	清	顺治十年	1653 年	知县赵丕承重修县城隍庙	嘉庆志卷三"祠祀"
祠寺	清	顺治十年	1653 年	都督同知张士元建朝阳庵于县治后北楼保	嘉庆志卷三"祠祀"
祠寺	清	顺治初	*1653* 年	于府治北儒林街建关帝庙	嘉庆志卷三"祠祀"
祠寺	清	顺治十二年	1655 年	兴福寺毁于火	嘉庆志卷三"祠祀"
城池	清	顺治十四年	1657 年	抚治张尚委通判张四维重修城墙，自是之后六县分段修补，后其坍塌日多，各楼废圮无存	同治府志卷二"城池"
公署	清	顺治十五年	1658 年	总镇穆生辉建大校场演武厅于东关外（又一在都司署后，都司署在协镇署东）	嘉庆志卷二"公署"
学校	清	顺治十六年	1659 年	抚治张尚重修府学	嘉庆志卷二"学校"
学校	清	顺治间	*1662* 年	知府李灿然重修县学	嘉庆志卷二"学校"
祠寺	清	康熙二年	1663 年	于府治北建马王庙	嘉庆志卷三"祠祀"
祠寺	清	康熙五年	1666 年	在西关外建千佛洞	嘉庆志卷三"祠祀"

续表

类别	朝代	时间		内容	出处与备注
楼阁	清	康熙初	*1667* 年	知府李灿然于府署后山麓建烟雨亭	同治府志卷一“古迹”
事件	清	康熙七年	1668 年	春三月,辛酉郡城灾,甲子又灾,房屋几毁尽	同治府志卷八“祥异”
祠寺	清	康熙八年	1669 年	重葺关帝庙	嘉庆志卷三“祠祀”
公署	清	康熙九年	1670 年	分守下荆南道,原在府治北,迎恩观西,吴原二公祠之左;康熙六年裁,九年复移驻都察院	康熙志卷五“公署”
祠寺	清	康熙十九年	1680 年	于城内迎武保建吉祥庵	嘉庆志卷三“祠祀”
事件	清	康熙十九年	1680 年	裁郧阳抚治	
学校	清	康熙二十二年	1683 年	知府刘廷耀重修府学,后屡有增修	嘉庆志卷二“学校”
城池	清	康熙二十四年	1685 年	北门重开	同治府志卷二“城池”
事件	清	康熙二十四年	1685 年	《湖广郧阳府志》出版	
祠寺	清	康熙三十八年	1699 年	增修关帝庙	嘉庆志卷三“祠祀”
学校	清	康熙四十九年	1710 年	知府郭维祯于都察院旧址建书院,后为学院行署(即试院)	嘉庆志卷二“公署”
学校	清	康熙间	*1710* 年	知府朱寀建极星塔	同治府志卷二“学校”
学校	清	康熙五十五年	1716 年	知县卢上进复修县学	嘉庆志卷二“学校”
祠寺	清	康熙间	*1722* 年	重修兴福寺	嘉庆志卷三“祠祀”
学校	清	康熙间	*1722* 年	知府黄焜于府治后建黄公书院	嘉庆志卷一“古迹”
公署	清	雍正二年	1724 年	汉水淹塌大校场演武厅	嘉庆志卷二“公署”
学校	清	雍正十年	1732 年	守道鲁之裕重建郧山书院	嘉庆志卷二“学校”
祠寺	清	雍正十二年	1734 年	重修朝阳庵	嘉庆志卷三“祠祀”
祠寺	清	乾隆二年	1737 年	于五贤书院旧址重建文昌宫,在府学西	嘉庆志卷三“祠祀”

续表

类别	朝代	时　间		内　容	出处与备注
祠寺	清	乾隆六年	1741 年	于西关内建山陕庙，其左为江西庙	嘉庆志卷三“祠祀”
学校	清	乾隆七年	1742 年	知府陈纬等重建府学	嘉庆志卷二“学校”
学校	清	乾隆七年	1742 年	知县狄兰谷翻修县学，撤旧悉新	嘉庆志卷二“学校”
公署	清	乾隆十年	1745 年	副将高瀚重修大校场演武厅	嘉庆志卷二“公署”
公署	清	乾隆十二年	1747 年	副将傅洪烈重建协镇署于府治东	嘉庆志卷二“公署”
学校	清	乾隆十三年	1748 年	知府张世芳重修郧山书院	嘉庆志卷二“学校”
祠寺	清	乾隆二十年	1755 年	知府王文裕等于城东南隅对极星塔造文昌阁	嘉庆志卷三“祠祀”
祠寺	清	乾隆十九年	1755 年	增修兴福寺	嘉庆志卷三“祠祀”
公署	清	乾隆二十年	1755 年	扩建学院行署	嘉庆志卷二“公署”
公署	清	乾隆二十三年	1758 年	知府王文裕等扩建府署	同治府志卷二“公署”
祠寺	清	乾隆间	*1768* 年	知县杨瑞莲等重修县城隍庙	嘉庆志卷三“祠祀”
祠寺	清	乾隆三十六年	1771 年	重修马王庙	嘉庆志卷三“祠祀”
学校	清	乾隆三十六年	1771 年	知县王采珍展复县学临街旧基做棂星门等，绕以垣墉	嘉庆志卷二“学校”
祠寺	清	乾隆三十七年	1772 年	重修千佛洞	嘉庆志卷三“祠祀”
祠寺	清	乾隆四十二年	1777 年	重修泰山庙，庙在县治北，始建无考	嘉庆志卷三“祠祀”
祠寺	清	乾隆四十三年	1778 年	知县李集于黄公书院旧址建龙神祠	嘉庆志卷三“祠祀”
公署	清	乾隆四十三年	1778 年	知府邢玙修府署东厅三间	同治府志卷二“公署”
学校	清	乾隆四十六年	1781 年	知府曾恒德修理府学围墙	嘉庆志卷二“学校”

续表

类别	朝代	时间		内容	出处与备注
学校	清	乾隆四十七年	1782年	知府曾恒德复新郧山书院	嘉庆志卷二“学校”
祠寺	清	乾隆五十三年	1788年	郧协都司郭廷枢整修吉祥庵山门一座,后毁于火	嘉庆志卷三“祠祀”
祠寺	清	乾隆五十六年	1791年	重修山陕庙	嘉庆志卷三“祠祀”
城池	清	乾隆六十年	1795年	知府王正常等补葺城墙,创建窝铺四间	同治府志卷二“城池”
公署	清	乾隆六十年	1795年	知府王正常以府署门堂不相缀属,建大门于仪门基地,另为仪门,左右两班房与科房照墙移街之北(即向北收缩)	同治府志卷二“公署”
公署	清	乾隆六十年	1795年	知府王正常重修通判署及署前监狱,于府署西	嘉庆志卷二“公署”
公署	清	乾隆六十年	1795年	知县叶治修县治	嘉庆志卷二“公署”
公署	清	嘉庆元年	1796年	通判署移驻上津	嘉庆志卷二“公署”
学校	清	嘉庆元年	1796年	知府王正常等重修府学	嘉庆志卷二“学校”
祠寺	清	嘉庆二年	1797年	郡人重修府城隍庙	嘉庆志卷三“祠祀”
公署	清	嘉庆二年	1797年	经历史积厚建经历署,于通判署西	同治府志卷二“公署”
公署	清		*1797*年	养济院移至东门外,时间不详	嘉庆志卷二“公署”
楼阁	清	嘉庆二年	1797年	镇郧楼圮,知府王正常等修葺	同治府志卷二“公署”
事件	清	嘉庆二年	1797年	《郧阳志》出版	
学校	清	嘉庆二年	1797年	知府王正常补葺郧山书院,改名龙门书院	同治府志卷二“学校”
祠寺	清	嘉庆六年	1801年	知府王正常筹建关帝庙于试院东	同治府志卷三“祠祀”
城池	清	嘉庆九年	1804年	总督吴熊光等修葺并重建南门城楼、北门春雪楼	同治府志卷二“城池”
事件	清	嘉庆十二年	1807年	郧县大水	同治府志卷八“祥异”
事件	清	嘉庆十八年	1813年	郧阳地震	同治府志卷八“祥异”

续表

类别	朝代	时间		内容	出处与备注
事件	清	嘉庆二十三年	1818年	六月，郧县东门水涨，漂没男妇三百余人	同治府志卷八“祥异”
学校	清	道光三年	1823年	通判署旧址重建龙门书院，改名郧山书院	同治府志卷二“公署”
祠寺	清	道光五年	1825年	知县黄承祈等展拓县城隍庙基址	同治府志卷三“祠祀”
楼阁	清	道光五年	1825年	知府李羲文重建烟雨亭	同治府志卷一“古迹”
事件	清	道光七年	1827年	二月，郧县地震	同治府志卷八“祥异”
祠寺	清	道光八年	1828年	扩建县城隍庙	同治府志卷三“祠祀”
事件	清	道光六年	1828年	九月，郡城西关灾毁民房二十余家	同治府志卷八“祥异”
祠寺	清	道光十一年	1831年	知府崇善改建文昌宫正殿，建崇圣祠	同治府志卷三“祠祀”
城池	清	道光十一年	1831年	知府崇善等修筑火星庙炮台	同治府志卷二“城池”
祠寺	清	道光十一年	1831年	知府崇善重修城南火星庙	同治府志卷三“祠祀”
事件	清	道光十一年	1831年	郡城西关灾毁民房数十家	同治府志卷八“祥异”
事件	清	道光十二年	1832年	七月大雨七昼夜，八月汉水溢，郡城内公私庐舍大半毁圮	同治府志卷八“祥异”
城池	清	道光十二年	1832年	大水，东南城墙坍塌数十丈，知府崇善等修筑之	同治府志卷二“城池”
公署	清	道光十二年	1832年	经水患，知府崇善修葺府署	同治府志卷二“公署”
公署	清	道光十二年	1832年	大校场演武厅圮于水知县陈子饬重修	同治府志卷二“公署”
城池	清	道光十六年	1836年	知府李嘉祥等修筑城墙二十四丈	同治府志卷二“城池”
城池	清	道光二十年	1840年	知府陈天泽等修南城二十丈	同治府志卷二“城池”
城池	清	道光二十一年	1841年	知府但明伦饬知县等重修大南门城洞并建城楼	同治府志卷二“城池”

续表

类别	朝代	时间		内容	出处与备注
学校	清	道光二十二年	1842年	知府胡允林等重修府文庙	同治府志卷二“学校”
学校	清	道光二十七年	1847年	八月，知县陈子饬重修县文庙	同治府志卷二“学校”
城池	清	道光二十八年	1848年	知县陈子饬修小南门䂬岸	同治府志卷二“城池”
祠寺	清	道光二十八年	1848年	知县陈子饬重修文昌宫，并增建奎星楼于其左	同治府志卷三“祠祀”
祠寺	清	道光二十九年	1849年	知县陈子饬重修文昌阁，改名奎星楼	同治府志卷三“祠祀”
公署	清	道光二十九年	1849年	知府胡允林等重修学院行署	同治府志卷二“公署”
祠寺	清	咸丰元年	1851年	知县陈子饬重修龙神祠	同治府志卷三“祠祀”
事件	清	咸丰二年	1852年	七月霪雨，汉水溢，郧县郧西漂没禾稼人民无算	同治府志卷八“祥异”
城池	清	咸丰二年	1852年	知县江士玉补筑，秋七月汉水溢，冲塌城垣四十丈，知府侯廷樾等次第修之，嗣后知府靳如汇等节年修补	同治府志卷二“城池”
公署	清	咸丰二年	1852年	经水患，知府侯廷樾修葺府署	同治府志卷二“公署”
公署	清	咸丰二年	1852年	大水圮总镇署	同治府志卷二“公署”
学校	清	咸丰六年	1856年	汉水溢，坏县文庙垣墉，知府金达等修葺	同治府志卷二“学校”
楼阁	清	咸丰九年	1859年	知府李宗寿于府署东建镜心亭，旧称观我亭	同治府志卷二“公署”
学校	清	咸丰九年	1859年	知府李宗寿修缮郧山书院	同治府志卷二“学校”
城池	清	同治元年	1862年	襄阳道金国琛以旧池填淤，饬知府艾浚美等分段开浚，自大南门至伏龙关长七百三十丈，广三丈，并筑石佛嘴炮台一座，城上炮台六十座	同治府志卷二“城池”

续表

类别	朝代	时　间		内　　容	出处与备注
祠寺	清	同治元年	1862 年	迎恩观毁于贼	同治府志卷三“祠祀”
公署	清	同治元年	1862 年	毁大丰仓以御贼	同治府志卷二“公署”
祠祀	清	同治二年	1863 年	西关士民于火神庙殿东修护城墙垣一道，六年溃于水	同治府志卷三“祠祀”
公署	清	同治四年	1865 年	总兵杨朝林修总镇署	同治府志卷二“公署”
事件	清	同治六年	1867 年	汉水灌城三日	同治府志卷二“公署”
城池	清	同治六年	1867 年	八月，汉水溢，冲裂城墙四十九丈三尺，坍塌八十八丈九尺	同治府志卷二“城池”
公署	清	同治六年	1867 年	府署圮于水	同治府志卷二“公署”
公署	清	同治六年	1867 年	经历署圮于水	同治府志卷二“公署”
公署	清	同治六年	1867 年	县治后堂圮于水，知县余思训修之	同治府志卷二“公署”
学校	清	同治六年	1867 年	知府金达修葺郧山书院，寻圮于水	同治府志卷二“学校”
城池	清	同治七年	1868 年	知府金达等修筑，并展筑捍江堤，以卫城	同治府志卷二“城池”
公署	清	同治七年	1868 年	知府金达重建府署，署址故下以次培高有差，大门一尺，仪门二尺，堂三尺，二堂六尺宅各以丈，东亦如此，备水患也	同治府志卷二“公署”
公署	清	同治七年	1868 年	知府金达增修学院行署	同治府志卷二“公署”
公署	清	同治七年	1868 年	知府金达迁郧山书院至北山麓废三元宫大王庙，改郧山书院为经历署；改经历署旧址为城守守备署；废雷祖庙改前营守备署	同治府志卷二“公署”
公署	清	同治七年	1868 年	重修中营守备署、前营都司署、城守游击署	同治府志卷二“公署”
祠寺	清	同治八年	1869 年	兴福寺藏经楼毁	同治府志卷三“祠祀”
公署	清	同治八年	1869 年	知府金达修葺监狱	同治府志卷二“公署”
关隘	清	同治八年	1869 年	知府金达重修伏龙关，新而筑之，铸剑以为镇铭	同治府志卷一“关隘”

续表

类别	朝代	时间		内容	出处与备注
楼阁	清	同治八年	1869年	知府金达重建烟雨亭	同治府志卷一“古迹”
学校	清	同治八年	1869年	移建郧山书院于北山麓废三元宫大王庙	同治府志卷二“学校”
城池	清	同治九年	1870年	城东北隅捍江堤工未竣,知府吴葆仪续成之,五月,重修南堤并东南两城闸板	同治府志卷二“城池”
楼阁	清	同治九年	1870年	知府吴葆仪重修镜心亭	同治府志卷二“公署”
事件	清	同治九年	1870年	《郧阳志》出版	同治府志卷二“公署”

圆明园之“别有洞天”与保定莲花池❶

贾　珺

(清华大学建筑学院)

摘要：保定莲花池始创于蒙元时期，初为私家园林，明代辟为官署花园，清代雍正年间改为书院园林。乾隆年间又改为行宫花园，设有莲池十二景，景致清幽。乾隆帝西巡曾经六次造访，并以此为蓝本对北京圆明园“别有洞天”景区进行改造，在整体格局、建筑形式、山形水系和植物配植等各方面表现出较高的相似性。本文通过文献考证和现场调查，对保定莲花池和圆明园“别有洞天”的演变历程和景致特点进行论述，重点对其写仿手法作出详细的探讨。

关键词：圆明园，别有洞天，保定莲花池，写仿

Abstract: The Lotus Pond Garden in Baoding, originally built as a private garden at the beginning of the 13th century, was a garden of the government in the Ming dynasty and a college garden in the Yongzheng period of the Qing dynasty. Afterwards, in the Qianlong period, the garden was rebuilt as temporary imperial palace with twelve scenic areas. Emperor Qianlong visited the garden six times during his western tours and, when reconstructing the scenic area of *Bieyou dongtian*(Remote Taoist Complex) at Yuanmingyuan Garden in Beijing, he imitated the layout, buildings, rockeries, and water landscapes. Based on textual research and on-site survey, the author compares and analyzes the histories and landscapes of both gardens, and explores the underlying methods of imitation (mimesis).

Keywords: Yuanmingyuan, *Bieyou dongtian*, Lotus Pond Garden in Baoding, mimesis

一、引　言

莲花池位于河北保定旧城内，是一座历经元、明、清三代的北方名园，以丰盈的荷池清渠和精美的楼台建筑著称于世。圆明园位于北京西北郊，是清代最重要的一座皇家园林，拥有100多个主题景区，每个景区的空间布局、亭台楼阁、山水花木各不相同，体现了复杂的造园手法和悠远的意境特征。其中有多个景区以特殊的“写仿”手法摹拟中国各地的山水园林，尤以江南地区的名园胜景最受关注，如杭州西湖十景、绍兴兰亭、苏州狮子林、江宁瞻园、海宁安澜园、杭州小有天园、扬州趣园、嘉兴烟雨楼等，均在御园中得以一一再现。值得注意的是，圆明园四十景中的“别有洞天”一景曾经以保定的莲花池为蓝本进行全面改造，成为御园中写仿江南以外名园的重要实例，具有特殊的历史意义和艺术价值。

本文拟在历史文献考证和现场调查的基础上，梳理保定古莲池的历史沿革，分析其景观格局，对圆明园“别有洞天”景区的不同时期的演变过程进行辨析，通过对比分析其具体的写仿手法，并对其艺术特色作进一步的探讨，以求证于方家。

---

❶本文为国家自然科学基金项目“基于数字化技术平台的圆明园虚拟复原与造园意匠研究”(项目批准号:51278264)的相关成果。

二、池亭沧桑

保定是华北地区的一座历史文化名城,《弘治保定郡志·地理》载:“保定,燕国南陲,自召公奭立国以来,世代相承三千余年。”[1]所在地在周初属于燕国,战国时期属中山国,秦朝一统天下,分设郡县,保定地区属上谷郡。汉代、魏晋时期分属不同的诸侯国和郡县。北魏太和元年(477年)分新城县南境置清苑县,隶属于高阳郡,此为保定设县之始。其后变置不一,五代后唐同光元年(923年)于清苑县城设奉化军,天成三年(928年)升泰州。北宋建隆元年(960年)在清苑县设保塞军;太平兴国六年(981年)升保塞军为保州;淳化三年(992年)名将李继宣(950—1013年)镇守保州,“筑关城,浚外濠,葺营舍千五百区”[2],乃成边防重镇。金代于此设顺天军,属河北东路。金末贞祐元年(1213年)蒙古军攻陷保州城,焚为废墟。

蒙古成吉思汗二十二年(1227年),行军千户、保州等处都元帅张柔(1190—1268年)移镇保州,重建旧城,对此《元史·张柔传》有载:“保自兵火之余,荒废者十五年,盗出没其间。柔为之画市井,定民居,置官廨,引泉入城,疏沟渠以泻卑湿,通商惠工,遂致殷富。”[3]窝阔台十一年(1239年)设顺天路,以保州清苑城为路治。元代至元十二年(1275年)改顺天路为保定路,仍以旧城为路治,“保定”之名初见。明代洪武元年(1368年)改保定路为保定府。清代康熙八年(1669年)直隶巡抚移治保定,赋予古城以省会的地位。

元、明、清三代,保定皆为畿辅重镇,维持了数百年的繁盛,城内外兴建了大量的官署、寺观、书院、园林、邸宅,其中位于保定府署之南的莲花池景致佳美、传承有序,堪称保定第一名园。此园历经改建重修,至今园景尚存,2001年被国务院公布为第五批全国重点文物保护单位,并受到历史、建筑、园林界的高度关注,多位学者曾经对之进行考证研究,成果颇为丰硕。孙凤章先生的文章《保定古莲池史略》[4]、孟繁峰先生的《古莲花池》分别对园史沿革作了详细的考证。刘天华先生主编的《十大名园》一书中包含了王爽先生所撰的《古莲花池》[5]专章。柴汝新、苏禄煊先生所辑之《古莲花池碑文精选》收集了历代相关碑刻文字;孙待林、苏禄煊先生编著的《古莲花池图》收录了大量的古代图画和诗文,史料价值很高。此外还有一些学者在论著中对古莲花池的艺术特色进行了分析。以上成果对于我们今天深入了解此园的历史演变和造园意匠具有很大的意义。

清代雍正年间所编《畿辅通志》在“古迹·保定府”条下对莲花池的历史沿革有简短记载:“莲花池:在府治南。元张柔所凿,引鸡距河水,建临漪亭于上。明知府张烈文重修,万历间知府查志隆复拓其地,增堂寝、门庑、庖厨、台榭,扁曰:‘水鉴’。本朝康熙丁亥,知府李绅文重修。雍正十一年奉

[1] 文献[6].卷1.

[2] 文献[4].卷308.李继宣传.

[3] 文献[5].卷147.张柔传.

[4] 孙凤章,撰.石家林,整理.文献[23]:206-247.

[5] 文献[24]:144-163.

旨各省设立书院，即于此地修建增葺讲堂、书屋，改名‘莲池书院’。”[1]

清光绪五年（1879年），郭云丰《莲池台榭记》对莲花池的历史沿革亦有叙述：“莲池者，一郡之名胜，历代之遗迹也。自唐上元二年，凿池建亭，故曰‘临漪’。迨至元初，张柔开帅府于满城，以此地为别墅，置东西二渠，引鸡距泉水，由城西水门径西渠以归池。出池南行，为东渠，迳学宫泮池，通南水门，注清苑河。爰于西渠建亭，曰‘君子亭’；亭之东南开园，曰‘松鹤园’。于池之前后垒石为山，莳花成林。守帅贾辅于池北葺万卷楼，庋藏经史子集、百家图书，别为九类；筑中和堂于楼侧，以处陵川文忠，而莲池之规模始有。明中叶生齿繁昌，向所谓君子亭、松鹤园者，俱为民居。池之东而北，司理署。池之北西，市肆列廛。改称莲池为‘水鉴公署’，增葺台榭，勒石记事。”[2]

相传莲花池初辟于唐代上元年间（674—676年），池边有临漪亭，但目前可见最早记录上元始创的文献为800多年后明代弘治年间的方志，缺乏直接的佐证。确切的文献记载始于金末蒙元时期，张柔镇守保州时营造别业，在州署之南开凿此池，从城外引鸡距泉和一亩泉水，经东西二渠汇入池中，池上建有一座临漪亭。金末元初文人元好问《顺天府营建记》叙张柔引鸡距泉水入城，形成丰沛的水面并构筑园林：“水之占城中者什之四，渊绵舒徐，青绿弥望，为柳塘、为西溪、为南湖、为北潭、为云锦……为园囿者四：西曰种香，北曰芳润，南曰雪香，东曰寿春。”[3]此处所云种香、芳润、雪香、寿春四园或与莲花池、临漪亭有关，但不知具体所指。

元朝窝阔台八年（1236年）丙申秋季，左副元帅贾辅在池北建藏书楼万卷楼，又于乃马真后称制二年（1243年）癸卯冬季在楼旁另建中和堂，作为著名文士郝经[4]的居所。郝经为此作《万卷楼记》，曰：“万卷楼，顺天贾侯藏书之所也。……以书币邀致其府，于楼之侧筑堂，曰‘中和’，尽以楼之书见付，使肆其观览。……楼成于丙申之秋，经之处侯之门则癸卯之冬。”[5]

临漪亭后归行军千户乔惟忠，蒙古贵由二年（1247年）六月郝经受乔惟忠次子乔德玉之托作《临漪亭记略》：“鸡水控常山而东，穴保而入。激为流，疏为渠，潴为陂，浸而为溪，析而为塘。台楼亭观，雄列杰峙者，岿如也。别流泝布，由千户乔侯之第园而出。出而东则亭，亭则乔侯之别第也。面水者三，右池而左洄，屋重而庑列，鳞渌漪然，牓曰：‘临漪’。茂树葱郁，异卉芬茜，庚伏冠衣，清风戛然，迥不知暑。澄澜荡漾，帘户疏越，鱼泳而鸟翔，城市嚣嚣而得三湘七泽之乐，可谓胜地矣。”[6]由文可知，此园以水池为主景，池边建亭，三面临水，周边有重重的房屋和繁茂的花木，是一座幽静的私家花园。

元代正式建立后，保州地区曾遭遇大地震，诸园逐渐颓败。至元二十八年（1291年）诗人刘因《游高氏园记》称：“保旧多名园，近皆废毁。”[7]莲花池的具体情况不详。

[1] 文献[10].卷53.

[2] [清]郭云丰.莲池台榭记.文献[20]:162.

[3] 文献[1].卷33.顺天府营建记.

[4] 郝经（1223—1275年），字伯常，出生于许州（今河南省许昌市），祖籍泽州陵川（今山西省陵川县），元代学者，曾被保州守帅贾辅聘为教席，客居莲花池畔。身后谥号“文忠”。

[5] 文献[2].卷25.万卷楼记.

[6] 文献[2].卷25.临漪亭记略.

[7] 文献[3].卷10.游高氏园记.

明代《弘治保定郡志·古迹》载:“临漪亭在府城内,临鸡水,上元时建,澄澜荡漾,帘户疏越,鱼泳而鸟翔,城市嚣嚣而得三湘七泽之乐。”[1]又载:“莲花池在府治北,元张万户开渠灌水,以种莲花,中有看花亭,基址尚存。”[2]嘉靖年间知府张烈文对园林进行重修,重建临漪亭,从此莲花池成为保定府署的附属花园。《万历保定府志·古迹》载:“旧莲花池在府治北,元张万户开渠灌水,以种莲花,中有看花亭,基址尚存。此旧志所载也。今莲花池在郡志南,非复旧池矣。临漪亭在府城内……亭在今莲池上,知府张烈文重建,同知陈其愚记。”[3]《弘治保定郡志》谓元代莲花池原在府署之北,《万历保定府志》则记载重修的莲花池在府署之南,盖非旧池,值得存疑,但详情已不可考。

万历初年知府张振先对此园进行扩建增饰。万历十五年(1587 年)知府查志隆扩建园东北隔壁的理刑厅官署,同时拓展园址,增构建筑,其《重辟水鉴公署》曰:“金台郡治前故有池,广衍可数十亩许,或曰莲花池云。池上故有亭,亭以‘临漪’名,肇自唐上元时。迨国朝,重构则晴湖张公[4],充扩而润色之则望湖张公[5]。二公,先后守也。亭面池,背负郡治前通衢,东与理厅联墙。……余经费命官缮治厅宇,其事备载厅碑记中,以其间并亭宇而缮治焉。葺其所坏,益其所未备,而堂,而寝,而门庑,而庖厨,而台榭,而舼舟,与夫芘舟之水庐,罔不具饬。甫落成,而红蕖翠荷,锦绣烂然满池面。……乃树门于甬道而扁曰‘水鉴公署’……亭之门扁曰‘临漪’,池之楔扁曰‘古莲花池’,凡以存旧也。”[6]查氏在园内建造台榭、舫舟、水庐,为公署大门题写“水鉴公署”匾额,花园门题“临漪”;另于池边牌坊上题“古莲花池”额,与满池荷花相映照。

明人李明世咏莲花池诗云:“雨后澄潭迥绝埃,荷风十里扑人来。碧鳞妃子霞裳曳,红袖天孙锦帐开。蜂蝶迷烟时隐现,凫鸥逐水自萦洄。临流不浅观鱼兴,莫与平泉以草莱。”[7]诗中将莲花池比作唐代名相李德裕在洛阳郊外所建之平泉山居。隆庆初年保定知府贾淇《临漪亭》诗云:“谁开此地占韶华,菡萏深深入望赊。舫逐海边初上月,林邀山顶暮飞霞。岍芦丛发双栖鸟,池水新添鸣乱蛙。但使闾阎能乐业,不识何处是琅琊。”[8]官员何东序《临漪亭》诗云:“两坊车马逐纷华,市带园林望转赊。画鹢中流浮落日,荷蜂小苑引飞霞。阶除散吏松来鹤,风雨留宾池满蛙。酣乐醉翁谁似者,易阳别自有琅琊。”[9]从诗意来看,莲花池水面广阔,夏日荷花连绵,可在池中泛舟,且将临漪亭比作北宋文学家欧阳修在滁州琅琊山所建之醉翁亭。

至清代,莲花池仍为保定名胜,池西建有君子亭。康熙《保定府志·古迹》载:“君子亭:在莲花池西,方塘数亩,绿水红蕖,亭筑中央,板桥槐荫,荷色蝉声,居然画图,以受莲香,故名。郡旧有五老社,月饮弈其中,观者叹美。”引清初本地出身的文人官员郭棻诗:“一水如方镜,荷香受四邻。锦鱼游动乐,花木落浮津。亭可名君子,圃犹对大人。扶筇真率会,莫笑往来频。”[10]清初王鼒另有《莲花池诗》云:“绿树重荫逐岸回,红蕖一勺练塘开。

[1] 文献[6].卷 22.

[2] 文献[6].卷 22.

[3] 文献[7].卷 4.

[4] 晴湖张公:张烈文,云南人,号晴湖,嘉靖年间任保定知府。

[5] 望湖张公:张振先,浙江钱塘县人,号望湖,万历初年任保定知府。

[6] [清]查志隆.重辟水鉴公署.文献[21]:62.

[7] [明]李明世.莲花池诗.文献[20]:107.

[8] [明]贾淇.临漪亭.文献[7].卷 4.

[9] [明]何东序.临漪亭.文献[7].卷 4.

[10] 文献[8].卷 6.

凌波直夺灵妃艳，出水应分谢客才。昔见帆樯张锦绣，今闻歌吹绕楼台。野人坐爱荷风好，黄帽青鞋得得来。”❶

❶[清]王敏. 莲花池诗. 文献[20]:108.

同时莲花池亦以“莲漪夏艳”之名被列为保定(清苑)八景之一，康熙初年的官员、文人为之赋诗多首，如清苑县令时来敏《莲漪夏艳》诗序:“漪相传为古莲花池，前郡丞陈公有记，夏月池荷满放，芳香袭人，守公公余与二三宾佐泛舟呼酒，足称清赏焉。”诗云:“一泓潋滟绝尘埃，夹岸亭台倒影来。风动红妆香细送，波摇锦缆鉴初开。宜晴宜雨堪临赏，轻暖轻寒足溯洄。宴罢不知游上谷，几疑城市有蓬莱。”❷又如魏一鳌诗云:“荷花六月满横塘，细葛临流泛羽觞。雨溅珠玑浮翠叶，风吹帘幙带清香。凭栏抽韵拾芳□，隔岸垂纶钓夕阳。最爱柳梢迟月上，宵深余兴在沧浪。”❸康熙《清苑县志》卷首附有一张《莲漪夏艳图》(图1)，反映了当时景象:池南有一座重檐方亭，池北有庭院，岸边柳树依依，水上荷花点点。

❷[清]时来敏. 莲漪夏艳. 文献[9]. 卷11.

❸[清]魏一鳌. 莲漪夏艳. 文献[9]. 卷11.

图1　康熙《清苑县志》中的《莲漪夏艳图》

(作者摹自文献[9])

康熙四十六年(1707年)丁亥，知府李绅文再度重修园林及其周边建筑，其《重修保定府莲花池碑记》称:“郡治南故有莲池，为鸡距泉渟滀之所。澄清荡漾，虽方塘而有巨泽之观。……池上有亭，建自元时，至明万历间查公复拓其地，增以堂寝、门庑、庖厨、台榭，匾其额曰'水鉴公署'，事载查公碑记中。延今百余年，池既就淤，屋宇亦在在倾圮，久无当年胜概矣。岁丁亥，予荷圣恩，叨守此郡，来游池上，深惜前人创造，弃之草莽，思为兴修计。……于是鸠工庀材，经始于是年一月。……自始至终，或作或辍，经岁始落成。予每临流散步，或升高望远，则见夫红蕖绿芰沁人心目，亭亭翠柏拱荫阶庑，高城千堞襟带左右，以及文武牙署、观刹衡宇如星罗棋布，可俛可视，信为一郡风气所聚。不识查公当日结构如何，而规模亦稍备具矣。"[1]

雍正十一年（1733年），朝廷令各省设立书院，时任直隶总督的李卫遂在莲花池周边增建讲堂、书屋，改作"莲池书院"。次年李卫撰《莲花池修建书院增置使馆碑记》，述其营建经过：

> 皇上御宇十有一年，久道化成，俊乂辈出，谕德宣远，輶轩四达，命直省建立书院，教育英才，德意之厚，与天同功。畿辅首善之地，应诏宜先，而上谷城中，楹接桓联，择地不易。……古莲花池上有临漪亭，肇自唐上元间，志谓：鱼泳鸟翔，得潇湘之趣。地故寥廓，元守帅张柔崇构馆榭，始成巨观。明万历间，阛阓四集，轶有其地，先后守者购其遗址，葺其颓圮，正其方面位次，池馆之规模遂相传至今。……
>
> 始余以雍正十年建节保阳，环池行数十武，亭馆就芜，池水阏不东注，顾以林泉幽邃，云物苍然，于士子读书为宜。周回余址，宽闲爽垲，又于冠盖住宿为便，辄欣然有得，期于公余葺理整顿，以为吾职所当为。而建立书院之诏适下，爰与司藩王君、司臬窦君、观察彭君、郡守、县令商度，以大门甬道折行池北，故有南向厅事、堂后精舍、便室、东西廊庑、大小曲房若干间，因旧起废，建为书院。凡栋宇、檐楠、榱桷、轩窗、阶除、墙垣、门户之制无不新，铁石、瓦甓、丹雘、黝垩、屏幛、几席之材无不饬。计徒庸，书糇粮，属其役于清苑令徐德泰而董其成，名以"莲池书院"，从其始也。又即书院东甬道西地，鸠工庀材，构皇华亭馆若干楹，方向规模略如书院。公遇燕见，退食居息，宾从登眺，骖服仆御，莫不有，所制綦备矣。循甬道直行池东，折而南，地可五六亩，旧有厂轩曲廊，葺而治之，益构南向厅事五区、东向精舍三区、亭一所，小山、丛树、竹篱、松牖参错其间，为垣三面，别曰'南园'，备课士清燕之所。又使节之同时并集者，可以环池而居也。新旧共为门三、堂五、斋四、左右庑八、魁阁一、廊五、平台一、亭二、楼一、小屋四十余区、池二、桥一，经始于雍正十一年之五月，落成于是年之九月，共费金钱若干万，动支公费若干，余皆余捐养廉以足之。……[2]

李卫利用池边旧建筑大加扩建，营造莲池书院，附设驿使馆舍，形成了一个庞大的建筑群，莲花池由此改为书院园林，水间点缀亭桥楼廊、假山、花木，景致也大为丰富。

[1] [清]李绅文. 重修保定府莲花池碑记. 文献[21]：65.

[2] [清]李卫. 莲花池修建书院增置使馆碑记. 文献[21]：68-69.

三、行宫妙境

清代中叶，乾隆帝于乾隆十一年（1746 年）、十五年（1750 年）、二十六年（1761 年）、四十六年（1781 年）、五十一年（1786 年）、五十七年（1792 年）6 次巡幸保定，游览莲花池和莲池书院，前后一共作有五十多首御制诗，并多次御笔赐书。现存于莲花池的乾隆御笔碑刻尚有 12 件之多。

乾隆十四年（1749 年）至三十三年（1768 年）担任直隶总督的名臣方观承（1698—1768 年）于乾隆十五年（1750 年）对园林大加营建，以作皇帝临时停憩的行宫。园内共设春午坡、万卷楼、花南研北草堂、高芬阁、宛虹亭、鹤柴、蕊幢精舍、藻泳楼、绎堂、寒绿轩、篇留洞、含沧亭十二景。乾隆二十六年（1761 年）方观承将十二景绘为一套册页，附书图赞以及自己与莲池书院教授张叙所作十二景诗，冠名《保定名胜图咏》[1]。对此《西巡盛典·程途》载："莲花池在保定府治南，元大帅张柔所凿，引鸡距河水，为府中之胜。……前督臣方观承谱为十二景，高宗纯皇帝临幸，赐诗勒石。"[2]莲花池由此升格为皇家行宫御苑，达到历史上最鼎盛的境地。池边的书院依旧保持，宫廷画家张若澄绘有一幅《莲池书院图》（图 2），乾隆帝为之题诗[3]。另外值得一提的是，清代中叶在保定城外灵雨寺前的鸡水河上重建了一座临漪亭，旁设行宫，乾隆帝亦曾驻跸题诗，且曰："通志临漪亭，本曰莲池上。今却居城外，就筑行馆创。"自注："临漪亭据《畿辅通志》称在莲池上，则应在城内之莲池，今称于临漪亭畔构行馆，而行馆实在城外。"[4]

❶这套《保定名胜图咏》现藏中国国家图书馆善本部，原 12 页，仅存 11 页。

❷文献[12]. 卷 16.

❸[清]弘历. 高宗御制诗二集[M]. 清代光绪二年刊本. 卷 16. 题张若澄《莲池书院图》因叠前韵.

❹[清]弘历. 高宗御制诗四集[M]. 清代光绪二年刊本. 卷 79. 莲池书院.

图 2　清代张若澄绘《莲池书院图》

（台北故宫博物院藏）

方观承在整修莲花池园景的同时，对东西二渠进行疏浚，其本人于乾隆十六年（1751 年）作《重浚莲花池东西二渠记》："古莲花池在保定府治南，源出满城之一亩泉，合鸡距泉为清苑河，由城西渠引流而入，潴为池。……盖元代之所制也。池之大，可十六亩，中产芙蕖甚多。古木周遭，蔚然深秀。……乾隆十四年，秉节斯土，恭遇六飞时迈，一再临幸，圣天子御讲堂，摛宸藻，横经抱策者咸得濡沐光华，而一时嘉荫名泉、红桥绿齿，亦因以贡丽呈妍，仰邀睿赏，洵乎遭逢之极盛已。余惟省会景物之美萃乎池，池之润分乎渠，渠废不治，则阖城之水脉就湮，而池于何有？遂命保定王守、清苑周令迹旧之所营者而修复之。经始于辛未三月，迄五月而工竣。清流荡漾，输委自然，由是启西渠以入，盈盈不穷，开东渠以出，渟污去而不滞，而渠之制已顿还其旧矣。”❶

乾隆五十一年(1786年)十二月，史学家章学诚夜游莲花池，作《月夜游莲池记》：“池冰受雪，月色涵之，弥漫不辨远近。重漂素练中，铁线如钩，则池心宛虹桥也。双鹤立池中，有影无色，黠童驱之，乃类乘虚。憩坐沧浪水榭，回顾槛外，若乘扁舟泛银河中，不复辨尘世高下。夜静无风，寒气肃肃，如帆影过尔。遂梯石磴，盘旋阁道，升乎藻泳之楼。循廊四望，得其全势。步移影转，处处叹绝。楼榭参差，四围玉砌，白痕脱晕，天光衬之，其影深碧，转如池水，皓月当空，如池心澄影也。”❷

文学家蒋士铨《游古莲花池》诗云：“池是张柔凿，当年供冶游。流传弦诵地，尺五帝王州。上古舆图壮，西巡警跸留。萦梯通阆苑，拓沼贮瀛洲。掩豁坡陀转，逶迤阁道周。飞廊横叠带，短瀑注悬旒。竹树南东亩，帘栊上下楼。龛云阴洞閟，虹彩画梁浮。出入迷还到，攀跻眩复休。亭轩几方丈，台殿百虚舟。柳幔双堤合，莲衣一镜收。鹭拳酣午梦，鱼戏恰天游。舞鹤斜窥渚，飞花密泛沟。参禅幢蕊笑，习射羽星流。御墨镌灵壁，祥烟满上头。省方遵典礼，行乐奉长秋。岛石仇池比，荷风曲园侔。神仙如可致，宁复慕丹丘。”❸诗中叙述了此园的历史沿革和山水建筑之美，特别将岛上假山比作陕西仇池山，将莲池比作杭州西湖十景之一的曲院风荷。

通过相关图文可以大致了解乾隆年间莲池行宫的景致格局。莲花池现存园林占地面积约2.4万平方米，约合清代39亩(其中水池面合12.8亩)，而乾隆时期的规模更大，应在40亩以上。园东北侧临街设大门三间，其南以弧形围墙隔出一个小院，墙上开设八角形的随墙门。门内堆叠大型假山以作障景，此即十二景中的第一景春午坡(图3)，“叠石迤纡，坡陀掩映，高下杂植牡丹数百本，每春日花开，暖香延袖，真如坡诗所谓‘午景发浓艳’。”❹张叙诗云：“石径坡陀路几重，到门何处觅云踪。花光泼眼春当午，引入蓬莱第一峰。”❺山东侧别院内建明职亭，亭中树立二石碑，刻明代思想家吕坤(号新吾)语录。山南长廊西端为濯锦亭，依临池北岸。亭西为花南研北草堂(图4)，“襟宇高洁，檐庑静深，宜于宾燕之所在”❻，堂前为敞轩，题曰“清余于适”，后为时术斋；东西各有一个小院，东为重阆之居，西为因树轩。再西为两进庭院，以平顶游廊环绕，临水设平台门，院中建前后两卷五间殿，中设皇帝宝座，外檐悬乾隆帝御笔“绪式濂溪”匾额；后为二层万卷楼，“U”形平面，取元代贾辅旧楼之名，楼内收藏清帝历年所赐御笔宸翰(图5)。

❶[清]方观承. 重浚莲花池东西二渠记. 文献[21]:71-73.

❷[清]章学诚. 月夜游莲池记. 文献[20]:159.

❸[清]蒋士铨. 游古莲花池. 文献[20]:128.

❹文献[20]:27.

❺[清]张叙. 春午坡. 文献[20]:27.

❻文献[20]:32.

图3　保定名胜图咏 · 春午坡
（文献[20]）

图4　保定名胜图咏 · 花南研北草堂
（文献[20]）

图5 保定名胜图咏·万卷楼

（文献[20]）

水池被一片长洲分为南北两部分，北池较宽，南池狭长。北岸正中为高芬阁（图6），“飞阁桀峙，下俯清流，幽闼内延，复道外属”❶。阁西与奎画楼相连，平面呈“L”形。方观承诗云：“荷香熏远水，槛影俯清漪。新月坐初上，闲情理钓丝。蕉风动緌葛，凉夜未须归。”❷楼旁有黛柏轩和蕉簃，屋前分别种植柏树和十余本甘蕉。

池中筑小岛，岛上建圆形平面的五柱小亭，形如斗笠，名为“宛虹亭”（图7），又名“笠亭”，被视为元明时期旧临漪亭的后继者。岛南北两侧分别以拱桥和曲桥与北岸和长洲相连。张叙《宛虹亭》诗咏道：“天半飞虹界碧霄，一亭如笠系轻舠。浣花老叟时相过，便是西川万里桥。”❸（图8）

池西岸一片空地为养鹤的场所，定名“鹤柴”（图9），临岸建课荣书舫，由三间歇山水榭和两座歇山顶方亭拼接而成，面东设平台，形制介于榭与舫之间。鹤柴西北过石平桥为洒然亭，西南为鸟隅亭。

池南岸偏西庭院建蕊幢精舍（图10）以作礼佛之所，坐南朝北，其名源自佛经中“九州之外香海环之，其中为蕊香幢，诸佛之所托”❹的典故。院内设藏经楼、十诵禅房、煨芋室、篆窠。

南北池之间的长洲上建高大的藻泳楼（图11），两层五间，歇山顶，三面临水，气势最为不凡，方观承诗曰：“孤藤冒高树，岩石形苍然。登楼前后见，一水环风涟。楼头动藻影，树石皆空悬。”❺楼西为澄镜堂，三间平顶建筑，与平台游廊相接。藻泳楼之东有叠石假山，洞穴深邃，名为“篇留洞”（图12）。山上小亭顶覆香茅，名“乐胥”。向南有一座三孔白石桥通向南岸，是全园尺度最长、雕饰最精的一座古桥（图13）。

❶文献[20]：34.

❷[清]方观承. 高芬阁. 文献[20]：34.

❸[清]张叙. 宛虹亭[M]. 文献[20]：36.

❹文献[20]：40.

❺[清]方观承. 藻泳楼. 文献[20]：42.

图6　保定名胜图咏·高芬阁
（文献[20]）

图7　保定名胜图咏·宛虹亭
（文献[20]）

图 8 宛虹亭与拱桥今景
(作者自摄)

图 9 保定名胜图咏・鹤柴
(文献[20])

图 10　保定名胜图咏・蕊幢精舍
（文献[20]）

图 11　保定名胜图咏・藻泳楼
（文献[20]）

图 12　篇留洞今景
(作者自摄)

图 13　三孔白石桥今景
(作者自摄)

池南岸有土山,后世称"红枣坡";山上建亭,悬"苍然一形"额。其南设射圃和两卷三间绎堂(图 14),堂前笔直的箭道可以练习射箭。陈德正诗云:"偏宜缓带与清裘,弓燥不妨手自揉。才下讲堂来射圃,却教儒将擅风流。"❶堂东南为驻景楼。土山之东为寒绿轩(图 15),周围种植几百株竹子,取北宋欧阳修"竹色君子德,猗猗寒更绿"诗意命名。旁边有竹烟槐雨之居和岩榭,种植高大的槐树。溪流上所跨之桥名"绿野梯桥"。由此转而向北,池东岸有曲廊,通往含沧亭(图 16),亭跨水上,"西挹弥森,东注石窦,湍飞流激,每凭风延咏,如闻濯缨之歌"❷。张叙《含沧亭》诗云:"亭前流水是沧浪,亭畔依依柳带长。收拾环池襟袖里,烟波无限忆濠梁。"❸亭北为水东楼,再北即春午坡。

❶[清]陈德正. 莲池十二景・绎堂. 文献[20]:113.

❷文献[20]:50.

❸[清]张叙. 含沧亭. 文献[20]:50.

图 14　保定名胜图咏・绎堂

（文献[20]）

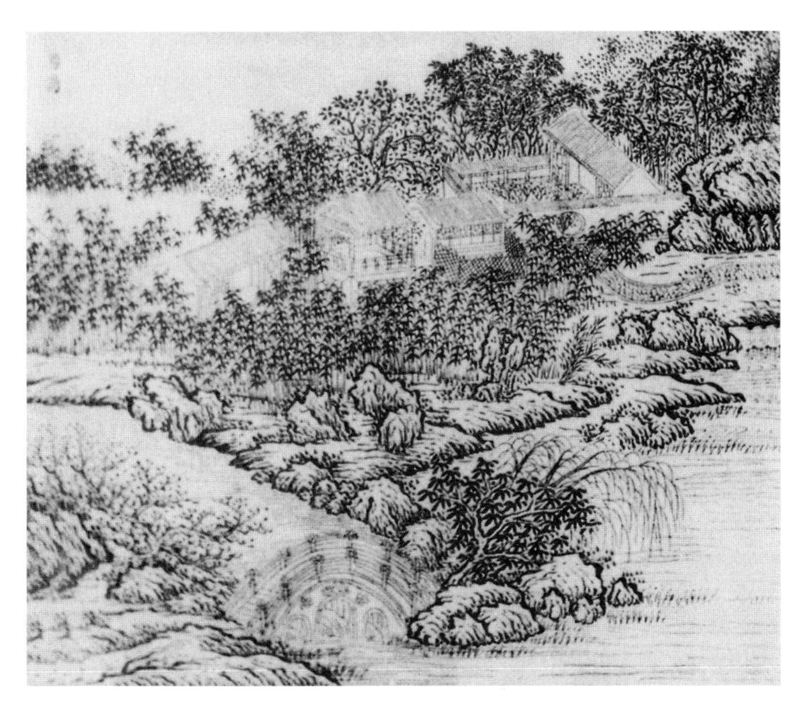

图 15　保定名胜图咏・寒绿轩

（文献[20]）

图16　保定名胜图咏·含沧亭

（文献[20]）

作为一座历史悠久、屡毁屡建的园林，乾隆时期的莲花池保持以水池为主体的基本格局，与苏州拙政园东部颇为相似。池中小岛成为视觉中心所在，主要景致均环绕水岸而设，或进或退，或开或闭，总体上具有北方园林旷达疏阔的特色，又不乏幽曲深邃的江南园林韵味。建筑、假山、池溪、花木无不精心设置，达到很高的艺术成就。

水景在全园占据了最大比重，所谓"圜池之设，特饶明瑟"❶。水面总面积达16亩之广，以大小二池分居南北，东西两侧又有水渠与城内外水系脉络连通，其间宽窄、动静变化不一。水面澄清，涟漪荡漾，池上密植荷花，晴天、雨天、月夜各有胜景可赏，还可泛舟游览，虽在城中，却恍如郊野江湖。对此乾隆帝诗咏道："小湖亦有水含之，弗动微风净练披。"❷"绿蒲白芷斯犹未，藻漾波心致可凭。"❸

园中建筑形式多样，尤以楼阁见长，万卷楼、高芬阁、奎画楼、藏经楼、藻泳楼、驻景楼、水东楼分居各处，或雄伟，或小巧，凸起于树梢水际，且宜于登临观景。亭的数量最多，造型也最为多变，宛虹亭、濯锦亭、鸟隅亭、含沧亭分别采用圆形、方形、六角形、长方形平面，或登山巅，或临水上，成为最好的点缀。桥的形态同样非常丰富，三孔石桥、单孔石桥、曲桥、平桥、亭桥，各不相同。其余如厅堂、敞轩、水榭、书斋、奥室、禅房等建筑，也都各有妙处。部分门、堂和游廊采用平台屋顶，上设栏杆，可登可坐，反映了北方园林的特色。这些建筑内外空间可用来宴乐、藏书、读书、拜佛、赏景、幽居、射箭，功

❶文献[20]：36.

❷[清]弘历. 高宗御制诗五集[M]. 清代光绪二年刊本. 卷73. 四题莲池书院十二景·含沧亭.

❸[清]弘历. 高宗御制诗四集[M]. 清代光绪二年刊本. 卷80. 再题莲池书院十二景·藻泳楼.

能完备。

假山主要设于春午坡、篇留洞、红枣坡三处,所用材料有微妙差异。春午坡土石兼用,篇留洞以石为主,红枣坡以土为主。春午坡位于入口处,显"开门见山"之势,与《红楼梦》大观园门内假山有异曲同工之妙。篇留洞石穴最为复杂,引人探秘,乾隆帝诗句赞曰:"假山宛转栈蹊修,北洞得来深且幽。"❶"叠起假山嵚且岑,嵚岑下委洞幽深。"❷红枣坡位于东南一隅,尺度最高。园中收集了数量众多的奇石,故而章学诚《月夜游莲池记》称:"峰峦石骨,坚瘦自持。堆阜咫尺,亦具壁立万仞之概。"❸澄静堂内有"理笏"匾额,出自北宋米芾拜石的典故,当与所贮奇石有关,至今园内尚存多座姿态玲珑的大型太湖石❹。

园内植物极为繁盛,乾隆帝诗中曾咏道:"杏桃竞绘二月景,茗芷平分一母泉。"❺池中红蕖翠盖,荷香满溢,堪比杭州西湖。乔木有松、柏、槐、柳,灌木有桃、杏,花卉以牡丹著称,另有竹林、蔬圃。此外万卷楼前的二株古藤蟠曲遒劲,也十分珍贵。同时,园内还蓄养白鹤和金鱼,进一步增添了生气,对此黄可润有咏鹤诗:"白鹤振奇翼,延颈欲高飞。濯影秋水上,明月添我衣。"❻乾隆诗云:"碧水溶溶上有楼,俯栏可以数鱼游。"❼

莲花池的匾额多为历代保定高官、书院硕儒所题,主要源自儒家经典和古代诗文,既描述景物之美,又阐述儒学之理,措辞典雅,含义深刻,如春午坡、课荣书舫、藻泳楼、乐胥亭、寒绿轩之类,均为上乘题名。

园位于城市核心,但因为多建高楼,又堆高大假山,各处均可登高远眺,借景园外乃至城外山峰、乡村,视野相当开阔,特别是东南红枣坡、驻景楼一带,"于此凭高眺远,堞影连云,烟村结雾,宛在眉睫,百里内外,郎峰、抱阳诸山,皆回青转绿,涌现天表也"❽。

综合而言,乾隆时期的莲花池历经从私家园林、公署园林、书院园林到行宫园林的演变,继承了元代以来的文化主题并不断衍化,形成了水景丰沛、亭阁秀丽、山石峥嵘、花木茂盛的景象,深受乾隆帝的欣赏,故而在圆明园加以仿建。乾隆帝曾作《莲池书院》诗对园景进行概括:"西巡返翠罕,东道驻樊舆。莲池旧名迹,停辔览斯须。闲斋十笏强,小园五亩余。建插引卢水,汇为明镜湖。俯栏有游鳞,护波来飞凫。不谓城市中,而与林泉俱。……所爱寄芙蕖,晦翁创白鹿。觉牖垂芳模,瞻彼万卷楼。"❾不吝赞美之辞,颇得赏景之乐。

乾隆之后,嘉庆帝亦曾西巡临幸莲池行宫。《西巡盛典》又载:"嘉庆十六年,皇上西巡,迴跸临幸,有御制《游莲池书院》诗,并钦赐督臣温承惠、藩司臣方受畴诗,勒石书院旁。"❿嘉庆帝御笔赐直隶总督温承惠、直隶布政使方受畴的两首五言律诗分刻二碑,至今尚存。《西巡盛典》附有一幅《莲花池图》(图17),从北面描绘了嘉庆年间莲花池的格局,景点与乾隆时期相似,部分建筑名称或形式有所变化,如藻泳楼标为"澄□楼",课荣书舫标为"钓鱼台",蕊幢精舍前殿改为关帝庙,宛虹亭由单檐圆亭

❶[清]弘历. 高宗御制诗五集[M]. 清代光绪二年刊本. 卷73. 四题莲池书院十二景·篇留洞.

❷[清]弘历. 高宗御制诗五集[M]. 清代光绪二年刊本. 卷22. 三题莲池书院十二景·篇留洞.

❸[清]章学诚. 月夜游莲池记. 文献[20]:159.

❹园内现存最著名的一块太湖石名"太保峰",位于曲桥北侧,高4米多,峰上有"万历甲辰"(即万历三十二年,1604年)题刻。《古莲花池》称此石原在城西灵雨寺,1965年移来此处,但也存在其他不同说法。见古莲花池:70.

❺[清]弘历. 高宗御制诗二集[M]. 清代光绪二年刊本. 卷16. 莲池书院.

❻[清]黄可润. 莲池十二景·鹤柴. 文献[20]:125.

❼[清]弘历. 高宗御制诗五集[M]. 清代光绪二年刊本. 卷73. 四题莲池书院十二景·藻泳楼.

❽文献[20]:44.

❾[清]弘历. 高宗御制诗初集[M]. 清代光绪二年刊本. 卷36. 莲池书院.

❿文献[12]. 卷16.

变为重檐亭。

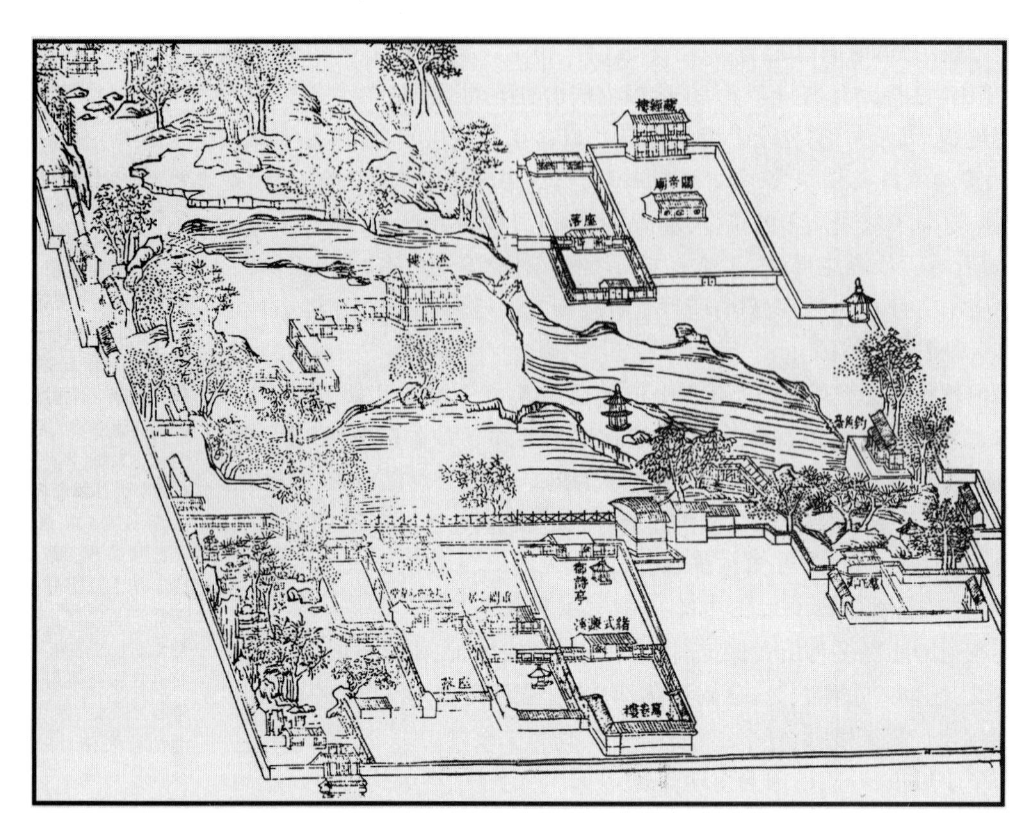

图 17 《西巡盛典》中的《莲花池图》

(文献[12])

光绪《保定府志》载:“行宫在府城古莲花池……谨按,道光二十六年奉文裁撤行宫,盖示天下不复巡幸之意。”❶道光帝虽下旨裁撤行宫,但莲池书院和园林仍在,而且自道光、咸丰、同治至光绪前期,莲花池依旧保持旧貌,历任直隶总督、布政使分别予以重修。光绪《保定府志・古迹》载:“古莲花池,在府治南……同治七年总督官文、布政使唐训方重修,光绪间总督李鸿章节次重修,又于池北万卷楼改建学古堂,于奎画楼北增建六幢亭。”❷官文《重修莲花池碑记》称:“因余持节荆湘,寇氛方炽,凡诸名胜半化劫灰,幸逢神武布昭,江南底定,乃得集同志次第兴作,渐复旧观。”❸

❶文献[13].卷首.

❷文献[13].卷41.

❸[清]官文.重修莲花池碑记.文献[21]:84-85.

咸丰、同治时期,曾任莲池书院教授的文人黄彭年的夫人刘氏仿乾隆时期的《保定名胜图咏》,以工笔重彩重绘《莲池十二景图》,由图上可见建筑密度有所增大(图 18),但宛虹亭仍为五柱单檐圆亭。中国国家图书馆现藏一幅光绪四年(1878 年)所绘的《莲花池全图》(图 19),景物更为繁密,一些建筑也被改建,如已更名为“学古堂”的绪式濂溪殿由两卷改为三卷,宛虹亭改为重檐八角亭,高芬阁南侧增筑临水平台。

图 18　莲池十二景图 · 篇留洞
（文献[20]）

图 19　莲花池全图
（文献[20]）

光绪五年(1879 年)郭云丰作《莲池台榭记》,详述当时的全园格局:“屏于重门者,为春午坡。……坡之南,为御碑亭。三亭并峙,形制不一。西行有亭曰‘濯锦’,穿而入,为池之阳。南向者,重阂居也。居之北为花南研北草堂,堂之西为凤鸣书屋。屋之西为娱清轩。轩之北为万卷楼,轩之南为藤花榭。榭前古藤数本,枯根蟠地,浓荫参天,东迎濯锦亭,西邻高芬阁也。阁外有台,砌脚浸渠,波心印月,襟期为之一爽。阁西为奎画楼,由楼南度宛虹桥,至宛虹亭,今所谓‘笠亭’,昔所谓‘临漪亭’也。亭南有凌空桥,登高如在天际。由楼直西行,曲折盘旋。从假山隙径出,过洒然亭,至响琴榭,此为鸡水入池处,泉声泠泠,尘俗可涤。有台拾级,陟其巅,望郎山诸峰,时隐现于烟树迷离中。其南为君子长生馆,俗称‘钓鱼台’,昔所谓‘鹤柴’也,同治辛未陈观察鼐改其名。……又南为花神小祠,联为‘独秀清净莲为佛,暂供香花吏亦僧’,颇为莲池写照。折而东为蕊幢精舍,有观音阁三楹,东为煨芋室,昔时处司香者。由是缘池而南,石路崎岖,渐步渐高。复折而东,有小亭。旁一井,泉甘洌。亭南为蔬圃,故以‘不如’名亭焉。北望藻泳楼,盈盈隔水,岸削千尺。循亭而东为红枣坡,坡最高,雉堞画橹,罗而致之带下。坡之南为射堂,昔所谓‘绎堂’也。坡之东为寒绿轩。坡之北为白石桥,雕栏奇丽,蜿蜒卧波。桥北为篇留洞,洞口南入,西北出洞。左有亭曰‘观澜’,昔所谓‘含沧亭’也。东北过平桥为水东楼,与君子馆东西遥瞻,如拱如揖。楼侧为鹿柴,五鹿踏花,时闻呦呦声。其北即春午坡也。盖池分为二渠,北渠则经宛虹桥,达濯锦亭;南渠由煨芋室径小红桥,绕藻泳楼、篇留洞;响琴榭,为池之关键;水东楼,为池之总汇也。而环池台榭峻拔者,高芬阁;宏敞者,君子馆;雄伟者,藻泳楼。与夫壁刻摹古,石笋争奇,翠柏耸云,绿槐夹道,乃叹名贤之遗迹长存,历世之培植,不可不纪也。”[1]其文与光绪四年《莲花池全图》可以相互参照,与乾隆年间《保定名胜图咏》,咸丰、同治时期《莲池十二景图》所载所绘相比较,格局仍基本相同,一些建筑名称又有所变化,如鹤柴之“课荣书舫”改为“君子长生馆”,绎堂改称“射堂”。

光绪二十六年(1900 年)八国联军入侵,慈禧太后和光绪帝仓皇西逃,英、德、法、意四国军队南下保定,驻扎 10 个月之久,大肆烧杀抢掠,莲花池建筑大部被毁。次年两宫回銮,直隶总督袁世凯在莲池旁边的永宁寺遗址建造新的行宫。光绪二十九年(1903 年)为了迎接两宫谒陵,袁世凯又重修莲花池作为帝后临时驻跸的御苑,由于财力所限,只恢复了部分景物。此后直隶按察使胡景桂在园址内修建房舍,以办新式学堂。光绪三十二年(1906 年)直隶布政使增韫令清苑县令汤世晋将莲花池改为公园。光绪三十三年(1907 年)出任直隶总督的杨士骧(号莲府)筹款继续重建了一些建筑,还建造了一座西式风格的直隶图书馆,但园景已经无法与盛期相比。清末黄国瑄《重建六幢亭记》叙其沿革:“庚子,联军入城,而古莲华池毁坏,一无所

[1] [清]郭云丰. 莲池台榭记. 文献[20]:162.

存。癸卯,皇太后、皇上谒陵,巡幸保定,时宫保袁公世凯督直,筹款重建,以为翠华临幸之地,供奉宸游。既,胡廉访景桂修建房舍于古莲华池,初为学校司,继为学务处,又其后为模范学堂。……丙午,中丞萨勒图拉公增韫开藩直隶,使汤大令世晋改古莲华池为公园。”❶1931 年于振宗《重修保定古莲花池记》追忆:“自清季庚子八月间拳匪肇衅,英法德义诸国联军内犯,驻军保定十余月之久,莲池台榭,举成灰烬矣。迨联军退,杨廉甫制君开藩来保,乃筹款重修,仍复旧观,惟以万卷楼及砚北草堂等院宇画归学校。”❷保定市莲池文物管理所另存有一幅光绪三十四年(1908 年)白描《莲池行宫全图》(图 20),反映了重建后的面貌。

❶[清]黄国瑄. 重建六幢亭记. 文献[21]:97.

❷于振宗. 重修保定古莲花池记. 文献[21]:103.

图 20 《莲池行宫全图》局部

(文献[20])

民国时期莲花池仍为保定公园,刘春霖《重修古莲花池公园碑记》记录了 1921 年直隶省长曹锐委派保定警察厅长张汝桐主持莲花池公园整修事宜,“池沼淤塞朽腐,凿沟以通之;亭台楹桷板槛之挠陁、级砖盖瓦之残缺,以及墙壁画墁赤白之污黑者,一皆新之,蕲复旧观”❸。此后虽有局部维护、疏浚,但因为各种天灾人祸而日渐颓败。1949 年后古莲池继续被定为公园,向公众开放,得到有效保护。21 世纪以来陆续修复了多个景点,大致接近光绪前期的格局,但规模有所缩小(图 21、图 22)。

❸刘春霖. 重修古莲花池公园碑记. 文献[21]:100.

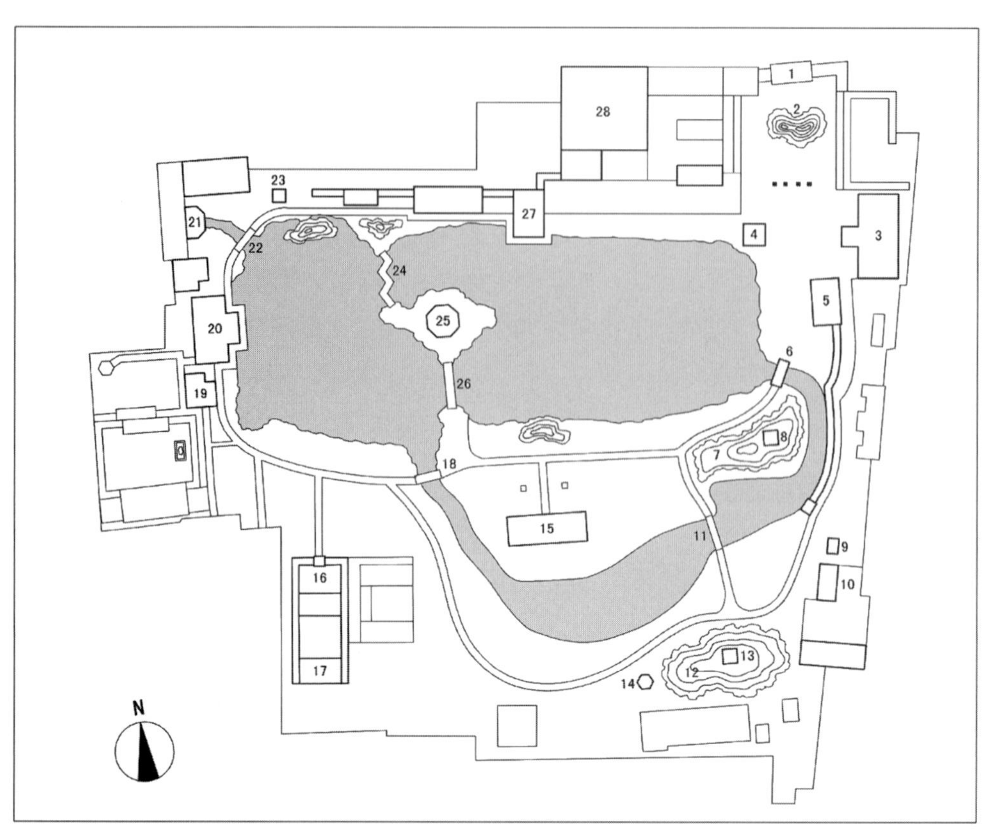

1.园门；2.春午坡；3.直隶图书馆；4.濯锦亭；5.水东楼；6.含沧亭；7.篇留洞；8.观澜亭；9.岩榭；10.含绿轩；11.三孔石拱桥；12.红枣坡；13.六幢亭；14.不如亭；15.藻泳楼；16.蕊幢精舍；17.藏经楼；18.石平桥；19.小方壶；20.君子长生馆；21.响琴；22.小石拱桥；23.洒然亭；24.曲桥；25.宛虹亭；26.宛虹桥；27.高芬阁；28.万卷楼

图21　莲花池现存园林平面图

（作者自绘）

图22　莲花池今景

（作者自摄）

四、秀清水村

“别有洞天”是北京圆明园四十景之一，原名秀清村，位于圆明园东南隅，始建于雍正年间。此景位置偏僻，曾是雍正帝炼丹的秘所。李国荣先生《雍正炼丹秘事》一文考证其事，从内务府《活计档·入匣作》中找到4条文字，记录雍正八年(1730年)十一月十七日、十二月初七日、十二月十五日、十二月二十二日传谕内务府总管海望、太医院院使刘胜芳等，分别在圆明园秀清村处用“桑柴一千五百斤，白炭四百斤”，“铁火盆罩，口径一尺八寸，高一尺五寸一件；红炉炭二百斤”，“矿银十两，黑炭一百斤，好煤二百斤”，“白炭一千斤，渣煤一千斤”[1]。此处用煤炭、柴火甚多，又用矿银，且有太医院参与其事，必是炼丹无疑。另外当年十月十八日太监传在“秀清村安银耳挖六根”[2]，未知何用。

乾隆帝厌恶方术丹药，继位后驱逐道士，秀清村不再炼丹。乾隆四年(1739年)九月正式在此区正殿悬挂御笔“别有洞天”匾额[3]，但此后的宫廷档案仍称之为“秀清村”。乾隆帝《别有洞天》诗序称：“苑墙东出水关曰秀清村，长薄疏林，映带庄墅，自有尘外致。正不必倾岑峻涧，阻绝恒蹊，罕得津逮也。”[4]乾隆九年(1744年)《圆明园四十景图》中的《别有洞天》一图是唯一的一幅雪景图(图23)，描绘了当时的景象，据此可复原出相应的平面示意图(图24)。

❶文献[26]:29-30.

❷文献[15]:1218.

❸文献[15]:1260.

❹[清]弘历. 高宗御制诗初集[M]. 清代光绪二年刊本. 卷22. 圆明园四十景诗·别有洞天.

图23 《圆明园四十景图》中的《别有洞天》图

(法国国家图书馆藏)

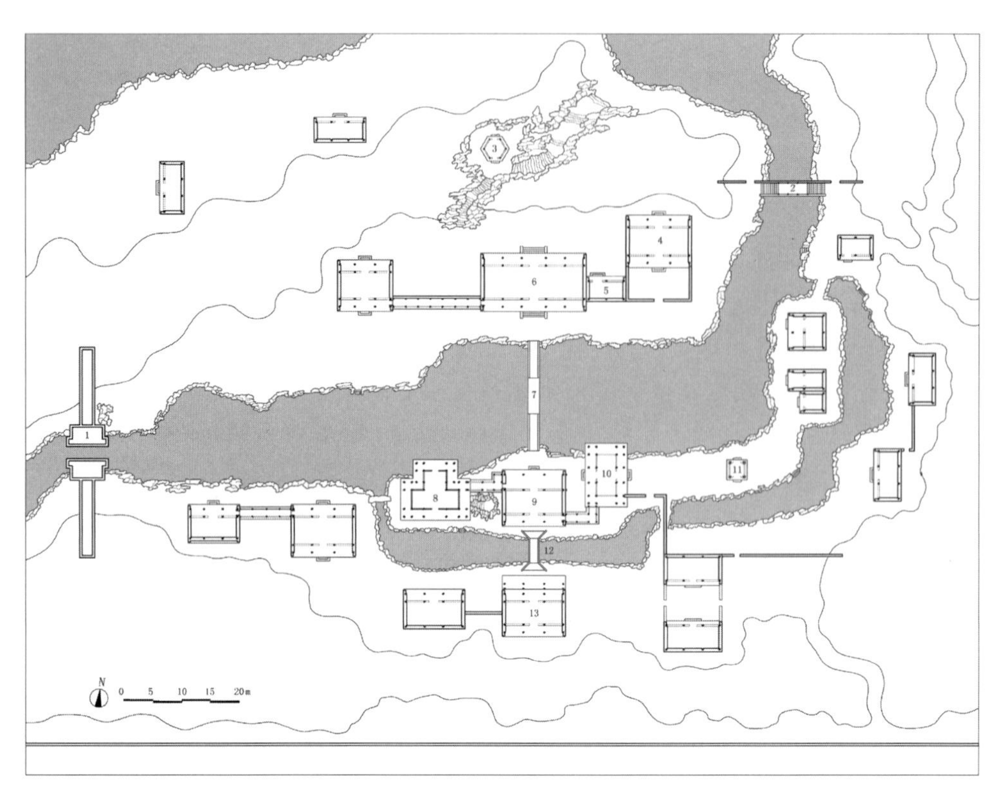

1.城关；2.三折木桥；3.接叶亭；4.小院北房；5.耳房；6.“别有洞天”正殿；7.木板桥；8.环秀亭；9.中厅；10.歇山临水厅；11.方亭；12.石拱桥；13.自达轩

图24 乾隆九年圆明园“别有洞天”平面图

（作者自绘）

景区位于福海东南侧，四面均有土山围合，自成一方天地，与辽阔的福海水面完全隔开。东北设木栅墙，跨越河道上的一座三折木亭桥，桥左右各设一个随墙门。所有建筑均围绕河池展开，形成围合内敛的气氛。河池实际上是全园河道的组成部分，在此局部放宽，并在南侧引出一段直流，二水之间夹一座“L”形平面的长洲，建筑、假山、花木位于长洲之上和南北两岸，河西侧为水关城墙，门上刻“秀清村”石额。正殿位于北岸，为5间悬山厅堂，东连2间耳房，西以7间游廊与3间别馆相接，东北侧另辟一个小院，前设圆形随墙门，院内建三间小屋。北侧假山山坳中掩藏着一座六角亭。

长洲上与正殿相对位置建有一座厅堂，3间悬山建筑，前出悬山抱厦。北河上架设木平桥，桥中央一段木板可临时拉升或拆卸，以便过船。厅东是一座东西朝向的3间歇山建筑，再东是一座方亭。南厅西侧为两层建筑，底层3间带周围廊；北向伸出一间，平面呈凸字形，屋顶采用盝顶平台形式，四面栏杆；台上建一座方亭，名为“环秀亭”，造型奇特，不设楼梯，在东侧堆叠假山磴道以登临其上。其西有两座建筑，分别面向南、北两个方向。其东有一座方亭，东北另有并排3座小屋，其中两座前设一卷抱厦。

南岸又有3间厅堂，北侧接一卷擎檐廊，前设平台，与长洲中厅后檐相对，乾隆四十八年(1783年)悬挂御书“自达轩”匾[1]。其西邻近3间小屋，东侧稍远处的两座建筑组合成一个小院，以镂空花砖墙与东边的假山和长洲上的歇山厅相连。两河在东端折而向北，仍合为一流。

此景区隔墙多用花砖，是其重要特色。《圆明园内工则例·装修续例》中记载：“秀清村花墙例：尺肆茶花砖，每贰件凿花匠壹工；龟纹锦砖，每陆件外加砍砖匠壹工，每贰件凿花匠壹工；灯笼锦砖，每贰件凿花匠壹工；如意花砖，每件凿花匠壹工半；菱角砖，每贰件凿花匠壹工；瓶儿门立柱，每五十件凿花匠壹工(系新样城砖)；尺肆瓶儿嘴花砖，每件凿花匠壹工。以上各样花砖，合对摆验，俱每贰拾捌件外加砍砖匠壹工。”[2]可见其花墙式样相当复杂。

这是一组仿佛郊野水村的建筑群，以3间悬山房为主，尺度小巧，造型简单，色彩朴素，具有曲折幽清的特点。之后陆续有改建之举，乾隆十六年(1751年)正月九日传旨圆明园档子房：“秀清村三卷房内装修槅扇槛窗，照建福宫延春阁红漆槅扇样式，用楠木栢木做槅心，贴一字一画，交启祥宫画。”[3]可见原5间正殿已经改为三卷勾连搭形式，并在室内仿紫禁城建福宫延春阁做槅扇。同年还在北岸建纳翠楼，在北部假山上的六角亭悬“接叶亭”匾[4]，另在其他建筑上悬“会心不远”等匾额和对联[5]。乾隆二十六年(1761年)又挂“澹闲室”[6]和“太虚室”匾[7]。乾隆帝平时乘船、轿子或拖床游园，经常造访此景，按乾隆二十一年(1756年)《穿戴档》记载，当年乾隆帝“至秀清村少坐”共23次，有3次在此传晚膳，其余均在晚膳之后光顾。[8]

乾隆二十六年(1761年)乾隆帝第三次巡幸保定，游赏莲花池，下旨绘图呈进，并以保定莲花池为蓝本，对圆明园“别有洞天”进行全面改造。内务府《奏销》记载当年开始实施“圆明园……秀清村添建殿宇、楼座、开挖河泡等工”，工程一直持续到乾隆二十七年(1762年)方才“完竣”[9]。后来乾隆帝本人于乾隆四十六年(1781年)在《再咏莲池书院十二景·含沧亭》中回忆20年前的这次写仿工程：“十二景都点缀工，图呈曾肖御园中。廿年事迹一弹指，拈句因之思不穷。”自注：“辛巳过此，命绘图，于圆明园秀清村肖此结构。”[10]

此后“别有洞天”景区仍改建、重修频繁，内务府《奏销档》中就留下了若干相关记录。如乾隆三十五年(1770年)“秀清村南边添建楼座，拆盖游廊，添做花药栏，并拆砌虎皮石墙，添筑甬路，拆堆土山，出运渣土，清理地面，以及油饰、裱糊等项工程……实净销银一千五百五十九两五钱五分一厘”[11]。乾隆四十三年(1778年)为秀清村高台殿二次间、两边游廊、南边叠落游廊、北边叠落游廊以及延藻楼南山游廊、眺爽楼西边游廊安装槛窗。[12]

[1]乾隆四十八年(1783年)《油木作活计档》载：“首领吕进忠交御笔宣纸‘自达轩’本文一张(秀清村)。传旨：做一块玉粉油蓝字匾一面，随托钉挺钩安挂。”参见文献[15]:1586.

[2]文献[25]:954.

[3]文献[15]:1328.

[4]文献[15]:1232.

[5]文献[15]:1330.

[6]文献[15]:1406.

[7]文献[15]:1419.

[8]文献[15]:827-910.

[9]文献[15]:103.

[10][清]弘历. 高宗御制诗四集[M]. 清代光绪二年刊本. 卷80. 再咏莲池书院十二景·含沧亭.

[11]文献[15]:161.

[12]文献[15]:238.

乾隆五十六年(1791年)粘修开鉴堂、竹密山斋及东山转湾游廊[1],乾隆五十九年(1794年)至六十年(1795年)粘修芸晖屋、活画舫、西平台游廊、清徽亭、波心亭等[2]。相比乾隆二十六年的大规模改建而言,档案中的这些工程以维修和局部添建为主,没有发现大的变动。

乾隆帝对"别有洞天"景区非常欣赏,前后为之共作有御制诗数十首,在圆明三园所有景区中位居前列。

[1] 文献[15]:305.

[2] 文献[15]:395-396.

五、写仿改建

乾隆五十三年(1788年)刊行的《日下旧闻考》对圆明园"别有洞天"的记载十分简略:"接秀山房之南有敞宇,北依山,南临河,为别有洞天,五楹。西为纳翠楼,西南为水木清华之阁,阁西稍北为时赏斋。"[3]

清华大学建筑学院现藏一张清代样式雷所绘《秀清村南路地盘画样》(图25),属于改建规划设计图性质,绘制时间大约在嘉庆初年,其底图完整表现了乾隆二十六年(1761年)至二十七年(1762年)景区改建完成后的情况,另以贴签形式标注拟拆除的建筑详细尺寸。[4]与《圆明园四十景图》中的《别有洞天图》相较,山形水系大体保持原状,建筑密度明显增高,形式也更为丰富,反映了写仿保定莲花池的深刻印记。以此底图为依据,参考《日下旧闻考》、宫廷档案以及御制诗,可对乾隆中期"别有洞天"景区的基本格局和艺术手法进行详细的分析(图26)。

[3] 文献[11]:1372.

[4] 由于此图经过重裱,部分贴签位置错讹。

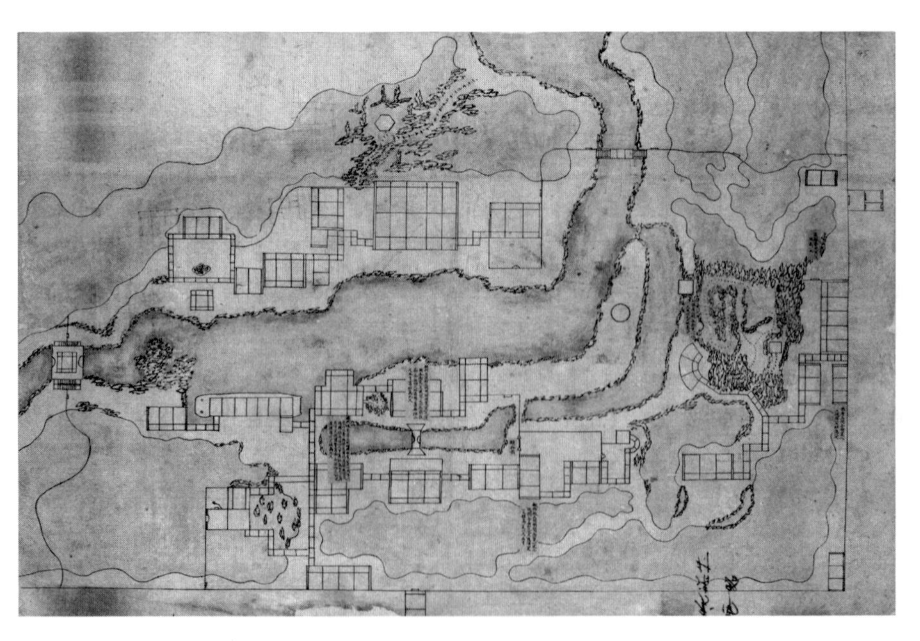

图25 秀清村南路样式雷地盘画样

(清华大学建筑学院藏)

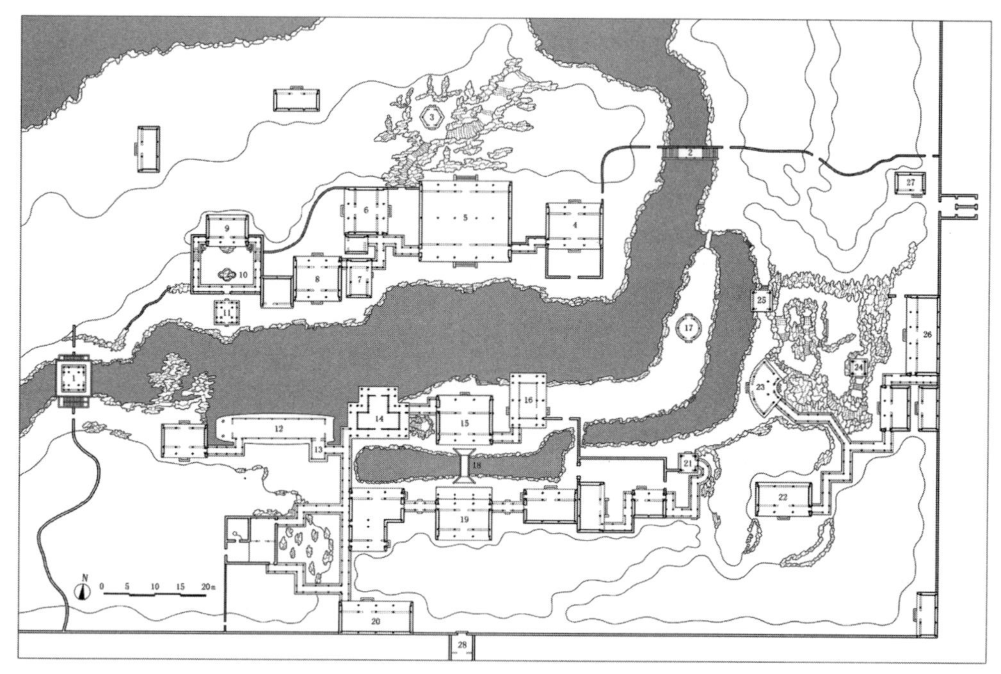

1.城关； 2.三折木桥； 3.接叶亭； 4.小院北房； 5.“别有洞天”三卷殿； 6.纳翠楼； 7.三间小楼；
8.水木清华阁； 9.时赏斋； 10.青云片； 11.方亭； 12.活画舫； 13.抱房； 14.环秀亭；
15.中厅； 16.芸晖屋； 17.圆亭； 18.石拱桥； 19.自达轩； 20.眺爽楼； 21.方亭； 22.竹密山斋；
23.扇熏榭； 24.方亭； 25.清徽亭； 26.延藻楼； 27.值房； 28.秀清门

图 26　乾隆中后期圆明园“别有洞天”平面图

（作者自绘）

景区四面以土山环绕，西、北两边增砌随山形弯曲的墙垣，东、南两侧即为圆明园外围墙，靠墙设有几座值房。东北河道上的亭桥尚在，桥两侧的木栅墙上各开一门，是主要的出入口；还在假山之间的墙上另开二门。南面园墙上开设秀清村门，通向绮春园。

“别有洞天”正殿已经改为前后三卷5间建筑，仍悬“别有洞天”匾。前卷较短，类似出厦；后二卷较长，北侧设有后廊。东侧耳房取消，仍设小院，正殿以游廊与小院北屋相连。西为纳翠楼，三间小阁，带前后廊，东西朝向，与墙垣、游廊一起在正宇之西围合出一个曲尺形的院落。乾隆帝曾作《纳翠楼五咏》诗，分别以镜水、屏山、松风、萝月、静观为题。

纳翠楼西南为水木清华之阁（图27），建于乾隆二十六年（1761年），也是一座3间小阁，样式雷图显示其明间宽9尺（2.88米），次间宽8尺（2.56米），进深1丈4尺（4.48米），廊深4尺（1.28米）。阁内悬“自然如画”、“学海云涛”匾额，陈列石刻御制诗文若干件。乾隆帝诗云：“阁凭水木号清华，气味由来本一家。夏阳西池真足赏，简文濠濮岂须夸。”[1]样式雷图标注阁东有3间小楼，南面2间各面宽8尺（2.56米），北面一间与游廊同样宽4尺（1.28米）。纳翠楼北面的假山中仍坐落着六角形的接叶亭。

[1] ［清］弘历. 高宗御制诗三集［M］. 清代光绪二年刊本. 卷71. 水木清华之阁.

图 27 “别有洞天”水木清华之阁与纳翠楼遗址今景

(作者自摄)

水木清华之阁西北为时赏斋,亦建于乾隆二十六年(1761 年),斋南以游廊围成独立庭院。此斋明间宽 8 尺(2.56 米),次间宽 7 尺(2.24 米),进深 1 丈 1 尺(3.52 米),前廊深 3 尺(0.96 米),尺度偏小,但台基高 4 尺 5 寸(1.44 米),比同类建筑的台基要高近 3 尺,通过两侧爬山游廊登临,阶下另置叠石,因此别称“高台殿”[1](图 28)。院中陈列一座大型湖石,乾隆三十一年(1766 年)运自京西良乡,御笔题为“青云片”(图 29)。此石现藏于北京中山公园。乾隆帝《时赏斋》诗云:“当门湖石秀屏横,坐喜松荫满砌清。时赏试言底为好,树姿花意盼春情。”[2]院南临水处有一座方亭,似为重檐形式。

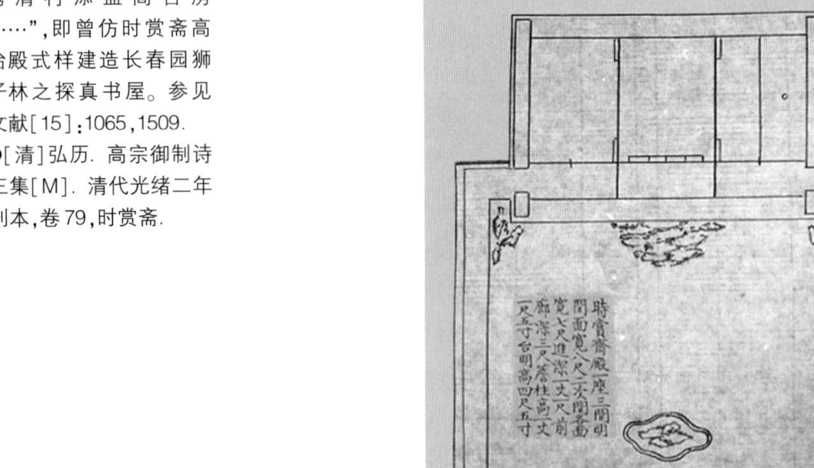

图 28 样式雷时赏斋地盘画样

(中国国家图书馆藏)

[1] 咸丰八年(1858 年)《旨意档》提及“秀清村时赏斋高台殿三间”。另乾隆三十七年(1772 年)内务府如意馆档案记载:“狮子林西北五间楼后,照依秀清村添盖高台房……”,即曾仿时赏斋高台殿式样建造长春园狮子林之探真书屋。参见文献[15]:1065,1509.

[2] [清]弘历. 高宗御制诗三集[M]. 清代光绪二年刊本,卷 79,时赏斋.

图 29　青云片今景

（作者自摄）

正殿之南的木平桥取消，长洲上的 3 间中厅与正殿隔水相对。轩西环秀亭仍为凸字形平面，明间宽 1 丈 2 尺(3.84 米)，两次间宽 6 尺 5 寸(2.08 米)，进深 1 丈(3.2 米)，北侧一间抱厦进深 6 尺(1.92 米)。轩东的 3 间歇山厅改为两间建筑，仍为东西朝向，北端伸入水上。此房名为"芸晖屋"。乾隆五十九年(1794 年)至六十年(1795 年)维修档案有"芸晖屋殿一座，计二间，内北一间拆盖，南一间拆宄头停……北面廊临河……"[1]字样。长洲东部的方亭和 3 座小屋消失，改在东北处建造了一座圆亭，可能名为"波心亭"[2]。

环秀亭之西的水面上建造了一座模仿船型的活画舫，共分 7 间，西端一间抱厦充作前舱，中间五间为中仓，东端 1 间为舵楼。前舱以游廊与 3 间小厅相连，尾舵之南紧贴一间挎房，也与游廊相接。活画舫的基座为石砌，完全模仿船舷、船身的形态，是该景区目前所存唯一的地面建筑遗物(图 30)。现存基座长 21.80 米，船头宽 4.65 米，中央宽 5.40 米。原舫仓内设假门、槅扇，其上曾张贴宫廷画家所绘画条[3]，舱外行云流水宛如动态画面，故以"活画"命名。乾隆帝《活画舫》诗云："砌石临溪肖舫式，于焉活画以名之。峰随岸转虽无借，鼓枻鸣榔属有为。秋月春风常泛此，花红柳绿任看其。如

[1] 文献[15]:395.

[2] 乾隆五十九年(1794 年)至六十年(1795 年)维修档案提及秀清村有"波心亭"一座。文献[15]:396

[3] 乾隆三十四年(1769 年)《如意馆活计档》记载:"秀清村……活画舫殿内假门上换张廉画条一张，换嵩龄画条一张……俱著杨大章画花卉。"乾隆四十三年(1778 年)《如意馆活计档》记载:"秀清村活画舫后仓东墙槅扇上用画横批一张，着贾全照金廷标《八仙图》横披仿画。"文献[15]:1462,1547.

❶[清]弘历. 高宗御制诗五集. 清代光绪二年刊本. 卷28. 活画舫.

❷[清]弘历. 高宗御制诗五集. 清代光绪二年刊本. 卷12. 活画舫.

云切已是何句,能载舟言应慎思。”❶“木舫原飘动,称云活画宜。此诚石舫耳,何以亦名之。流水窗前过,行云天上披。”❷

图30 “别有洞天”活画舫基座

(作者自摄)

南岸的3间自达轩仍在,样式雷图标注此轩明间面阔1丈1尺(3.52米),两次间宽1丈(3.20米),进深1丈2尺(3.84米),前后廊进深4尺(1.28米),前廊另加2尺5寸(0.8米)擎檐廊。自达轩北侧以一座单孔石桥与长洲连通,从南至北与中厅、“别有洞天”殿形成一条主轴线。东西各有屋3间,形如朵殿。东部以游廊和围墙隔出两个不规则的院落,局部设有弧形游廊,其间建3间房、2间房和方形平面建筑各一。西部的假山上建有小院,两边以爬山游廊连接。西南倚园墙建有一座眺爽楼,两层4间,登此可眺望绮春园景致。

东部景物主要为乾隆二十六年(1761年)至二十七年(1762年)所建,假山叠石最多,山间游廊盘旋,将几座建筑连接在一起。竹密山斋居于土山环抱之中,四周为竹林,形成“高低种竹护山寮,步入琳丛路觉遥”❸的景致,同时还种植高大浓密的槐树。

竹密山斋之北的扇薰榭采用扇面形平面,西临水、东倚山,乾隆帝有诗曰:“敞榭式文扇,扇薰因与名。如常张月半,不动致风情。宁渠珍六角,端知胜五明。竹声摇处爽,花影画中荣。”❹其北为清徽亭,平面1丈(3.2米)见方,凸出于水际。东侧山上还有一座方亭,尺度略小,可能即是擢秀亭,乾隆帝《擢秀亭》诗云:“一朵芙蓉上置亭,葳蕤高举侧玲珑。”❺说明亭高居叠石之上,符合此处位置特征。东北沿园墙内侧建5间延藻楼,前廊正对假山,故乾隆帝《延藻楼》诗云:“假山含峭茜,层室纳烟云。”❻

❸[清]弘历. 高宗御制诗五集[M]. 清代光绪二年刊本. 卷52. 竹密山斋.

❹[清]弘历. 高宗御制诗三集[M]. 清代光绪二年刊本. 卷24. 扇熏榭六韵.

❺[清]弘历. 高宗御制诗三集[M]. 清代光绪二年刊本. 卷38. 擢秀亭.

❻[清]弘历. 高宗御制诗三集[M]. 清代光绪二年刊本. 卷24. 延藻楼.

本景区有一座片云楼，乾隆帝于乾隆二十七年（1762年）首作《片云楼》诗："溪上小楼号片云，龙泓一例霭氤氲。升楼叠石为阶级，朵朵英英蔚莫分。"[1]楼旁叠石模仿杭州西湖风篁岭上的一片云，但楼的具体位置难以确定。《圆明园百景图志》推测此楼或指盝顶平台上的环秀亭[2]，但乾隆三十四年（1769年）《如意馆活计档》记载当年曾经传旨"秀清村片云楼上假门换德昌画条一张"[3]，而环秀亭四面透空，并无假门。更重要的是，乾隆之后环秀亭已经拆除，但晚清时期的《圆明园匾额略节》记载"片云楼"匾额仍悬挂于"别有洞天"某建筑外檐[4]，可见此楼并非环秀亭，而是另一座临水近山的小楼。此外，乾隆时期还有若干景名见载于宫廷档案和乾隆帝御制诗，如韵松斋、象外情、澹闲室、太虚室、绿稠斋、萃景斋、适性居等，因为缺乏佐证，也难以与平面图逐一对应。

[1] [清]弘历．高宗御制诗三集[M]．清代光绪二年刊本．卷24．片云楼．

[2] 文献[18]：241．

[3] 文献[15]：1462．

[4] 文献[19]：50．

早在乾隆初年，"别有洞天"景区已经建成，其水系形态和基本格局恰好与保定莲花池有四五分相似，二者均设南北平行的两片水面，水间均隔以长洲，形成北岸、长洲、南岸三个空间层次，主要的景点都依托水面展开，且进入景区的主入口均在东北角。乾隆二十六年（1761年）进行大规模改造之后，与莲花池的相似程度更高，山水关系以及大部分建筑都与原型形成了明显的对位关系，成为一个典型的写仿范例。

具体而言，除了南北二水和长洲相互对应之外，"别有洞天"东北部的假山对应保定莲花池的春午坡，东南部的土山对应红枣坡，青云片对应莲花池北岸奇石，而且"别有洞天"和莲花池都在东南位置种有竹林和高槐。建筑方面，清徽亭—濯锦亭，三卷"别有洞天"殿—两卷绪式濂溪殿，纳翠楼—万卷楼，正殿东侧3间房—花南研北草堂，正殿西南小楼—高芬阁，水木清华之阁—奎画楼，时赏斋—黛柏轩，时赏斋南侧方亭—洒然亭，自达轩—藻泳楼，环秀亭—澄镜堂，活画舫—课荣书舫，自达轩—藻泳楼，眺爽楼—藏经楼，竹密山斋—寒绿轩，扇薰榭—岩榭，延藻楼—水东楼，单拱石桥—三孔白石桥，两两相对，如影如随，除少数例外，大多数建筑的形式、朝向都基本一致，且以殿对殿，以平台对平台，以楼对楼，以亭对亭，以榭对榭，以舫对舫，皆属于刻意为之。"别有洞天"长洲东北的圆亭也与莲花池小岛上的宛虹亭（笠亭）造型雷同。相似度之高，堪比长春园狮子林对苏州狮子林的写仿。

"别有洞天"的南北二河比莲花池的两个池沼要窄，形态更曲折，但同样都位于中心位置，东西两侧各设入水口和出水口，有源源不尽之感。

乾隆九年（1744年）"别有洞天"的建筑大多为3间平房，仅有环秀亭为2层，竖向景观相对平淡。而历经改造之后的"别有洞天"增加了纳翠楼、水木清华之阁、眺爽楼、延藻楼、片云楼等五六座楼阁，时赏斋高台殿亦可算半座楼阁，不但与保定莲花池楼阁众多的特点相呼应，也使得建筑轮廓更显高低参差，变化多端。大量的游廊和隔墙围合、分隔出多个大小、形状不同的庭院，与相对宽阔的水面形成鲜明对比，强化了空间的纵深感。在具体的建筑造型上，“别有洞天”除了借鉴原型之外，也有若干自己的独特手法，如环秀亭、活画舫、扇薰榭都采用别出心裁的特殊形式，非保定莲花池所有，在圆明三园中也非常罕见。

“别有洞天”原本以土山为主，改造后增加了大量的叠石，特别是东北部的假山，形态非常复杂，兼具莲花池春午坡和篇留洞二山的特点，至今遗址上尚存大量青石（图31）。北部纳翠楼附近的假山也很奇绝。乾隆帝《纳翠楼五咏・屏山》诗曰：“法在黄倪伯仲间，假山岁久似真山。横陈漫议艰舒卷，朝暮烟云变态闲。”[1]片云楼附近的假山另以江南名胜为参照对象，营造出更为精致的山景。特意安设于时赏斋院内的青云片是御园最著名的奇石之一。这些变化也是为了与莲花池峰峦堆绣、怪石嶙峋的特点相呼应。山石间还有一块乾隆帝御笔“芳籞怡春”石刻，今存北京中山公园。

[1] [清]弘历. 高宗御制诗三集[M]. 清代光绪二年刊本. 卷25. 纳翠楼五咏・屏山.

图31　“别有洞天”东北部假山遗址今景

（作者自摄）

在植物配植方面，原先“别有洞天”树木比较少，且以槐树为主，具有“长薄疏林”的氛围，从《圆明园四十景图・别有洞天图》上辨析，还有旱柳、柿树、黄栌、山桃、碧桃等树种稍加点缀。改造后增加了较多的松树和柳树，形成高荫密林的效果，杂以花卉，辅以大片的竹林，与保定莲花池亦可对应。乾隆帝有诗描绘移栽竹子的情形：“新笋成竿放叶齐，斋窗风影弄萋萋。补疏移密中伏后，咫尺西东便取携。”[2]另有诗描写景区浓密如云的树荫：“问谁设色能为尔，绕屋绿云逐日加。正是清和即景句，不妨遮得远山斜。”[3]特别需要指出的是，保定莲花池以满池荷花为最大特色，但“别有洞天”的河中却未见种植荷花的记载，究其原因，可能是受较窄的河道条件所限，为了舟行方便而舍弃种荷，或者因为圆明园中濂溪乐处、曲院风荷、多稼如云等

[2] [清]弘历. 高宗御制诗三集[M]. 清代光绪二年刊本. 卷83. 竹密山斋移竹作.

[3] [清]弘历. 高宗御制诗三集[M]. 清代光绪二年刊本. 卷38. 绿稠斋即景.

景区均已辟有大片荷池而不愿重复设置。虽说略有遗憾,但其河池却由此得以保持原有的“秀清”特征。

乾隆初年秀清村只有东、南两侧依临园墙,东北局部设木栅墙,四周土山隔障,改造后在西、北两侧增筑墙垣,强化了空间封闭感。登上山峰和楼阁,可从西、北、东、南四个方向分别观赏圆明、长春、绮春三园诸景,还可远眺西山,借景条件比深处城市核心的保定莲花池更胜一筹。

经过改造之后,乾隆中后期的“别有洞天”最根本的变化是由原来相对俭朴萧疏的水村之景转变为层次丰富的园中之园,格局繁复,路径幽折,奥如旷如,更好地体现了“别有洞天”的主题意趣。景区围墙内占地面积约1.42万平方米,合清代23亩,仅为同时期保定莲花池总面积的1/2,因此密度显得更大一些。

可能为了不阻碍行船,乾隆中后期“别有洞天”北河之上未仿保定莲花池修建曲桥,而且连原有的木平桥也一并取消。同时为了与自身的规模相呼应,“别有洞天”的建筑尺度普遍小于莲花池,建筑、叠山等局部景物也有超出原型的若干新意,体现了细致的匠心。

由此可见,这次写仿是一次以原型为参照而又讲究因地制宜的再创作,与御园中仿建狮子林、安澜园、如园等园中园的情况类似,巧妙地利用了二者山形水系原本相似的条件,适当增减建筑,补种花木,叠置山石,重现保定莲花池的格局和意境,但并非亦步亦趋、刻板照搬,而是随宜调整,且继续保持自身曲折幽闭、山秀水清的特点,取得很好的效果。

六、后期演变

前引《秀清村南路地盘画样》底图上的贴签标注了准备拆除部分建筑的信息,如“拟拆自达轩三间”、“拟拆环秀亭三间”、“拟拆殿三间”。清华大学建筑学院所藏另一幅样式雷图以红墨显示了之后对“别有洞天”景区再次进行改建的情况,与乾隆时期差异较大(图32)。图上标注此次改建“拟添盖房二十三间,游廊十间”,同时对山水形态也作了若干调整。首先水面由原来的二河合为一池,长洲消失,洲上的中厅、环秀亭、芸晖屋和圆亭随之拆除。北岸基本保持原状,南岸中央的3间自达轩改建为5间厅堂,北出抱厦3间,悬“岩水澄华”匾;堂东新建4间套殿,西侧原3间房之东加建1间,也形成4间套殿,与东边对称;东西套殿之南均加建2间,东套殿之东另建一座两卷3间建筑;活画舫也重新改建,仍设7间仓房,放置缆船石的船尾从西端改为东端,并与游廊相接。另在南部土山间挖出一条山径。

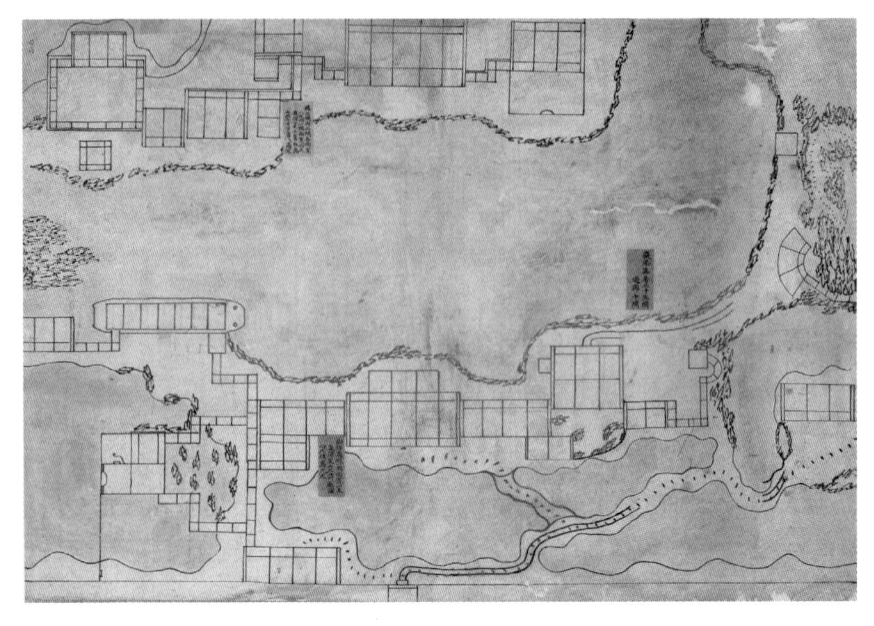

图 32　秀清村东部改建样式雷地盘画样
(清华大学建筑学院藏)

道光时期样式雷圆明园总图(图 33)上所示"别有洞天"景区平面基本维持改建后的格局,局部略有变化,如在水面上重新架设了曲桥,东部假山东侧的方亭被拆除,北部土山以北依临福海的岸边增建了两座 5 间建筑和一座方亭。景区格局在咸丰年间的圆明园总图上又有进一步的简化(图 34),扇薰榭东南的游廊和清徽亭被拆除,还取消了部分围墙(图 35)。

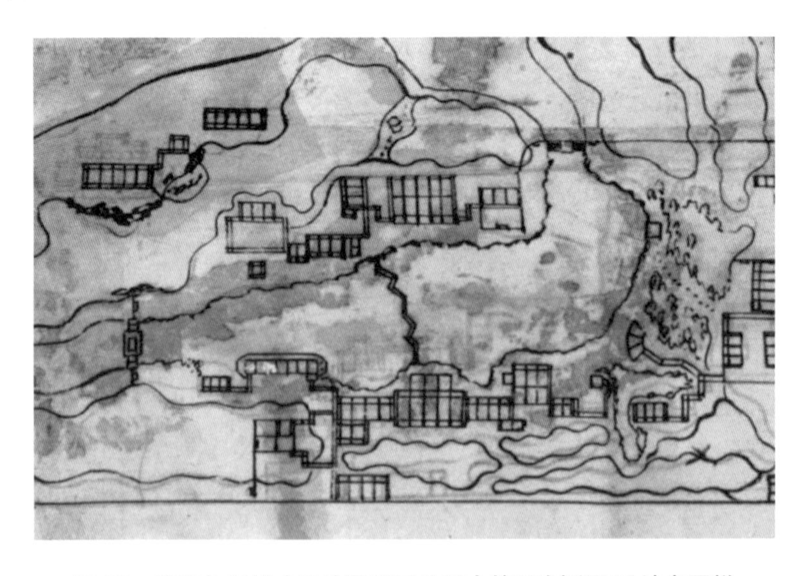

图 33　道光年间样式雷绘圆明园总图中的"别有洞天"地盘画样
(文献[17])

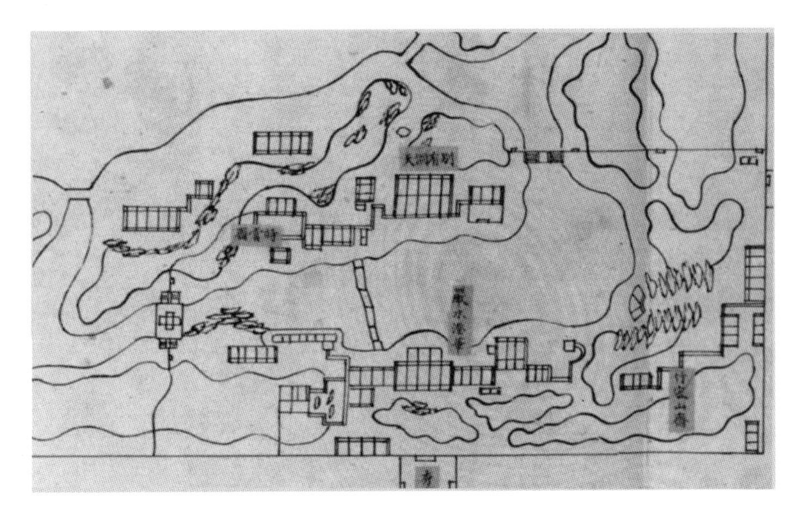

图 34　咸丰年间样式雷绘圆明园总图中的“别有洞天”地盘画样

（文献[17]）

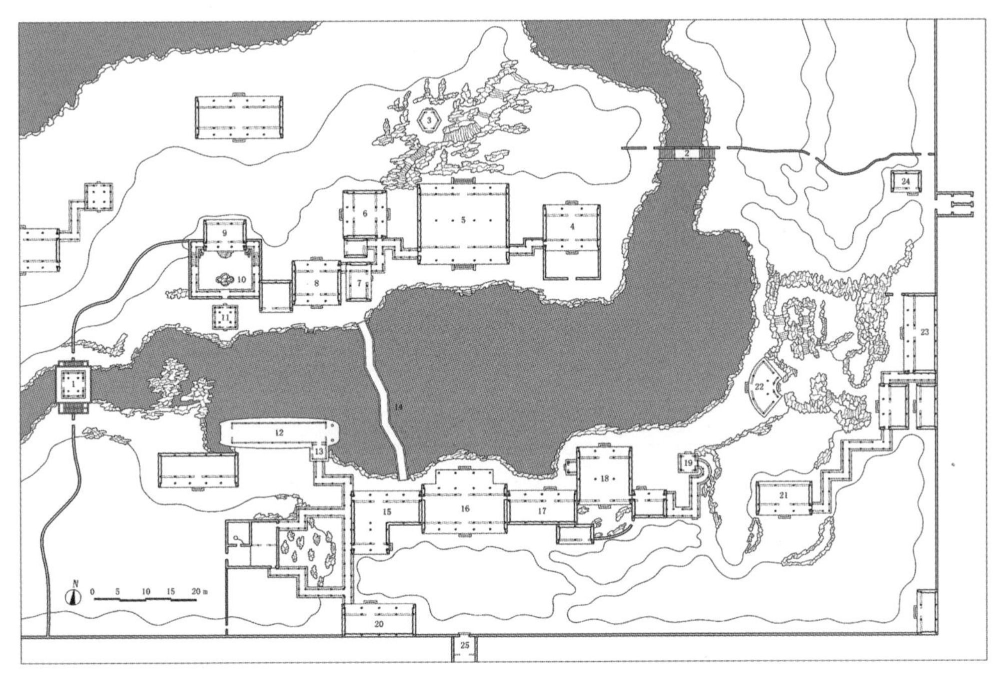

1.城关； 2.三折木桥； 3.接叶亭； 4.小院北房； 5.“别有洞天”三卷殿； 6.纳翠楼； 7.三间小楼； 8.水木清华阁； 9.时赏斋； 10.青云片； 11.方亭； 12.活画舫； 13.挎房； 14.曲桥； 15.西套殿； 16.岩水澄华； 17.东套殿； 18.两卷临水房； 19.方亭； 20.眺爽楼； 21.竹密山斋； 22.扇熏榭； 23.延藻楼； 24.值房； 25.秀清门

图 35　咸丰时期圆明园“别有洞天”平面图

（作者自绘）

嘉庆帝对于“别有洞天”景区也十分喜爱，作御制诗多首，并于嘉庆十四年（1809 年）品咏秀清村六景，分别为活画舫、扇薰榭、写琴书屋、玉荣山馆、染碧斋、筑云巢。前二景为乾隆帝旧题,后四景为嘉庆帝新题。咏扇薰榭诗云:“敞榭临溪接曲廊,南薰静挹午飔凉。松桃乍歇新蝉起,天籁悠然引兴长。”[1]咏写琴书屋诗云:“鸣桡更进碧溪浔,书屋临汀额写琴”[2]、“岸角回漾碧浔,琮琤激石若鸣琴”[3],从诗意看,写琴书屋应位于池水转弯处的岸边,或为岩水澄华东侧的两卷3间临水房。“玉荣山馆”、“染碧斋”、“筑云巢”均为内檐匾额,未知建筑具体位置。

值得注意的是,嘉庆帝的御制诗中从未提及秀清村与保定莲花池的亲缘关系,而是着重强调其宛如水村山墅的清幽之景,如“水村佳境宜吟赏,岩秀溪清二妙兼。丛樾萧森连曲径,层楼高爽接重檐。松声漠漠时传砌,花气徐徐每透帘。景冠御园尘不到,几余养志乐安恬”[4]。“水村境佳妙,得暇每探寻。时有清风至,全无溽暑侵。澄波通别渚,密荫罨乔林。石舫依奇嶂,板桥跨碧浔。欲循廊曲折,九转径嵚崟。延赏理归棹,敕几系寸心”[5]。“崖秀岩清缭短垣,亭台位置仿山村。嵚崎文石临春沼,茂密长松荫午轩。穿藻鱼儿逐泛波,窥帘燕子任风翻。几余精觉阳和盎,咸若含生品类繁”[6]。诗中主要赞美此处山石灵秀、溪池清越、层楼高爽、游廊曲折、松荫浓密、鱼鸟欢跃。从样式雷来看,再次改造后的“别有洞天”水池更为宽阔,空间层次简化,在一定程度上重新回归雍正、乾隆初年的郊野村落之景,与保定莲花池的差异变大,显然已经不再以写仿为目标,但原型的痕迹依稀尚在。

道光、咸丰二帝对“别有洞天”的兴致远不及乾隆、嘉庆二帝,未见御制诗吟咏。咸丰十年(1860年)英法联军火烧圆明园,此处遭劫被毁,之后历经演变,其山水轮廓、活画舫石基座和部分建筑基址一直幸存至今(图36)。河道水浅,已不再行船,近年新种植了成片的荷花,夏日绽放,是乾隆时期所未有的景象,却无意间与保定莲花池取得某种呼应。

图36 “别有洞天”南岸遗址今景

(作者自摄)

[1] [清]颙琰. 仁宗御制诗二集[M]. 清代光绪二年刊本. 卷12. 扇薰榭.

[2] [清]颙琰. 仁宗御制诗初集[M]. 清代光绪二年刊本. 卷47. 写琴书屋.

[3] [清]颙琰. 仁宗御制诗二集[M]. 清代光绪二年刊本. 卷45. 秀清村六景・写琴书屋.

[4] [清]颙琰. 仁宗御制诗二集[M]. 清代光绪二年刊本. 卷4. 秀清村.

[5] [清)颙琰. 仁宗御制诗二集[M]. 清代光绪二年刊本. 卷5. 秀清村.

[6] [清]颙琰. 仁宗御制诗三集[M]. 清代光绪二年刊本. 卷20. 秀清村.

七、结　语

综上所述，保定莲花池作为一座流传数百年的历史名园，在清代中期景致最为幽胜，荷池盈盈，山石峥嵘，亭台参差，花木扶疏，皇帝、官员、文人题咏不绝，故而得到乾隆帝欣赏，成为御园的写仿蓝本，在古代园林史占据了重要地位。

另一方面，圆明园及其附园陆续兴建的一百多个主题景区包罗广泛，从时间上继承了中国数千年的造园题材和文化典故，从空间上写仿了各地的名园胜景，堪称一部古典园林的百科全书。即便一些已经建成的景区，也可能借鉴其他优秀的园林样本进行改造、重建，别有洞天正是其中一个代表性的实例，乾隆年间的格局前后变化反映了参照保定莲花池重塑景观的具体过程，从中可以探寻清代皇家造园的若干创作手法和艺术特色，自有值得珍视的特殊价值。

参考文献

[1][金]元好问. 遗山集[M]. 长春:吉林出版集团有限责任公司,2005.

[2][元]郝经. 陵川集[M]. 太原:山西古籍出版社,2006.

[3][元]刘因. 静修集[M]. 清代文渊阁四库全书本.

[4][元]脱脱,等. 宋史[M]. 北京:中华书局,1976.

[5][明]宋濂,等. 元史[M]. 北京:中华书局,1974.

[6][明]章律,修. 张才,纂. 天一阁藏明代方志选刊第4辑:弘治保定郡志[M]. 上海:上海古籍书店,1981.

[7][明]冯惟敏,纂修. 王国桢,续修. 王政熙,续纂. 万历保定府志[M]. 北京:书目文献出版社,1992.

[8][清]纪弘谟,修. 郭棻,纂. 保定府志[M]. 清代康熙十九年刻本.

[9][清]时来敏,修. 郭棻,纂. 清苑县志[M]. 清代康熙十六年刻本.

[10][清]李卫,等. 畿辅通志[M]. 清代文渊阁四库全书本.

[11][清]于敏中,等. 日下旧闻考[M]. 北京:北京古籍出版社,1981.

[12][清]董浩,等. 西巡盛典[M]. 北京:线装书局,1996.

[13][清]李培祜,修. 张豫垲,纂. 保定府志[M]. 清代光绪年间刻本.

[14][清]奕訢,等. 清六朝御制诗文集[M]. 清代光绪二年刊本.

[15]中国第一历史档案馆. 圆明园[M]. 上海:上海古籍出版社,1991.

[16]张恩荫. 圆明园变迁史探微[M]. 北京:北京体育学院出版社,1993.

[17]郭黛姮,贺艳. 圆明园的“记忆遗产”——样式房图档[M]. 杭州:浙江古籍出版社,2010.

[18]圆明园管理处. 圆明园百景图志[M]. 北京:中国大百科全书出版社,2010.

[19]中国圆明园学会. 圆明园[M]. 第2集. 北京:中国建筑工业出版社,2007.

[20]孙待林,苏禄煊. 古莲花池图[M]. 石家庄:河北美术出版社,2001.

[21]柴汝新,苏禄煊. 古莲花池碑文精选[M]. 保定:河北大学出版社,2012.

[22]孟繁峰. 古莲花池[M]. 石家庄:河北人民出版社,1984.

[23]保定市文史资料研究委员会. 保定文史资料选辑[M]. 第2辑. 保定市文史资料研究委员会,1985.

[24]刘天华. 十大名园[M]. 上海:上海古籍出版社,1990.

[25]王世襄. 清代匠作则例[M]. 第1卷. 郑州:大象出版社,2000.

[26]李国荣. 雍正炼丹秘事[J]. 紫禁城,1996(3):29-30.

[27]孔俊婷,王其亨. 漪碧涵虚,天人合——保定古莲花池创作意象解读[J]. 中国园林,2005(12):69-72.

古建筑测绘

山西西李门二仙庙测绘图

李沁园(整理)

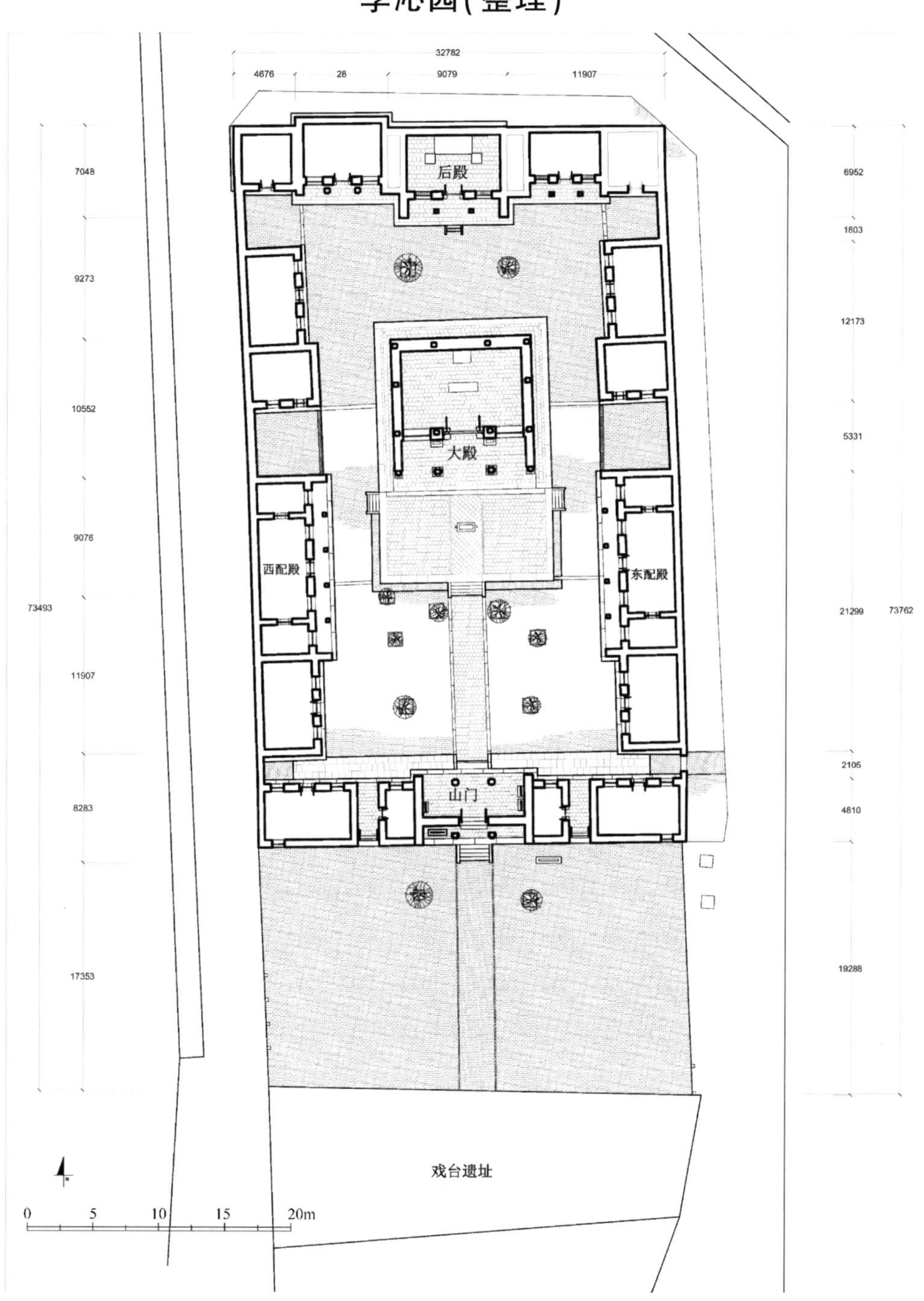

图1　山西西李门二仙庙总平面图

(指导教师:王贵祥,黄文镐　测绘人:项轲超)

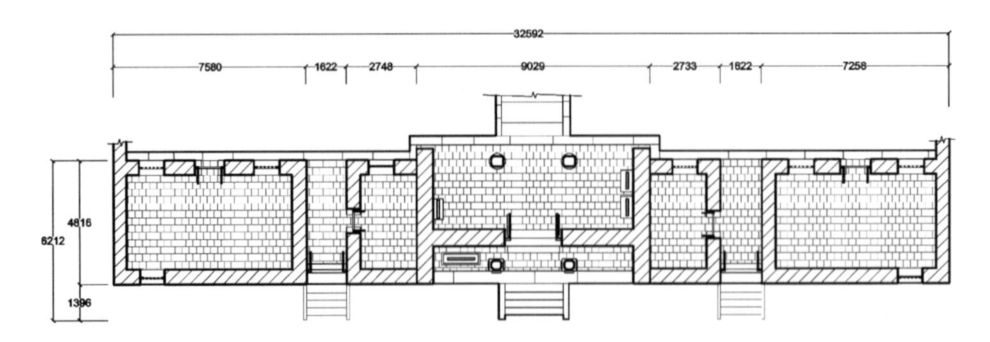

西李门二仙庙山门平面图

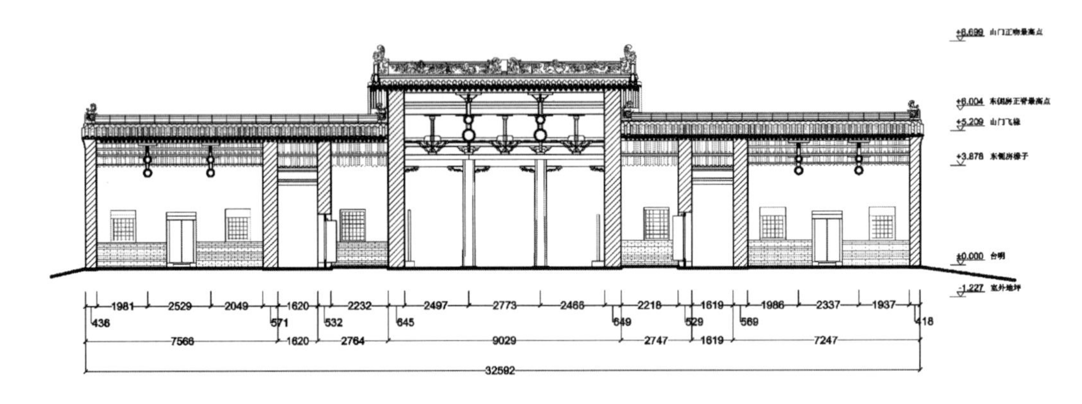

西李门二仙庙山门纵剖面图

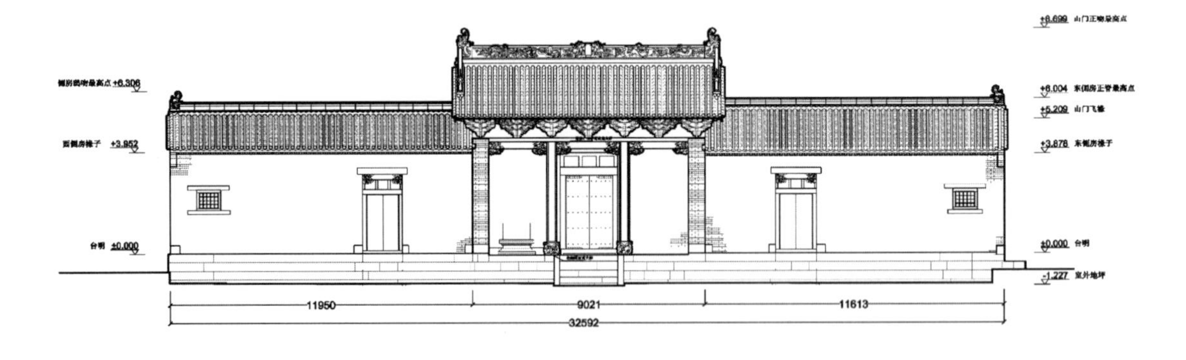

西李门二仙庙山门正立面图

0 1 2 3 4 8m

图2　山西西李门二仙庙山门测绘图

（指导教师：王贵祥，翁帆　测绘人：龚怡清，何文轩，唐博）

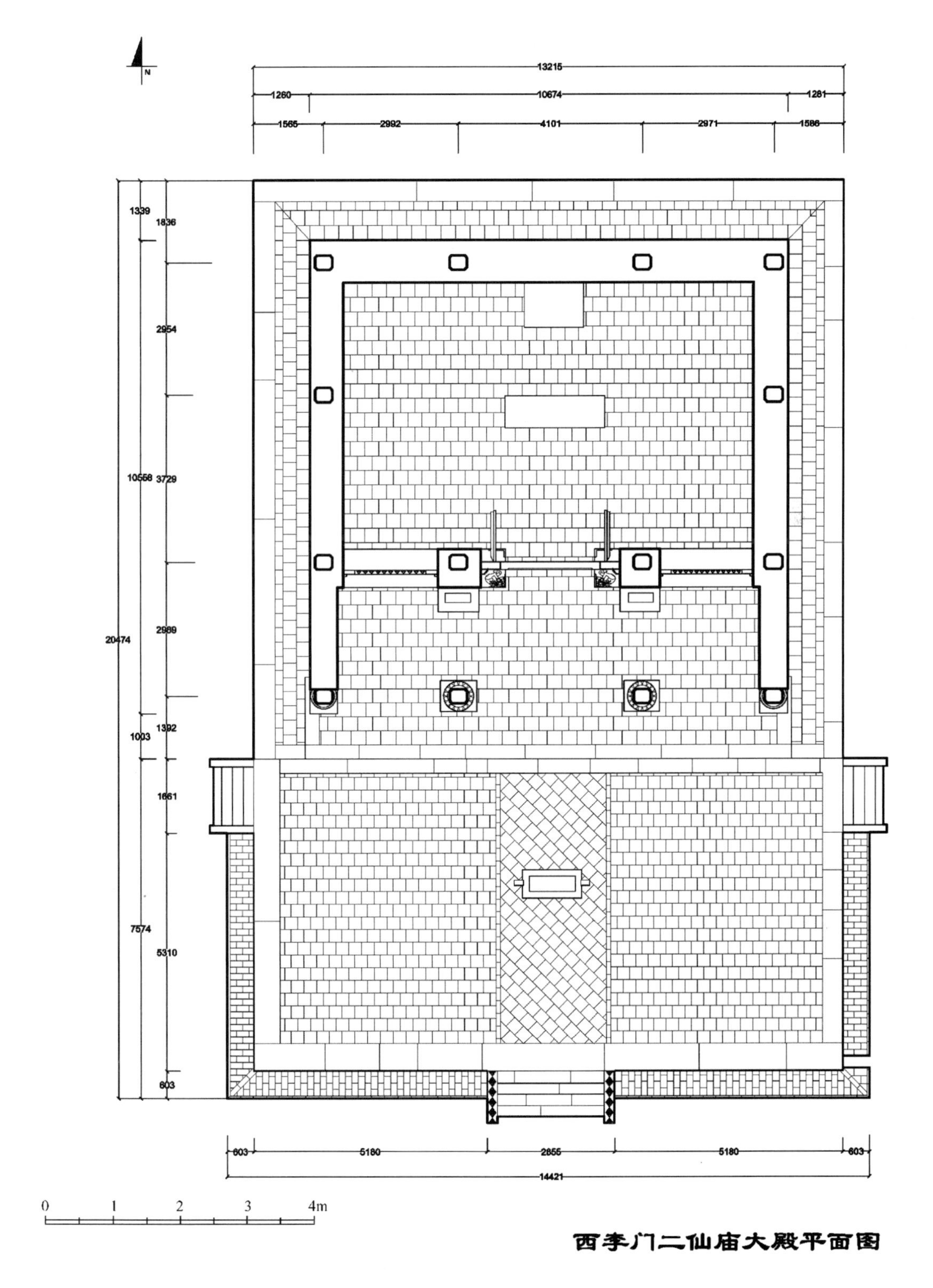

图3　山西西李门二仙庙大殿平面图

（指导教师：王贵祥，杨澍　测绘人：黄孙扬）

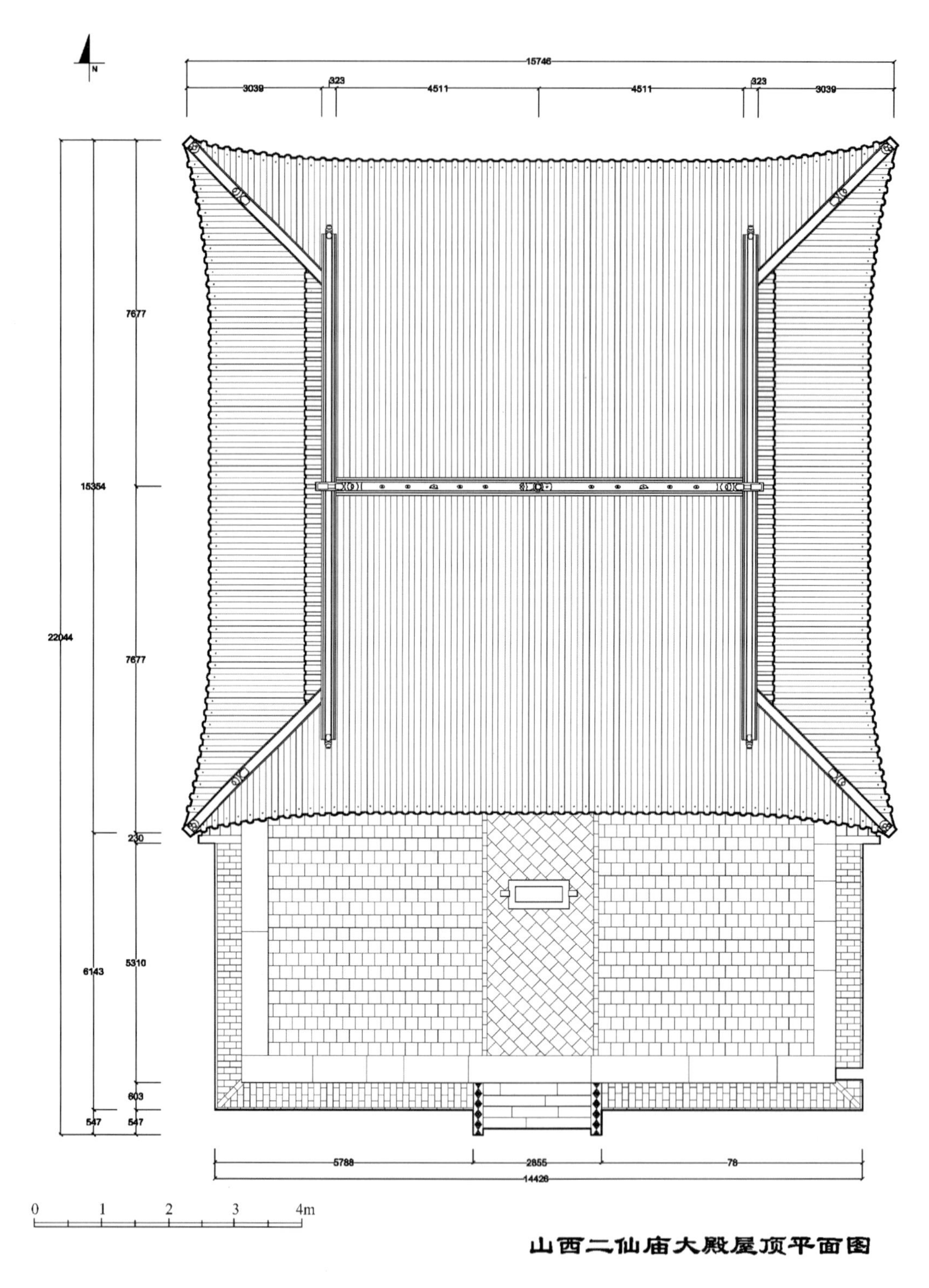

图 4　山西西李门二仙庙大殿屋顶平面图

（指导教师：王贵祥，杨澍　测绘人：黄孙扬）

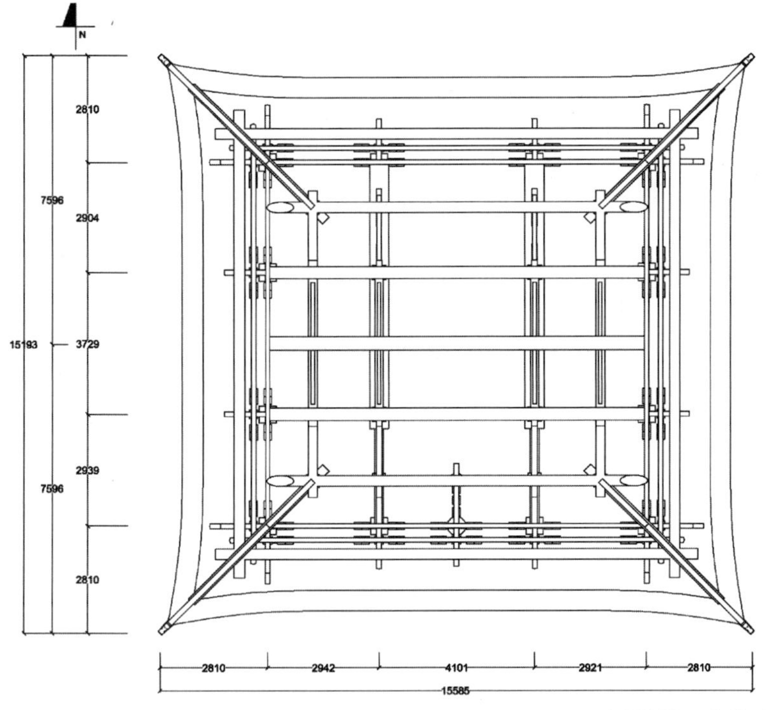

西李门二仙庙大殿梁架俯视图

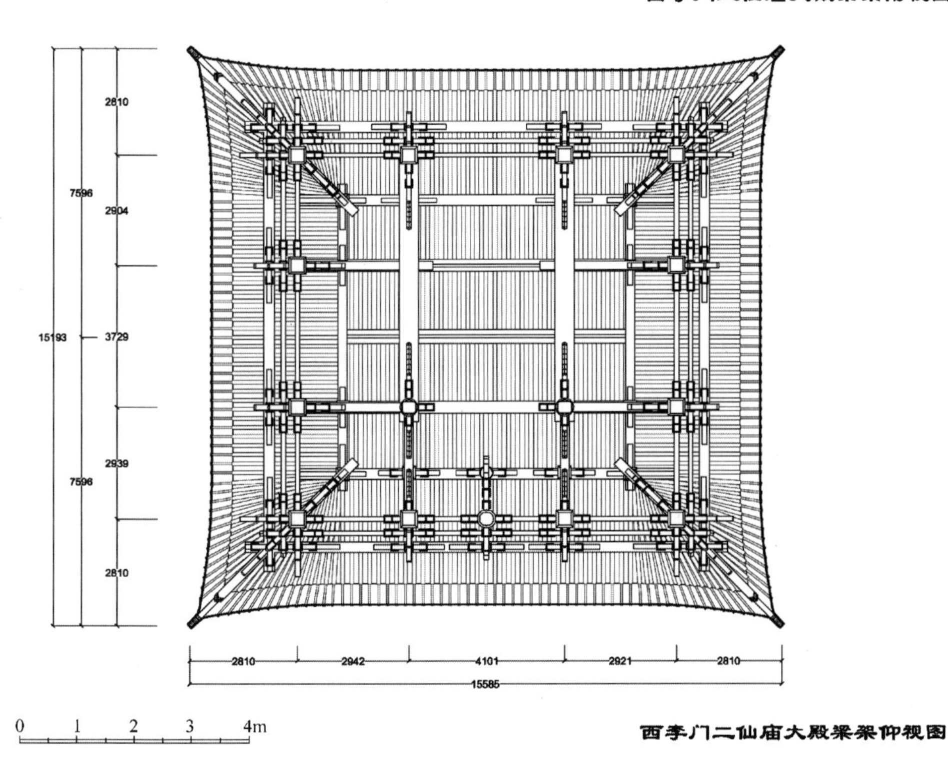

西李门二仙庙大殿梁架仰视图

图5　山西西李门二仙庙大殿梁架俯视、仰视图

（指导教师：王贵祥，杨澍　测绘人：彭鹏）

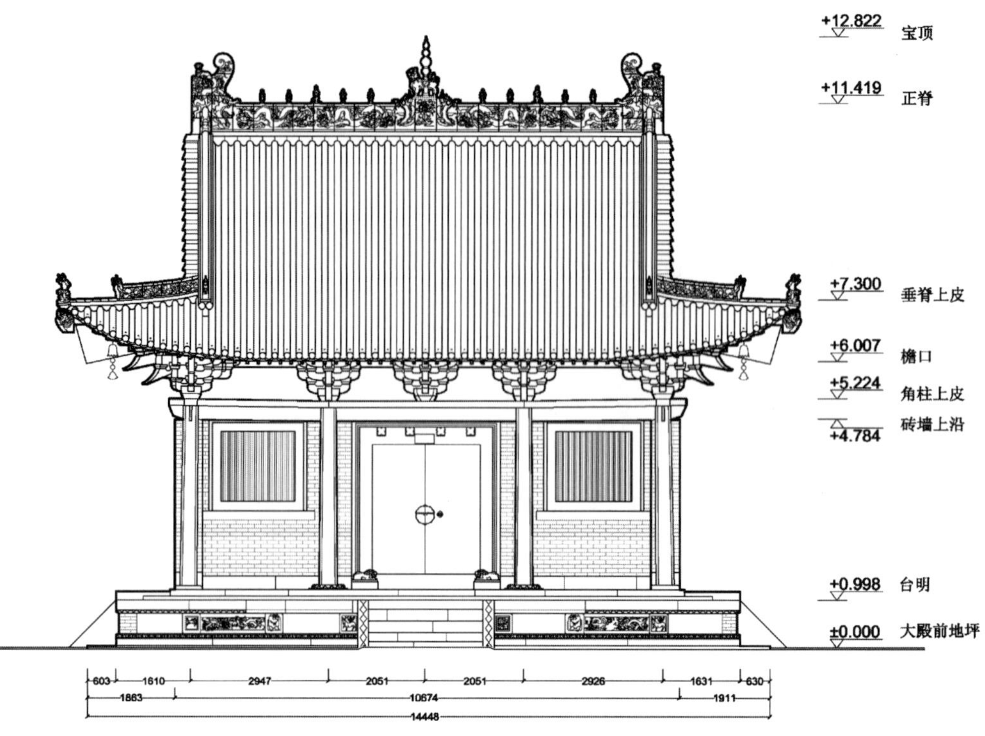

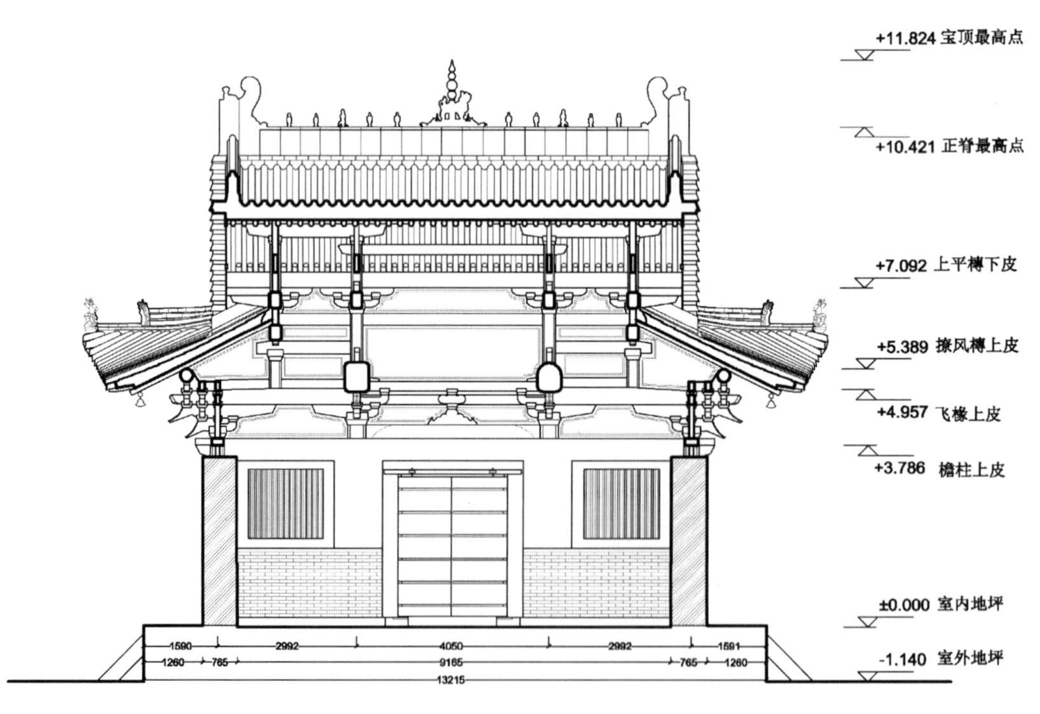

图6　山西西李门二仙庙大殿正立面、纵剖面图

（指导教师：王贵祥，杨澍　测绘人：钱漪远，吴濯杭）

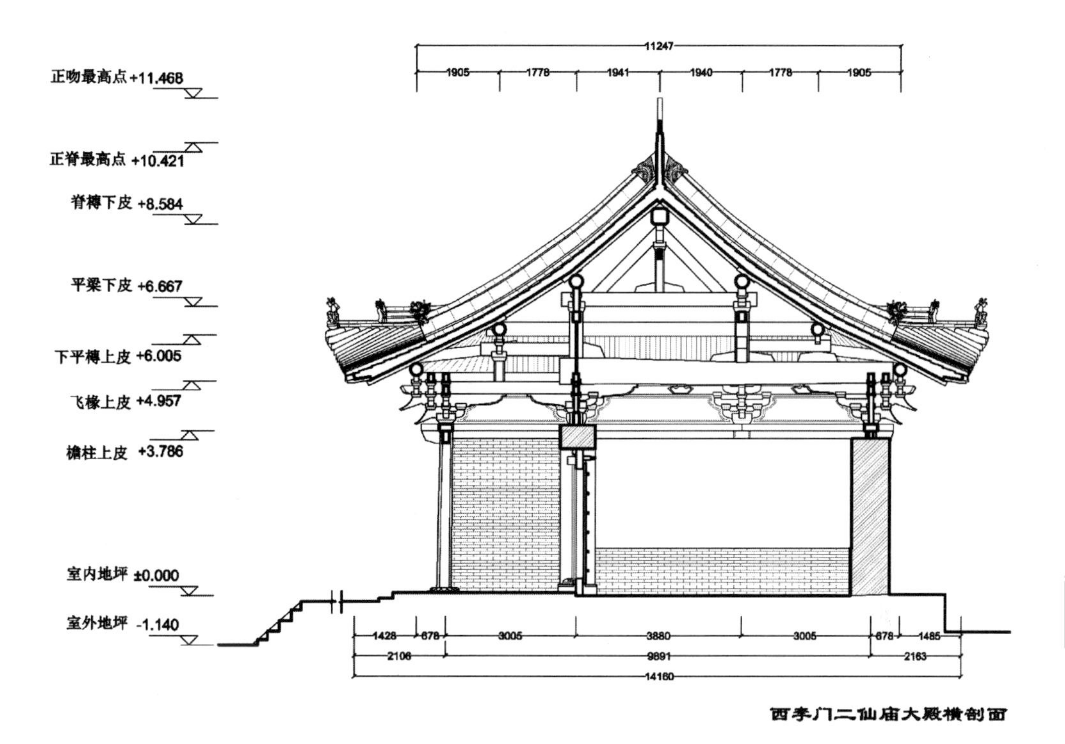

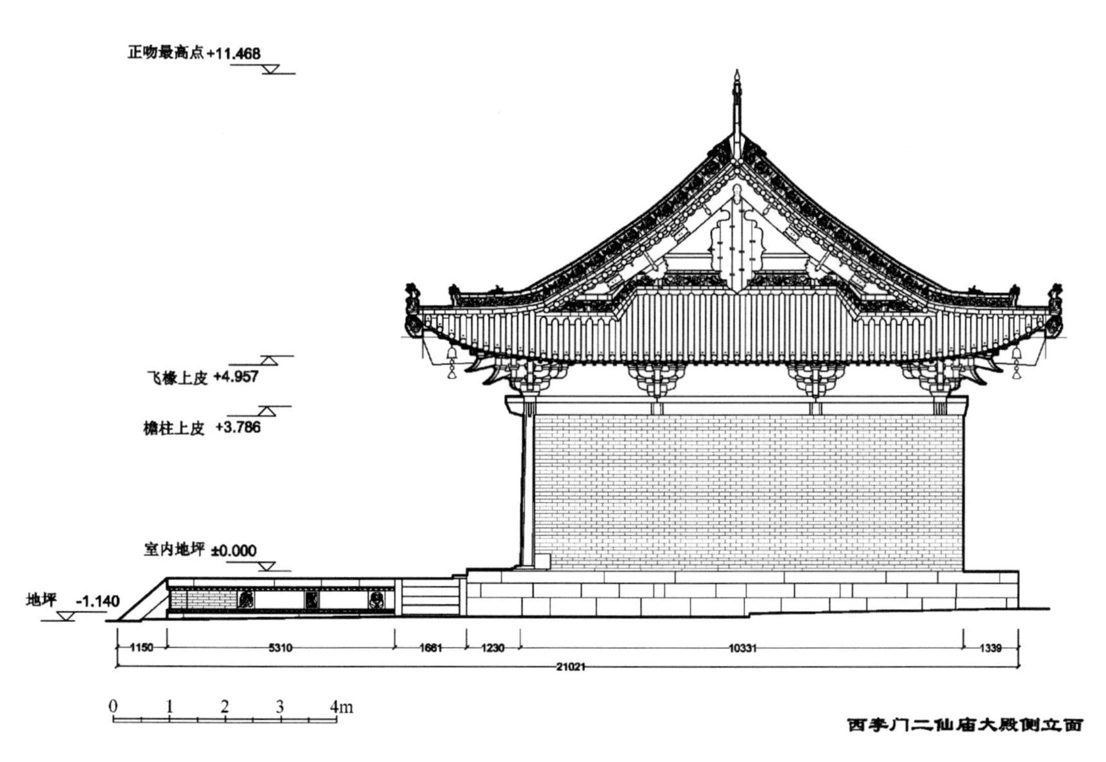

图7　山西西李门二仙庙大殿横剖面、侧立面图

（指导教师：王贵祥，杨澍　测绘人：周桐，肖玉婷）

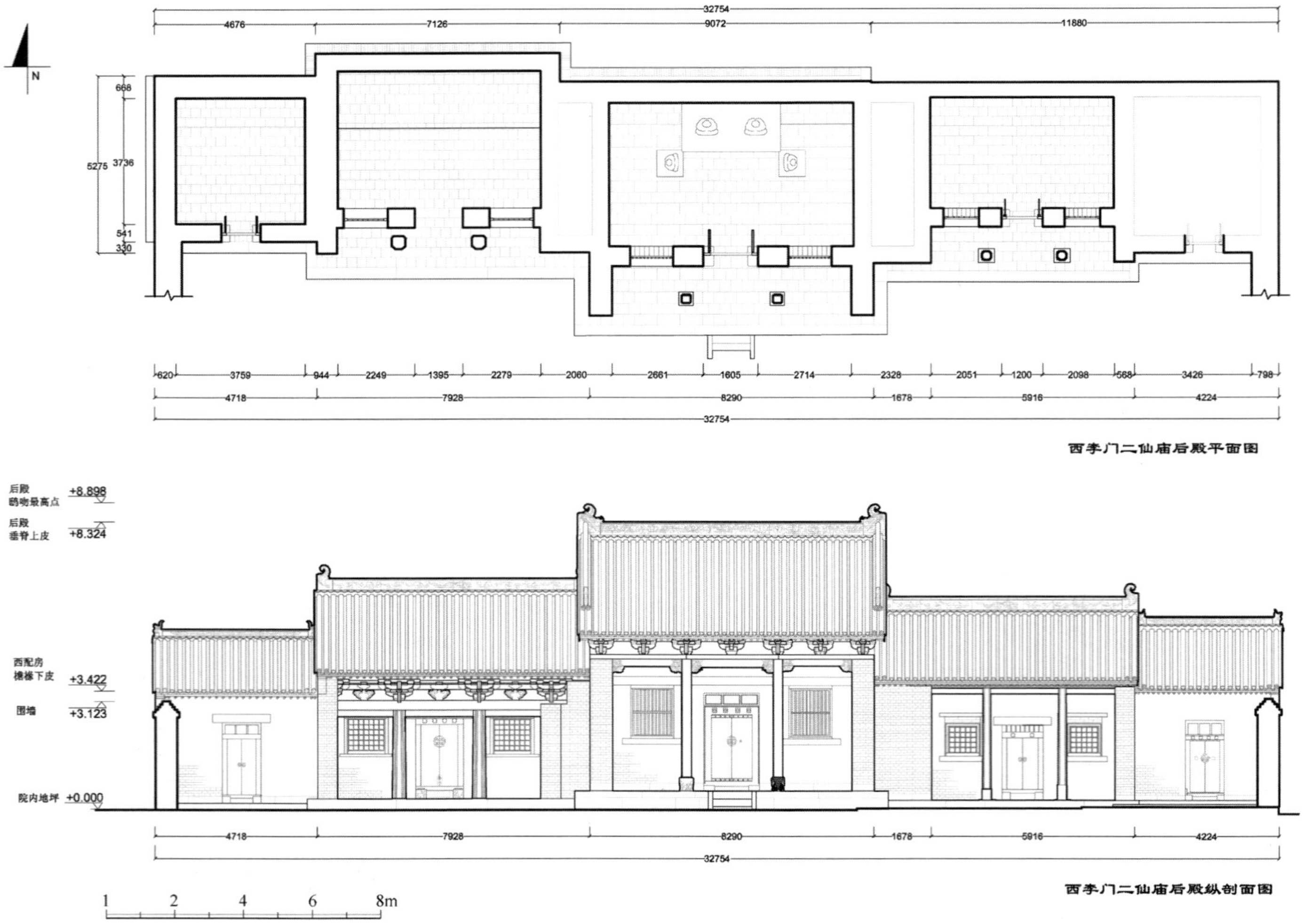

西李门二仙庙后殿平面图

后殿 鸱吻最高点 +8.898

后殿 垂脊上皮 +8.324

西配房 撩檐下皮 +3.422

围墙 +3.123

院内地坪 +0.000

西李门二仙庙后殿纵剖面图

图8 山西西李门二仙庙后殿平面、正立面图
（指导教师：王贵祥，徐腾 测绘人：马志桐，陈爽云）

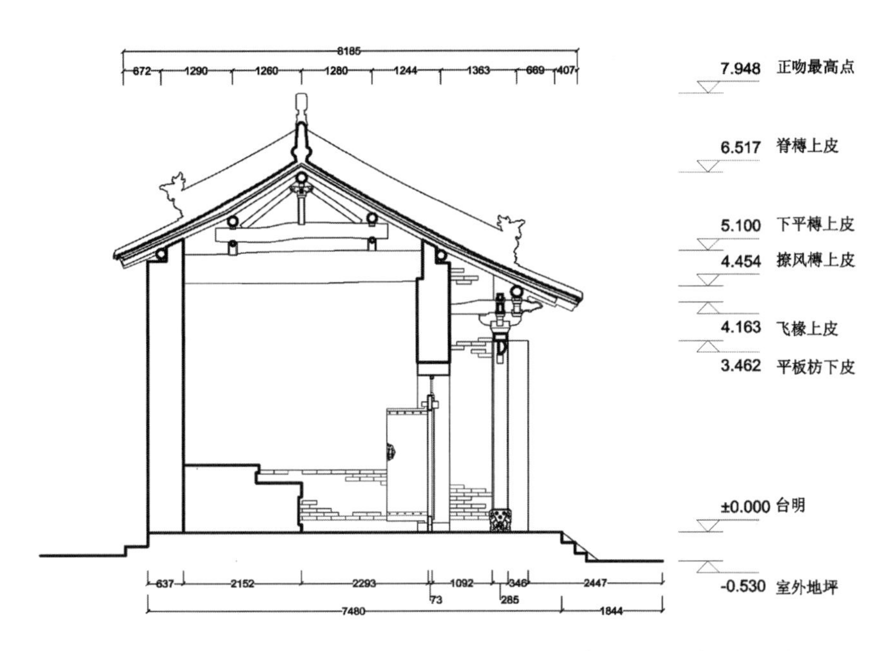

西李门二仙庙后殿横剖面图

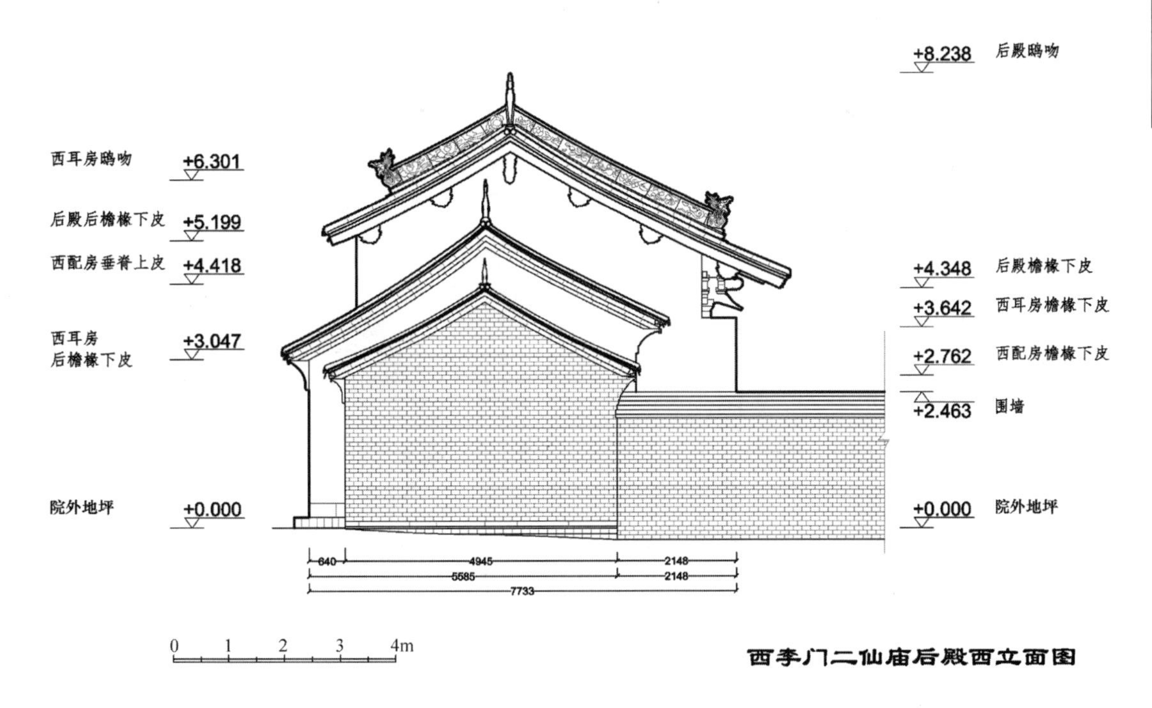

西李门二仙庙后殿西立面图

图9　山西西李门二仙庙后殿横剖面、西立面图

（指导教师：王贵祥，徐腾　测绘人：连璐，孙仕轩）

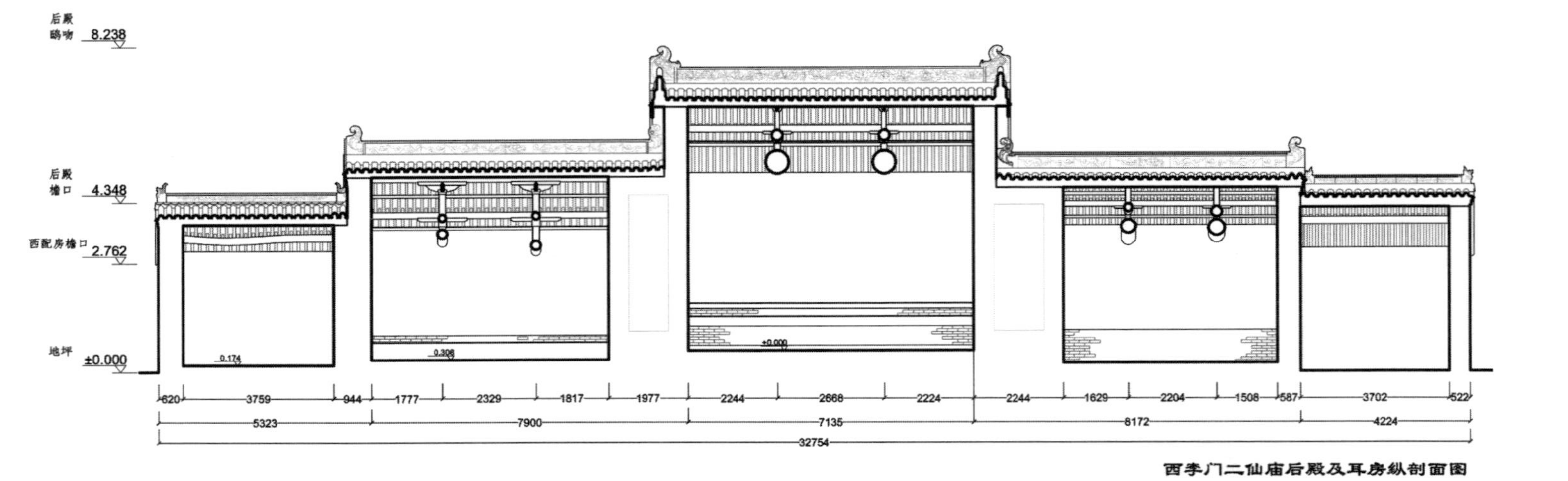

图 10　山西西李门二仙庙后殿测绘图
（指导教师：王贵祥，徐腾 测绘人：李天颖，连璐）

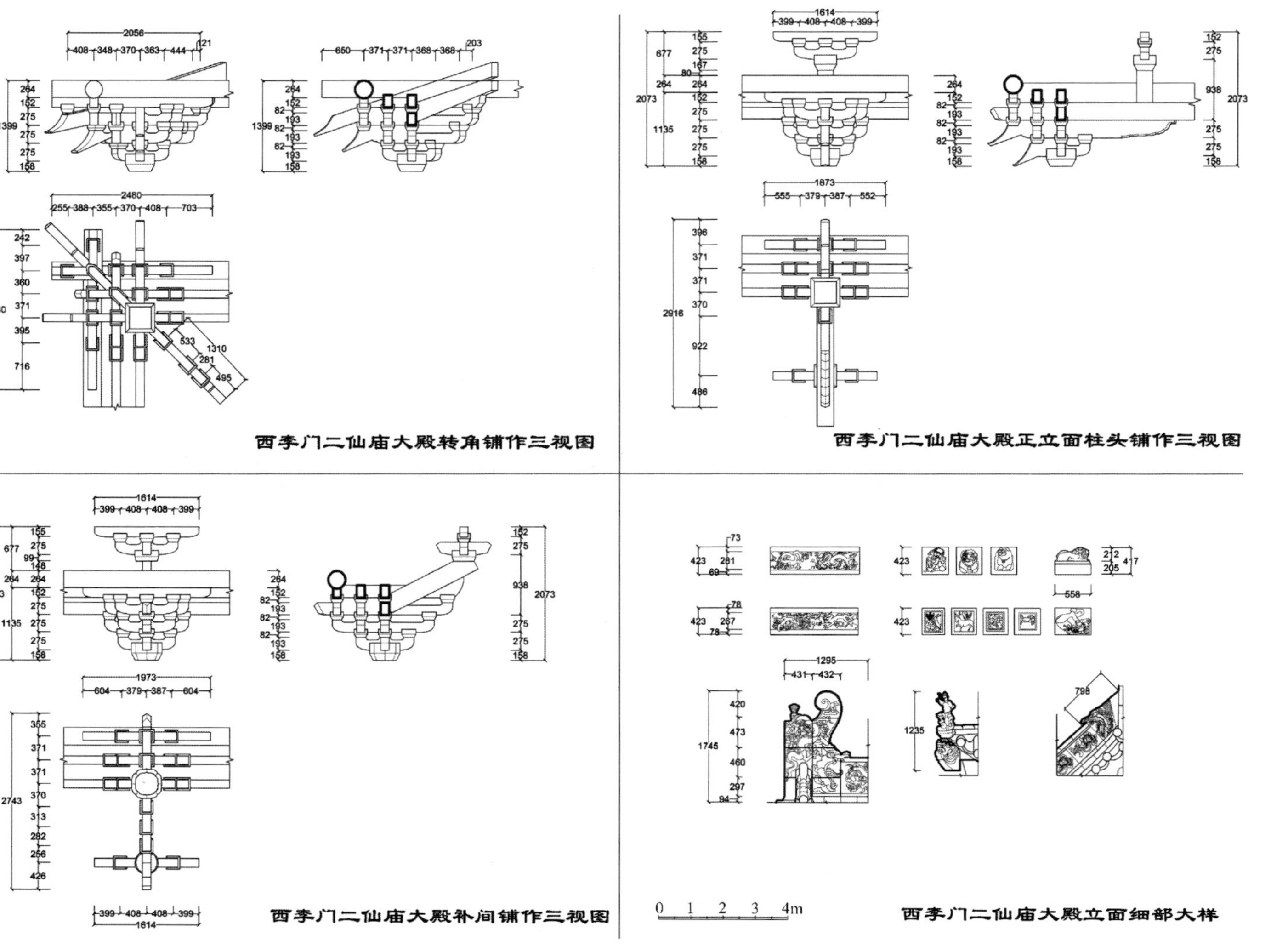

图 11　山西西李门二仙庙大殿细部图
（指导教师：王贵祥，杨澍　测绘人：刘通，钱漪远）

《中国建筑史论汇刊》稿约

一、《中国建筑史论汇刊》是由清华大学建筑学院主办，清华大学建筑学院建筑历史与文物建筑保护研究所承办，中国建筑工业出版社出版的系列文集，以年辑的体例，集中并逐年系列发表国内外在中国建筑历史研究方面的最新学术研究论文。刊物出版受到华润雪花啤酒（中国）有限公司资助。

二、**宗旨**：推展中国建筑历史研究领域的学术成果，提升中国建筑历史研究的水准，促进国内外学术的深度交流，参与中国文化现代形态在全球范围内的重建。

三、**栏目**：文集根据论文内容划分栏目，论文内容以中国的建筑历史及相关领域的研究为主，包括中国古代建筑史、园林史、城市史、建造技术、建筑装饰、建筑文化以及乡土建筑等方面的重要学术问题。其着眼点是在中国建筑历史领域史料、理论、见解、观点方面的最新研究成果，同时也包括一些重要书评和学术信息。篇幅亦遵循国际通例，允许做到"以研究课题为准，以解决一个学术问题为准"，不再强求长短划一。最后附"测绘"栏目，选登清华建筑学院最新古建筑测绘成果，与同好分享。

四、**评审**：采取匿名评审制，以追求公正和严肃性。评审标准是：在翔实的基础上有所创新，显出作者既涵泳其间有年，又追思此类问题已久，以期重拾"为什么研究中国建筑"（梁思成语，《中国营造学社汇刊》第七卷第一期）的意义，并在匿名评审的前提下一视同仁。

五、**编审**：编审工作在主编总体负责的前提下，由"专家顾问委员会"和"编辑部"共同承担。前者由海内外知名学者组成，主要承担评审工作；后者由学界后辈组成，主要负责日常编务。编辑部将在收到稿件后，即向作者回函确认；并将在一月左右再次知会，文章是否已经通过初审、进入匿名评审程序；一俟评审得出结果，自当另函通报。

六、**征稿**：文集主要以向同一领域顶级学者约稿或由著名学者推荐的方式征集来稿，如能推荐优秀的中国建筑历史方向博士论文中的精彩部分，也将会通过专家评议后纳入文集，论文以中文为主（每篇论文可在2万字左右，以能够明晰地解决中国古代建筑史方面的一个学术问题为目标），亦可包括英文论文的译文和书评。文章一经发表即付润毫之资。

七、**出版周期**：以每年1~2辑的方式出版，每辑15~20篇，总字数为50万字左右，16开，单色印刷。

八、**编者声明**：本文集以中文为主，从第捌辑开始兼收英文稿件。作者无论以何种语言赐稿，即被视为自动向编辑部确认未曾一稿两投，否则须为此负责。本文集为纯学术性论文集，以充分尊重每位作者的学术观点为前提，唯求学术探索之原创与文字写作之规范，文中任何内容与观点上的歧异，与文集编者的学术立场无关。

九、**入网声明**：为适应我国信息化发展趋势，扩大本刊及作者知识信息交流渠道，本刊已被《中国学术期刊网络出版总库》及CNKI系列数据库收录，其作者文章著作权使用费与本刊稿酬一次性给付，免费提供作者文章引用统计分析资料。如作者不同意文章被收录入期刊网，请在来稿时向本刊声明，本刊将做适当处理。

来稿请投：E-mail：xuehuapress@ sina. cn；或寄：清华大学建筑学院新楼503室《中国建筑史论汇刊》编辑部，邮编：100084。

本刊博客: http://blog. sina. com. cn/jcah

《中国建筑史论汇刊》编辑部

Guidelines for Submitting English-language Papers to the *JCAH*

The *Journal of Chinese Architecture History* (*JCAH*) provides an opportunity for scholars to publish English-language or Chinese-language papers on the history of Chinese architecture from the beginning to the early 20th century. We also welcome papers dealing with other countries of the East Asian cultural sphere. Topics may range from specific case studies to the theoretical framework of traditional architecture including the history of design, landscape and city planning.

JCAH is strongly committed to intellectual transparency, and advocates the dynamic process of open peer review. Authors are responsible to adhere to the standards of intellectual integrity, and acknowledge the source of previously published material. Likewise, authors should submit original work that, in this manner, has not been published previously in English, nor is under review for publication elsewhere.

Manuscripts should be written in good English suitable for publication. Non-English native speakers are encouraged to have their manuscripts read by a professional translator, editor, or English native speaker before submission.

Manuscripts should be sent electronically to the following email address: xuehuapress@ sina.cn

For further information, please visit the *JCAH* website, or contact our editorial office:

English Editor: Alexandra Harrer 荷雅丽

JCAH Editorial Office
Tsinghua University, School of Architecture, New Building Room 503/ China, Beijing, Haidian District 100084
北京市海淀区 100084/ 清华大学建筑学院新楼 503/*JCAH* 编辑部
Tel (Ms Zhang Xian 张弦/Ms Ma Dongmei 马冬梅): 0086 10 62796251
Email: xuehuapress@ sina.cn
http://blog.sina.com.cn/jcah

Submissions should include the following separate files:

1) Main text file in MS-Word format (labeled with "text" + author's last name). It must include the name(s) of the author(s), name(s) of the translator(s) if applicable, institutional affiliation, a short abstract (less than 200 words), 5 keywords, the main text with footnotes, acknowledgments if necessary, and a bibliography. For text style and formatting guidelines, please visit the *JCAH* website (mainly *Chicago Manual of Style*, 16th Edition, *Merriam-Webster Collegiate Dictionary*, 11th Edition)

2) Caption file in MS-Word format (labeled with "caption" + author's last name). It should list illustration captions and sources.

3) Up to 30 illustration files preferable in JPG format (labeled with consecutive numbers according to the sequence in the text + author's last name). Each illustration should be submitted as an individual file with a resolution of 300 dpi and a size not exceeding 1 megapixel.

Authors are notified upon receipt of the manuscript. If accepted for publication, authors will receive an edited version of the manuscript for final revision, and upon publication, automatically two gratis bound journal copies.

图书在版编目(CIP)数据

中国建筑史论汇刊　第壹拾叁辑/王贵祥主编. —北京：中国建筑工业出版社,2016. 10

ISBN 978-7-112-19789-7

Ⅰ. ①中…　Ⅱ. ①王…　Ⅲ. ①建筑史—中国—文集　Ⅳ. ①TU-092

中国版本图书馆CIP数据核字(2016)第206642号

责任编辑：董苏华　李　婧

版式设计：苏克密

责任校对：李美娜　党　蕾

中国建筑史论汇刊　第壹拾叁辑

王贵祥　主　编

贺从容　李　菁　副主编

清华大学建筑学院　主办

*

中国建筑工业出版社出版、发行(北京西郊百万庄)

各地新华书店、建筑书店经销

北京雅昌艺术印刷有限公司印刷

开本:787×1092毫米　1/16　印张:25½　字数:539千字

2016年10月第一版　2016年10月第一次印刷

定价:98.00元

ISBN 978-7-112-19789-7

(29297)

(邮政编码　100037)